Die Transformatoren

Die Transformatoren

Grundlagen für ihre Berechnung
und Konstruktion

Von

Rudolf Küchler

Ehemals Chefelektriker der AEG Fabrik Stuttgart

Zweite verbesserte Auflage

Mit 287 Abbildungen

Springer-Verlag Berlin Heidelberg GmbH

1966

ISBN 978-3-642-52497-4   ISBN 978-3-642-52496-7 (eBook)
DOI 10.1007/978-3-642-52496-7

Titelnummer 0577

Vorwort zur zweiten Auflage

Die Weiterentwicklung des Transformatorenbaues und seiner Terminologie in den letzten zehn Jahren machte es notwendig, das Buch teilweise zu ergänzen bzw. zu ändern und sein Literaturverzeichnis zu vervollständigen. Berücksichtigt wurden bei der Überarbeitung die „Bestimmungen für Transformatoren und Drosselspulen" VDE 0532/ 8. 64, die den neuen Empfehlungen der Internationalen Elektrotechnischen Kommission (IEC-Publication No. 76) weitgehend entsprechen. Soweit dies als zweckdienlich erschien, wurden die Formelzeichen dem Normblatt DIN 40121 angeglichen.

Als bekannt wurden wiederum vorausgesetzt: Die in zahlreichen Lehrbüchern behandelte allgemeine Theorie des Transformators, sowie seine in Überschlagsrechnungen benützten Wachstumsgesetze, denen u. a. M. VIDMAR [17] eingehende Untersuchungen gewidmet hat.

Auch in der zweiten Auflage ist die Angabe von Isolationsabständen der Wicklungen vermieden worden, da diese weitgehend vom Aufbau der Isolierung, den Fertigungsmöglichkeiten und dem angewandten Trocknungsprozeß abhängen. Ebenso wurde auf theoretische Betrachtungen über die Auslegung von Transformatoren mit den niedrigsten Herstellungskosten oder den geringsten jährlichen Betriebskosten verzichtet, denn solche Rechnungen bleiben wegen der notwendigen mathematischen Vereinfachungen unbefriedigend. In der Praxis stellt man Vergleiche zwischen mehreren Entwürfen an, die kurzfristig mit elektronischen Rechenmaschinen erstellt werden können.

Dank schulde ich der Allgemeinen Elektricitäts Gesellschaft (AEG) für die mir gewährte Unterstützung beim Überarbeiten des Buches. Mein besonderer Dank gilt in diesem Zusammenhang den Herren Dr.-Ing. W. AUTH, Dr.-Ing. D. BRANDES, Dr.-Ing. W. MATTHES und Dr.-Ing. H. REINKE für ihre wertvollen Anregungen und Beiträge.

Wenn der Verfasser sich nach Beendigung seiner Berufstätigkeit der Mühe unterzogen hat, eine zweite Auflage zu besorgen, so geschah es in der Zuversicht, daß sich für diese wieder ein interessierter Leserkreis finden wird.

Stuttgart, im Dezember 1965   **R. Küchler**

Vorwort zur ersten Auflage

Die Entwicklung des vergangenen Jahrzehntes hat dem Transformatorenbau in mannigfaltiger Hinsicht neue Impulse gegeben, die teilweise von der Werkstoffseite herkamen und zum anderen den stetig wachsenden Forderungen an die Energieversorgung entsprangen. Das Bild, das der Transformatorenbau heute bietet, unterscheidet sich nicht unwesentlich von dem der Vorkriegszeit. Es ist reicher an Problemen, aber auch an Lösungen geworden.

Ein neuer Abschnitt in der Geschichte des Transformators wurde durch die sinnvolle Anwendung kaltgewalzter Transformatorenbleche eingeleitet. Diese neuen Bleche mit stark ausgeprägter Vorzugsrichtung erlauben, die Leerlaufverluste sowie den Leerlaufstrom und seine Oberschwingungen weitgehend zu senken oder umgekehrt die Induktion zu steigern und damit die Gewichte und Abmessungen herabzusetzen. Daneben wurden Isolierstoffe hoher Wärmebeständigkeit geschaffen, die geeignet sind, dem Trockentransformator hinsichtlich der Kühlung und der Kapselung neue Wege zu erschließen. Schließlich sind bei der Bekämpfung der Brandgefahr durch Verwendung eines für Transformatoren geeigneten flammwidrigen Isolier- und Kühlöles bemerkenswerte Fortschritte erzielt worden.

Auf der anderen Seite verlangt die Energieversorgung transportfähige Transformatoren höherer Leistungen. Die Grenzleistungen wachsen ständig, ebenso sind die Höchstspannungen von 220 kV auf 300 kV und zuletzt auf 400 kV gestiegen. Dabei ist der Einbau eines Stufenschalters zur Einstellung der Übersetzung unter Last und der Anbau der Kühleinrichtung nahezu zur Regel geworden. Begünstigt wurde diese Entwicklung durch den Entschluß, auch in unserem Lande die Höchstspannungsnetze ab Reihe 220 im Sternpunkt starr zu erden. Damit konnte der Isolationspegel um 20 % gesenkt und die Wicklungsisolation im Transformator abgestuft, der Füllfaktor des Kernfensters also wesentlich verbessert werden. Bei beidseitiger starrer Sternpunkterdung ergab sich auch die Möglichkeit, von der Sparschaltung Gebrauch zu machen. Zu berücksichtigen war aber, daß die Sternpunkterdung die Häufigkeit der Kurzschlüsse erheblich vergrößert, da nunmehr jeder einpolige Erdschluß, der für den Transformator im vollisolierten bzw. kompensierten Netz im Hinblick auf die Stromkräfte völlig harmlos verläuft, zum

Kurzschluß wird. Hinzu kam, daß die Kurzschlußleistungen der Netze gewachsen waren. Der Kurzschlußfestigkeit des Großtransformators mußte daher erhöhte Sorgfalt gewidmet werden.

Dem Studium der Stoßspannungsbeanspruchung von Transformatorenwicklungen ist in den vergangenen Jahren allerseits große Aufmerksamkeit zugewendet worden. Diesen Bemühungen ist es zu verdanken, daß die Isolationsbemessung des Transformators heute auf einer soliden Grundlage ruht. Außerdem wurde die Stoßspannungsprüfung eingeführt und so weit vervollkommnet, daß Fertigungsmängel aufgedeckt werden können.

Da Umspannstationen in zunehmendem Maße in Wohngegenden errichtet bzw. von diesen durch Besiedelung der städtischen Randgebiete eingeschlossen werden, sind in jüngster Zeit die Transformatorengeräusche zu einem aktuellen Problem geworden. Soweit es nicht durch bauliche Maßnahmen in der Station gelöst wird, stellt es den Transformatorenbauer vor neue Aufgaben.

Diesem letzten Stand der Entwicklung wurde in dem vorliegenden Buch, das sich vornehmlich mit den rechnerischen und konstruktiven Grundlagen des Transformators beschäftigt, weitgehend Rechnung getragen. Berücksichtigt wurden außerdem die neuen Regeln für Transformatoren VDE 0532/7.55 und die derzeit gültigen DIN-Blätter des Deutschen Normenausschusses (DNA). Eine Beschränkung auf das Wesentliche war jedoch notwendig, um den geplanten Rahmen nicht zu sprengen. Zahlreiche Literaturhinweise werden es indessen dem Leser erleichtern, in Einzelheiten tiefer einzudringen.

Bei der Bearbeitung des Stoffes wurde ich von meinen Mitarbeitern in der Fabrik Stuttgart der Allgemeinen Elektricitäts-Gesellschaft (AEG), insbesondere von den Herren Dr.-Ing. V. AIGNER, Dipl.-Ing. W. AUTH, Dipl.-Math. G. BROSZAT, Dipl.-Ing. W. KNAACK, Prof. Dr.-Ing. habil. K. POTTHOFF, Dr.-Ing. W. RABUS und Dipl.-Ing. L. RUESS, bestens unterstützt. Für diese Hilfe herzlichst zu danken, ist mir eine angenehme Pflicht. Dank schulde ich auch Fräulein Dipl.-Phys. E. PETER, die mir einen großen Teil der redaktionellen Arbeit abgenommen hat.

Die Lichtbilder entstammen fast ausnahmslos dem Bildarchiv der AEG. Um indessen auch typische Abweichungen anderer Konstruktionen zu zeigen, wurde je ein von den Firmen Brown, Boveri & Cie. A.G., Mannheim, und Siemens-Schuckertwerke A.G., Transformatorenwerk Nürnberg, freundlicherweise zur Verfügung gestelltes Bild in das Buch aufgenommen. Den genannten Firmen spreche ich für ihr Entgegenkommen meinen Dank aus, ebenso dem Springer-Verlag, der auf meine Wünsche hinsichtlich der Buchgestaltung bereitwillig eingegangen ist.

Stuttgart, im April 1956   **R. Küchler**

Inhaltsverzeichnis

Formelzeichen

A Fläche, A_s freistrahlende Fläche;

a Zahlenwert, Abstand, Gesamtbreite, Spulenhöhe, Wellenausladung, Schichthöhe;

B Induktion (Scheitelwert), Barometerstand, $B_{J,\,Sch}$ Induktion im Joch bzw. im Schenkel, B_L Induktion des Luftflusses, $B_{sätt}$ Sättigungswert der Induktion, B_S Induktion im Streuspalt, B_{Sq} Querstreuinduktion, B_K Kurzschlußinduktion, B_r remanente Induktion, B_{SK} vom Stoßkurzschlußstrom hervorgerufene Streuinduktion, $B_{SqK} \ldots$ Querstreuinduktion, ΔB Induktionsänderung;

b Augenblickswert der Induktion, Schenkelbreite, Wicklungsbreite usw.

C Kapazität, Wärmespeicherungsvermögen, C_0 Erdkapazität, $C_{e,\,s}$ gesamte Erd- bzw. Reihenkapazität;

c Abstand, spezifische Wärme, Schallgeschwindigkeit, c_e Windungserdkapazität, c_s Spulenkapazität;

D Durchmesser, D_m mittlerer Durchmesser;

E elektromotorische Kraft (EMK), Elastizitätsmodul, $E_{p,\,r}$ EMK in der Parallel- bzw. Reihenwicklung;

e Basis des natürlichen Logarithmus, e_s Stoßspannung je Windung, e_w Windungsspannung;

F Kurzschlußkraft, F_K Kurzschluß-Kontraktionskraft, F_n Kurzschluß-Normalkraft, F_S Kurzschluß-Schubkraft, F_σ Vorspannkraft;

f Frequenz, f_e Eigenfrequenz, f_{Fe} Füllfaktor des Eisenkerns;

G Gewicht, $G_{Fe} \ldots$ des Eisens, $G_J \ldots$ des Joches;

g mittlerer Abstand der inneren Wicklung vom Schenkel;

H magnetische Feldstärke, Aufstellungshöhe über N.N., $H_{sätt}$ magnetische Feldstärke, die das Eisen sättigt, H_{eff} magnetische Feldstärke (Effektivwert);

h Wicklungshöhe, Wandhöhe, Schichthöhe u. s. w.

I Strom (Effektivwert), Trägheitsmoment, I_0 Leerlaufstrom. I_{0Z} im Dreieck umlaufender Magnetisierungsstrom, I_a Ausgleichstrom, I_d Durchgangsstrom, induktiver Erdschlußstrom, I_e kapazitiver Erdschlußstrom, I_F Stoßfugenstrom. I_{Fe} Magnetisierungsstrom, I_g Kurzschlußausgleichstrom, I_J Trägheitsmoment des Joches, I_L durch Bolzenlöcher zusätzlich verursachter Magnetisierungsstrom, I_n Nennstrom, $I_{p,\,r}$ Strom in der Parallel- bzw. Reihenwicklung, I_u Unterbrechungsstrom, I_S Trägheitsmoment des Schenkels, I_φ Stromänderung;

i Augenblickswert des Stromes, $\hat{i}$ Scheitelwert des Stromes, i_0 Augenblickswert des Magnetisierungsstromes, bezogener Leerlaufstrom, i_g Augenblickswert des Kurzschlußausgleichstromes, $\hat{i}_K$ Scheitelwert des Kurzschlußstromes, i_φ bezogene Stromänderung;

J Schallstärke, J_0 Bezugsschallstärke, J_R Raumschallstärke;

K Konstante, Rogowski-Faktor, Wärmeabgabezahl, K_1 Wärmeabgabezahl bei einer Übertemperatur von $1°$;

k Korrektionsfaktor, Dämpfungsfaktor, $k_{h,\,w}$ Hysterese- bzw. Wirbelstromkoeffizient;

L Selbstinduktivität, Schallpegel, L_0 Leerlaufinduktivität, L_S Streuinduktivität, L_R Raumschallpegel, ΔL Änderung des Schallpegels;

l Länge, l_F scheinbare Eisenwegverlängerung, l_{Fe} Kraftlinienweglänge im Eisen. l_J Jochlänge, l_S Schenkellänge, l_{Sq} Querstreupfadlänge, Δl Längenänderung;

m Anzahl der Leiter parallel zum Streufluß, Zahl der Grobstufen;

N_{rel} relative Strahlungsleistung;

n Anzahl der Bolzenlöcher, der Leiter usw., n_{Fe} spezifische Scheinleistungsaufnahme des Eisens, $n_{J,\,S}\ldots$ der Joche bzw. der Schenkel, n_{krit} kritische Abstützzahl;

P Leistung, P_0 Leerlauf-Scheinleistungsaufnahme, P_J Leerlauf-Scheinleistungsaufnahme der Joche, P_d Durchgangsleistung, P_{dn} Nenn-$\ldots$, $P_{d\,max}$ maximale $\ldots$, P_e Eigenleistung, $P_{e\,max}$ maximale $\ldots$, P_h Schaltleistung am Hauptkontakt, P_{hm} Mittelwert der $\ldots$, $P_{hK}\ldots$ im Kurzschlußfalle, P_K Kurzschlußleistung, P_{Kr} resultierende $\ldots$, P_n Nennleistung des Transformators, $P_{nET},\ n_{ZT}\ldots$ des Erreger- bzw. Zusatztransformators, $P_{Sg}\ldots$ einer Streugruppe, P_{St} Stufenleistung, $P_{T,\ TET}$ Typenleistung des Transformators bzw. des Erregertransformators, P_w Schaltleistung am Widerstandskontakt, P_{wm} Mittelwert der $\ldots$, $P_{wK}\ldots$ im Kurzschlußfalle;

p Druck, Einstellbereich, p_0 Bezugsschalldruck, p_K Flächendruck der Kurzschluß-Kontraktionskraft, $p_n\ldots$ der Kurzschluß-Normalkraft;

Q Querschnittsfläche, Q_{Fe} aktiver Eisenquerschnitt, $Q_J\ldots$ des Joches, $Q_S\ldots$ des Schenkels, Q_L Querschnittsfläche des Luftflusses, Q_w aktiver Wicklungsquerschnitt;

q Fördermenge

R Wirkwiderstand, R_Ω Ohmscher Widerstand

$R,\ r$ Radien;

S Stromdichte, S_K Kurzschlußstromdichte;

s Strahlungszahl, Stirnlänge der Wanderwelle, $s_{1,2}$ Strahlungszahl der Kesseloberfläche bzw. der umgebenden Fläche, s_r resultierende Strahlungszahl;

T elektrische bzw. thermische Zeitkonstante, absolute Temperatur;

t Zeit, Teilung, t_K Kurzschlußdauer;

U Spannung (Effektivwert), Umfang, U_K Kurzschlußspannung, U_m mittlerer Umfang, U_n Nennspannung, U_p Prüfspannung, $U_{p,\,r}$ Spannung der Parallel- bzw. Reihenwicklung, U_R Wirkspannungsfall, U_s Stoßspannung, U_{St} Stufenspannung, U_v Verlagerungsspannung, U_w Wiederkehrspannung, U_X Streuspannung, U_φ Spannungsänderung, ΔU Spannungsdifferenz, Spannungsfall, ΔU_s Stoßspannungsdifferenz;

$\hat{u}$ Spannung (Scheitelwert), u_0 bezogene Spannung im Nullsystem, u_{JK} bezogene Jochkurzschlußspannung, $u_{JX}\ldots$ Jochstreuspannung, $u_K\ldots$ Kurzschlußspannung, u_R bezogener Wirkspannungsfall, u_X bezogene Streuspannung, $u_{X0}\ldots$ Nullblindspannung, $u_{XZ}\ldots$ Zusatzstreuspannung, u_Z Zusatzspannung, u_φ bezogene Spannungsänderung, Δu bezogene Spannungsdifferenz;

$\ddot{u}$ Übersetzungsverhältnis;

V Verluste, $V_{Fe}\ldots$ im Eisen, $V_J\ldots$ im Joch, $V_{kal}\cdot\ldots$ im kalten Zustand, $V_L\ldots$ durch Bolzenlöcher, V_w Wicklungsverlust, $V_{wn}\ldots$ bei Nennbetrieb, V_Z Wirbelstromverlust, $V_{Z\,kalt}\ldots$ im kalten Zustand, V_Ω Ohmscher Wicklungsverlust, $V_{\Omega K}\ldots$ beim Kurzschluß, $V_{10,15}$ Verlustziffer bei 10 000 bzw. 15 000 G;

v Geschwindigkeit, bezogener Lebensdauerverlust, v_{Fe} spezifische Verluste im Eisen, $v_S\ldots$ im Schenkel, $v_J\ldots$ im Joch, v_Z bezogener Wirbelstromverlust, v_{max} maximale Erhöhung des Wicklungsverlustes;

W Energie, Wärmemenge, W_e elektrische Energie, W_m magnetische Energie, W_k Wärmemenge, durch natürliche Konvektion übertragen, $W_s\ldots$ durch Strahlung abgegeben;

w Windungszahl, $w_{p,\,r}\ldots$ der Parallel- bzw. Reihenwicklung;

X Streublindwiderstand, Wegkonstante, $X_{p,\,r}$ Streublindwiderstand der Parallel- bzw. Reihenwicklung;

x Exponent, Verkürzungsmaß, Leiterlänge;

y Verteilungsfaktor, Schwingungsamplitude;

Z Scheinwiderstand, Lebensdauer, akustischer Widerstand, Z_0 Nullimpedanz, Lebensdauer bei der Temperatur ϑ_0, Z_K Kurzschlußimpedanz

z Schenkelzahl

α Abkürzung, Leiterbreite, Zeitwinkel, Zentriwinkel, Temperaturkoeffizient, α_k Konvektionszahl, $\alpha_{kl,kö}$ ... für Luft bzw. Öl, α_s modifizierte Strahlungszahl;

β Abkürzung, Leiterbreite bzw. -höhe, β_{krit} kritische Leiterbreite;

γ Wichte

$\varDelta$ Streuspaltweite, $\varDelta'$ fiktive Streuspaltweite;

δ Blechdicke, Schichtdicke, Kühlschlitzweite, Nebenstreuspaltweite, δ' reduzierte Nebenstreuspaltweite, δ_F Stoßfugenweite;

ε Dielektrizitätskonstante, Phasenwinkel, $\hat{\varepsilon}$ Vergleichswert der magnetostriktiven Längenänderung;

η Ausnutzungsfaktor, Reduktionsfaktor;

$\varTheta$ Durchflutung, Übertemperatur, $\varTheta_a$ Anfangsübertemperatur, $\varTheta_{a,i}$ Durchflutung der äußeren bzw. inneren Wicklung, $\varTheta_b$ Beharrungsübertemperatur, $\varTheta_e$ Endübertemperatur, $\varTheta_{Fe}$ magnetische Spannung, $\varTheta_F$ ... der Stoßfuge, $\varTheta_K$ Übertemperatur der Wicklung beim Abschalten des Kurzschlusses, $\varTheta_L$ magnetische Spannung der Bolzenlöcher, $\varTheta_{Lw}$ Wirkkomponente von $\varTheta_L$, $\varTheta_n$ Übertemperatur bei Nennbetrieb, $\varTheta_\delta$ Ölübertemperatur, $\varTheta_{0,H}$ Übertemperatur in der Höhe $H=0$ bzw. H über N.N., $\varTheta'$ mittlerer Temperaturfall Wicklung – Öl, $\varDelta\varTheta$ Änderung der Übertemperatur;

ϑ Temperatur, ϑ_0 Temperatur zur Zeit $t=0$, ϑ_K ... beim Kurzschluß, $\vartheta_{Kü}$ Kühlmitteltemperatur, ϑ_{1m} mittlere Temperatur der Körperoberfläche, $\varDelta\vartheta$ Temperaturzunahme, $\varDelta\vartheta_K$ ... beim Kurzschluß, $\varDelta\vartheta_m$ mittlerer Temperaturfall;

ι Verhältniszahl

$\varkappa$ Stoßfaktor, Verhältniszahl;

$\varLambda$ magnetischer Leitwert

λ Wärmeleitfähigkeit, $\lambda_{1q,}$ ... längs bzw. quer zur Schichtrichtung;

μ Permeabilität, $\mu_0 = 0{,}4\,\pi$ G cm/A;

ν Querdehnungszahl;

ξ relativer Wirbelstromanteil, reduzierte Leiterbreite;

ϱ spezifischer elektrischer Widerstand, Dichte;

σ spezifische mechanische Beanspruchung, σ_B Biegebeanspruchung, σ_{Bruch} Bruchgrenze, σ_D Druckbeanspruchung, σ_{Streck} Streckgrenze, σ_Z Zugbeanspruchung;

$\varPhi$ magnetischer Fluß (Scheitelwert, $\varPhi_{a3}$ Ausgleichfluß von Joch zu Joch, $\varPhi_{JS}$ Jochstreufluß, $\varPhi_L$ Luftfluß, $\varPhi_r$ remanenter Fluß, $\varPhi'_S$ aequivalenter Hauptstreufluß, $\varPhi_{Sq}$ Querstreufluß, $\varPhi'_{Sq}$ aequivalenter Querstreufluß;

φ Phasenwinkel, Augenblickswert des magnetischen Flusses, Abkürzung, φ_{Fe} Phasenwinkel für den fugenfreien Eisenkreis, φ_0 ... zwischen EMK und Leerlaufstrom, φ_g Augenblickswert des Gleichflusses, φ_K Kurzschlußphasenwinkel;

ψ Abkürzung

$\varOmega l$ Eigenwert, $\varOmega_S l_S$ ... des Schenkels, $\varOmega_J l_J$ ... des Joches;

ω Kreisfrequenz.

I. Der magnetische Kreis

Die Energieübertragung mittels hochgespannter Ströme erfordert im allgemeinen eine mehr als zweifache Transformation der Spannung zwischen den Energiequellen und den einzelnen Verbrauchern. Dies gilt insbesondere für die Versorgung großer und dichtbesiedelter Gebiete mit mehreren überlagerten Spannungssystemen, in denen die installierte Transformatorenleistung leicht etwa das Fünffache der Leistung der Energieerzeuger erreichen kann. Es ist daher verständlich, daß an den Wirkungsgrad der Transformatoren weit höhere Anforderungen gestellt werden als an den der Kraftmaschinen und der von diesen angetriebenen Generatoren und man weiterhin bedacht sein muß, die Leerlauf-Scheinleistungsaufnahme und den Oberschwingungsbedarf der Transformatoren in erträglichen Grenzen zu halten.

Die Verluste eines Transformators setzen sich in der Hauptsache aus den Verlusten des magnetischen Kreises, den Eisenverlusten, und den Stromwärmeverlusten in den Wicklungen zusammen. Sowohl die Eisenverluste als auch die Stromwärmeverluste sind abhängig von den Werkstoffen sowie von den einander bedingenden spezifischen Beanspruchungen und Gewichten, wobei der Einfluß der spezifischen Beanspruchung nämlich der Induktion bzw. Stromdichte, erfahrungsgemäß stets überwiegt. Zur Senkung der Verluste stehen also zwei Wege zur Verfügung: Die Wahl des besseren Werkstoffes oder die Verminderung der spezifischen Beanspruchung. Da der zweite Weg unvermeidlich zu einer Gewichtserhöhung und damit zu einer Kostensteigerung führt, wird man in jedem Falle die größten Anstrengungen machen, Verlustsenkungen durch bessere und zugleich wohlfeile Werkstoffe zu erzielen.

1. Die magnetischen Eigenschaften der Transformatorenbleche

Während die Werkstofffrage bei den Stromleitern von Anfang an durch Verwendung von Elektrolytkupfer in optimaler Weise gelöst war, ziehen sich die Bemühungen um eine Gütesteigerung des Eisenkreises wie ein roter Faden durch die Geschichte des Transformatorenbaues. Ausgehend von der Grunderkenntnis, daß man hinsichtlich der Verluste nur mit einem aus isolierten Blechen geschichteten und mit Rücksicht auf den Leerlaufstrom nahezu luftspaltfrei zusammengefügten

Eisenkreis befriedigende Ergebnisse erzielen kann, bestand und besteht die an die Eisenhütten gerichtete Aufgabe darin, die magnetischen Eigenschaften von Eisenblechen hinsichtlich der Verluste und der Magnetisierbarkeit immer weiter im Rahmen des Möglichen zu verbessern. Wenn diese Forderungen des Transformatorenbaues auch kein Anheben der bei etwa 21 000 G liegenden Sättigungsinduktion des Eisens erbringen konnten, so ist doch mit Befriedigung festzustellen, daß der Ummagnetisierungsverlust und die Magnetisierungsscheinleistung bei einer Induktion von 15 000 G im Laufe einer Zeitspanne von rd. 50 Jahren um eine Größenordnung vermindert wurden.

Diese bemerkenswerten Fortschritte sind am Anfang unseres Jahrhunderts durch Legieren der zunächst nach wie vor warmgewalzten Bleche mit Silizium eingeleitet worden. Mit der auf R. HADFIELD zurückzuführenden Legierung wurde eine Herabsetzung der Hystereseverluste durch Desoxydation des geschmolzenen Stahles sowie — wegen des höheren elektrischen Widerstandes der Bleche — eine starke Verminderung der Wirbelstromverluste erreicht. Als weiterer Vorteil ergab sich der Fortfall des Alterns, d. h. einer Verluststeigerung während des Betriebes, die bei unlegierten Blechen auftritt. Der Grad der Verlustminderung wächst mit dem Siliziumgehalt der Bleche, findet jedoch bei etwa 4,5 %· Silizium eine Grenze wegen der zunehmenden Härte und Sprödigkeit des Walzgutes, die sowohl den Walzvorgang als auch die spätere Verarbeitung, d. h. das Schneiden und Stanzen der Bleche, erschweren und schließlich unmöglich machen. Weniger ins Gewicht fallend ist die mit steigendem Siliziumgehalt abnehmende Magnetisierbarkeit der Bleche oberhalb etwa 13 000 G, die sich allerdings mehr im Scheitelwert bzw. in den Oberschwingungen des Magnetisierungsstromes als in dessen Effektivwert bemerkbar macht. Bei niedrigen Induktionen steigt die Magnetisierbarkeit mit dem Siliziumgehalt, was indessen für den Transformatorenbau weniger bedeutungsvoll ist als etwa für den Meßwandlerbau.

Die warmgewalzten Siliziumeisenbleche sind in einer Dicke von 0,35 mm mit etwa 3,5 bis 4,5 % Silizium, daneben auch in einer Dicke von 0,5 mm bis herab zu etwa 0,7 % Silizium handelsüblich. Ihre Klassifizierung erfolgt nach den Ummagnetisierungsverlusten V_{10} und V_{15} in W/kg bei Scheitelwerten der Induktionen von 10 000 bzw. 15 000 G und einer Frequenz von 50 Hz. Sie beziehen sich auf Proben, die je zur Hälfte längs und quer zur Walzrichtung des Bleches geschnitten sind und gewöhnlich im EPSTEIN-Apparat gemessen werden. Dabei ist ein sinusförmiger Induktionsverlauf vorausgesetzt. Wenn auch die 0,5 mm starken Bleche im Mittel einen etwa 2 % höheren Stapelfaktor aufweisen, der eine entsprechend bessere Querschnittsausnützung gewährleistet, und ferner die Aufwendungen für das Schneiden und Schichten der dickeren

Bleche etwa 30 % geringer sind, so liegen doch bei gleichem Siliziumgehalt die Ummagnetisierungsverluste etwa 10 bis 20 % höher als bei Blechen mit einer Dicke von 0,35 mm. Die Anwendung der 0,5 mm-Bleche hat sich daher im Transformatorenbau nicht allgemein durchsetzen können.

Der Einfluß der Induktion B, Frequenz f und Blechdicke δ auf die Ummagnetisierungsverluste wird nach der klassischen Theorie in der Gleichung

$$v_{\mathrm{Fe}} = k_h\, f\, B^x + k_w\, \delta^2\, f^2\, B^2 \tag{1}$$

beschrieben, in welcher der erste Summand die Hystereseverluste und der zweite die Wirbelstromverluste darstellt. k_h bzw. k_w sind der Hysterese- bzw. Wirbelstromkoeffizient der betrachteten Blechsorte. Der Exponent x ist von STEINMETZ empirisch zu 1,6 ermittelt worden, allerdings zu einem weit zurückliegenden Zeitpunkt. Dieser Wert gilt auch heute noch mit hinreichender Genauigkeit, wenn man den Bereich unter 10000 G in Betracht zieht. In diesem ändert sich also der Ummagnetisierungsverlust mit der 1,6- bis 2ten Potenz der Induktion. Über 10000 G wächst der Exponent x jedoch rasch an. Nach Abb. 1, in der das Verhältnis $V_{15} : V_{10}$ über V_{10} für hochwertige warmgewalzte Transforma-

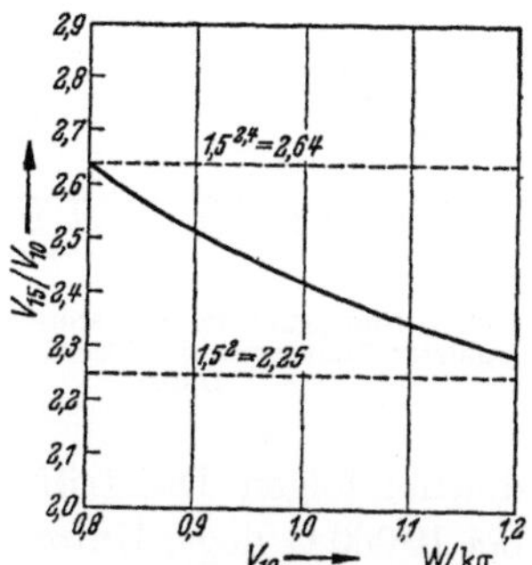

Abb. 1. Verlustverhältnis V_{15}/V_{10} warmgewalzter Transformatorenbleche von 0,35 mm Dicke

torenbleche von 0,35 mm Dicke bei 50 Hz aufgetragen ist [107], überschreitet dieses Verhältnis den Wert von $1,5^2 = 2,25$ um so mehr, je geringer die V_{10}-Ziffer ist und erreicht bei $V_{10} = 0,8$ den Betrag $1,5^{2,4} = 2,64$. Da der B^2 proportionale Wirbelstromanteil nicht unbeträchtlich ist, im vorliegenden Falle etwa 30 % bei 10000 G, muß also der Exponent x im Bereich über 10000 G ansteigen und bei 15000 G Werte erreichen, die bei Blechen mit $V_{10} = 1,2$ bei 2,1, bei solchen mit $V_{10} = 0,8$ bei 2,5 liegen. Wegen dieser starken Veränderlichkeit des Exponenten x ist es in der Praxis üblich, als Grundlage für die Berechnung der Eisenverluste nicht Gl. (1), sondern Verlustkurven zu benutzen, welche die unmittelbar gemessenen Ummagnetisierungsverluste bei 50 Hz in Abhängigkeit von der Induktion zeigen (vgl. Abb. 4).

Aus Gl. (1) folgt weiterhin, daß der Hystereseanteil linear mit der Frequenz, der Wirbelstromanteil jedoch mit dem Quadrat der Frequenz wächst oder fällt. Diese Feststellung kann dazu benutzt werden, den aus der Verlustkurve für 50 Hz entnommenen Wert $v_{\mathrm{Fe}\,50}$ mit Hilfe des auf diesen bezogenen relativen Wirbelstromanteiles ξ bei 50 Hz auf eine andere Frequenz f nach

$$v_{\mathrm{Fe}f} = v_{\mathrm{Fe}50}\left[(1-\xi)\frac{f}{50} + \xi\left(\frac{f}{50}\right)^2\right] \qquad (2)$$

umzurechnen. Der relative Wirbelstromanteil ξ bei 50 Hz ist indessen keine Konstante. Nach Gl. (1) läßt sich nämlich schreiben

$$\xi = \frac{k_w\,\delta^2\,50^2\,B^2}{k_h\,50\,B^x + k_w\,\delta^2\,50^2\,B^2}\,. \qquad (2\,\mathrm{a})$$

Demnach ist ξ nur so weit von der Induktion unabhängig, als der Exponent $x = 2$ bzw. die Ummagnetisierungsverluste quadratisch der In-

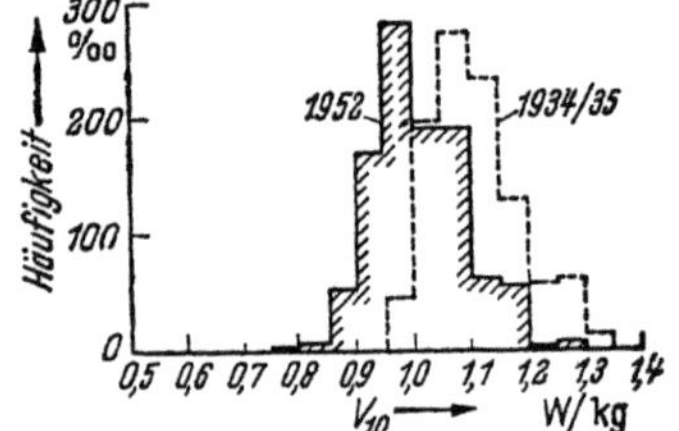

Abb. 2. Ummagnetisierungsverluste V_{10} warmgewalzter Transformatorenbleche von 0,35 mm Dicke

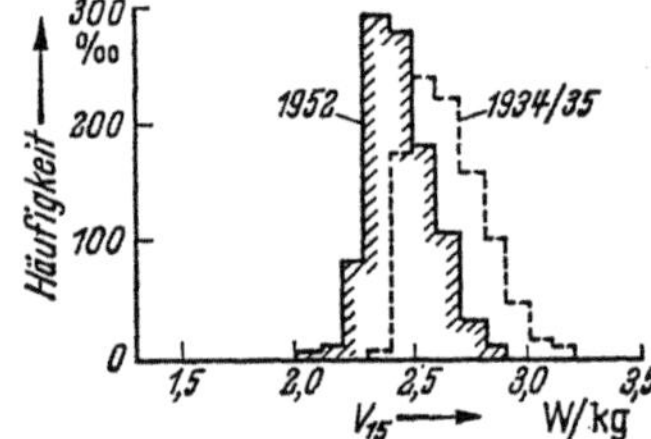

Abb. 3. Ummagnetisierungsverluste V_{15} warmgewalzter Transformatorenbleche von 0,35 mm Dicke

duktion folgen. Dies trifft für einen engen Induktionsbereich zu, der etwa bei 10000 G liegt. Unter- und oberhalb dieses Bereiches ist $x < 2$ bzw. $x > 2$, weshalb in beiden Fällen der relative Wirbelstromanteil abnehmen muß.

Es empfiehlt sich daher, eine zweite Verlustkurve für eine andere Frequenz f_1, z. B. $f_1 = 100$ Hz aufzunehmen und aus den Wertepaaren $v_{\mathrm{Fe}50}$ und $v_{\mathrm{Fe}f_1}$ beider Kurven für die in Betracht kommende Induktion den relativen Wirbelstromanteil ξ bei 50 Hz zu bestimmen, der sich nach Gl. (2) zu

$$\xi = \frac{1 - \dfrac{v_{\mathrm{Fe}f_1}\,50}{v_{\mathrm{Fe}50}\,f_1}}{1 - \dfrac{f_1}{50}} \qquad (3)$$

ergibt. Dieser Wert ist dann in Gl. (2) zur Berechnung der Ummagnetisierungsverluste für eine abweichende Frequenz f einzusetzen.

Die Qualitätsverbesserung der warmgewalzten Bleche ist indessen nicht ausschließlich auf das Legieren mit Silizium zurückzuführen, sondern teilweise auch auf eine zweckmäßige Abstimmung der einzelnen Walz- und Glühvorgänge im Hüttenwerk. Die damit erzielten Fortschritte [107] lassen sich aus der Häufigkeit der Verlustwerte nach Abb. 2 und 3 ablesen, die in einem großen Transformatorenwerk bei Nachprüfung der angelieferten hochlegierten Transformatorenbleche anhand von jeweils 600 Proben festgestellt wurde. Die durchschnittliche Verbesserung, die in der Zeit zwischen 1934/35 und 1952 erzielt wurde, ist unverkennbar. Die Bestwerte erreichen bereits ein $V_{10} = 0{,}75$ und ein $V_{15} = 2{,}0$ W/kg. Solche hochgezüchteten Bleche von 0,35 mm Dicke zeigen eine gewisse Richtungsabhängigkeit der Magnetisierbarkeit, die durch den Walzvorgang bedingt ist, sich aber bei den schlechteren Blechen kaum bemerkbar macht. Der Unterschied zwischen Proben, deren Blechstreifen ausschließlich längs der Walzrichtung geschnitten sind und solchen mit üblicherweise hälftig längs und quer dazu geschnittenen, beträgt bei den Verlusten bis zu 10 %. Die entsprechenden Magnetisierungskurven zeigen noch größere Unterschiede. Es lohnt sich bei diesen besten warmgewalzten Blechen daher, sie so zu verwenden, daß der magnetische Fluß größtenteils in der Walzrichtung verläuft.

Die warmgewalzten Transformatorenbleche mit mehr als 3 % Silizium werden nach DIN 46400 entzundert angeliefert und besitzen eine Wichte von 7,6 kg/dm³. Sie weisen eine verhältnismäßig glatte Oberfläche auf und dürfen in ihrer Dicke gegenüber dem Sollwert von 0,35 bzw. 0,5 mm höchstens um ± 10 % schwanken. Der Dickenunterschied innerhalb einer Tafel soll nicht mehr als 10 % betragen. Der Füllfaktor der nicht isolierten Bleche, der sogenannte Stapelfaktor, ist mit 0,91 bei 0,35 mm-Blechen bzw. 0,93 bei 0,5 mm-Blechen vorgeschrieben, liegt jedoch bei den Lieferungen durchschnittlich 2 % höher.

Vor dem Schneiden und Stanzen werden die Bleche einseitig isoliert. Dies geschah früher entweder durch Aufkleben von dünnem Papier oder durch Aufbringen einer Wasserglasschicht, wobei dem Wasserglas nach DRENGENBURG neben unwesentlichen Beimengungen, vor allem Borax, zugesetzt wurde. In neuester Zeit verwendet man zur Isolierung der Bleche meist Kunstharzlacke. Diese Isolationsverfahren ergeben ein Absinken des Füllfaktors auf die in Tab. 1 angegebenen Durchschnittswerte.

Tabelle 1. *Durchschnittswerte der Füllfaktoren warmgewalzter und isolierter Transformatorenbleche*

Isolierung mit	Blechdicke	
	0,35 mm	0,5 mm
Papier von 0,03 mm Stärke	0,85	0,89
Lack- oder Wasserglasauftrag	0,9	0,93

Damit die dünnen Isolierschichten auf den Blechen ihre Wirksamkeit im fertigen Kern behalten, muß der beim Schneiden und Stanzen etwa entstehende Grat sorgfältig durch Schleifen oder Niederwalzen entfernt werden. Dies ist ohne Beschädigung der Isolierschicht nur möglich, wenn die Bleche so bearbeitet werden, daß der Grat auf der nicht isolierten Seite der Bleche auftritt.

Ein weiterer entscheidender Fortschritt [60], [67], der in seiner Bedeutung der Einführung der Silizierung der Bleche gleichkommt, ist durch das Kaltwalzverfahren erzielt worden, das auf der Erfindung von N. Goss (USA) im Jahre 1934 beruht. Bei diesem wird das Blech aus warmgewalztem Vormaterial großer Reinheit von einigen Millimetern Dicke und einem Siliziumgehalt von etwa 3 % in mehreren Stufen unter Zwischenglühungen bis zur endgültigen Dicke kalt niedergewalzt. Die so entstandenen Bänder zeigen nach der Schlußglühung, die bei etwa 1100 bis 1250 °C unter Schutzgas vorgenommen wird, in der Walzrichtung magnetische Eigenschaften, welche diejenigen bester warmgewalzter Bleche weit übertreffen. Ihre Verluste sind nur etwa halb so hoch und ihr Magnetisierungsbedarf beträgt bei den im Transformatorenbau üblichen Induktionen nur einen Bruchteil. Quer zur Walzrichtung magnetisiert steigen die Verluste und der Magnetisierungsbedarf allerdings auf ein Vielfaches an, was bei der Verwendung der Bleche beachtet werden muß. Dabei kommt es sowohl beim Magnetisierungsbedarf als auch bei den Verlusten sehr auf die genaue Übereinstimmung zwischen Walz- und Magnetisierungsrichtung an, da weder die Verluste noch der Magnetisierungsbedarf linear mit der Winkeldifferenz zwischen Walz- und Magnetisierungsrichtung ansteigen. Die Magnetisierungskurve zeigt z. B. bei 50° Abweichung von der Walzrichtung einen H_{eff}-Wert, der den bei 90° Abweichung (also quer zur Walzrichtung) noch um etwa 100 % übertrifft, während die Verlustzahl schon bei 50° Abweichung den Wert erreicht hat, den sie bei einem Winkel von 90° zur Walzrichtung annimmt.

Da die magnetische Güte der kaltgewalzten Bleche bei der Verarbeitung eine merkliche Einbuße erleidet, ist es üblich, diese nach dem Schneiden bzw. Stanzen einer Nachglühung bei etwa 800 °C zu unterziehen. Durch diesen Prozeß werden die ursprünglichen Gütewerte wiederhergestellt. Die mit der Nachglühung verbundenen erhöhten Aufwendungen werden zum Teil dadurch ausgeglichen, daß die Bänder bereits im Walzwerk während oder nach der Schlußglühung mit einer hauchdünnen anorganischen Isolationsschicht hoher Wärmebeständigkeit versehen werden, die ein Nachisolieren in der Werkstatt überflüssig macht. Die fertig isolierten Bänder kommen meist aufgerollt zur Anlieferung und zeichnen sich durch eine außerordentlich glatte Oberfläche aus. Bei der für den Transformatorenbau hauptsächlich benutzten Blechdicke von 0,35 mm wird deshalb ein Füllfaktor von ungefähr 0,96 erreicht, der nicht unbeträchtlich über dem warmgewalzter und nachträglich isolierter Bleche liegt.

In Abb. 4 sind vergleichsweise die im Epstein-Apparat gemessenen Verlustkurven warm- und kaltgewalzter Transformatorenbleche von 0,35 mm Dicke in Abhängigkeit vom Scheitelwert der sinusförmigen Induktion für 50 Hz aufgetragen.

Hiernach betragen die Ummagnetisierungsverluste kaltgewalzter Bleche nur etwa die Hälfte derjenigen warmgewalzter, wenn die Magnetisierung in der Walzrichtung erfolgt und das kaltgewalzte Blech nach dem Schneiden einer Nachglühung unterzogen wird. Wegen dieser Eigenschaft haben sich die kaltgewalzten Bleche fast restlos durchgesetzt.

Das Verlustverhältnis beider Blechsorten kehrt sich jedoch bei Quermagnetisierung um. Während bei warmgewalztem Blech bester Qualität die Verluste hierbei um höchstes 10 bis 20 % ansteigen, erhöhen sie sich beim kaltgewalzten Blech, wie die gestrichelte Kurve zeigt, auf etwa das Dreifache und liegen damit beträchtlich höher als die Verluste warmgewalzter Bleche. Hieraus folgt, daß es bei der Verwendung kaltgewalzter Bleche in hohem Maße darauf ankommt, diese möglichst nur in der Walzrichtung zu magnetisieren.

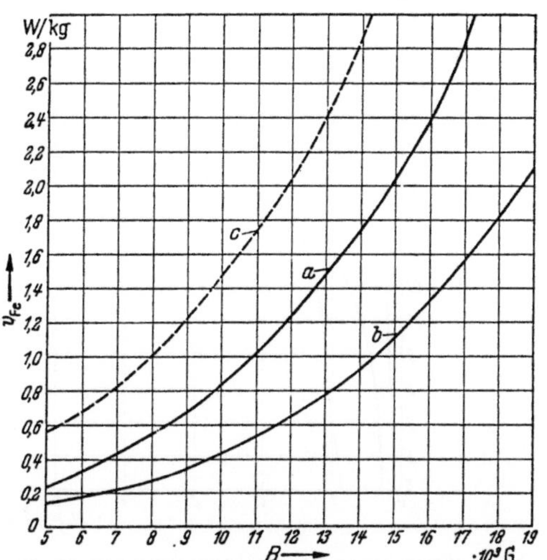

Abb. 4. Verlustkurven warm- und kaltgewalzter Transformatorenbleche von 0,35 mm Dicke bei 50 Hz. *a* warmgewalzt, längs, *b* kaltgewalzt, längs, *c* kaltgewalzt, quer

Für den auf 50 Hz bezogenen Wirbelstromanteil der Ummagnetisierungsverluste bester kaltgewalzter Bleche mit einer Dicke von 0,35 mm kann man bei Magnetisierung in der Walzrichtung in Gl. (2) einsetzen

$$\xi \approx 0,5 \text{ bei } 10\,000 \text{ G,}$$
$$\xi \approx 0,4 \text{ bei } 15\,000 \text{ G.}$$

Diese Werte liegen merklich höher als die entsprechenden für beste warmgewalzte Bleche von 0,35 mm Dicke ($\xi \approx 0,3$ bzw. 0,25). Demzufolge ändern sich die Ummagnetisierungsverluste bei kaltgewalzten Blechen relativ stärker mit der Frequenz als bei warmgewalzten, wenn man gleiche Blechdicken zugrunde legt. Die relative Änderung ist jedoch nicht höher als diejenige warmgewalzter Bleche mit einer Dicke von 0,5 mm, deren Wirbelstromanteile etwa denen kaltgewalzter 0,35 mm-Bleche entsprechen.

Weit größer als die Unterschiede in den Verlusten sind die Abweichungen im Magnetisierungsbedarf beider Blechsorten, die sich aus den

Wechselstrom-Magnetisierungskurven bei 50 Hz nach Abb. 5 ergeben. In dieser ist als Abszisse der Effektivwert des verzerrten Magnetisierungsstromes je Längeneinheit und als Ordinate der Scheitelwert der sinusförmigen Induktion aufgetragen.

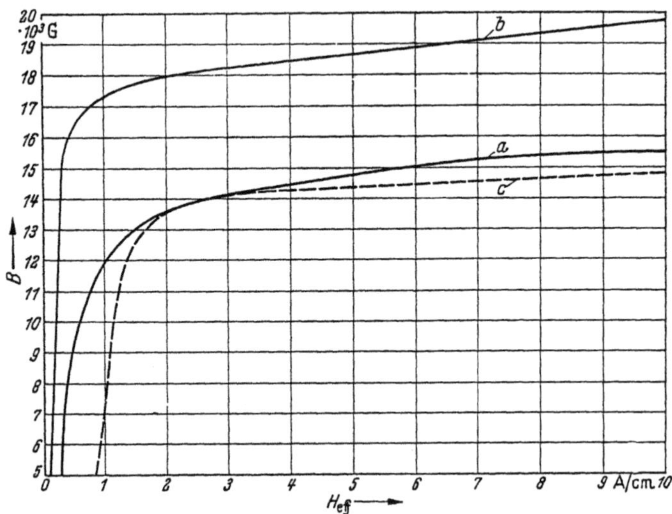

Abb. 5. Wechselstrom-Magnetisierungskurven warm- und kaltgewalzter Transformatorenbleche von 0,35 mm Dicke bei 50 Hz.
a warmgewalzt, längs, b kaltgewalzt, längs, c kaltgewalzt, quer

Auch diese Kurven beruhen auf Messungen im Epstein-Apparat, wobei der Einfluß von Luftspalten durch stoßfugenfreie Überlappung der Probestreifen ausgeschaltet worden ist. Sie zeigen, daß der Strom bei Längsmagnetisierung und beispielsweise 15 000 G beim kaltgewalzten Blech auf $^1/_{20}$ desjenigen vom warmgewalzten zurückgeht und erst bei etwa 19 000 G den Betrag erreicht, den das letztere bei 15 000 G benötigt. Bei Quermagnetisierung dagegen verhält sich das kaltgewalzte Blech oberhalb 12 000 G ähnlich wie das warmgewalzte.

Bei zeitlich sinusförmigem Verlauf der elektrischen Spannung und damit auch des magnetischen Flusses, der den Abb. 4 und 5 zugrunde gelegt ist, weist der Magnetisierungsstrom infolge seiner Verknüpfung mit der Induktion über die gekrümmte Hysteresisschleife neben einer Grundschwingung mehr oder weniger ausgeprägte Oberschwingungen ungerader Ordnungszahlen auf. Abb. 6 zeigt vergleichsweise den Verlauf des Magnetisierungsstromes bei 15 000 G für warm- und kaltgewalzte Bleche, wobei für letztere der Deutlichkeit halber ein größerer Maßstab gewählt wurde. Die Analyse solcher, an stoßfugenfreien magnetischen Kreisen aufgenommenen Oszillogramme bei verschiedenen Induktionen ergab die in Abb. 7 und 8 aufgetragenen relativen Grund und Oberschwingungsanteile, bezogen auf den Effektivwert des verzerrten Magnetisierungsstromes für warm- und kaltgewalzte Bleche bei 50 Hz. Multipliziert man die relativen Oberschwingungsanteile mit dem Effektivwert des verzerrten Magnetisierungsstromes, so ergeben sich die Effektivwerte der Oberschwingungen. Anhand der Wechselstrom-Magnetisierungskurven (Abb. 5) läßt sich leicht feststellen, daß man gleiche Oberschwingungsströme bei warm- und kaltgewalzten Blechen erst erreicht, wenn man die letzteren wesentlich höher induziert als die ersteren. In Tab. 2 sind beispielsweise Oberschwingungsströme, bezogen auf die Eisenweglänge, für beide Blechsorten bei 15000 bzw. 18000 G einander gegenübergestellt.

Zwischen den Effektivwerten des verzerrten Magnetisierungsstromes I_{Fe}, seiner Grundschwingung I_{Fe1} und seinen Oberschwingungen I_{Fe3}, I_{Fe5}, I_{Fe7} ... besteht die Beziehung

$$I_{\mathrm{Fe}} = \sqrt{I_{\mathrm{Fe1}}^2 + I_{\mathrm{Fe3}}^2 + I_{\mathrm{Fe5}}^2 + I_{\mathrm{Fe7}}^2 + \cdots} \,. \tag{4}$$

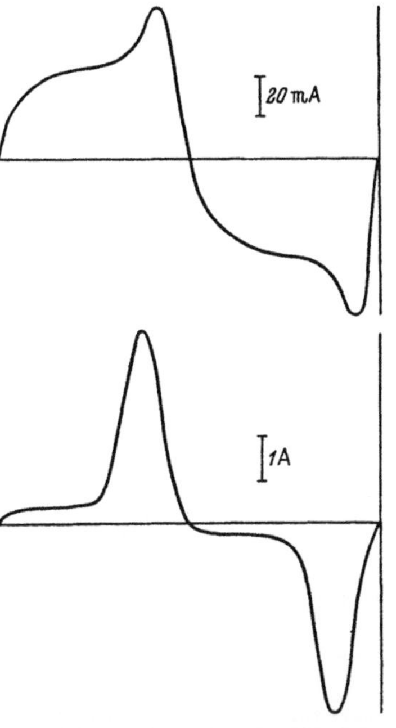

Abb. 6. Zeitlicher Verlauf des Magnetisierungsstromes warm- und kaltgewalzter Transformatorenbleche bei 15000 G.
 a warmgewalzt, *b* kaltgewalzt

Andererseits sind die Eisenverluste

$$V_{\mathrm{Fe}} = U\,I_{\mathrm{Fe1}} \cos\varphi_{\mathrm{Fe}} = U\,I_{\mathrm{Fe}} \cos\varphi'_{\mathrm{Fe}}\,, \tag{5}$$

Tabelle 2. *Oberschwingungsströme (Effektivwerte) je Längeneinheit für warm- und kaltgewalzte Bleche*

	Warmgewalzt $B = 15000$ G	Kaltgewalzt $B = 18000$ G
3. Oberschwingung	3,32 A/cm	1,1 A/cm
5. Oberschwingung	1,68 „	0,88 „
7. Oberschwingung	0,73 „	0,55 „
9. Oberschwingung	0,45 „	0,3 „

worin $I_{\mathrm{Fe1}} \cos\varphi_{\mathrm{Fe}}$ die Wirkkomponente der Grundschwingung des Magnetisierungsstromes und $\cos\varphi'_{\mathrm{Fe}}$ den scheinbaren Leistungsfaktor, der sich aus dem Verhältnis der Verluste zur totalen Scheinaufnahme ergibt, darstellen. Dieser scheinbare Leistungsfaktor ist kleiner als der wahre Wert $\cos\varphi_{\mathrm{Fe}}$, und zwar im Verhältnis der Grundschwingung zum totalen Magnetisierungsstrom (Abb. 7 und 8).

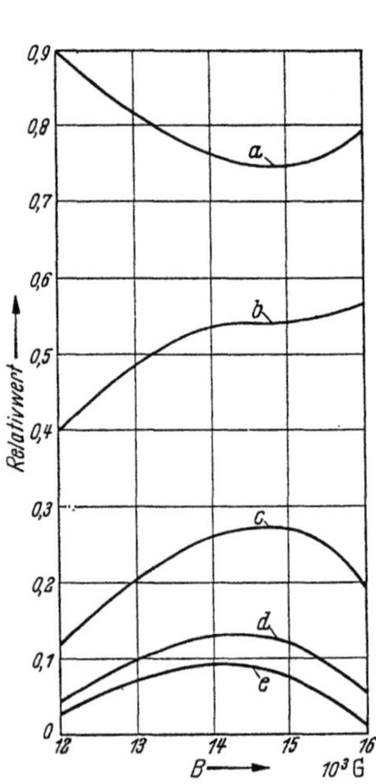

Abb. 7. Grund- und Oberschwingungsanteile des Magnetisierungsstromes von warmgewalzten Transformatorenblechen.

a Grundschwingung, *b* 3. Oberschwingung, *c* 5. Oberschwingung, *d* 7. Oberschwingung, *e* 9. Oberschwingung

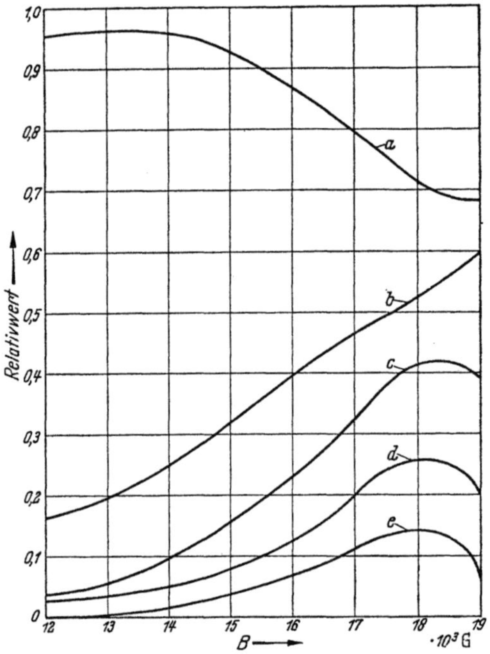

Abb. 8. Grund- und Oberschwingungsanteile des Magnetisierungsstromes von kaltgewalzten Transformatorenblechen.

a Grundschwingung, *b* 3. Oberschwingung, *c* 5. Oberschwingung, *d* 7. Oberschwingung, *e* 9. Oberschwingung

Der scheinbare Leistungsfaktor läßt sich aus der Verlust- und Wechselstrom-Magnetisierungskurve mit Hilfe der folgenden Gln. (6) bis (9) berechnen:

$$V_{\mathrm{Fe}} = v_{\mathrm{Fe}}\,G_{\mathrm{Fe}} \quad [\mathrm{W}], \tag{6}$$

$$U\,I_{\mathrm{Fe}} = \frac{U\,H_{\mathrm{eff}}\,l_{\mathrm{Fe}}}{w} \quad [\mathrm{VA}], \tag{7}$$

$$U = \sqrt{2}\,\pi\,f\,w\,B\,Q_{\mathrm{Fe}}\,10^{-8} \quad [\mathrm{V}], \tag{8}$$

$$G_{\mathrm{Fe}} = Q_{\mathrm{Fe}}\,l_{\mathrm{Fe}}\,\gamma\,10^{-3} \quad [\mathrm{kg}]. \tag{9}$$

In diesen Gleichungen bedeutet:

G_{Fe} das Eisengewicht des Transformators in kg,
Q_{Fe} den aktiven Eisenquerschnitt in cm²,
l_{Fe} die Kraftlinienlänge im Eisen in cm,
w die Windungszahl und
γ die Wichte in kg/dm³.

Man erhält

$$\cos \varphi'_{\text{Fe}} = \frac{v_{\text{Fe}}\,\gamma}{\pi\sqrt{2}\,f\,H_{\text{eff}}\,B}\,10^5 \tag{10}$$

bzw. mit $\gamma = 7{,}6\ \text{kg/dm}^3$ und $f = 50\ \text{Hz}$

$$\cos \varphi'_{\text{Fe}} = 3{,}42\,\frac{v_{\text{Fe}}}{H_{\text{eff}}\,B}\,10^3\,. \tag{11}$$

Mit Hilfe dieser Formel wurden die Kurven des scheinbaren Leistungsfaktors berechnet, die in Abb. 9 für warm- und kaltgewalzte Bleche von 0,35 mm Dicke bei 50 Hz dargestellt sind und sich in bemerkenswerter Weise voneinander unterscheiden. Sie gelten ebenso wie die zugrunde liegenden Wechselstrom - Magnetisierungskurven nach Abb. 5 für den stoßfugenfreien magnetischen Kreis.

Zur Bestimmung des Magnetisierungsbedarfes einfacher magnetischer Kreise kann man statt einer Wechselstrom-Magnetisierungskurve auch eine Kurve der spezifischen Scheinleistungsaufnahme n_{Fe} [VA/kg] benutzen, die in der Handhabung bequemer ist, da sie außer der Kenntnis der Induktion nur noch die des Eisengewichtes voraussetzt. Der Zusammenhang zwischen beiden Kurven läßt sich nach Gl. (11), d. h. für 50 Hz, zu

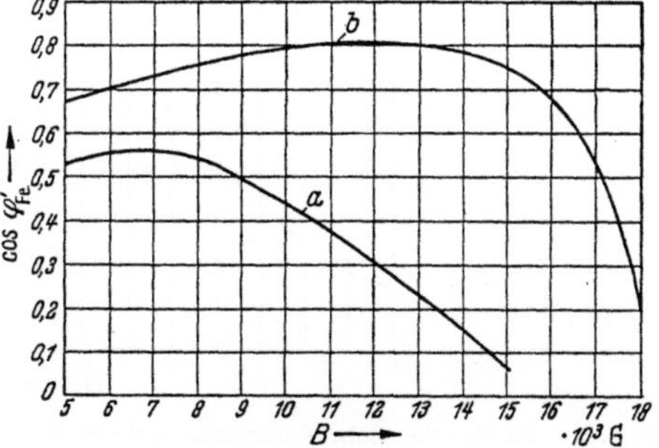

Abb. 9. Scheinbarer Leistungsfaktor warm- und kaltgewalzter Transformatorenbleche von 0,35 mm Dicke bei 50 Hz

a warmgewalzt, längs, b kaltgewalzt, längs

$$n_{\text{Fe}} = 0{,}292\,H_{\text{eff}}\,B\,10^{-3} \tag{12}$$

ermitteln.

In Abb. 10 ist die hiernach aus Abb. 5 berechnete spezifische Scheinleistungsaufnahme für stoßfugenfreie Kreise bei Magnetisierung in der Walzrichtung graphisch dargestellt.

Für verschiedene Zwecke benutzt man vorteilhaft die Permeabilitätskurve $\mu = f(B)$, die man aus der Magnetisierungskurve $B = f(H)$ nach der Definition:

$$\mu = \frac{B}{\mu_0 H} = \frac{B}{1{,}256\,H} \tag{13}$$

erhält. Es sind deshalb in Abb. 11 die aus Gleichstrommagnetisierungskurven ermittelten Permeabilitätskurven für warm- und kaltgewalzte Bleche in Abhängigkeit von der Induktion aufgetragen, denen eine Magnetisierung in der Walzrichtung und stoßfugenfreie Überlappung

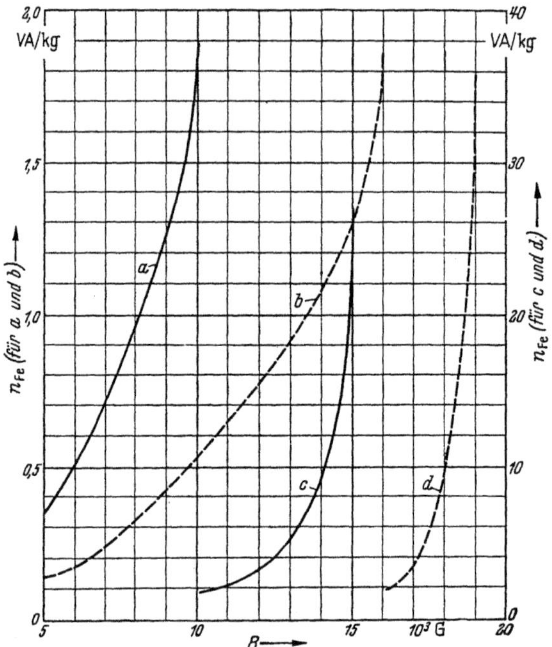

Abb. 10. Spezifische Scheinleistungsaufnahme warm- und kaltgewalzter Transformatorenbleche
———— warmgewalzt, — — — kaltgewalzt

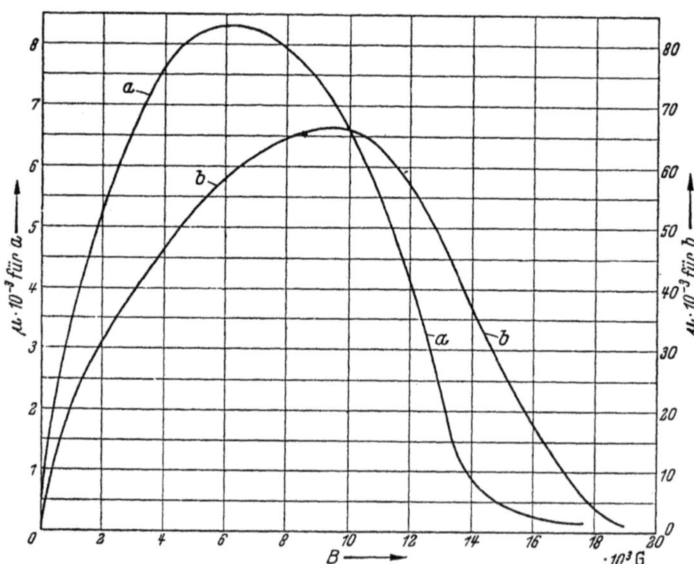

Abb. 11. Permeabilitätskurven warm- und kaltgewalzter Transformatorenbleche.
a warmgewalzt, längs, b kaltgewalzt, längs

der Probestreifen zugrunde liegen. Solche Kurven eignen sich besonders bei warmgewalztem Blech in einzelnen Fällen zur näherungsweisen Bestimmung des zeitlichen Verlaufs von Fluß und Magnetisierungsstrom.

2. Der Einfluß von Verbindungsstellen und Bolzenlöchern im magnetischen Kreis

Im allgemeinen wird der magnetische Kreis aus rechteckigen Blechstreifen gebildet, die entweder zu Paketen geformt und stumpf gegeneinander gestoßen oder – einzeln oder zu mehreren zusammengefaßt – verzapft werden.

Ein stumpf gestoßener Kern mit n in Reihe liegenden Stoßfugen der Weite δ_F [cm] erfordert zu deren Magnetisierung einen zusätzlichen Stoßfugenstrom von

$$I_F = \frac{f_{\mathrm{Fe}} B\, n\, \delta_F}{\mu_0 \sqrt{2}\, w}. \tag{14}$$

Hierbei bezeichnet f_{Fe} den Füllfaktor des Eisens, d. h., es wurde die geometrische Querschnittsfläche $Q_{\mathrm{Fe}}/f_{\mathrm{Fe}}$ des Eisenpaketes näherungsweise als mittlerer Stoßfugenquerschnitt angenommen. Um Eisenbrände zu vermeiden, die durch eine Überbrückung der Blechisolation hervorgerufen werden können, empfiehlt es sich, die Stoßflächen nicht durch Hobeln oder Schleifen zu bearbeiten. Man ist deshalb genötigt, verhältnismäßig starke Einlagen – z. B. aus Glimmer oder Asbest – zwischen den Stoßflächen anzuordnen, was einen recht beträchtlichen Stoßfugenstrom zur Folge hat. Weiterhin ist eine Spannvorrichtung erforderlich, mit der die Stoßstellen kräftig zusammengepreßt werden, um die Geräusche in erträglichen Grenzen zu halten und ein Zerreiben der Einlagen zu verhüten. Wegen der genannten Nachteile wird der Stumpfstoß im Transformatorenbau kaum noch angewendet.

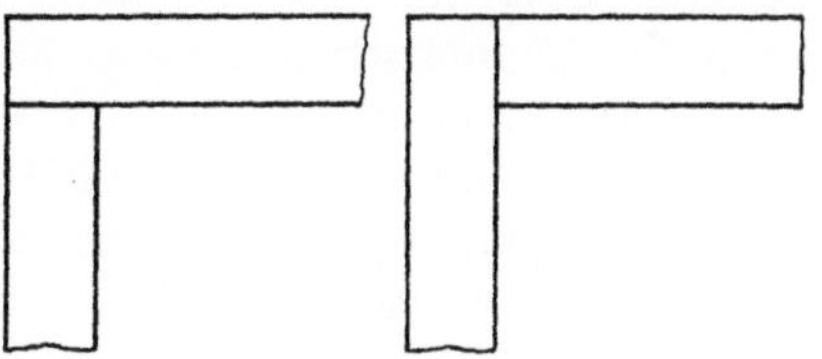

Abb. 12. 90°-Verzapfung einer Kernecke

Seit vielen Jahren bevorzugt man den aus verzapft geschichteten Blechen hergestellten Kern, der sowohl wegen seines besseren magnetischen Schlusses als auch hinsichtlich des Wegfallens besonderer Spannkonstruktionen dem stumpfgestoßenen Kern überlegen ist.

Beim Verzapfen werden die Kernbleche so aufeinander geschichtet, daß die Stoßstellen schichtweise gegeneinander versetzt sind. Abb. 12 zeigt den Schichtplan einer Kernecke, bei der die Stoßfugen der verschiedenen Blechlagen in einem Winkel von 90° zueinander liegen. Zur Erleichterung der Schichtarbeit werden die Bleche gewöhnlich paarweise aufeinandergelegt. Bei dieser einfachsten Form der Verzapfung ist

jedoch zu beachten, daß der Kraftfluß in der Kernecke nicht in Längsrichtung der Blechstreifen verläuft. Sind nun – um die magnetische
Vorzugsrichtung auszunützen – die Streifen parallel zur Walzrichtung
der Bleche geschnitten, so müssen in den Ecken zusätzliche Verluste
und eine erhöhte Scheinleistungsaufnahme in Kauf genommen werden.
Wegen der wenig ausgeprägten magnetischen Vorzugsrichtung sind aber

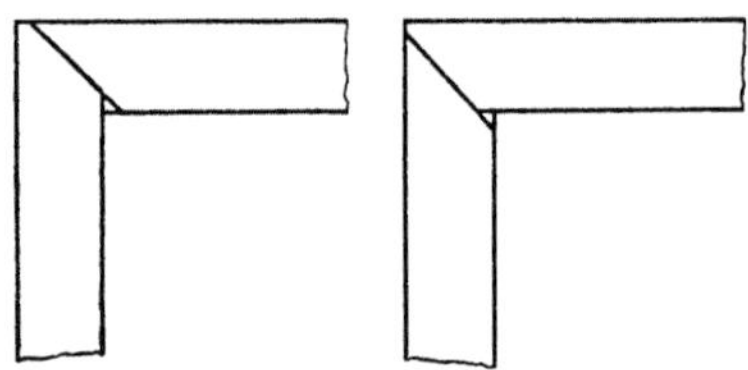

Abb. 13. 45°-Verzapfung einer Kernecke

diese Nachteile bei den warmgewalzten Blechen so geringfügig, daß sich
ein aufwendigeres Schichtungsver-
fahren nicht lohnt. Anders liegen die
Verhältnisse bei kaltgewalzten Blechen, deren magnetische Eigenschaften eine starke Richtungsabhängigkeit aufweisen. Für diese
kommt z. B. eine Verzapfung nach Abb. 13 in Betracht, bei welcher der
Schrägschnitt unter 45° ausgeführt ist und so eine optimale Ausnutzung der richtungsabhängigen magnetischen Eigenschaften gewährleistet wird.

Die Berechnung des zusätzlichen Strombedarfes für n in Reihe liegende Verzapfungen unter Zugrundelegung einer äquivalenten Spaltweite mit Hilfe der Gl. (14) ist unzweckmäßig [89], weil die äquivalente
Spaltweite von der Induktion stark abhängig ist. Dies ergibt sich aus
der Überlegung, daß die eine Stoßstelle überbrückenden Nachbarbleche
an der Überlappungsstelle bei Kerninduktionen über 10000 G bereits
praktisch gesättigt sind und einen immer kleiner werdenden Anteil des
gesamten magnetischen Flusses übernehmen, je höher die Kerninduktion wird. Außerdem ist die Spaltweite der Stoßstellen in starkem Maße
von der Sorgfalt des die Kernschichtung ausführenden Arbeiters abhängig und kann daher nicht mit ausreichender Sicherheit vorausgesagt
werden. Die Spaltweiten variieren im allgemeinen im Bereich von etwa
0,1 bis 1 mm. Da der magnetische Widerstand einer Verzapfungsstelle
sich etwa proportional mit der Spaltweite ändert, ist es nicht lohnend,
sich um eine exakte Berechnung zu bemühen. Durchschnittswerte für
die magnetische Spannung oder Durchflutung Θ_F in A, die eine solche
Verbindungsstelle für den Fall benötigt, daß immer zwei Kernbleche
paarweise zusammengefaßt werden, sind in Abb. 14 aufgetragen. Mit
ihrer Hilfe errechnet sich der zusätzliche Strombedarf bei n Verzapfungsstellen zu

$$I_F = n\,\Theta_F/w\,.\tag{15}$$

In Tab. 3 ist dem Durchflutungsbedarf des Eisens bei einer mittleren
Kraftlinienlänge $l_{\mathrm{Fe}} = 100$ cm derjenige einer Verzapfungsstelle paarweise zusammengefaßter Bleche gegenübergestellt.

Tabelle 3. *Vergleich der magnetischen Spannung im Eisen mit der einer Verzapfungsstelle paarweise zusammengefaßter Kernbleche*

B [G]	Warmgewalztes Blech		Kaltgewalztes Blech	
	$\Theta_{Fe} = H_{eff}\, l_{Fe}$ [A] für $l_{Fe} = 100$ cm	Θ_F [A] 90°-Verzapfung	$\Theta_{Fe} = H_{eff}\, l_{Fe}$ [A] für $l_{Fe} = 100$ cm	Θ_F [A] 45°-Verzapfung
12000	105	39	24	4
13000	150	51	25	6
14000	250	67	28	8
15000	600	83	30	11
16000	1400	101	40	15
17000	—	—	75	19
18000	—	—	210	25

Bei einem Kern aus warmgewalztem Blech, der auf 100 cm Kraftlinienlänge eine Verbindungsstelle mit paarweise angeordneten Blechen

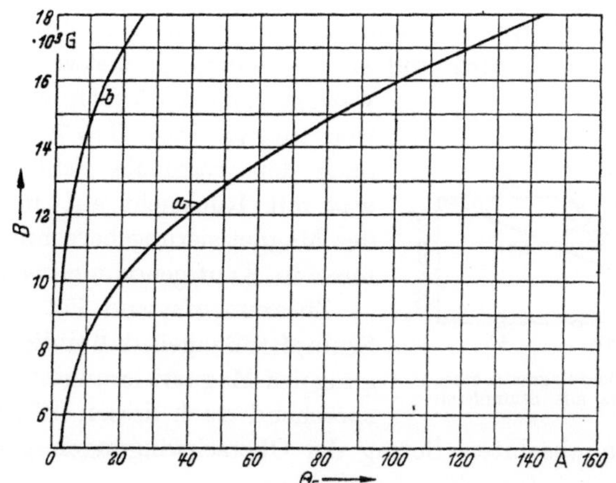

Abb. 14. Magnetische Spannung Θ_F einer Verzapfungsstelle bei paarweiser Schichtung der Bleche (Blechdicke 0,35 mm).
a 90°-Verzapfung warmgewalzter Bleche, b 45°-Verzapfung kaltgewalzter Bleche

aufweist, erreicht demnach bei 15000 G der Durchflutungsbedarf der 90°-Verzapfung einen Betrag von rd. 14 % des Durchflutungsbedarfes des Eisens. Ein Kern aus kaltgewalztem Blech zeigt dagegen unter gleichen Verhältnissen – jedoch mit 45°-Verzapfung – einen Strom für die Verzapfungsstelle von 37 % desjenigen, der zur Magnetisierung des Eisens benötigt wird. Selbst bei 18000 G beträgt er noch 12 %. Führt man die Verzapfung so aus, daß die Bleche nicht paarweise, sondern einzeln gegeneinander versetzt sind, so ergibt sich für die Verzapfungsstelle bei warmgewalzten Blechen eine Verminderung des Stromes I_F um etwa 30 %. Bei kaltgewalzten Blechen bringt die Einzelverschachtelung praktisch nichts, weil die Bleche wegen ihrer glatten Oberfläche und ihrer außerordentlich dünnen Isolierschicht ziemlich dicht aufeinander liegen.

Die Einzelverschachtelung lohnt sich daher nur bei kleinen Kernen aus warmgewalzten Blechen.

Beim Stumpfstoß kann der Stoßfugenstrom I_F als praktisch sinusförmig und der elektrischen Spannung um 90° nacheilend angenommen werden. Er ist also nach dem in Abb. 15 dargestellten Zeigerdiagramm der Grundschwingung $I_{\mathrm{Fe}1}$ des Magnetisierungsstromes geometrisch hinzuzufügen.

Der resultierende Grundschwingungsstrom errechnet sich nach dem Diagramm zu

$$I_{01} = I_{\mathrm{Fe}1}\,\sqrt{1 + \left(\frac{I_F}{I_{\mathrm{Fe}1}}\right)^2 + 2\,\frac{I_F}{I_{\mathrm{Fe}1}}\sin\varphi_{\mathrm{Fe}}}\,. \tag{16}$$

Benutzt man dagegen die Näherungsformel

$$I_{01} = I_{\mathrm{Fe}1} + I_F\,, \tag{17}$$

so rechnet man etwas zu ungünstig. Der Fehler erreicht sein Maximum, wenn $I_F/I_{\mathrm{Fe}1} = 1$ wird und $\sin\varphi_{\mathrm{Fe}}$ seinen Kleinstwert annimmt. Bei

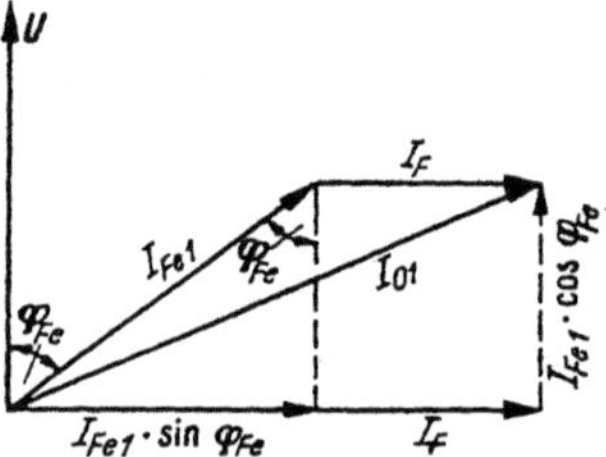

Abb. 15. Leerlaufdiagramm eines Transformators mit Stumpfstoß

warmgewalzten Blechen ist dieser Kleinstwert $\sin\varphi_{\mathrm{Fe}} = 0,8$ ($B = 7000$ G) und demnach der maximale Fehler nur $+ 5\%$, was mit Rücksicht auf die Unsicherheit der Magnetisierungsberechnung ohne weiteres in Kauf genommen werden kann.

Zusammenfassend läßt sich über den Stumpfstoß sagen, daß er die Grundschwingung des Magnetisierungsstromes und entsprechend auch dessen Effektivwert vergrößert, den absoluten Betrag der Oberschwingungen aber nicht verändert.

Anders verhalten sich die Verzapfungsstellen. Da hier die Stoßfugen abwechselnd durch Eisenbleche überbrückt sind, benötigen sie einen verzerrten Strom und bewirken zudem geringe zusätzliche Verluste. Näherungsweise kann man daher für den Effektivwert des resultierenden Magnetisierungsstromes schreiben

$$I_0 \approx I_{\mathrm{Fe}} + I_F = \frac{H_{\mathrm{eff}}\,l_{\mathrm{Fe}} + n\,\Theta_F}{w} \tag{18}$$

und die Grund- und Oberschwingungsanteile nach Abb. 7 und 8 auf den resultierenden Strom I_0 beziehen. Daß sich der scheinbare Leistungsfaktor nach Abb. 9 durch den Stoßfugenstrom I_F etwa im Verhältnis $I_{\mathrm{Fe}} : I_0$ verkleinert, sei am Rande vermerkt.

Aus Vorstehendem folgt, daß der Einfluß der Verbindungsstellen proportional dem Verhältnis n/l_{Fe} wächst. Insbesondere bei kleinen Kernen ist es daher vorteilhaft, ihre Zahl zu vermindern. Soweit Bleche ohne ausgeprägte magnetische Vorzugsrichtung verwendet werden, be-

nützt man deshalb vielfach Komplettschnitte (Abb. 16). Für die kaltgewalzten Bleche mit magnetischer Vorzugsrichtung, die in Bandform
geliefert werden können, eignet sich der Bandkern [52], der unter-

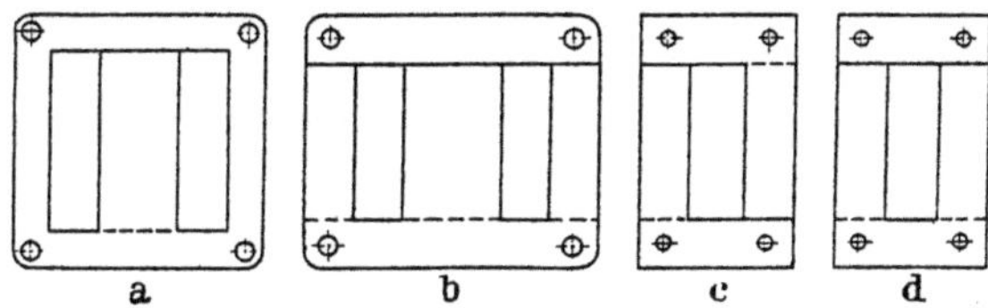

Abb. 16. Verzapft geschichtete Eisenkerne.
a M-Schnitt, *b* E-Schnitt, *c* L-Schnitt, *d* U-Schnitt

brechungsfrei gewickelt und anschließend geglüht wird. Seine Herstellung ist einfacher als die des aus Blechstreifen geschichteten Kernes und
vermeidet außerdem jeden Blechabfall. Um die Wicklungen aufschieben
zu können, werden die einzelnen Windungen des geglühten Bandkernes
nachträglich so versetzt aufge-
trennt, daß im magnetischen Kreis
nur eine Verzapfungsstelle liegt
(Abb. 17).

Recht anschaulich läßt sich
der Einfluß der Verzapfungsstellen auf den Magnetisierungsstrom

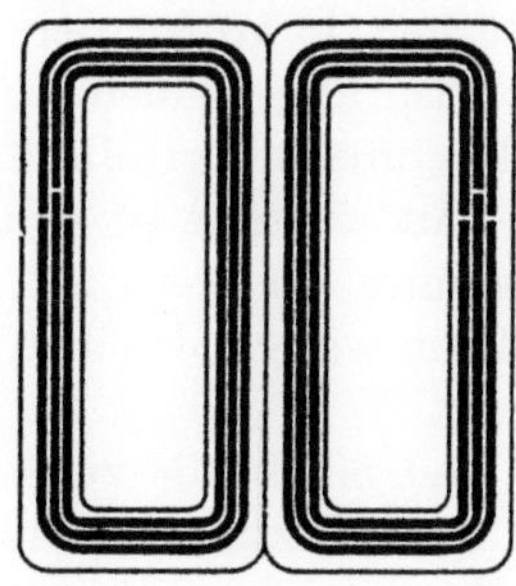

Abb. 17. Bandkern (schematisiert)

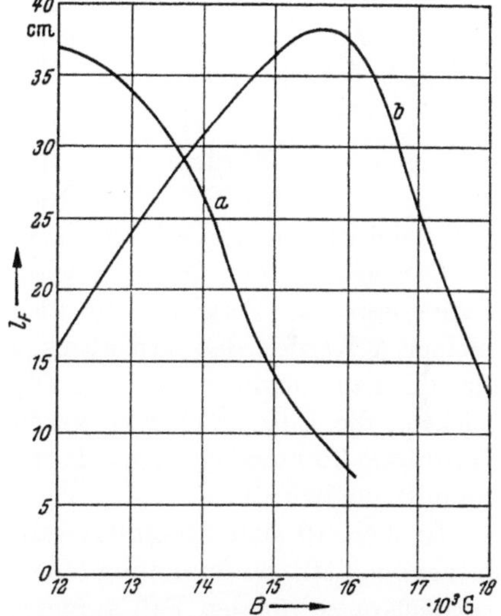

Abb. 18. Scheinbare Eisenwegverlängerung l_F
je Verzapfungsstelle bei paarweiser Schichtung.
a warmgewalztes Blech, 90°-Verzapfung,
b kaltgewalztes Blech, 45°-Verzapfung

auch durch eine scheinbare Eisenwegverlängerung l_F je Verbindungsstelle
ausdrücken.

Mit

$$I_0 \approx \frac{H_{\text{eff}}\,(l_{\text{Fe}} + n\,l_F)}{w} \tag{19}$$

ergibt sich nach Gl. (18)

$$l_F = \Theta_F / H_{\text{eff}} \,. \tag{20}$$

Werte der scheinbaren Eisenwegverlängerung je Verzapfungsstelle sind Abb. 18 zu entnehmen, der die Zahlenangaben von Tab. 3 zugrunde liegen.

Um den aus rechteckigen Blechstreifen zusammengefügten Kern zu festigen, ist es unter Umständen notwendig, die Bleche mit Löchern zu versehen, durch die nach dem Schichten isolierte Bolzen zum Pressen der Pakete gezogen werden. Diese Bolzenlöcher verursachen nicht nur eine Zusammendrängung des magnetischen Flusses in Lochnähe, sondern auch eine Abweichung der Kraftlinien von der Längsrichtung. Man ist deshalb schon seit langem bestrebt, Bolzenlöcher soweit als möglich zu vermeiden. Die Zusatzverluste und der erhöhte Magnetisierungsstrombedarf, die durch sie hervorgerufen werden, sind bei warmgewalzten Blechen nicht allzu groß, fallen aber bei kaltgewalzten Blechen stark ins Gewicht. Deshalb ist es bei kaltgewalzten Blechen noch viel wichtiger, die Kernpressung auf andere Weise zu erreichen.

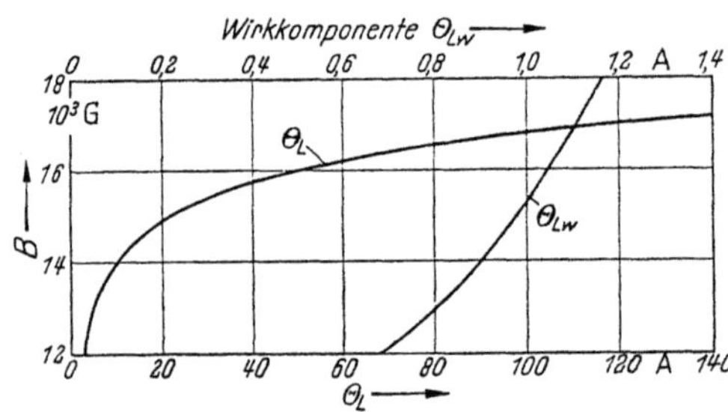

Abb. 19. Totale magnetische Spannung Θ_L je Loch und ihre Wirkkomponente Θ_{Lw} für 50 Hz bei kaltgewalztem Blech. Lochdurchmesser/Blechbreite $= 0{,}21$

Der Einfluß der Lochung wird um so stärker, je größer der Lochdurchmesser im Vergleich zur Blechbreite ist. Im allgemeinen wird bei kleineren Kernen das Verhältnis von Lochdurchmesser zu Blechbreite erheblich ungünstiger als bei großen Kernen. Andererseits ist es um so leichter, die Bolzenlöcher zu vermeiden, je kleiner der Kern ist. Beide Umstände kommen sich so weit entgegen, daß ein wirtschaftlicher Kompromiß möglich ist.

In Abb. 19 sind für kaltgewalzte Bleche und 50 Hz die zusätzliche totale magnetische Spannung Θ_L je Loch und ihre Wirkkomponente Θ_{Lw} beispielsweise für den Fall aufgetragen, daß der Lochdurchmesser 21 % der Blechbreite beträgt. Bei n in Reihe liegenden Löchern errechnet sich damit der erforderliche Zusatzstrom zu

$$I_L = \frac{n\,\Theta_L}{w} \tag{21}$$

und der entstehende Zusatzverlust zu

$$V_L = n\,\Theta_{Lw}\,e_w, \tag{22}$$

wenn e_w die Windungsspannung bezeichnet.

Das nachfolgende Beispiel möge den starken Einfluß der Bolzenlöcher veranschaulichen: Ein Eisenkern aus kaltgewalztem Blech mit einer mittleren Kraftlinienlänge $l_{Fe} = 100$ cm, einem aktiven Querschnitt $Q_{Fe} = 100$ cm², vier 45°-Verzapfungen und vier Bolzenlöchern sei mit $B = 16000$ G induziert. Seine Windungsspannung beträgt somit $e_w = 3{,}55$ V bei 50 Hz, sein Gewicht 76 kg. Ohne Verzapfung und Bolzenlöcher errechnet sich nach Abb. 5 eine Durchflutung von

$$I_{Fe} w = 40 \text{ A} .$$

Der zusätzliche Durchflutungsbedarf der vier 45°-Verzapfungen ergibt sich aus Abb. 14 zu

$$I_F w = 60 \text{ A} ,$$

während der Durchflutungsbedarf der vier Bolzenlöcher nach Abb. 19

$$I_L w = 200 \text{ A}$$

erreicht. Der Zusatzverlust, den die vier Bolzenlöcher hervorrufen, bestimmt sich nach Abb. 19 und Gl. (22) zu

$$V_L = 4 \cdot 1{,}04 \cdot 3{,}55 = 14{,}8 \text{ W} ,$$

bei einem Eisenverlust des nicht gelochten Kernes (Abb. 4) von

$$V_{Fe} = 1{,}3 \cdot 76 = 99 \text{ W} .$$

Die Daten des Beispiels beziehen sich auf einen verhältnismäßig kleinen Kern. Verdoppelt man seine linearen Abmessungen und gleichzeitig die Zahl der Bolzenlöcher, so erhält man folgende Werte:

$$
\begin{aligned}
I_{Fe} w &= 80 \text{ A,} & V_L &= 118 \text{ W,} \\
I_F w &= 60 \text{ A,} & V_{Fe} &= 792 \text{ W.} \\
I_L w &= 400 \text{ A,}
\end{aligned}
$$

Die vorstehende Rechnung zeigt in aller Deutlichkeit den nachteiligen Einfluß von Bolzenlöchern in Kernen aus kaltgewalztem Blech. Die mechanischen Eigenschaften dieser Bleche, insbesondere ihre glatte Oberfläche, gestatten jedoch in viel weitgehenderem Maße als dies beim warmgewalzten Blech möglich ist, auf Kernbolzen zu verzichten, oder bei großen Kernen sich mit relativ kleinen Lochdurchmessern zu begnügen, da nur noch geringe Preßdrücke notwendig sind.

3. Die Bauformen des Eisenkernes

Der Eisenkern des Transformators ist der Träger des magnetischen Flusses, der die Wicklungen miteinander koppelt. Er wird aus gegeneinander isolierten Blechstreifen oder Bändern so aufgebaut, daß der magnetische Fluß parallel zu den Blechebenen verläuft – und zwar möglichst weitgehend in der Walzrichtung. Die bewickelten Teile des Eisenkernes heißen Schenkel. Sie werden durch Joche miteinander verbunden, so daß je nach Art des Transformators ein oder mehrere geschlossene magnetische Kreise entstehen. In besonderen Fällen werden auch

Rückschlußschenkel vorgesehen, die im allgemeinen die gleiche Funktion wie die Joche haben. Schenkel, Joche und gegebenenfalls Rückschlußschenkel umschließen die Fenster, welche die Wicklungen aufnehmen.

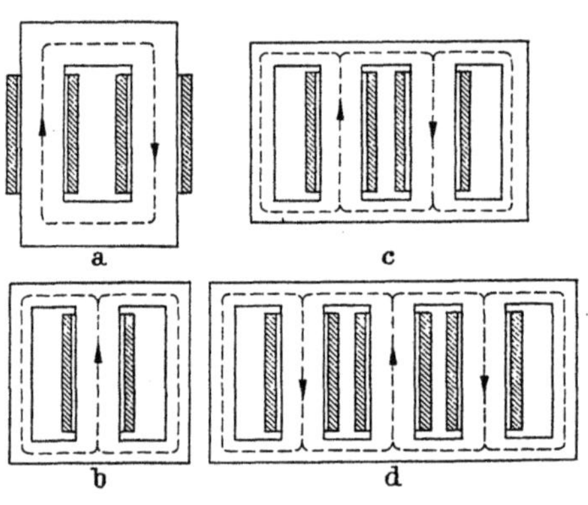

Abb. 20. Einphasen-Transformatoren.
a Kerntyp, b Manteltyp, c Vierschenkeltyp, d Fünfschenkeltyp

Sowohl bei Einphasen- als auch bei Drehstrom-Transformatoren unterscheidet man zwei Bauformen, die unter den Bezeichnungen Kerntyp und Manteltyp zusammengefaßt werden und in Abb. 20 und 21 dargestellt sind. Die gebräuchlichste Bauform – abgesehen vom Kleintransformator – ist der Kerntyp, der in Europa überwiegend in dreiphasiger Ausführung (Abb. 21a), d. h. mit drei in einer Ebene liegenden Schenkeln, gebaut wird. Diese unsymmetrische Anordnung hat wegen ihrer einfachen Bauweise den symmetrischen Drehstrom-Kerntransformator mit drei um 120° versetzten und durch stern- oder dreieckförmige Joche verbundenen Schenkeln, den sogenannten Tempeltyp, vor etwa 50 Jahren zunächst vollständig verdrängt. Das bandförmig angelieferte kaltgewalzte Blech bietet jedoch heute neue Möglichkeiten und hat den Tempeltyp-Transformator vereinzelt wieder zu neuem Leben erweckt. Seine gelegentliche Anwendung bleibt jedoch auf dem Bereich mittlerer Leistungen beschränkt.

Für sehr große Leistungen kommen mit Rücksicht auf Bauhöhenbeschränkungen, die für den Transport gefordert werden müssen, dreiphasige Fünfschenkeltypen nach Abb. 21b in Betracht. Diese sind mit

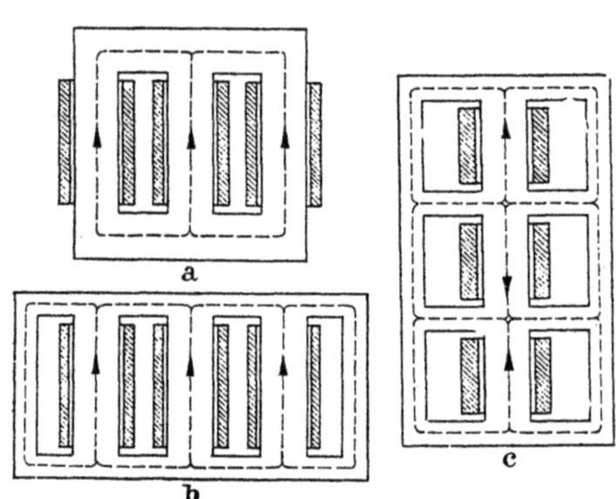

Abb. 21. Drehstrom-Transformatoren.
a Kerntyp, b Fünfschenkeltyp, c Manteltyp

Rückschlußschenkeln versehen und weisen demgemäß stark verminderte Jochhöhen auf. Ist die zu übertragende Leistung so groß, daß auch der fünfschenklige Drehstrom-Transformator das Transportprofil überschreiten würde, so wird der Transformator in drei Einphasen-Einheiten aufgelöst, wobei die Kernbauformen nach Abb. 20a bis d verwendet werden. Bei diesen sind die Vier- und Fünfschenkeltypen wiederum den Grenzleistungen vorbehalten, die im Rahmen der Transportbeschränkungen auf andere Weise nicht untergebracht werden können. Für mittlere Leistungen wird teilweise auch eine Abart des einphasigen Manteltyps nach Abb. 20b angewendet, bei dem eine Vielzahl von Jochen und Rückschlußschenkeln kreisförmig um den Schenkel angeordnet ist und der Schenkel dementsprechend radial geblecht wird. Mit dieser Konstruktion kann die Jochhöhe auf etwa 20 % des Schenkeldurchmessers herabgedrückt werden. Über die genannten Anwendungsgebiete hinaus werden Einphasenkerne in Europa nur für Sonderzwecke und für Kleintransformatoren benötigt, wobei der Manteltyp bevorzugt wird.

Eine Alternative zum Drehstrom-Kerntransformator nach Abb. 21a stellt der dreiphasige Manteltransformator nach Abb. 21c dar. Durch Umkehrung des Wickelsinnes auf dem Mittelschenkel ist es möglich, den Jochen durchweg gleiche Querschnitte zu geben. Auch diese Ausführung, bei welcher der Kern im allgemeinen liegend angeordnet wird, zählt zu den unsymmetrischen Drehstrom-Transformatoren.

Um erhöhte Eisenverluste und Magnetisierungsströme zu vermeiden, sind bei der konstruktiven Gestaltung der aus Schenkeln und Jochen bzw. Rückschlußschenkeln gebildeten verschiedenen Bauformen gegebenenfalls Maßnahmen zu treffen, mit denen erreicht wird, daß der magnetische Fluß einerseits parallel zu den Blechschichten verläuft, diese also nicht stellenweise durchdringt, und sich andererseits gleichmäßig über den Kernquerschnitt verteilt. Diese Bedingungen sind erfüllt, wenn die Querschnittsformen der Joche denen der Schenkel entsprechen und die mittleren Kraftlinienweglängen in den einzelnen Blechschichten einander gleich sind. Bei Kernen mit rechteckigem Querschnitt wird man kaum versucht sein, gegen diese Bemessungsregel zu verstoßen, wohl aber bei solchen mit angenähert kreisförmigem Schenkelquerschnitt. Im letzten Falle bedingt nämlich eine genaue Nachbildung des Eisenquerschnittes im Joch bei vielfach abgestuften Schenkelblechbreiten eine große Zahl von Jochblechen verschiedener Breite. Die mit dieser Ausführung verbundene Mehrarbeit lohnt jedoch, da sie durch ermäßigte Eisenverluste aufgewogen wird.

Die Abstimmung der Blechbreiten und Kraftlinienweglängen kann indessen nur einen Teilerfolg bringen, da die Vermeidung von Zusatzverlusten außerdem die genaue Übereinstimmung der Magnetisierungskurven der einzelnen parallel geschalteten Bleche und – bei verzapften Kernen – zudem gleiche Blechdicken zur Voraussetzung hat.

Wenn auch diese beiden zusätzlichen Forderungen nur näherungsweise erfüllbar sind, so folgt doch, daß eine zielbewußte Verwendung

von Blechen nahezu gleicher magnetischer Eigenschaften und gering-
fügiger Dickenunterschiede die konstruktiven Maßnahmen ergänzen
muß, um die Zusatzverluste soweit als möglich herabzudrücken. Andererseits ist natürlich gegen die Anwendung magnetisch verschieden-
artiger Bleche nichts einzuwenden, wenn die einzelnen Blechsorten
magnetisch hintereinander geschaltet sind, also etwa für die Schenkel
eine andere Blechsorte benutzt wird, als für die Joche.

In den nachfolgenden Abschnitten soll nun auf die magnetischen
Eigenarten der verschiedenen Kernbauformen näher eingegangen
werden. Soweit es sich um Drehstrombetrieb handelt, spielt dabei die
Schaltung der Eingangswicklung, gegebenenfalls auch eine in Dreieck
geschaltete Ausgangswicklung oder Ausgleichwicklung, eine entscheidende
Rolle.

4. Der Drehstrom-Kerntyp

Beim Drehstrom-Kerntyp in der üblichen unsymmetrischen Bauart
nach Abb. 21a ergänzen sich die beim Anschluß an ein symmetrisches
dreiphasiges Spannungssystem entstehenden drei phasenverschobenen
Flüsse nur unter gewissen Voraussetzungen zu Null. Der Aufbau des

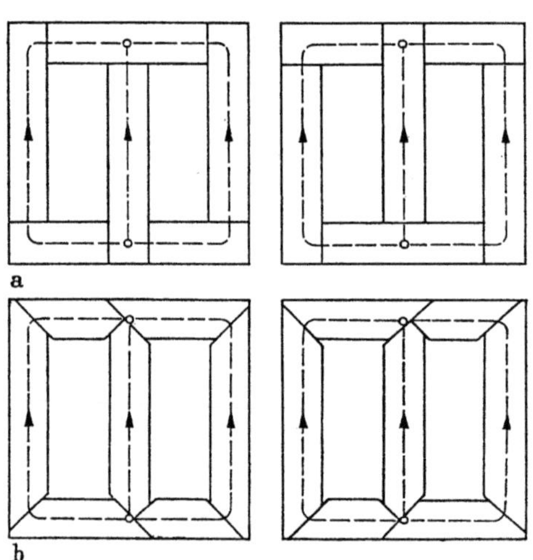

unsymmetrischen Dreh-
stromkernes bedingt, daß die
Verkettungspunkte der drei
Flüsse in der Mitte des oberen
und unteren Joches liegen.
Die Längen der äußeren
Kraftlinienpfade sind zwar
einander gleich, aber erheblich größer als die des mittleren Kraftlinienpfades. Weiterhin ist die Zahl der Verzapfungen – soweit solche
angewendet werden – im
gleichen Sinne unterschiedlich. Bei dem üblichen
Schichtplan eines Drehstromkernes nach Abb. 22 liegen in
den beiden äußeren Kraft-
linienpfaden je drei Verzap-

Abb. 22. Schichtplan eines Drehstromkernes mit eingezeichneten Kraftlinienpfaden
a 90°-Verzapfung, b 45°-Verzapfung

fungen, im mittleren Kraftlinienpfad aber nur eine Verzapfung. Werden
die Joche dagegen stumpf auf die Schenkel aufgepreßt, so sind die
Unterschiede in den magnetischen Widerständen um so geringer, je
größer die Stoßfugen sind.

Ein gewisser Ausgleich ist durch Verstärkung des Jochquerschnittes
oder durch Verringerung des Querschnittes des mittleren Schenkels er-

zielbar. Im Normalfall bleibt jedoch ein beträchtlicher Unterschied im Magnetisierungsstrombedarf der Außenschenkel gegenüber dem des Mittelschenkels. Die Grundschwingungen dieser ungleichen Magnetisierungsströme müssen andererseits wie die Flüsse um 120° phasenverschoben sein, weshalb ihre geometrische Summe nicht Null sein kann. Letzteres gilt auch für diejenigen Oberschwingungen der drei Magnetisierungsströme, deren Ordnungszahl nicht durch drei teilbar ist, da die Zeiger dieser in den drei Wicklungssträngen auftretenden Oberschwingungen jeweils ebenfalls um 120° gegeneinander verdreht sind. Die Zeiger der zur natürlichen Magnetisierung der drei Kraftlinienpfade weiterhin erforderlichen Oberschwingungen dritter, neunter, fünfzehnter ... Ordnung dagegen liegen jeweils in der gleichen Richtung.

Je nach der Schaltung der Transformatorenwicklungen spricht man von freier oder erzwungener Magnetisierung, wobei die erzwungene Magnetisierung von einem Fluß von Joch zu Joch begleitet ist. Dieser wird nur bei solchen Schaltungen vermieden, welche die Ausbildung der zur natürlichen Magnetisierung erforderlichen Grund- und Oberschwingungsströme gestatten. Es sind dies die Stern-Stern-Schaltung mit zur Energiequelle zurückgeführtem Sternpunktleiter, die Dreieck-Stern-Schaltung sowie die Stern-Dreieck-Schaltung. Die Stromverteilung soll für diese drei Fälle nachstehend untersucht werden, wobei wir mit I_{O1} und $\varkappa I_{O1}$ die Grundschwingungen der zur natürlichen Magnetisierung des mittleren bzw. äußeren Kraftlinienpfades erforderlichen Ströme, mit I_{O3} und $\varkappa I_{O3}$ die Oberschwingungsströme dritter Ordnung beider Pfade bezeichnen. $\varkappa$ ist demnach bei verzapften Kernen mit unverstärktem Joch das Verhältnis der Weglänge beider Kraftlinienpfade unter Berücksichtigung der scheinbaren Wegverlängerung durch die Verzapfungen. Die Untersuchung gilt sinngemäß für alle übrigen Oberschwingungen der Magnetisierungsströme, wobei zu beachten ist, daß sich die Oberschwingungen mit nicht durch drei teilbaren Ordnungszahlen wie die Grundschwingung, die übrigen wie die dritte Oberschwingung verteilen.

a) Stern-Stern-Schaltung mit Sternpunktleiter auf der Eingangsseite

Nach Abb. 23 sind die Ströme in den drei Zuleitungen, wenn der Transformator keine sonstige Wicklung in Dreieckschaltung besitzt, gleich den verzerrten Magnetisierungsströmen der drei Schenkel, d. h.

$$I_{OR} = I_{OT} = \varkappa I_O \,, \tag{23}$$

$$I_{OS} = I_O \,. \tag{24}$$

Die geometrische Summe ihrer Grundschwingungen, deren Betrag nach dem Zeigerdiagramm $\varkappa I_{O1} - I_{O1}$ ist, und die algebraische Summe der dritten Oberschwingungen $2\varkappa I_{O3} + I_{O3}$ schließen sich über den Sternpunktleiter. Unter Berücksichtigung der übrigen Oberschwingungen läßt sich demnach für den Betrag des Effektivwertes des Stromes im Sternpunktleiter schreiben

$$I_{OM} = \sqrt{(I_{O1}^2 + I_{O5}^2 + I_{O7}^2 + \cdots)(\varkappa - 1)^2 + (I_{O3}^2 + I_{O9}^2 + \cdots)(2\varkappa + 1)^2}. \tag{25}$$

Der Anteil der dritten Oberschwingung im Sternpunktleiter ist also erheblich höher als in den Hauptleitern.

Bei vorstehender Überlegung ist angenommen, daß der Sternpunkt des Stromerzeugers, zu dem der Sternpunktleiter zurückgeführt ist, keine Schwingungen mit dreifacher Frequenz ausführt. Wenn dies jedoch der Fall ist, so entsteht im Sternpunktleiter eine zusätzliche dritte Stromoberschwingung. Diese kann, als Summe der drei Phasenbeiträge, je nach Höhe der Sternpunktschwingung dreifacher Frequenz unter Umständen sehr hohe Werte annehmen. Der dieser Spannung entsprechende Fluß, der in allen drei Schenkeln gleiche Richtung hat, kann sich

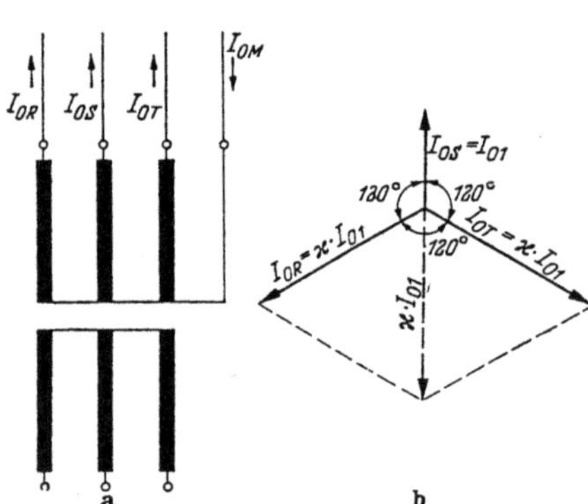

Abb. 23. Stern-Stern-Schaltung mit Sternpunktleiter auf der Eingangsseite.
a Schaltungsbild, b Zeigerdiagramm der Grundschwingung

nämlich bei dieser Kernform nur außerhalb des eigentlichen Kernes von Joch zu Joch durch die Luft schließen.

b) Dreieck-Stern-Schaltung

Auch bei Dreieckschaltung auf der Eingangsseite können sich die von den drei Schenkeln benötigten verzerrten und ungleichen Magneti-

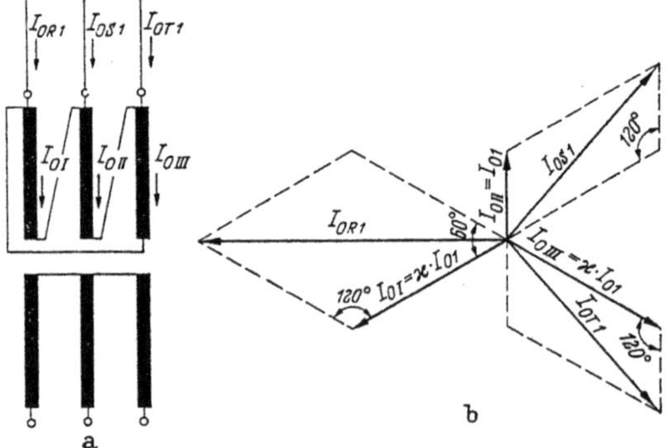

Abb. 24. Dreieck-Stern-Schaltung.
a Schaltungsbild, b Zeigerdiagramm der Grundschwingung

sierungsströme frei ausbilden, da von den drei Leitungen jeweils die Differenz zweier Schenkelströme geliefert werden kann.

Aus dem Zeigerdiagramm nach Abb. 24 folgt für die Grundschwingung der Leitungsströme

$$I_{OR1} = \sqrt{3}\,\varkappa\,I_{O1}, \tag{26}$$

$$I_{OS1} = I_{OT1} = I_{O1}\sqrt{1 + \varkappa^2 + \varkappa}. \tag{27}$$

Die Verteilung der dritten Oberschwingung der Magnetisierungsströme ergibt sich aus Abb. 25. Danach ist

$$I_{OR3} = \varkappa I_{O3} - \varkappa I_{O3} = 0, \tag{28}$$

$$I_{OS3} = -I_{O3}(\varkappa - 1), \tag{29}$$

$$I_{OT3} = I_{O3}(\varkappa - 1). \tag{30}$$

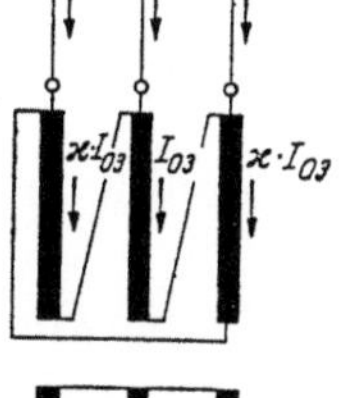

Abb. 25. Verteilung der dritten Stromoberschwingung bei Dreieck-Stern-Schaltung

Es tritt also nur in den Leitungen S und T eine restliche dritte Oberschwingung mit negativem bzw. positivem Vorzeichen auf.

Mit den übrigen Oberschwingungen errechnen sich nach den Gln. (26) bis (30) folgende Effektivwerte für die Ströme in den Leitungen:

$$I_{OR} = \sqrt{3}\,\varkappa\,\sqrt{I_{O1}^2 + I_{O5}^2 + I_{O7}^2 + \cdots}, \tag{31}$$

$$I_{OS} = I_{OT}$$
$$= \sqrt{(I_{O1}^2 + I_{O5}^2 + I_{O7}^2 + \cdots)(1 + \varkappa^2 + \varkappa) + (I_{O3}^2 + I_{O9}^2 + \cdots)(\varkappa - 1)^2}. \tag{32}$$

Die Oberschwingungen mit durch drei teilbarer Ordnungszahl sind demnach in den Zuleitungen stark vermindert und verschwinden bei $\varkappa = 1$ vollständig.

c) Stern-Dreieck-Schaltung

Die Sternschaltung ohne Sternpunktleiter erfordert, daß die Summe der Ströme in den Zuleitungen Null ist. Diese Forderung steht nicht im Einklang mit dem Magnetisierungsbedarf des Kernes. Da mit Rücksicht auf das physikalische Geschehen beide Forderungen erfüllt sein müssen, treten in den Zuleitungen zusätzliche Ströme auf, die im Kern zusätzliche Kraftflüsse hervorrufen. Aus leicht einzusehenden Gründen haben diese zusätzlichen Ströme in den drei Leitern und damit auch die zusätzlichen Flüsse in den drei Schenkeln gleiche Richtung.

Bei Stern-Dreieck-Schaltung sind die von den zusätzlichen Kraftflüssen in der Dreieckwicklung induzierten Spannungen in Reihe geschaltet und erzeugen einen Umlaufstrom, der diese Kraftflüsse auf einen, den inneren Spannungsfällen der Dreieckwicklung entsprechenden Wert reduziert. Die Spannungsfälle werden im wesentlichen von dem zwischen Eingangs- und Dreieckwicklung entstehenden Streufeld hervorgerufen und sind im allgemeinen sehr klein. In erster Näherung können wir daher annehmen, daß die gleichgerichteten Durchflutungen der Eingangswicklung durch die Durchflutung der Dreieckwicklung kompensiert werden. Aus Abb. 26 ergibt sich bei einer Windungsübersetzung 1 : 1 für die Nullkomponente die vektorielle Bedingungsgleichung:

$$I_{OI} + I_{OII} + I_{OIII} = 3 I_{OZ1}, \tag{33}$$

woraus sich mit

$$I_{OI} = I_{OIII} = \varkappa I_{OII}$$

der Betrag von I_{OZ1} aus

$$\varkappa I_{O1} - I_{O1} = 3 I_{OZ1}$$

zu

$$I_{OZ1} = \frac{\varkappa - 1}{3} I_{O1} \tag{34}$$

ergibt.

Andererseits sind die Beträge der Grundschwingungen der Leiterströme

$$I_{OR1} = I_{OT1} = \sqrt{\varkappa^2 I_{O1}^2 + I_{OZ1}^2 - \varkappa I_{O1} I_{OZ1}}, \tag{35}$$

$$I_{OS1} = I_{O1} + I_{OZ1} \tag{36}$$

Durch Einsetzen des für I_{OZ1} gefundenen Ausdruckes nach Gl. (34) erhält man

$$I_{OR1} = I_{OT1} = \frac{I_{O1}}{3} \sqrt{7 \varkappa^2 + \varkappa + 1}, \tag{37}$$

$$I_{OS1} = \frac{I_{O1}}{3} (2 + \varkappa) . \tag{38}$$

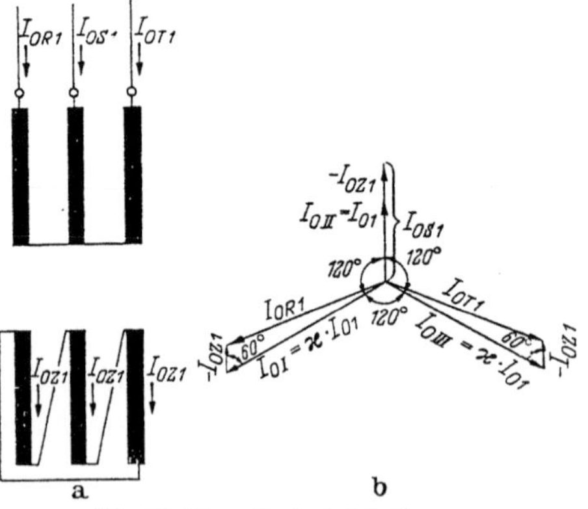
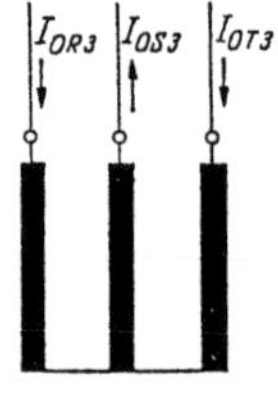

Abb. 26. Stern-Dreieck-Schaltung.
a Schaltungsbild, b Zeigerdiagramm der Grundschwingung

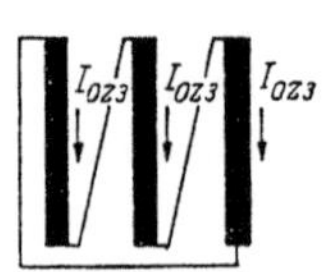

Abb. 27. Verteilung der dritten Stromoberschwingung bei Stern-Dreieck-Schaltung

Die Stromverteilung der dritten Stromoberschwingung ist in Abb. 27 dargestellt. Während die Dreieckwicklung nur gleichgroße Komponenten

I_{OZ3} liefern kann, muß aus Symmetriegründen I_{OS3} doppelt so groß wie I_{OR3} bzw. I_{OT3} und entgegengesetzt gerichtet sein, damit die Summe der aus den Leitungen zufließenden Komponenten Null ergibt.

Da die Summe der dritten Stromoberschwingung jedes Schenkels die für die Magnetisierung benötigten Ströme dreifacher Frequenz I_{O3} bzw. $\varkappa I_{O3}$ ergeben soll, folgt bei einer Windungsübersetzung 1 : 1 mit

$$I_{OZ3} + I_{OR3} = \varkappa I_{O3} = I_{OZ3} + I_{OT3},$$
$$I_{OZ3} - I_{OS3} = I_{O3}$$

und

$$- I_{OS3} = 2 I_{OR3} = 2 I_{OT3}$$

für die dritten Oberschwingungen der Leiterströme

$$I_{OR3} = I_{OT3} = \frac{I_{O3}}{3} (\varkappa - 1), \tag{39}$$

$$I_{OS3} = - \frac{I_{O3}}{3} (2\varkappa - 2). \tag{40}$$

und für die dritte Stromoberschwingung in der Dreieckwicklung

$$I_{OZ3} = \frac{I_{O3}}{3} (2\varkappa + 1). \tag{41}$$

Damit erhält man für die Effektivwerte der Leitungsströme unter Berücksichtigung der übrigen Oberschwingungen aus den Gln. (37) bis (40)

$$I_{OR} = I_{OT} = \frac{1}{3} \times$$
$$\times \sqrt{(I_{o1}^2 + I_{o5}^2 + I_{o7}^2 + \cdots)(7\varkappa^2 + \varkappa + 1) + (I_{o3}^2 + I_{o9}^2 + \cdots)(\varkappa - 1)^2}, \tag{42}$$

$$I_{OS} = \frac{1}{3} \times$$
$$\times \sqrt{(I_{o1}^2 + I_{o5}^2 + I_{o7}^2 + \cdots)(2 + \varkappa)^2 + (I_{o3}^2 + I_{o9}^2 + \cdots)(2\varkappa - 2)^2}. \tag{43}$$

Der Effektivwert des Umlaufstromes in der Dreieckwicklung errechnet sich schließlich aus den Gln. (34) und (41) zu

$$I_{OZ} = \frac{1}{3} \times$$
$$\times \sqrt{(I_{o1}^2 + I_{o5}^2 + I_{o7}^2 + \cdots)(\varkappa - 1)^2 + (I_{o3}^2 + I_{o9}^2 + \cdots)(2\varkappa + 1)^2}. \tag{44}$$

Die Oberschwingungen dritter, neunter, . . . Ordnung treten auch hier nur so weit in den Zuleitungen auf, als die Unsymmetrie des Kernes ($\varkappa > 1$) dies erfordert. Dagegen überwiegen diese Oberschwingungen im Umlaufstrom der Dreieckwicklung relativ gegenüber der Grundschwingung und den Oberschwingungen mit nicht durch drei teilbarer Ordnungszahl, und zwar um so mehr, als sich $\varkappa$ dem Wert 1 nähert.

Das Ergebnis der voraufgegangenen Untersuchung wird in Tab. 4 durch ein Zahlenbeispiel veranschaulicht, dem ein mit 15 000 G indu-

zierter Kern aus warmgewalzten und in üblicher Weise verzapften
Blechen zugrunde liegt. Um die Ströme bei den verschiedenen Schaltungen unmittelbar miteinander vergleichen zu können, ist bei Dreieckschaltung auf der Eingangsseite – im Gegensatz zur Sternschaltung –
die $\sqrt{3}$fache Windungszahl angenommen. Demgemäß beziehen sich die
Zahlenwerte für die Ströme in allen behandelten Fällen auf die gleiche
Eingangsspannung. Für das Verhältnis der magnetischen Widerstände
des äußeren und mittleren Kraftlinienpfades wurde ein Wert $\varkappa = 2$ eingesetzt, der bei verschachtelten Kernen mit unverstärkten Jochen als
Durchschnittswert gelten kann. Die Effektivwerte der vom mittleren
Kraftlinienpfad beanspruchten verzerrten Magnetisierungsströme I_O sind
mit 1 A bei Sternschaltung bzw. $1/\sqrt{3}$ A bei Dreieckschaltung auf der
Eingangsseite eingesetzt und die Grund- und Oberschwingungsanteile
dieser Ströme Abb. 7 entnommen. Bei Stern-Dreieck-Schaltung ist
schließlich eine Windungsübersetzung 1 : 1 gewählt.

Die Zahlenwerte der Tab. 4 zeigen, daß bei Dreieck-Stern- und Stern-
Dreieck-Schaltung die dritten und neunten Oberschwingungen in den
drei Zuleitungen gegenüber den natürlichen Anteilen, die sich nur bei
Stern-Stern-Schaltung mit Sternpunktleiter auf der Eingangsseite ausbilden können, stark vermindert sind, während die Grundschwingungen
und die fünften und siebenten Oberschwingungen in allen drei Fällen
im Mittel übereinstimmen. Dementsprechend ist der Effektivwert der
verzerrten Leiterströme und damit die Scheinleistungsaufnahme des
Kernes bei Stern-Stern-Schaltung mit Sternpunktleiter auf der Eingangsseite im Mittel etwa 20 % höher als bei Dreieck-Stern- oder
Stern-Dreieck-Schaltung.

Diese höhere Scheinleistungsaufnahme entspricht derjenigen eines einphasigen Eisenkernes gleichen Gewichtes, wenn man unterstellt, daß der zusätzliche Leistungsbedarf seiner Verzapfungen dem des dreiphasigen Kernes
entspricht. Will man aus Bequemlichkeitsgründen für die Berechnung
der Scheinleistungsaufnahme bzw. des mittleren Magnetisierungsstromes
eine Kurve $n_{Fe} = f(B)$ [VA/kg] [vgl. Gl. (12)] benutzen, so hat man demnach nicht nur Zuschläge für die Verzapfungen, sondern bei Drehstrom-
Transformatoren auch Korrekturen anzubringen, welche die Schaltung
berücksichtigen.

Tab. 4 zeigt weiterhin, daß das Verhältnis des höchsten Stromes in
einer der Zuleitungen zum Mittelwert der drei Ströme bei Stern-Stern-
Schaltung mit Sternpunktleiter auf der Eingangsseite hinsichtlich der
Effektivwerte der verzerrten Ströme sowie ihrer Grund- und Oberschwingungen durchweg 1,2 beträgt, während die entsprechenden Ver-
hältniszahlen bei Fehlen des Sternpunktleiters zwischen 1,09 und 1,19
liegen. Ausgenommen sind die Oberschwingungen mit durch drei teil-

Tabelle 4.
Verteilung der Magnetisierungsströme beim unsymmetrischen Drehstrom-Kerntyp

Schaltung Eingang/Ausgang		Strom in den Leitungen					Strom im Sternpunkt I_{OM} [A]	Umlaufstrom im Dreieck I_{OZ} [A]
		I_{OR} [A]	I_{OS} [A]	I_{OT} [A]	Mittelwert [A]	Höchstwert / Mittelwert		
Stern/Stern mit Sternpunktleiter auf der Eingangsseite	Effektivwert	2	1	2	1,67	1,2	2,90	—
	Grundschwingung	1,5	0,75	1,5	1,25	1,2	0,75	—
	3. Oberschwingung	1,1	0,55	1,1	0,92	1,2	2,75	—
	5. „	0,56	0,28	0,56	0,47	1,2	0,28	—
	7. „	0,24	0,12	0,24	0,20	1,2	0,12	—
	9. „	0,15	0,07	0,15	0,12	1,2	0,37	—
Dreieck/Stern	Effektivwert	1,55	1,29	1,29	1,38	1,13	—	—
	Grundschwingung	1,5	1,14	1,14	1,26	1,19	—	—
	3. Oberschwingung	0	0,32	0,32	0,21	1,5	—	—
	5. „	0,56	0,43	0,43	0,47	1,19	—	—
	7. „	0,24	0,18	0,18	0,20	1,19	—	—
	9. „	0	0,07	0,07	0,05	1,5	—	—
Stern/Dreieck	Effektivwert	1,53	1,15	1,53	1,40	1,09	—	0,97
	Grundschwingung	1,39	1,0	1,39	1,25	1,1	—	0,25
	3. Oberschwingung	0,18	0,36	0,18	0,24	1,5	—	0,92
	5. „	0,52	0,37	0,52	0,47	1,1	—	0,09
	7. „	0,22	0,16	0,22	0,20	1,1	—	0,04
	9. „	0,02	0,05	0,02	0,03	1,5	—	0,12

barer Ordnungszahl, deren Höchstwert um 50 % höher liegt als der Mittelwert.

Schließlich sei auf die Zusammensetzung der Ströme im Sternpunktleiter und im Ausgleichdreieck hingewiesen, deren dritte Oberschwingung die Grundschwingung um ein Vielfaches übersteigt. Es handelt sich also um Ströme vorwiegend dreifacher Frequenz.

Wie ein Vergleich der Abb. 7 und 8 zeigt, weichen die relativen Grund- und Oberschwingungsanteile des Magnetisierungsstromes von kaltgewalztem Transformatorenblech bei Induktionen von 16000 bis 17000 G von denen von warmgewalztem Blech bei einer Induktion von 15000 G nicht entscheidend ab. Aus diesem Grunde kann das Bild, das durch Tab. 4 vermittelt wird, auch auf Kerne aus kaltgewalztem Blech übertragen werden. Dies gilt auch für die folgenden Tab. 5 und 6.

d) Stern-Stern- und Stern-Zickzack-Schaltung

Insbesondere für Drehstrom-Transformatoren kleinerer Leistungen wählt man Schaltgruppen, die eine natürliche Magnetisierung des Eisens nicht gestatten, die also weder eine Sternpunktrückleitung noch eine in Dreieck geschaltete Wicklung aufweisen. Es sind dies die Stern-Stern-Schaltung, die Stern-Zickzack-Schaltung oder die Stern-Offen-Schaltung. Die Schaltung der Ausgangsseite spielt dabei für die Magnetisierung naturgemäß keine Rolle. Die Erscheinungen, die bei Transformatoren mit diesen Schaltgruppen auftreten, lassen sich leicht aus den Ergebnissen ablesen, die wir für die Stern-Dreieck-Schaltung erhalten haben. Denkt man sich nämlich die Dreieckwicklung unterbrochen, so entfällt der Umlaufstrom I_{OZ}. Demzufolge wird von einer magnetischen Spannung, die gleich der fehlenden Durchflutung $I_{OZ}\,w$ ist, ein Ausgleichfluß von Joch zu Joch durch die Luft und über etwa vorhandene Gehäusewände getrieben. Dieser Ausgleichfluß Φ_{a3} hat den gleichen zeitlichen Verlauf wie der fehlende Umlaufstrom I_{OZ}, enthält also nach Gl. (44) bzw. Tab. 4 eine die Grundschwingungen und die übrigen Oberschwingungen weitüberragende dritte Oberschwingung,

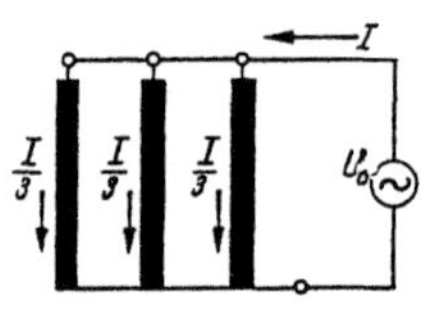

Abb. 28. Messung der Nullimpedanz eines Drehstrom-Transformators

deren Effektivwert nach Tab. 4 etwa zwei Drittel des aufgenommenen mittleren Magnetisierungsstromes beträgt.

Wird die Nullimpedanz einer Wicklung eines Öltransformators des Drehstrom-Kerntyps mit Stern-Stern-Schaltung nach Abb. 28 bei Nennfrequenz und einem Strom I im Sternpunkt bzw. $I/3$ in den Wicklungssträngen gemessen, so stellt man fest, daß die Spannung U_O, umgerechnet auf einen Sternpunktstrom gleich dem Nennstrom I_n etwa 15 bis 27%[1] der Sternspannung des leerlaufenden Transformators erreicht, wobei der untere Wert für Transformatoren geringer Leistung, der obere für Großtransformatoren gilt. Demgemäß ist das Verhältnis des aus einem Schenkel stammenden Ausgleichflusses $\Phi_{a3}/3$ zum Schenkelfluß Φ, der bei Leerlauf auftritt, höchstens

$$\frac{\Phi_{a3}}{3\,\Phi} = (0{,}15\ldots0{,}27)\,\frac{I_{OZ3}}{I_n/3}\,, \tag{45}$$

wenn der Ausgleichflußanteil $\Phi_{a3}/3$ nicht von $I_n/3$, sondern von dem fehlenden Umlaufstrom I_{OZ3} dreifacher Frequenz erregt wird. Da der Relativwert des Umlaufstromes ebenso wie der des aufgenommenen Magnetisierungsstromes mit steigender Transformatorenleistung abnimmt, erreicht der bezogene Ausgleichfluß bei den kleinsten Transformatorentypen seinen höchsten Wert. Nimmt man hierfür einen mittleren Magnetisierungsstrom von 6 % an und dementsprechend einen Umlaufstrom I_{OZ3} von etwa 4 % des Nennstromes, so errechnet sich für den ungünstigsten Fall

$$\Phi_{a3}/3\,\Phi = 3\cdot0{,}15\cdot0{,}04 = 0{,}018\,.$$

---

[1] Nach VDE 0532 ist bei der Messung der Nullimpedanz Z_O (Scheinwiderstand je Strang) der Sternpunkt mit höchstens dem Nennstrom I_n, soweit es sich um dreischenklige Kerntypen in Stern-Stern-Schaltung handelt, jedoch nur mit $0{,}3\,I_n$ zu belasten. Die definierte Nullspannung $I_n\,Z_O$ entspricht jedoch einem fiktiven Sternpunktstrom $I = 3\,I_n$. Sie beträgt also, bezogen auf die Leerlauf-Strangspannung, das dreifache obiger Werte, nämlich 45 bis 80%.

Der Ausgleichfluß dreifacher Frequenz überlagert sich dem sinusförmigen Schenkelfluß, so daß ein resultierender Fluß mit einer dritten Oberwelle von höchstens 2 % entsteht. Die Rückwirkung dieser unbedeutenden Flußverzerrung, die bei unserer Betrachtung zunächst außer acht gelassen wurde, auf die Magnetisierungsstrom-Aufnahme der Sternwicklung ist so geringfügig, daß die gemachte Vernachlässigung voll gerechtfertigt erscheint.

Man kann daher die aufgenommenen Magnetisierungsströme bei Stern-Stern-Schaltung mit großer Annäherung denjenigen bei Stern-Dreieck-Schaltung gleichsetzen. Dies gilt um so mehr für Kerne aus kaltgewalztem Blech mit wesentlich geringeren Magnetisierungsströmen.

Nicht zu übersehen sind jedoch die vom Ausgleichfluß dreifacher Frequenz im Kessel hervorgerufenen zusätzlichen Verluste, die sich aus der Differenz der mit und ohne Kessel gemessenen Leerlaufverluste leicht bestimmen lassen. Sie erreichen bei Kernen aus warmgewalztem Blech, einer Betriebsfrequenz von 50 Hz und einer Kerninduktion von 14000 G etwa 5 %, bei 15000 G etwa 10 % und bei 16000 G etwa 20 % der Verluste, die ohne Kessel gemessen werden und verschwinden, wenn der Transformator eine Dreieckwicklung oder einen primären Sternpunktleiter besitzt. Bei Kernen aus kaltgewalztem Blech treten derartige Zusatzverluste erst bei wesentlich höheren Induktionen auf.

5. Der Drehstrom-Manteltyp

Vom Drehstrom-Kerntyp (Abb. 21 b) unterscheidet sich der Drehstrom-Manteltyp nach Abb. 29 a in magnetischer Hinsicht insofern, als bei letzterem jedem Wicklungsstrang ein eigener Eisenrückschluß zu-

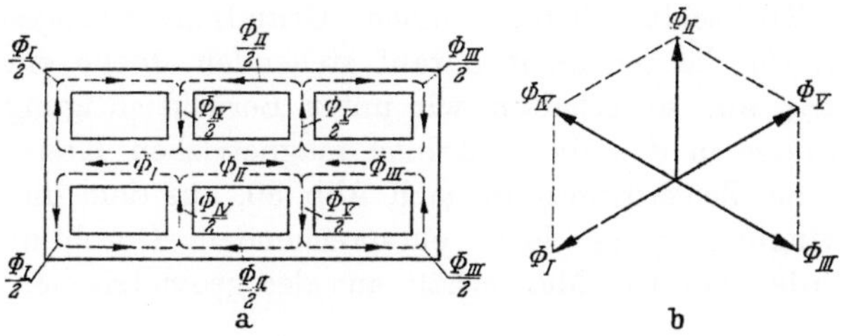

Abb. 29. Drehstrom-Mantelkern.
a Flußverteilung im Kern, b Zeigerdiagramm der Flüsse

geordnet ist, so daß von etwaigen Nullströmen erregte Flüsse ihren Weg nicht wie bei dem Kerntyp durch die Luft nehmen müssen, sondern im Eisen finden. Demnach ist die Annahme dreier um 120° phasenverschobener Schenkelflüsse an solche Wicklungsschaltungen gebunden, welche die Entstehung eines Nullflusses verhindern. Nach Abschn. I, 4 sind dies die Stern-Stern-Schaltung mit zur Stromquelle zurückgeführtem Sternpunktleiter und jede andere Schaltung, die eine Dreieckwicklung aufweist. Mit dieser Einschränkung gilt bei Erregung mit einem symmetrischen Spannungssystem das Zeigerdiagramm für die Flüsse nach Abb. 29b, in dem Φ_I, Φ_{II}, Φ_{III} die Hauptflüsse und Φ_{IV} und Φ_V die in den inneren Jochen auftretenden resultierenden Flüsse darstellen, die sich aus der geometrischen Summe der Flüsse Φ_I und Φ_{II} bzw. Φ_{II} und Φ_{III} ergeben. Dabei ist vorausgesetzt, daß die Wicklungen des Mittelschenkels umgekehrten Wickelsinn aufweisen, weil nur in diesem Falle die Beträge von Φ_{IV}, und Φ_V mit denen der Hauptflüsse übereinstimmen, gegen diese jedoch um 60° phasenverschoben sind. Bei gleichem Wickelsinn aller drei Stränge würden dagegen die Flüsse Φ_{IV} und Φ_V den $\sqrt{3}$fachen Wert annehmen, was zu einer Querschnittvergrößerung der inneren Joche zwingen würde, die durch Änderung des Wickelsinnes auf dem Mittelschenkel leicht vermieden werden kann.

Da die angegebene Flußverteilung voraussetzungsgemäß durch die Schaltung der Wicklungen erzwungen wird, lassen sich aus den erforderlichen magnetischen Spannungen der drei magnetischen Kreise die Grundschwingungsströme, die von den drei Wicklungsgruppen aufgebracht werden müssen, herleiten. Nehmen wir für die Schenkel und die parallel verlaufenden Rückschlußschenkel einen Grundschwingungsstrombedarf von je I_{01}, für die senkrecht darauf stehenden Joche einen solchen von je ιI_{01} an, so erhalten wir unter Berücksichtigung der Richtung der Flüsse in den die einzelnen magnetischen Kreise bildenden Kernteilen das Zeigerdiagramm nach Abb. 30, aus dem die benötigten Grundschwingungsströme bzw. entsprechenden Durchflutungen berechnet werden können. Man erhält aus der geometrischen Beziehung der Zeiger

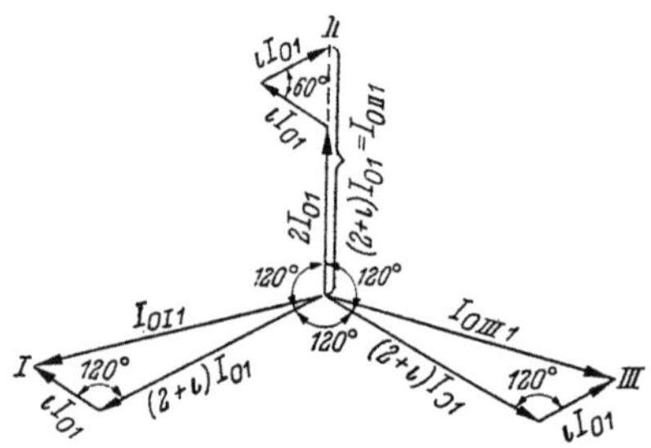

Abb. 30. Zeigerdiagramm der Grundwelle der Magnetisierungsströme eines Drehstrom-Manteltransformators

$$I_{0I1} = I_{0III1} = I_{01}\sqrt{3\,\iota^2 + 6\,\iota + 4}\,, \qquad (46)$$

$$I_{0II1} = I_{01}(2 + \iota)\,. \qquad (47)$$

Mit den weiterhin erforderlichen Oberschwingungsströmen dritter Ordnung I_{03} und ιI_{03} für die einzelnen Kernteile errechnen sich die Gesamtströme dreifacher Frequenzen zu

$$I_{0I3} = I_{0III3} = 2\,I_{03}\,, \qquad (48)$$

$$I_{0II3} = 2\,I_{03}(1 - \iota)\,, \qquad (49)$$

wobei die dritten Oberschwingungen in den inneren Jochen negativ eingesetzt sind, da ihre Zeiger um $3 \cdot 60° = 180°$ gegen diejenigen aller übrigen Kernteile gedreht sind. Mit Hilfe der Gln. (46) bis (49) lassen sich die Ströme, die bei den in Betracht kommenden Schaltungen entstehen, wie nachstehend angegeben berechnen:

a) Stern-Stern-Schaltung mit Sternpunktleiter

In den Hauptleitern fließen Grundschwingungsströme I_{OR1}, I_{OS1} und I_{OT1}, die mit den Strömen I_{OI1}, I_{OII1} und I_{OIII1} nach den Gln. (46) und (47) identisch sind. Die entsprechenden dritten Oberschwingungen I_{OR3}, I_{OS3} und I_{OT3} stimmen mit I_{OI3}, I_{OII3} und I_{OIII3} nach den Gln. (48) und (49) überein. Demgemäß läßt sich für die Effektivwerte der verzerrten Leiterströme unter Berücksichtigung der übrigen Oberschwingungen schreiben:

$$I_{OR} = I_{OT}$$
$$= \sqrt{(I_{O1}^2 + I_{O5}^2 + I_{O7}^2 + \cdots)(3\,\iota^2 + 6\,\iota + 4) + 4\,(I_{O3}^2 + I_{O9}^2 + \cdots)}, \tag{50}$$

$$I_{OS} = \sqrt{(I_{O1}^2 + I_{O5}^2 + I_{O7}^2 + \cdots)(2 + \iota)^2 + 4\,(I_{O3}^2 + I_{O9}^2 + \cdots)(1 - \iota)^2}. \tag{51}$$

Im Sternpunktleiter fließt eine Grundschwingung, die sich aus der geometrischen Summe der Leitergrundschwingungen zu

$$I_{OM1} = \iota I_{O1} \tag{52}$$

errechnet, sowie eine dritte Oberschwingung, die gleich der algebraischen Summe der dritten Oberschwingungen in den Leitern ist. Daher ist

$$I_{OM3} = 2 I_{O3}(3 - \iota). \tag{53}$$

Der Effektivwert des verzerrten Stromes im Sternpunktleiter ist nach den Gln. (52) und (53) mit den übrigen Oberschwingungen

$$I_{OM} = \sqrt{(I_{O1}^2 + I_{O5}^2 + I_{O7}^2 + \cdots)\,\iota^2 + 4\,(I_{O3}^2 + I_{O9}^2 + \cdots)(3 - \iota)^2}. \tag{54}$$

b) Dreieck-Stern-Schaltung

Bildet man die geometrischen Differenzen von je zweien der drei von den Wicklungen aufgenommenen Grundschwingungsströme I_{OI1}, I_{OII1} und I_{OIII1} [vgl. Gl. (46) und (47) sowie Abb. 30], so erhält man für eine Dreieckschaltung nach Abb. 24 folgende Grundschwingungen in den Leitungen:

$$I_{OR1} = 2\sqrt{3}\,I_{O1}(1 + \iota), \tag{55}$$

$$I_{OS1} = I_{OT1} = 2 I_{O1}\sqrt{\iota^2 + 3\iota + 3}. \tag{56}$$

Aus den algebraischen Differenzen der dritten Oberschwingungen in den Wicklungen I_{OI3}, I_{OII3} und I_{OIII3} [vgl. Gl. (48) und (49)] ergeben sich für die gleiche Schaltung die Leiterströme dreifacher Frequenz

$$I_{OR3} = 0, \tag{57}$$

$$I_{OS3} = -2\iota I_{O3}, \tag{58}$$

$$I_{OT3} = 2\iota I_{O3}. \tag{59}$$

Demnach bestimmen sich die Effektivwerte der verzerrten Leiterströme mit den übrigen Oberschwingungen zu

$$I_{OR} = 2\sqrt{3}\sqrt{(I_{O1}^2 + I_{O5}^2 + I_{O7}^2 + \cdots)(1+\iota)^2}, \tag{60}$$

$$I_{OS} = I_{OT}$$
$$= 2\sqrt{(I_{O1}^2 + I_{O5}^2 + I_{O7}^2 + \cdots)(\iota^2 + 3\iota + 3) + (I_{O3}^2 + I_{O9}^2 + \cdots)\iota^2}. \tag{61}$$

c) Stern-Dreieck-Schaltung

Die geometrische Summe der Grundschwingungsströme $I_{O\text{II}1}$, $I_{O\text{III}1}$ und $I_{O\text{III}1}$ ist nach Gl. (52) gleich ιI_{O1}. Damit diese zu Null wird, muß ein Nullstrom

$$I_{OZ1} = I_{O1}\frac{\iota}{3} \tag{62}$$

aus dem Netz aufgenommen werden, der durch einen entsprechenden Strom in der Dreieckwicklung praktisch kompensiert wird. Bei einer Windungsübersetzung 1 : 1 tritt also nahezu der gleiche Strombetrag in der Dreieckwicklung mit umgekehrtem Vorzeichen auf. Unter Berücksichtigung des aufgenommenen Nullstromes I_{OZ1} errechnen sich folgende Grundschwingungsströme der Leitungen

$$I_{OR1} = I_{OT1} = \frac{2}{3}I_{O1}\sqrt{7\iota^2 + 15\iota + 9}, \tag{63}$$

$$I_{OS1} = \frac{2}{3}I_{O1}(3+\iota). \tag{64}$$

Die Verteilung der Oberschwingungsströme dritter Ordnung auf die Sternwicklung und die Dreieckwicklung bestimmt sich in gleicher Weise wie beim Drehstrom-Kerntransformator (vgl. Abb. 27), wobei jedoch zu beachten ist, daß die Summe der dritten Oberschwingungen auf den einzelnen Schenkeln bei einer Windungsübersetzung 1 : 1 im vorliegenden Falle Beträge nach den Gln. (48) und (49) ergeben muß. Somit erhält man für die dritten Oberschwingungen der Leiterstrome

$$I_{OR3} = I_{OT3} = \frac{2}{3}I_{O3}\iota, \tag{65}$$

$$I_{OS3} = -\frac{4}{3}I_{O3}\iota \tag{66}$$

und für die in der Dreieckwicklung

$$I_{OZ3} = \frac{2}{3}I_{O3}(3-\iota). \tag{67}$$

Unter Berücksichtigung der übrigen Oberschwingungen ergeben sich folgende Effektivwerte der verzerrten Magnetisierungsströme in den Zuleitungen aus den Gln. (63) bis (66)

$$I_{OR} = I_{OT} = \frac{2}{3} \times$$

$$\times \sqrt{(I_{o1}^2 + I_{o5}^2 + I_{o7}^2 + \cdots)(7\,\iota^2 + 15\,\iota + 9) + (I_{o3}^2 + I_{o9}^2 + \cdots)\,\iota^2}\,, \quad (68)$$

$$I_{OS} = \frac{2}{3}\sqrt{(I_{o1}^2 + I_{o5}^2 + I_{o7}^2 + \cdots)(3 + \iota)^2 + 4\,(I_{o3}^2 + I_{o9}^2 + \cdots)\,\iota^2} \quad (69)$$

und innerhalb der Dreieckwicklung aus den Gln. (62) und (67)

$$I_{OZ3} = \frac{1}{3}\sqrt{(I_{o1}^2 + I_{o5}^2 + I_{o7}^2 \cdots)\,\iota^2 + 4\,(I_{o3}^2 + I_{o9}^2 + \cdots)(3 - \iota)^2}\,. \quad (70)$$

In Tab. 5 sind die nach Vorstehendem berechneten Effektivwerte der verzerrten Ströme und die Grund- und Oberschwingungsströme für die behandelten Schaltungen zahlenmäßig einander gegenübergestellt. Zugrunde gelegt ist ein Mantelkern aus warmgewalzten und verzapften Blechen, der mit 15000 G induziert ist. Die Längen der Joche sind gleich denen der Schenkel und demnach $\iota = 1$ angenommen. Der für natürliche einphasige Magnetisierung erforderliche Strombedarf eines Schenkels wurde unter Berücksichtigung seiner Eckstückanteile mit

$$I_O = 1{,}0\,\text{A}, \quad I_{O1} = 0{,}75\,\text{A}, \quad I_{O3} = 0{,}55\,\text{A}, \quad I_{O5} = 0{,}28\,\text{A}, \quad I_{O7} = 0{,}12\,\text{A},$$
$$I_{O9} = 0{,}07\,\text{A}$$

gemäß Abb. 7 eingesetzt, soweit die Eingangsseite in Stern geschaltet ist. Bei Dreieckschaltung wurden diese Stromwerte entsprechend der bei gleicher Spannung um das $\sqrt{3}$fache zu erhöhenden Windungszahl umgekehrt proportional vermindert und bei Stern-Dreieck-Schaltung mit einem Windungs-Übersetzungsverhältnis 1 : 1 berechnet.

Die Zahlenwerte der Tab. 5 sind mit denen der Tab. 4 nicht unmittelbar zu vergleichen, da beim Manteltransformator willkürlich ein größerer Kern angenommen wurde. Nimmt man nämlich an, daß nicht nur die Spannungen, Windungszahlen und Eisenquerschnitte, sondern mit Rücksicht auf den in beiden Fällen mit 1 A angegebenen natürlichen Magnetisierungsstrombedarf je Schenkel auch die Schenkellängen des Mantel- und Kerntransformators übereinstimmen, so ist das Verhältnis der gesamten Eisenweglängen bzw. das der Kerngewichte beider Typen

$$\frac{6 + 4\,\iota}{1 + 2\,\varkappa} = 2;$$

mit den den Tab. 4 und 5 zugrunde liegenden Werten $\varkappa = 2$ und $\iota = 1$. Bei gleicher spezifischer Scheinleistungsaufnahme in VA/kg müßten also die Stromwerte in Tab. 5 doppelt so hoch sein wie die in Tab. 4. Dies trifft indessen nicht ganz zu. Die mittleren Effektivwerte der drei Leiter-

Tabelle 5. *Verteilung der Magnetisierungsströme beim Drehstrom-Manteltyp*

Schaltung Eingang/Ausgang		Strom in den Leitungen					Strom im Sternpunkt I_{OM}	Umlaufstrom im Dreieck I_{OZ}
		I_{OR}	I_{OS}	I_{OT}	Mittelwert	Höchstwert		
		[A]	[A]	[A]	[A]	Mittelwert	[A]	[A]
Stern/Stern mit Sternpunktleiter auf der Eingangsseite	Effektivwert	3,12	2,42	3,12	2,88	1,06	2,36	—
	Grundschwingung	2,7	2,25	2,7	2,55	1,06	0,75	—
	3. Oberschwingung	1,1	0	1,1	0,73	1,5	2,21	—
	5. „	1,01	0,84	1,01	0,95	1,06	0,28	—
	7. „	0,43	0,36	0,43	0,41	1,06	0,12	—
	9. „	0,14	0	0,14	0,09	1,5	0,28	—
Dreieck/Stern	Effektivwert	3,24	2,44	2,44	2,71	1,19	—	—
	Grundschwingung	3,0	2,28	2,28	2,52	1,19	—	—
	3. Oberschwingung	0	1,10	1,10	0,73	1,5	—	—
	5. „	1,12	0,86	0,86	0,95	1,19	—	—
	7. „	0,48	0,37	0,37	0,40	1,19	—	—
	9. „	0	0,14	0,14	0,09	1,5	—	—
Stern/Dreieck	Effektivwert	3,02	2,27	3,02	2,77	1,09	—	0,78
	Grundschwingung	2,78	2,01	2,78	2,52	1,1	—	0,25
	3. Oberschwingung	0,37	0,74	0,37	0,49	1,5	—	0,73
	5. „	1,04	0,75	1,04	0,95	1,1	—	0,09
	7. „	0,45	0,32	0,45	0,40	1,1	—	0,04
	9. „	0,05	0,09	0,05	0,06	1,5	—	0,09

ströme nach Tab. 5 liegen bei Stern-Stern-Schaltung mit Sternpunktleiter um etwa 14 %, bei Dreieck-Stern- und Stern-Dreieck-Schaltung um etwa 2 bzw. 1 % niedriger als die entsprechenden verdoppelten Werte des Kerntyps. Bei allen drei Schaltungen des Drehstrom-Manteltransformators ist demnach die Scheinleistungsaufnahme um 14 bis 16 % geringer als diejenige, die sich für einen Einphasenkern gleichen Gewichtes errechnet, während beim Drehstrom-Kerntyp nur für Schaltungen ohne Sternpunktleiter auf der Eingangsseite eine ähnliche Verringerung der Scheinaufnahme zu erwarten ist. Andererseits betragen die Abweichungen der Höchstwerte der Ströme und Oberschwingungen der drei Leitungen von den Mittelwerten bei Vorhandensein eines Sternpunktleiters im Gegensatz zum Kerntransformator nur 6 %, mit Ausnahme der dritten und neunten Oberschwingungen, bei denen die Abweichungen 50 % erreichen. In den übrigen Schaltungen sind die Verhältnisse der Höchstwerte zu den Mittelwerten in guter Übereinstimmung mit denen des Kerntyps. Bemerkenswert ist jedoch, daß der Umlaufstrom im Dreieck im Vergleich zu den Leiterströmen beim Manteltyp erheblich niedriger ist. Das gleiche gilt für den Strom im Sternpunktleiter. Sowohl der Umlaufstrom als auch der Sternpunktleiterstrom sind indessen auch hier vorwiegend dreifacher Frequenz.

Wird bei Stern-Dreieck-Schaltung das Dreieck geöffnet, so erzeugt der fehlende Umlaufstrom einen Nullfluß von im wesentlichen dreifacher

Frequenz, der sehr beträchtlich ist, da er einen bequemen Weg im Eisen findet. Es ist deshalb nicht zu empfehlen, beim Drehstrom-Manteltyp die Stern-Stern-Schaltung ohne eine in Dreieck geschaltete Ausgleichwicklung anzuwenden. Im übrigen verbietet sich dies meistens schon mit Rücksicht auf eine etwaige Sternpunktbelastung.

6. Der Drehstrom-Rahmenkern

Der Eisenkern von verzapften Kerntypen wird im allgemeinen liegend geschichtet, verspannt und dann aufgerichtet. Anschließend werden die oberen Jochbleche herausgezogen, die Wicklungen auf den Schenkeln angeordnet und danach die oberen Jochbleche wieder eingeschoben. Das Entfernen der oberen Jochbleche, insbesondere aber das Wiedereinfügen, bereitet mit zunehmender Kerngröße bzw. Blechbreite immer größere Schwierigkeiten. Einen Ausweg bietet hier der Rahmenkern, bei dem die magnetischen Kreise aus mehreren schmalen Kernen gebildet werden, welche die Kernfenster rahmenförmig umschließen. Bei Einphasen-Transformatoren ergeben sich mit dieser Bauweise keine neuen magnetischen Probleme, wohl aber bei Drehstrom-Transfor. matoren, wenn die Spalte zwischen den einzelnen Rahmen im natürlichen Verkettungspunkt der drei Schenkelflüsse nicht ma-

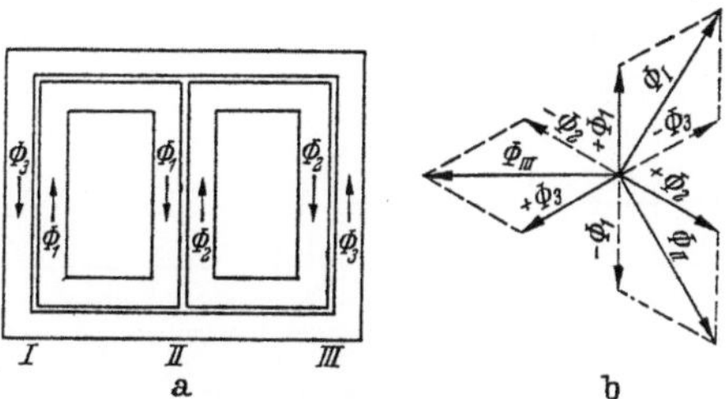

Abb. 31. Drehstrom-Rahmenkern.
a Flußverteilung im Kern, b Zeigerdiagramm der Flüsse

gnetisch überbrückt werden. Da eine solche Überbrückung die Herstellung sehr erschwert, wird hierauf manchmal verzichtet. Dabei nimmt man aber in Kauf, daß bei Erregung mit einem symmetrischen Drehstromsystem und sinusförmiger Spannung, auch wenn durch die Schaltung der Wicklungen eine freie Magnetisierung des Kernes gewährleistet wird, in den Kernrahmen erhöhte Induktionen auftreten.

Nehmen wir bei dem in Abb. 31a dargestellten Rahmenkern zunächst einmal willkürlich an, daß der magnetische Widerstand der Spalte zwischen den Rahmen unendlich hoch sei, so entstehen in den Rahmen sinusförmige Teilflüsse Φ_1, Φ_2 und Φ_3, deren Zeiger um 120° gegeneinander verschoben sind, da auf jeden Rahmen die Durchflutungen je zweier benachbarter Wicklungsstränge des Drehstromsystems wirken. Der resultierende Fluß Φ_I, Φ_II und Φ_III der drei Schenkel ist nach dem Zeigerdiagramm in Abb. 31b gleich der geometrischen Differenz der Teilflüsse $\Phi_1 - \Phi_3$, $\Phi_2 - \Phi_1$ und $\Phi_3 - \Phi_2$, also gleich dem $\sqrt{3}$fachen der Teilflüsse in den einzelnen Rahmen. Das heißt, die Induktion steigt um 15,5 % gegenüber dem gewöhnlichen Kerntyp an. Nun hat der magnetische

Widerstand der Spalte zwischen den Rahmen natürlich einen endlichen Wert. Dementsprechend wird die Induktionssteigerung weniger als 15,5 % betragen.

Am Rahmenkern eines 90 MVA-Transformators in Stern-Dreieck-Schaltung wurde der zeitliche Verlauf der Teilflüsse im Außenschenkel *I* und im Mittelschenkel *II* bei Erregung mit praktisch sinusförmiger Spannung ermittelt. Der Abstand zwischen den Rahmen betrug 6 mm. Dabei ergaben sich die in Abb. 32a, b dargestellten verzerrten Kurven der Teilflüsse φ_1 und φ_3 bzw. φ_1 und φ_2, deren Summen den um 120° verschobenen resultierenden Flüssen φ_I und φ_{II} entsprechen. Nach diesen Messungen lagen die Scheitelwerte der Teilflußkurven im Durchschnitt nur etwa 5 % höher als die halbierten Scheitelwerte der resultierenden praktisch sinusförmigen Flüsse. Der Berechnung der Eisenverluste wäre also eine um 5 % erhöhte Induktion zugrunde zu legen. Vernachlässigt man den Einfluß der Flußverzerrung auf die Eisenverluste, so bedeutet dies einen Mehrverlust von etwa 10 %, den man bei Rahmenkernen im allgemeinen zu erwarten hat.

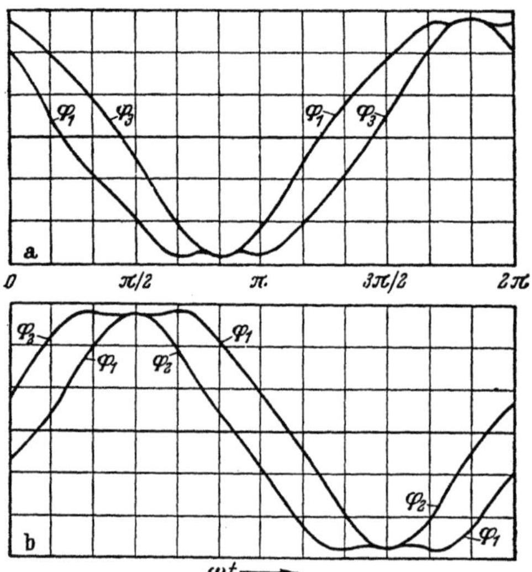

Abb. 32. Zeitlicher Verlauf der Flußkurven im Drehstrom-Rahmenkern.
a Teilflüsse im Außenschenkel, b Teilflüsse im Mittelschenkel

7. Der Fünfschenkelkern für Drehstrom

Vergleicht man den dreiphasig erregten Fünfschenkelkern mit dem Drehstrom-Kerntyp, so fällt sofort auf, daß bei ersterem das obere und untere Joch durch Rückschlußschenkel magnetisch miteinander verbunden sind, während beim letzteren eine solche Verbindung fehlt, bzw. nur über die Luft zustande kommt. Ohne eingangsseitigem Sternpunktleiter oder eine Dreieckwicklung setzt der Fünfschenkel-Kerntransformator deshalb bei Schieflast der Bildung eines Nullflusses praktisch keinen Widerstand entgegen und weist zudem – unabhängig von der Belastung – eine unerwünschte Sternpunktschwingung dreifacher Frequenz auf. Beides sind Erscheinungen, die beim Drehstrom-Kerntyp infolge des hohen magnetischen Widerstandes von Joch zu Joch um

Größenordnungen vermindert auftreten und deshalb in Kauf genommen werden. Unter diesen Umständen kommen beim Fünfschenkel-Transformator nur solche Schaltungen in Betracht, die einen Ausgleichfluß von Joch zu Joch verhüten. Sie stellen bei symmetrischer Erregung mit sinusförmiger Spannung drei um 120° phasenverschobene sinusförmige Schenkelflüsse sicher, die unserer Untersuchung der Flußverteilung in Jochen und Rückschlußschenkeln zugrunde gelegt werden sollen [48], [91], [127].

Da sich die Flüsse der drei Hauptschenkel entsprechend den magnetischen Widerständen der Jochteile und Rückschlußschenkel auf diese verteilen und die magnetischen Widerstände selbst eine Funktion der Induktion sind, kommt für die Ermittlung der Flüsse nur die punktweise Bestimmung der Flußkurven in Betracht. In Abb. 33 sind die Momentanwerte der Flüsse in den drei Hauptschenkeln mit φ_1, φ_2 und φ_3, diejenigen in den mittleren Jochteilen mit φ_5 und φ_6 und die in den äußeren Jochteilen und Rückschlußschenkeln mit φ_4 und φ_7 bezeichnet.

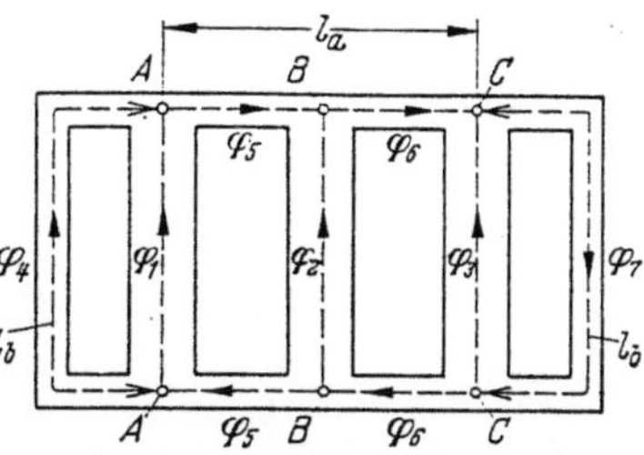

Abb. 33. Flußverteilung im Fünfschenkelkern für Drehstrom

Dann ergeben sich mit den willkürlich eingesetzten Richtungen dieser Größen nach dem ersten KIRCHHOFFschen Satz für die Verzweigungspunkte A, B und C die Gleichungen

$$\varphi_1 + \varphi_4 = \varphi_5, \quad \varphi_2 + \varphi_5 = \varphi_6, \quad \varphi_3 + \varphi_6 = \varphi_7. \qquad (71\,\mathrm{a-c})$$

Da voraussetzungsgemäß

$$\varphi_1 + \varphi_2 + \varphi_3 = 0, \qquad (72)$$

folgt, daß

$$\varphi_4 = \varphi_7, \quad \varphi_5 = \varphi_1 + \varphi_4, \quad \varphi_6 = \varphi_4 - \varphi_3. \qquad (73\,\mathrm{a-c})$$

Bemerkenswert ist, daß die Momentanwerte der Flüsse in den Rückschlußschenkeln und äußeren Jochteilen einander gleich sind und entsprechend dem angenommenen Umlaufsinn auch gleiche Richtungen aufweisen. Die benötigte vierte Gleichung ergibt sich aus dem zweiten KIRCHHOFFschen Satz, wonach die Summe der magnetischen Spannungen in den Jochen und Rückschlußschenkeln Null sein muß. Demgemäß ist

$$2\,\varphi_4 \frac{l_b}{\mu_4 Q_J} + \varphi_5 \frac{l_a}{\mu_5 Q_J} + \varphi_6 \frac{l_a}{\mu_6 Q_J} = 0, \qquad (74)$$

wobei l_a und l_b Abb. 33 zu entnehmen sind, Q_J den Eisenquerschnitt im Jochkreis einschließlich Rückschlußschenkeln und μ_4, μ_5 und μ_6 die zugeordneten Werte der Permeabilität bezeichnen. Bei sinusförmigen

Flüssen in den Hauptschenkeln können wir schließlich schreiben:

$$\varphi_1 = B_{Sch} \sin \omega t \cdot Q_S, \qquad (75\,\text{a})$$

$$\varphi_3 = B_{Sch} \sin (\omega t + 240) \cdot Q_S \qquad (75\,\text{b})$$

und mit den entsprechenden Momentanwerten b der Induktion in den Jochen und Rückschlußschenkeln:

$$\varphi_4 = b_4 Q_J, \qquad \varphi_5 = b_5 Q_J, \qquad \varphi_6 = b_6 Q_J. \qquad (76\,\text{a—c})$$

In den Gln. (75a) und (75b) bezeichnet B_{Sch} den Scheitelwert der Induktion in den Hauptschenkeln und Q_S deren Querschnitt.

Aus den Gln. (73) bis (76) folgen nach einigen Umformungen die Bestimmungsgleichungen für die Momentanwerte von b, nämlich

$$b_4 = b_7 = - B_{Sch} \frac{Q_S}{Q_J} \frac{\sin \omega t - \sin (\omega t + 240) \frac{\mu_5}{\mu_6}}{1 + 2 \frac{l_b}{l_a} \frac{\mu_5}{\mu_4} + \frac{\mu_5}{\mu_6}}, \qquad (77)$$

$$b_5 = b_4 + B_{Sch} \frac{Q_S}{Q_J} \sin \omega t, \qquad (78)$$

$$b_6 = b_4 - B_{Sch} \frac{Q_S}{Q_J} \sin (\omega t + 240). \qquad (79)$$

Die Auswertung der Gl. (77) ist nicht ohne weiteres möglich, da die Verhältniswerte μ_5/μ_6 und μ_5/μ_4 zunächst noch unbekannt sind. In erster Annäherung kann man diese jedoch der Einheit gleichsetzen und damit b_4-, b_5- und b_6-Werte ermitteln, für welche die Permeabilitätswerte der Abb. 11 zu entnehmen sind. Wiederholt man die Rechnung in dieser Weise mehrere Male, wobei die jeweils zuletzt errechneten b-Werte zur erneuten Bestimmung der Permeabilitätsverhältnisse dienen, so findet man nach einigem Probieren schließlich die endgültige Lösung.

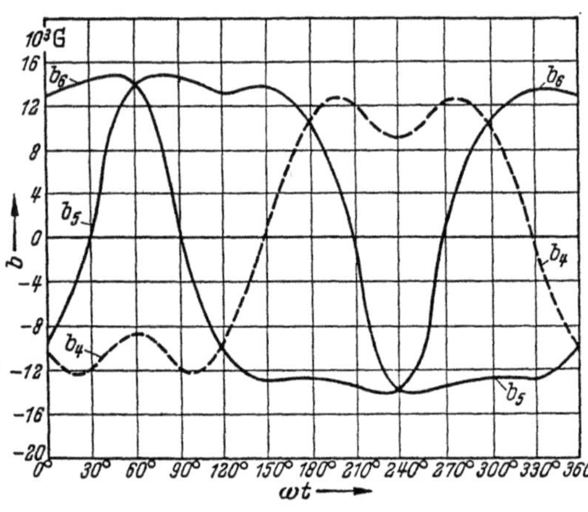

Abb. 34. Zeitlicher Verlauf der Induktion im Fünfschenkelkern für Drehstrom
—— mittlere Jochteile; — — — Rückschluß

In Abb. 34 sind die nach dem angegebenen Verfahren berechneten Induktionen b_4, b_5 und b_6 für einen Fünfschenkelkern aus warmgewalztem Blech mit einer Hauptschenkelinduktion $B_{Sch} = 15\,000$ G, einem

Querschnittsverhältnis $Q_S/Q_J = 1{,}73$ und einem Eisenwegverhältnis $l_b/l_a = 1{,}7$ aufgezeichnet. Es sind dabei die scheinbaren Eisenwegverlängerungen nach Abb. 18 berücksichtigt, welche die Verzapfungsstellen auf den Strecken l_a und l_b hervorrufen. Das Beispiel zeigt, daß die Flüsse in den Jochteilen und Rückschlußschenkeln verzerrt sind und Scheitelwerte der Induktion

$$B_5 = B_6 = 14\,400 \text{ G},$$
$$B_4 = 12\,100 \text{ G}$$

aufweisen. Diese liegen also bei der einem Verhältnis $Q_S/Q_J = 1{,}73$ entsprechenden Jochverstärkung von $15{,}5\%$ noch unterhalb der Hauptschenkelinduktion. Auf der anderen Seite ist jedoch zu berücksichtigen, daß die Verzerrung der Flußkurven eine Erhöhung der Eisenverluste bewirkt. Aus diesem Grunde ist es gut, die Jochverstärkung nicht zu gering zu wählen.

8. Der Drehstromsatz aus drei Einphasen-Transformatoren

Betrachtet man nur die eine freie Magnetisierung gewährleistenden Schaltungen Stern-Stern mit Sternpunktleiter auf der Eingangsseite, Dreieck-Stern und Stern-Dreieck, so unterscheidet sich der aus drei Einphasen-Transformatoren gebildete Drehstromsatz von dem in Abschn. I, 4 behandelten unsymmetrischen Drehstrom-Kerntyp dadurch, daß die Ungleichheit der von den Wicklungssträngen erregten drei Kraftlinienwege praktisch verschwunden ist. Sie bleibt nur so weit bestehen, als die magnetischen Eigenschaften der drei Kerne nicht genau miteinander übereinstimmen. Vernachlässigt man diese meist geringfügigen Unterschiede, so kann in den Gln. (23) bis (44) $\varkappa = 1$ gesetzt werden und es ergeben sich folgende Leiter-, Sternpunktleiter- bzw. Umlaufströme für die drei Schaltungen, wobei sinngemäß I_O den Effektivwert des von jedem der drei Einphasen-Transformatoren benötigten Magnetisierungsstromes und I_{O1}, I_{O3}, I_{O5}, I_{O7}, I_{O9} usw. seine Grund- und Oberschwingungen bezeichnen:

a) Stern-Stern-Schaltung mit Sternpunktleiter auf der Eingangsseite:
Ströme in den Leitern

$$I_{OR} = I_{OS} = I_{OT} = I_O, \tag{80}$$

Strom im Sternpunktleiter

$$I_{OM} = 3\sqrt{I_{O3}^2 + I_{O9}^2 + \cdots}. \tag{81}$$

b) Dreieck-Stern-Schaltung:
Ströme in den Leitern

$$I_{OR} = I_{OS} = I_{OT} = \sqrt{3} \cdot \sqrt{I_{O1}^2 + I_{O5}^2 + I_{O7}^2 + \cdots}. \tag{82}$$

c) *Stern-Dreieck-Schaltung*:

Ströme in den Leitern

$$I_{OR} = I_{OS} = I_{OT} = \sqrt{I_{O1}^2 + I_{O5}^2 + I_{O7}^2 + \cdots}, \tag{83}$$

Umlaufstrom im Dreieck bei einer Windungsübersetzung 1 : 1

$$I_{OZ} = \sqrt{I_{O3}^2 + I_{O9}^2 + \cdots}. \tag{84}$$

Hieraus wird deutlich, daß bei Dreieckschaltung der Wicklungen irgendeiner Spannungsseite die Oberschwingungen mit durch drei teilbarer Ordnungszahl in den Zuleitungen verschwinden. Bei Stern-Stern-Schaltung mit Sternpunktleiter auf der Eingangsseite treten sie dagegen in den Zuleitungen neben der Grundschwingung und den übrigen Oberschwingungen auf und kehren über den Sternpunktleiter in dreifacher Höhe zur Stromquelle zurück.

Für Kerne aus warmgewalzten Blechen, die mit 15000 G induziert sind, ergibt sich damit das in Tab. 6 zusammengetragene Zahlenbeispiel, dem die Grund- und Oberschwingungsanteile nach Abb. 7 zugrunde gelegt sind. Die Angaben gelten für den Fall, daß der Effektivwert des verzerrten Magnetisierungsstromes jedes der drei Einphasen-Transformatoren 1 A bei Sternschaltung bzw. $1/\sqrt{3}$ A bei Dreieckschaltung beträgt. Bei Stern-Dreieck-Schaltung ist eine Windungsübersetzung 1 : 1 angenommen. Das Zahlenbeispiel zeigt, daß bei Dreieckschaltung einer Wicklung die Scheinleistungsaufnahme des Drehstromsatzes um etwa 20 %

Tabelle 6.

Verteilung der Magnetisierungsströme beim Drehstrom-Transformatorensatz

Schaltung Eingang/Ausgang		Strom in den Leitungen [A]	Strom im Sternpunktleiter [A]	Umlaufstrom im Dreieck [A]
Stern/Stern mit Sternpunktleiter auf der Eingangsseite	Effektivwert	1	1,66	—
	Grundschwingung	0,75	0	—
	3. Oberschwingung	0,55	1,65	—
	5. ,,	0,28	0	—
	7. ,,	0,12	0	—
	9. ,,	0,07	0,21	—
Dreieck/Stern	Effektivwert	0,81	—	—
	Grundschwingung	0,75	—	—
	3. Oberschwingung	0	—	—
	5. ,,	0,28	—	—
	7. ,,	0,12	—	—
	9. ,,	0	—	—
Stern/Dreieck	Effektivwert	0,81	—	0,555
	Grundschwingung	0,75	—	0
	3. Oberschwingung	0	—	0,55
	5. ,,	0,28	—	0
	7. ,,	0,12	—	0
	9 ,,	0	—	0,07

hinter dem Wert zurückbleibt, der bei einphasiger Erregung der drei Transformatoren zu erwarten ist.

Bei einem Drehstromsatz ohne Sternpunktleiter auf der Eingangsseite und ohne Dreieckschaltung würden die fehlenden Magnetisierungsstromanteile dritter bzw. neunter Ordnung eine starke Verzerrung des Flusses und der Sternspannungen und damit eine Änderung der Ströme in den Zuleitungen verursachen. Es erübrigt sich jedoch, hierauf näher einzugehen, da diesem Fall wegen der an die Sternpunktbelastbarkeit des Drehstromsatzes zu stellenden Anforderungen keine praktische Bedeutung zukommt.

9. Der einphasige Mehrschenkelkern

Beim einphasig erregten Vierschenkelkern nach Abb. 35 gabeln sich die Flüsse der gegensinnig erregten beiden Hauptschenkel in den Verzweigungspunkten A und B und verteilen sich auf die inneren Jochteile einerseits und die äußeren Jochteile und Rückschlußschenkel andererseits – nach Maßgabe der magnetischen Widerstände der entsprechenden Eisenpfade. Aus Symmetriegründen gilt für jeden der Verzweigungspunkte A und B nach dem ersten KIRCHHOFF-schen Satz für die Momentanwerte der Flüsse

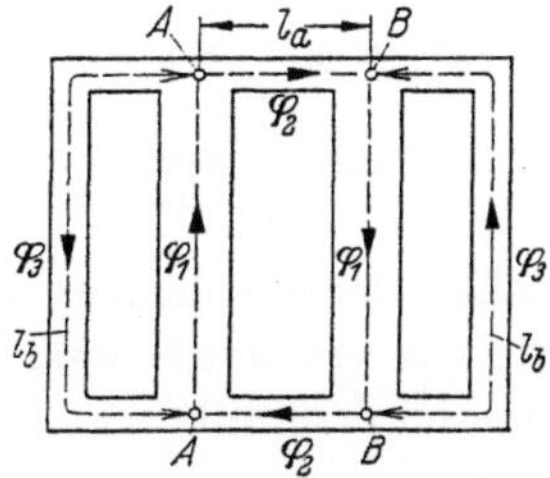

Abb. 35. Flußverteilung im Vierschenkelkern für Einphasenstrom

$$\varphi_1 = \varphi_2 + \varphi_3. \tag{85}$$

Nach dem zweiten KIRCHHOFFschen Satz muß die Summe der magnetischen Spannungen in dem durch die Joche und Rückschlußschenkel gebildeten Kreis gleich Null sein. Daher

$$2\,\varphi_2\frac{l_a}{\mu_2 Q_J} - 2\,\varphi_3\frac{l_b}{\mu_3 Q_J} = 0. \tag{86}$$

Setzen wir unter Annahme einer sinusförmigen Spannungskurve

$$\varphi_1 = B_{Sch}\,Q_S \sin\omega t \tag{87 a}$$

und

$$\varphi_2 = b_2 Q_J, \quad \text{(87 b)} \qquad\qquad \varphi_3 = b_3 Q_J, \quad \text{(87 c)}$$

so ergeben sich die Momentanwerte der Induktion in den inneren Jochteilen zu

$$b_2 = B_{Sch}\frac{Q_S}{Q_J}\frac{\sin\omega t}{\left[1 + \dfrac{l_a}{l_b}\dfrac{\mu_3}{\mu_2}\right]} \tag{88}$$

und diejenigen in den äußeren Jochteilen und den Rückschlußschenkeln zu

$$b_3 = B_{Sch}\frac{Q_S}{Q_J}\sin\omega t - b_2. \tag{89}$$

Die Auswertung der Gln. (88) und (89) erfolgt in gleicher Weise wie die der Gln. (77) bis (79) mit Hilfe der Permeabilitätskurve nach Abb. 11.

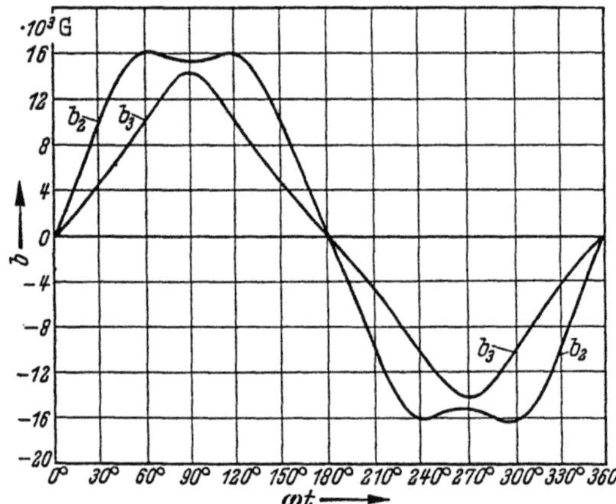

Abb. 36. Zeitlicher Verlauf der Induktion im Vierschenkel-Transformator für Einphasenstrom

Nach diesem Verfahren sind die in Abb. 36 dargestellten Induktionskurven eines Vierschenkelkernes aus warmgewalztem Blech für eine Hauptschenkelinduktion $B_{Sch} = 15\,000$ G, ein Querschnittsverhältnis $Q_S/Q_J = 2$ und ein Verhältnis der Eisenweglängen unter Berücksichtigung der scheinbaren Eisenwegverlängerung durch die Verzapfungsstellen der Bleche von $l_a/l_b = 0{,}3$ bestimmt worden. Die Kurven sind, wie zu erwarten war, verzerrt. Ihre Scheitelwerte betragen für die inneren Jochteile

$$B_2 = 16\,000\,\text{G}\,,$$

für die äußeren Jochteile und Rückschlußschenkel

$$B_3 = 14\,400\,\text{G}\,.$$

Der gesamte Eisenverlust des Vierschenkelkernes muß also etwas höher werden als bei gleichmäßiger Induzierung des ganzen Kernes mit der Hauptschenkelinduktion; dies um so mehr, als die Flußverzerrung im Jochkreis ihrerseits ebenfalls zur Verlusterhöhung beiträgt. Aus diesem Grunde erscheint eine Verstärkung des Eisenquerschnittes im Jochkreis von etwa 10 % als angezeigt.

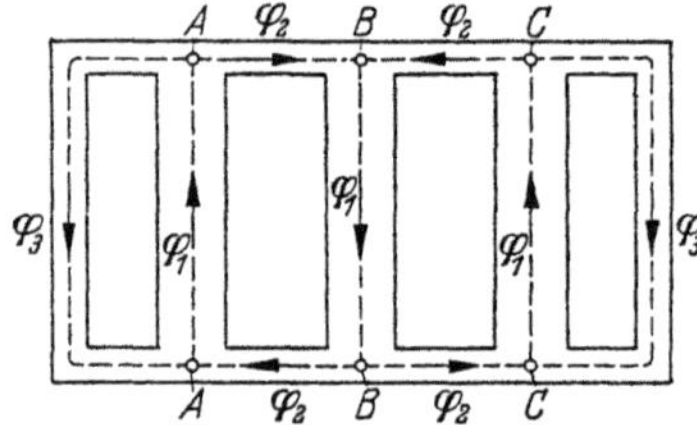

Abb. 37. Flußverteilung im Fünfschenkelkern für Einphasenstrom

Einfacher liegen die Verhältnisse beim einphasig erregten Fünfschenkelkern nach Abb. 37, bei welchem der mittlere Hauptschenkel gegensinnig zu den beiden äußeren Hauptschenkeln induziert wird. Für die Verzweigungspunkte A und C gilt

$$\varphi_1 = \varphi_2 + \varphi_3\,, \qquad (90\,\text{a})$$

für B

$$\varphi_1 = 2\,\varphi_2\,; \qquad (90\,\text{b})$$

demnach ist

$$\varphi_2 = \varphi_3 = \varphi_1/2 \,. \tag{91}$$

Bei einem Verhältnis $Q_S/Q_J = 2$ wird also das gesamte Kerneisen gleichmäßig induziert. Es treten keinerlei Flußverzerrungen auf, wenn wir auch hier eine sinusförmige Spannungskurve voraussetzen. Ein Anlaß zu einer Verstärkung des Eisenquerschnittes im Jochkreis liegt demnach nicht vor.

10. Die Jochverstärkung

Bei den bisherigen Betrachtungen der verschiedenen Bauformen wurde – abgesehen von den in Abschn. I, 7 u. 9 behandelten Fällen – keine Jochverstärkung vorgesehen, d. h., es war der Jochquerschnitt Q_J gleich dem Schenkelquerschnitt Q_S. Es soll nun versucht werden, auf die Frage nach dem Nutzen einer Jochverstärkung eine Antwort zu finden.

Wählen wir als Beispiel den unsymmetrischen Drehstrom-Kerntransformator und nehmen – um die Aufgabe zu erleichtern – eine Flußverteilung in den Jochen an, wie sie in Abb. 38 angedeutet ist, so rechnen wir bei den äußeren Jochecken offenbar etwas zu ungünstig. Da jedoch im Mittelteil der Joche oberhalb und unterhalb des mittleren Schenkels eine drehende Magnetisierung auftritt, die erhöhte Verluste

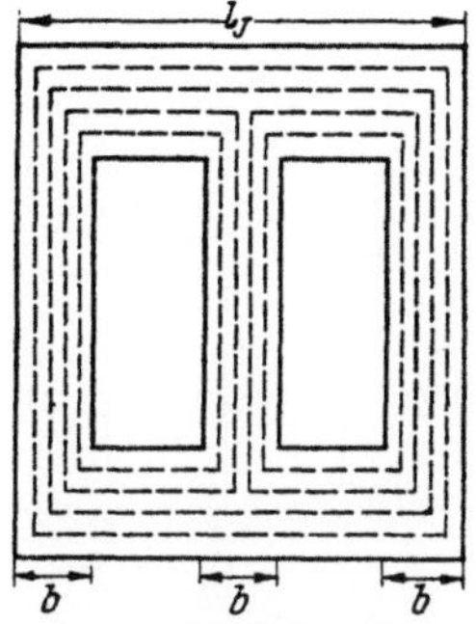

Abb. 38. Flußverteilung im Drehstrom-Kerntransformator

verursacht, so dürften sich die Fehler unserer Näherungsrechnung etwa ausgleichen.

Nach Abb. 38 tritt in den Jochen nicht durchweg die Jochinduktion B_J, sondern teilweise auch die Schenkelinduktion B_{Sch} auf. Bezeichnen wir die B_J und B_{Sch} zugeordneten spezifischen Eisenverluste mit v_J und v_S und das Gewicht der unverstärkten Joche mit G'_J, so ergibt sich mit den Maßen b und l_J des Bildes der Gesamtverlust beider Joche zu

$$V_J = G'_J \frac{Q_J}{Q_S} \left[v_J \left(1 - \frac{2,5\,b}{2\,l_J}\right) + v_S \frac{2,5\,b}{2\,l_J} \right] \,. \tag{92}$$

Bei unverstärktem Joch dagegen ist $Q_J = Q_S$ und $v_J = v_S$ und der Gesamtverlust daher

$$V'_J = v_S G'_J \,. \tag{93}$$

Die durch Jochverstärkung erzielte Verlustsenkung wird durch das Verhältnis

$$\frac{V_J}{V'_J} = \frac{Q_J}{Q_S} \left[\frac{v_J}{v_S} \left(1 - 1,25\,\frac{b}{l_J}\right) + 1,25\,\frac{b}{l_J} \right] \tag{94}$$

aufgezeigt. Setzt man in erster Annäherung eine quadratische Änderung
der Eisenverluste mit der Induktion voraus, so wird mit

$$\frac{v_J}{v_S} \approx \left(\frac{B_J}{B_{Sch}}\right)^2 = \left(\frac{Q_S}{Q_J}\right)^2$$

schließlich

$$\frac{V_J}{V_J'} \approx \frac{Q_S}{Q_J}\left(1 - 1{,}25\,\frac{b}{l_J}\right) + \frac{Q_J}{Q_S}\,1{,}25\,\frac{b}{l_J}\,. \tag{95}$$

Besitzt der Kern annähernd kreisförmigen Querschnitt, so ist für b
eine mittlere Blechbreite einzusetzen, die sich aus der Umwandlung des
Kernquerschnittes in einen äquivalenten rechteckigen Querschnitt glei-

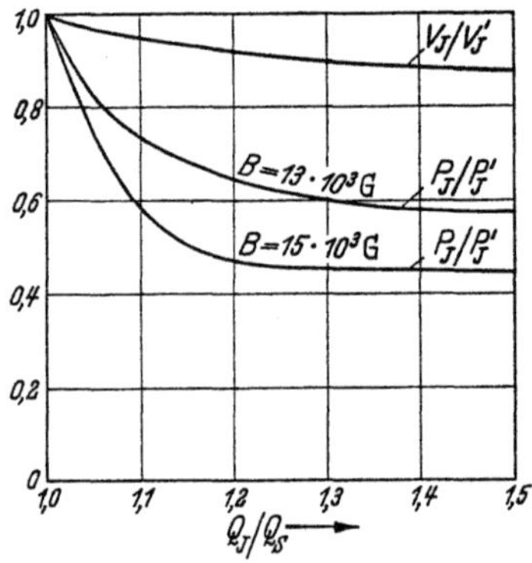

Abb. 39. Verluste und Scheinleistungsaufnahme der Joche bei zunehmender Jochverstärkung

cher Schichthöhe ergibt. Bei den meisten
Ausführungen von Drehstrom-Kerntypen
mit kreisförmigem Querschnitt findet man
ein Verhältnis

$$b/l_J \approx 0{,}2\,.$$

In Abb. 39 ist deshalb $V_J/V_J' = f\,(Q_J/Q_S)$ nach Gl. (95) für einen mittleren Wert
$b/l_J = 0{,}2$ aufgetragen. Aus dieser Kurve
ist leicht zu erkennen, daß die durch
eine Jochverstärkung bewirkte Senkung
der Eisenverluste im Joch in keinem gesunden Verhältnis zum Mehraufwand für
das Jocheisen steht und sich deshalb
kaum lohnt, sofern man lediglich die Verlustsenkung als Maßstab wählt.

Einen merkbaren Einfluß jedoch hat die Jochverstärkung auf die
Scheinleistungsaufnahme bzw. den Magnetisierungsstrom. In Anlehnung
an Gl. (94) läßt sich für das Verhältnis der Scheinleistungsaufnahmen,
welche die Joche mit und ohne Verstärkung beanspruchen, schreiben

$$\frac{P_J}{P_J'} = \frac{Q_J}{Q_S}\left[\frac{n_J}{n_S}\left(1 - 1{,}25\,\frac{b}{l_J}\right) + 1{,}25\,\frac{b}{l_J}\right], \tag{96}$$

worin n_J und n_S die den Induktionen B_J und B_{Sch} zugeordneten
Werte der spezifischen Scheinleistungsaufnahme in VA/kg sind. In Abb.
39 sind die hiernach mit $b/l_J = 0{,}2$ berechneten Verhältnisse der Scheinleistungsaufnahmen P_J/P_J' ebenfalls eingezeichnet für einen Kern aus
warmgewalztem Blech mit einer Schenkelinduktion von 15000 G bzw.
13000 G. Diese Kurven zeigen, daß schon bei einer Jochverstärkung von
10% eine beachtliche Senkung der Scheinleistungsaufnahme der Joche
erreicht wird, aber bei weiterer Verstärkung der Erfolg hinter dem Aufwand zurückbleibt, dies um so mehr, je höher die Schenkelinduktion ist.

Im allgemeinen ist das Gewicht der nicht oder nur wenig verstärkten
Joche etwa gleich dem der Schenkel. Die durch eine Jochverstärkung

erzielte relative Verringerung der Eisenverluste und der Scheinleistungsaufnahme des ganzen Kernes geht daher auf etwa die Hälfte der angegebenen Werte zurück, im gleichen Maße jedoch auch der auf das Gesamtgewicht des Kernes bezogene Mehraufwand. Eine Jochverstärkung
um z. B. 10 % zieht also eine Erhöhung des Kerngewichtes von etwa 5 %
nach sich und erbringt nach Abb. 39 eine Senkung der Kernverluste um
etwa 2 %, sowie eine Verminderung der Leerlauf-Scheinleistungsaufnahme des Transformators um etwa 21 % bei 15000 G bzw. um etwa
13 % bei 13000 G im Schenkel.

Anhand der Kurven für die Ummagnetisierungsverluste (Abb. 4)
und die spezifische Scheinleistungsaufnahme (Abb. 10) der Transformatorenbleche läßt sich leicht nachweisen, daß die gleichen Senkungen der
Kernverluste und der Leerlauf-Scheinleistungsaufnahme des Transformators auch ohne Jochverstärkung mit einer Vergrößerung des Kernquerschnittes um nur etwa 2 % erzielt werden können. Bei unveränderten
Kupferverlusten würde ein solcher Transformator etwa 2 % mehr Eisen
und Kupfer aufweisen, also keinesfalls teurer sein als der Transformator
mit 10 %iger Jochverstärkung. Hieraus geht hervor, daß mit einer Verstärkung des Jochquerschnittes beim Kerntyp üblicher Bauart keine
überraschenden Vorteile zu erzielen sind.

Bezüglich der Jochverstärkung bei dreiphasigen Fünfschenkel- und
einphasigen Vierschenkelkernen sei auf Abschn. I, 7 und I, 9 verwiesen.

11. Die Oberschwingungskompensation

Die Oberschwingungen der Magnetisierungsströme rufen an der Impedanz des Netzes Spannungsfälle höherer Frequenz, also Verzerrungen
der Spannungskurve hervor, die eine bedenkliche Höhe insbesondere
dann erreichen, wenn die Eigenfrequenz des Netzes einer der Ober-
schwingungsfrequenzen nahekommt. Schwierigkeiten können dabei der
Löschung des Erdschlußstromes in kompensierten Netzen erwachsen, da
die Erdschlußlöschspulen auf die Grundschwingung des Erdschlußstromes
abgestimmt sind und dessen Oberschwingungen deshalb nicht kompen-
sieren. Aber auch Maschinen und Kondensatoren verlangen eine praktisch sinusförmige Spannungskurve. Man ist daher bemüht, die Oberschwingungen der Magnetisierungsströme im Netz klein zu halten. Dies
kann durch Wahl einer relativ niedrigen Induktion vorzugsweise bei den
kleineren Verteilungstransformatoren erreicht werden, da deren Eisengewicht je kVA und somit auch der bezogene Scheinleistungs- und
Oberschwingungsbedarf am höchsten ist. Diese Maßnahme ist allerdings
mit einer nicht unbeträchtlichen Verteuerung der Transformatoren verbunden. Der Einsatz kaltgewalzter Bleche hat die Lage jedoch grund-
legend geändert, da kaltgewalzte Bleche (vgl. Abschn. I, 1) bei gleicher

oder mäßig erhöhter Induktion wesentlich kleinere Magnetisierungsströme und Oberschwingungen aufnehmen, als warmgewalzte Bleche.

Ein anderes Mittel, die Oberschwingungen im Netz herabzusetzen,
stellt die Oberschwingungskompensation dar, die bei Kernen aus warmgewalztem Blech besondere Bedeutung erlangt hatte. Sie kann entweder
durch geeignete Schaltung und Verteilung der Transformatoren im
Netz oder durch bauliche Maßnahmen am Transformatorenkern erzielt werden.

a) Elektrische Stern-Dreieck-Schaltung

Beim Drehstrom-Transformator dreischenkliger Bauart mit Stern-
oder Dreieckschaltung auf der Eingangsseite überwiegt – wie Tab. 4

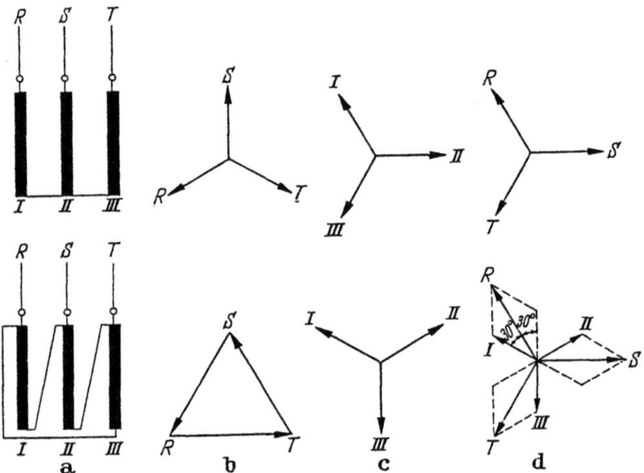

Abb. 40. Stern- bzw. Dreieckschaltung.
a Schaltungsbild, b Spannungen, c Flüsse, d Magnetisierungsströme (Blindkomponente der
Grundschwingung)

zeigt – die fünfte Oberschwingung alle übrigen Oberschwingungen des
Magnetisierungsstromes und hat unabhängig von der Schaltung im
Mittel die gleiche Größe. Ihre Richtung jedoch ist bei Dreieckschaltung
entgegengesetzt derjenigen, die bei Sternschaltung auftritt. Anhand der
Abb. 40 läßt sich dies leicht nachweisen.

Für diese ist zunächst ein symmetrischer Drehstrom-Transformator
angenommen. Zeigerdiagramm d zeigt, daß die in den Leitern $R\,S\,T$
fließenden Grundschwingungen der Magnetisierungsströme bei Stern-
und Dreieckschaltung gleiche Richtung aufweisen, bei Dreieckschaltung
aber aus je zwei Strangströmen gebildet werden, die um $\pm 30°$ von
dieser Richtung abweichen. Die fünften Oberschwingungen dieser Strangströme sind daher um $\pm 150°$ phasenverschoben und ihre in die Leiter

tretenden Resultierenden um 180° gegen die fünften Oberschwingungen des Stern-Transformators gedreht. Die gleiche Umkehrung erfahren durch die Dreieckschaltung die siebente, siebzehnte und neunzehnte Oberschwingung bzw. jede Oberschwingung, deren Ordnungszahl sich aus $6\,n \pm 1$ errechnet, wobei n eine beliebige ungerade Zahl bezeichnet. Demzufolge heben sich bei Parallelschaltung zweier gleicher Transformatoren, von denen der eine auf der Eingangseite in Stern, der andere in Dreieck geschaltet ist, die fünfte, siebente, siebzehnte und neunzehnte Oberschwingung in den gemeinsamen Zuleitungen auf. Streng gilt dies jedoch nur für den symmetrischen Transformator, den wir bei unseren Betrachtungen bisher vorausgesetzt haben. Beim Netztransformator üblicher Bauart ist eine gewisse Unsymmetrie vorhanden, die nach Tab. 4 nicht nur dritte und neunte Oberschwingungen mit teils positiver und teils negativer Richtung, sondern auch Ungleichheiten der fünften und siebenten Oberschwingungen in den Leitern entstehen läßt. Beides sind Erscheinungen, die sich bei Stern- und Dreieckschaltung nicht aufheben bzw. decken. Eine restlose Kompensation der Oberschwingungen bis zu denen neunter Ordnung ist daher nur möglich, wenn man je drei gleiche Transformatoren, deren Klemmen zyklisch miteinander vertauscht sind, in Stern- bzw. Dreieckschaltung parallel schaltet. Es ist klar, daß sich eine solche Maßnahme im praktischen Netzbetrieb nicht exakt verwirklichen läßt. Immerhin kann durch entsprechende Planung eine Minderung der Oberschwingungen im Netz erzielt werden.

b) Oberschwingungskompensation nach Hueter und Buch [65]

Zwischen den Oberschwingungen des Flusses und denen des Magnetisierungsstromes besteht eine Wechselbeziehung. Schreibt man dem Fluß eine positive dritte Oberschwingung vor, plattet man also die Fluß-Zeit-Kurve ab, so ändert sich die fünfte Oberschwingung des Magnetisierungsstromes nach Abb. 41. Sie wechselt mit steigender dritter Flußoberschwingung von einem positiven zu einem negativen Wert und wird im Schnittpunkt mit der Abszisse zu Null. Im Drehstrom-Transformator ist die zur Erzeugung der positiven dritten Flußoberschwingung benötigte Durchflutung dreifacher Frequenz als negativer Betrag der für die freie Magnetisierung des Eisens geforderten dritten Stromoberschwingung vorhanden, wenn letztere weder in einer Dreieckwicklung noch im Sternpunktleiter fließen kann. Diese Bedingung ist bei kleineren Netztransformatoren in Stern-Zickzack- oder Stern-Stern-Schaltung erfüllt. Es ist also nur nötig, bei diesen die positive dritte Flußober-

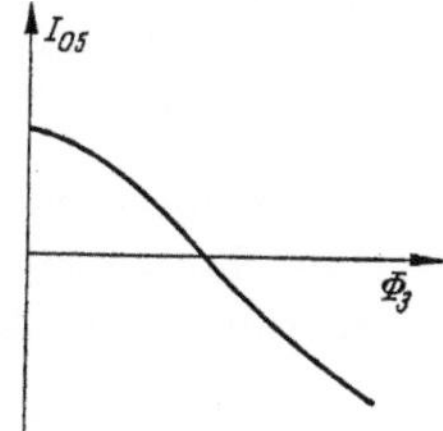

Abb. 41. Die fünfte Oberschwingung I_{05} des Magnetisierungsstromes in Abhängigkeit von der positiven dritten Oberschwingung Φ_3 des Flusses

schwingung durch einen geeigneten magnetischen Rückschluß von Joch zu Joch so weit zu entwickeln, daß die gewünschte Kompensation der fünften Stromoberschwingung erreicht wird. Die Belastbarkeit des sekundären Sternpunktes geht allerdings weitgehend verloren, wenn Stern-Stern-Schaltung angewendet wird. Aus diesem Grunde kommt im allgemeinen nur die Stern-Zickzack-Schaltung in Betracht.

Man wählt aus Symmetriegründen zwei Rückschlußschenkel, deren Querschnitt sich abschätzen läßt. Da die fünfte Oberschwingung im Magnetisierungsstrom des dreischenkligen Kerntransformators positiv, diejenige des Fünfschenkel-Transformators dagegen negativ ist – Sternschaltung ohne Dreieck bzw. ohne Sternpunktleiter auf der Eingangsseite, wie im vorliegenden Fall, vorausgesetzt –, muß der Querschnitt der Rückschlußschenkel etwa in der Mitte zwischen 0 und 60 % des Schenkelquerschnittes liegen. Es genügt demnach, in die Mitte der Kernfenster schmale Rückschlußstege einzubauen (Abb. 42). Wie die Oszillogramme nach Abb. 43 zeigen, werden durch diese Bauweise nicht nur die Oberschwingungen des Magnetisierungsstromes weitgehend unterdrückt, sondern es wird auch dessen Effektivwert um etwa 30 % vermindert – was sich aus der Abplattung der Flußkurve leicht erklärt.

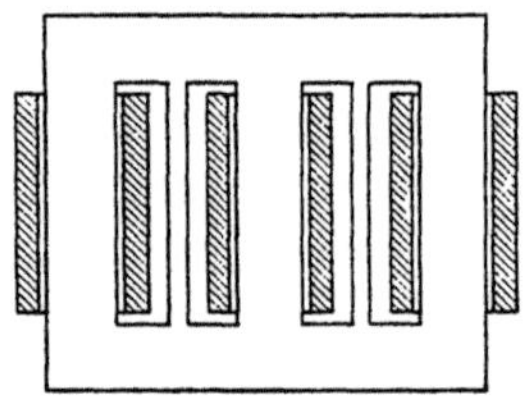

Abb. 42. Drehstrom-Kerntransformator mit Rückschlußstegen in den Fenstern

Abb. 43. Oszillogramme des Magnetisierungsstromes eines Drehstrom-Kerntransformators. a ohne Rückschlußstege, b mit Rückschlußstegen

Da die Oberschwingungskompensation nach HUETER und BUCH praktisch auf Transformatoren in Stern-Zickzack-Schaltung beschränkt ist, läßt sie sich bei größeren Transformatoren kaum anwenden.

c) Magnetische Stern-Dreieck-Schaltung

Analoge physikalische Vorgänge, die bei der elektrischen Stern-Dreieck-Schaltung zur Kompensation der fünften und siebenten Stromoberschwingung führen, kann man auch in einem einzigen Drehstromkern hervorrufen, indem man die Joche magnetisch in Dreieck schaltet und ihre Teile mittels Hilfswicklungen eng mit den Schenkeln koppelt, um den Kompensationseffekt nicht durch Jochstreuung in Frage zu stellen [79]. Dabei ist jedoch zu beachten, daß die von den dreieckförmigen Jochen benötigten fünften Stromoberschwingungen nur dann denjenigen der Schenkel entgegengerichtet sind, wenn sie ihre Richtung infolge einer positiven dritten Jochflußoberschwingung nicht umkehren (vgl. Abb. 41). Für die Entstehung einer dritten Jochflußoberschwingung sind aber alle Voraussetzungen gegeben, da die magnetischen Jochdreiecke einen geschlossenen Kraftlinienpfad darstellen. Hieraus ergibt

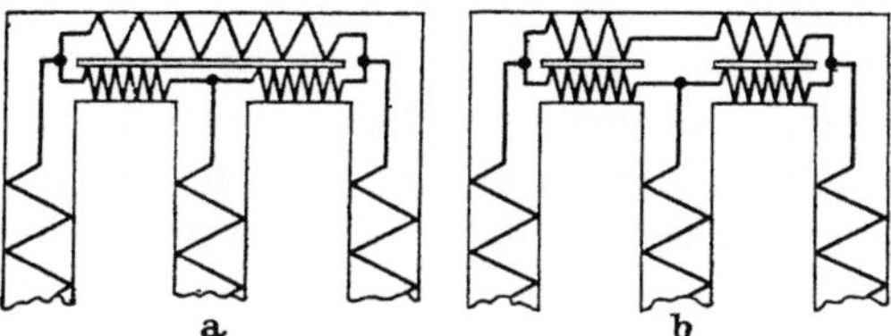

Abb. 44. Drehstrom-Kerntransformator mit Hilfswicklungen zur Oberschwingungskompensation. a mit durchgehendem, b mit unterbrochenem Jochschlitz

sich, daß die Hilfswicklungen der Jochteile in Dreieck geschaltet werden müssen, um die dritte Jochflußoberschwingung wirksam zu unterdrücken.

Eine magnetische Dreieckschaltung der Joche liegt beim Fünfschenkeltyp bereits vor und ist auch bei dem heute nur selten verwendeten Tempeltyp (vgl. S. 20) leicht durchzuführen, indem man die Joche dreieck- oder ringförmig ausbildet. Bei der üblichen Ausführung des Kernes mit drei in einer Ebene angeordneten Schenkeln läßt sich die Dreieckschaltung der Joche durch Schlitzung erzielen. Abb. 44 zeigt solche Ausführungen mit durchgehendem bzw. unterbrochenem Jochschlitz. Die Gleichheit der magnetischen Widerstände der Jochdreieckseiten kann durch geeignete Querschnittsbemessung der kurzen und langen Jochteile gewahrt werden, d. h. durch Verschiebung der Jochschlitze aus der Jochmitte. Die Unterbrechung der Jochschlitze ist zulässig, da die gewünschte Flußverteilung in den Jochteilen durch die Hilfswicklungen erzwungen wird. Man kann sogar so weit gehen, die für die Abstützung der Schenkelwicklungen des Transformators hinderlichen Hilfswicklungen

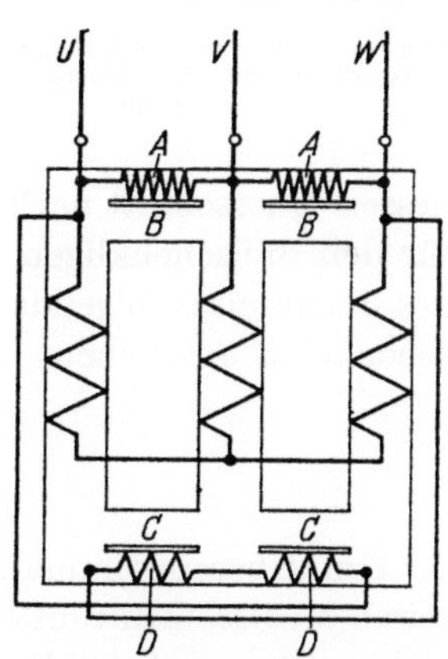

Abb. 45. Drehstromkern mit vereinfachten Hilfswicklungen zur Oberschwingungskompensation

auf den den Kernfenstern zugekehrten Jochteilen fortzulassen. Damit gelangt man zu der in Abb. 45 dargestellten vereinfachten Bauform, deren Kompensationseffekt voll befriedigt, wenn die Querschnitte der Jochteile so gewählt werden, daß die von den Jochen benötigte Durchflutung mit Strömen fünfter Ordnung gleich derjenigen der Schenkel ist. Dabei ist zu beachten, daß die in den Jochdreieckseiten auftretenden

Flüsse das $1/\sqrt{3}$fache der Schenkelflüsse betragen und die Dreieckseiten selbst von folgenden Jochteilen gebildet werden:

$$\begin{aligned} &\text{Seite 1:} && A + C, \\ &\text{Seite 2:} && A + C, \\ &\text{Seite 3:} && 2\,B + 2\,D. \end{aligned}$$

In den unbewickelten Jochteilen B und C darf die Induktion erfahrungsgemäß diejenige der Schenkel nicht übersteigen. Demgemäß wird der Querschnitt der Jochteile B und C gleich dem $1/\sqrt{3}$fachen des Schenkelquerschnittes, derjenige der Jochteile A und D etwa 15 % bzw. 8 % geringer gewählt, so daß in den letzteren die Induktion entsprechend über die Schenkelinduktion hinausgeht.

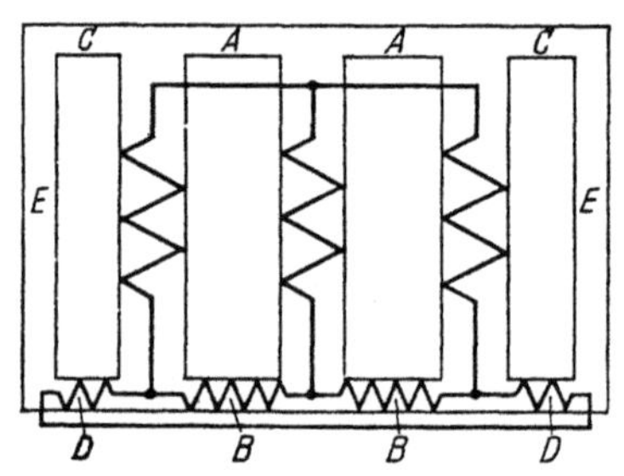

Abb. 46. Fünfschenkel-Transformator mit Hilfswicklung zur Oberschwingungskompensation

Beim Fünfschenkel-Transformator erübrigt sich eine Jochschlitzung, da die Joche und Rückschlußschenkel bereits ein Jochdreieck bilden. Es genügt, auf diesem in Dreieck geschaltete Hilfswicklungen anzubringen und diese mit den Schenkelwicklungen zu verbinden. Zur Erleichterung der Montage empfiehlt es sich, entsprechend Abb. 46 nur das untere Joch mit Hilfswicklungen zu versehen und dessen Querschnitt nach den gleichen Gesichtspunkten zu bemessen, die für den dreischenkligen Kerntyp gelten. Hierbei sind als Dreieckseiten des Jochkreises folgende Jochteile A bis D einschließlich der Rückschlußschenkel E anzusehen:

$$\begin{aligned} &\text{Seite 1:} && A + B, \\ &\text{Seite 2:} && A + B, \\ &\text{Seite 3:} && 2\,C + 2\,D + 2\,E. \end{aligned}$$

Um Übereinstimmung des Durchflutungsbedarfes der Jochdreieckseiten an Strömen fünfter Ordnung mit denen der Hauptschenkel zu erzielen, ist es erforderlich, den Querschnitt der Jochteile B gegenüber der normalen Ausführung um etwa 15 % zu vermindern und den der Rückschlußschenkel E um etwa 20 % zu vergrößern.

Bei der Auslegung der Hilfswicklungen für die magnetische Stern-Dreieck-Schaltung sind die Spannungserhöhungen zu berücksichtigen, denen der Transformator im Betrieb ausgesetzt wird, da diese nach der Magnetisierungskurve eine starke Zunahme der in den Hilfswicklungen fließenden Magnetisierungsströme zur Folge haben.

Darüber hinaus ist für eine hohe mechanische Festigkeit der Hilfswicklungen und ihrer Abstützungen Sorge zu tragen, da die relativ hohen Einschaltstromstöße des leerlaufenden Transformators zum Teil auch auf die Hilfswicklungen übertragen werden. Während diese Einschaltstromstöße die Hauptwicklungen des Transformators nicht gefährden können, beanspruchen sie die Hilfswicklungen mit Stoßstromamplituden, die ein außerordentlich hohes Vielfaches ihres Dauerstromes betragen.

Im Gegensatz zur Oberschwingungskompensation nach HUETER und BUCH erlaubt die magnetische Stern-Dreieck-Schaltung, eine oder mehrere Schenkelwicklungen des Transformators in Dreieck zu schalten. Die in Abb. 44 bis 46 dargestellten Schaltungen der Hilfswicklungen setzen jedoch die Sternschaltung derjenigen Schenkelwicklung voraus, an welche die Hilfswicklungen angeschlossen sind. Indessen ist es auch möglich, die Hilfswicklungen an eine in Dreieck geschaltete Schenkelwicklung anzuschließen. In diesem Falle sind die Hilfswicklungen in Stern zu schalten und zur Unterdrückung der dritten Flußoberschwingung ist ein zusätzliches Hilfswicklungsdreieck auf den Jochdreiecksseiten anzuordnen.

12. Der Einschaltstromstoß des unbelasteten Transformators

Der Fluß im Eisenkern ist – unter Vernachlässigung der Ohmschen Widerstände – gegen die angelegte bzw. induzierte Spannung um 90° phasenverschoben. Demgemäß wird der Fluß zu Null, wenn die Spannung ihren Maximalwert annimmt, und erreicht andererseits seinen Scheitelwert beim Nulldurchgang der Spannung. Setzen wir zunächst voraus, daß der Eisenkern keinen remanenten Magnetismus besitzt, so entspricht beim Einschalten des Transformators im Spannungsmaximum der magnetische Zustand im Kern dem stationären Zustand. Das Einschalten erfolgt also zwanglos. Weist der Kern jedoch beim Einschalten im Spannungsmaximum einen remanenten · Fluß Φ_r auf, so muß der von der Spannung geforderte Fluß mit dem Betrag Φ_r statt mit Null beginnen. Dieser remanente Fluß zeigt insofern ein merkwürdiges Verhalten, als er nach dem Einschalten auf einen Wert absinkt, der gleich der sogenannten Permanenz ist, die bei Transformatorenblechen im allgemeinen recht kleine Werte hat. Die Abnahme der Remanenz wird ursächlich durch rein innermolekulare magnetische Vorgänge bei der Entmagnetisierung hervorgerufen [45]. Der zeitliche Verlauf des Abklingens wird indessen bestimmt durch den Ohmschen Widerstand und die Induktivität des elektrischen Kreises, der die Zuleitungen usw. einschließt. Die resultierende Fluß-Zeit-Kurve ergibt sich nach Abb. 47 durch Addition der stationären Fluß-Zeit-Kurve φ und einer, von Φ_r ausgehenden, langsam abklingenden Gleichflußkurve φ_g. Nach einer Zeit $\omega t = \pi/2$ (Viertelperiode) erreicht der Fluß im Eisenkern ein erstes Maximum, das nahezu den Betrag $\Phi + \Phi_r$ annimmt. Dieser Fall ist aber nicht der ungünstigste. Erfolgt nämlich das Einschalten im Spannungsnulldurchgang und ist außerdem der remanente Fluß Φ_r dem zugeordneten stationären Flußmaximum Φ entgegengerichtet, so wird die resultierende Fluß-Zeit-Kurve (Abb. 48) aus der Summe der stationären Fluß-Zeit-Kurve φ und einer abklingenden Gleichflußkurve φ_g

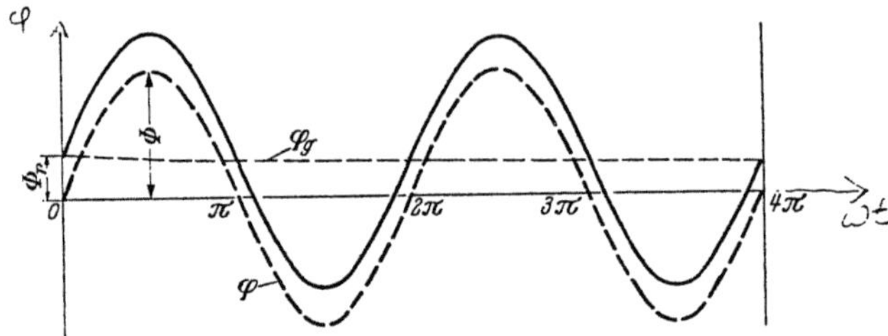

Abb. 47. Fluß-Zeit-Kurve beim Einschalten im Spannungsmaximum

gebildet, deren Ausgangswert $\Phi + \Phi_r$ beträgt. Dabei entsteht nach einer Zeit $\omega t = \pi$ (Halbperiode) eine erste Flußamplitude, die dem Betrag $2\Phi + \Phi_r$ nahekommt, da beide Teilflüsse nach der gleichen Zeitfunktion sehr langsam abklingen. Der höchstmögliche Einschaltstromstoß errechnet sich also bei Zugrundelegung einer ersten Flußamplitude $2\Phi + \Phi_r$.

Bei normalen Transformatoren, deren Nenninduktion $B > 10\,000$ G ist, wird das Eisen bei einer Steigerung des Flusses auf den Betrag $2\Phi + \Phi_r$ seine Sättigungsinduktion $B_{sätt} \approx 21\,000$ G erreichen bzw.

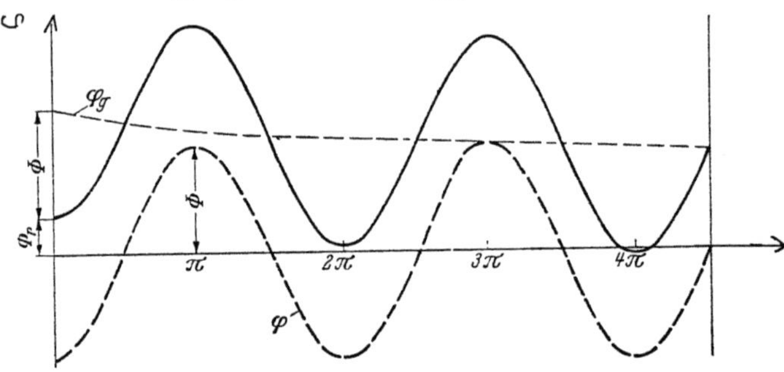

Abb. 48. Fluß-Zeit-Kurve beim Einschalten im Spannungsnulldurchgang

überschreiten. Setzen wir dies voraus, so muß die Eingangswicklung des Transformators bei einer remanenten Induktion B_r mit einem zusätzlichen Luftfluß

$$\Phi_L = (2B + B_r)\,Q_{\text{Fe}} - B_{sätt}\,Q_{\text{Fe}} \tag{97}$$

verkettet sein. Dieser Luftfluß überlagert sich dem Eisenfluß $B_{sätt}\,Q_{\text{Fe}}$. Er tritt sowohl im Bereich des Eisenkernes auf – wobei der geometrische Querschnitt wirksam ist – als auch im Raum zwischen der Wicklung und dem Eisenkern. Der Luftfluß bildet sich also so aus, als wäre der gesättigte Eisenkern nicht vorhanden.

Führen wir die mittlere Induktion B_L und den mittleren Querschnitt Q_L für den Luftfluß ein, so wird

$$\Phi_L = B_L Q_L. \tag{98}$$

Nach Umformung ergibt sich andererseits aus Gl. (97)

$$\Phi_L = B Q_{\mathrm{Fe}}\left(2 - \frac{B_{s\ddot{a}tt} - B_r}{B}\right). \tag{99}$$

Nun wird mit dem Scheitelwert i des gesuchten Stoßstromes, der Windungszahl w der Eingangswicklung und der mittleren Luftpfadlänge l [cm]

$$B_L = \mu_0 \frac{i\,w}{l}, \tag{100}$$

und mit dem Scheitelwert $\hat{u}$ der an die Eingangsseite gelegten Spannung

$$B Q_{\mathrm{Fe}} = \frac{\hat{u}}{\omega\,w\,10^{-8}}. \tag{101}$$

Mit Hilfe der Gln. (98) bis (101) ergibt sich der Scheitelwert des Stoßstromes zu

$$i = \frac{\hat{u}}{\mu_0\,\omega\,w^2\,\dfrac{Q_L}{l}\,10^{-8}}\left(2 - \frac{B_{s\ddot{a}tt} - B_r}{B}\right). \tag{102}$$

Setzen wir schließlich den Ausdruck

$$\mu_0\,w^2\,\frac{Q_L}{l}\,10^{-8} = L \ [\mathrm{H}], \tag{103}$$

da er den Charakter einer Induktivität hat, so gelangt man zu der einfachen Gleichung

$$i = \frac{\hat{u}}{\omega L}\left(2 - \frac{B_{s\ddot{a}tt} - B_r}{B}\right). \tag{104}$$

Man rechnet genügend genau, wenn in Gl. (102) für l die Schenkellänge und für Q_L bei kreisrunden Wicklungen $d_m^2\,\pi/4$ eingesetzt wird, wobei d_m den mittleren Durchmesser der Eingangswicklung bezeichnet. Zu beachten ist, daß die Werte $\hat{u}$, w und l schenkelweise einander zugeordnet sind.

Nun läßt sich nachprüfen, ob die der Gl. (104) zugrunde liegende Voraussetzung, daß das Eisen seinen Sättigungswert erreicht, tatsächlich erfüllt ist. Es muß nämlich die dem aus Gl. (104) errechneten Stoßstrom i entsprechende Durchflutung der Eingangswicklung der Bedingung

$$i\,w \geqq H_{s\ddot{a}tt}\,l_{\mathrm{Fe}} \tag{105}$$

genügen, die sich im allgemeinen als erfüllt erweist. $H_{s\ddot{a}tt}$ bezeichnet die zur Sättigung des Eisens erforderliche Sättigungsfeldstärke. Sie beträgt bei warr gewalztem Blech etwa 500 A/cm, bei kaltgewalztem Blech etwa 200 A/cm. Als Eisenweglänge l_{Fe} kann die Länge des bewickelten Kernteiles (Schenkel) eingesetzt werden, da die unbewickelten Kernteile (Joche) durch den angrenzenden Raum magnetisch stark entlastet werden.

Die remanente Induktion B_r hängt ab von den Zufälligkeiten der voraufgegangenen Abschaltvorgänge. Sie erreicht schon bei geringen Feldstärken von etwa 5 A/cm ihren Höchstwert. Dieser ist weitgehend von den entmagnetisierend wirkenden Stoßfugen des Kernes abhängig. In verzapften Eisenkernen aus warmgewalztem Blech erreicht die remanente Induktion ungünstigstenfalls Beträge von etwa 6000 bis 7500 G, die sich auf 9000 bis 10000 G bei Anwendung kaltgewalzter Bleche erhöhen. Sind die Kerne stumpfgestoßen, so ist die remanente Induktion vernachlässigbar klein.

Bei Drehstromtransformatoren ergibt sich wegen der Phasenverschiebung der drei Strangspannungen praktisch bei jedem Einschalten ein Stromstoß. Dessen Höchstwert läßt sich unter Berücksichtigung der Schaltung des Transformators mit Hilfe der Gln. (103) und (104) berechnen, wobei zu beachten ist, daß die Werte $\hat{u}$ und w strangweise zusammen gehören. Sofern der Transformator auf der Eingangsseite Dreieckschaltung aufweist, treten jeweils an zwei Klemmen Stoßströme $+\hat{\imath}$ bzw. $-\hat{\imath}$ auf. Liegt auf der Eingangsseite Sternschaltung mit zur Energiequelle zurückgeführten Sternpunktleiter vor, so gilt das gleiche für die Klemme des betroffenen Stranges und die Sternpunktklemme. – Bei Transformatoren mit Stern-Dreieck-Schaltung oder Stern-Stern-Schaltung mit Ausgleichwicklung tritt, weil auch hier die Summe der Stoßströme auf der Eingangsseite Null werden muß, in einem Strang der in Stern geschalteten Wicklung nur $+2/3\,\hat{\imath}_1$, in den beiden anderen Strängen $-1/3\,\hat{\imath}_1$ auf, während sich in der Dreieckwicklung eine Nulldurchflutung $+1/3\,\hat{\imath}_2\,w_2$ einstellt. Diese ergänzt auf dem betroffenen Schenkel die Durchflutung zu $\hat{\imath}_1\,w_1$ und kompensiert auf den beiden übrigen Schenkeln die Durchflutung $-1/3\,\hat{\imath}_1\,w_1$. – Der Einschaltvorgang von Transformatoren in Stern-Stern-Schaltung ohne Ausgleichwicklung und ohne zur Energiequelle zurückgeführten Sternpunktleiter ist verwickelter. Der vom zunächst betroffenen Wicklungsstrang benötigte Stoßstrom muß nämlich über die beiden anderen Stränge zurückfließen. Dabei entsteht ein nicht sinusförmiger Fluß, der sich von Joch zu Joch durch die Luft schließt. Er induziert verzerrte Nullspannungen, die im ersten Strang spannungsmindernd, in den beiden anderen spannungssteigernd wirken. Nach Untersuchungen von W. SCHMIDT [181] kann man entsprechend dieser Wechselwirkung mit einem Stoßstrom $\approx \sqrt{3}\,\hat{\imath}/2$ rechnen.

Die angegebenen Formeln lassen erkennen, daß bei einem Kerntransformator mit der üblichen einfach konzentrischen Anordnung der Wicklungen der bezogene Einschaltstromstoß größer wird, wenn nicht – wie gewöhnlich – die äußere, sondern die innere Wicklung als Eingangswicklung dient, da deren auf eine Übersetzung 1 : 1 umgerechnete Induktivität L wegen des kleineren Durchmessers die geringere ist. Der Unterschied beträgt etwa 50 %. Weiterhin zeigt sich, daß bei Transformatoren mit einer Nenninduktion von etwa 15 000 G eine angenommene remanente Induktion von 7500 G nahezu eine Verdoppelung des Einschaltstromstoßes im Vergleich zu dem des völlig entmagnetisierten Kernes erbringt. Innerhalb einer Typenreihe findet man schließlich, daß der auf den Nennstrom bezogene Einschaltstromstoß etwa der vierten Wurzel aus der·Nennleistung umgekehrt proportional ist. Bei den kleinsten Typen ist also der Relativwert des Einschaltstromstoßes am größten. Eine Milderung wird sich jedoch insbesondere bei diesen durch den in vorstehendem vernachlässigten Ohmschen Spannungsfall in der Eingangswicklung ergeben.

Tabelle 7. *Einschaltstoßamplitude, bezogen auf den Scheitelwert der Nennströme für Einphasen- und Drehstrom-Transformatoren*

Nennleistung [kVA]	Kaltgewalztes Blech		Warmgewalztes Blech	
	Oberspannung	Unterspannung	Oberspannung	Unterspannung
500	11,0	16	6,0	9,4
1 000	8,4	14	4,8	7,0
5 000	6,0	10	3,9	5,7
10 000	5,0	10	3,2	3,2
50 000	4,5	9	2,5	2,5

Nach Untersuchungen des AIEE in USA [21] sind mit einer durchschnittlichen Toleranz von ± 50 % im ungünstigsten Falle die in Tab. 7 als Vielfaches des Scheitelwertes der Nennströme angegebenen Einschaltstoßamplituden zu erwarten. Dabei ist der Höchstwert der Remanenz angenommen, und zwar mit einer Polarität, die derjenigen des stationären Flusses im Augenblick des Einschaltens entgegengerichtet ist (vgl. Abb. 48).

Der Tab. 7 sind ausgeführte Konstruktionen mit Kernen aus kaltgewalztem und warmgewalztem Blech zugrunde gelegt. Soweit der bezogene Einschaltstrom auf der Unterspannungsseite höher ist als derjenige auf der Oberspannungsseite, handelt es sich um einfach konzentrische Anordnungen von Zylinderwicklungen, im anderen Falle um Scheibenwicklungen. Nach der gleichen Quelle klingen die Stoßamplituden bei 60 Hz-Transformatoren auf die Hälfte ab nach

8 ...   10 Perioden bei Nennleistungen von   500 ... 1 000 kVA
10 ...   60 Perioden bei Nennleistungen von 1 000 ... 10 000 kVA
60 ... 3600 Perioden bei Nennleistungen von 10 000 kVA und darüber.

II. Die Streuflüsse

Unter Streuflüssen hat man alle Flüsse zu verstehen, die nicht in der vom Eisenkern vorgeschriebenen Bahn verlaufen. Bei Transformatoren treten mehrere Streuflüsse auf, die sich nach Ursache und Wirkung voneinander unterscheiden.

Der unbelastete Transformator weist einen Leerlauf-Streufluß auf, der von dem in der Eingangswicklung fließenden Magnetisierungsstrom erregt wird. Dieser Streufluß bewirkt in seiner Gesamtheit eine magnetische Entlastung des Eisenkernes, insbesondere in den unbewickelten Kernteilen, den Jochen oder Rückschlußschenkeln, in geringerem Maße in den bewickelten Schenkeln. Eine Abweichung der Leerlauf-Übersetzung vom Verhältnis der Windungszahlen wird jedoch nur von dem Teil des Leerlauf-Streuflusses hervorgerufen, der ausschließlich mit der Eingangswicklung verkettet ist, also ihrer Streuinduktivität entspricht. Dieser Teil bewirkt den Leerlauf-Blindspannungsfall. Der restliche Leerlauf-Streufluß entspricht zusammen mit dem Fluß im Eisen der Gegeninduktivität der Ausgangswicklung und verursacht keinen Spannungsverlust. Im allgemeinen ist der Leerlauf-Streufluß vernachlässigbar klein, da der Leitwert des Eisenkreises denjenigen der in Betracht kommenden Streupfade um Größenordnungen übertrifft. Dies gilt insbesondere für Eisenkreise mit verzapften Stoßstellen, im Gegensatz zu solchen mit größeren Stoßfugen. Einen Ausnahmefall bildet der bereits in Abschn. I, 12 behandelte Einschaltvorgang, bei dem sich der Eisenkern unter Umständen sättigt und der Leerlauf-Streufluß sehr hohe Werte annehmen kann. Auch bei Spannungswandlern spielt der Leerlauf-Streufluß – und zwar der der Streuinduktivität der Eingangswicklung entsprechende Anteil – wegen der hohen Anforderungen an die Meßgenauigkeit eine gewisse Rolle. Bei Leistungstransformatoren werden jedoch Ungenauigkeiten der Leerlauf-Übersetzung von $\pm 0{,}5\%$ bzw. $\pm 1/10$ des Betrages der bezogenen Kurzschlußspannung, wenn dies kleinere Werte ergibt, zugelassen. Es erübrigt sich daher, im Rahmen des vorliegenden Buches auf den Leerlauf-Streufluß näher einzugehen.

Ist der Transformator belastet, so wird von den Lastströmen ein weiterer Streufluß erzeugt, da die den Lastströmen entsprechenden gleich großen und gegensinnigen Durchflutungen der Wicklungen sich in ihrer magnetisierenden Wirkung zwar hinsichtlich des Eisenpfades aufheben, nicht jedoch im Raum zwischen den Wicklungen und in deren Bereich. Dieser lastabhängige Streufluß, dem die Bezeichnung Hauptstreufluß zukommt, der aber gewöhnlich kurz als „Streufluß" bezeichnet wird, bewirkt den weit überwiegenden Teil des Blindspannungsfalles des Transformators, sowie die Stromkräfte und Wirbelstromverluste in den

Wicklungen. Er beeinflußt weiterhin den Kurzschlußstrom und ist daher maßgeblich an den Kurzschlußkräften im Transformator beteiligt.

Neben dem Hauptstreufluß tritt bei gewollt oder ungewollt unsymmetrischen Spulen- oder Wicklungsanordnungen ein den Lastströmen proportionaler Querstreufluß auf, der die Wirkungen des Hauptstreuflusses verstärkt bzw. neue hervorruft.

Schließlich sei auf den Jochstreufluß hingewiesen, der bei dreischenkligen Drehstrom-Transformatoren oder bei zweischenkligen Einphasen-Transformatoren bei Sternpunkt- oder Mittelpunktbelastung auftreten kann. Er schließt sich von Joch zu Joch über den Luftraum, gegebenenfalls teilweise auch über die Kesselwand, und erzeugt eine Spannung im Nullsystem, die eine Unsymmetrie der Strangspannungen zur Folge hat.

1. Der Hauptstreufluß

Die Bestimmung des Hauptstreuflusses geht von einer Wicklungsanordnung aus, die folgende Bedingungen erfüllt:

a) Die Stirnseiten der Wicklungen grenzen an ebene, parallele, unendlich ausgedehnte Eisenplatten unendlich großer Permeabilität.

b) Die Wicklungsquerschnitte werden lükkenlos vom Strom durchflutet.

c) Die Rückwirkungen der Stromverdrängung in den Leitern auf den Streufluß sind vernachlässigbar.

Eine Streugruppe besteht aus zwei Spulen bzw. Wicklungen mit gleich großen, aber entgegengesetzt gerichteten Durchflutungen. Damit ergibt sich mit den Annahmen a) bis c) das in Abb. 49 dargestellte idealisierte Streuflußbild, das die Lage der Kernachse offenläßt und demnach sowohl für Zylinder- als auch für Scheibenwicklungen gilt. Da in diesem Idealfall die Streulinien sämtlich parallel zum Streuspalt verlaufen, ist die Induktion längs der Streulinien konstant. Ihr jeweiliger Betrag ist innerhalb der Streuspaltbreite Δ gleichbleibend und fällt längs der Spulen-

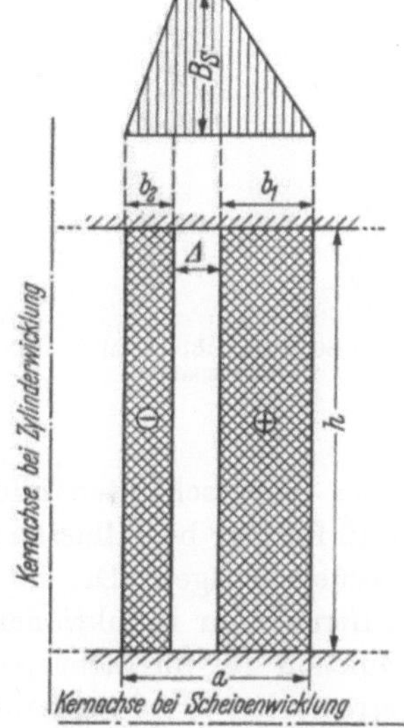

Abb. 49. Idealisiertes Streuflußbild

oder Wicklungsbreiten geradlinig nach außen auf Null ab. In diesem idealisierten Feldbild stimmt die Länge des Streupfades mit der Spulen- oder Wicklungshöhe h überein, so daß sich die Induktion im Streuspalt aus der Durchflutung $I\,w$ einer Streugruppe zu

$$B_S = \mu_0 \sqrt{2}\,\frac{I\,w}{h} = 1{,}78\,\frac{I\,w}{h} \tag{106}$$

errechnet.

Von den Vereinfachungen, die Abb. 49 zugrunde liegen, ist die Vernachlässigung der Rückwirkung einer Stromverdrängung in den Leitern im allgemeinen durchaus berechtigt, da man bestrebt sein wird, Stromverdrängungen gegebenenfalls durch Unterteilung des Leiterquerschnittes und geeignete Verdrillung weitgehend zu vermeiden. Ebenso ist die Unterbrechung des Spulen- oder Wicklungsquerschnittes durch die Drahtisolation und verhältnismäßig schmale Kühlschlitze bzw. Isolierschichten – soweit diese senkrecht zum Streupfad angeordnet sind – ohne nennenswerte Bedeutung. Parallel zum Streupfad liegende Kühlschlitze

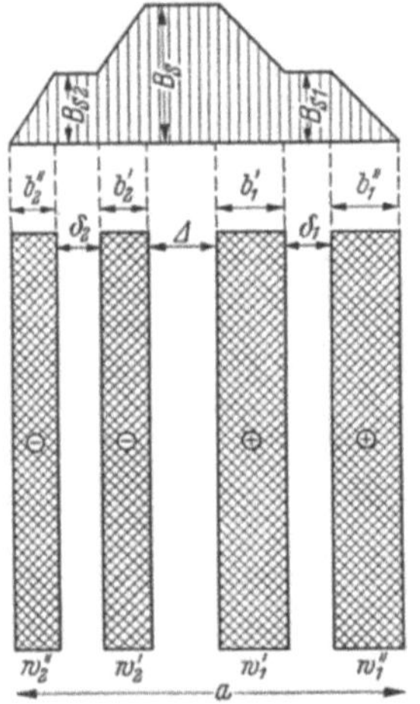

Abb. 50. Streuflußbild mit Nebenstreuspalten

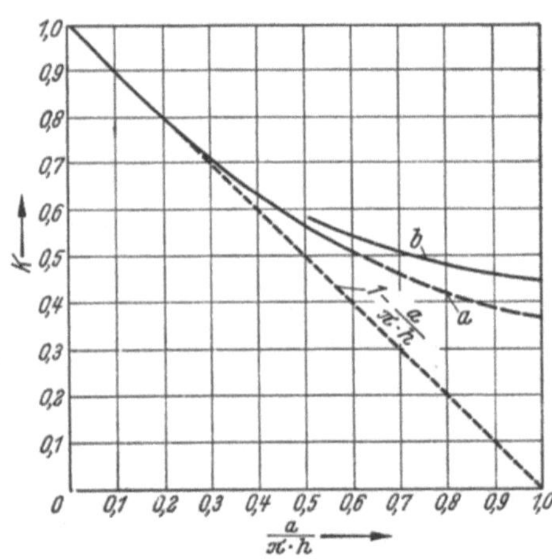

Abb. 51. Abhängigkeit des Korrektionsfaktors K von $\dfrac{a}{\pi \cdot h}$.
a berechnet nach Gl. (109), b Meßkurve

oder Isolierschichten bilden dagegen Nebenstreuspalte, die den Streufluß fühlbar beeinflussen [82]. Sie lassen sich aber gemäß Abb. 50 leicht berücksichtigen. Die in den Nebenstreuspalten der Breite δ_1 und δ_2 auftretenden Induktionen B_{S1} und B_{S2} verhalten sich nämlich zur Induktion B_S im Streuspalt der Breite $\varDelta$ wie die die Nebenstreuspalte erregenden Windungszahlen w_1'' bzw. w_2'' zur Gesamtwindungszahl einer Streugruppenhälfte, d. h.

$$B_{S\,1} = B_S \frac{w_1''}{w_1' + w_1''}, \qquad (107)$$

$$B_{S\,2} = B_S \frac{w_2''}{w_2' + w_2''}. \qquad (107\,a)$$

Dies gilt sinngemäß für Nebenstreuspalte beliebiger Zahl, die auch unsymmetrisch verteilt sein können.

Am wenigsten ist die Voraussetzung unter a) erfüllt. Bei Zylinderspulen befinden sich die Joche in mehr oder minder großem Abstand von den Stirnseiten der Wicklungen. Außerdem sind die Joche keine unendlich ausgedehnten Platten. Bei Scheibenspulen fehlt die eine der beiden Eisenbegrenzungen praktisch ganz. Die Folge ist eine Veränderung des Feldbildes: Die Feldlinien treten seitlich aus der Streugruppe heraus und schließen sich über die Umgebung. Dieser Effekt wird bei einer Streugruppe aus Zylinderspulen noch wesentlich durch den Kernschenkel unterstützt. Trotzdem ist im überwiegenden Wicklungsbereich der idealisierte Feldverlauf in etwa vorhanden, wenn die Streugruppe eine sehr gestreckte Form besitzt, d. h. wenn nach Abb. 49 a klein gegen h ist.

Die Streuspannung ist proportional der Feldenergie. Eine exakte Berechnung dieser Energie gelingt mit relativ geringem Aufwand für eine Scheibenspulenanordnung mit sinusförmiger Durchflutungsverteilung. Sieht man den trapezförmigen Durchflutungsverlauf nach Abb. 49 als eine Halbperiode daraus an, so kann man das gewonnene Ergebnis in gewissen Grenzen auch auf die vorliegende Anordnung übertragen. Man korrigiert die Streuspannung bzw. die Feldenergie, die sich aus dem idealisierten Feldverlauf ergibt, durch einen Korrektionsfaktor K. Das Ergebnis kann man deuten, indem man sich die Streupfadlänge h auf h/K verlängert denkt. Als Induktion im Hauptstreukanal folgt damit für ein korrigiertes idealisiertes Streufeld.

$$B_S = \mu_0 \sqrt{2}\, \frac{I\,w}{h} K = 1{,}78\, \frac{I\,w}{h} K\,. \tag{108}$$

Der Korrektionsfaktor K selbst ist von Rogowski [111] mit den Grenzbedingungen $\Delta < a/2$ und $a/h < 2$ zu

$$K = 1 - \frac{a}{\pi h}\left(1 - e^{-\frac{\pi h}{a}}\right) \tag{109}$$

berechnet worden. Nach Untersuchungen von De Kuijper [92] u. a. ist es möglich, den Einfluß der endlichen Abmessungen des Kernfensters zu berücksichtigen. Im allgemeinen genügt jedoch der Korrektionsfaktor nach Gl. (109). a bezeichnet die Gesamtbreite einer Streugruppe nach Abb. 50, 52 und 53. Die graphische Darstellung des Faktors K (Abb. 51) läßt erkennen, daß der Klammerausdruck der Gl. (109) vernachlässigt werden kann, wenn $a/\pi h < 0{,}3$ ist, was in den meisten Fällen zutrifft. Messungen an ausgeführten Transformatoren bestätigen im Durchschnitt die Richtigkeit der Gl. (109), jedoch kann man, wie Abb. 51 zeigt, bei Anordnungen mit $a/\pi h > 0{,}5$ merkbare Abweichungen feststellen [90].

Die Beeinflussung des Korrektionsfaktors K durch ferromagnetische Bauteile, wie z. B. den Kern, läßt sich qualitativ abschätzen, indem man die fiktive Streupfadlänge zerlegt in

$$\frac{h}{K} = h + \Delta l \qquad\qquad (110)$$

Δl errechnet sich mit Gl. (109) im Bereich $a/\pi h = 0 \ldots 1$ zu $(0,32 \ldots 0,54)\,a$. In erster Näherung könnte man die gesamte Feldenergie proportional den Anteilen an der Streupfadlänge nach Gl. (110) auf den Wickelraum und den Außenraum aufteilen. Diese Zerlegung der Feldenergie ist gerechtfertigt bei einem idealisierten Feldverlauf. Bei $K \approx 1$ ist der Energieanteil des Außenraumes gering; durch die Eisenteile werden nur unbedeutende Änderungen der Feldenergie verursacht. Dagegen ist bei kleinem K der Einfluß der Umgebung entsprechend dem größeren

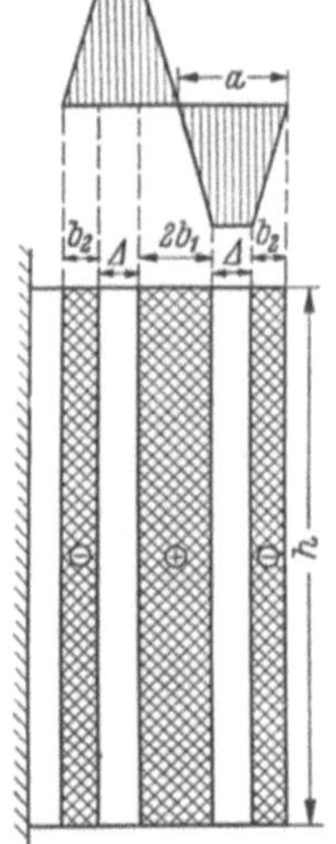

Abb. 52. Doppelt konzentrische Anordnung von Zylinderwicklungen

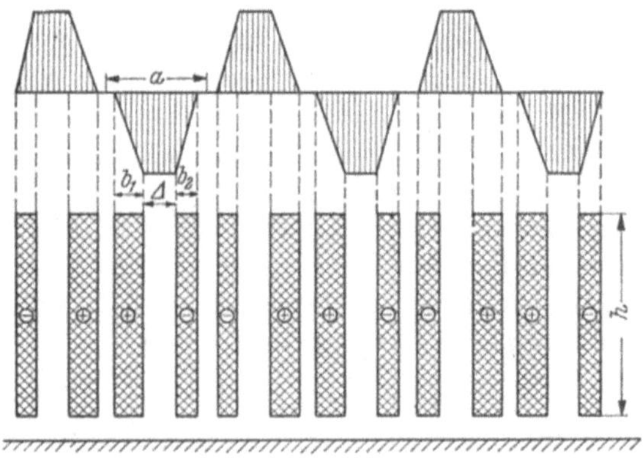

Abb. 53. Scheibenwicklung

Energieanteil des Außenraumes wesentlich stärker. Nach dieser Überlegung sind die beobachteten Abweichungen von dem Wert für K nach der Gl. (109) für $a/\pi \cdot h > 0,5$ verständlich.

Während die einfach konzentrische Anordnung von Zylinderwicklungen von einer einzigen Streugruppe gebildet wird, weisen die doppelt konzentrischen Anordnungen (Abb. 52) zwei und die Scheibenwicklung (Abb. 53) eine beliebige Zahl von Streugruppen auf. Die Bildung mehrerer Streugruppen hat eine Senkung des Streuflusses zum Ziel, die in optimaler Wiese durch Unterteilung in gleiche Streugruppen erreicht wird. Aus diesem Grunde werden ungleiche Streugruppen tunlichst vermieden.

2. Der Querstreufluß

Sind die Maße h der beiden eine Streugruppe bildenden Spulen oder Wicklungen ungleich, so tritt zusätzlich ein Querstreufluß auf, der den Blindspannungsfall und die Wirbelstromverluste erhöht, außerdem aber auch eine weitere Stromkraftkomponente, nämlich die Schubkraft, hervorruft. Insbesonders die letztere kann schon bei geringen Unsymmetrien sehr beträchtliche Werte erreichen, weshalb der Querstreufluß beachtet werden muß. Soweit die Unsymmetrien durch Fertigungsungenauigkeiten hervorgerufen werden, sind sie natürlich nicht gänzlich zu vermeiden. Sie können aber bei sorgfältiger Herstellung sehr klein ($<0{,}5\%$) gehalten werden. Unstetigkeiten des Strombelages in der Oberspannungswicklung, die sich mit Rücksicht auf deren Stoßspannungsfestigkeit als notwendig erweisen, können durch entsprechende Nachbildung in der Unterspannungswicklung ausgeglichen werden. Anzapfungen bewirken stets Unsymmetrien, wenn die abzuschaltenden Wicklungsteile nicht

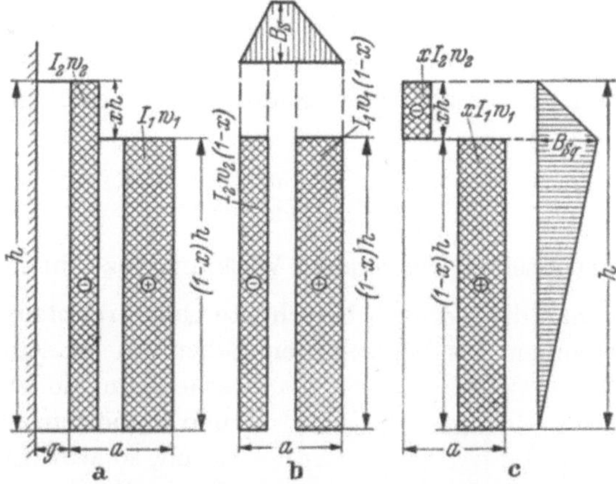

Abb. 54. Zerlegung der Streuflüsse einer einfach konzentrischen Anordnung von Zylinderwicklungen bei einseitiger Verkürzung des Oberspannungsteiles ($I_1 w_1 = I_2 w_2 = I w$)

als mehrgängige oder mehrlagige Spulen ausgeführt werden, die sich über die gesamte Wicklungshöhe h erstrecken. Bei kleinem Einstellbereich verzichtet man jedoch häufig auf eine solche Komplizierung des Wicklungsaufbaues und nimmt die Entstehung von Querstreuflüssen in Kauf. Schließlich ergeben sich aus der Steigung, mit der röhren- oder scheibenförmige Spulen gewickelt sind, ebenfalls Unsymmetrien, die längs des Spulenumfanges Größe bzw. Vorzeichen ändern. Sie fallen insbesondere bei großen Leiterquerschnitten auf der Unterspannungsseite ins Gewicht.

Bei einer einfach konzentrischen Anordnung von Zylinderwicklungen mit einseitiger Verkürzung des Oberspannungsteiles um $x\,h$ [cm] nach Abb. 54a lassen sich Haupt- und Querstreufluß durch Zerlegung in die Streugruppen 54b und 54c trennen.

Der von der Ersatzstreugruppe 54b gelieferte Hauptstreufluß ist mit dem einer symmetrischen Streugruppe der Wicklungshöhe h praktisch identisch, da der Verkürzung der Wicklungshöhe auf den Betrag $h\,(1-x)$ eine Durchflutungsverminderung von $I\,w$ auf $I\,w\,(1-x)$ gegenübersteht. Der Querstreufluß wird von der Durchflutung $x\,I\,w$ getrieben. Er habe die in Abb. 54c gezeichnete Verteilung. Dann ist die Streuinduktion an der Stoßstelle beider Ersatzwicklungsteile

$$B_{Sq} = \mu_0 \sqrt{2}\,\frac{x\,I\,w}{l_{Sq}} = 1{,}78\,\frac{x\,I\,w}{l_{Sq}}\,. \tag{111}$$

Die Querstreupfadlänge l_{Sq} kann für die einfach konzentrische Anordnung von Zylinderwicklungen nach Billig [31], [77] für den Fall, daß der Einfluß benachbarter Schenkel und sonstiger Eisenteile außer dem des eigenen Schenkels vernachlässigt wird, aus dem Rogowski-Faktor hergeleitet werden. Bezieht man die Querstreuinduktion und die Querstreupfadlänge zur Vereinfachung der durchzuführenden Rechnungen auf den mittleren Wicklungsumfang, so ergibt sich mit genügender Annäherung

$$l_{Sq} = \frac{h}{\pi} + \frac{a}{2} + g\,, \tag{112}$$

worin g den Kernabstand der inneren Wicklung bezeichnet.

Vergleicht man die hiernach berechnete Querstreupfadlänge mit den mittleren Abständen des betrachteten Schenkels zu seinen Nachbarschenkeln, zu etwaigen eisernen Zugbolzen bzw. zur Kesselwand, so wird klar, daß diese Eisenteile eine merkliche Verkürzung der Querstreulinienlänge bewirken können. Nach Messungen schwankt der mathematisch nicht leicht erfaßbare Einfluß der Umgebung zwischen 10 und 35%. Es erübrigt sich jedoch, hierauf näher einzugehen, da stark ins Gewicht fallende Wicklungsverkürzungen einer Spannungsseite gleichmäßig über die Wicklungshöhe h verteilt

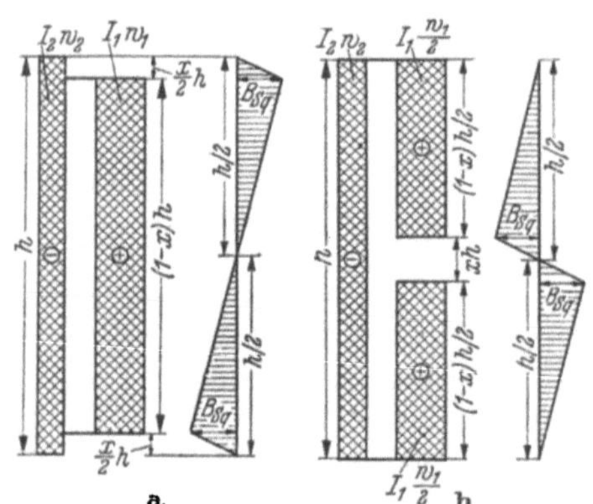

Abb. 55. Querstreuflüsse einfach konzentrischer Anordnungen von Zylinderwicklungen mit je zwei gleichen Querstreugruppen ($I_1 w_1 = I_2 w_2 = I w$)

werden, um ihre nachteilige Wirkung zu vermindern. Dabei entstehen n Querstreugruppen mit so stark verkürzter Querstreupfadlänge, daß der Einfluß benachbarter Eisenteile praktisch verschwindet. Beispiele für verteilte Wicklungsunsymmetrien zeigt Abb. 55 mit $n = 2$ Querstreugruppen. Da jede Querstreugruppe mit einer Durchflutung $x\,I\,w/n$

einen Querstreupfad

$$l_{Sq} = \frac{h}{\pi n} + \frac{a}{2} + g \qquad (113)$$

erregt, ist an den Stoßstellen der Querstreugruppenhälften die Induktion

$$B_{Sq} = 1{,}78\,\frac{x\,I\,w}{\dfrac{h}{\pi} + n\left(\dfrac{a}{2} + g\right)}\,, \qquad (114)$$

wobei wir voraussetzen, daß die Zahl der Querstreugruppen $n \geqq 2$ gewählt wird.

Bei Scheibenwicklungen liegen die Verhältnisse insofern etwas anders, als der Querstreufluß parallel zur Schenkelachse verläuft. Dementsprechend kann man bei diesen als Querstreupfadlänge die Breite a einer Hauptstreugruppe (vgl. Abb. 53) einsetzen. In Anlehnung an Gl. (114) läßt sich daher für Scheibenwicklungen schreiben

$$B_{Sq} = 1{,}78\,\frac{x\,I\,w}{n\,a}\,, \qquad (115)$$

worin $n \geqq 1$ die Zahl der Querstreugruppen je Hauptstreugruppe bezeichnet.

3. Der Jochstreufluß

Wird ein dreischenkliger Drehstrom-Transformator in Stern-Stern-Schaltung auf der einen oder anderen Spannungsseite mit einem Sternpunktstrom I belastet, so entsteht je Schenkel eine einphasige Restdurchflutung von $Iw/3$. Wird diese weder durch Ströme in einer Ausgleichwicklung noch durch solche, die sich über einen Sternpunktleiter auf der Eingangsseite schließen, kompensiert, so erzeugt sie einen Jochstreufluß Φ_{JS}, der mit je einem Drittel die Schenkel durchsetzt, in die Joche gelangt und sich über den Luftraum von Joch zu Joch schließt. Entscheidend für die Größe Φ_{JS} ist auch hier der Luftweg der Streulinien. Es läßt sich also mit dem Leitwert Λ des Luftweges schreiben

$$\Phi_{JS} = \mu_0\,\sqrt{2}\,\frac{I\,w}{3}\,\Lambda = 1{,}78\,\frac{I\,w}{3}\,\Lambda\,. \qquad (116)$$

Denkt man sich die beiden Joche in zwei parallele Zylinder gleicher Oberfläche verwandelt, so bildet sich das magnetische Feld zwischen den Ersatzjochen aus wie ein elektrisches Feld zwischen zwei entsprechenden Leitern. Mit diesem Analogon hat OLLENDORF [105] den in Gl. (116) einzusetzenden Leitwert zu

$$\Lambda \approx 1{,}8\,l_J \qquad (117)$$

für durchschnittliche Kernproportionen berechnet, worin für l_J die Jochlänge in cm einzusetzen ist. Aus Messungen an Transformatoren ohne Gehäuse ergaben sich im Durchschnitt etwa 20% höhere Beträge für den Leitwert Λ, was auf die Wirkung eiserner Jochpreßteile und Zugbolzen zurückzuführen ist. Wir setzen daher

$$\Phi_{JS} \approx 1,3\,I\,w\,l_J\,.\tag{118}$$

Bei Transformatoren, die in einem Kessel untergebracht sind, weichen die Meßergebnisse sehr beträchtlich von den Werten dieser Näherungsformel ab. Dies kann nicht überraschen, da das der Bestimmung von Λ zugrunde liegende Ersatzbild einen unbegrenzten Raum zur Voraussetzung hat.

Der Einfluß des Kessels ist zwiespältig. Einerseits wirkt er als dämpfende Kurzschlußwindung und andererseits erhöht er den Leitwert des Streupfades. Bei Wellblechkesseln überwiegt die Erhöhung des Leitwertes, da die Blechwand dünn und ihre abgewickelte Länge sehr groß ist. Glattblechkessel dagegen zeigen eine überwiegend dämpfende Wirkung, da die Blechwand stark und ihr Umfang gering ist. Die Abweichungen von Gl. (118) betragen bei Wellblechkesseln etwa $+50\,\%$, bei Glattblechkesseln bis zu $-50\,\%$.

Vorstehende Überlegungen gelten sinngemäß auch für zweischenklige Einphasen-Transformatoren, die im Mittelpunkt mit einem Strom I belastet werden und weder parallel geschaltete Schenkelwicklungen noch einen Mittelpunktleiter auf der Eingangsseite besitzen. Da der unausgeglichenen Durchflutung in diesem Falle je Schenkel $Iw/2$ entsprechen, erhöht sich der Betrag des Jochstreuflusses gegenüber Gl. (118) auf das 1,5fache.

4. Die Streuspannung

Der von Haupt- und Querstreufluß hervorgerufene Blindspannungsfall des Transformators wird Streuspannung genannt und im allgemeinen in Prozenten der Nennspannung, d. h. der Leerlaufspannung, angegeben. Es ist daher naheliegend, die bezogene Streuspannung aus

$$u_X = \frac{\Phi'_S + \Phi'_{Sq}}{\Phi}\cdot 100\,\%\tag{119}$$

zu bestimmen. Hierin bezeichnen Φ'_S und Φ'_{Sq} äquivalente, mit allen Windungen der einen bzw. anderen Streugruppenhälfte verkettete homogene Haupt- bzw. Querstreuflüsse, deren Dichte den in Abschn. II, 1 und 2 gefundenen Induktion B_S bzw. B_{Sq} entspricht. Dabei ist es gleichgültig, welche Streuflußanteile die eine oder andere Streugruppenhälfte umschlingen, da u_X die Summe aus den Blindspannungsfällen beider Streugruppenhälften darstellt.

Betrachten wir zunächst den Hauptstreufluß und führen den mittleren Spulen- bzw. Wicklungsumfang $U_m\,[\mathrm{cm}]$ sowie die dem äquivalenten Hauptstreufluß zugeordnete fiktive Streuspaltweite $\varDelta'\,[\mathrm{cm}]$ ein, so erhalten wir

$$\Phi'_S = B_S \, \Delta' \, U_m \,. \tag{120}$$

Bei einer Streugruppe nach Abb. 49, 52 und 53 ist bekanntlich wegen der Durchstreuung der Spulen bzw. Wicklungen [13], [16], [17]

$$\Delta' = \Delta + \frac{b_1 + b_2}{3} \,. \tag{121}$$

Sind die Streugruppenhälften in n_1 bzw. n_2 gleiche Spulen derart unterteilt, daß sich $n_1 - 1$ bzw. $n_2 - 1$ Nebenstreuspalte mit der Weite δ_1 bzw. δ_2 bilden (Abb. 50), so bestimmt sich die fiktive Streuspaltweite aus

$$\Delta' = \Delta + \Sigma \delta'_1 + \Sigma \delta'_2 + \frac{\Sigma b_1 + \Sigma b_2}{3} \,, \tag{122}$$

worin δ'_1 und δ'_2 reduzierte Nebenstreuspaltweiten bezeichnen. Da die Verkettung des Flusses in den Nebenstreuspalten mit den Windungen der Streugruppenhälften in dem gleichen Maße vermindert ist wie seine Dichte [vgl. Gl. (107)], geht der Einfluß der Nebenstreuspalte im Vergleich zum Streuspalt quadratisch zurück. Für die Summe der reduzierten Nebenstreuspaltweiten einer Streugruppenhälfte läßt sich demnach schreiben:

$$\Sigma \delta' = \delta \left[\left(\frac{1}{n}\right)^2 + \left(\frac{2}{n}\right)^2 + \left(\frac{3}{n}\right)^2 + \cdots \left(\frac{n-1}{n}\right)^2 \right] \,. \tag{123}$$

Hieraus folgt, daß

$$\Sigma \delta' = \delta \left(\frac{n}{3} + \frac{1}{6\,n} - \frac{1}{2} \right) \,. \tag{123a}$$

Der Klammerausdruck kommt bei Spulenzahlen $n > 10$ dem Wert $(n-1)/3$ sehr nahe, weshalb in solchen Fällen Δ' nach Gl. (121) mit einer Wicklungsbreite b berechnet werden kann, die sich aus den Summen der Spulenbreiten und Nebenstreuspaltweiten bestimmt.

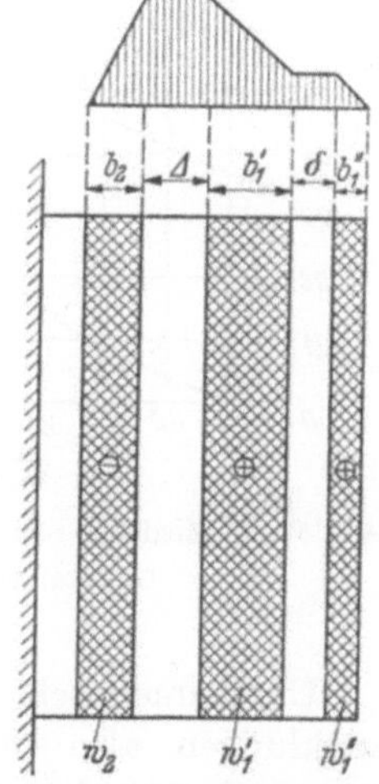

Abb. 56. Unregelmäßig unterteilte Zylinderwicklung

Neben der Unterteilung der Streugruppenhälften in gleiche Spulen mit gleichen Abständen kommen auch unregelmäßige Aufteilungen vor, insbesondere bei Transformatoren mit großem Einstellbereich. Eine solche Anordnung zeigt beispielsweise Abb. 56. Nach KNAACK und SCHWAAB [78] ist hierbei für den fiktiven Streuspalt zu setzen

$$\Delta' = \Delta + \alpha \, b'_1 + \beta \left(\delta + \frac{b''_1}{3} \right) + \frac{b_2}{3} \,, \tag{124}$$

wenn

$$\alpha = \frac{w''_1}{w'_1 + w''_1} + \frac{1}{3} \left(1 - \frac{w''_1}{w'_1 + w''_1} \right)^2 \tag{124a}$$

und

$$\beta = \left(\frac{w_1''}{w_1' + w_1''}\right)^2 . \tag{124 b}$$

Die Beträge für α und β können Abb. 57 entnommen werden.

Als mittlerer Umfang U_m gilt bei Scheibenwicklungen der Mittelwert aus den inneren und äußeren Umfängen der primären und sekundären Spulen, bei einer symmetrisch aufgebauten doppelt konzentrischen Anordnung von Zylinderwicklungen nach Abb. 52 der mittlere Umfang der von der innersten und äußersten eingeschlossenen mittleren Wicklung. Hierbei ist jedoch vorausgesetzt, daß die innerste und äußerste Wicklung in Reihe geschaltet sind. Für eine einfach konzentrische Anordnung von Zylinderwicklungen darf U_m gleich dem mittleren Umfang des Streuspaltes gesetzt werden, solange die radialen Ausdehnungen beider Wicklungen nicht stark voneinander abweichen. Andernfalls empfiehlt es sich, den Berechnungen den mittleren Umfang des fiktiven Streuspaltes, d. h. des nach innen und außen um die reduzierten Spulenbreiten und Nebenstreuspaltweiten verbreiterten Streuspaltes, zugrunde zu legen.

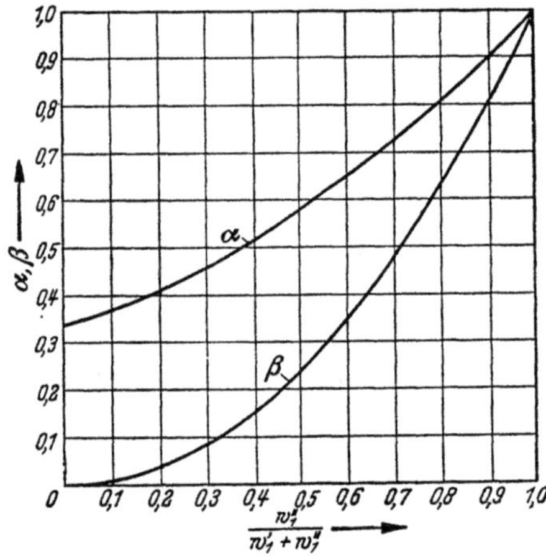

Abb. 57. Abhängigkeit der Größen α und β [vgl. Gl. (124)] von $\dfrac{w_1''}{w_1' + w_1''}$

Unsymmetrische doppelt konzentrische Anordnungen von Zylinderwicklungen, also solche, die zwei ungleiche Streugruppen bilden, sind wie zwei einfach konzentrische Anordnungen von Zylinderwicklungen verschiedenen mittleren Umfanges zu behandeln. Aus den ermittelten beiden Streuflüssen Φ_{Sa}' (außen) und Φ_{Si}' (innen) ist sodann ein Mittelwert

$$\Phi_S' = \frac{\Phi_{Sa}' w_{2a} + \Phi_{Si}' w_{2i}}{w_{2a} + w_{2i}} \tag{125}$$

mit den Windungszahlen w_{2a} und w_{2i} der äußersten bzw. innersten Wicklung zu bilden, wenn diese in Reihe geschaltet sind. Sollen indessen die innerste mit der äußersten Wicklung parallel geschaltet werden, $w_{2a} = w_{2i}$ vorausgesetzt, so muß, damit beide den gleichen Strom aufnehmen, der innere Streuspalt gegenüber dem äußeren so weit vergrößert werden, daß $\Phi_{Sa}' = \Phi_{Si}'$ wird. Auch in diesem Falle sind die verschiedenen mittleren Umfänge beider Streugruppen zu beachten.

Fassen wir die Gln. (108), (119) und (120) zusammen, so ergibt sich für die allein vom Hauptstreufluß induzierte bezogene Streuspannung

$$u'_X = 1{,}78 \frac{Iw}{\Phi} \cdot \frac{\Delta' U_m}{h} K \, 100\% \, .$$ (126)

Führt man die Windungsspannung

$$e_w = \pi \sqrt{2} f \Phi \, 10^{-8}$$ (127)

und den auf eine Streugruppe entfallenden Anteil der Nennleistung des Transformators

$$P_{Sg} = e_w w I = \frac{\text{Nennleistung}}{\text{Schenkelzahl} \times \text{Streugruppenzahl je Schenkel}}$$ (128)

ein, so erhält man für die bezogene Streuspannung bei Nennstrom die anschaulichere Gleichung

$$u'_X = 0{,}395 \frac{P_{Sg}}{e_w^2} \cdot \frac{\Delta' U_m}{h} K \frac{f}{50} \% \, ,$$ (129)

in die P_{Sg} in kVA einzusetzen ist. Aus ihr lassen sich in erster Näherung die Wirkungen erkennen, die eine Änderung der Windungsspannung bzw. Kerninduktion, der Spulen- oder Wicklungshöhe h sowie der Streugruppenzahl auf die Streuspannung des Transformators ausübt, wenn man zunächst $\Delta' U_m K$ als konstant annimmt.

Treten als Folge von Wicklungsunsymmetrien Querstreuflüsse auf, so erhöht sich die Streuspannung u_X nach Gl. (119) auf den Wert

$$u_X = u'_X \left(1 + \frac{\Phi'_{Sq}}{\Phi'_S} \right).$$ (130)

Bei einer einfach konzentrischen Anordnung von Zylinderwicklungen mit einseitiger Verkürzung der Wicklungshöhe um $x\,h$ [cm] nach Abb. 54a ist die fiktive Streuspaltweite für den Querstreufluß gemäß Gl. (121) gleich $h/3$. Die Verkettung des damit berechneten Querstreuflusses

$$\Phi_{Sq} = B_{Sq} \frac{h}{3} U_m$$ (131)

mit den Windungen einer einfach konzentrischen Anordnung von Zylinderwicklungen ist schematisch in Abb. 58 dargestellt. In diesem ist eine Windungsübersetzung 1 : 1 und eine Gabelung der Querstreuflußpfade im beliebigen Verhältnis $y/(1 - y)$ angenommen. Da die Verkettung des äquivalenten Querstreuflusses Φ'_{Sq} mit w Windungen gleich der Summe der Einzelverkettungen des wahren Querstreuflusses Φ'_{Sq} sein muß, läßt sich schreiben

$$\Phi'_{Sq} w = y \, \Phi_{Sq} x \, w - (1 - y) \, \Phi_{Sq} (1 - x) \, w + (1 - y) \, \Phi_{Sq} w \, ,$$ (132)

wobei man sich die drei Wicklungsstränge mit xw, $(1 - x)\,w$ und w Windungen gemäß Abb. 58 in Reihe geschaltet zu denken hat. In Gl. (132)

heben sich die Summanden mit dem Faktor y heraus und es folgt

$$\Phi'_{Sq} = x\,\Phi_{Sq}. \tag{133}$$

Wenden wir dieses Ergebnis auf Zylinderwicklungen mit n gleichen Querstreugruppen an (vgl. Abb. 55), so ergibt sich aus den Gln. (108), (114), (120), (131) und (133)

$$\frac{\Phi'_{Sq}}{\Phi'_{S}} = \frac{\dfrac{x^2}{3}\cdot\dfrac{h}{\varDelta'}}{\dfrac{n}{\pi} + n^2\dfrac{\dfrac{a}{2}+g}{h}}\cdot\frac{1}{K}, \tag{134}$$

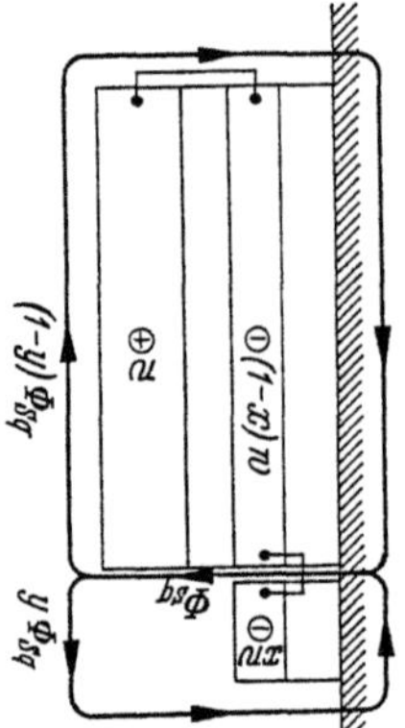

Abb. 58. Verkettung des Querstreuflusses einer einfach konzentrischen Anordnung von Zylinderwicklungen mit einseitiger Verkürzung

wenn die fiktive Streuspaltweite der Querstreuflüsse sinngemäß mit $h/3n$ eingesetzt wird. Aus den im Abschn. II, 2 genannten Gründen ergibt Gl. (134) für $n = 1$ wegen des Einflusses benachbarter Schenkel und sonstiger Eisenteile im allgemeinen um etwa 10 bis 35 % zu niedrige Werte. Dieser Einfluß verschwindet jedoch bei $n \geqq 2$, d. h. bei verteilter Unsymmetrie, die stets angestrebt wird.

Bei Scheibenwicklungen erhalten wir in gleicher Weise mit Hilfe der Gl. (115)

$$\frac{\Phi'_{Sq}}{\Phi'_{S}} = \frac{\dfrac{x^2}{3}\cdot\dfrac{h}{\varDelta'}}{n^2\dfrac{a}{h}}\cdot\frac{1}{K}. \tag{135}$$

In diesem Falle reicht die Gültigkeit der Formel zwar herab bis zu $n = 1$, jedoch werden auch bei Scheibenwicklungen die Unsymmetrien zweckmäßig verteilt, im allgemeinen entsprechend Abb. 55a.

5. Die Streuspannung bei Zickzackschaltung

Im voraufgegangenen Abschnitt sind solche Streuspannungen behandelt worden, bei denen die den Lastströmen entsprechenden Durchflutungen der beiden Streugruppenhälften gleich groß, aber einander entgegengerichtet sind. Diese Bedingung muß beim Transformator stets erfüllt sein. Es gibt indessen auch Schaltungen, bei denen durch Lastströme verschiedener Phasenlage in Teilen der einen Streugruppenhälfte Durchflutungen hervorgerufen werden, deren geometrische Summe zwar der Durchflutung der anderen Streugruppenhälfte das Gleichgewicht hält, deren algebraische Summe jedoch ungleich dieser Gegendurchflutung ist. Dadurch entsteht innerhalb der erstgenannten Streugruppenhälfte eine neue, sogenannte Zusatzstreugruppe. Ein Beispiel hierfür ist die Stern-Zickzack-Schaltung bei Drehstrom-Transformatoren, die in Abb. 59 dargestellt ist.

Wie aus dieser hervorgeht, fließen in den Wicklungshälften der Unterspannungsseite jedes Schenkels um 120° phasenverschobene Ströme mit positivem bzw. negativem Vorzeichen. Die Durchflutung

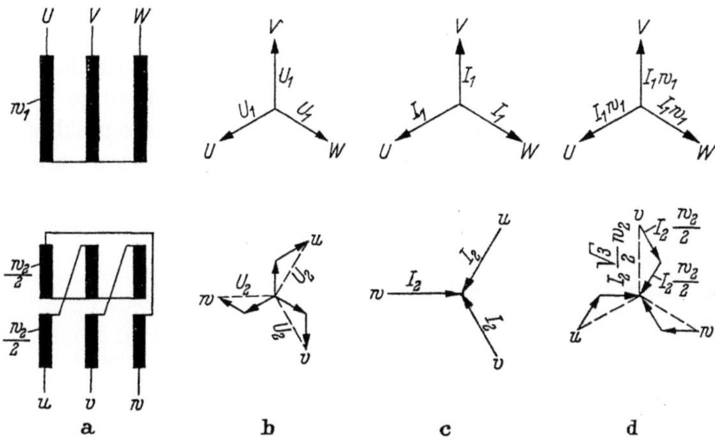

Abb. 59 a—c. Stern-Zickzack-Schaltung.
a Schaltungsbild, b Spannungen, c Ströme, d Durchflutungen

der Wicklungshälften $I_2 w_2/2$ ergibt auf jedem Schenkel eine resultierende Durchflutung $I_2 w_2 \sqrt{3}/2$. Diese muß der Durchflutung $I_1 w_1$ der Oberspannungsseite die Waage halten.

Demnach ist

$$I_1 w_1 = I_2 \frac{\sqrt{3}}{3} w_2 . \tag{136}$$

Da andererseits die Nennleistung des Transformators mit den Sternspannungen U_1 und U_2

$$P_n = 3 U_1 I_1 = 3 U_2 I_2 \tag{137}$$

ist, errechnet sich eine Windungszahl der Unterspannungsseite

$$w_2 = \frac{2}{\sqrt{3}} w_1 \frac{U_2}{U_1}, \tag{138}$$

d. h. 15,5 % mehr als bei Stern-Stern-Schaltung. Zu dem gleichen Ergebnis gelangt man auf Grund des Zeigerdiagramms der Spannungen, nach welchem die Sternspannung U_2 das $\sqrt{3}$fache der Teilspannung einer Wicklungshälfte beträgt.

Nun können wir die Durchflutung der unterspannungsseitigen Wicklungsteile eines Schenkels nach Abb. 60 in drei Komponenten zerlegen, nämlich in die schon erwähnte resultierende Durchflutung und zwei um 90° vor- bzw. nacheilende Durchflutungen $I_2\,w_2/4$. Es entstehen somit zwei Streugruppen, eine Hauptstreugruppe, die von der resultierenden Durchflutung $I_2\,w_2\,\sqrt{3}/2$ zusammen mit der primären Durchflutung $I_1\,w_1$, und eine Zusatzstreugruppe, die mit $\pm I_2\,w_2/4$ erregt wird. Die resultierende Streuspannung läßt sich hiermit aus den magnetischen Teilenergien beider Streufelder ermitteln, vgl. [13] und [69]. Das gleiche Ergebnis wird nach [73] und [110] erzielt, wenn man den Transformator als Dreiwickler mit phasenverschobenen Lastströmen auffaßt.

Bei der Zusatzstreuung – hervorgerufen durch einseitige Unsymmetrien – haben das Hauptstreufeld und das Zusatzstreufeld gegeneinander einen räumlichen Winkel von 90°, bei der Zusatzstreuung durch Zickzackschaltung haben die beiden Felder einen zeitlichen Winkel von 90° gegeneinander. In beiden Fällen können die magnetischen Teilenergien und somit auch die ihnen entsprechenden Streublindwiderstände algebraisch addiert werden.

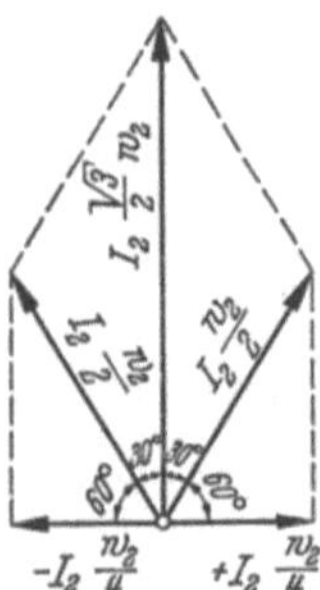

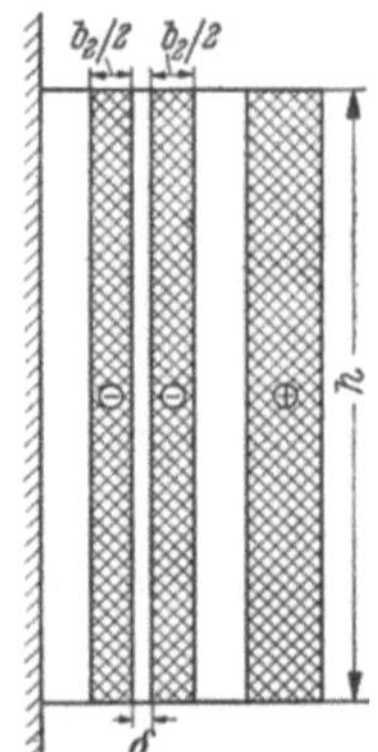

Abb. 60. Durchflutung der Zickzack-Wicklungsteile eines Schenkels

Abb. 61. Wicklungsanordnung bei Stern-Zickzack-Schaltung

Bei einer Wicklungsanordnung gemäß Abb. 61 ist also die bezogene Hauptstreuspannung nach Gl. (126) für eine primäre Durchflutung $I_1 w_1$ zu berechnen. Dabei geht der Nebenstreuspalt zwischen den Teilen der Zickzackwicklung entsprechend Gl. (123a) für eine Teilspulenzahl $n = 2$ mit $\delta/4$ in die fiktive Streuspaltweite $\varDelta'$ ein. Für die bezogene Zusatzstreuspannung können wir schreiben

$$u_{XZ} = \frac{1{,}78}{12} \cdot \frac{I_1 w_1}{\Phi} \cdot \frac{\delta + \dfrac{b_2}{3}}{h}\, U_m\, K\, 100\% \,. \tag{139}$$

Bei Netztransformatoren mit Zickzackschaltung auf der Unterspannungsseite spielt die Zusatzstreuung im allgemeinen eine untergeordnete Rolle, da die Spaltweite ϑ klein ist. Anders liegen die Verhältnisse, wenn die Zickzackschaltung auf der Oberspannungsseite angewendet wird, wobei neben der Ausführung mit gleichen auch solche mit

ungleichen Teilwindungszahlen vorkommen, insbesondere bei Gleichrichtertransformatoren zum Zwecke der Phasenverdoppelung auf der
Gleichrichterseite. Dabei ist es für das Streuungsverhalten gleichgültig,
ob diese Wicklung in Stern oder Dreieck (Polygon) geschaltet wird. In
diesen Fällen gilt allgemein das Durchflutungsdiagramm nach Abb. 62a
mit der Bedingung $\varepsilon_1 + \varepsilon_2 = 60°$. Zur Berechnung des für die Haupt-

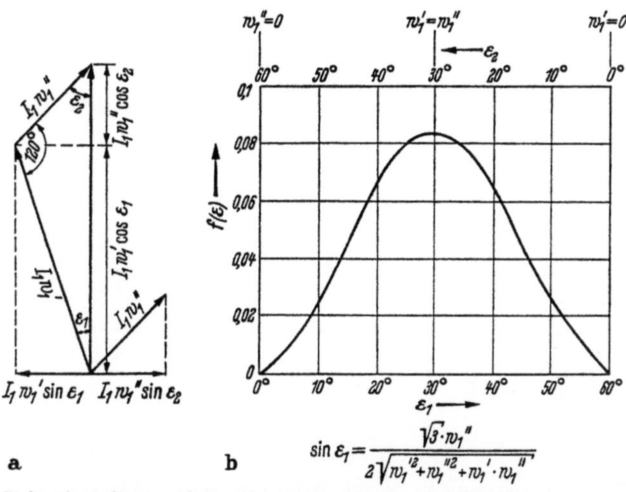

Abb. 62. Zickzackschaltung auf der Oberspannungsseite mit ungleichen Teilwindungszahlen
a Durchflutung auf einem Schenkel, b Änderung von $f(\varepsilon)$

streuung maßgebenden fiktiven Streuspaltes Δ' sind die zu Abb. 56 ge-
hörenden Gln. (124), (124a) und (124b) verwendbar, wenn man den
Ausdruck $w_1''/(w_1' + w_1'')$ durch

$$\frac{\cot \varepsilon_2}{\cot \varepsilon_1 + \cot \varepsilon_2} = \frac{w''\left(w_1'' + \dfrac{w_1'}{2}\right)}{w_1'^2 + w_1''^2 + w_1' w_1''} \tag{139a}$$

ersetzt [73].

Für die bezogene Zusatzstreuspannung gilt hier

$$u_{XZ} = 1{,}78 f(\varepsilon) \frac{I_2 w_2}{\Phi} \cdot \frac{\delta + \dfrac{b_1}{3}}{h} U_m K \, 100\% \tag{139b}$$

wobei $b_1 = b_1' + b_1''$ (vgl. Abb. 56) und $f(\varepsilon)$ der Abb. 62b zu entnehmen
ist. Wie ersichtlich, erreicht $f(\varepsilon)$ mit $\varepsilon_1 = \varepsilon_2 = 30°$, d. h. bei Zickzackschaltung mit gleichen Teilwindungszahlen, den Höchstwert $0{,}0835 =$
$1/12$.

6. Die Jochstreuspannung

In Abschn. II, 3 war gezeigt worden, daß bei dreischenkligen Drehstrom-Transformatoren, ebenso wie bei zweischenkligen Einphasen-
Transformatoren, ein Jochstreufluß auftritt, wenn der Stern- bzw.

Mittelpunkt belastet wird und die dabei auf der Ausgangsseite auftretende Durchflutung durch eine entsprechende Stromaufnahme weder auf der Eingangsseite noch in einer Ausgleichwicklung völlig kompensiert werden kann. Der Jochstreufluß tritt also bei den in Abb. 63 dargestellten Schaltungen auf, wenn voraussetzungsgemäß die Joche nicht durch magnetische Rückschlüsse verbunden sind.

In dieser Abbildung ist eine Windungsübersetzung 1 : 1 angenommen und eine etwaige überlagerte symmetrische Belastung weggelassen, da sie den Jochstreufluß nicht beeinflußt. Der von den nicht ausgeglichenen gleichsinnigen Restdurchflutungen $I\,w/2$ bzw. $I\,w/3$ der Schenkel hervorgerufene Jochstreufluß Φ_{JS} induziert nun in allen Wicklungssträngen eine gleichphasige Spannung, die wir Jochstreuspannung nennen wollen. Für die auf die Leerlaufspannung zwischen Leiter und Mittel- bzw. Sternpunkt bezogene Jochstreuspannung können wir demnach mit der Schenkelzahl z schreiben:

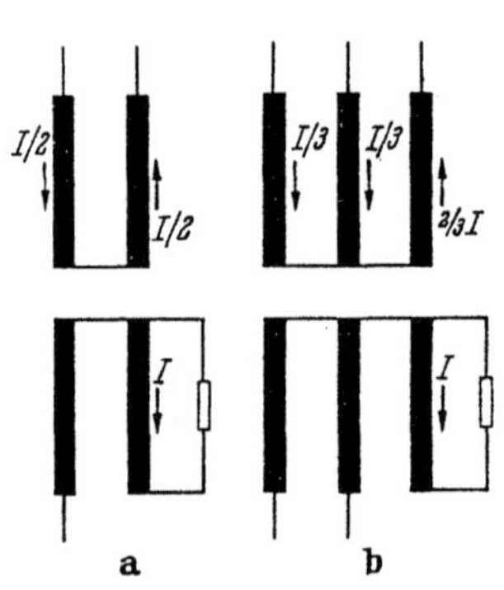

Abb. 63. Zwischen Leiter und Mittel- bzw. Sternpunkt belastete Transformatoren.
a zweischenkliger Einphasen-Transformator, b dreischenkliger Drehstrom-Transformator

$$u_{JX} = \frac{\Phi_{JS}}{z\,\Phi}\,100\% \ . \tag{140}$$

Nach Einsetzen der in Abschn. II, 3 für Φ_{JS} angegebenen Näherungswerte folgt schließlich für den zweischenkligen Einphasen-Transformator

$$u_{JX} \approx 0,97\,\frac{I\,w\,l_J}{\Phi}\,100\% \tag{141a}$$

und für den dreischenkligen Drehstrom-Transformator

$$u_{JX} \approx 0,43\,\frac{I\,w\,l_J}{\Phi}\,100\% \ . \tag{141b}$$

Beim Vergleich von Gl. (141a) mit Gl. (141b) ist zu berücksichtigen, daß bei Einphasentransformatoren in zweischenkliger Ausführung die Jochlänge l_J etwas weniger als 2/3 derjenigen des entsprechenden Drehstromtransformators mit 1,5facher Nennleistung beträgt.

Es sei daran erinnert, daß sich die für Φ_{JS} eingesetzten Näherungswerte auf den Transformator ohne Kessel beziehen. Aus den in Abschn. II, 3 genannten Gründen können sich bei Einbau des Transformators in einen Wellblechkessel etwa 50 % höhere, bei Anordnungen mit Glattblechkessel bis zu 50 % geringere Werte ergeben.

Nach den Wachstumsgesetzen des Transformators ist andererseits gemäß den Gln. (141a) und (141b) eine Zunahme der Jochstreuspannung etwa mit der vierten Wurzel aus der Nennleistung zu erwarten. Da nun im allgemeinen Öltransformatoren kleinerer Leistung mit Wellblechkesseln, solche größerer Leistung dagegen mit Glattblechkesseln ausgeführt werden, ändert sich die Jochstreuspannung über dem gesamten in Betracht kommenden Leistungsbereich nur verhältnismäßig wenig. Bei Drehstrom-Öltransformatoren von etwa 100 kVA liegt die Jochstreuspannung bei etwa 15 %, bei solchen von 30000 kVA bei etwa 25 %, wenn der Sternpunkt mit dem Nennstrom des Transformators belastet wird.

7. Die Wirbelstromverluste in den Wicklungen

Die in den einzelnen Wicklungen des belasteten Transformators auftretenden Energieverluste setzen sich zusammen aus den vom Streufluß in den Wicklungen hervorgerufenen zusätzlichen Verlusten, den Wirbelstromverlusten und den Ohmschen Verlusten, die aus dem spezifischen elektrischen Widerstand ϱ der Leiter in Ω mm²/m, ihrer Wichte γ, der Stromdichte S in A/mm² und dem aktiven Gewicht G der Wicklung in kg bekanntlich zu

$$V_\Omega = \frac{\varrho \, 10^3}{\gamma} S^2 G \quad [\mathrm{W}] \tag{142}$$

berechnet werden. Die gleichzeitig in Konstruktionsteilen und der Kesselwand entstehenden Zusatzverluste lassen wir zunächst außer Betracht. Der Wirbelstromverlust einer Wicklung ergibt sich aus dem Verhältnis ihres Wirkwiderstandes R zu ihrem Ohmschen Widerstand R_Ω, d. h. der Wirbelstromverlust wird ausgedrückt durch die Beziehung

$$V_Z = V_\Omega \left(\frac{R}{R_\Omega} - 1 \right) \tag{143}$$

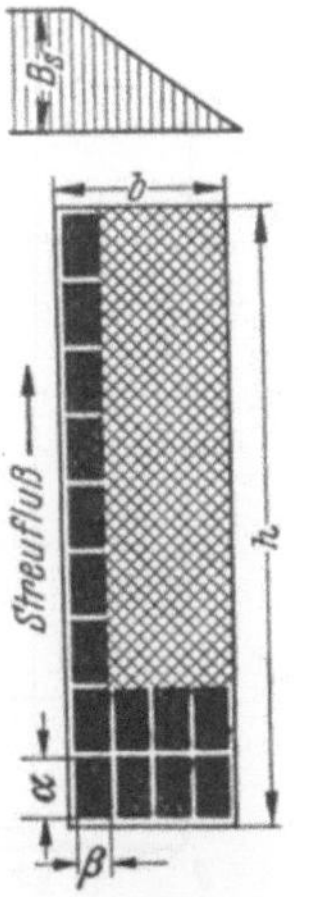

Abb. 64. Streugruppenhälfte mit $n = 4$ und $m = 9$

Das Widerstandsverhältnis R/R_Ω läßt sich nach EMDE [44], ROGOWSKI [112] und RICHTER [13] für eine Streugruppenhälfte nach Abb. 64 mit Hilfe der dimensionslosen reduzierten Leiterbreite

$$\xi = 2\pi\beta \sqrt{\frac{m\,\alpha}{h} K \frac{f}{\varrho\,10^5}} \tag{144}$$

aus

$$\frac{R}{R_\Omega} = \varphi(\xi) + \frac{n^2 - 1}{3} \psi(\xi) \tag{145}$$

bestimmen, worin

$$\varphi(\xi) = \xi \frac{\sinh 2\xi + \sin 2\xi}{\cosh 2\xi - \cos 2\xi} \tag{145a}$$

und

$$\psi(\xi) = 2\,\xi \frac{\sinh \xi - \sin \xi}{\cosh \xi + \cos \xi}. \tag{145b}$$

Beide Funktionen sind in Abb. 65 aufgetragen.

In Gl. (144) bedeuten β die senkrecht zur Streuflußrichtung gemessene Breite der blanken Leiter in cm, ma die Summe aller blanken Leiterhöhen a, parallel zum Streufluß gemessen, h die Gesamthöhe der Spule oder Wicklung in der gleichen Richtung und K den ROGOWSKIschen Faktor nach Gl. (109). Das Verhältnis ma/h stellt also den Ausfüllungsgrad des Wickelraumes in der Richtung des Streuflusses dar. Besteht die betrachtete Spule oder Wicklung nicht aus Drähten rechteckigen Querschnittes, sondern aus Runddrähten, so ist deren Querschnitt in ein Quadrat gleichen Flächeninhaltes zu verwandeln, d. h., man hat dann für a und β Werte einzusetzen, die 88,5 % des Drahtdurchmessers entsprechen. Schließlich bezeichnet n in Gl. (145) die Zahl der Leiter, die senkrecht zum Streufluß nebeneinanderliegen.

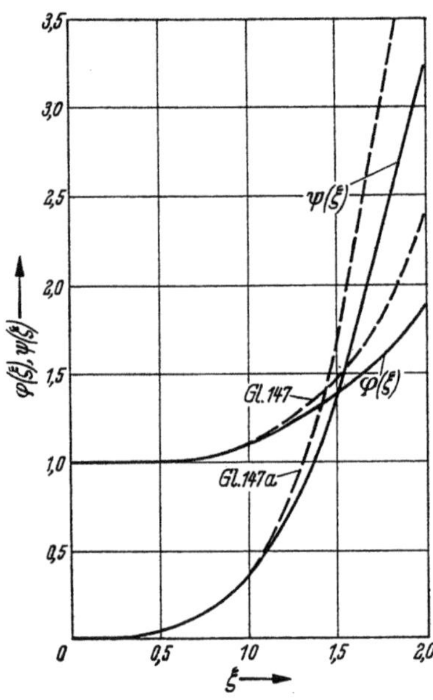

Abb. 65. Verlauf der Funktionen $\varphi(\xi)$ und $\psi(\xi)$ mit zunehmender reduzierter Leiterbreite

Der nach Vorstehendem berechnete mittlere Wirbelstromverlust einer Streugruppenhälfte verteilt sich nicht gleichmäßig auf die ganze Spule oder Wicklung. Der höchste Anteil entfällt auf die unmittelbar an den Streuspalt grenzende Leiterschicht. Für diese ist das Widerstandsverhältnis

$$R'/R'_\Omega = \varphi(\xi) + (n^2 - n)\,\psi(\xi)\,. \tag{146}$$

Hierauf muß geachtet werden, da die Gefahr besteht, daß der am Streuspalt liegende Wicklungsteil sich in unzulässiger Weise erwärmt.

Für die meisten vorkommenden Fälle lassen sich die angegebenen Formeln vereinfachen. Im allgemeinen wird $\xi \leqq 1$. Dann ist mit ausreichender Annäherung

$$\varphi(\xi) \approx 1 + \frac{4}{45}\,\xi^4 \tag{147}$$

$$\psi(\xi) \approx \xi^4/3 \tag{147a}$$

wie ein Vergleich der gestrichelten Kurven mit den ausgezogenen in Abb. 65 zeigt.

Damit erhält man für die ganze Streugruppenhälfte

$$\frac{R}{R_\Omega} - 1 = \frac{n^2 - 0,2}{9}\,\xi^4 \tag{148}$$

und für die am Streuspalt liegende Leiterschicht

$$\frac{R'}{R'_\Omega} - 1 = \frac{n^2 - n + 0,27}{3}\,\xi^4 \;. \tag{148a}$$

Mit $n = 1$ geht Gl. (148a) – wie zu erwarten war – in Gl. (148) über. Das Widerstandsverhältnis jeder beliebigen Leiterschicht läßt sich mit der Gl. (148a) ebenfalls berechnen, wenn für n die Ziffer der betrachteten Lage, von der dem Streuspalt abgewandten Seite aus gezählt, eingesetzt wird.

Für Kupferwicklungen können wir bei einer mittleren Kupfertemperatur ϑ setzen

$$\varrho = 0,0175\,\frac{235 + \vartheta}{235 + 20}\,\left[\frac{\Omega\,\mathrm{mm}^2}{\mathrm{m}}\right] \tag{149}$$

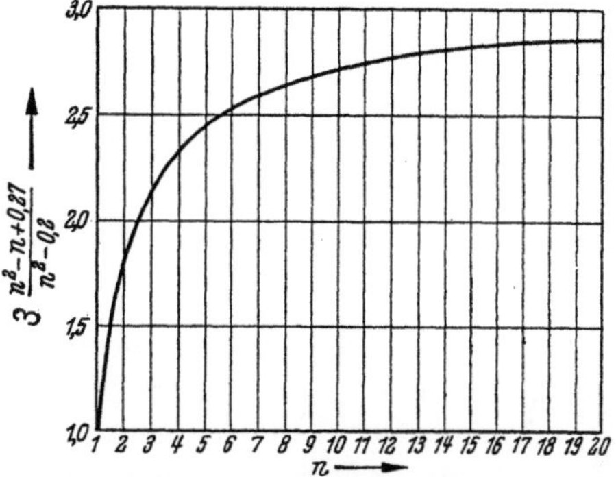

Abb. 66. Verhältnis der Wirbelstromverluste in der am Streuspalt liegenden Leiterschicht zum Mittelwert über die ganze Wicklung

und erhalten aus Gl. (142) bei einer Wichte des Kupfers von $\gamma = 8,9$ einen Ohmschen Verlust

$$V_\Omega = 1,97\,\frac{235 + \vartheta}{255}\,S^2\,G \quad [\mathrm{W}]. \tag{150}$$

Mit Hilfe der Gln. (143), (144) und (148) bis (150) errechnet sich ein durchschnittlicher Wirbelstromverlust von

$$V_Z = 0,278\,\frac{255}{235 + \vartheta}\,S^2\,G\,(n^2 - 0,2)\,\beta^4 \left(\frac{m\,\alpha}{h}\,K\,\frac{f}{50}\right)^2 \quad [\mathrm{W}]. \tag{151}$$

Während also der Ohmsche Verlust mit der Kupfertemperatur ansteigt, sinkt der Wirbelstromverlust im umgekehrten Verhältnis, was bei der Umrechnung auf eine andere Temperatur beachtet werden muß. Drücken wir den mittleren Wirbelstromverlust in Prozenten des Ohmschen Verlustes aus, so ergibt sich

$$v_Z = 14 \left(\frac{255}{235 + \vartheta}\right)^2 \cdot (n^2 - 0,2)\,\beta^4 \left(\frac{m\,\alpha}{h}\,K\,\frac{f}{50}\right)^2 \% \;. \tag{152}$$

In der unmittelbar am Streuspalt liegenden Leiterschicht ist gemäß Gl. (148a) der Wirbelstromverlust im Verhältnis

$$3\,\frac{n^2 - n + 0,27}{n^2 - 0,2} \leqq 3$$

gegenüber Gl. (152) erhöht. Dieses Verhältnis ist in Abb. 66 dargestellt.

Der bezogene Wirbelstromverlust ist umgekehrt proportional dem Quadrat des spezifischen elektrischen Widerstandes. Bei Wicklungen aus Aluminium mit $\varrho = 0,0278$ bei 20 °C sinkt daher v_Z auf 40 % des nach Gl. (152) berechneten Wertes.

Vergrößert man die Leiterbreite β bei sonst unveränderten Verhältnissen, so sinkt der Ohmsche Verlust umgekehrt proportional β, während der Wirbelstromverlust mit β rasch ansteigt. Es muß daher eine bestimmte Leiterbreite geben, bei welcher der Gesamtverlust ein Minimum wird. Differenzieren wir den dem Gesamtverlust einer Kupferwicklung proportionalen Ausdruck

$$1{,}97 \frac{235 + \vartheta}{255} \cdot \frac{1}{\beta} + 0{,}278 \frac{255}{235 + \vartheta} (n^2 - 0{,}2) \beta^3 \left(\frac{m\,\alpha}{h} K \frac{f}{50} \right)^2 \qquad (153)$$

nach β und setzen ihn gleich Null, so erhalten wir die kritische Kupferleiterbreite zu

$$\beta_{\text{krit}} = \sqrt{\frac{235 + \vartheta}{255 \left(\dfrac{m\,\alpha}{h} K \dfrac{f}{50} \right)}} \cdot \sqrt[4]{\frac{2{,}36}{n^2 - 0{,}2}} \quad [\text{cm}]. \qquad (154)$$

Dabei ist der geringfügige Einfluß der Leiterbreite auf den ROGOWSKIschen Faktor K vernachlässigt. Eine Vergrößerung der Leiterbreite über β_{krit} hinaus ist nicht nur nutzlos, sondern wirkt erhöhend auf den Gesamtverlust. Setzt man β_{krit} in Gl. (152) ein, so ergibt sich ein bezogener Wirbelstromverlust von 33%. Läßt also die Nachrechnung einer Wicklung mittels Gl. (152) einen höheren Betrag erkennen, so ist dies ein Zeichen dafür, daß die kritische Leiterbreite überschritten wurde.

Bei einer Kupfertemperatur von 75 °C und einer Frequenz von 50 Hz errechnet sich nach Gl. (154) eine kritische Leiterbreite

$$\beta_{krit} = 1{,}36 \sqrt{\frac{h}{n\,m\,\alpha\,K}} \quad [\text{cm}] , \qquad (155)$$

wobei der Zahlenwert 0,2 gegen n^2 gestrichen wurde. Die der Ausgangsgleichung (153) zugrunde liegende Voraussetzung, daß $\xi \leqq 1$, wird mit dem erhaltenen Wert für β_{krit} nur erfüllt, wenn $n \geqq 2$. Die Gln. (154) und (155) gelten daher nur mit dieser Einschränkung. Führt man die gleiche Überlegung für $n = 1$ unter Benützung der allgemein gültigen Gl. (145a) durch, so kommt man auf eine kritische Leiterbreite

$$\beta_{krit} \approx 1{,}6 \sqrt{\frac{h}{m\,\alpha\,K}} \quad [\text{cm}] \qquad (155\text{a})$$

für einlagige bzw. einschichtige Spulen oder Wicklungen, womit der Wirbelstromverlust etwa 35% erreicht. Ergänzend sei hinzugefügt, daß die kritische Leiterbreite der Wurzel aus dem spezifischen elektrischen Widerstand proportional ist. Bei Aluminiumwicklungen erhält man daher um 26% höhere Werte für β_{krit} als bei Kupferwicklungen.

Im Voraufgegangenen ist, wie dies Abb. 64 zeigt, angenommen, daß die Streuinduktion über der Spulen- oder Wicklungsbreite linear von Null auf den Betrag B_S ansteigt, der im Streuspalt erreicht wird. Diese Annahme erfaßt jedoch nicht alle in Betracht kommenden Fälle. Bei Mehrwicklungs-Transformatoren können Betriebszustände eintreten, die eine andere Verteilung der Streuinduktion bewirken. Sind beispielsweise bei einem Dreiwicklungs-Transformator die die dritte Wicklung umgebenden beiden anderen Wicklungen in Betrieb, so wird nach Abb. 67 die stromlose mittlere Wicklung von einem Streufluß konstanter Induktion durchsetzt. Bei der entsprechenden Kurzschlußmessung mißt man also nicht nur die Gesamtverluste der durchfluteten äußeren Wicklungen, sondern auch den Wirbelstromverlust in der stromlosen mittleren Wicklung. Für den letzteren läßt sich nach KNAACK [71] schreiben

$$V_Z = 1{,}3\,\frac{G}{\varrho\,\gamma}\Big[\beta\,\frac{I\,w}{h}\,K\,\frac{f}{50}\Big]^2 10^{-5}\ \ [\mathrm{W}], \tag{156}$$

dabei ist $I\,w$ die Durchflutung einer der beiden stromdurchflossenen Wicklungen und ϱ Gl. (149) zu entnehmen. Bemerkenswert ist, daß sich auch die für den Wirbelstromverlust einer stromdurchflossenen Wicklung geltende Gl. (151) mit $S = I/a\,\beta\,10^2$ und $m\,n = w$ auf die gleiche einfache Form bringen läßt, wenn $n \geqq 2$, so daß der Summand 0,2 gegenüber n^2 vernachlässigt werden kann. Der Zahlenfaktor 1,3 in Gl. (156) verringert sich in diesem Falle auf 0,433, also auf ein Drittel.

Bei Transformatoren mit großem Einstellbereich, ebenso bei Gleichrichtertransformatoren, kommen Zylinderwicklungen nach Abb. 56 vor, deren Oberspannungswicklung aus zwei konzentrisch angeordneten Teilwicklungen besteht. Für eine solche Anordnung lassen sich die bezogenen Wirbelstromverluste der äußeren Teilwicklung – Stufen- bzw. Schwenkzipfelwicklung – nach Gl. (152) berechnen, da die Verteilung des Streuflusses über ihrer radialen Breite Abb. 64 entspricht. Anders liegen die Verhältnisse bei der als Stammwicklung zu bezeichnenden inneren Teilwicklung. Deren bezogener Wirbelstromverlust ist von KNAACK [75] unter Ein-

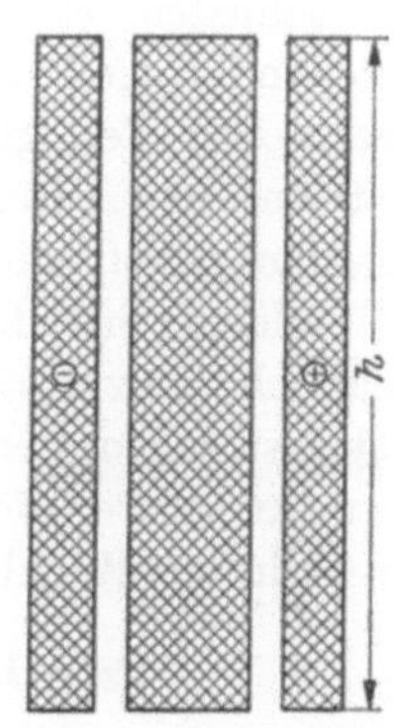

Abb. 67. Dreiwicklungs-Transformator mit stromloser mittlerer Wicklung

führung des Verhältnisses der Durchflutung Θ_a der äußeren Teilwicklung zur Durchflutung Θ_i der Stammwicklung für beliebige Phasenverschiebungswinkel ε zwischen den Strömen der beiden Teilwicklungen ermittelt worden. Das Ergebnis seiner Arbeit läßt sich in Anlehnung an Gl. (152) für Kupferwicklungen in der Form

$$v_z = 14\Big(\frac{255}{235+\vartheta}\Big)^2\Big\{n^2\Big[1 + 3\frac{\Theta_a}{\Theta_i}\Big(\frac{\Theta_a}{\Theta_i} + \cos\varepsilon\Big)\Big] - 0{,}2\Big\}\beta^4\Big(\frac{m\,\alpha}{h}\,K\,\frac{f}{50}\Big)^2\%\ \ (157)$$

anschreiben. Hierin ist bei gleichphasiger Durchflutung beider Teilwicklungen $\cos\varepsilon = \cos 0° = 1$, bei gegenphasiger Durchflutung $\cos\varepsilon = \cos 180° = -1$. Soweit es sich um Gleichrichtertransformatoren handelt, weisen die Ströme in der Schwenkzipfelwicklung und der Stammwicklung ein Phasenverschiebung von $\varepsilon = 60°$ auf, so daß $\cos \varepsilon = 0,5$ wird.

Die zusätzlichen Wirbelstromverluste, die bei einseitiger Verkürzung der Spulen oder Wicklungen einer Spannungsseite um $x\,h$ [cm] nach Abb. 54 infolge der dadurch bedingten Querstreuflüsse auftreten, lassen sich durch sinngemäße Anwendung der Gl. (151) ermitteln. Dabei sind die Leiterbreiten a und β und die Leiterzahlen m und n miteinander zu vertauschen und die Hauptstreupfadlänge h/K durch die Querstreupfadlänge l_{Sq} zu ersetzen. Ferner muß bei der unverkürzten Wicklung zwischen den beiden Teilen mit dem Gewicht $x\,G$ bzw. der Windungszahl $x\,m\,n$ einerseits und dem Gewicht $(1-x)\,G$ bzw. der Windungszahl $(1-x)\,m\,n$ andererseits unterschieden werden. Schließlich ist zu berücksichtigen, daß der Querstreufluß nicht von der Gesamtdurchflutung $I\,w$ erregt wird, sondern nur von dem Betrag $x\,I\,w$. Das Verhältnis der für den Querstreufluß wirksamen Durchflutung zur tatsächlichen Durchflutung der in Betracht zu ziehenden drei Wicklungsteile ist daher verschieden. Es ist für die verkürzte Wicklung gleich x, für den überstehenden Teil der unverkürzten Wicklung gleich eins und für deren restlichen Teil gleich $x/(1-x)$. Dementsprechend haben wir uns die Ströme bzw. Stromdichten reduziert zu denken, da die Teilwindungszahlen durch die Gewichtsanteile berücksichtigt werden. Mit diesen Überlegungen erhält man in dem am meisten interessierenden Fall einer einfach konzentrischen Anordnung von Zylinderwicklungen mit zwei Querstreugruppen nach Abb. 56a und b für die bezogenen Wirbelstromverluste, die durch die Querstreuflüsse in der verkürzten und unverkürzten Wicklung auftreten, die gleichlautende Gleichung

$$v_Z = 14\,x^2 \left(\frac{255}{235+\vartheta}\right)^2 \left(\frac{m}{2}\right)^2 \alpha^4 \left(\frac{n\,\beta}{\frac{h}{2\,\pi}+\frac{a}{2}+g}\cdot\frac{f}{50}\right)^2 \%. \tag{158}$$

Hierbei ist zur Vereinfachung der Summand 0,2 aus Gl. (152) vernachlässigt. Die Gl. (158) ist auch auf Scheibenwicklungen mit entsprechend verteilter Unsymmetrie anwendbar, wobei jedoch die Querstreupfadlänge $l_{Sq} = h/2\pi + a/2 + g$ durch $l_{Sq} = a$ zu ersetzen ist.

In den beschriebenen Fällen sind idealisierte Feldverhältnisse sowohl für den parallel zum Streuspalt verlaufenden Hauptstreufluß, als auch für den senkrecht zum Streuspalt gerichteten Querstreufluß, der bei Wicklungsunsymmetrie auftritt, vorausgesetzt (vgl. Abschn. II, 1 und 2). In Wirklichkeit weicht die Richtung der Feldstärken des Hauptstreuflusses selbst bei vollkommen symmetrischer Wicklungsanordnung von der angenommenen teilweise erheblich ab.

Abb. 68 zeigt etwa maßstäblich den Verlauf der Feldstärken jeweils in der Querschnitts-Mittelachse der beiden Wicklungen einer einfach kon zentrischen Anordnung. Man erkennt, daß die Feldstärken parallel zum Streuspalt an den Wicklungsrändern etwa auf den halben Wert derjenigen des idealisierten Feldes sinken [74], sowie die starke Wirkung des Eisenkernes auf die Größe des Querfeldes. Mit Rücksicht auf die Wirbelstromverluste hat man deshalb auch bei völlig symmetrischen Wicklungsanordnungen nicht nur die Leiterbreite β in Betracht zu ziehen, sondern muß wegen des unvermeidlichen Querfeldes auch die Leiterbreite a, insbesondere in der dem Eisenkern benachbarten Wicklung, begrenzen, und zwar im allgemeinen auf 12 bis 15 mm. Sinnvoller ist die Wahl eines Seitenverhältnisses $a/\beta \leqq 3$ bis 4, um sicherzustellen,

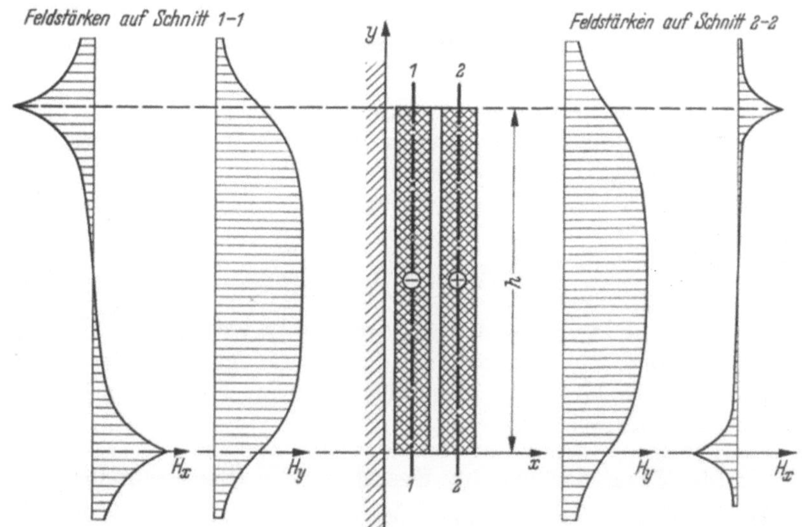

Abb. 68. Axiale und radiale Feldstärken einer einfach konzentrischen Anordnung von Zylinderwicklungen

daß die vom Querfeld verursachten Wirbelstromverluste einen gewissen Bruchteil der dem idealisierten Hauptstreufluß entsprechenden Wirbelstromverluste nicht überschreiten.

Eine genauere Bestimmung der Wirbelstromverluste erfordert die Kenntnis des Feldverlaufes innerhalb der Wicklungen. Die Berechnung dieser Feldstärken ist praktisch nur mit digitalen Rechenmaschinen durchführbar. Meistens ersetzt man hierbei die Wicklungen durch parallele Stromschienen und berücksichtigt den Eisenkern entweder durch Annahme eines geschlossenen Eisenfensters [175], bzw. unendlich ausgedehnter Eisenplatten [92], oder durch Spiegelungen der Wicklungen [163]. Soll die Wicklungskrümmung einbezogen werden, so ergibt sich bei Vernachlässigung der Nachbarschenkel ein rotationssymmetrisches Problem, das entweder mit einem kreisringförmigen Eisenfenster [176] oder ebenen Eisenplatten senkrecht zur Achse [*168*] lösbar ist, wobei im zweiten Falle der Schenkel durch entsprechende Bestimmung der Integrationskonstanten berücksichtigt wird. Schließlich kann man von einem Kreisringleiter rechteckigen Querschnittes in Luft ausgehen, den Einfluß des Schenkels durch eine Zusatzlösung und den der Joche durch Spiegelung ermitteln [*147*].

Ist das Feld bekannt, so können die Wirbelstromverluste nach der Arbeit von Dietrich [*150*] für jeden einzelnen Leiter des Wicklungsquerschnittes bestimmt werden. Unter der Voraussetzung, daß für die beiden Leiterbreiten α und β nach Abb. 64 bei sinngemäßer Anwendung der Gl. (144) die betreffenden reduzierten Werte $\xi \leqq 1$ sind, ist mit guter Annäherung die Feldstärke im Mittelpunkt des Leiterquerschnittes mit ihren Komponenten H_y parallel und H_x senkrecht zum Streuspalt als maßgebend anzusehen. – Die H_x zugeordnete reduzierte Leiterbreite ξ ergibt sich aus Gl. (144), indem man in dieser α und β vertauscht, m durch n und h/K durch l_{Sq} ersetzt. – Für einen Leiter rechteckigen Querschnittes und einer Länge l errechnet sich dann der Wirbelstromverlust zu

$$V_z = 1{,}3 \frac{l\,\alpha\,\beta^3}{\varrho} \left[H_y^2 + \left(\frac{\alpha}{\beta}\right)^2 H_x^2 \right] \left(\frac{f}{50}\right)^2 10^{-8} \quad [\mathrm{W}] \qquad (158\,\mathrm{a})$$

wenn l, α und β in cm, H_y und H_x in A/cm und ϱ entsprechend Gl. (149) eingesetzt werden. Zur Verringerung des Aufwandes kann man bei der Rechnung mehrere Leiter, die im gleichen mittleren Feld liegen, bereichsweise zusammenfassen.

8. Die Zusatzverluste im Kessel und in den Preßteilen

Die vom Laststrom abhängigen Streuflüsse gelangen zum Teil auch in die Seitenwände, den Deckel und Boden des Kessels sowie in die Preßteile des Kernes und der Wicklungen. Im allgemeinen bestehen Kessel und Preßteile aus Eisen, weshalb in sie eindringende Streuflüsse sowohl Hysterese- als auch Wirbelstromverluste hervorrufen, wobei indessen die Wirbelstromverluste stark überwiegen. Der relative Anteil der Streuflüsse, der in die genannten Teile eindringt, ist naturgemäß um so größer, je näher diese an die Wicklungen herangerückt sind, da die restlichen Streuflußanteile sich über den Kern und den zwischen Kern und Kessel verbleibenden Raum schließen können. Maßgebend für die entstehenden Zusatzverluste ist der absolute Betrag der eindringenden Streuflüsse. Dieser wächst mit dem Strombelag der Wicklungen und demgemäß mit der Nennleistung des Transformators. Es sind deshalb bei großen Transformatoren höhere Zusatzverluste zu erwarten als bei kleinen, nicht zuletzt auch wegen der größeren Wandstärke des Kessels und der Preßteile bei den ersteren. Nun nimmt aber mit steigender Nennleistung auch die Oberspannung des Transformators sprungweise zu, weshalb man aus

Isolationsgründen genötigt ist, die Abstände der Kesselwände und der Preßteile von den Wicklungen ebenfalls zu vergrößern. Weiterhin müssen mit Rücksicht auf die Kurzschlußkräfte bei mittleren und großen Transformatoren Querstreuflüsse erzeugende Wicklungsunsymmetrien weitgehend vermieden werden. So erklärt es sich, daß die auf die Nennleistung bezogenen Zusatzverluste im Kessel und in den Preßteilen, auf die es letztlich ankommt, bei Transformatoren aller Größen normalerweise verschwindend klein sind, so lange kein durch die Schaltung und Kernform bedingter Jochstreufluß auftritt.

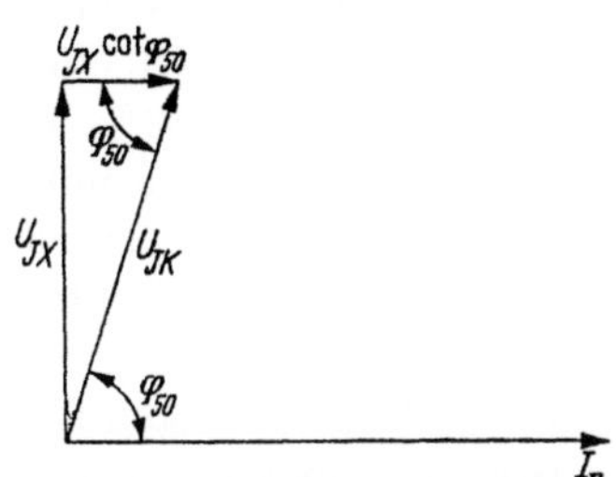

Abb. 69. Zeigerdiagramm der Spannungen und des Sternpunktstromes bei der Nullimpedanzmessung

Der von der Belastung des Mittel- oder Sternpunktleiters abhängige Jochstreufluß (vgl. Abschn. II, 3) kann außerordentlich hohe Zusatzverluste erzeugen. Mißt man nämlich die Nullimpedanz in Stern/Stern geschalteter Transformatoren mit Kessel nach Abb. 28 mit einem Sternpunktstrom $I = I_n$, so stellt man bei einer Frequenz von 50 Hz einen Leistungsfaktor $\cos\varphi_{50} \approx 0,25 \ldots 0,35$ fest. Demgegenüber spielt der Stromwärmeverlust der von dem Strom $I/3$ durchflossenen Wicklungen praktisch keine Rolle. Mit dem entsprechenden für 50 Hz geltenden Phasenverschiebungswinkel φ_{50} ergibt sich also der auf die Nennleistung des Transformators bezogene Zusatzverlust aus Abb. 69 zu

$$v_Z = \frac{u_{JX}\cot\varphi_{50}}{z}\left(\frac{I}{I_n}\cdot\frac{f}{50}\right)^2, \tag{159}$$

worin u_{JX} die bezogene Jochstreuspannung bei Belastung des Mittel- oder Sternpunktes mit dem Nennstrom I_n, I den tatsächlich auftretenden Strom im Mittel- bzw. Sternpunktleiter und z die Schenkelzahl bezeichnen. Die Annahme einer quadratischen Änderung der Zusatzverluste mit der Frequenz berücksichtigt die Tatsache, daß die Zusatzverluste im wesentlichen durch Wirbelströme verursacht werden. Legt man für u_{JX} die in Abschn. II, 6 angegebenen Zahlenwerte zugrunde, so wird für zweischenklige Einphasen-Transformatoren

$$v_Z \approx 2,7 \ldots 6,5 \left(\frac{I}{I_n}\cdot\frac{f}{50}\right)^2 \% \tag{159a}$$

und für dreischenklige Drehstrom-Transformatoren

$$v_Z \approx 1,3 \ldots 3,1 \left(\frac{I}{I_n}\cdot\frac{f}{50}\right)^2 \% . \tag{159b}$$

Dabei gelten die niedrigsten Werte für kleinere Transformatoren in Wellblechkesseln und die höchsten für Großtransformatoren in Glattblechkesseln.

Bei kleineren Transformatoren geht man schon mit Rücksicht auf die sich für die Lichtstromversorgung ungünstig auswirkende Unsymmetrie der Strangspannungen über eine Belastung des Mittel- oder Sternpunktleiters mit 10% des Nennstromes nicht hinaus, weshalb sich bei diesen die Zusatzverluste durch das Jochstreufeld noch nicht störend bemerkbar machen. Für einen dreiphasigen 400 kVA-Transformator z. B., dessen Gesamtverlust bei symmetrischer Vollast etwa 7 kW beträgt, errechnet sich nach Gl. (159b) mit $I/I_n = 0,1$ und $f = 50$ Hz ein Zusatzverlust von nur 0,013% bzw. 0,052 kW. Wird jedoch ein Großtransformator im Sternpunkt mit einer Erdschlußlöschspule für einen Löschstrom von 30% des Nennstromes belastet, so fallen die Zusatzverluste eines nicht unterdrückten Jochstreuflusses stark ins Gewicht. Bei einem Drehstrom-Transformator mit einer Nennleistung von 31,5 MVA ergibt sich hierfür nach Gl. (159b) mit $f = 50$ Hz ein Zusatzverlust von 0,28% bzw. 88 kW, während der Kessel im Nennbetrieb etwa 230 kW abzuführen hat. Nur der Umstand, daß Erdschlüsse vorübergehende Erscheinungen sind, läßt eine derartige Verluststeigerung als tragbar erscheinen.

Bezüglich der Zusatzverluste, die ein Jochstreufluß dreifacher Frequenz bei dreischenkligen Drehstrom-Transformatoren schon bei Leerlauf hervorrufen kann, sei auf Abschn. I, 4d verwiesen.

In den Kesselwänden können außerdem durch das magnetische Feld der Verbindungsleitungen zwischen den Wicklungen und den Durchführungen beträchtliche Zusatzverluste erzeugt werden, wenn diese Leitungen hohe Ströme führen und unzureichend miteinander vermischt sind. Solche Zusatzverluste machen sich durch örtliche Erwärmung der Kesselwand in der Nähe der Verbindungsleitungen bemerkbar. Soweit sie nicht durch eine bessere Vermischung der Schienen unterdrückt werden, kann dies durch Abschirmung der Kesselwand mit lamellierten Blechpaketen oder weniger wirksam mit Kupferplatten erreicht werden.

Schließlich verursachen die Durchführungen des Transformators in den Teilen des Kessels, in die sie eingesetzt sind, merkliche Zusatzverluste, wenn die Bohrung im Deckel oder der Seitenwand im Verhältnis zum Strom, der durch den Durchführungsbolzen fließt, zu klein ist. Bei großen Klemmenströmen werden deshalb die zusammengehörigen Durchführungen, deren Ströme sich zu Null ergänzen, gemeinsam in eine Platte aus unmagnetischem Material gesetzt, die einen entsprechend großen Ausschnitt des Kesseldeckels oder der Seitenwand abschließt.

Eine mittlere Lösung wird dadurch erzielt, daß man den Deckel oder die Wand des Kessels zwischen den Bohrungen der Durchführungen verschiedener Polarität nach Abb. 70 schlitzt und in die entstandenen Lücken Stege aus unmagnetischem Stahl einschweißt.

Bei Grenzleistungstransformatoren sind die magnetischen Streuflüsse der Wicklungsanordnung so groß, daß ohne besondere Maßnahmen in der Preßkonstruktion und in den Kesselwänden Verluste auftreten, die dem Bestreben nach immer besserem Wirkungsgrad entgegenwirken. Zu befürchten sind außerdem unzulässig hohe örtliche Erwärmungen. Man ersetzt deshalb die eisernen Spulendruckplatten durch solche aus nichtmetallischem Werkstoff, wie z. B. Schichtholz, und rückt sonstige Metallteile so weit wie möglich aus dem Bereich hoher magnetischer Feldstärken hinaus. Die Kessel-

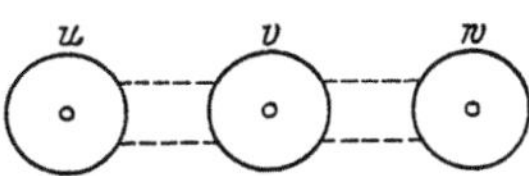

Abb. 70. Unterbrechung des Kraftlinienweges um die Durchführungen durch Stege aus unmagnetischen Stahl

wände schirmt man ganz und nicht nur im Bereich der Ausleitungen mit Kupfer- bzw. Aluminiumplatten [167] oder weit wirksamer mit lamellierten Paketen aus Transformatorenblechen ab.

III. Die Kurzschlußbeanspruchungen

Kurzschlüsse in den von Transformatoren gespeisten Anlagen müssen als unvermeidlich angesehen werden. Sie unterliegen keiner Gesetzmäßigkeit und können daher in jedem beliebigen Zeitpunkt — unmittelbar am Transformator oder weiter von ihm entfernt — ein-, zwei- oder mehrpolig auftreten. In Anlagen mit isoliertem Mittel- oder Sternpunkt sind einpolige Kurzschlüsse selten und nur soweit möglich, als dieser aus dem Transformator herausgeführt ist. Einpolige Erdschlüsse haben in solchen Anlagen keinen kurzschlußartigen Charakter, da sie nur Ströme auslösen, die dem Ladestrom des Netzes bzw. dem Reststrom des mit Erdschlußlöschspulen kompensierten Netzes entsprechen. Die selteneren Doppelerdschlüsse ergeben einen zweipoligen Kurzschluß, wenn sie hinter dem Transformator auftreten. Der bei Spar- und Zusatztransformatoren interessierende Doppelerdschluß, der durch je einen Erdschluß vor und hinter diesen an verschiedenen Leitern zustande kommt, soll hier zunächst außer Betracht bleiben. Ist der Mittel- oder Sternpunkt der Anlage jedoch starr geerdet, so bedeutet jeder einfache Erdschluß einen einpoligen Kurzschluß. Hierdurch wächst die Kurzschlußhäufigkeit der Anlage beträchtlich an. Die in solchen Anlagen angewandte Kurzunterbrechung vermindert zwar die thermische Kurzschlußbeanspruchung des Transformators, überläßt ihn aber in voller Höhe der dynamischen Beanspruchung des Kurzschlußstromes. Sie löst also das Kurzschlußproblem der Anlage, nicht aber das des Transformators.

Beim Kurzschluß sinkt die Spannung an den Eingangsklemmen um den Spannungsfall in der speisenden Anlage, jedoch bedeutet dies eine um so geringere Entlastung für den Transformator, je größer die Kurzschlußleistung P_{K1} der Anlage unmittelbar vor dem Transformator im

Vergleich zur Kurzschlußleistung P_{K2} ist, die der Transformator bei voller Eingangsspannung und einem Kurzschluß hinter den Ausgangsklemmen aufnehmen würde. Die resultierende Kurzschlußleistung ist nämlich

$$P_{Kr} = \frac{P_{K2}}{1 + \dfrac{P_{K2}}{P_{K1}}}, \qquad (160)$$

wenn man der Einfachheit halber annimmt, daß die Kurzschlußimpedanzwinkel vor und hinter den Eingangsklemmen des Transformators einander gleich sind. Erfolgt der Kurzschluß unmittelbar an den Ausgangsklemmen, so erreicht P_{K2} einen allein vom Transformator vorgeschriebenen Höchstwert. P_{K1} ist dagegen eine vom Transformator unabhängige und im allgemeinen mit fortschreitendem Ausbau der Anlage wachsende oder bei einer Umsetzung des Transformators sich ändernde Größe. Um allen späteren Möglichkeiten gerecht zu werden, wird deshalb meistens verlangt, daß Transformatoren den bei unverminderter Eingangsspannung und ausgangsseitigem Klemmenkurzschluß auftretenden Beanspruchungen gewachsen sind. Ausnahmen gelten nur für Spar- und Zusatztransformatoren (Einführung zu Abschn. VI), bei denen auf den Schutz durch vorgeschaltete Impedanzen nicht verzichtet werden kann. Vergegenwärtigt man sich das starke Anwachsen der Kurzschlußleistungen unserer Netze und berücksichtigt auch, daß sich die starre Sternpunkterdung in den Hochspannungsnetzen unaufhaltsam einführt, so dürfte klar werden, daß die Forderungen hinsichtlich der Kurzschlußsicherheit der Transformatoren nicht übertrieben sind und den Konstrukteur vor eine verantwortungsvolle Aufgabe stellen.

Da die Stromkräfte mit dem Quadrat des Stromes wachsen, sind die Wicklungen und ihre Abstützungen so auszulegen, daß sie der im ungünstigsten Augenblick auftretenden höchsten Stoßamplitude des Kurzschlußstromes gewachsen sind, und zwar derart, daß keine Lockerung auftritt. Nur in diesem Falle bedeuten nämlich weder die folgenden abklingenden Stromschwingungen noch wiederholte Kurzschlüsse eine weitere mechanische Gefährdung des Wicklungsaufbaues, die eines Tages zum Zusammenbruch führen könnte. Dabei ist allerdings vorauszusetzen, daß die Kurzschlüsse rechtzeitig abgeschaltet werden, da jeder Kurzschluß von einer zeitabhängigen Temperaturerhöhung in den Wicklungsleitern begleitet ist. Diese darf keinesfalls so hoch getrieben werden, daß die mechanische Festigkeit des Leiterwerkstoffes leidet bzw. die Windungs- und Wicklungsisolation gefährdet wird. Die Temperaturgrenze, die mit Rücksicht auf einen tragbaren Lebensdauerverlust der Isolation zugelassen werden kann, liegt bei Kupferwicklungen niedriger als die Temperatur, bis zu der die Festigkeit der Leiter praktisch unverändert bleibt und ist deshalb entscheidend. Bei Aluminium sinkt die mechanische Festigkeit in sehr viel stärkerem Maße mit der Temperatur als bei Kupfer. Es empfiehlt sich aus diesem Grunde, die Kurzschlußgrenztemperatur für Aluminium-Transformatoren auch nach mechanischen Gesichtspunkten festzulegen.

Eng verknüpft mit der aus thermischen Gründen zu fordernden Einhaltung einer höchstzulässigen Kurzschlußdauer ist die Zubilligung einer ausreichenden Abschaltpause, innerhalb der die Wicklungen Gelegenheit haben, sich wieder abzukühlen. Diese Abschaltpause ist indessen nur dann von Bedeutung, wenn beim Kurzschluß tatsächlich eine so starke Temperaturerhöhung aufgetreten ist, daß beim Wiedereinschalten auf den etwa noch bestehenden Kurzschluß eine Überschreitung der maßgebenden Temperaturgrenze zu erwarten wäre.

1. Der Kurzschlußstrom

a) Der stationäre Kurzschlußstrom

Die Kurzschlußspannung des Transformators ist jene Spannung auf der Eingangsseite, die bei Nennfrequenz und Klemmenkurzschluß auf der Ausgangsseite den Nennstrom I_n an den Anschlußklemmen ergibt. Ihr auf die Nennspannung bezogener Betrag ist

$$u_K = \sqrt{u_X^2 + u_R^2} \tag{161}$$

Hierin bezeichnet u_X die bezogene Streuspannung nach Gl. (129), gegebenenfalls unter Berücksichtigung der Querstreuung nach Gl. (130) sowie der Zusatzstreuung bei Zickzackschaltung nach Gl. (139) u. f., und u_R den bezogenen Wirkspannungsfall. Dieser errechnet sich aus der Summe der Ohmschen Verluste V_Ω und Wirbelstromverluste V_Z des Wicklungspaares in kW (vgl. Abschn. II, 7) und dessen Nennleistung P_n in kVA zu

$$u_R = \frac{\Sigma\,(V_\Omega + V_Z)}{P_n} \cdot 100\,\% = \frac{V_w}{P_n} 100\,\% \tag{162}$$

Der bei Nennspannung auftretende stationäre Kurzschlußstrom ist daher

$$I_K = \frac{100\,\%}{u_K}\, I_n\,. \tag{163}$$

Da der Magnetisierungsstrom sowohl bei der Bestimmung der Kurzschlußspannung als auch beim Kurzschluß mit Nennspannung relativ sehr klein ist, wurde er in vorstehender Betrachtung vernachlässigt.

Gl. (163) gilt nicht nur für Einphasen-Transformatoren, sondern auch für Dreiphasen-Transformatoren, wenn bei letzteren ein dreipoliger Kurzschluß vorausgesetzt wird. Bei teilweisen Klemmenkurzschlüssen der Ausgangsseite ändern sich jedoch die Verhältnisse in einigen Fällen. Dabei interessiert sowohl die Verteilung der Kurzschlußströme auf die Wicklungsstränge als auch die Strombelastung im Vergleich zum dreipoligen Kurzschluß.

Beim zweipoligen Kurzschluß eines in Stern-Stern geschalteten Drehstrom-Transformators treten nach Abb. 71a in den beiden in Mitleidenschaft gezogenen Wicklungssträngen der Ein- und Ausgangsseite einphasige Kurzschlußströme I_{K1} und I_{K2} auf. Als treibende Spannungen der auf den betreffenden Schenkeln auftretenden Ströme sind nicht die beiden um 120° phasenverschobenen Sternspannungen, sondern ihre in Richtung der zugehörigen Dreieckspannung fallenden Komponenten anzusprechen. Da diese gleich der halben Dreieckspannung sind, sinkt der Kurzschlußstrom gegenüber dem bei dreipoligem Kurzschluß im Verhältnis $U/\sqrt{3} : U/2$, d. h. auf das 0,865 fache. Hierbei tritt keine Nullspannung und infolgedessen auch keine Stern-

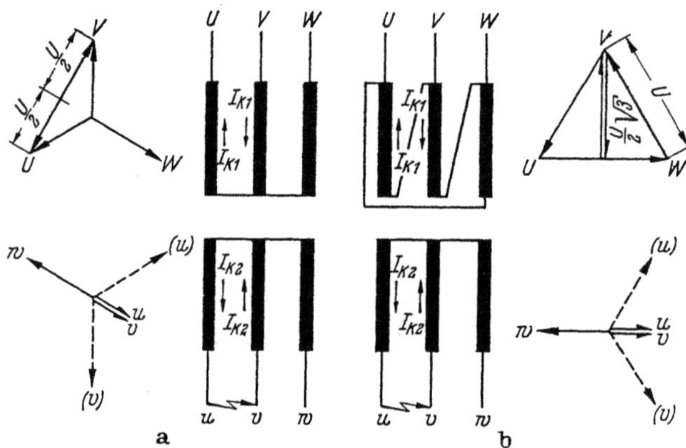

Abb. 71. Zweipoliger Kurzschluß bei Drehstrom-Transformatoren.
a Stern-Stern-Schaltung, b Dreieck-Stern-Schaltung

punktverlagerung auf. Die gleiche Verminderung des Kurzschlußstromes erfährt bei zweipoligem Kurzschluß auch der in Dreieck/Stern geschaltete Transformator nach Abb. 71b, da die die Kurzschlußströme treibende Spannung jedes der vom Kurzschluß betroffenen Schenkel gleich $U\sqrt{3}/2$ statt U wird. Demnach ergibt der zweipolige Kurzschluß in den betrachteten Fällen eine Reduktion der Kurzschlußkräfte auf $3/4$ derjenigen beim dreipoligen Kurzschluß. Ähnliches gilt für die Temperaturerhöhung.

Der zweipolige Kurzschluß bringt jedoch nicht immer eine Erleichterung gegenüber dem dreipoligen. Bei manchen Schaltungen, z. B. Stern/Dreieck und Dreieck/Dreieck, ist die Strombelastung eines Schenkels — wie Abb. 72a und b erkennen läßt — in Übereinstimmung mit der beim dreipoligen Kurzschluß. Die beiden anderen Schenkel werden allerdings nur mit dem halben Kurzschlußstrom beaufschlagt, da die Kurzschlußimpedanzen der nicht unmittelbar betroffenen Schenkel in Reihe geschaltet sind und an ihnen jeweils die halbe Spannung auftritt.

Nicht berücksichtigt wurden bei der Beurteilung der Schaltungen nach Abb. 71 und 72 die vom Drehstromsystem zusätzlich gelieferten Spannungskomponenten, die gegen die den Kurzschluß treibenden um 90° phasenverschoben sind und — wie die Zeigerdiagramme erkennen lassen — auf die Ausgangsseite übertragen werden. Da sie jedoch einem einphasigen Fluß entsprechen, der im Drehstromkern einen geschlossenen Weg findet und demzufolge einen gegenüber dem Kurzschlußstrom verschwindend kleinen Magnetisierungsstrom hervorrufen, erschien ihre Vernachlässigung als gerechtfertigt.

Einpolige Kurzschlüsse setzen bei Drehstrom-Transformatoren voraus, daß deren Ausgangsseite in Stern, gegebenenfalls auch in Zickzack geschaltet ist. Auf alle Fälle muß eine Sternpunktklemme auf der Ausgangsseite vorhanden sein. Betrachten wir zunächst die Dreieck-Stern-Schaltung, so ist ohne weiteres einleuchtend, daß der betroffene Schenkel die gleiche Kurzschlußbeanspruchung erfährt wie bei dreipoligem Kurz-

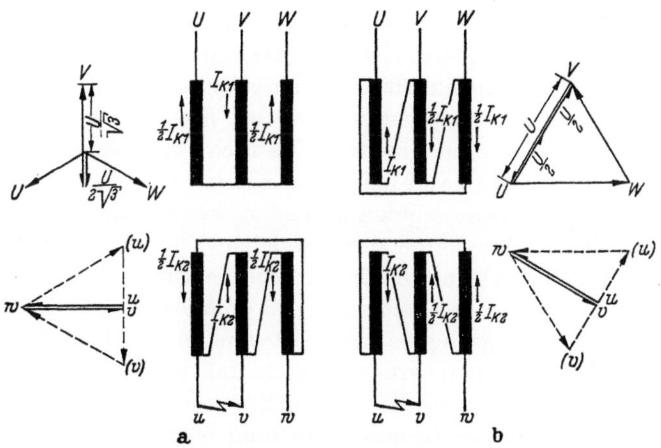

Abb. 72. Zweipoliger Kurzschluß bei Drehstrom-Transformatoren.
a Stern-Dreieck-Schaltung, b Dreieck-Dreieck-Schaltung

schluß. Bei Stern-Stern-Schaltung erreicht der Kurzschlußstrom diese Höhe nur dann, wenn ein Sternpunktleiter auf der Eingangsseite vorhanden ist.

Besondere Verhältnisse ergeben sich beim einpoligen Kurzschluß eines in Stern-Stern geschalteten Transformators, wenn eine Ausgleichwicklung vorgesehen ist. Die Kurzschlußdurchflutung der Ausgleichwicklung beträgt dabei, wie Abb. 73 veranschaulicht, je Schenkel ein Drittel derjenigen des kurzgeschlossenen Wicklungsstranges, während

eingangsseitig auf einem Schenkel — 2/3, auf den beiden anderen je
+1/3 Durchflutung des kurzgeschlossenen Wicklungsstranges auftreten. Demzufolge gehen in die Rechnung nicht nur zwei Drittel der
Kurzschlußspannung u_{K12} zwischen Ein- und Ausgangswicklung ein,
sondern auch die für ein Drittel der Nennleistung des Transformators
geltende Kurzschlußspannung u_{K23} zwischen Ausgangs- und Ausgleichwicklung. Da die Kurzschlußimpedanzwinkel in bei-
den Fällen nahezu gleich sind, ergibt sich auf der
Ausgangsseite ein Kurzschlußstrom.

$$I_{K2} = \frac{100\,\%}{\frac{2}{3}u_{K12} + u_{K23}}\,I_{n\,2}. \tag{164}$$

Hieraus folgt, daß eine Vergrößerung des Kurzschlußstromes gegenüber dem bei dreipoligem Kurzschluß vermieden wird, wenn $u_{K23} = u_{K12}/3$ ist. Bei
Transformatoren mit konzentrisch angeordneten
Zylinderwicklungen ist diese Forderung nicht ohne
weiteres erfüllt, da die gesamte Unterspannungswicklung gewöhnlich verhältnismäßig dicht über der
Ausgleichwicklung angeordnet wird und man die
Möglichkeit eines einpoligen Kurzschlusses auf der
Unterspannungsseite bei Einspeisung auf der Oberspannungsseite in Betracht zu ziehen hat. Ein Ausweg kann jedoch im Einbau von Strombegrenzungs-
Drosselspulen gefunden werden, die in den inneren
Stromkreis der Ausgleichwicklung einzufügen und so
zu bemessen sind, daß sie die Kurzschlußspannung u_{K23}
auf den Betrag $u_{K12}/3$ erhöhen. Wird die Ausgleichwicklung zur Leistungsabgabe herangezogen, so schützen diese Strombegrenzungs-Drosselspulen, vorausgesetzt, daß je Wicklungsstrang eine
vorgesehen wird, außerdem die Ausgleichwicklung bei Kurzschlüssen in
ihrem äußeren Stromkreis, insbesondere dann, wenn in die unmittelbar benachbarte Unterspannungswicklung eingespeist wird. Zur Erfüllung dieser
zweiten Aufgabe kann man sie bei entsprechender Bemessung auch in die
abgehenden Leitungen der Ausgleichwicklung schalten, jedoch verlieren
sie dabei ihre dämpfende Wirkung bei einpoligen Kurzschlüssen der
Hauptwicklungen.

Fehlt bei Stern-Stern-Schaltung sowohl der Sternpunktleiter auf der
Eingangsseite als auch eine Ausgleichwicklung, so wird — ein dreischenkliger Kern (ohne Rückschlüsse) vorausgesetzt — ein erheblicher
Teil der Spannung beim einpoligen Kurzschluß im Jochstreufeld abgebaut. Aus der bezogenen Jochstreuspannung u_{JX} nach Gl. (141 b) und
dem bezogenen, vom Jochstreufluß hervorgerufenen Wirkspannungs-

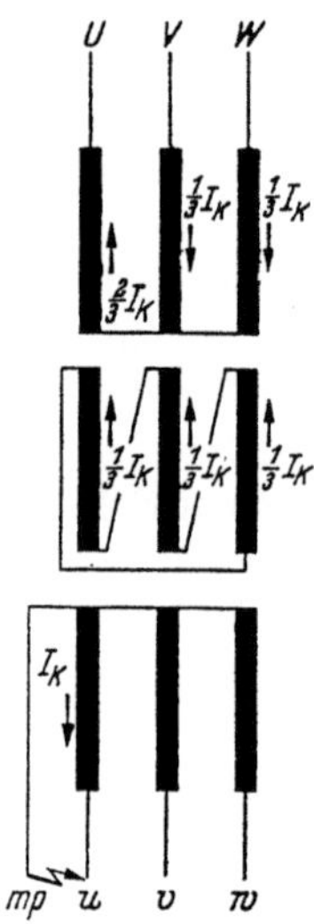

Abb. 73. Einpoliger Kurzschluß eines Transformators in Stern-Stern-Schaltung mit Ausgleichwicklung bei einer Windungs-übersetzung 1 : 1 : 1

fall, der sich zu zv_Z aus Gl. (159) ergibt, erhalten wir gemäß Abb. 69
bei Nennstrom im Sternpunkt eine bezogene Jochkurzschlußspannung

$$u_{JK} = u_{JX}\sqrt{1 + \cot^2\varphi_{50}\,(f/50)^4} \tag{165}$$

Eingangsseitig erreicht der Strom, wie der Vergleich mit Abb. 64b
lehrt, auf dem vom Kurzschluß getroffenen Schenkel — 2/3, auf den
beiden anderen Schenkeln je $+1/3$ des Wertes, der dem sekundären
Kurzschlußstrom bei einer Windungsübersetzung 1:1
entspricht. Der Kurzschlußstrom auf der Ausgangsseite
wird deshalb

$$I_{K2} = \frac{100\%}{\frac{2}{3}\,u_K \,\hat{+}\, u_{JK}}\,I_{n2}\,. \tag{166}$$

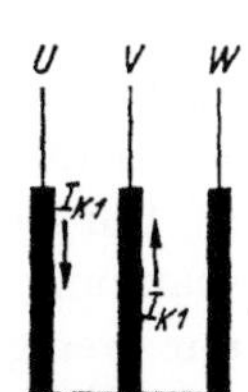
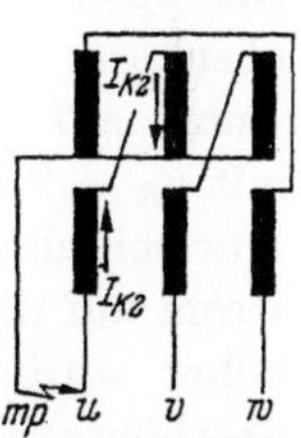

Da die Jochkurzschlußspannung nur näherungsweise
vorauszubestimmen ist, lohnt es sich kaum, die geometrische Addition der beiden Kurzschlußspannungen
durchzuführen. Man wird vielmehr näherungsweise die
algebraische Summe in Gl. (166) einsetzen. Mit den für
dreiphasige Öltransformatoren in Abschn. II, 6 und II,
8 angegebenen Zahlenwerten für u_{JX} und $\cos\varphi_{50}$ ergibt
sich bei einer Frequenz $f = 50$ Hz

$$u_{JK} \approx (15\ldots 25)\cdot\sqrt{1 + (0{,}26\ldots 0{,}37)^2}\,\%\,, \tag{167}$$

d. h., die Jochkurzschlußspannung liegt in den Grenzen

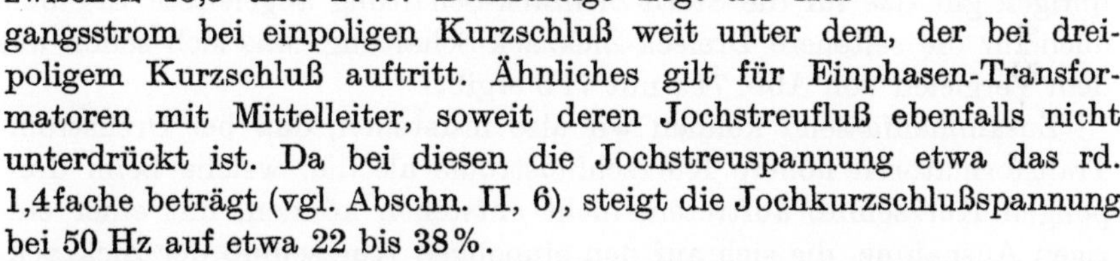

Abb. 74. Transfor-
mator in Stern-
Zickzack-Schal-
tung bei einpoligem
Kurzschluß

zwischen 15,5 und 27%. Demzufolge liegt der Ausgangsstrom bei einpoligen Kurzschluß weit unter dem, der bei dreipoligem Kurzschluß auftritt. Ähnliches gilt für Einphasen-Transformatoren mit Mittelleiter, soweit deren Jochstreufluß ebenfalls nicht
unterdrückt ist. Da bei diesen die Jochstreuspannung etwa das rd.
1,4fache beträgt (vgl. Abschn. II, 6), steigt die Jochkurzschlußspannung
bei 50 Hz auf etwa 22 bis 38%.

Eine bemerkenswerte Abweichung von den Ergebnissen der voraufgegangenen Untersuchung tritt beim einpoligen Kurzschluß eines Transformators in Stern-Zickzack-Schaltung auf. Wie Abb. 74 zeigt, entspricht die Verteilung der Kurzschlußströme auf die Schenkel derjenigen,
die bei zweipoligem Kurzschluß eines Transformators in Stern-Stern-
Schaltung auftritt. Auf der Eingangseite ist die Übereinstimmung vollkommen, ausgangsseitig besteht jedoch ein Unterschied insofern, als
je Schenkel nur eine Wicklungshälfte Strom führt. Während also der
Kurzschlußstrom auf der Eingangsseite sich aus

$$I_{K1} = \frac{\sqrt{3}}{2}\cdot\frac{100\%}{u_K}\,I_{n1} \tag{168}$$

berechnet, ergibt sich für die Ausgangsseite unter Berücksichtigung der hier in Betracht kommenden Windungsübersetzung [vgl. Gl. (138)]

$$w_1 : w_2/2 = \sqrt{3}\, U_1/U_2 \tag{169}$$

aus Gl. (168) ein Kurzschlußstrom

$$I_{K2} = 1{,}5 \, \frac{100\,\%}{u_K} \, I_{n2}\,. \tag{170}$$

Hierbei ist angenommen, daß die Kurzschlußspannung unverändert bleibt, wenn je Schenkel nur eine Wicklungshälfte den $\sqrt{3}$fachen Nennstrom führt. Dies trifft indessen nicht genau zu.

Die Blindkomponente der Kurzschlußspannung, nämlich die Streuspannung, wird sich bei der üblichen Ausführung der Zickzackwicklung nur wenig ändern, da die Wicklungshälften auf jedem Schenkel eng gekoppelt sind. Die Wirkkomponente u_R der Kurzschlußspannung steigt aber an, und zwar wächst ihr auf die Ausgangsseite entfallender Anteil auf das 1,5fache. Bei einem normalen 100 kVA-Transformator mit $u_R = 2{,}15\%$ und $u_X = 3{,}38\%$ bedeutet dies eine Vergrößerung der Kurzschlußspannung auf das etwa 1,08fache, so daß der Kurzschlußstrom auf der Ausgangsseite bei einpoligem Kurzschluß nur etwa 39% höher wird als beim dreipoligen. Immerhin bleibt eine beträchtlich überhöhte Kurzschlußbeanspruchung, die vom Konstrukteur hinsichtlich der spezifischen Kurzschlußkräfte, die auf die Zickzackwicklung wirken, nicht übersehen werden darf und vom Betriebsmann durch eine entsprechend verkürzte Abschaltzeit berücksichtigt werden muß. Im übrigen gilt das für die Stern-Zickzack-Schaltung abgeleitete Ergebnis auch für die seltenere Dreieck-Zickzack-Schaltung, was sich schon aus dem Vergleich von Abb. 71a mit 71b ergibt.

Zusammenfassend können wir also feststellen, daß bei Drehstrom-Transformatoren höhere Kurzschlußströme als die, welche beim dreipoligen Kurzschluß auftreten, nicht entstehen können, mit einer einzigen Ausnahme, die sich auf den einpoligen Kurzschluß der Zickzackschaltung bezieht. Dabei ist allerdings nur an äußere Kurzschlüsse gedacht. Bei Kurzschlüssen von Wicklungsteilen können in den kurzgeschlossenen Teilen erheblich höhere Ströme entstehen. Da sie jedoch nur Folgeerscheinungen eines am Transformator bereits eingetretenen Schadens sind, scheiden sie für die Bemessung der Wicklungen aus.

b) Der Stoßkurzschlußstrom

Der Kurzschluß kann bei jeder beliebigen Belastung des Transformators auftreten. Da der stationäre Kurzschlußstrom ein hohes Vielfaches des Nennstromes erreicht, ist die Höhe des Stoßkurzschlußstromes von der voraufgegangenen Belastung aber nur in geringem Maße abhängig. Den größten, durch einen abklingenden Gleichstrom auszugleichenden Durchflutungssprung erhält man dann, wenn der Kurzschluß bei leerlaufendem Transformator in dem Augenblick auftritt, der einem Scheitelwert des stationären Kurzschlußstromes zugeordnet ist. Es tritt dann nämlich ein Gleichstrom i_g umgekehrter Polarität auf, dessen Anfangswert gleich dem Scheitelwert des stationären Kurzschlußstromes ist und dem Gesetz

$$i_g = \sqrt{2}\, I_K\, e^{-t/T} \tag{171}$$

gehorcht, worin t die Zeit in s nach Beginn des Kurzschlusses und T die elektrische Zeitkonstante der Wicklungen bezeichnet. Für letztere können wir schreiben

$$T = \frac{L}{R} = \frac{1}{\omega} \cdot \frac{u_X}{u_R}. \tag{171a}$$

Drücken wir die Zeit t durch die Zahl n der Kurzschlußhalbperioden aus, so erhalten wir mit

$$t = \frac{\pi n}{\omega} \tag{172}$$

für die zeitliche Änderung des Kurzschlußausgleichstromes die Funktion

$$i_g = \sqrt{2}\, I_K e^{-\pi n \frac{u_R}{u_X}}. \tag{173}$$

In dieser ist $1/\pi \cdot u_X/u_R$ die der Zeitkonstante T entsprechende Halbperiodenzahl. Bei Großtransformatoren können wir setzen $u_X/u_R \approx 30$ und erhalten damit eine Zeitkonstante entsprechend etwa 10 Halbperioden. Für kleine und mittlere Transformatoren ergeben sich wesentlich kleinere Zeitkonstanten. Der Kurzschlußausgleichstrom klingt also verhältnismäßig rasch ab. Nach einer Halbperiodenzahl u_X/u_R ist er bereits auf rd. 4% seines Anfangswertes zurückgegangen.

In Abb. 75 ist der zeitliche Verlauf des Stoßkurzschlußstromes für den der Gl. (171) zugrunde liegenden Fall aufgetragen, daß der Kurzschluß bei leerlaufendem Transformator in dem Augenblick beginnt, der einem Scheitelwert des stationären Kurzschlußstromes entspricht. Die erste Stoßamplitude stellt sich dann praktisch in der einer Halbperiode entsprechenden Zeit ein und erreicht den Wert

$$i_K = \sqrt{2}\, I_K\!\left(1 + e^{-\pi \frac{u_R}{u_X}}\right). \tag{174}$$

Diese einfache Gleichung gibt mit großer Annäherung den Betrag der höchsten zu erwartenden Stoßamplitude an, obwohl ihr offenbar nicht der ungünstigste Einschaltaugenblick zugrunde liegt. Denkt man sich diesen nämlich in Richtung auf den Nulldurchgang der Spannung um den Zeitwinkel α verschoben, so vermindert sich die Zeit bis zum Auftreten der ersten Stoßamplitude von π auf $\pi - \alpha$, und entsprechend das Abklingen des Gleichstromes. Andererseits sinkt der Anfangswert des Gleichstromes von $\sqrt{2}I_K$ auf $\sqrt{2}I_K\cos\alpha$. Beide Wirkungen heben sich so weit auf, daß der bei Kurzschluß im Spannungsnulldurchgang tatsächlich auftretende höchste Wert der ersten Stoßamplitude

$$\hat{\imath}_K = \sqrt{2}\, I_K\left(1 + \frac{e^{-\frac{u_R}{u_X}\left(\frac{\pi}{2} + \arctan\frac{u_X}{u_R}\right)}}{\sqrt{1 + (u_R/u_X)^2}}\right) \tag{175}$$

sich nur ganz unwesentlich von dem aus Gl. (174) berechneten Betrag unterscheidet. In Gl. (175) ist die geringe zeitliche Voreilung der ersten

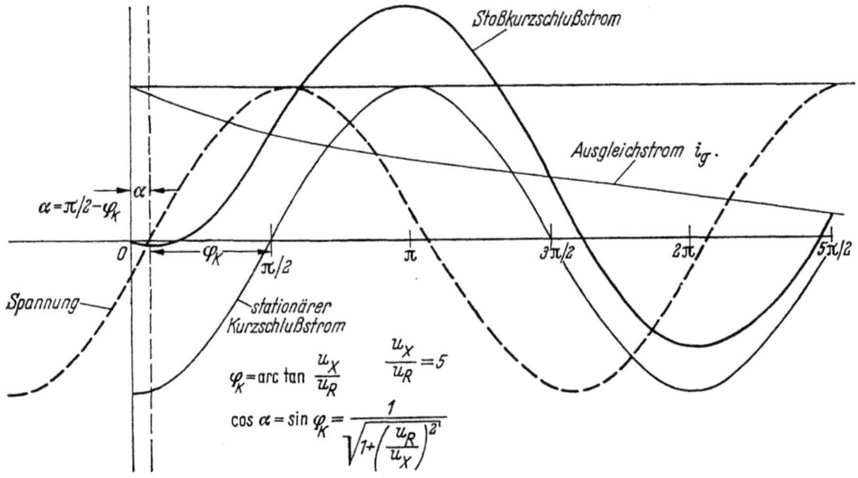

Abb. 75. Zeitlicher Verlauf des Stoßkurzschlußstromes

Stoßamplitude gegenüber der ersten Amplitude des stationären Kurzschlußstromes vernachlässigt. Auf die Höhe der Stoßamplitude hat diese Vereinfachung jedoch keinen merkbaren Einfluß. Der Klammerwert der Gln. (174) und (175) wird als Stoßfaktor $\varkappa$ bezeichnet und liegt innerhalb der Grenzwerte 1 mit $u_X = 0$ und 2 mit $u_R = 0$. Der bisher bei Großtransformatoren erreichte Höchstwert beträgt $\varkappa = 1{,}95$ mit $u_X/u_R = 50$, während der Stoßfaktor z. B. bei einem 100 kVA-Transformator über $\varkappa = 1{,}16$ mit $u_X/u_R = 1{,}57$ nicht hinausgeht. In Abb. 76 ist der Stoßfaktor nach Gl. (175) und gestrichelt nach Gl. (174) als Funktion des Verhältnisses u_R/u_X graphisch aufgetragen.

Bei der Ermittlung des Stoßkurzschlußstromes wurde ein einphasiger Stromkreis vorausgesetzt. Einleuchtend ist, daß bei ein- und zweipoligen Kurzschlüssen an Drehstrom-Transformatoren die gleichen Stoßfaktoren gelten, da es sich hierbei einerseits um einphasige Kurzschlußströme handelt, deren Verteilung im stationären Zustand bereits festgestellt wurde, und andererseits das den Stoßfaktor bestimmende Verhältnis u_R/u_X auf den drei Schenkeln mindestens angenähert übereinstimmt.

Zu Beginn des dreipoligen Kurzschlusses dagegen entstehen in den drei ein- und ausgangsseitigen Wicklungssträngen nach der gleichen Funktion abklingende Ausgleichsströme, derenAnfangswerte den dem Kurzschluß-beginn zugeordneten Augenblickswerten der Dauerkurzschlußströme das Gleichgewicht halten. Da die Summe dieser Augenblickswerte und demnach auch die Summe der Anfangswerte der Ausgleichströme Null ist, können sich die Ausgleich-ströme bei jeder beliebigen Schaltung zwanglos ausbilden. Erfolgt der Kurzschluß in dem Augenblick, in dem auf einem Schenkel der Dauerkurzschluß-strom mit seinem Scheitelwert

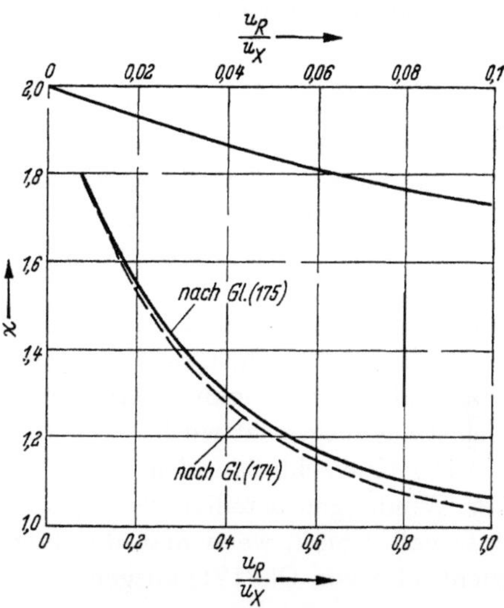

Abb. 76. Höchster Stoßfaktor der ersten Amplitude des Kurzschlußstromes

einsetzen müßte (Abb. 77a), so wird der Stoßkurzschlußstrom auf diesem

$$\hat{i}_K = \varkappa\sqrt{2}\,I_K. \tag{176}$$

Auf den beiden anderen Schenkeln treten die ersten Stoßamplituden zeitlich nach $180° \pm 60°$, d. h. nach $120°$ bzw. $240°$ auf. Sie ergeben sich aus

$$\hat{i}_K = \left[\sqrt{2} + \frac{1}{\sqrt{2}}\,(\varkappa' - 1)\right]I_K, \tag{177}$$

worin $\varkappa'$ die zugeordneten Stoßfaktoren bezeichnet. Letztere können aus der Kurve nach Abb. 76 mit

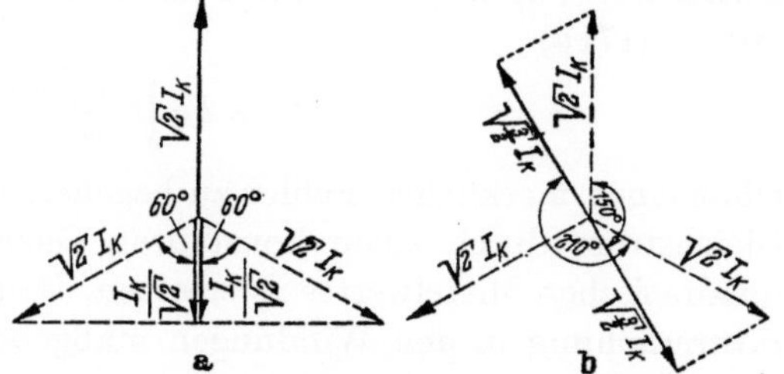

Abb. 77. Augenblickswerte der Dauerkurzschlußströme bei Beginn des dreipoligen Kurzschlusses für die Grenzfälle a und b.

den Abszissenwerten $120°/180° \cdot u_R/u_X$ bzw. $240°/180° \cdot u_R/u_X$ entnommen werden.

Der betrachtete Fall deckt sich, wie nachgewiesen wurde, praktisch mit dem ungünstigsten.

Der günstigste Kurzschlußfall ist in Abb. 77b dargestellt. Er tritt ein, wenn der Kurzschlußbeginn mit dem Nulldurchgang eines der drei Dauerkurzschlußströme zusammenfällt und zeichnet sich dadurch aus, daß nur auf zwei Schenkeln Stoßamplituden, und zwar zeitlich nach 150° und 210°, auftreten, die sich zu

$$i_K = \left[\sqrt{2} + \sqrt{\frac{3}{2}} \, (\varkappa' - 1) \right] I_K \qquad (178)$$

errechnen. Die Stoßfaktoren $\varkappa'$ sind mit den Abszissenwerten $150°/180° \times u_R/u_X$ bzw. $210°/180° \cdot u_R/u_X$ aus Abb. 76 abzugreifen.

Für ein Verhältnis $u_R/u_X = 0{,}06$ ergibt sich demnach im ungünstigsten Falle $\varkappa = 1{,}81$ nach 180° und $i_K = 2{,}56\,I_K$ gemäß Gl. (176) und im günstigsten $\varkappa' = 1{,}84$ nach 150° und $i_K = 2{,}45\,I_K$ nach Gl. (178). Der Unterschied beträgt knapp 5 %.

Dies zeigt deutlich, daß praktisch bei jedem dreipoligen Kurzschluß ein Teil der Wicklungsstränge der höchstmöglichen Stoßstrombelastung ausgesetzt wird.

Der Kurzschlußausgleichstrom ist natürlich auch an der Erwärmung der Windungen beteiligt. Sein quadratischer Mittelwert ist für das Zeitintervall 0 bis t, wenn man den hierfür ungünstigsten Fall in Betracht zieht, also von Gl. (171) ausgeht,

$$I_g = \sqrt{\frac{2\,I_K^2}{t} \int_0^t e^{-2t/T} dt}. \qquad (179)$$

Hieraus folgt

$$I_g = I_K \sqrt{\frac{T}{t}\,(1 - e^{-2t/T})}. \qquad (179\,\text{a})$$

Nehmen wir an, daß die Kurzschlußdauer t größer ist als die Zeitkonstante T, so läßt sich dieser Ausdruck vereinfachen und man erhält mit Gl. (171a)

$$I_g \approx I_K \sqrt{\frac{1}{\omega t} \cdot \frac{u_X}{u_R}}. \qquad (179\,\text{b})$$

Ohne einen merklichen Fehler zu begehen, kann man den abklingenden Gleichstrom durch einen konstanten Gleichstrom von der Größe des quadratischen Mittelwertes I_g ersetzen. Demnach ist der für die Temperaturerhöhung in den Windungen maßgebende Strom

$$I_K' = \sqrt{I_K^2 + I_g^2}, \qquad (180)$$

woraus sich mit Gl. (179b) ergibt:

$$I_K' = I_K \sqrt{1 + \frac{1}{\omega t} \cdot \frac{u_X}{u_R}}. \qquad (181)$$

Wie Gl. (181) zeigt, übersteigt der äquivalente Dauerstrom I_K' den stationären Kurzschlußstrom I_K um so mehr, je kürzer die Abschaltzeit t und je größer das Verhältnis u_X/u_R wird. Setzen wir den bisher bei Großtransformatoren erreichten Höchstwert $u_X/u_R = 50$ ein, so ergibt sich mit $\omega = 314\,\text{s}^{-1}$ für eine Abschaltzeit von 1 s ein Strom $I'_K = 1{,}08\,I_K$, für eine solche von 6 s ein Strom $I'_K = 1{,}013\,I_K$. Da bei einer Abschaltzeit von 1 s wegen der großen Kurzschlußspannung des Großtransformators nur eine unbedeutende Temperaturerhöhung in den Windungen auftritt, ist der Kurzschlußausgleichstrom für unsere Betrachtungen, die sich auf wesentlich größere Temperaturerhöhungen, nämlich die höchstzulässigen, und demgemäß auf verhältnismäßig lange Abschaltzeiten beziehen, praktisch ohne Belang.

2. Die Kurzschlußkräfte

Da die vom Strom durchflossenen Wicklungen des Transformators vom Streufluß durchdrungen werden, entstehen elektrodynamische Kräfte. Sie sind dem Produkt aus Strom und Streuinduktion proportional, wachsen also mit dem Quadrat des Stromes, da die Streuinduktion selbst linear mit dem Strom zunimmt. Die höchsten mechanischen Beanspruchungen, denen die Wicklungen und ihre Abstützungen ausgesetzt werden, treten daher im Kurzschlußfalle auf. Die elektrodynamischen Kräfte versuchen naturgemäß die magnetische Feldenergie zu vergrößern, womit über die Kraftrichtung bereits Wesentliches ausgesagt ist.

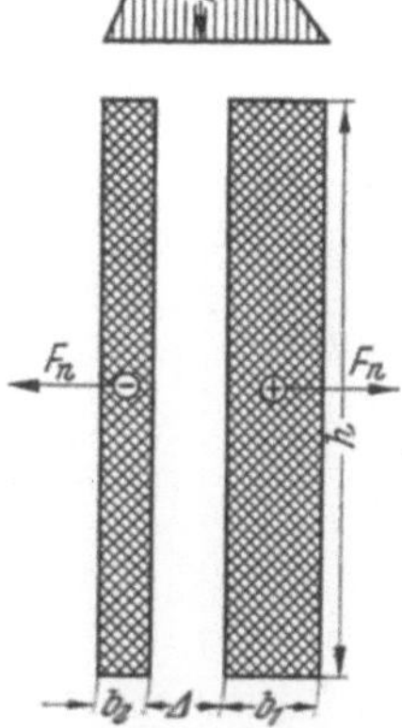

Abb. 78. Normalkraft einer Streugruppe

Die weitaus größte Kraft tritt zwischen den eine Streugruppe bildenden Wicklungsteilen auf und ist nach Abb. 78 bestrebt, den Streuspalt zu verbreitern. Diese Kraft, die wir Normalkraft nennen wollen, wirkt also senkrecht zur Hauptrichtung des Streuflusses. Setzen wir voraus, daß beide Wicklungsteile starre Körper sind, so ergibt sich mit der höchsten Stoßamplitude i_K des Kurzschlußstromes und der dieser zugeordneten Streuinduktion B_{SK} nach dem Gesetz von BIOT-SAVART eine Normalkraft

$$F_n = i_K\, w\, \frac{B_{SK}}{2}\, U_m\, \frac{10^{-6}}{9{,}81} \quad [\text{kp}]. \tag{182}$$

Hierbei ist $i_K w$ die Stoßdurchflutung eines Wicklungsteiles in A und U_m der mittlere Wicklungsumfang in cm. Da die Streuinduktion über der Wicklungsbreite b_1 bzw. b_2 linear vom Streukanal nach außen von B_{SK} auf Null abfällt, ist der Mittelwert $B_{SK}/2$ eingesetzt. Unter Benutzung von Gl. (108) für die Streuinduktion können wir dann mit $\sqrt{2}\,I = i_K$ schreiben

$$F_n = 6{,}4\, \frac{(i_K\, w)^2}{h}\, K\, U_m\, 10^{-8} \quad [\text{kp}] \tag{183}$$

und errechnen einen auf die Fläche $h\,U_m$ [cm²] bezogenen spezifischen Flächendruck

$$p_n = 6{,}4 \left(\frac{i_K\,w}{h}\right)^2 K\,10^{-8} \quad [\text{kp/cm}^2], \qquad (184)$$

worin h [cm] die Wicklungshöhe parallel zum Streuspalt bezeichnet. p_n nach Gl. (184) gibt den Mittelwert des spezifischen Flächendruckes über der Wicklungshöhe an; den in Wicklungsmitte auftretenden Höchstwert, bedingt durch die nach den Spulenenden hin abfallenden maßgebenden Streufeld-Komponenten, erhält man mit hinreichender Genauigkeit, indem man in Gl. (184) $K = 1$ setzt. Die feldverzerrende Wirkung des Eisenkerns gegenüber einer eisenlosen Anordnung bleibt auf den Streufluß in der Hauptrichtung im Mittel ohne Belang, so daß bei der Berechnung der Normalkraft der Einfluß des Eisenkerns vernachlässigt werden kann.

Die Normalkraft F_n ist gleich der Summe der Teilkräfte aller parallel zum Streuspalt sich erstreckenden Windungsschichten bzw. Lagen. Entsprechend der Abnahme der Streuinduktion B_{SK} über der Wicklungsbreite b ist die unmittelbar am Streuspalt liegende Windungsschicht der höchsten, die äußerste Windungsschicht der geringsten Teilkraft ausgesetzt. Bei n gleichen Windungsschichten mit je w/n Windungen ergibt sich nach Abb. 79 eine Teilkraft für die Windungsschicht am Streuspalt

$$\delta F_{n1} = \left(\frac{2}{n} - \frac{1}{n^2}\right) F_n < \frac{2\,F_n}{n}. \qquad (185)$$

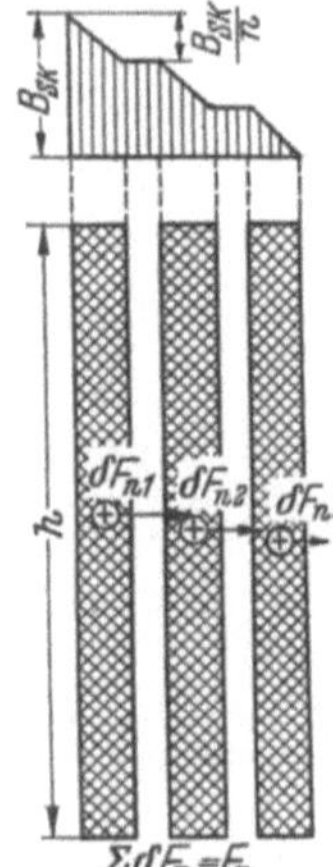

Abb. 79. Teilkräfte bei $n = 3$ Windungsschichten

Diese Teilkraft ist nur so weit von Bedeutung, als die Windungsschichten sich nicht längs ihres gesamten Umfanges satt berühren, sondern durch Abstandsstücke voneinander getrennt sind. Dann werden nämlich die einzelnen Windungsschichten unterschiedlich und die an den Streuspalt angrenzende Windungsschicht zwischen den Abstandsstücken am stärksten auf Biegung beansprucht.

Setzt man in Gl. (184)

$$\frac{i_K\,w}{h} = \frac{\varkappa\sqrt{2}\,\dfrac{100\,\%}{u_K}\,P_{Sg}}{e_w\,h} \quad [\text{A/cm}], \qquad (186)$$

worin P_{Sg} in VA den auf eine Streugruppe entfallenden Anteil der Nennleistung des Transformators gemäß Gl. (128) bezeichnen soll, so erkennt man leicht, daß der spezifische Flächendruck p_n bei konstantem Stoßfaktor $\varkappa$ und konstanter bezogener Kurzschlußspannung u_K etwa mit $\sqrt{P_{Sg}}$ zunimmt, da $e_w h$ bei unveränderter Kerninduktion angenähert dem Kerngewicht bzw. $P_{Sg}^{3/4}$ proportional ist. Dabei sind etwaige Änderungen des ROGOWSKISchen Faktors K außer Betracht gelassen. Berücksichtigt man den Stoßfaktor und die Kurzschlußspannung, so ergibt sich für normale Transformatoren ein ungefähres Bild von der Zunahme des spezifischen Flächendrucks p_n in dem Bereich der Nennleistungen P_n von 100 kVA bis 100 000 kVA nach Tab. 8 aus der Vergleichszahl $\sqrt{P_n}\,(\varkappa\,\sqrt{2}\,100\,\%/u_K)^2$. Dabei ist angenommen, daß die Transformatoren gleiche Streugruppenzahlen aufweisen und dementsprechend das Verhältnis $P_{Sg} : P_n$ über dem Leistungsbereich konstant bleibt. Diese Annahme ist nicht abwegig, da die aufgeführten Transformatoren-

Tabelle 8. *Vergleichszahl für den spezifischen Flächendruck p_n in Abhängigkeit von der Nennleistung*

Nennleistung P_n [kVA]	Kurzschlußspannung u_K %	Stoßfaktor $\varkappa$	$i_K : I_n =$ $\varkappa\,\sqrt{2}\cdot 100\,\%/u_K$	Vergleichszahl $\sqrt{P_n}\times$ $(\varkappa\,\sqrt{2}\cdot 100\,\%/u_K)^2$
100	4,0	1,16	41	$16,8\cdot 10^3$
1 000	6,0	1,5	35,3	$39,3\cdot 10^3$
10 000	10,0	1,8	25,4	$64,7\cdot 10^3$
100 000	12,5	1,9	21,5	$146\ \ \cdot 10^3$

größen sich durchweg mit einfach konzentrischer Anordnung von Zylinderwicklungen ausführen lassen. Tab. 8 läßt klar erkennen, daß trotz zunehmender Kurzschlußspannung der spezifische Flächendruck mit der Nennleistung gewaltig anwächst.

Neben der Normalkraft tritt eine Kontraktionskraft auf, die den Streuspalt zu verkürzen sucht. Sie wirkt also senkrecht zur Normalkraft und wird von den in Abb. 68 dargestellten radialen Feldstärken hervorgerufen. Ihr absoluter Betrag ist zwar erheblich kleiner als der der Normalkraft, jedoch bewirkt sie sehr beachtliche spezifische Drücke.

Die gesamte Kontraktionskraft F_{K12}, die sich nach Abb. 80 aus den Teilkräften F_{K1} und F_{K2} zusammensetzt, läßt sich ohne Kenntnis der Größe und Verteilung der radialen Feldstärken aus der magnetischen Energie herleiten: Wir können nämlich schreiben

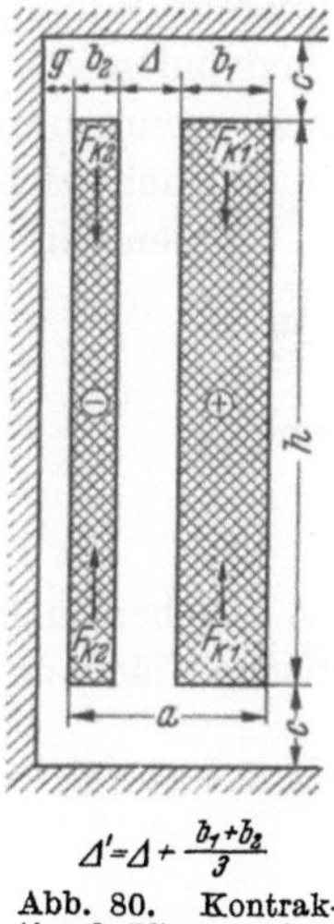

$$F_{K12} = \frac{1}{2}\, i_K^2 \frac{d\,L_S}{d\,h} \cdot \frac{100}{9{,}81}\quad [\text{kp}],\qquad (187)$$

$$\Delta' = \Delta + \frac{b_1 + b_2}{3}$$

Abb. 80. Kontraktionskräfte einer Streugruppe

wenn i_K in A und die Streuinduktivität L_S in Henry eingesetzt werden. Nun ist mit dem aus Abschn. II, 1 und 4 sich ergebenden Leitwert des Streupfades

$$\Lambda = \frac{\Delta'\,U_m}{h}\,K\quad [\text{cm}]\qquad (188)$$

die Streuinduktivität

$$L_S = \mu_0 \, w^2 \, \frac{\Delta' U_m}{h} K \, 10^{-8} \quad [\text{H}] \, . \tag{189}$$

Demnach beträgt, wenn wir für Wicklungsanordnungen mit $a/\pi \, h < 0{,}3$ nach Abb. 51 den Faktor $K = 1 - \dfrac{a}{\pi h}$ setzen, die gesamte Kontraktionskraft

$$F_{K12} = -\, 6{,}4 \left(\frac{i_K \, w}{h}\right)^2 \Delta' \, U_m \, (2 \, K - 1) \, 10^{-8} \quad [\text{kp}] \, . \tag{190}$$

Das Minuszeichen zeigt, daß die Kraft im Sinne einer Verkürzung der Wicklungshöhe h wirkt. Vergleichen wir diesen Ausdruck mit Gl. (183), so folgt, daß

$$F_{K12} = F_{K1} + F_{K2} = \frac{\Delta'}{h} F_n \left(2 - \frac{1}{K}\right), \tag{190 a}$$

also nur einen geringen Bruchteil der Normalkraft erreicht. Bei einfach konzentrischen Anordnungen von Zylinderwicklungen ist beispielsweise $\Delta'/h \approx 0{,}05$ und K nur wenig von der Einheit abweichend.

Die gesamte Kontraktionskraft verteilt sich — allerdings nicht gleichmäßig — auf eine Fläche $(b_1 + b_2) \, U_m$ [cm^2]. Bei Zylinderwicklungen entfällt der größere Anteil von P_{K12} auf die dem Schenkel benachbarte innerste Wicklung. Entsprechendes gilt für die den Jochen zugekehrten Endspulen von Scheibenwicklungen. Dies wird ohne weiteres verständlich, wenn man die Verteilung der radialen Feldstärken nach Abb. 68 in Betracht zieht.

Setzen wir

$$F_{K1} = y \, \frac{\Delta'}{h} F_n \left(2 - \frac{1}{K}\right) \tag{190 b}$$

und

$$F_{K2} = (1 - y) \frac{\Delta'}{h} F_n \left(2 - \frac{1}{K}\right), \tag{190 c}$$

so ergeben sich von diesen Kontraktionskräften hervorgerufene spezifische Flächendrücke

$$p_{K1} = y \, \frac{\Delta'}{b_1} \, p_n \left(2 - \frac{1}{K}\right), \tag{191a}$$

$$p_{K2} = (1 - y) \frac{\Delta'}{b_2} \, p_n \left(2 - \frac{1}{K}\right), \tag{191b}$$

die, wie leicht einzusehen ist, in der Größenordnung des spezifischen Flächendruckes p_n der Normalkraft nach Gl. (184) liegen, da der Verteilungsfaktor $y \leqq 0{,}5$ sein muß, wenn entsprechend Abb. 80 der Wicklungsstrang, dem der Index 2 zugeordnet wurde, dem Eisenkern am nächsten liegt.

Der Verteilungsfaktor y läßt sich nach dem in Abb. 81 dargestellten Prinzip berechnen. Dabei kann der Einfluß des Eisenkerns auf die Ausbildung des magnetischen Feldes und damit auch auf die Kräfte durch die bekannte Methode der Spiegelung der Wicklung an einer der Kernoberfläche entsprechenden Ebene näherungsweise berücksichtigt werden. Der Kontraktionsanteil F_{K1} des Wicklungsteiles 1 ergibt sich aus der Summe der Teilkräfte δF_K, die von diesem selbst und den übrigen schraffiert gezeichneten Wicklungsteilen einschließlich der gespiegelten ausgeübt werden, wobei die Vorzeichen der Durchflutungen beachtet werden müssen, d. h.

$$F_{K1} = \delta F_{K1} + \delta F'_{K1} - \delta F_{K2} - \delta F'_{K2}. \qquad (192)$$

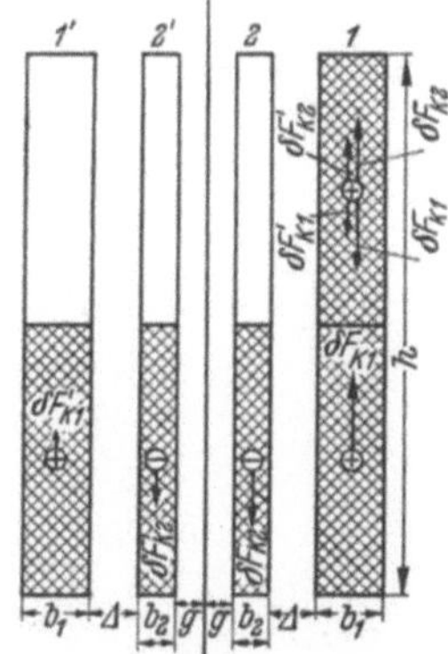
Abb. 81. Ersatzbild für die Bestimmung des Verteilungsfaktors y

Auf die Durchführung der umständlichen Rechnung soll hier verzichtet werden. Wir begnügen uns mit der Feststellung, daß bei den üblichen Abmessungsverhältnissen von Zylinderwicklungen $y \approx 0,3$ und $1 - y \approx 0,7$ wird. Dies gilt sowohl für einfach konzentrische Anordnungen von Zylinderwicklungen als auch für die innere Streugruppe doppelt konzentrischer Anordnungen. Bei Scheibenwicklungen verteilt sich die Kontraktionskraft der den Jochen benachbarten äußeren Streugruppen gleichmäßiger auf die Spulen der Ein- und Ausgangsseite, indessen ist bei dieser Wicklungsanordnung die Kontraktionskraft meistens ohne nennenswerte Bedeutung, da in radialer Richtung keine Kühlkanäle vorgesehen werden, die Windungen also längs ihres ganzen Umfangs unmittelbar aufeinanderliegen.

Der Einfluß des Abstandes c (vgl. Abb. 80) zum Eisen auf die Kontraktionskraft läßt sich ermitteln, indem man bei der Bestimmung des Differentialquotienten dL_S/dh den von Rogowski [111] angegebenen ungekürzten Korrektionsfaktor anwendet. Man erhält dann mit einigen Vereinfachungen für den im Kernfenster liegenden Teilumfang U'_m der Wicklungen eine Kontraktionskraft

$$F_{K12} = -6,4\left(\frac{i_k w}{h}\right)^2 \Delta' U'_m \left(1 - \frac{2a}{\pi h}\right)\left(1 - e^{-2\pi c/a}\right) 10^{-8} \quad [\text{kp}]. \qquad (193)$$

Diese Gleichung unterscheidet sich von Gl. (190) grundsätzlich nur durch den den Abstand c berücksichtigenden Ausdruck

$$k = 1 - e^{-2\pi c/a}. \qquad (193\,\text{a})$$

Bei Zylinderwicklungen ist gewöhnlich $c \geqq 0,5a$, womit sich ein Betrag $0,95 < k < 1$ errechnet. Demnach wird die Kontraktionskraft innerhalb des Kernfensters etwas geringer als außerhalb desselben, jedoch handelt es sich im allgemeinen um sehr kleine Unterschiede.

Außer der Normalkraft und der Kontraktionskraft, die in jedem Falle auftreten, entstehen unter Umständen noch zusätzliche Kräfte, die auf Querstreuflüsse zurückzuführen sind und dementsprechend die Wicklungsteile einer Streugruppe gegenläufig zu verschieben trachten. Diese Schubkräfte können leicht gefährliche Werte erreichen, wenn der Unsymmetriegrad nicht genügend klein gehalten wird.

Bei einer Streugruppe mit einseitiger Verkürzung der Wicklungshöhe h um xh [cm] nach Abb. 82 entsteht eine vom Stoßkurzschluß-

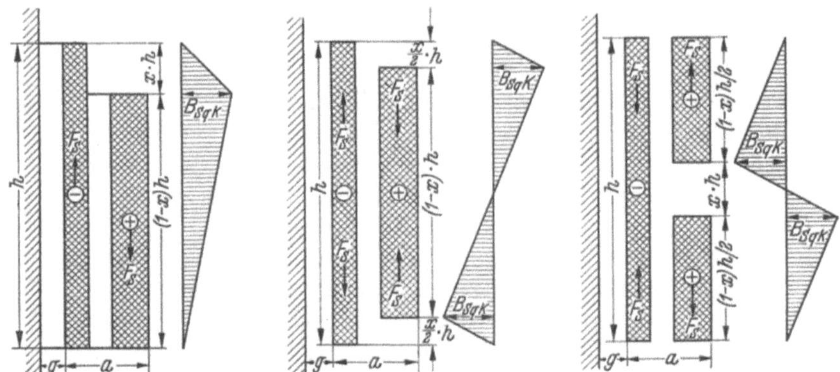

Abb. 82. Schubkraft einer einfach konzentrischen Anordnung von Zylinderwicklungen bei einseitiger Wicklungsverkürzung

Abb. 83. Schubkräfte bei Aufteilung der Wicklungsverkürzung auf $n = 2$ Querstreugruppen

strom i_K hervorgerufene Querstreuinduktion B_{SqK}, die nach dem Gesetz von BIOT-SAVART eine Schubkraft

$$F_S = i_K \, w \, \frac{B_{SqK}}{2} \, U_m \, \frac{10^{-6}}{9{,}81} \quad [\text{kp}] . \tag{194}$$

auslöst, da die Querstreuinduktion über der Wicklungshöhe $(1 - x)\, h$ und $x\, h$ jeweils linear von B_{SqK} auf Null abfällt. Setzen wir den aus Gl. 111 sich mit $\sqrt{2}\, I = i_K$ ergebenden Betrag für B_{SqK} ein, so erhalten wir

$$F_S = 6{,}4 \, x \, \frac{(i_K \, w)^2}{l_{Sq}} \, U_m \, 10^{-8} \quad [\text{kp}] . \tag{195}$$

Die Schubkraft wächst also linear mit der Wicklungsverkürzung. Die Querstreupfadlänge l_{Sq} können wir Abschn. II, 2 entnehmen. Wie dort ausgeführt, läßt sie sich bei Zylinderwicklungen wegen des Einflusses der Nachbarschenkel nur dann mit ausreichender Sicherheit angeben, wenn die Verkürzung $x\, h$ auf mindestens zwei Querstreugruppen verteilt ist, wie dies in Abb. 83 dargestellt wird. Für Zylinderwicklungen mit $n \geqq 2$ Querstreugruppen ergibt sich dann mit Gl. (113a)

$$F_S = 6{,}4 \, x \, \frac{(\hat{i}_K w)^2}{n\dfrac{h}{\pi} + n^2\left(\dfrac{a}{2} + g\right)} \, U_m \, 10^{-8} \quad [\text{kp}] , \qquad (195\,\text{a})$$

wobei berücksichtigt ist, daß die Durchflutung der Querstreugruppen mit der Unterteilung auf $i_K w/n$ zurückgeht. Mit $n = 1$ würde man nach Gl. (195a) um etwa 10 bis 35% zu niedrige Kräfte errechnen. Entsprechend erhält man bei Scheibenwicklungen je Hauptstreugruppe mit $l_{Sq} = a$ (vgl. Abb. 54) und $n \geqq 1$

$$F_S = 6{,}4 \, x \, \frac{(\hat{i}_K w)^2}{n^2 a} \, U_m \, 10^{-8} \quad [\text{kp}] . \qquad (195\,\text{b})$$

Man erkennt, daß die Unterteilung in mehrere Querstreugruppen eine wirksame Verminderung der Schubkraft erbringt. Ihr ist besondere Aufmerksamkeit zu schenken, da die Schubkraft im Gegensatz zur Normal- und Kontraktionskraft zunimmt, wenn die Wicklung bzw. die Abstützung nachgibt, so daß bei langsam abklingendem Gleichstrom spätestens die der ersten Stoßamplitude des Kurzschlußstromes folgenden dritten, fünften, siebenten … Halbperioden eine vollständige Zerstörung der Wicklung herbeiführen. Kleinere Transformatoren mit rasch abklingendem Gleichstrom überstehen unter Umständen den ersten Kurzschluß, werden aber mit Sicherheit weiteren Kurzschlüssen erliegen, wenn eine Verschiebung der Wicklungen einmal eingesetzt hat. Da die spezifischen Flächendrücke, die von der Schubkraft verursacht werden, bei konstantem x und n etwa im gleichen Maße mit der Nennleistung des Transformators wachsen wie der spezifische Flächendruck der Normalkraft (vgl. Tab. 8), sind Unsymmetrien, die über die durch geringe Fertigungsungenauigkeiten bedingten wesentlich hinausgehen, im allgemeinen nur bei kleineren und mittleren Transformatoren zu verantworten und auch nur dann, wenn für eine ausreichende Aufteilung der Unsymmetrie gesorgt ist. Im Einzelfall hat die Rechnung nach Gl. (195a) bzw. (195b) zu entscheiden. Bei Großtransformatoren werden aus den genannten Gründen die Wicklungen völlig symmetrisch konstruiert. Ungenauigkeiten beim Aufbau und Pressen der Wicklungen werden sich jedoch nicht ganz vermeiden lassen. Der ungünstigste Fall liegt vor, wenn die Wicklungsteile der Ein- und Ausgangsseite zwar gleich lang, aber um den Betrag xh [cm] gegeneinander verschoben aufgebaut sind. Dann ergibt sich ein Querstreufluß nach Abb. 84 und demnach eine Schubkraft, die doppelt so hoch ist wie die bei einseitiger Wicklungsverkürzung um xh [cm] nach Gl. (195). Die gleiche Gefahr droht den Wicklungen, wenn diese in der Streuflußrichtung mit Steigung, d. h. bei Zylinderwicklungen schraubenförmig (Abb. 85), bei Scheibenwicklungen spiralig gewickelt sind, und zwar wie gewöhnlich ein- und ausgangsseitig mit verschiedener Ganghöhe. Dann wirkt auf jede Umfanghälfte eine Schubkraft

$$F'_S = \pm\, 12{,}8\, x\, \frac{(i_K w)^2}{l_{Sq}} \cdot \frac{U_m}{2}\, 10^{-8}\quad [\text{kp}]\,, \tag{196}$$

wenn xh den mittleren positiven bzw. negativen Höhenunterschied der Wicklungsstirnflächen auf beiden Umfanghälften bezeichnet. Bei einer Anordnung nach Abb. 85 ist xh gleich einem Viertel der Gang-

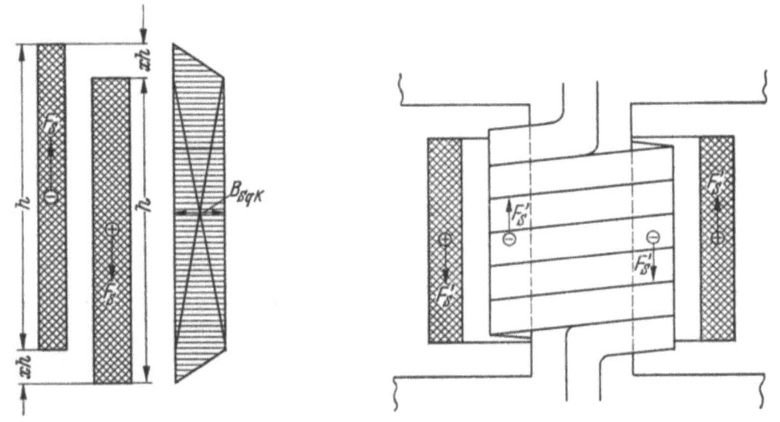

Abb. 84. Schubkräfte gegeneinander verschobener Wicklungen

Abb. 85. Schubkräfte durch Windungssteigung bei einer Zylinderwicklung

höhe der inneren Wicklung, wobei angenommen ist, daß die äußere Wicklung wie gewöhnlich ebene Stirnflächen aufweist.

3. Die mechanischen Kurzschlußbeanspruchungen

Die in Abschn. III, 2 ermittelten Kurzschlußkräfte beziehen sich auf die höchste Stoßamplitude des Kurzschlußstromes, stellen also die Höchstwerte der Kurzschlußkräfte dar. Zeitlich folgen die Kurzschluß-

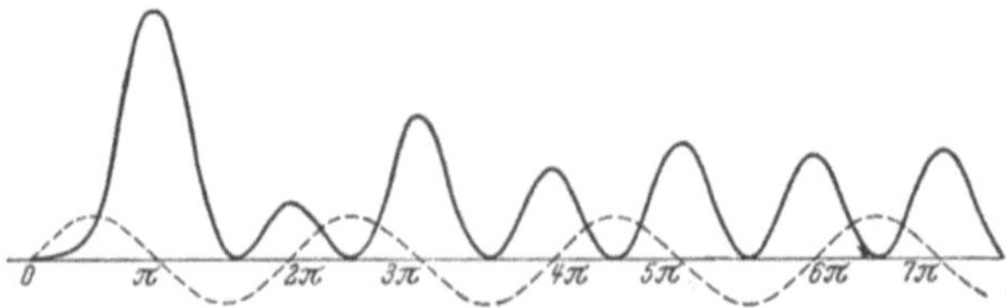

Abb. 86. Zeitliche Änderung der Kurzschlußkräfte für $u_X/u_R = 5$, beginnend im Nulldurchgang der Spannung

kräfte dem Quadrat der Augenblickswerte des Kurzschlußstromes und sinken beim Nulldurchgang des Kurzschlußstromes jeweils auf Null. In Abb. 86 ist die zeitliche Änderung der Kurzschlußkräfte für ein Verhältnis $u_X/u_R = 5$ und den ungünstigsten Fall — beginnend im Null-durchgang der Spannung — dargestellt. Nun ist die Wicklung nicht ohne weiteres ein starrer Körper. Insbesondere die Papierisolation der Drähte, gegebenenfalls aber auch die zwischen den Spulen oder Lagen angeordneten Abstandsstücke oder Leisten, sofern diese aus Preßspan oder Holz bestehen, können bei den auftretenden Drücken nachgeben, so daß die Wicklung locker wird. Dies muß aber unter allen Umständen verhindert werden, weil anders die Windungen Schwingungen aus-führen können, die eine allmähliche Zerstörung der Isolation oder des Wicklungsaufbaues zur Folge haben. Diese Gefahr wird um so größer, je näher die Eigenfrequenz der Wicklung an die einfache oder doppelte Betriebsfrequenz heranrückt und demgemäß die Eigenschwingungen der Wicklung wachsende zusätzliche Kräfte hervorrufen, die den Zer-störungsvorgang beschleunigen.

Eine Lockerung des Wicklungsaufbaues kann nur vermieden werden, wenn die Werkstoffe, welche die Kurzschlußkräfte aufzunehmen haben, auch unter der Wirkung der Spitzenwerte dieser Kräfte keine dauernde Formänderung erfahren, also nicht über ihre Elastizitätsgrenze bean-sprucht werden. Diese Forderung kann mit Stahl, Metallen und Isolier-stoffen wie Hartpapier erfüllt werden, nicht ohne weiteres jedoch mit weichen Isolierstoffen, wie z. B. Baumwolle, Papier und Preßspan. Die letztgenannten Werkstoffe müssen zur Erzielung einer ausreichenden Standfestigkeit einer Vorpressung unterworfen werden, die mindestens dem Spitzendruck entspricht, der beim Kurzschluß auftreten kann. Dieses Verfahren ist indessen nur dann erfolgreich, wenn ein Trocken-prozeß vorausgegangen ist und die Pressung unmittelbar nach der Ofen-behandlung, also noch im warmen Zustande, durchgeführt wird. Es handelt sich dabei je nach Größe und Ausführung des Transformators um spezifische Drücke bis zu etwa 200 kp/cm².

Soweit der Leiterwerkstoff selbst durch Kurzschlußkräfte bean-sprucht wird, ist zu beachten, daß dieser in den Wicklungen im allge-meinen weich geglüht verwendet wird. In diesem Zustande ist die mecha-nische Festigkeit erheblich geringer als die hart gezogener Leiter. Weiches Kupfer weist bei 20 °C eine Bruchgrenze $\sigma_{Bruch} \approx 23$ kp/mm² auf, bezogen auf den ursprünglichen Querschnitt. Seine Dehnung erreicht vor dem Bruch etwa 50 %. Um eine Gefährdung des Wicklungsaufbaues zu vermeiden, wird man mit der Zug- oder Biegungsbeanspruchung jedoch über die Streckgrenze $\sigma_{Streck} \approx 7{,}0$ kp/mm² bei 20 °C, der eine bleibende Dehnung von 0,2 % zugeordnet ist, im allgemeinen nicht hinausgehen. Bei höheren Temperaturen nehmen die genannten Festig-keitswerte nach Tab. 9 ab.

Die Bruch- und Streckgrenze von Leitaluminium (Al 99,7) erreicht nach DIN 1790 im weichen Zustande und bei 20 °C nur Werte $\sigma_{Bruch} = 7$

bis 8 kp/mm² und σ_{Streck} = 1,5 bis 2,5 kp/mm². Im halbharten Zustande dagegen wird σ_{Bruch} = 11 bis 12 kp/mm² und σ_{Streck} = 6 bis 9 kp/mm². Nach PLATTNER [106] fällt die Bruchgrenze von halbhartem Aluminium bei steigender Temperatur von 12 kp/mm² bei 20 °C auf 9,5 kp/mm² bei 100 °C und auf 5,5 kp/mm² bei 200 °C, also verhältnismäßig stärker als bei Kupfer.

Da der Kurzschluß auch beim betriebswarmen Transformator eintreten kann, empfiehlt es sich, mit den für 100 °C angegebenen Festigkeitswerten zu rechnen. Steigt die Temperatur während des Kurzschlusses an, so sinkt die Festigkeit des Leiterwerkstoffes zwar ab, gleichzeitig aber auch die Beanspruchung mit dem Verschwinden des Gleichstromanteiles des Kurzschlußstromes.

Die verbreitetste Wicklungsanordnung ist die einfach konzentrische Anordnung von Zylinderwicklungen. Die Normalkraft wirkt bei dieser in radialer Richtung und ist bestrebt, die innere Wicklung gegen den Schenkel zu pressen und den Durchmesser der äußeren Wicklung zu vergrößern.

Es ist also erforderlich, die innere Wicklung durch eine ausreichende Zahl von Leisten gegen den Schenkel abzustützen. Dabei wird diese durch die Stromkräfte neben Druck in Umfangsrichtung zusätzlich auf Biegung in Richtung zum Schenkel hin beansprucht. Die daraus resultierende mechanische Beanspruchung der Leiter kann unter Umständen höher werden als die in Umfangsrichtung auftretende Druckbeanspruchung σ_D der unabgestützten Wicklung, die sich aus der bekannten Kesselformel zu

Tabelle 9. *Festigkeitswerte von Elektrolytkupfer (weich geglüht)*

Leitertemperatur [°C]	Bei Zugbeanspruchungen	
	Bruchgrenze σ_{Bruch} [kp/mm²]	Streckgrenze σ_{Streck} [kp/mm²]
20	23,0	7,0
100	21,5	6,7
200	18,5	6,4
300	15,5	6,0

$$\sigma_D = \frac{F_n}{2\pi Q_w} \quad [\text{kp/mm}^2] \tag{197}$$

mit F_n nach Gl. (183) und der gesamten wirksamen Querschnittsfläche der Windungen

$$Q_w = Iw/S \quad [\text{mm}^2] \tag{197a}$$

errechnet. In Abb. 87 sind die von MATTHES [166] ermittelten höchsten Druck- und Biegungsbeanspruchungen der Leiter in Abhängigkeit von der Zahl n der regelmäßig verteilten Abstützungen als auf σ_D bezogene Größen für ein Verhältnis $\Sigma\beta/D_m$ = 0,01 angegeben. $\Sigma\beta$ bezeichnet die wirksame radiale Gesamthöhe der übereinander gewickelten Leiter der inneren Wicklung und D_m deren mittleren Durchmesser.

Wie ersichtlich, sinkt die verbleibende Druckbeanspruchung σ_D' mit wachsender Abstützzahl, während die Biegebeanspruchung σ_B zunächst

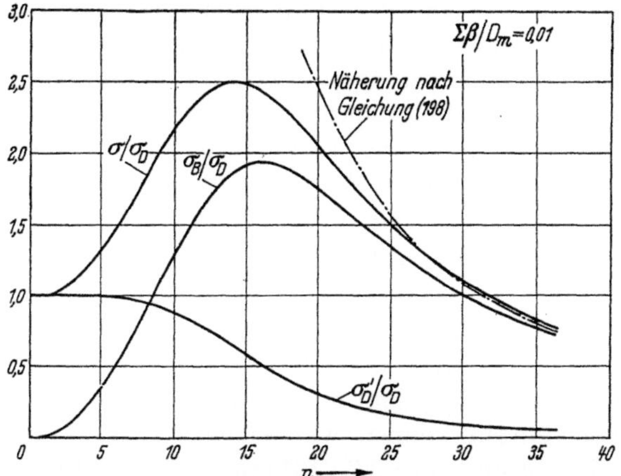

Abb. 87. Mechanische Beanspruchungen der Leiter der am Kern liegenden Wicklung in Abhängigkeit von der Abstützzahl n bei $\Sigma\beta/D_m = 0{,}01$

bis zu einem Maximum steigt, um erst dann wieder abzufallen. Die Summe beider Beanspruchungen $\sigma = \sigma_D' + \sigma_B$ erreicht ein Maximum $\sigma = 2{,}5\,\sigma_D$ bei der kritischen Abstützzahl, die sich hier zu $n_{krit} = 14$ ergibt. Die Mindestabstützzahl, bei der σ auf die Druckbeanspruchung der unabgestützten Wicklung fällt, ist im vorliegenden Beispiel $n_{min} = 32$. Bei anderen Verhältnissen $\Sigma\beta/D_m$ ergeben sich ebenfalls Maxima $\sigma = 2{,}5\,\sigma_D$, jedoch verschieben sich, wie Abb. 88 zeigt, sowohl n_{krit} als auch n_{min}. Beide fallen rasch mit steigendem Verhältnis $\Sigma\beta/D_m$.

Wenn $n \geqq n_{min}$ gewählt wird, läßt sich die resultierende Leiterbeanspruchung in guter Annäherung mit

$$\sigma = \sigma_D \frac{D_m}{\Sigma\beta}\left(\frac{\pi}{n}\right)^2 \qquad (198)$$

berechnen, was der alleinigen Biegebeanspruchung eines beidseitig eingespannten Trägers entspricht.

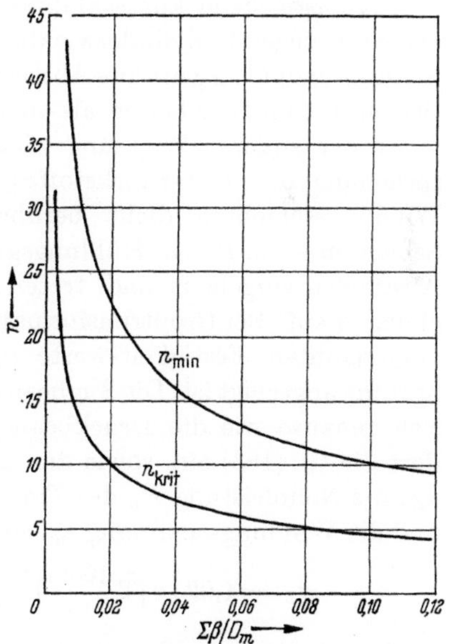

Abb. 88. Kritische Abstützzahlen n_{krit} und Mindestabstützzahlen n_{min} in Abhängigkeit von $\Sigma\beta/D_m$

Nach dieser Betrachtung der rein statischen Beanspruchungen der am Kern liegenden Wicklung könnte man zu der Ansicht gelangen, daß es angezeigt sei auf Abstützungen gänzlich zu verzichten, wenn die Leiterbeanspruchung σ_D der unabgestützten Wicklung an sich als zulässig erscheint. Die unabgestützte Wicklung stellt aber gegenüber den radial angreifenden Druckkräften einen instabilen Körper dar, der bei der geringsten Unrundheit zerknickt werden kann. Die genaue Behandlung dieses Instabilitätsproblems zeigt nun, daß selbst die durch Leisten abgestützte Wicklung zerknicken kann, wenn der äußere Flächendruck einen kritischen Wert p_{krit} erreicht. Nach FISCHER [153] ist der zur Knickung führende Druck für $n \geqq 4$

$$p_{krit} = E \, \frac{\left(\frac{n}{2}\right)^2 - 1}{12\,(1 - \nu^2)} \left(\frac{\beta}{D_m/2}\right)^3 \quad [\mathrm{kp/cm^2}] \,. \tag{199}$$

Hierin bezeichnen E den Elastizitätsmodul in $\mathrm{kp/cm^2}$, ν die Querdehnungszahl des Werkstoffes und β die radiale Höhe eines Einzelleiters. Bei Kupferwicklungen können wir setzen $E = 1{,}15 \cdot 10^6 \,\mathrm{kp/cm^2}$, bei Aluminiumwicklungen $E = 0{,}7 \cdot 10^6 \,\mathrm{kp/cm^2}$ und in beiden Fällen $\nu = 0{,}3$. Mit Rücksicht auf die Knickgefahr ist also die Abstützzahl n so zu wählen, daß p_{krit} nach Gl. (199) größer wird als der beim Kurzschluß auftretende Flächendruck p_n nach Gl. (184).

Als ausreichend kurzschlußfest gegen radiale Stromkräfte kann die am Kern liegende Zylinderwicklung daher nur dann angesehen werden, wenn die endgültig gewählte Abstützzahl n sowohl die unzulässige statische Beanspruchung der Leiter, als auch deren Knickung ausschließt.

In der äußeren Wicklung wird die Normalkraft als reine Zugbeanspruchung des Leiterwerkstoffes abgebaut, sofern sich die einzelnen Windungsschichten dicht berühren. Wenn zwischen den einzelnen Schichten — z. B. aus Kühlungsgründen — jedoch Leisten in größeren Abständen eingebaut sind, treten auch hier zusätzliche Biegebeanspruchungen auf. Bei Großtransformatoren kann die Zugbeanspruchung, die vorgenannten Festigkeitswerte σ_{Streck} erreichen, weshalb eine Nachprüfung angezeigt ist. Die Zugbeanspruchung σ_Z der Windungen errechnet sich genauso wie die Druckbeanspruchung nach Gl. (197). Führt man dort die Gl. (183) ein, sowie den Stoßfaktor $\varkappa$, die Kurzschlußspannung u_K, die Nennleistung P_n des Transformators in kVA, die Schenkelzahl z und die Windungsspannung e_w, so erhält man für die Zugbeanspruchung

$$\sigma_Z = 1{,}02 \left(\varkappa \sqrt{2}\, \frac{100\,\%}{u_K}\right)^2 \frac{P_n}{z \cdot e_w}\, SK\, \frac{U_m}{h}\, 10^{-5} \quad [\mathrm{kp/mm^2}] \tag{200}$$

Innerhalb einer Typenreihe mit konstanter Induktion und Stromdichte S steigt also die Zugbeanspruchung der Windungen annähernd proportional dem Ausdruck $\sqrt{P_n}\,(\varkappa \sqrt{2}\,100\,\%/u_K)^2$, d. h. in gleichem Maße wie der spezifische Flächendruck p_n (vgl. Tab. 8), da e_w etwa proportional $\sqrt{P_n}$ und $K U_m/h$ angenähert unverändert bleibt.

Weit schwieriger ist das Abfangen der Normalkraft, wenn die Wicklungen zwar konzentrisch wie bei der Zylinderwicklung angeordnet sind, aber einen elliptischen oder rechteckigen Grundriß aufweisen. In diesem Falle versucht nämlich die äußere Wicklung eine zylindrische Form anzunehmen, was nur durch sehr kräftige äußere Verspannungen verhindert werden kann — eine Aufgabe, der man, insbesondere bei Hochspannungswicklungen, gerne aus dem Wege geht.

Bei doppelt konzentrischen Anordnungen von Zylinderwicklungen treten in dem innersten und äußersten Wicklungsteil durch die Normalkraft die gleichen Beanspruchungen auf wie bei einfach konzentrischen Anordnungen. Auf die in der Mitte liegende Wicklung wirkt nur die Differenz der Normalkräfte beider Streugruppen, so daß diese entsprechend dem Symmetriegrad der Streugruppen mehr oder weniger entlastet wird.

Die Kontraktionskräfte und ebenso die Schubkräfte wirken bei Zylinderwicklung in der Achsrichtung und üben eine Druckbeanspruchung auf die Spulen und ihre Abstandsstücke aus. Da in dieser Richtung der Anteil an nachgiebigen Isolierstoffen verhältnismäßig hoch ist, genügt es nicht allein, die Wicklungen vor dem Aufbau mit einem Druck zu pressen, der mindestens der Kontraktionskraft F_K oder der Schubkraft F_S — falls diese größer ist — entspricht, es muß vielmehr durch geeignete Spannmittel dafür Sorge getragen werden, daß dieser Druck auch im fertigen Transformator aufrechterhalten wird. Ist dies sichergestellt, dann können sich die Wicklungen im Kurzschlußfalle nicht von ihren Endabstützungen abheben und somit auch nicht locker werden. Mit einer Vorspannkraft F_σ, welche die Bedingung $F_K \leqq F_\sigma \geqq F_S$ erfüllen soll, ergibt sich eine auf die Spannkonstruktion entfallende resultierende Kurzschlußkraft

$$F = F_\sigma - F_K + F_S , \qquad (201)$$

da die Kontraktionskraft entlastend, die Schubkraft dagegen belastend wirkt. Bei großen Transformatoren ist man bemüht, die die Schubkraft verursachende Unsymmetrie so klein zu halten, daß $F_S < F_K$ ist. In diesem Falle wird also $F < F_\sigma$. Übersteigt aber die Schubkraft die Kontraktionskraft, so wird im Kurzschluß $F > F_\sigma$. Demnach ist die Spannkonstruktion für $F = F_\sigma$ auszulegen, wenn die Kontraktionskraft größer ist als die Schubkraft, dagegen für den Kurzschlußfall nach Gl. (201), falls die Schubkraft überwiegt.

Bei Transformatoren mit Scheibenwicklung wirken die Normalkräfte der einzelnen Streugruppen in Richtung der Schenkelachse. Sie heben sich gegenseitig innerhalb der Gesamtwicklung eines Schenkels auf bis auf die Normalkräfte F_n der den Jochen benachbarten Streugruppenhälften, wenn wir voraussetzen, daß die Wicklungen in gleiche

Streugruppen aufgeteilt sind. Diese nach den Jochen gerichteten Kräfte F_n müssen von einer Spannkonstruktion aufgenommen werden. Kontraktions- und Schubkräfte beanspruchen die einzelnen Spulen in radialer Richtung. Hinsichtlich der ersteren könnte die Spulenform beliebig, also rund oder rechteckig sein, da die Windungen auf ihrer ganzen Umfangslänge aufeinandergepreßt werden, sich also gegenseitig abstützen. Aber die schon durch Fertigungsungenauigkeiten und die Windungssteigungen hervorgerufenen Schubkräfte müssen von Abstandsstücken abgefangen werden. Da eine radiale Spannvorrichtung kaum ausführbar ist und ohne diese die Abstandsstücke sich leicht lockern können, empfiehlt es sich, kreisrunde Scheibenspulen vorzusehen, bei denen die Schubkräfte teilweise von den Windungen selbst aufgenommen werden.

4. Die Kurzschlußerwärmung

Es ergibt sich schon aus dem Vergleich der in Betracht kommenden Kurzschlußzeiten t mit den thermischen Zeitkonstanten T der Wicklungen, daß die vom Kurzschlußstrom während der Dauer des Kurzschlusses erzeugte Stromwärme fast ausschließlich im Leiterwerkstoff aufgespeichert wird. Maßgebend hierfür ist bei Öltransformatoren die der zeitlichen Änderung der Übertemperatur der Wicklung gegenüber dem Öl entsprechende Zeitkonstante, die mehrere Minuten beträgt. Trockentransformatoren weisen noch erheblich höhere Zeitkonstanten auf. Demgegenüber sind die Kurzschlußzeiten sehr klein und werden in Sekunden gemessen. Da also $t \ll T$, so folgt aus der klassischen Theorie der Temperatur-Zeit-Kurve, daß praktisch keine Wärme an das Kühlmittel abgegeben wird. Immerhin wird die Windungsisolation schon während des Kurzschlusses etwas Wärme aufnehmen. Bei einer Wichte von etwa 1,0 kg/dm³ und einer spezifischen Wärme von etwa 1250 Ws/kg grd (ölgetränktes Kabelpapier) beträgt die auf die Volumeneinheit bezogene Wärmekapazität der Bespinnung nur etwa 35 % derjenigen des Kupfers. Nimmt man an, daß die Bespinnung 20 % des Kupfervolumens ausmacht, so ergibt sich eine Vergrößerung der Wärmekapazität von 7 % durch die Bespinnung. Bei Aluminiumleitern erreicht diese Vergrößerung unter gleichen Verhältnissen den Betrag von 10 %. Die Wärmekapazität der Bespinnung wirkt sich auf den Erwärmungsvorgang allerdings nicht voll aus, da die mittlere Temperaturerhöhung in der Bespinnung während des Kurzschlusses hinter der des Leiters zurückbleibt.

Einen sehr wesentlichen Einfluß auf die Kurzschlußerwärmung hat die Zunahme des Gleichstromwiderstandes der Leiter mit steigender Temperatur. Bei einer Temperaturerhöhung von z. B. 90 °C auf 200 °C wachsen die Ohmschen Verluste um 34 %, während die bezogenen Wirbelstromverluste auf das 0,56fache sinken (vgl. Abschn. II, 7).

Solange also die Wirbelstromverluste bei 90 °C weniger als 10% der Ohmschen Verluste betragen, werden die Wirbelstromverluste etwa von der Wärmeaufnahme der Bespinnung aufgehoben. Dementsprechend rechnen wir nur mit den Ohmschen Verlusten und vernachlässigen die Wärmekapazität der Leiterisolation und die Wirbelstromverluste.

Wenn die beim Kurzschluß auftretenden Ohmschen Wicklungsverluste $V_{\Omega K}$ vollständig in den Leitern gespeichert werden, so erfahren diese in der Zeit dt_K eine Temperaturerhöhung $d\vartheta_K$. Wir können also schreiben

$$V_{\Omega K}\, dt_K = G\, c\, d\,\vartheta_K \qquad\qquad (202)$$

worin G das aktive Gewicht der Wicklung und c die spezifische Wärme der Leiter bezeichnen. Die bei der Kurzschlußstromdichte S_K auftretenden und mit der Leitertemperatur ϑ_K in der Zeit t_K wachsenden Ohmschen Verluste $V_{\Omega K}$ ergeben sich für Kupferwicklungen aus Gl. (150) zu

$$V_{\Omega K} = 1{,}97 \cdot \frac{235 + \vartheta_K}{255}\, S_K^2\, G \quad [\mathrm{W}]\,. \qquad\qquad (203)$$

Setzen wir schließlich die spezifische Wärme des Kupfers mit $c = 390$ Ws/kg grd ein, so erhalten wir

$$dt_K = \frac{50\,600}{S_K^2} \cdot \frac{d\vartheta_K}{235 + \vartheta_K}\,. \qquad\qquad (204)$$

Die Integration ergibt

$$t_K = \frac{50\,600}{S_K^2}\, \ln\,(235 + \vartheta_K) + \mathrm{const.}$$

Für $t_K = 0$ und $\vartheta_K = \vartheta_0$ errechnet sich eine Integrationskonstante

$$\mathrm{const} = -\,\frac{50\,600}{S_K^2}\, \ln\,(235 + \vartheta_0)\,.$$

Somit wird

$$t_K = \frac{50\,600}{S_K^2}\, \ln \frac{235 + \vartheta_K}{235 + \vartheta_0} \quad [\mathrm{s}]\,. \qquad\qquad (205)$$

Dieses Ergebnis ist in Abb. 89 in der Form $\vartheta_K - \vartheta_0 = f(S_K^2 t_K)$ für verschiedene Werte der Ausgangstemperatur ϑ_0 aufgetragen. Bei Temperaturerhöhungen $\vartheta_K - \vartheta_0$, die nicht über etwa 200° hinausgehen, rechnet man übrigens mit einem als konstant angenommenen Mittelwert des Ohmschen Kurzschlußverlustes, der sich bei der Temperatur $\frac{1}{2}\,(\vartheta_K + \vartheta_0)$ einstellt, genügend genau und erhält

$$t_K = \frac{50\,600}{S_K^2} \cdot \frac{\vartheta_K - \vartheta_0}{235 + \dfrac{1}{2}\,(\vartheta_K + \vartheta_0)} \quad [\mathrm{s}]\,. \qquad\qquad (206)$$

Die Frage nach der maximalen Kurzschlußdauer, mit der die zulässige Kurzschlußendtemperatur bei einer gegebenen Ausgangstemperatur erreicht wird, läßt sich nun leicht beantworten. In VDE 0532 ist für

Öltransformatoren eine Kurzschlußendtemperatur von 250 °C zugelassen, die auch bei einer höchsten Ausgangstemperatur $\vartheta_0 = 105$ °C nicht überschritten werden darf. Demnach erhalten wir mit der aus der Nenn-

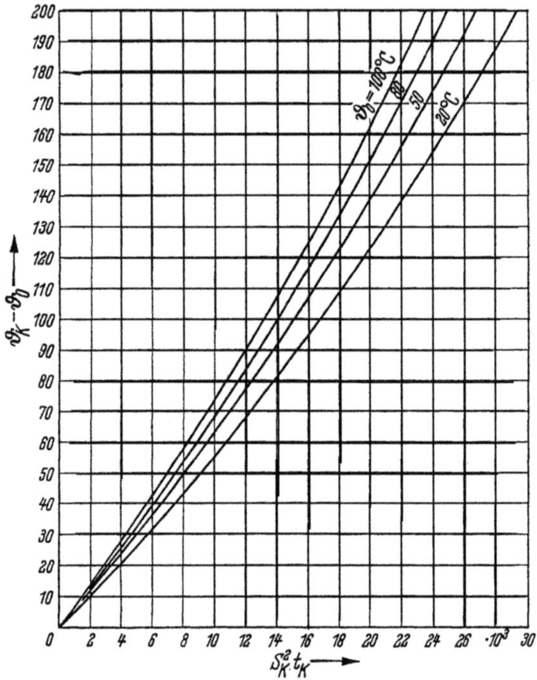

Abb. 89. Temperaturerhöhung $\vartheta_K - \vartheta_0$ als Funktion von $S_K{}^2\, t_K$ für Kupferwicklungen

stromdichte S und der bezogenen Kurzschlußspannung u_K errechneten Kurzschlußstromdichte

$$S_K = S \cdot \frac{100\,\%}{u_K} \tag{207}$$

eine zulässige Kurzschlußdauer[1]

$$t_{K\,\mathrm{max}} = 1{,}775\left(\frac{u_K}{S}\right)^2 \; [s] \tag{208a}$$

wenn u_K in Prozenten eingesetzt wird.

Bei Trockentransformatoren errechnet sich die zulässige Kurzschlußdauer sinngemäß. Für Isolierstoffklasse A beispielsweise ist nach VDE 0532 eine Kurzschlußendtemperatur von 180 °C bei einer höchsten

---

[1] Die in VDE 0532 angegebene höchstzulässige Kurzschlußdauer ist bisweilen niedriger als die hier berechneten Werte für $t_{K\,\mathrm{max}}$, mit denen bei einer Kühlmitteltemperatur von 40 °C im Anschluß an Nennbetrieb die zulässige Kurzschlußendtemperatur tatsächlich erreicht wird, da VDE 0532 lediglich verlangt, daß diese hierbei nicht überschritten wird.

Ausgangstemperatur von $\vartheta_0 = 100$ °C zugelassen. Demnach ist die zulässige Kurzschlußdauer[1] bei Isolierstoffklasse A

$$t_{K\max} = 1{,}08 \left(\frac{u_K}{S}\right)^2 \quad [\text{s}]. \tag{208b}$$

Bei Aluminiumwicklungen ergeben sich mit einer Wichte $\gamma = 2{,}7$ kg/dm³, einem spezifischen Widerstand $\varrho = 0{,}0278\ \Omega\,\text{mm}^2/\text{m}$ bei 20° C und einer spezifischen Wärme $c = 920$ Ws/kg grd im Verhältnis 22700 : 50600, d. h. auf 45% verminderte Zahlenwerte in den Gln. (204) bis (206), sowie (208a) und (208b). Dies besagt jedoch nicht, daß die zulässige Kurzschlußdauer eines Aluminiumtransformators unbedingt kleiner als die des entsprechenden Kupfertransformators sein muß, da die Nennstromdichte des ersteren im allgemeinen erheblich geringer ist als die des letzteren. Andererseits ist man bei Aluminiumtransformatoren bisweilen genötigt, die Kurzschlußendtemperaturen herabzusetzen, um die mechanische Kurzschlußfestigkeit der Wicklungen nicht zu gefährden. Dabei ergibt sich eine aus Gl. (206) errechenbare weitere Verkleinerung der Zahlenwerte in den Gln. (208a) und (208b).

Wir haben im Vorstehenden einen konstanten Kurzschlußstrom vorausgesetzt, was in Wirklichkeit nicht ganz zutreffend ist, selbst wenn die Spannung auf der Eingangsseite konstant bleibt. Abgesehen von seinem abklingenden Gleichstromanteil, dessen Einfluß nach Abschn. III, 1 bei den nach Gl. (208a) und (208b) errechneten Zeiten $t_{K\max}$ verschwindend gering ist, nimmt auch der Wechselstromanteil des Kurzschlußstromes während des Kurzschlusses wegen der Erwärmung und der damit verbundenen Widerstandszunahme der Wicklungen stetig etwas ab. Diesen Vorgang können wir mit ausreichender Genauigkeit berücksichtigen, indem wir die auf die mittlere Temperatur $\frac{1}{2}(\vartheta_K + \vartheta_0)$ umgerechnete Kurzschlußspannung

$$u_K' = \sqrt{u_X^2 + u_R^2 \left[\frac{V_\Omega}{V_w} \cdot \frac{235 + \frac{1}{2}(\vartheta_K + \vartheta_0)}{235 + \vartheta_0'} + \frac{V_z}{V_w} \cdot \frac{235 + \vartheta_0'}{235 + \frac{1}{2}(\vartheta_K + \vartheta_0)}\right]^2} \tag{209}$$

einführen. In dieser Gleichung bezeichnet u_R den für ϑ_0' geltenden bezogenen Wirkspannungsfall, V_Ω/V_w seinen bezogenen Ohmschen Anteil und V_z/V_w seinen bezogenen Wirbelstromanteil. Hieraus ergibt sich nach Gl. (208a) und (208b) eine verlängerte zulässige Kurzschlußdauer.

$$t_{K\max}' = t_{K\max} \frac{\left(\dfrac{u_X}{u_R}\right)^2 + \left[\dfrac{V_\Omega}{V_w} \cdot \dfrac{235 + \frac{1}{2}(\vartheta_K + \vartheta_0)}{235 + \vartheta_0'} + \dfrac{V_z}{V_w} \cdot \dfrac{235 + \vartheta_0'}{235 + \frac{1}{2}(\vartheta_K + \vartheta_0)}\right]^2}{\left(\dfrac{u_X}{u_R}\right)^2 + 1} \cdot \tag{210}$$

Diese Verlängerung ist nur dann nennenswert, wenn das Verhältnis u_X/u_R niedrig ist, was allein für kleinere Transformatoren zutrifft. Bei

---

[1] Siehe Seite 112

Öltransformatoren mit Nennleistungen unter 100 kVA ist ein Verhältnis von z. B. $u_X/u_R = 1$ durchaus möglich. Hierfür errechnet sich mit $V_\Omega/V_w = 0{,}95$, $V_Z/V_w = 0{,}05$, einer üblichen Bezugstemperatur $\vartheta_0' = 75\ ^\circ\mathrm{C}$, einer Kurzschluß-Anfangstemperatur $\vartheta_0 = 105\ ^\circ\mathrm{C}$ und einer Kurzschluß-Endtemperatur $\vartheta_K = 250\ ^\circ\mathrm{C}$ eine korrigierte Kurzschlußdauer $t_{K\,\mathrm{max}}' = 1{,}34\ t_{K\,\mathrm{max}}$.

Soll für vorgegebene Werte der Kurzschlußdauer t_K und der Ausgangstemperatur ϑ_0 die zu erwartende Kurzschlußtemperatur ϑ_K bestimmt werden, so bedient man sich gewöhnlich der einfachen Gleichung

$$\vartheta_K = \vartheta_0 + a \cdot S_K^2 \cdot t_K, \tag{211}$$

deren Beiwert a sich aus Gl. (206) zu

$$a = \frac{235 + \tfrac{1}{2}(\vartheta_K + \vartheta_0)}{50\,600}\ \left[\frac{\mathrm{grd/s}}{(\mathrm{A/mm^2})^2}\right] \tag{211a}$$

errechnet. Für Aluminiumwicklungen ist im Nenner der Zahlenwert $22\,700$ statt $50\,600$ einzusetzen. Bei der Auswertung von Gl. (211a) empfiehlt es sich für ϑ_K in erster Annäherung den zulässigen Höchstwert zu wählen. Daraus folgt beispielsweise für einen Öltransformator mit Kupferwicklung mit $\vartheta_K = 250\ ^\circ\mathrm{C}$ und $\vartheta_0 = 105\ ^\circ\mathrm{C}$ ein Beiwert $a = 0{,}00815$ (vgl. Tafel 6a in VDE 0532/8.64)

Wie in Abschn. III, 1 nachgewiesen, wird bei einpoligem Kurzschluß von Transformatoren in Stern-Zickzack-Schaltung der Kurzschlußstrom auf der Ausgangsseite beinahe 50 % höher als bei dreipoligem Kurzschluß. Es ist deshalb in diesem Falle notwendig, die Kurzschlußdauer auf etwa die Hälfte herabzusetzen.

5. Die Abkühlung nach dem Kurzschluß

Nach dem Abschalten des Kurzschlusses fließt die in der Wicklung aufgespeicherte Wärme in das die Wicklungen unmittelbar umgebende Kühlmittel. Bei Trockentransformatoren ist dies die Raumluft, bei Öltransformatoren das Öl. Da die Raumluft praktisch unbegrenzt ist, kann ihre Temperatur dabei als unverändert angesehen werden. Die Ölmenge dagegen ist begrenzt. Ihre Wärmekapazität einschließlich der des Kessels und Eisenkerns ist jedoch im Vergleich zur Wärmekapazität der Wicklungen so hoch, daß auch die Öltemperatur sich nicht nennenswert ändert. Wir können daher mit einer konstanten Kühlmitteltemperatur beim Abkühlvorgang rechnen. Haben nun die Wicklungen beim Abschalten eine Übertemperatur Θ_K erreicht, so bestimmt sich nach der klassischen Theorie die Zeit, in der sie sich auf eine Übertemperatur Θ abgekühlt haben, aus

$$t = T \ln \frac{\Theta_K}{\Theta}, \tag{212}$$

worin T die thermische Zeitkonstante bezeichnet. Die Übertemperaturen beziehen sich dabei auf das die Wicklungen bespülende Kühlmittel. Die Zeitkonstante ergibt sich aus der Wärmekapazität der Wicklung, den bei Nennbetrieb sich einstellenden Wicklungsverlusten V_w und der diesen entsprechenden Übertemperatur Θ_n gegenüber dem Kühlmittel zu

$$T = \frac{G\,c}{V_w}\,\Theta_n \,, \tag{213}$$

wofür wir mit Gl. (142) schreiben können

$$T = \frac{c\gamma}{\varrho} \cdot \frac{\Theta_n}{S^2}\,10^{-3} \quad [\text{s}]\,. \tag{214}$$

Hierbei ist der spezifische Widerstand ϱ des Leiterwerkstoffes im betriebswarmen Zustand mit einem Zuschlag für die Wirbelstromverluste einzusetzen. Die Windungsisolation können wir unberücksichtigt lassen da die Übertemperatur Θ_n das Temperaturgefälle in der Isolation einschließt.

Für Öltransformatoren ergibt sich demnach mit Gl. (149), wenn wir eine Wicklungstemperatur von 85 °C bei Nennbetrieb und einen willkürlichen Verlustzuschlag von 10% für Wirbelströme zugrunde legen.

$$T = \frac{390 \cdot 8{,}9 \cdot 10^{-3}}{0{,}0242} \cdot \frac{\Theta_n}{S^2} = 144\,\frac{\Theta_n}{S^2} \quad [\text{s}] \tag{214a}$$

Somit errechnet sich beispielsweise mit einem Durchschnittswert $\Theta_n = 20°$ und einer Stromdichte $S = 3{,}0\ \text{A/mm}^2$ eine Zeitkonstante von 320 s bzw. rd. 5 min.

Bei Trockentransformatoren der Isolierstoffklasse A wird mit einer Wicklungstemperatur von 80 °C bei Nennbetrieb und einem Verlustzuschlag von ebenfalls 10%

$$T = 146\,\frac{\Theta_n}{S^2} \quad [\text{s}] \tag{214b}$$

Hieraus erhalten wir mit $\Theta_n = 60°$ und $S = 2{,}5\ \text{A/mm}^2$ eine Zeitkonstante $T = 1400$ s bzw. rd. 23 min.

Bei Ausführungen mit Aluminiumwicklungen verringern sich die Zahlenwerte der Gl. (214a) und (214b) auf 45%. Da die Nennstromdichten in diesem Falle jedoch erheblich niedriger sind, ändern sich die Zeitkonstanten nicht wesentlich.

Um die Mindestabschaltpause zu bestimmen, die bis zum Wiedereinschalten des Transformators nach dem Kurzschluß verstreichen muß, damit die zulässige Kurzschluß-Endtemperatur selbst beim Wiedereinschalten auf einen weiterbestehenden Kurzschluß nicht überschritten wird, haben wir in Gl. (212)

$$\Theta_K = \Theta_n + \Delta\vartheta_K$$

und $\Theta = \Theta_n$ einzusetzen, wenn $\Delta\vartheta_K$ die zulässige Temperaturerhöhung während des Kurzschlusses bezeichnet. Dabei ist allerdings angenommen, daß die Kurzschlußdauer die nach Gln. (208a) und (208b) ermittelten Höchstwerte $t_{K\,\mathrm{max}}$ tatsächlich erreicht. Ist die Auslösezeit des Schalters und damit die wahre Kurzschlußdauer t_K jedoch kürzer, so wird, wenn wir annehmen, daß sich die Temperaturerhöhung linear mit der Zeit ändert,

$$\Theta_K = \Theta_n + \Delta\vartheta_K \frac{t_K}{t_{K\,\mathrm{max}}}$$

Andererseits ist die Übertemperatur, auf die sich die Wicklungen während der Abschaltpause abkühlen müssen, damit bei einer Wiedereinschaltung auf den weiterbestehenden Kurzschluß und einer nochmaligen Kurzschlußdauer t_K die zulässige Kurzschluß-Endtemperatur nicht überschritten wird,

$$\Theta = \Theta_n + \Delta\vartheta_K - \Delta\vartheta_K \frac{t_K}{t_{K\,\mathrm{max}}}\,.$$

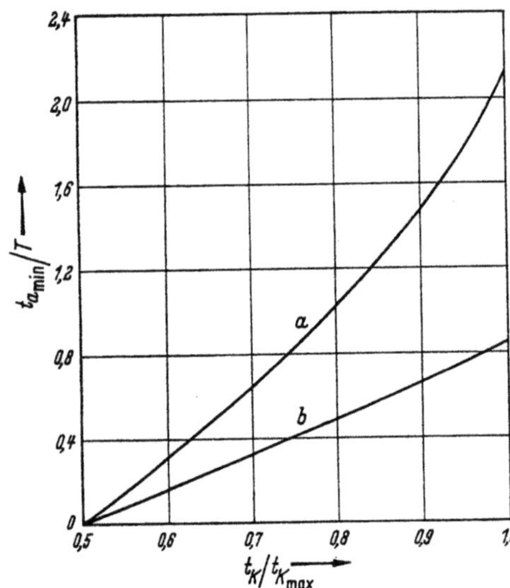

Abb. 90. $t_{a\,\mathrm{min}}/T$ als Funktion von $t_K/t_{K\,\mathrm{max}}$, a für Öltransformatoren, b für Trockentransformatoren der Isolierstoffklasse A

Hieraus ergibt sich mit Gl. (212) eine Mindestabschaltpause

$$t_{a\,\mathrm{min}} = T \ln \frac{\Theta_n + \Delta\vartheta_K \dfrac{t_K}{t_{K\,\mathrm{max}}}}{\Theta_n + \Delta\vartheta_K - \Delta\vartheta_K \dfrac{t_K}{t_{K\,\mathrm{max}}}} \tag{215}$$

Mit $t_K \leqq \frac{1}{2} t_{K\,\mathrm{max}}$ wird eine Abschaltpause unter den genannten Bedingungen also entbehrlich.

Für Öltransformatoren erhalten wir mit $\Theta_n = 20°$ und $\Delta\vartheta_K = 250 - 105 = 145°$

$$t_{a\,\mathrm{min}} = T \ln \frac{20 + 145 \dfrac{t_K}{t_{K\,\mathrm{max}}}}{165 - 145 \dfrac{t_K}{t_{K\,\mathrm{max}}}} \tag{216}$$

und für Trockentransformatoren der Isolierstoffklasse A mit $\Theta_n = 60°$ und $\Delta\vartheta_K = 180 - 100 = 80°$

$$t_{a\,\mathrm{min}} = T \ln \frac{60 - 80 \dfrac{t_K}{t_{K\,\mathrm{max}}}}{140 - 80 \dfrac{t_K}{t_{K\,\mathrm{max}}}} \tag{216a}$$

Beide Gleichungen sind in Abb. 90 graphisch dargestellt.

6. Altern der Isolierung beim Kurzschluß

Die Isolierung der Windungen und Wicklungen von Transformatoren
entspricht im allgemeinen der Isolierstoffklasse A bzw. A_0. Sie besteht
also aus organischen Stoffen wie Papier, Preßspan, Baumwolle oder
Seide. Diese Isolierstoffe altern unter dem Einfluß der im Betrieb des
Transformators auftretenden Erwärmungen, wobei sich in erster Linie
ihre mechanischen Eigenschaften, in geringerem Maße ihre elektrischen
Eigenschaften verschlechtern. Da die Isolierung jedoch nicht nur dem
elektrischen Feld, sondern auch den von den Stromkräften hervorgerufenen Vibrationen ausgesetzt ist, wird ein elektrischer Durchbruch
um so wahrscheinlicher, je mürber und brüchiger sie im Laufe der Zeit
geworden ist. Als Maß für das
Altern gilt deshalb die Abnahme der mechanischen
Festigkeit der Isolierung.

Nach den Untersuchungen
von MONTSINGER [101] und
CLARK [37] an Lackband bzw.
Manilapapier unter Öl geht die
Zerreißfestigkeit dieser Stoffe
in dem Bereich von 90 bis
200 °C mit je etwa 8° Temperaturerhöhung auf den halben
Wert zurück. Diese 8°-Regel
hat sich allgemein eingebürgert, weshalb wir sie zur Grundlage unserer Betrachtung

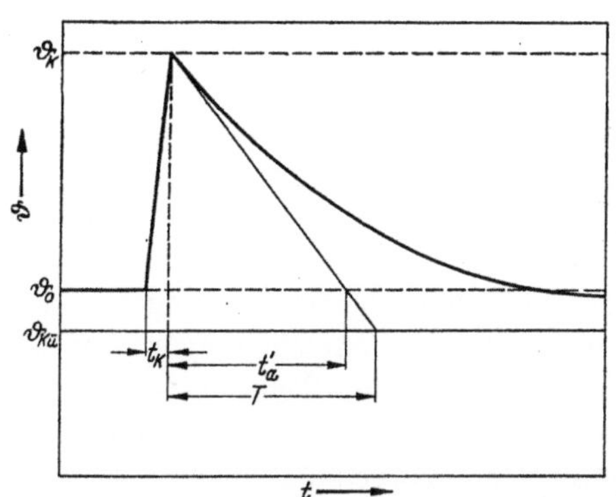

Abb. 91. Zeitlicher Temperaturverlauf bei einem
Kurzschluß mit anschließender Abkühlungspause

machen wollen, wenn auch andere Autoren, vgl. [124], zu etwas abweichenden Temperatursprüngen (5 bis 12°) bei einer Halbierung der
Festigkeit gelangt sind. Das Lebensdauergesetz der Isolierung läßt sich
also mathematisch durch die Gleichung

$$Z = Z_0 \cdot 2^{\frac{\vartheta_0 - \vartheta}{8}} \tag{217}$$

ausdrücken, in der Z die Lebensdauer bei der Temperatur ϑ und Z_0
diejenige bei der Temperatur ϑ_0 bezeichnet.

Die Lebensdauer Z_0 eines Transformators, der bei Dauerbetrieb die
nach VDE 0532 zulässige Wicklungsübertemperatur aufweist, können
wir mir 30 Jahren annehmen, wenn die Kühlmitteltemperatur entsprechend dem Jahresdurchschnitt ständig 20 °C beträgt. Die zugeordnete Wicklungstemperatur ϑ_0 ist also um 20° höher als die zulässige
Wicklungsübertemperatur. Bei von ϑ_0 abweichender Wicklungstemperatur ϑ läßt sich nach Gl. (217) die wahre Lebensdauer Z bestimmen,

wenn ϑ keinen Schwankungen unterworfen ist. Bei Kurzschlüssen treten jedoch kurzzeitige Temperaturerhöhungen ein, deren Einfluß auf die Lebensdauer untersucht werden soll.

Nach Abb. 91 steigt in der Zeit t_K die Temperatur von der normalen Betriebstemperatur ϑ_0 auf ϑ_K und sinkt in der folgenden Abkühlungszeit nach einer e-Funktion allmählich auf die normale Kühlmitteltemperatur $\vartheta_{Kü}$ ab, wobei als Kühlmittel bei Öltransformatoren das Öl, bei Trockentransformatoren die Luft der Umgebung anzusehen sind. Bei kurzzeitigen thermischen Überlastungen, wie in vorliegendem Falle, ergibt sich der bezogene Lebensdauerverlust zu

$$v = 100\% \int \frac{dt}{Z} = \frac{100\%}{Z_0} \int 2^{\frac{\vartheta - \vartheta_0}{8}} \, dt, \tag{218}$$

worin ϑ eine Funktion der Zeit t ist. Da die Abkühlungszeit sehr viel länger ist als die Kurzschlußdauer t_K, ist für den Lebensdauerverlust fast ausschließlich der Temperaturverlauf während der Abkühlung maßgebend. Wir wollen uns deshalb auf diesen Zeitabschnitt beschränken. Nun folgt die Temperatur beim Abkühlen in dem Gebiet der höchsten Temperatur ziemlich genau der durch die thermische Zeitkonstante T der Wicklung gegebenen Tangente an den Ursprung der Abkühlungskurve. Da der entscheidende Anteil des Lebensdauerverlustes nach Gl. (218) in diesem Temperaturgebiet auftritt, können wir zur Vereinfachung der Rechnung die e-Funktion durch die Tangente ersetzen, ohne einen nennenswerten Fehler zu begehen. Wir setzen also nach Abb. 91

$$\vartheta = \vartheta_K - (\vartheta_K - \vartheta_0) \frac{t}{t_a'}, \tag{219}$$

worin die reduzierte Abkühlungszeit

$$t_a' = T \frac{\vartheta_K - \vartheta_0}{\vartheta_K - \vartheta_{Kü}}. \tag{220}$$

Hiermit ergibt die Integration der Gl. (218) in den Grenzen $t = 0$ und $t = t_a'$ einen Lebensdauerverlust

$$v = 1160 \frac{T}{Z_0 (\vartheta_K - \vartheta_{Kü})} \left(2^{\frac{\vartheta_K - \vartheta_0}{8}} - 1 \right) \% . \tag{221}$$

In diese Gleichung können wir nach Vorstehendem $Z_0 = 15{,}7 \cdot 10^6$ min entsprechend 30 Jahren einsetzen und erhalten gemäß Abschn. III, 4 und 5 für Öltransformatoren mit

$$T = 5 \text{ min}, \ \vartheta_K - \vartheta_0 = 145°, \ \vartheta_K - \vartheta_{Kü} = 165°$$

einen Lebensdauerverlust von rd. 0,6% für einen Kurzschluß. Dabei ist allerdings vorausgesetzt, daß die zulässige Kurzschlußdauer nach Gl. (208a) voll ausgenützt wird. Dies ist zweifellos ein Extremfall. Nimmt man nämlich eine auf 80% reduzierte Kurzschlußdauer an, wobei $\vartheta_K - \vartheta_0$ auf $116°$ und $\vartheta_K - \vartheta_{Ku}$ auf $136°$ zurückgehen, so vermindert sich der Lebensdauerverlust auf rd. $0{,}06\%$ je Kurzschluß.

Für einen Trockentransformator der Isolierstoffklasse A dagegen errechnet sich mit

$$T = 23\,\text{min}, \quad \vartheta_K - \vartheta_0 = 80°, \quad \vartheta_K - \vartheta_{Ku} = 140°$$

ein Lebensdauerverlust von nur rd. $0{,}012\%$ für einen Kurzschluß bei voller Ausnützung der zulässigen Kurzschlußdauer nach Gl. (208 b).

Wenn auch die vorstehenden Rechnungen wegen der Unsicherheit, die der Schätzung von Z_0 anhaftet, keinen Anspruch auf große Genauigkeit erheben können, so sind sie doch geeignet, etwas Licht auf die thermischen Kurzschlußvorgänge zu werfen.

IV. Die Spannungsbeanspruchungen

Im Betrieb ist der Transformator nicht nur den zwischen den Klemmen auftretenden Betriebsspannungen und den entsprechenden Leitererdspannungen, sondern auch Überspannungen ausgesetzt, die durch Schaltvorgänge oder atmosphärische Entladungen hervorgerufen werden. Dabei sind unter Schaltvorgängen auch ungewollte Zustandsänderungen des Netzes zu verstehen, die z. B. beim Bruch einer Leitung oder eines Isolators entstehen. Im Gegensatz zu den mit Betriebsfrequenz auftretenden Spannungsüberhöhungen handelt es sich bei Schaltüberspannungen um mittel- und hochfrequente gedämpfte Schwingungen, bei atmosphärischen Überspannungen um Stoßspannungen, deren Wellenform in weiten Grenzen schwankt. An häufigsten sind Stirnzeiten von etwa $5\,\mu\text{s}$ und Rückenhalbwertzeiten von $25\,\mu\text{s}$.

Die Schaltüberspannungen lassen sich durch geeignete Maßnahmen in erträglichen Grenzen halten. Erwähnt sei die Kompensierung der Netze durch Erdschlußlöschspulen, die intermittierende Erdschlüsse ausschließt, sowie die Anwendung von Schaltern, die auch bei Leerabschaltungen den Strom nicht gewaltsam unterbrechen. Unter solchen Voraussetzungen werden die Schaltüberspannungen kaum höher als die Wechselprüfspannung des Transformators und können diesen nicht gefährden, da die elektrische Festigkeit seiner Isolation hinsichtlich solcher kurzzeitigen gedämpften Schwingungen größer ist als etwa bei der 1-min-Prüfung mit Betriebsfrequenz.

Gewitterüberspannungen, die in Freileitungsnetzen auftreten und um die es sich vorwiegend handelt, können dagegen Beträge erreichen, die erheblich über denjenigen der Schaltüberspannungen liegen. Aus diesem Grunde kommt der Gewitterfestigkeit des Transformators eine entscheidende Bedeutung zu.

Unmittelbare Blitzeinschläge in die Leitungen rufen Überspannungen hervor, die als Wanderwellen nach beiden Leitungsseiten ablaufen. Sie können auf Holzmastleitungen mit ungeerdeten Traversen eine Höhe erreichen, die der Überschlag-Stoßspannung der Holzmaste entspricht. Auf Leitungen dagegen, die üblicherweise auf Eisenmasten verlegt sind, wird die Blitzüberspannung durch die Überschlag-Stoßspannung der Freileitungsisolatoren begrenzt. Auf dem Wege von der Einschlagstelle zur Station erfährt die Wanderwelle infolge des Ohmschen Widerstandes der Leitung und gegebenenfalls der Erdrückleitung, der Kapazität der Isolatoren und der Koronabildung zwar eine Dämpfung, die jedoch mit abnehmender Entfernung der Einschlagstelle von der Station an Bedeutung verliert. Besonders gefährdet wird die Station daher durch Blitze, die in der Nähe der Station die Leitung treffen [*170*].

Eine dem direkten Blitzeinschlag ähnliche Erscheinung kann auftreten, wenn ein starker Blitz den Kopf eines Eisenmastes mit verhältnismäßig hohem Erdungswiderstand trifft. Es besteht dann nämlich die Gefahr, daß es zu einem rückwärtigen Überschlag vom Mast zur Leitung kommt.

Um direkte Blitzeinschläge in die Leitung zu vermeiden, werden diese gewöhnlich durch Erdseile abgeschirmt. Es empfiehlt sich jedoch, auch die Station selbst in diese Schutzmaßnahme einzubeziehen, d. h., diese ebenfalls durch Erdseile bzw. durch einen Gebäudeblitzschutz abzuschirmen und das Leitungserdseil mit der Stationsabschirmung zu verbinden. Ohne diese Ergänzung werden nämlich die für die Station gefährlichsten direkten Blitzeinschläge — also diejenigen in geringster Entfernung — nicht ausgeschlossen.

Nicht so gefährlich wie direkte Blitzeinschläge in die Leitung oder den Mast sind die Überspannungen, die durch in der Nähe der Leitung niedergehende Blitzentladungen hervorgerufen werden. Diese induzierten Gewitterüberspannungen gehen kaum über 250 bis 300 kV (Scheitelwert) hinaus. Es ist jedoch zu berücksichtigen, daß die einziehende Wanderwelle in Kopfstationen durch Reflexion auf das Doppelte erhöht wird und am Sternpunkt des Transformators eine zusätzliche Erhöhung auftreten kann. Induzierte Gewitterüberspannungen können daher in Anlagen bis zu einer Reihenspannung von 110 kV noch immer gefährlich werden.

Um das im Zusammenhang mit diesen Spannungsbeanspruchungen stehende Isolationsproblem wirtschaftlich lösen zu können, wird die Spannungsfestigkeit der einzelnen Anlagenteile derart koordiniert, daß Durchschläge der Innenisolation, z. B. der Wicklungen von Transformatoren, verhindert und Überschläge auf Stellen beschränkt werden, an denen kein oder nur geringer Schaden angerichtet werden kann, wenn man es nicht vorzieht, die Überspannungen durch Überspannungsableiter zu begrenzen. Dies bedingt eine Stufung der Stoßpegel. Der obere Stoßpegel ist der Innenisolation, der untere den Isolatoren bzw. den Pegelfunkenstrecken und der niedrigste, der sogenannte Schutzpegel, den Überspannungsableitern zugeordnet. Wegen ihres begrenzten Schutzbereiches sind Überspannungsableiter und Pegelfunkenstrecken nahe am Transformator anzuordnen. Insbesondere die letzteren werden deshalb gewöhnlich unmittelbar an den Durchführungen angebracht.

Praktisch ist die Koordinierung der Isolation vom VDE durch Einführung genormter Reihenspannungen sichergestellt worden, denen bestimmte Prüfwechselspannungen, Stehstoßspannungen des oberen und unteren Pegels, Schutzpegel und Pegelfunkenstrecken zugeordnet sind,

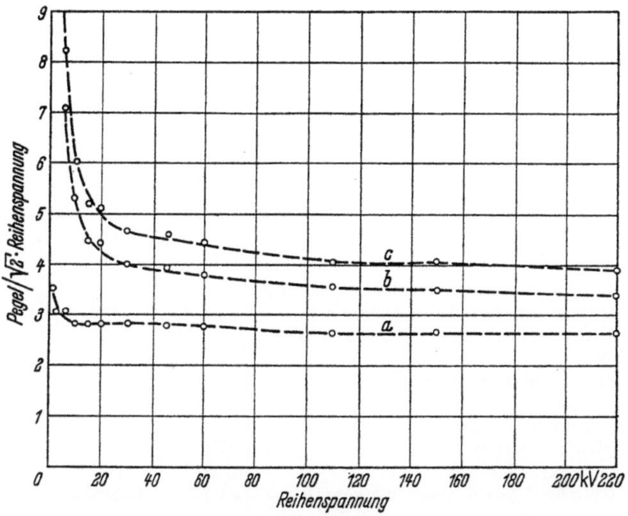

Abb. 92. Verhältnis der Pegelwerte zur Reihenspannung.
a Schutzpegel/$\sqrt{2}$ · Reihenspannung,　b unterer Stoßpegel/$\sqrt{2}$ · Reihenspannung,　c oberer Stoßpegel/$\sqrt{2}$ · Reihenspannung

wobei zwischen Anlagen mit nicht starr und starr geerdetem Sternpunkt zu unterscheiden ist (vgl. VDE 0111 und VDE 0532). In Abb. 92 ist für nicht starr geerdete Anlagen das Verhältnis der Pegelwerte zur Reihenspannung in Abhängigkeit von der Reihenspannung graphisch dargestellt. Die Reihenspannung eines Spannungssystems ist mindestens so hoch zu wählen, daß die höchste, dauernd vorkommende Betriebsspannung (Dreieckspannung) deren Betrag um nicht mehr als 10 bis 15% übersteigt. Andererseits darf die Betriebsspannung zwischen den Klemmen des Transformators mit Rücksicht auf die Induktion im Eisenkern im allgemeinen nur um höchstens 5% über die Nennspannung des Transformators hinausgehen. Dagegen wäre nichts einzuwenden, wenn im nicht starr geerdeten Drehstromsystem infolge Spannungsverlagerung die größte Leitererdspannung bis auf den Betrag der der Reihenspannung zugeordneten, dauernd zulässigen Betriebsspannung anwachsen würde. Normalerweise wird sie bei Erdschluß jedoch das $\sqrt{3}$ fache der Sternspannung des Transformators nicht überschreiten. In starr geerdeten Drehstromsystemen dagegen kann bei einpoligem Erdkurzschluß die Leitererdspannung an den gesunden Polen höchstens das 1,4fache der Sternspannung erreichen, weshalb die Prüfwechselspannungen der Teile solcher Anlagen um 20% herabgesetzt sind. In Tab. 10 sind beispielsweise die in VDE 0111 bzw. VDE 0532 für eine Reihenspannung von 110 kV festgelegten Prüfwechsel- und Stoßspannungen zusammengestellt. Den Stoßspannungen liegt ein zeitlicher Verlauf 1,2/50 μs[1] zugrunde, die etwa den Höchstwert der vorkommenden Gewitterbeanspruchungen ergibt.

Tabelle 10. *Prüfwechselspannungen und Stoßspannungen für Reihe 110 N und 110 NE*

	Sternpunkt nicht starr geerdet	Sternpunkt starr geerdet
Reihe	110 N	110 NE
Reihenspannung . . . . [kV]	110	110
Höchste dauernd zulässige Betriebsspannung [kV]	123	123
Prüfwechselspannung des Transformators . . [kV]	220	175
Nenn-Stehstoßspannung des Transformators		
Oberer Stoßpegel		
abgeschnittene Stoßspannung . . . . [kV]	630	520
Unterer Stoßpegel		
volle Stoßspannung 1,2/50[1] . . . . [kV]	550	450
Schutzpegel des Ableiters . . . . [kV]	415	330
Pegelfunkenstrecke, Schlagweite . . . . . .[mm]	750	650
Stehstoßspannung 1,2/50[1] positiv/negativ . . [kV]	435/505	390/450
50% Durchschlag-Stoßspannung 1,2/50[1] positiv/		
negativ . . . . [kV]	483/560	430/500

Während bei der Wicklungs- und Windungsprüfung die Spannungsverteilung klar zu übersehen ist, hängt diese bei der Stoßspannungsprüfung weitgehend vom Wicklungsaufbau ab. Im allgemeinen bereitet jedoch die Hauptisolation, d. h. die Isolation zwischen der betrachteten Wicklung und der Wicklung der anderen Spannungsseite bzw. gegen Erde, hinsichtlich der Stoßbeanspruchung von Öltransformatoren keine besondere Schwierigkeit, da der Stoßfaktor der interessierenden Isolierung unter Öl etwa 1,8 beträgt. Dies besagt, daß die Wechselspannungsprüfung einer Stoßspannungsprüfung mit der $\sqrt{2} \cdot 1,8 \approx 2,5$ fachen Stoßspannung etwa äquivalent ist, wenn durch Stoßspannungsdurchhänge hervorgerufene örtliche Überbeanspruchungen der Hauptisolation nicht im Randgebiet der Wicklungen auftreten, das bei der Wechselspannungsprüfung am meisten gefährdet ist, sondern an solchen Stellen, die ohne-

---

[1] Stirnzeit 1,2 μs, Rückenhalbwertzeit 50 μs.

hin eine höhere Isolationsfestigkeit aufweisen. Als Maßstab für die Bemessung der inneren Wicklungsisolation kann jedoch allein die bei der Stoßspannungsprüfung auftretende Spannungsaufteilung zugrunde gelegt werden, die derjenigen von Gewitterüberspannungen entspricht.

Trockentransformatoren sind den mit Rücksicht auf Gewitterfestigkeit geforderten Stoßspannungen kaum gewachsen, da der Stoßfaktor der bei einem Trockentransformator in Betracht zu ziehenden Isolieranordnungen in Luft nicht viel größer als 1 ist. Man soll sie deshalb nur in nicht gewittergefährdeten Anlagen verwenden, d. h. in Innenraumstationen, die an Kabelnetze angeschlossen sind.

Zu erwähnen ist noch, daß seit einiger Zeit Untersuchungen zur Aufdeckung von sehr schwachen Teilentladungen im Dielektrikum des Transformators, oft auch als Ionisation oder innere Korona bezeichnet, angestellt werden. Diese dienen hauptsächlich dem Erkennen einer vorzeitigen Isolationsalterung durch innere Entladungen. Eine solche ist dann nicht zu befürchten, wenn bei der 1,2fachen Nennspannung der Transformator keine nennenswerte Korona aufweist [169], [183], [184].

1. Die stationären Spannungsüberhöhungen

Im isolierten Wechsel- oder Drehstromnetz stellen sich die Spannungen der Pole gegen Erde, die Leitererdspannungen, nach Maßgabe der Erdkapazitäten und Ableitungswiderstände der Leiter ein. Die Unterschiede der Erdkapazitäten betragen kaum mehr als 10%, während die Ableitungswiderstände insbesondere bei gutem Wetter eine untergeordnete Rolle spielen. Im allgemeinen sind daher die Leitererdspannun-

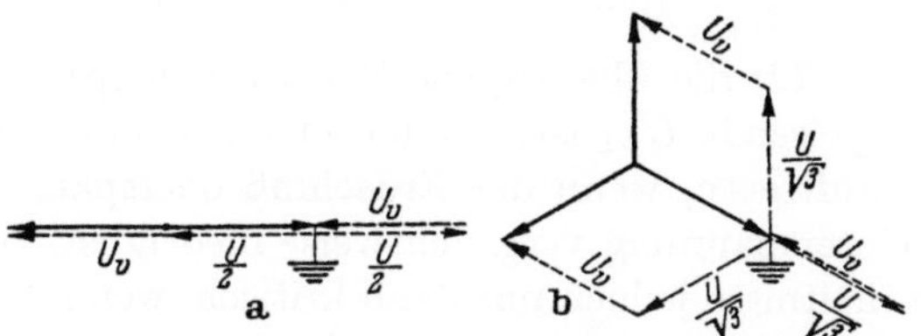

Abb. 93. Verlagerung des Spannungssystems bei Erdschluß.
a Einphasensystem, b Drehstromsystem

gen angenähert gleich der halben Betriebsspannung im Wechselstromsystem bzw. gleich der Sternspannung im Drehstromsystem. An der Mittel- bzw. Sternpunktklemme des Transformators tritt also nur eine kleine Unsymmetriespannung gegen Erde auf.

Ist ein fester Erdschluß im Netz entstanden, so steigen nach Abb. 93 die Leitererdspannungen der gesunden Pole auf das Doppelte bzw. $\sqrt{3}$fache, also auf die Betriebs- bzw. Dreieckspannung an, während die Mittel- bzw. Sternpunktklemme gegen Erde eine Verlagerungsspannung U_v

gleich der halben Betriebsspannung $U/2$ bzw. gleich der Sternspannung $U/\sqrt{3}$ annimmt. Dieser Zustand kann beliebig lange, meistens bis zu mehreren Stunden, andauern. In Anbetracht der vorgeschriebenen Prüfspannungen, die mindestens das Doppelte der Reihenspannung betragen, ist ein solcher Erdschlußbetrieb — wenn nicht besondere Umstände zusammentreffen — unbedenklich.

Die Verlagerungsspannung U_{v1} der gestörten Netzseite überträgt sich nämlich im Transformator kapazitiv auf das andere Spannungssystem. Aus dem Ersatzschema nach Abb. 94 folgt ohne weiteres

$$U_{v2} = U_{v1}\frac{C_{12}}{C_{12} + C_{20}}, \tag{222}$$

worin C_{12} die Kapazität zwischen Ein- und Ausgangswicklung und C_{20} die Erdkapazität des nicht gestörten Spannungssystems bezeichnet.

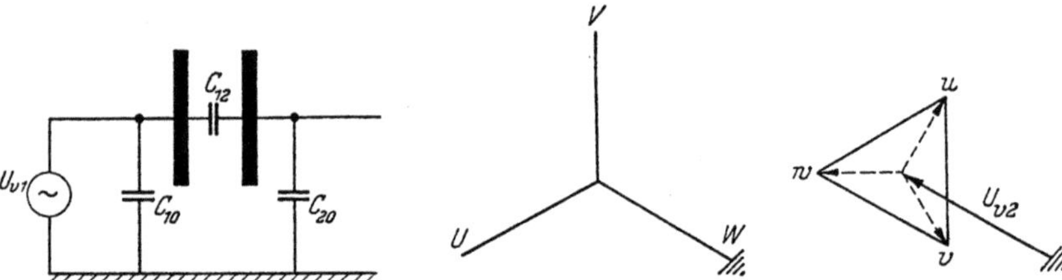

Abb. 94. Ersatzschaltung für die Übertragung der Verlagerungsspannung im Transformator

Abb. 95. Zeigerdiagramm zur Ermittlung der Leitererdspannungen bei oberspannungsseitigem Erdschluß eines leerlaufenden Drehstrom-Transformators in Yd 5-Schaltung

Die Erdkapazität des gestörten Spannungssystems ist ohne Einfluß auf das Verhältnis U_{v2}/U_{v1}.

Da nach Gl. (222) die übertragene Verlagerungsspannung U_{v2} stets kleiner als die speisende U_{v1} ist, können unangenehme Spannungsüberhöhungen nur auftreten, wenn der Erdschluß oberspannungsseitig auftritt und die Unterspannung vergleichsweise niedrig ist. Im allgemeinen werden die Verhältnisse jedoch nur dann kritisch, wenn der Transformator unterspannungsseitig abgetrennt wird, also leerläuft. Die Erdkapazität C_{20} geht dabei nahezu auf die der Unterspannungswicklung zurück, wenn nicht eine längere Kabelleitung angeschlossen bleibt. Für einen Drehstrom-Transformator mit einer Übersetzung 110/10 kV errechnet sich z. B. mit $U_{v1} = 110 : \sqrt{3} = 63,5$ kV und einem Verhältnis $C_{12} : C_{20} = 1 : 2$, das als Durchschnittswert für einfach konzentrische Anordnungen von Zylinderwicklungen gelten kann, nach Gl. (222) eine übertragene Verlagerungsspannung $U_{v2} = 21,2$ kV.

Die höchste auf der Unterspannungsseite auftretende Leitererdspannung ergibt sich beim Drehstrom-Transformator aus der geometrischen Summe der übertragenen Verlagerungsspannung U_{v2} und der Sternspannung $U_2/\sqrt{3}$, wobei die Schaltgruppe zu berücksichtigen ist. Ein Beispiel hierfür zeigt Abb. 95. Beim Einphasen-Transformator wird die höchste Leitererdspannung gleich der algebraischen Summe $U_{v2} + U_2/2$.

Es gibt indessen mehrere Mittel, bei Erdschluß im Oberspannungssystem eine Übertragung der Verlagerungsspannung auf das Unterspannungssystem zu vermeiden oder zu mildern, etwa dadurch, daß man den Transformator stets gleichzeitig ober- und unterspannungsseitig abtrennt oder ihn unterspannungsseitig überhaupt nicht abtrennt. Im übrigen kann man die Transformatorklemmen über Kondensatoren erden, um auf diese Weise den Betrag C_{20} in Gl. (222) genügend groß zu machen, wenn man es nicht vorzieht, das Unterspannungssystem starr zu erden. Schließlich bleibt noch die Möglichkeit, im Innern des Transformators die Unterspannungswicklung durch geerdete Schilde abzuschirmen, so daß $C_{12} \approx 0$ wird. Die letzte Maßnahme würde den Transformator allerdings merklich verteuern.

Eine kapazitive Übertragung der bei Erdschluß in einem System auftretenden Verlagerungsspannung auf ein anderes System tritt auch ein, wenn die Leitungen beider Systeme nahe nebeneinander parallel laufen. Mit den Bezeichnungen nach Abb. 96a errechnet sich die übertragene Spannung in analoger Weise nach Gl. (222). Weichen die Betriebsspannungen beider Systeme erheblich voneinander ab und ist C_{12} im Vergleich zu C_{20} groß, so kann die Isolation des Systems niedriger Spannung bedenklich beansprucht werden. Man begegnet dieser Erscheinung durch Entkopplung beider Systeme, was z. B. dadurch erreicht wird, daß man die Mittel- oder Sternpunkte beider Systeme durch eine Drossel verbindet, die zusammen mit C_{12} auf Netzfrequenz abgestimmt ist. Auf diese Weise wird der von einem zum anderen System übertretende Ladestrom kompensiert. Sind beide Systeme mit Erdschlußlöschspulen nach Abb. 96b ausgerüstet, so kann die Entkopplung auch dadurch erreicht werden, daß man geeignete Anzapfungen beider Erdschlußlöschspulen miteinander verbindet. Ohne diese Entkoppelung würde sich die Verlagerungsspannung des gestörten Systems nahezu im Verhältnis $1:1$

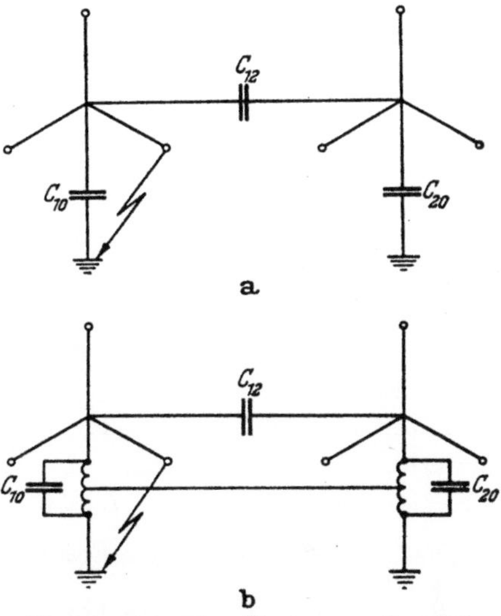

Abb. 96. Kapazitive Übertragung der Verlagerungsspannung von einem Drehstromsystem auf ein anderes.

a nicht geerdete Systeme, b durch Erdschlußlöschspulen gelöschte Systeme

auf das ungestörte übertragen, da C_{20} mit der zugehörigen Erdschlußlöschspule einen mehr oder weniger genau auf Betriebsfrequenz abge-
stimmten Sperrkreis bildet.

2. Die Schaltüberspannungen

Sehr hohe Schaltüberspannungen können beim Abschalten eines leerlaufenden Transformators auftreten. Nehmen wir an, der Magnetisierungsstrom würde durch den Schalter in einem beliebigen Zeitpunkt
unterbrochen, in welchem er den Augenblickswert i_0 besitzt, so wird
die magnetische Energie des Transformators

$$W_m = \frac{1}{2} i_0^2 L_0, \tag{223}$$

die nicht plötzlich verschwinden kann, nach Abb. 97 in elektrostatische
Energie

$$W_e = \frac{1}{2} \hat{u}^2 C \tag{224}$$

umgesetzt. In diesen Gleichungen bedeutet L_0 eine als konstant an-
genommene Leerlaufinduktivität der Eingangswicklung, C die wirksame
Eigenkapazität des Transformators einschließlich der angeschlossenen
Leitungsteile und $\hat{u}$ den Scheitelwert der an der Kapazität C auftretenden
Spannung.

Unter Vernachlässigung der Verluste können wir $W_m = W_e$ setzen
und erhalten eine Spannung

$$\hat{u} = i_0 \sqrt{L_0/C}. \tag{225}$$

Diese schwingt mit einer Frequenz

$$f = \frac{1}{2\pi\sqrt{L_0 C}}, \tag{226}$$

die im allgemeinen in der Größenordnung von etwa 500 Hz bis 1 kHz
liegt. Wenn die Kapazitäten der angeschlossenen Leitungsteile gering
sind, so daß C praktisch der auf die Eingangsseite
bezogenen Eigenkapazität des Transformators entspricht, kann die Spannung $\hat{u}$ so hoch werden, daß es
zu einer Rückzündung am Schalter kommt, es sei
denn, die Unterbrechung erfolgte zufällig im Nulldurchgang des Stromes, wobei nach Gl. (225) die
Abschaltspannung ebenfalls Null wird. Tritt eine
Rückzündung ein, so verteilt sich die an der Schaltstrecke zusammenbrechende Spannung auf die Induktivität des Leitungsstückes zwischen Schalter

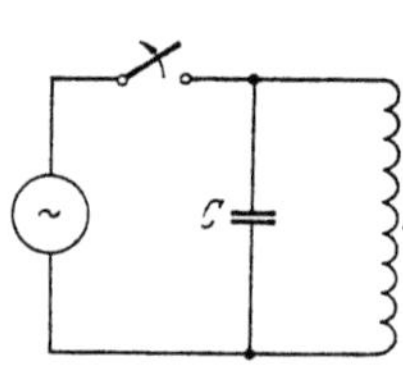

Abb. 97. Ersatzschaltung
für das Leerabschalten
eines Einphasen-Trans-
formators

und Transformator und bewirkt durch Aufladung dessen Eingangs-
kapazität mit einer Frequenz in der Größenordnung von etwa 1 MHz
außer der erhöhten Beanspruchung gegen Erde eine ebensolche der Ein-

gangsspulen. Dieses Spiel kann sich durch wiederholte Rückzündungen so lange wiederholen, bis die elektrische Festigkeit der Schaltstrecke die verbleibende Überspannung übersteigt. Diese hängt also wesentlich von der Kühlung des Schaltlichtbogens und damit vom Schalter selbst ab, und zwar wird sie um so höher, je intensiver die Kühlung ist, mit der eine vor dem Nulldurchgang des Magnetisierungsstromes eintretende endgültige Unterbrechung Hand in Hand geht. Diese vorzeitige Unterbrechung verhältnismäßig geringer Ströme tritt beim Abschalten mittels Trennschaltern nicht auf, wohl aber bei Anwendung von Hochleistungsschaltern, die die Aufgabe haben, Ströme, die um mehrere Größenordnungen höher sind, einwandfrei zu unterbrechen und deshalb eine angemessene Kühlung der Schaltstrecke benötigen.

Die voraufgegangene Betrachtung bezieht sich auf einen Einphasen-Transformator. Beim dreischenkligen Drehstrom-Transformator ergeben sich gewisse Abweichungen, die durch die magnetische Verknüpfung der Schenkelflüsse bedingt sind [115]. Da jedoch die Charakteristik des Schaltlichtbogens und die zeitliche Folge der Kontakttrennungen die Überspannung entscheidend beeinflussen, können wir davon absehen, hierauf näher einzugehen. Die Gln. (225) und (226) sind im übrigen wegen der Veränderlichkeit von L_0 und der Unsicherheit, die der Bestimmung von C anhaftet, weniger für eine zahlenmäßige Auswertung, als für die Beschreibung der physikalischen Zusammenhänge geeignet.

Nach Messungen von A. ROTH [14] ist die Induktion des Transformators nur von geringem Einfluß auf die Abschaltüberspannung, da die Leerlaufinduktivität L_0 in der Nähe des Nulldurchganges des Stromes, in der die endgültige Unterbrechung erfolgt, vom Scheitelwert B nur wenig verändert wird. Dagegen spielt die Betriebsfrequenz des Transformators eine beträchtliche Rolle. Die Abschaltüberspannung wächst mit fallender Betriebsfrequenz, da der Unterbrechungslichtbogen bei längerer Dauer einer Halbperiode erst bei einem größeren, einer höheren Spannungsfestigkeit entsprechenden Kontaktabstand erlischt.

Hart arbeitende Schalter erzeugen unter Umständen Abschaltüberspannungen solcher Höhe, daß die Transformatorisolation beschädigt wird. Solche Defekte bleiben in vielen Fällen infolge der beiderseitigen Trennung des Transformators vom Netz zunächst unerkannt, bis es später bei einer an sich harmlosen Beanspruchung zu einem stromstarken Isolationsdurchbruch kommt. Eine wirksame Abhilfe gegen Abschaltüberspannungen wird durch zwischen den Klemmen angeordnete Überspannungsableiter geschaffen. Da eine Abschaltüberspannung im wesentlichen auf alle Wicklungen transformatorisch übertragen wird, können aus wirtschaftlichen Erwägungen solche Ableiter an die Wicklung mit der niedrigsten Nennspannung angeschlossen werden. Die mit Rücksicht auf Gewitterüberspannungen vorgesehenen und gegen Erde

geschalteten Überspannungsableiter bieten nur dann einen angemessenen
— allerdings gegenüber Ableitern zwischen den Klemmen verringerten —
Schutz gegen Schaltüberspannungen, wenn der Transformator im Mittel-
oder Sternpunkt der den Ableitern zugehörigen Seite starr geerdet ist.

Während beim Abschalten des leerlaufenden Transformators Überspannungen auftreten, die unter Umständen mehr als das Doppelte der
Betriebsspannung erreichen können, liegen die Verhältnisse beim Abschalten des belasteten oder kurzgeschlossenen Transformators wesentlich günstiger. Vernachlässigen wir die Verluste und den gegenüber dem
Last- bzw. Kurzschlußstrom geringen Magnetisierungsstrom des Transformators, so ergibt sich bei eingangsseitigem Abschalten nach Abb. 98,

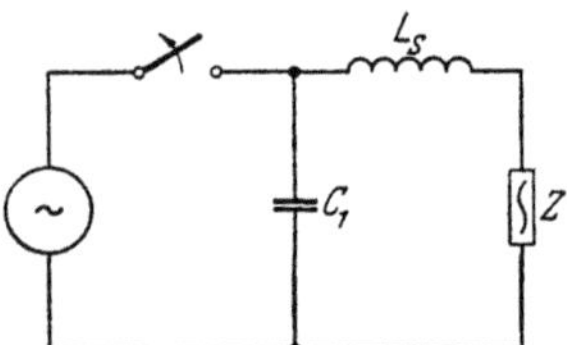

Abb. 98. Ersatzschaltung für das Abschalten
eines belasteten Transformators auf der Eingangsseite

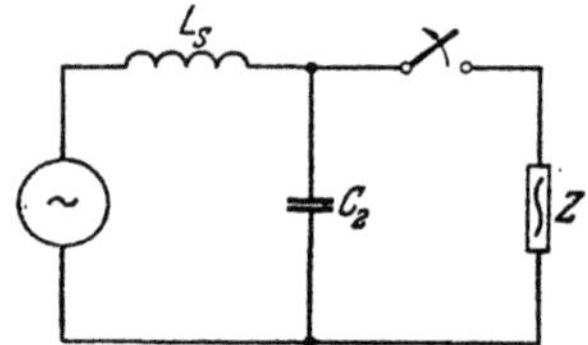

Abb. 99. Ersatzschaltung für das Abschalten
eines belasteten Transformators auf der Ausgangsseite

in dem L_S die Streuinduktivität, C_1 die wirksame primäre Eigenkapazität des Transformators einschließlich verbleibender Zuleitungskapazität
und Z den Scheinwiderstand des Stromverbrauchers bezeichnet, eine
Spannung am Kondensator, die bei rein induktiver Last, d. h. mit
$Z = L\omega$, in Anlehnung an Gl. (225) einen maximalen Scheitelwert

$$\hat{u} = i\sqrt{\frac{L_S + L}{C_1}} \tag{227}$$

erreicht. Hierin ist i der Augenblickswert des unterbrochenen Stromes.
Die Frequenz dieser freien Schwingung ist

$$f = \frac{1}{2\pi\sqrt{(L_S + L)C_1}}. \tag{228}$$

Beide Gleichungen gelten mit $L = 0$ auch für den Kurzschlußfall,
wobei f einige kHz erreicht. Enthält der Belastungsstrom eine
Wirkkomponente, so wird die Schwingung gedämpft und die
Überspannung verringert. In Wirklichkeit verhindert aber der
Schalter in jedem Falle das Entstehen einer freien Schwingung, weil er
Last- oder Kurzschlußströme stets im Nulldurchgang des Stromes unter-
bricht. Es entsteht also keine Überspannung. Dies gilt auch für eine
sich überlagernde zweite Schwingung, die dem aus der vernachlässigten
Leerlaufinduktivität L_0 und C_1 gebildeten Schwingungskreis entsprechen
würde.

Wird die Last auf der Ausgangsseite des Transformators abgetrennt (Abb. 99), so muß — ein starres Netz auf der Eingangsseite vorausgesetzt — der Spannungsfall an der Streuinduktivität des Transformators verschwinden. Dies geschieht jedoch nicht plötzlich, sondern über eine Ausgleichschwingung, deren Amplitude den negativen Betrag des Spannungsfalles im Augenblick des Abschaltens aufweist. Sie erreicht daher ihren Höchstwert beim Abschalten eines Kurzschlusses und überlagert sich der vom Netz aufgezwungenen Spannung. Die Frequenz der Ausgleichschwingung ist

$$f = \frac{1}{2\,\pi\sqrt{L_S C_2}},\qquad(229)$$

worin C_2 die wirksame Eigenkapazität der Ausgangsseite des Transformators einschließlich des Leitungsstückes bis zum Schalter bezeichnet.

Unterbricht der Schalter — wie nicht anders zu erwarten — im Nulldurchgang des Kurzschlußstromes, so hat die auf-

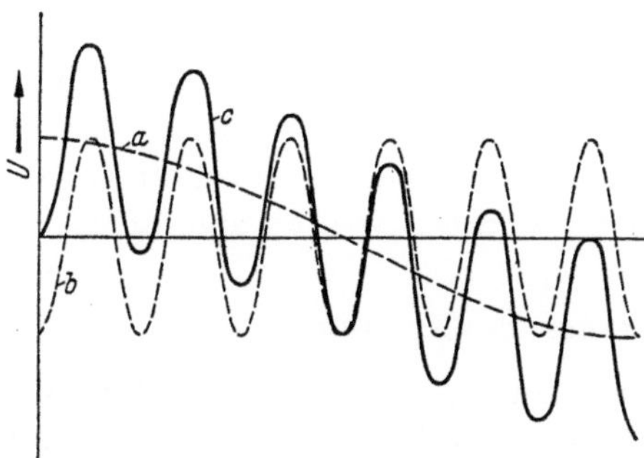

Abb. 100. Überlagerung einer aufgezwungenen Wechselspannung durch eine freie Ausgleichschwingung.
a aufgezwungene Spannung, b freie Schwingung (ohne Dämpfung), c resultierende Spannung

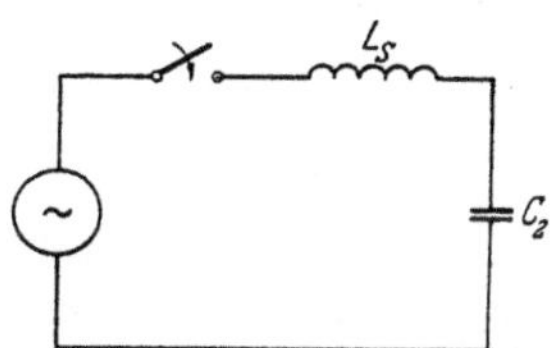

Abb. 101. Ersatzschaltung für das Einschalten eines unbelasteten Transformators

gedrückte Spannung bei verlustlosem Transformator gerade ihren Scheitelwert erreicht. Es ergibt sich also auf der Ausgangsseite, wie Abb. 100 zeigt, eine Verdoppelung der Spannung, die dem Transformator jedoch nicht gefährlich werden kann.

Ein ähnlicher Vorgang spielt sich beim Einschalten eines unbelasteten Transformators (Abb. 101) ab, da die Ausgangsspannung bei Anwesenheit der Kapazität C_2 nicht plötzlich auf den Wert springen kann, der ihr von der Eingangsseite vorgeschrieben wird. Die Amplitude der Ausgleichschwingung wird am höchsten beim Einschalten im Spannungsmaximum. In diesem Falle beginnt der um 90° gegen die Netzspannung phasenverschobene betriebsfrequente Fluß und ebenso der vom Kondensator C_2 aufgenommene Ladestrom mit ihren Nullwerten, so daß das Einschalten strommäßig völlig zwanglos abläuft. Die Spannung an der Ausgangswicklung verläuft dagegen nach Abb. 100, d. h., es tritt eine Verdoppelung der Spannung auf. Wie leicht einzusehen, wird die Überspannung geringer, wenn der eingangsseitig zugeschaltete Transformator belastet ist, und wird schließlich bei kurzgeschlossenem Transformator zu Null.

Wir haben den Untersuchungen vereinfachte Ersatzbilder zugrunde gelegt, da es im wesentlichen nur darauf ankommt, festzustellen, ob die durch die Prüfbestimmungen nach VDE 0532 gewährleistete Sicherheit der Isolation des Transformators als ausreichend angesehen werden kann. Selbstverständlich bewirken beim Abschalten leerlaufender Transformatoren Verluste im Eisenkern, in den übrigen behandelten Fällen Verluste in den Wicklungen, eine Dämpfung der Ausgleichschwingung, also eine Verringerung der ersten Amplitude und ein Abklingen der Überspannung. Des weiteren wurden die Eigenkapazitäten des Transformators durch konzentrierte Kapazitäten ersetzt. In Wirklichkeit handelt es sich bei der üblichen Bauweise der Wicklungen größtenteils um längs den Wicklungen verteilte Erdkapazitäten. Dementsprechend sind im allgemeinen für die wirksame Kapazität Beträge von Bruchteilen der statischen Erdkapazität der Wicklungen einzusetzen, wobei die etwaige Erdung eines Wicklungsstranges berücksichtigt werden muß [104].

3. Form und Höhe der Stoßspannungen

Die Form der Wanderwellen, die bei atmosphärischen Entladungen an den Klemmen des Transformators auftreten, schwankt in weiten Grenzen. Meist liegt ein unipolarer Verlauf vor, bei dem die Überspannung in wenigen Mikrosekunden auf ihren Scheitelwert ansteigt und, solange kein Spannungszusammenbruch erfolgt, nach relativ längerer Zeit wieder auf Null abklingt. Man bezeichnet eine solche Spannung als volle Stoßspannung und kennzeichnet sie nach Abb. 102 durch die Stirnzeit T_s und die Rückenhalbwertzeit T_r (VDE 0433, Teil 3). Unter der Vielzahl der in der Natur möglichen Werte von T_s und T_r hat man für Prüfzwecke einige wenige international festgelegt. Man benützt hauptsächlich die genormten Werte $T_s = 1{,}2\ \mu s$ und $T_r = 50\ \mu s$ und bezeichnet

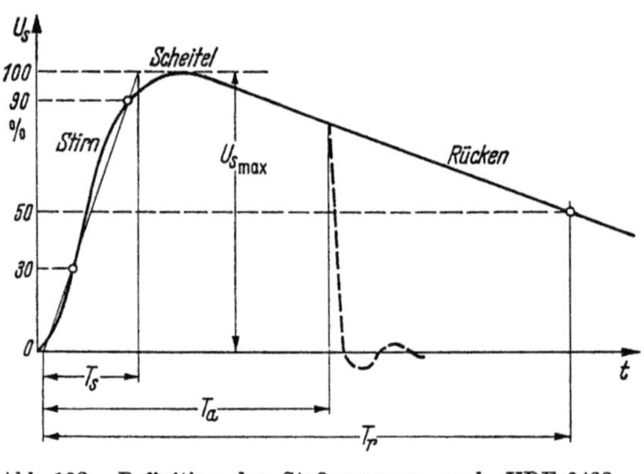

Abb. 102. Definition der Stoßspannung nach VDE 0433, Teil 3

die entsprechende Spannung als volle Stoßspannung 1,2/50. Die Entstehung einer vollen Stoßspannung setzt voraus, daß es zu keinem Über- bzw. Durchschlag an den Isolatoren oder Pegelfunkenstrecken, also zu keinem plötzlichen Spannungszusammenbruch kommt. Tritt ein solcher jedoch ein, so liegt eine abgeschnittene Stoßspannung vor. Der Überschlag kann je nach dem Scheitelwert der anlaufenden Welle auf dem Rücken, in der Nähe des Scheitels oder auf der Stirn erfolgen. Kennzeichnend ist die Überschlagzeit T_a (Abb. 102) und der Scheitelwert der Spannung, sofern der Überschlag auf dem Rücken der Welle erfolgt, bei Stirnüberschlägen dagegen der beim Überschlag tatsächlich erreichte Spannungshöchstwert. Da die Über- bzw. Durchschlag-Stoßspannungen von Stützisolatoren, Durchführungen und Pegelfunkenstrecken polaritätsabhängig sind (vgl. Tab. 10), spielt das Vorzeichen der Stoßspannung beim Zustandekommen einer abgeschnittenen Stoßspannung eine merkliche Rolle. Gewöhnlich ist die Über- bzw. Durchschlag-Stoßspannung bei positiven Stoßspannungen niedriger als bei negativen. Außerdem ist bei beiden Polaritäten eine Senkung der Über- bzw. Durchschlag-Stoßspannungen mit abnehmendem Luftdruck und steigender Temperatur zu beachten.

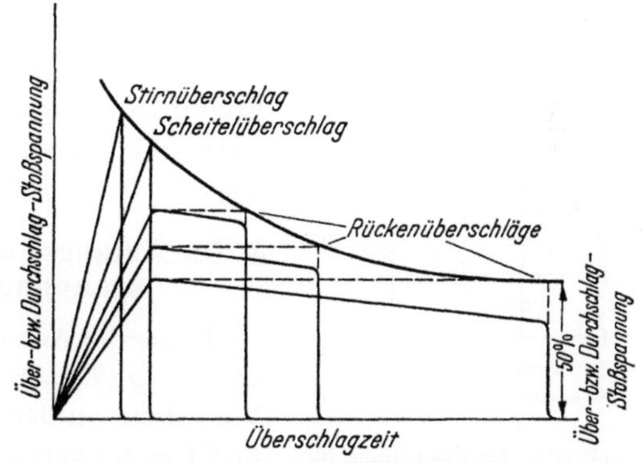

Abb. 103. Stoßkennlinie für Stoßspannungen gegebener Stirnzeit und Rückenhalbwertzeit

Die Höhe der anlaufenden Stoßwelle ist, soweit Überspannungsableiter in geringer Entfernung vom Transformator angeordnet sind, durch diese auf den Betrag des Schutzpegels begrenzt (vgl. Tab. 10), im anderen Falle durch die darüberliegende Über- bzw. Durchschlag-Stoßspannung der Isolatoren bzw. der Pegelfunkenstrecken. Bei Über- bzw. Durchschlagversuchen an diesen kann man eine gewisse Streuung der Stoßspannungswerte feststellen, weshalb man diejenige Stoßspannung als maßgebend ansieht, bei der etwa die Hälfte aller Stöße zu Über- bzw. Durchschlägen führt. Man bezeichnet sie als 50%-Über- bzw. Durchschlag-Stoßspannung. Die höchste Stoßspannung, die noch mit Sicherheit gehalten wird, heißt Stehstoßspannung und liegt etwa 10% unter der 50%-Über- bzw. Durchschlag-Stoßspannung. Die Stehstoßspannung ist also etwa die obere Spannungsgrenze für eine volle Stoßspannung. Über die 50%-Über- bzw. Durchschlag-Stoßspannung wesent-

lich hinausgehende, sogenannte überschießende Stoßspannungen, führen
in jedem Falle zu einem Über- bzw. Durchschlag, also zu einer abgeschnittenen Stoßspannung, deren Höchstwert sich aus der Stoßkennlinie
des Isolators bzw. seiner Pegelfunkenstrecke ergibt. Man erkennt aus
Abb. 103, daß die Über- bzw. Durchschlag-Stoßspannung der Isolatoren
und Pegelfunkenstrecken keine feste Größe ist, sondern merklich von
der Beanspruchungsdauer beeinflußt wird. Die Löschfunkenstrecke
eines Überspannungsableiters hat dagegen eine nahezu konstante Stoßkennlinie. Der Ansprechverzug wird erst ab Stirnzeiten von kleiner
als etwa 0,5 μs merklich. Selbst bei großen abgeführten Strömen, z. B.
10 kA, wird der Schutzpegel des Ableiters mit Sicherheit gehalten.
Pegelfunkenstrecken stellen aus den genannten Gründen nur einen Grobschutz dar. Sie sind indessen beim Fehlen von Überspannungsableitern

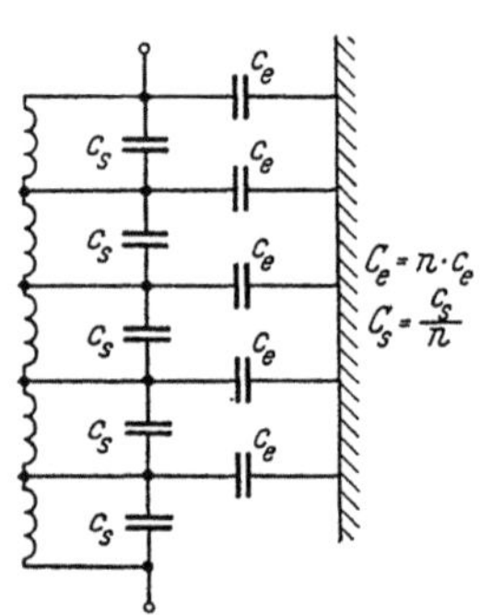

Abb. 104. Ersatzschaltung für
eine Zylinderwicklung beim Auf-
laufen einer Rechteckspannung

unentbehrlich, da die Überschlag-Stoßspannung
der genormten Isolatoren — insbesondere bei
Freiluftisolatoren — beträchtlich über dem in
VDE 0111 festgelegten unteren Stoßpegel
liegt.

4. Die Anfangs- und Endverteilung der Stoßspannung an der Wicklung

Unter der Annahme einer rechteckigen Stoßspannung ($T_s = 0$ und $T_r = \infty$) läßt sich deren
Verteilung an der Wicklung zu den Zeiten t $= 0$
und t $= \infty$ verhältnismäßig leicht bestimmen,
da im Augenblick des Auflaufens der unendlich steilen Stirn sich die Wicklung wie eine Iso-
latorenkette mit verteilten Reihen- und Erdkapazitäten (Abb. 104), nach
einiger Zeit wegen des unendlich langen Rückens wie eine konzentrierte Induktivität verhält. Die mit diesen Randbedingungen ermittelten Anfangs-
und Endverteilungen geben bereits ein Bild von der zu erwartenden
Stoßspannungsverteilung, die über der Wicklungslänge gegen Erde auftritt. Betrachten wir zunächst die Zylinderwicklung eines Schenkels und
unterscheiden zwischen einpolig geerdeter und vollisolierter Wicklung —
im zweiten Fall außerdem bei ein- und zweipoligem Stoß —, so erhalten
wir die in Abb. 105a, b, c, dargestellten Anfangs- und Endverteilungen
der Stoßspannung mit der Spannungshöhe U_s gegen Erde und der Leiterlänge l der gesamten Wicklung. Bei einer einlagigen Zylinderspule ist
nämlich nach K. W. Wagner [133] die Anfangsspannung $U_{s(x)}$ nach
einer vom Wicklungseingang gerechneten Leiterlänge x für

$$\text{Fall a:} \quad U_{s(x)} = U_s \frac{\sinh \sqrt{C_e/C_s}\left(1 - \frac{x}{l}\right)}{\sinh \sqrt{C_e/C_s}}, \qquad (230\,\text{a})$$

$$\text{Fall b:}\quad U_{s(x)} = U_s \frac{\cosh \sqrt{C_e/C_s}\left(1 - \frac{x}{l}\right)}{\cosh \sqrt{C_e/C_s}}. \tag{230b}$$

Den zweipoligen Stoß (Abb. 105c) können wir uns durch Überlagerung zweier Rechteckspannungen entstanden denken und erhalten somit aus Gl. (230a) für

$$\text{Fall c:}\quad U_{s(x)} = U_s \frac{\sinh \sqrt{C_e/C_s}\left(1 - \frac{x}{l}\right) + \sinh \sqrt{C_e/C_s}\,\frac{x}{l}}{\sinh \sqrt{C_e/C_s}}. \tag{230c}$$

In diesen Gleichungen bezeichnet C_e die gesamte Erdkapazität, die sich aus der Parallelschaltung der Windungserdkapazitäten c_e ergibt,

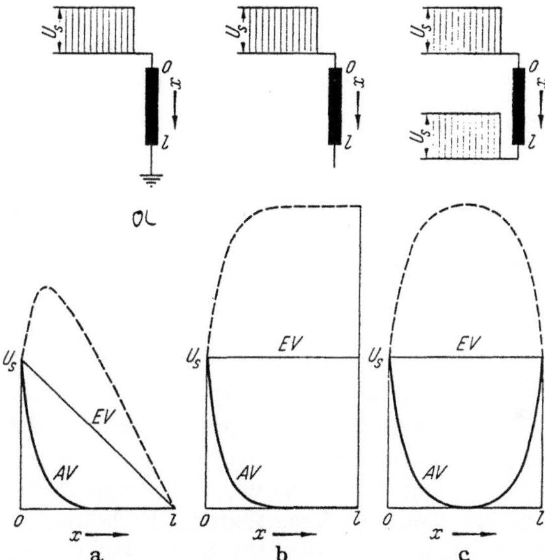

Abb. 105. Anfangsverteilung AV und Endverteilung EV beim Auftreffen einer Rechteckspannung auf eine Zylinderwicklung ($\sqrt{C_e/C_s}=10$)

und C_s die resultierende Reihenkapazität aus den Windungskapazitäten c_s nach Abb. 104. Diese Gleichungen gelten auch mit genügender Genauigkeit für Zylinderwicklungen, die aus einzelnen Scheibenspulen zusammengesetzt sind. Seinen Höchstwert erreicht nach Abb. 105 der Spannungsgradient der Anfangsspannung an der von der auflaufenden Rechteckspannung getroffenen ersten Scheibenspule mit der Leiterlänge Δx. Bemerkenswert ist, daß die Teilspannung an dieser im Falle a, b und c auch bei unendlich steil auflaufender Stirn einen endlichen Wert

$$\Delta U_s = U_s \sqrt{C_e/C_s}\,\frac{\Delta x}{l} \quad \text{mit} \quad \sqrt{C_e/C_s} > 3, \tag{231}$$

aufweist. Zwischen den ersten beiden Scheibenspulen tritt bei der Einzelspulenschaltung nach Abb. 106a die gleiche Spannung auf, dagegen bei der üblicheren Doppelspulenschaltung nach Abb. 106b nahezu der doppelte Betrag.

Im Falle b (vgl. Abb. 105) tritt am Wicklungsende gegen Erde eine Spannung

$$U_{s(l)} = U_s \, \frac{1}{\cosh \sqrt{C_e/C_s}} \tag{232}$$

auf und im Falle c in der Wicklungsmitte eine solche

$$U_{s(l/2)} = U_s \, \frac{2 \sinh \frac{1}{2} \sqrt{C_e/C_s}}{\sinh \sqrt{C_e/C_s}}. \tag{233}$$

Bei Zylinderwicklungen ist im Durchschnitt $\sqrt{C_e/C_s} = 10$. Hiermit sind die Kurven in Abb. 105 berechnet. Dabei wird im Falle b:

$$U_{s(l)} = 0,9 \, U_s \, 10^{-4} \quad \text{und im Falle c:} \quad U_{s(l/2)} = 1,3 \, U_s \, 10^{-2}.$$

Die Endverteilung stellt sich wegen der konstanten Rückenhöhe der Rechteckspannung als Gerade dar, die im Falle a von U_s nach Null, im Falle b und c dagegen horizontal verläuft.

Da die Transformatorenwicklung ein schwingungsfähiges Gebilde ist, erfolgt der Übergang von der Anfangs- zur Endverteilung über Ausgleichschwingungen. Unter Vernachlässigung der Dämpfung dieser Schwingungen können wir die Hüllkurve der auftretenden höchsten Spannungen gegen Erde dadurch bestimmen, daß wir die örtlichen Spannungsdifferenzen zwischen der Anfangs- und Endverteilung mit umgekehrtem Vorzeichen dem jeweiligen Wert der Endverteilung hinzufügen. Diese in Abb. 105 gestrichelt eingetragenen Hüllkurven sind sehr aufschlußreich. Sie zeigen, daß bei einem Wert $\sqrt{C_e/C_s} = 10$ im Falle a ein Höchstwert $U_{e\,\text{max}} = 1,47 \, U_s$ bei $x/l \approx 0,16$, im Falle b ein Höchstwert $U_{s\,\text{max}} \approx 2 \, U_s$ am freien Wicklungsende und im Falle c ein Höchstwert $U_{s\,\text{max}} \approx 2 \, U_s$ in der Mitte der Wicklung auftritt.

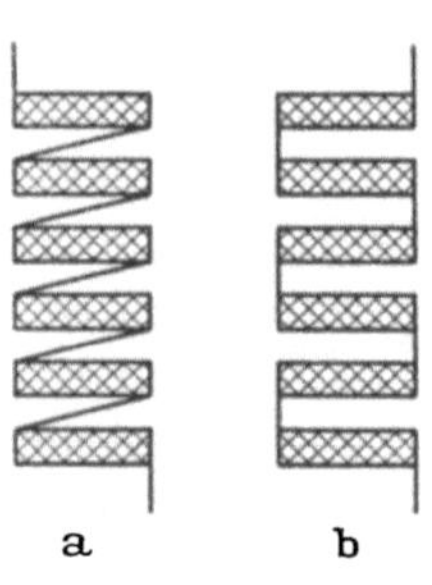

a b

Abb. 106. Schaltungen der Scheibenspulen einer Zylinderwicklung.
a Einzelspulenschaltung,
b Doppelspulenschaltung

Wenn wir die für einen einschenkligen Transformator geltenden Ergebnisse auf einen mehrschenkligen übertragen, so ist zu beachten, daß sämtliche Eingangsklemmen entweder von mindestens annähernd gleichen Stoßspannungen getroffen werden — was bei induzierten Blitzspannungen stets der Fall ist — oder daß bei einem direkten Blitzeinschlag nur eine Eingangsklemme gestoßen wird. In diesem Zusammenhang interessiert natürlich nur der voll isolierte Transformator.

Beginnen wir beim einpoligen Stoß, da sich aus diesem das Verhalten des Transformators bei mehrpoligem Stoß durch Überlagerung von einpoligen Stößen herleiten läßt.

Beim einpoligen Stoß eines mehrschenkligen Transformators liegen die nicht gestoßenen Klemmen über dem Wellenwiderstand der Freileitung an Erde. Als Wellenwiderstand ist hier ein Wert von höchstens $500\,\Omega$ einzusetzen, der vernachlässigbar klein gegenüber der Impedanz der vorgeschalteten Wicklung ist. Infolgedessen können die nicht gestoßenen Schenkel, statt über den Wellenwiderstand, unmittelbar an

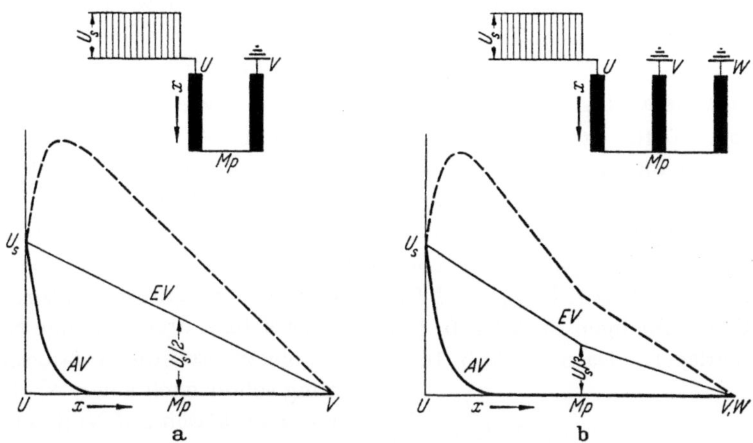

Abb. 107. Anfangsverteilung AV und Endverteilung EV beim einpoligen Stoß mit einer Rechteckspannung für mehrschenklige Transformatoren $(\sqrt{C_e/C_s}=10)$

der Klemme als starr geerdet angesehen werden. Soweit nun die Wicklungsstränge parallel bzw. in Dreieck geschaltet sind, gelten deshalb die Spannungsverteilungen nach Abb. 105 a. Sind die Wicklungsstränge jedoch nach Abb. 107a und b in Reihe oder in Stern geschaltet, so können wir zwar die geradlinige Endverteilung, die beim Drehstrom-Transformator wegen der Parallelschaltung zweier Wicklungsstränge einen Knick im Sternpunkt erfährt, leicht angeben, hinsichtlich der Anfangsverteilung haben wir jedoch zu berücksichtigen, daß eine Reihenschaltung zweier Kapazitätsketten vorliegt. Wir haben uns daher den unmittelbar vom Stoß getroffenen Schenkel am Ende mit einer Ersatzkapazität C belastet vorzustellen, die sich aus der gesamten Erdkapazität C'_e und der resultierenden Reihenkapazität C'_s der übrigen Schenkel für $\sqrt{C'_e/C'_s} > 3$ zu

$$C \approx \sqrt{C'_e/C'_s} \tag{234}$$

errechnet. Damit ergibt sich am unmittelbar gestoßenen Schenkel die

Verteilung der Anfangsspannung aus der Beziehung [27]

$$U_{s(x)} = U_s \frac{\cosh\sqrt{C_e/C_s}\left(1 - \frac{x}{l}\right) + \sqrt{C_e'C_s'/C_eC_s}\,\sinh\sqrt{C_e/C_s}\left(1 - \frac{x}{l}\right)}{\cosh\sqrt{C_e/C_s} + \sqrt{C_e'C_s'/C_eC_s}\,\sinh\sqrt{C_e/C_s}}. \qquad (235)$$

Die Anfangsspannung am Mittel- bzw. Sternpunkt ist demnach

$$U_{s(Mp)} = U_s \frac{1}{\cosh\sqrt{C_e/C_s} + \sqrt{C_e'C_s'/C_eC_s}\,\sinh\sqrt{C_e/C_s}}. \qquad (236)$$

Sind die Wicklungsstränge gleich ausgeführt, so wird beim zweischenkligen Einphasen-Transformator (Abb. 107a) $\sqrt{C_e'C_s'/C_eC_s} = 1$ und beim Drehstrom-Transformator (Abb. 107b) $\sqrt{C_e'C_s'/C_eC_s} = 2$, da zwei Stränge parallel geschaltet sind. Hiermit sind die Anfangsspannungen in Abb. 107 für $\sqrt{C_e/C_s} = 10$ berechnet worden.

Der Spannungsgradient an den von der Stoßspannung unmittelbar getroffenen Wicklungseingängen ist, wie der Vergleich mit Abb. 105a zeigt, unverändert. Aus den Hüllkurven ergibt sich am Mittel- bzw. Sternpunkt ein Spannungshöchstwert $U_{s\,\text{max}} \approx U_s$ beim Einphasen-Transformator bzw. $U_{s\,\text{max}} \approx \frac{2}{3} U_s$ beim Drehstrom-Transformator.

Beim allpoligen Stoß (Abb. 108) sind zwei bzw. drei einpolige Stöße zu überlagern. Da nach Abb. 107 für einpoligen Stoß die Anfangsspannung schon nach einer Weglänge $x < l$ praktisch auf Null gefallen ist, ändert sich der Spannungsgradient an den Wicklungseingängen nur unmerklich. Am Mittel- bzw. Sternpunkt steigt die Anfangsspannung zwar auf das Doppelte bzw. Dreifache, jedoch tritt dies praktisch nicht in Erscheinung, da $U_{s(Mp)}$ nach Gl. (236) verschwindend klein ist. Aus der entsprechenden Addition der Endverteilungen beim einpoligen Stoß ergeben sich für den allpoligen Stoß horizontal verlaufende EV-Gerade. Die Hüllkurven zeigen deshalb am Mittel- bzw. Sternpunkt Spannungshöchstwerte $U_{s\,\text{max}} \approx 2\,U_s$. Bemerkenswert ist die Übereinstimmung mit dem einpoligen Stoß auf eine einseitig offene Schenkelwicklung nach Abb. 105b.

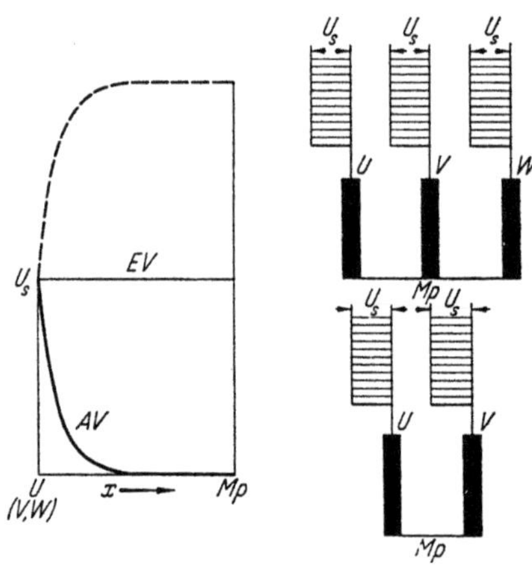

Abb. 108. Anfangsverteilung AV und Endverteilung EV beim allpoligen Stoß mit einer Rechteckspannung für mehrschenklige Transformatoren ($\sqrt{C_e/C_s} = 10$)

Messungen an ausgeführten Transformatoren mit der genormten Stoßspannung 1,2/50 zeigen — abgesehen von einer beachtlichen Minderung des Spannungsgradienten am Wicklungseingang — eine hinreichende Übereinstimmung mit den für Rechteckspannungen berechneten Anfangsverteilungen. Hinsichtlich der Endverteilung und der Hüllkurven ergeben sich jedoch merkliche Abweichungen im Sinne einer Verringerung der höchsten Spannung gegen Erde wegen der im Vergleich zur Rechteckspannung verhältnismäßig kurzen Rückenhalbwertzeit von 50 μs. Eine gewisse Rolle spielt dabei allerdings auch die Dämpfung der Ausgleichschwingungen. Wendet man jedoch Stoßspannungen mit langer Rückenhalbwertzeit an, so wird die Übereinstimmung recht befriedigend, wie das Oszillogramm nach Abb. 109 zeigt. Gleichzeitig erkennt man, daß einer bestimmten Steilheit der an den Wicklungsanfang angelegten Stoßspannung eine geringere Steilheit am Wicklungsende entspricht. Weiterhin besteht bei der normalen zylindrischen Wicklungsanordnung des voll isolierten Transformators die Gefahr eines Über

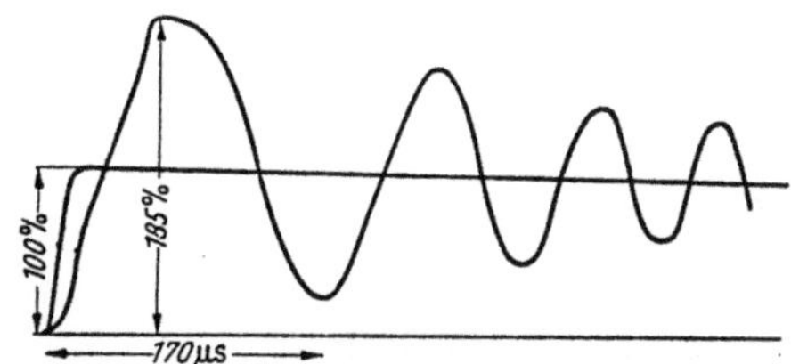

Abb. 109. Sternpunktschwingung beim Auftreffen einer Stoßspannung mit langem Rücken bei dreipoligem Stoß (gemessen an einem 75 kVA-Transformator)

schlages an der Durchführung des Mittel- oder Sternpunktes. Dieser Überschlag verläuft meist harmlos, wenn dort eine zweckmäßig eingestellte Pegelfunkenstrecke angebracht ist und die Spulenisolation des Wicklungsendes gleich der des Wicklungseingangs ist und im Netz nicht bereits ein Erdschluß besteht. Bei Transformatoren mit Stufenschalter im Mittel- oder Sternpunkt ist es jedoch besser, den Mittel- oder Sternpunkt durch Überspannungsableiter zu schützen, da bei einem Überschlag an der Pegelfunkenstrecke der Einstellteil durch eine rückläufige Entladewelle hoch beansprucht werden kann, während beim Ansprechen eines Ableiters diese Gefahr nicht besteht.

Die Amplituden der Ausgleichschwingungen am gestoßenen Transformator lassen sich dadurch vermindern, daß man die verteilte Erdkapazität C_e der Wicklung, welche die erstrebte geradlinige Anfangsverteilung empfindlich stört, kompensiert oder ausschaltet. Ein Beispiel ist der geschildete Transformator der General Electric in USA, der für einpolige Erdung entwickelt wurde. Die in üblicher Weise aus Scheibenspulen aufgebaute zylindrische Oberspannungswicklung wird von einem mit dem Wicklungseingang verbundenen isolierten Schirm umkleidet, dessen axiale Höhe längs des Wicklungsumfanges so abgestuft ist, daß sich ein kapazitives Ersatzschema nach Abb. 110 ergibt. Danach ist der Schild so bemessen, daß bei linearer Spannungsverteilung längs der aus den Scheibenspulen gebildeten Reihenkapazität $C_s = c_s/n$ der in jeder Schenkelhöhe abfließende kapazitive Teilstrom nach Erde durch den vom Schild zufließenden kompensiert wird. Bei sorgfältiger Ausführung gelingt es damit angenähert, Anfangs- und Endverteilung der Stoßspannung zur Deckung zu bringen, so daß der Entstehung von Ausgleichschwingungen der Boden entzogen ist. Dieselbe Wirkung erhält man auch, wenn die Reihenkapazität zwischen wechselspannungsmäßig auseinanderliegenden Windungen bei nahezu gleicher Erdkapazität erhöht wird. Dies ergibt sich, wenn jede Spule einer Scheibenspulenwicklung zweigängig gewickelt und so geschaltet ist, daß sich nach dem ersten

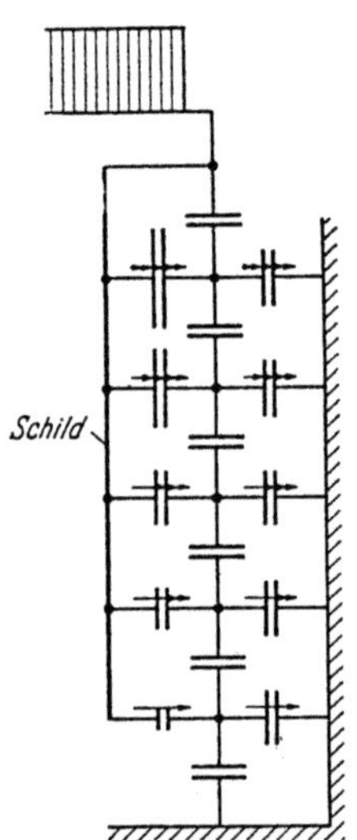

Abb. 110. Ersatzschaltung des geschildeten Transformators der General Electric

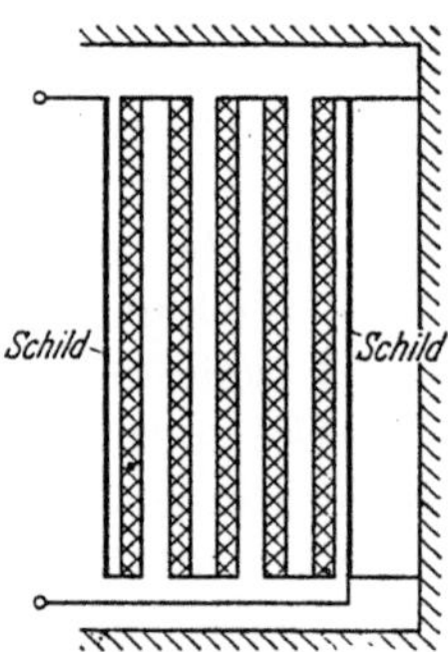

Abb. 111. Geschildete Lagenwicklung

Durchlaufen einer Doppelspule ein nochmaliges Durchlaufen anschließt. Damit kommen Windungen, die mehr als eine Windungsspannung auseinanderliegen, räumlich eng zusammen, wodurch die Reihenkapazität solcher Wicklungen beträchtlich erhöht und damit die Stoßspannungsverteilung verbessert wird. Allerdings verlangen solche Wicklungen einen erhöhten Fertigungsaufwand [149].

Eine ähnliche Wirkung wird mit der geschildeten Lagenwicklung nach Abb. 111 erzielt, die aus konzentrischen, über die Schenkellänge sich erstreckenden Röhrenspulen besteht. Diese auch als „schwingungsfreie Wicklung" bezeichnete Anordnung hat eine im Vergleich zur Reihenkapazität C_s verschwindend kleine verteilte Erdkapazität C_e der Lagenköpfe, so daß bei nicht zu kleiner Lagenzahl eine fast lineare Aufteilung der Anfangsspannung zwischen den Schilden beim Stoß erzielt wird. Gewöhnlich ersetzt man die Schilde durch Lagen geringer Windungszahl, um den Wickelraum besser auszunutzen. Sind die Wick-

lungsstränge in Stern bzw. bei zweischenkligen Einphasen-Transformatoren in Reihe geschaltet und im Stern- bzw. Mittelpunkt nicht starr
geerdet, so muß die Erdkapazität C_0 desjenigen Schildes beachtet werden,
das nicht unmittelbar gestoßen wird. Diese Kapazität bewirkt beim
mehrschenkligen Transformator eine Schwingung des Mittel- bzw. Stern-

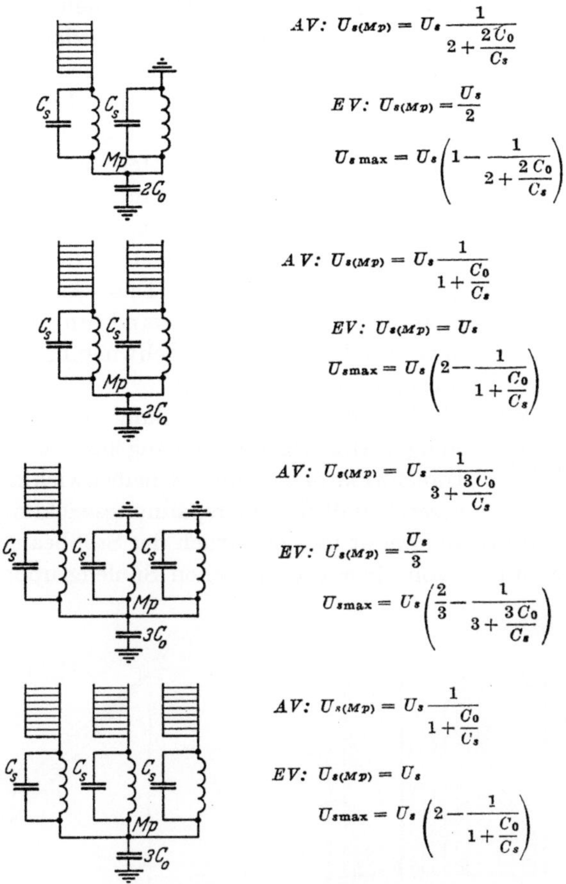

Abb. 112. Mittel- bzw. Sternpunktspannungen an mehrschenkligen Transformatoren bei ein- und
allpoligem Stoß mit Rechteckspannungen

punktes, die dessen Isolation gegen Erde beansprucht. In Abb. 112 sind
die bei ein- und allpoligem Stoß mit Rechteckspannungen sich am Mittel-
bzw. Sternpunkt von zweischenkligen Einphasen-Transformatoren und
von Drehstrom-Transformatoren einstellenden Anfangs- und End-
spannungen und die sich daraus ergebenden höchsten Spannungen gegen
Erde, unter Vernachlässigung der Dämpfung, zusammengestellt. Es
zeigt sich, daß bei allpoligem Stoß die Spannung des Mittel- oder Stern-

punktes gegen Erde ihren Höchstwert erreicht, der sich zu

$$U_{s\,\text{max}} = U_s\left(2 - \frac{1}{1 + \dfrac{C_0}{C_s}}\right) \tag{237}$$

errechnet. Liegt der Mittel- oder Sternpunkt an der innersten Lage der

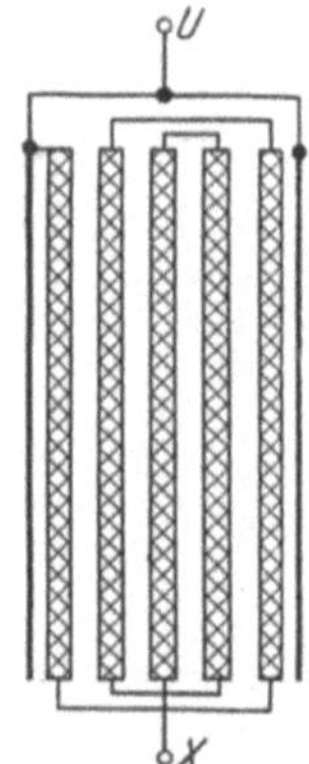

Wicklung, so wird im allgemeinen $C_0 \approx C_s$ sein und damit $U_{s\,\text{max}} \approx 1{,}5\,U_s$. Wenn jedoch der Wicklungseingang an die innerste Lage angeschlossen ist, so wird $C_0 < C_s$ und demnach $U_{s\,\text{max}} < 1{,}5\,U_s$. Diese Anordnung ist also hinsichtlich der Stoßbeanspruchung der Hauptisolation und der Mittel- bzw. Sternpunktdurchführung die günstigere. Man kann indessen die Erdkapazität C_0 auch vollständig eleminieren, indem man die Lagen nach einem Vorschlag von ELSNER [42] etwa gemäß Abb. 113 schaltet. Diese Ausführung erfordert zwar einen höheren Aufwand an innerer Isolation, unterdrückt jedoch die Schwingung des Mittel- oder Sternpunktes vollständig.

Abb. 113. Geschildete Lagenwicklung mit unterdrückter Erdkapazität der letzten Lage

Die an der Lagenwicklung aufgezeigten Stoßspannungsverteilungen gelten angenähert auch für Manteltransformatoren mit Scheibenwicklungen, vorausgesetzt, daß die Oberspannungswicklung eines Schenkels — und auf diese kommt es hinsichtlich der Stoßbeanspruchungen in erster Linie an — von einer geschlossenen Spulengruppe entsprechend

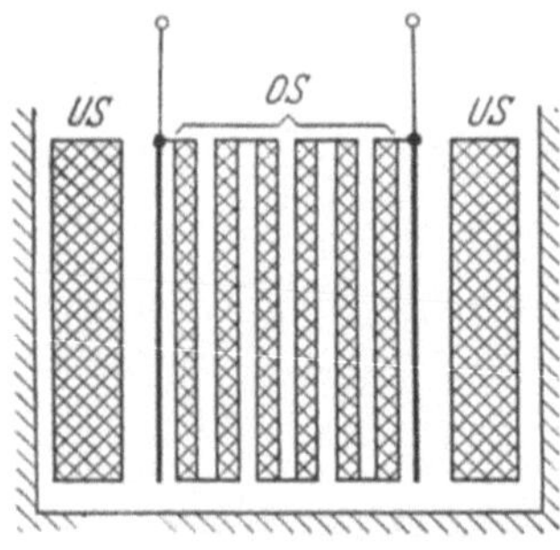

Abb. 114. Manteltransformator mit schwingungsarmer Scheibenwicklung.
OS = Oberspannungswicklung,
US = Unterspannungswicklung

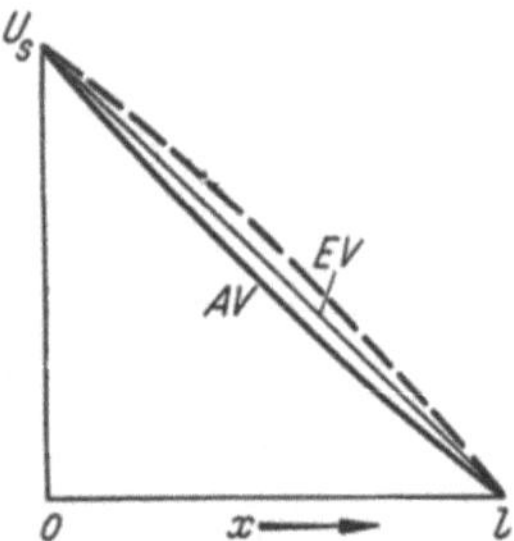

Abb. 115. Anfangsverteilung AV und Endverteilung EV einer einpolig geerdeten Wicklung beim Auftreffen einer Rechteckspannung $(\sqrt{C_e/C_s} = 1)$

Abb. 114 gebildet wird. Die verteilte Erdkapazität C_e der Spulenköpfe ist zwar hier im Verhältnis zur Reihenkapazität C_s im allgemeinen etwas größer, jedoch kann immerhin ein Wert $C_e/C_s = 1$ erreicht werden. In Abb. 115 ist die Anfangs- und Endverteilung beispielsweise für eine einpolig geerdete Wicklung mit $C_e/C_s = 1$ dargestellt. Die erzielte Verbesserung ergibt sich beim Vergleich mit Abb. 105a. Unterteilt man dagegen die Oberspannungsspulengruppen etwa nach Abb. 53, so steigt das Verhältnis C_e/C_s und damit der Durchhang der Kurve der Anfangsspannungen stark an.

5. Die innere Stoßspannungsbeanspruchung der Wicklung

Unter der inneren Stoßspannungsbeanspruchung der Wicklung versteht man, im Gegensatz zu der Stoßspannungsbeanspruchung der Hauptisolation, die zwischen den einzelnen Wicklungsteilen auftretende Beanspruchung. Ihre Kenntnis ist zur Wicklungsdimensionierung unerläßlich.

Die größte Beanspruchung der inneren Isolation tritt bei einem Drehstrom-Transformator im allgemeinen bei einpoligem Stoß auf. Bei Stern-

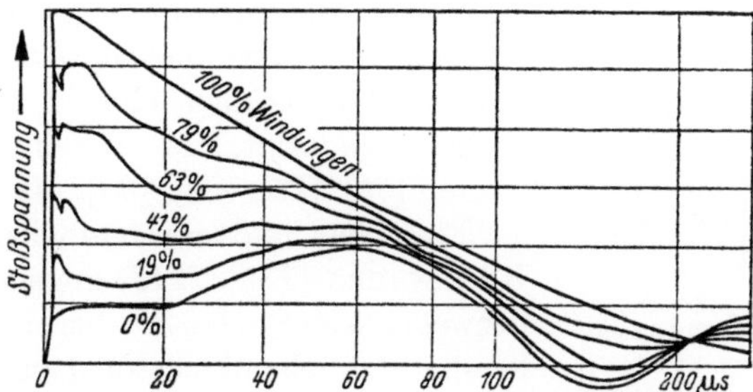

Abb. 116. Oszillogramm einer Lagenwicklung mit isoliertem Sternpunkt bei einpoligem Stoß

schaltung der betreffenden Wicklung ist weiterhin bei vorliegender starrer Sternpunkterdung die Beanspruchung größer als bei isoliertem Sternpunkt. Dies gilt für alle Wicklungsarten, wenn sich diese auch bezüglich ihrer inneren Beanspruchung grundsätzlich unterscheiden.

Bei der Lagenwicklung bestimmt die zwischen den einzelnen Lagen auftretende Lagenbeanspruchung die dort befindlichen Isolationsabstände. Diese Beanspruchung läßt sich bei geschildeten Lagenwicklungen nach Abb. 111 und 113 leicht übersehen, ebenso bei der geschildeten Scheibenwicklung nach Abb. 114. Ist die Lagen- oder Scheibenwicklung nicht oder nur unvollkommen geschildet, so kann jede Lage oder Scheibe für sich einen Durchhang in ihrer Anfangsspannungsverteilung aufweisen, so daß die Lagenbeanspruchung der inneren Isolation nur aus der Erfahrung angegeben werden kann. Abb. 116 zeigt den zeitlichen Verlauf der Stoßspannungen an den einzelnen Lagen eines Drehstrom-Transformators mit Lagenwicklung und isoliertem Sternpunkt bei einpoligem Stoß.

Bei der aus Scheibenspulen aufgebauten Zylinderwicklung, die entweder in Einzel- oder Doppelspulenschaltung nach Abb. 106 ausgeführt werden kann, bestimmt in erster Linie die zwischen den Spulen auftretende Beanspruchung die Dimensionierung der Wicklung. Wie später gezeigt wird, ist für die innere Stoßspannungsbeanspruchung nicht nur die Anfangsverteilung maßgebend, sondern auch die mit steiler Stirn in die Wicklung vorlaufende Ladewelle, die zwischen benachbarten Spulen erhebliche zusätzliche Spannungsdifferenzen hervorruft.

Zur Bestimmung der zwischen den Wicklungsteilen auftretenden Stoßbeanspruchungen kann man sich der Methode der „stehenden Wellen" bedienen Diese geht aus von der Zerlegung der Differenzfläche zwischen der Anfangs- und Endverteilung in die räumlichen Eigenschwingungen der Wicklungen. Die Berechnung der Frequenzen dieser Eigenschwingungen ist jedoch unsicher, da nicht nur die Selbstinduktivität der Wicklungsteile, sondern auch ihre gegenseitige Induktivität zu berücksichtigen sind. Man ist deshalb genötigt, zu Vereinfachungen zu greifen [26], [27], [32], [33], [39], [134].

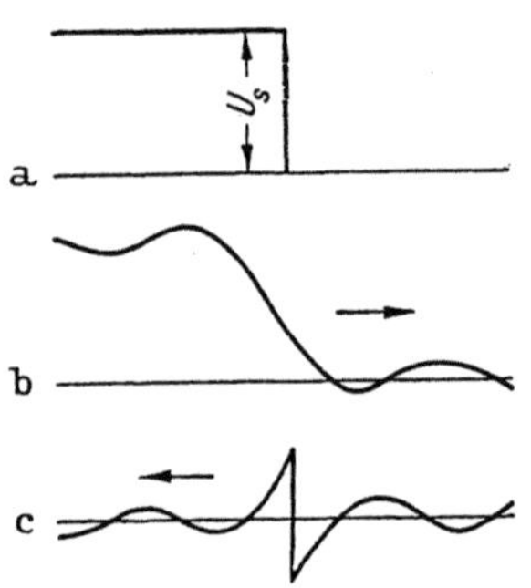

Abb. 117. Zerlegung der Rechteckspannung nach RÜDENBERG.
a Rechteckspannung, b einziehende Wanderwelle, c reflektierte Welle

Einfacher und anschaulicher ist die von RÜDENBERG [117], [118] angegebene „Wanderwellen"-Methode. Sie beruht auf der Zerlegung der Rechteckstoßspannung in eine Wanderwelle und eine Welle unendlich steiler Stirn nach Abb. 117. Die letztere wird reflektiert und bestimmt die Anfangsverteilung der Spannung, während die Wanderwelle — sofern ihre Frequenz unter einem kritischen Wert liegt — in die Wicklung einzieht. Dies ist der Fall, wenn die Zerlegung so vorgenommen wird, daß die Stirn der Wanderwelle eine Länge $s = \pi X$ erreicht. X wird als Wegkonstante bezeichnet und ergibt sich aus

$$X = \frac{l}{\sqrt{C_e/C_s}}.$$ (238)

worin l die gesamte Leiterlänge der Wicklung in m bezeichnet. Den Ausdruck $\sqrt{C_e/C_s}$ hatten wir in Abschn. IV, 4 bereits kennengelernt. Dann ist bei einer einpolig geerdeten Wicklung nach einer Leiterstrecke x [m], vom Wicklungseingang bis zu der betrachteten Spule gerechnet, die von der Anfangsverteilung herrührende Spannung dieser Spule mit der Leiterlänge Δx

$$\Delta U_s' = U_s \frac{\Delta x}{2X} e^{-x/X}$$ (239)

und die von der Wanderwelle erzeugte Spulenspannung

$$\Delta U''_s = U_s \frac{\Delta x}{\pi X} k. \tag{239a}$$

Der Dämpfungsfaktor k ist eine Funktion von $\frac{x}{X} = \frac{x}{l}\sqrt{C_e/C_s}$ und kann

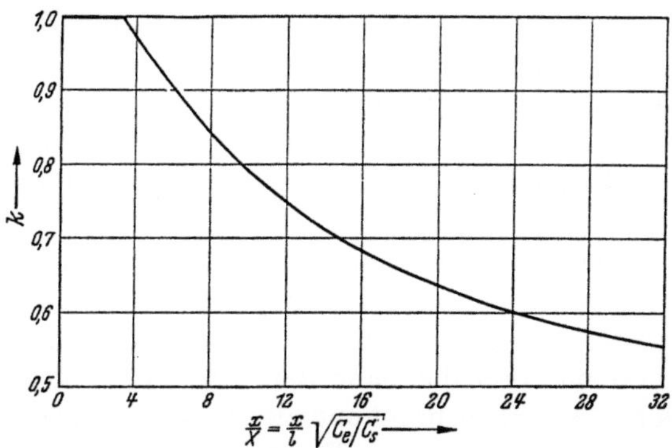

Abb. 118. Dämpfungsfaktor k der einziehenden Wanderwelle als Funktion von $\frac{x}{l}\sqrt{C_e/C_s}$
nach NORRIS

Abb. 118 entnommen werden. Die Summe $\Delta U'_s + \Delta U''_s = \Delta U_s$ ergibt die höchste Stoßspannungsdifferenz an der Spule.

NORRIS [104] empfiehlt, die Konstanten in den Gln. (239) und (239a) so zu erhöhen, daß

$$\Delta U_s = U_s \frac{\Delta x}{X} (0,6 e^{-x/X} + 0,4 k) \tag{240}$$

wird. Um dieses Ergebnis leichter übersehen zu können, nehmen wir an, daß die Wicklung mit w Windungen stetig und sehr fein unterteilt sei und erhalten dann eine Stoßspannung je Windung

$$e_s = U_s/w \cdot \sqrt{C_e/C_s} \,(0,6 e^{-\frac{x}{l}\sqrt{C_e/C_s}} + 0,4 k), \tag{241}$$

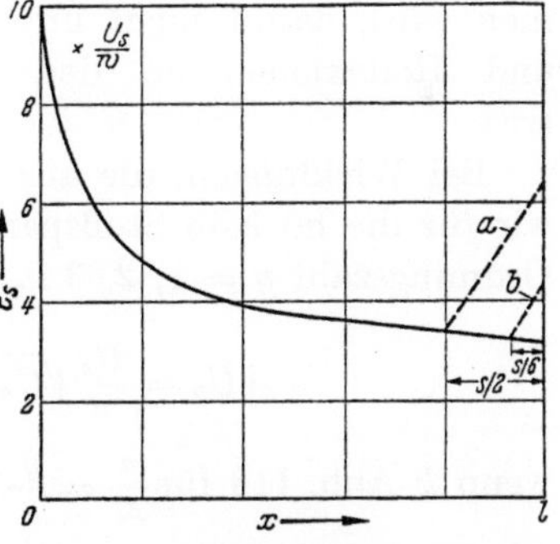

Abb. 119. Höchste Beanspruchung zwischen zwei benachbarten Windungen einer normalen Zylinderwicklung mit $\sqrt{C_e/C_s} = 10$.

a Wicklungsende starr geerdet, b Sternpunkt isoliert (einpoliger Stoß)

deren Betrag als Funktion von x in Abb. 119 für $\sqrt{C_e/C_s} = 10$, d. h. für die durchschnittlichen Verhältnisse einer normalen Zylinderwicklung, aufgetragen ist.

Gl. (214) und Abb. 119 bedürfen hinsichtlich des geerdeten Wicklungsendes jedoch einer Korrektur, da die dort mit einer Stirnlänge

$$s = \frac{\pi X}{k} = \frac{\pi l}{k\sqrt{C_e/C_s}} \tag{242}$$

auftreffende Wanderwelle mit gleicher Geschwindigkeit reflektiert wird. Die Stirnsteilheit wird dabei am Wicklungsende verdoppelt, geht aber auf diejenige der ursprünglichen Welle zurück, wenn die gegenläufige Welle einen Weg $s/2$ zurückgelegt hat. In diesem Abstand von dem Leiterende beginnt also die Windungsbeanspruchung allmählich nach dem Ende hin bis zum doppelten Wert anzusteigen. Für $\sqrt{C_e/C_s} = 10$ entnehmen wir Abb. 118 mit $x = l$ einen Betrag des Dämpfungsfaktors $k = 0,79$ und erhalten damit einen Abstand $s/2$, der rd. 20% der gesamten Leiterlänge beträgt. Die mit der Reflexion der Wanderwelle verbundene starke Erhöhung der Windungsspannung im Bereich von 0,8 bis 1,0 l ist in Abb. 119 gestrichelt eingezeichnet.

Die Beanspruchungskurve aus Abb 119, die unter der Voraussetzung einer Rechteckspannung für benachbarte Windungen abgeleitet wurde, gilt grundsätzlich auch für die Beanspruchung der Spulenisolation. Man erkennt, daß die nahe dem Stoßpunkt gelegenen Spulen eine erheblich größere Beanspruchung als die weiter entfernten erfahren. Diese erhöhte Beanspruchung der Eingangsspulen läßt sich durch verschiedene Maßnahmen, wie Reduzierung der Windungszahlen, verbesserte Ankoppelung mittels eines Schirmringes, mildern. Im allgemeinen müssen jedoch die Eingangsspulen infolge der größeren Beanspruchung eine höhere Isolationsfestigkeit als die weiter innen liegenden Spulen aufweisen. Dabei ist darauf zu achten, daß der Übergang von den Spulen höherer Isolationsfestigkeit zu den folgenden möglichst stetig vorgenommen wird, damit nicht infolge Abnahme der gegenseitigen Kapazität und Reflexionen an den Übergängen eine Verschlechterung eintritt.

Bei Wicklungen, die aus n gleichen Einzelspulen bestehen, können wir für die höchste Stoßspannungsdifferenz, die auf die Spule mit der Ordnungszahl $y = 1, 2, 3 \ldots n$ entfällt, gemäß Gl. (240) schreiben

$$\Delta U_s = \frac{U_s}{n} \sqrt{C_e/C_s}\, (0,6\, e^{-\frac{y-1}{n}\sqrt{C_e/C_s}} + 0,4\, k), \qquad (243)$$

wenn k Abb. 118 für $\dfrac{n}{X} = \dfrac{y-1}{x}\sqrt{C_e/C_s}$ entnommen wird.

Wie Messungen gezeigt haben, sind die zwischen den Einzelspulen auftretenden Stoßspannungen bei Doppelspulenschaltung nach Abb. 106b gleich der Summe der Spannungsdifferenzen, die auf je zwei benachbarte Einzelspulen fallen.

Vorstehende Betrachtungen gelten für Schenkelwicklungen, die einpolig starr geerdet sind. Sie können auf mehrschenklige Einphasen- oder Drehstrom-Transformatoren ohne weiteres angewendet werden, wenn bei Reihen- oder Sternschaltung der Schenkelwicklungen der Mittel- oder Sternpunkt starr geerdet ist, desgleichen bei Parallel- bzw. Dreieckschaltung für den Fall des einpoligen Stoßes. Beim allpoligen Stoß auf parallel oder in Dreieck geschaltete Wicklungsstränge gilt spiegelbildlich für jede Hälfte einer Schenkelwicklung Gl. (240) bzw. (241) mit den Grenzen $x = 0$ und $x = l/2$ (Abb. 120). Ist bei Reihenschaltung zweier Schenkelwicklungen der Mittelpunkt isoliert, so tritt an diesem bei einpoligem Stoß keine Reflexion der Wanderwelle auf, weil der Wellenwiderstand sich am Mittelpunkt nicht ändert. Sind die Schenkelwicklungen jedoch in Stern geschaltet, so entsteht bei einpoligem Stoß am Sternpunkt eine gegenläufige Welle, deren Höhe ein Drittel der dort ankommenden Welle beträgt, während zwei Drittel auf die Nachbarschenkel übergehen, die für die Wanderwelle parallel geschaltet sind. Die mit der Reflexion verbundene Erhöhung der Windungsbeanspruchung auf das 1,33 fache am sternpunktseitigen Ende der unmittelbar ge-

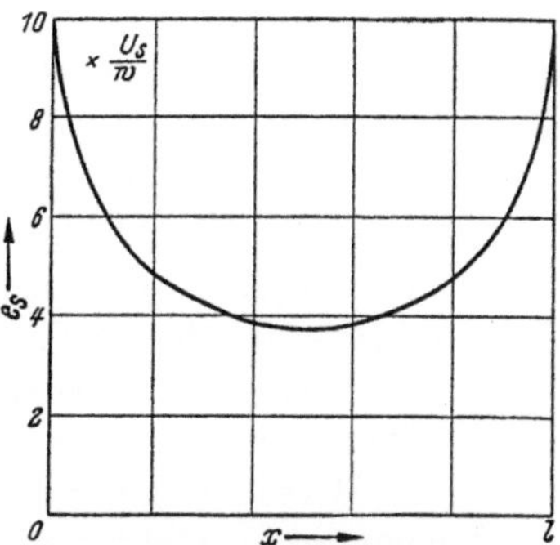

Abb. 120. Höchste Beanspruchung zwischen zwei benachbarten Windungen einer zylindrischen Schenkelwicklung mit $\sqrt{C_e/C_s} = 10$ bei zweipoligem Stoß

stoßenen Schenkelwicklung klingt auf Null ab, wenn die gegenläufige Welle eine Strecke gleich einem Sechstel der Stirnlänge zurückgelegt hat. Die Windungsbeanspruchungen in der Nähe des Sternpunktes sind also, wie Abb. 119 zeigt, geringer, wenn dieser nicht geerdet, sondern isoliert ist. Beim allpoligen Stoß steigt sowohl beim Einphasen- als auch beim Drehstrom-Transformator die Windungsbeanspruchung am isolierten Mittel- oder Sternpunkt nicht an, da hierbei keine Vergrößerung der Steilheit der anlaufenden Welle eintritt.

Da den Ableitungen eine Rechteckspannung zugrunde liegt, ist mit einer merklichen Verminderung der Beanspruchung bei einer Stirnzeit von 1,2 μs zu rechnen. Im praktischen Betrieb können jedoch äußere Überschläge und somit abgeschnittene Stoßspannungen mit fast senkrechter Stirn auftreten. Aus diesem Grunde ist es nicht angezeigt, die Abflachung der Stirn in Rechnung zu setzen. Darauf hinzuweisen ist jedoch, daß bei abgeschnittenen Stoßspannungen die im Moment des Spannungszusammenbruchs auftretenden Beanspruchungen kürzer als bei einer Spannung mit endlichem Rücken sind.

Erwähnenswert ist noch, daß die Stoßspannungsverteilung eines Transformators durch Messungen an Modellen bestimmt werden kann. Solche Transformatormodelle bestehen aus einer verkleinerten geometrischen Nachbildung des Wicklungsaufbaus des Originaltransformators, sowie einer Nachbildung der Wicklungskapazitäten unter Berücksichtigung von bestimmten Maßstabsfaktoren [142].

6. Die Bedeutung und Berechnung des Ausdruckes $\sqrt{C_e/C_s}$

Wie aus Abschn. IV, 4 und 5 hervorgeht, wird die Verteilung der Anfangsspannung und ebenso auch die innere Wicklungsbeanspruchung entscheidend vom Verhältnis der Erdkapazität zur Reihenkapazität der Wicklung beeinflußt. Dieses Verhältnis allein bestimmt die relative Verteilung der Spannungen gegen Erde und zwischen den Spulen für die jeweils in Betracht zu ziehende Schaltung, wenn wir eine Rechteckspannung zugrunde legen. Die Höhe der Stoßspannung ist auf die relative Verteilung ohne Einfluß. Die Absolutwerte der Beanspruchungen sind indessen der ankommenden Spannung proportional. Man kann also mit dem KO unter Anwendung von niedrigen Stoßspannungen, aber geeigneter Form, die Rechnung kontrollieren und insbesondere bei komplizierten Wicklungsanordnungen, bei denen einfache Rechnungen nicht zum Ziele führen, das Experiment zur Ermittlung der Stoßbeanspruchungen heranziehen. Solche Versuche können, der Bequemlichkeit halber, auch an den Wicklungen für Öltransformatoren in Luft ausgeführt werden, sofern der Ausdruck $\sqrt{C_e/C_s}$ sich nur unbedeutend ändert, wenn das Dielektrikum Öl durch Luft ersetzt wird. Dies ist der Fall, wenn die auf die Gesamtabstände bezogenen Ölanteile der Isolationen gegen Erde und zwischen den Spulen einander gleich sind und die festen Isolierstoffe hinsichtlich ihrer Dielektrizitätskonstanten übereinstimmen. In den meisten Fällen wird dies angenähert zutreffen.

Bei der Berechnung der Erdkapazität C_e kann man auch bei Zylinderwicklungen die Formel für einen Plattenkondensator benützen, da selbst mit einem Durchmesserverhältnis $1:1{,}5$ der Fehler nur $+1\%$ beträgt. Diese Formel lautet:

$$C = \frac{A}{4\,\pi\left(\dfrac{a'}{\varepsilon'} + \dfrac{a''}{\varepsilon''} + \dfrac{a'''}{\varepsilon'''} + \ldots\right)} \quad [\text{cm}]. \tag{244}$$

Hierin bezeichnen a', a'', a''' die Dicken der einzelnen Isolierschichten in cm mit den Dielektrizitätskonstanten ε', ε'', ε''', aus denen sich die Isolierung zusammensetzt. Man kann mit folgenden Werten von ε rechnen:

$$
\begin{array}{lll}
\text{Öl} & \varepsilon = 2{,}3 & \\
\text{Papier} & \varepsilon = 3{,}2 & \left.\right\}\ \text{unter Öl} \\
\text{Preßspan} & \varepsilon = 4{,}5 & \\
\text{Hartpapier} & \varepsilon = 4{,}5 \ldots 5 &
\end{array}
$$

Für A ist die der benachbarten Wicklung der anderen Spannungsseite zugekehrte Wicklungsoberfläche in cm² einzusetzen, wobei für Zylinderspulen die gesamte axiale Wicklungshöhe und der mittlere Umfang der zusammengesetzten Isolierung in Ansatz zu bringen sind. Dabei wird angenommen, daß die andere Wicklung geerdet sei, was dem ungünstigsten Fall entspricht. Befinden sich auf der entgegengesetzten Seite der gestoßenen Wicklung ebenfalls geerdete Teile, z. B. der Eisenkern oder eine weitere, als geerdet zu betrachtende Wicklung, so ist für die entsprechende zusammengesetzte Isolierung die Rechnung in gleicher Weise durchzuführen und der damit erhaltene zweite Kapazitätswert dem ersten zuzuschlagen. Bei der äußeren Zylinderwicklung einer einfach konzentrischen Anordnung kann der Einfluß der Kesselwand durch einen Zuschlag von 10 bis 20% berücksichtigt werden.

Ist die Isolierung längs des Wicklungsumfangs nicht gleichartig, sind also z. B. in einem Ölkanal zur Sicherung des Wicklungsabstandes Leisten aus Preßspan oder Hartpapier angeordnet, so werden die Teilkapazitäten der Umfangsabschnitte getrennt bestimmt und schließlich addiert.

Die Berechnung der gegenseitigen Kapazität der einzelnen Spulen einer Wicklung erfolgt in analoger Weise mit Hilfe der Gl. (244). A ist in diesem Falle die aus dem mittleren Spulenumfang und der Spulenbreite ermittelte Fläche in cm². Abstandstücke zwischen den durch Ölkanäle getrennten Spulen sind auch hier zu berücksichtigen. Sie erhöhen die Kapazität beträchtlich. Aus der gegenseitigen Spulenkapazität c_s erhält man die resultierende Reihenkapazität C_s der Wicklung nach

$$C_s = \frac{c_s}{n-1}, \tag{245}$$

wenn n die Zahl der Einzelspulen bezeichnet.

Zweifellos haftet der Berechnung von C_e und C_s eine gewisse Unsicherheit an. Da diese Werte jedoch unter der Wurzel als Verhältnis erscheinen, bleibt die Auswirkung entstehender Fehler in tragbaren Grenzen.

7. Übertragung der Stoßspannung auf die Unterspannungsseite des Transformators

Die auf die Oberspannungsseite des Transformators auftreffende Stoßspannung wird zu einem bestimmten Teil auf die Unterspannungsseite übertragen. Ganz allgemein setzt sich diese übertragene Überspannung aus je einem durch kapazitive und induktive Kopplung hervorgerufenen Anteil zusammen. — Durch kapazitive Übertragung wird im Moment des Auftreffens der Stoßspannung auf die Oberspannungswicklung der Unterspannungswicklung eine Anfangsspannungsverteilung aufgezwungen, die sich nach dem Kapazitätsverhältnis zwischen der Ober- und Unterspannungswicklung bzw. der Erdkapazität der Unterspannungswicklung unter Berücksichtigung der unterspannungsseitigen Belastung richtet. Im allgemeinen ist der kapazitiv übertragene Überspannungsanteil nur dann von Bedeutung, wenn die Unterspannungsklemmen unbelastet sind. Im Betriebsfall des Transformators, bei dem stets auf der Unterspannungsseite Kabel oder Sammelschienen angeschlossen sind, reicht deren Kapazität im allgemeinen aus, um die kapazitiv übertragene Stoßspannung auf erträgliche Werte abzusenken [40], [126].

Die induktiv übertragenen Spannungen werden während des Ausgleichvorganges der Oberspannungsseite auf die Unterspannungsseite übertragen. Sie hängen unmittelbar vom Übersetzungsverhältnis ab und sind durch äußere Belastung der Unterspannungsklemmen wenig zu beeinflussen.

Nachdem sowohl durch den kapazitiv als auch durch den induktiv übertragenen Anteil der Unterspannungswicklung ein bestimmter Span-

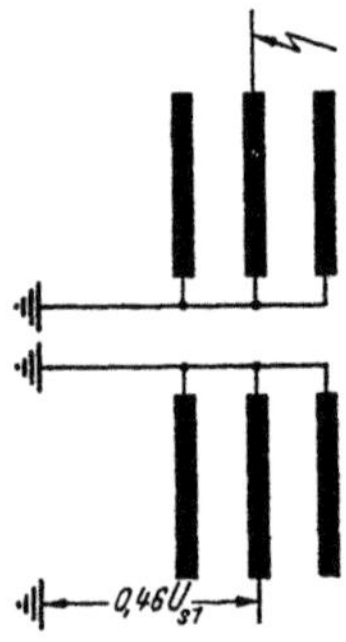

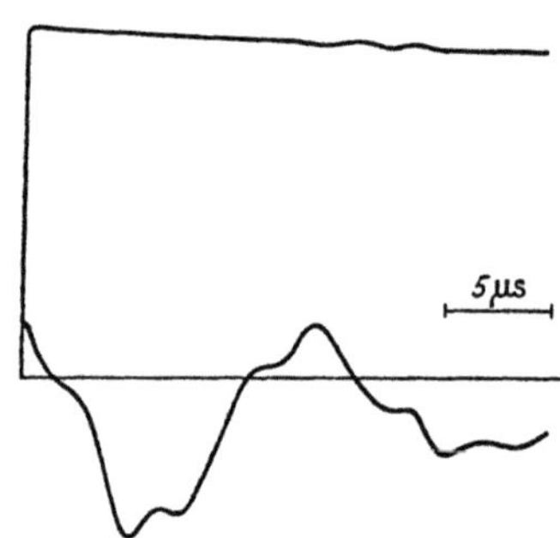

Abb. 121. Auf die Unterspannungsseite übertragene Stoßspannung, gemessen bei einer anlaufenden Stoßspannung 0,25/233 μs. Transformator: 1800 kVA, 30/1 kV

Abb. 122. Oszillogramm der anlaufenden und übertragenen Stoßspannung gemäß Abb. 121

nungsverlauf aufgezwungen wurde, schwingt diese schließlich in ihre Endverteilung gemäß ihrem Schaltungszustand ein.

Der Scheitelwert der auf die Unterspannungswicklung übertragenen Stoßspannung hängt, außer von der Form und Höhe der oberspannungsseitig anlaufenden Welle, von dem Windungsübersetzungsverhältnis, der geometrischen Anordnung beider Wicklungen und dem Schaltungszustand ab. Es ist durchaus möglich, daß bei großem Übersetzungsverhältnis des Transformators die auf die Unterspannungsseite übertragene Stoßspannung Werte erreicht, die nahe dem Isolationspegel der Unterspannungsseite liegen oder diesen in ungünstigen Fällen sogar überschreiten [143].

Ein extremes Beispiel zeigt Abb. 121, das sich auf einen normalen Drehstrom-Transformator mit einer Nennleistung von 1800 kVA und einer Übersetzung 30/1 kV bezieht. Oberspannungsseitig wurde mit einer nahezu rechteckigen Spannung 0,25/233 μs gestoßen. Dabei erreichte die auf die Unterspannungsseite übertragene Stoßspannung in der angegebenen Schaltung bei offenen Ausgangsklemmen 46% des

Scheitelwertes der angelegten Stoßspannung. Das zugehörige Oszillogramm ist in Abb. 122 dargestellt.

Einen gewissen Schutz für die Unterspannungsseite des Transformators bieten oberspannungsseitig angeordnete Überspannungsableiter, da sie die anlaufenden Überspannungen auf einen Wert entsprechend dem Schutzpegel begrenzen, was zur Folge hat, daß auch die auf die Unterspannungswicklung übertragenen Überspannungen im gleichen Ausmaß zurückgehen. Reicht diese Maßnahme noch nicht aus, so empfiehlt es sich, auch auf der Unterspannungsseite zweckmäßig bemessene Überspannungsableiter anzuordnen.

V. Die Belastbarkeit

Im allgemeinen werden die Transformatoren für Dauerbetrieb ausgeführt, d. h. sie können bei Nennspannung auf der Eingangsseite und der Nennfrequenz den Nennstrom der Ausgangsseite beliebig lange Zeit hergeben, ohne sich unzulässig zu erwärmen. Ein solcher idealisierter Betrieb wird der Auslegung zugrunde gelegt, obwohl er am Aufstellungsort nur selten verwirklicht wird. Die Strombelastung vor allem schwankt gewöhnlich beträchtlich, die Eingangsspannung dagegen nur in geringem Ausmaße.

Bei der Festlegung der Nennspannung der Eingangsseite ist zu berücksichtigen, daß eine Überhöhung der Spannung eine entsprechende Induktionssteigerung zur Folge hat, die vom Transformator mit einer Zunahme der Eisenverluste, des Leerlaufstromes und seiner Oberschwingungen sowie seiner Geräusche beantwortet wird. Die Eisenverluste wachsen meistens etwas mehr als quadratisch mit der Induktion, der Leerlaufstrom und seine Oberschwingungen in ungleich stärkerem Maße, die Geräusche steigen merklich an. Fällt dagegen die Betriebsspannung auf der Eingangsseite unter den Betrag der Nennspannung, so muß eine Senkung der übertragenen Leistung in Kauf genommen werden. Die von der Isolationsabstufung abhängende Betriebssicherheit verlangt andererseits, daß die gewählte Nennspannung im Einklang mit der Reihenspannung der Anlage steht. Liegt sie mindestens 5% unter der dauernd zulässigen Betriebsspannung, die der Reihenspannung zugeordnet ist, so soll nach VDE 0532 der Transformator bei Betriebsspannungen, die $\pm 5\%$ von der Nennspannung abweichen, die gleiche Leistung wie bei Nennbetrieb abgeben können. Dabei wird bei einer Senkung der Betriebsspannung um 5% gegenüber der Nennspannung und einer entsprechenden Steigerung des Ausgangsstromes um 5% über den Nennstrom hinaus eine Übertemperatur zugelassen, die 5° über dem normalerweise erlaubten Wert liegt. Hieraus folgt, daß größere Schwankungen der Betriebsspannung durch entsprechende Einstellung der

Windungszahl auf der Eingangsseite ausgeglichen oder ein Transformatorentyp mit größerer Leistung gewählt werden muß, der bei der mittleren Betriebsspannung mit verringerter Induktion arbeitet. Beides zieht eine Verteuerung des Transformators nach sich. Der Mehraufwand steigt, wenn auch bei der niedrigsten Betriebsspannung noch die volle Leistung gefordert wird.

Schwankt die Strombelastung in einem regelmäßigen Rhythmus, so kann der Transformator nach Maßgabe seiner thermischen Zeitkonstanten zeitweise überlastet werden, wenn der Lastspitze jeweils eine ausreichende Unterlastung von solcher Dauer vorausgeht, daß die zulässigen Übertemperaturen während der Überlastung nicht überschritten werden. Diese Vorgänge lassen sich sowohl rechnerisch als auch durch Messung verfolgen. Soweit die Überwachung durch thermische Abbilder erfolgt und die Belastung nach ihnen geregelt wird, sollte jedoch mit Rücksicht auf die Lebensdauer der Isolation die Grenztemperatur entsprechend der Summe aus der zulässigen Übertemperatur und einer Kühlmitteltemperatur von höchstens 20 °C festgelegt werden, da den vom VDE festgelegten Übertemperaturgrenzen die jahreszeitlich bedingten Temperaturschwankungen der Umgebung zugrunde liegen, also den Umstand berücksichtigen, daß Umgebungstemperaturen von mehr als 20 °C nur vorübergehend in der wärmeren Jahreszeit auftreten.

1. Die Leistungsdefinition

Unter dem Nennbetrieb eines Transformators wird eine Belastung mit dem Nennstrom auf der Ausgangsseite verstanden, wenn auf der Eingangsseite eine Spannung gleich der Nennspannung angelegt wird und die Frequenz dem Sollwert entspricht. Die Ausgangsleistung gleicht dabei dem Produkt aus Vollastspannung und Nennstrom, das bei Mehrphasen-Transformatoren mit dem Phasenfaktor, z. B. $\sqrt{3}$ bei Drehstrom, zu multiplizieren ist. Die Vollastspannung unterscheidet sich von der dem Leerlaufbetrieb entsprechenden Nennspannung um die vom Laststrom hervorgerufene Spannungsänderung, die vom Leistungsfaktor $\cos\varphi_2$ des Stromverbrauchers abhängig, also gegebenenfalls im Betriebe Schwankungen unterworfen ist. Die Eingangsleistung des Transformators ergibt sich als Produkt aus der Nennspannung und dem Eingangsstrom. Dieser setzt sich geometrisch zusammen aus dem auf die Eingangsseite umgerechneten Nennstrom der Ausgangsseite und dem Leerlaufstrom. Bei Mehrphasen-Transformatoren ist natürlich ebenfalls der Phasenfaktor zu berücksichtigen. Die Dauer des Nennbetriebes schließlich ist nur bei solchen Transformatoren begrenzt, die für kurzzeitigen Betrieb gebaut sind.

Da die vom Leerlaufstrom verursachte Spannungsänderung im allgemeinen vernachlässigbar klein ist (vgl. Abschn. II), gilt Gl. (8) mit

ausreichender Genauigkeit für alle Wicklungen. Demgemäß läßt sich —
unabhängig von der jeweiligen Energierichtung — für das Verhältnis
der Nennspannungen schreiben:

$$U_{n1}/U_{n2} = w_1/w_2. \tag{246}$$

Bei der Festlegung der Nennströme wird die vom Leerlaufstrom
bewirkte Stromänderung außer Betracht gelassen, d. h. man setzt den
Leerlaufstrom gleich Null. In diesem Falle müssen sich die Durchflutungen der Eingangs- und Ausgangsseite zu Null ergänzen. Die Nennströme erfüllen daher die Bedingung

$$I_{n1}w_1 - I_{n2}w_2 = 0. \tag{247}$$

Auch diese Vereinfachung bringt den Vorteil, die Energierichtung
an dem betrachteten Transformator offenzulassen. Aus den Gln. (246)
und (247) ergeben sich folgende Beträge für die fiktive Scheinleistung

$$U_{n1}I_{n1} = U_{n2}I_{n2}. \tag{248}$$

die unter Berücksichtigung des Phasenfaktors als Nennleistung P_n
bezeichnet werden. Mit der durch den Strom I_{n2} bei einem Leistungsfaktor $\cos\varphi_2$ bewirkten bezogenen Spannungsänderung u_φ und der vom
Leerlaufstrom verursachten bezogenen Stromänderung i_φ, die ihrerseits
ebenfalls vom Leistungsfaktor abhängt, erhalten wir bei Nennbetrieb
eine Vollastspannung

$$U_2 = U_{n2}\left(1 - \frac{u_\varphi}{100\,\%}\right) \tag{249}$$

und einen Eingangsstrom

$$I_1 = I_{n1}\left(1 + \frac{i_\varphi}{100\,\%}\right). \tag{250}$$

Demnach ergibt sich bei Nennbetrieb eine Ausgangsleistung

$$P_2 = P_n\left(1 - \frac{u_\varphi}{100\,\%}\right) \tag{251}$$

und eine Eingangsleistung

$$P_1 = P_n\left(1 + \frac{i_\varphi}{100\,\%}\right). \tag{252}$$

Dabei ist angenommen, daß der Belastungsstrom der Spannung nicht
oder nur wenig voreilt. Bei stärker voreilendem Strom können u_φ und
i_φ negativ werden.

Die Spannungs- und Stromänderungen ergeben sich aus dem in Abb. 123
dargestellten Zeigerdiagramm der Wicklungsstränge eines Schenkels. In
diesem ist der Einfachheit halber ein Windungsübersetzungsverhältnis
1 : 1 angenommen, da die relativen Änderungen der Spannung und des
Stromes vom Übersetzungsverhältnis nicht berührt werden. Beim Auf-

tragen der Gesamtspannungsfälle U_R und U_X ist der Winkel zwischen
Ein- und Ausgangsstrom vernachlässigt worden, so daß sich eine Zerlegung in ihre auf die Ein- und Ausgangswicklung entfallenden Anteile
erübrigt. Dementsprechend sind U_R parallel und U_X senkrecht zu I_{n2}
eingezeichnet. Dieses Diagramm, in dem die Kurzschlußspannung U_K,
ihre Wirkkomponente U_R, ihre Blindkomponente U_X (Streuspannung)
sowie der Grundschwingungsanteil I_{01} des Leerlaufstromes übertrieben
groß eingezeichnet sind, gilt für Nennbetrieb mit um den Winkel φ_2
nacheilendem Strom. Der Phasenwinkel zwischen der senkrecht auf dem
Fluß Φ stehenden EMK E und I_{01} entspricht dem Leistungsfaktor

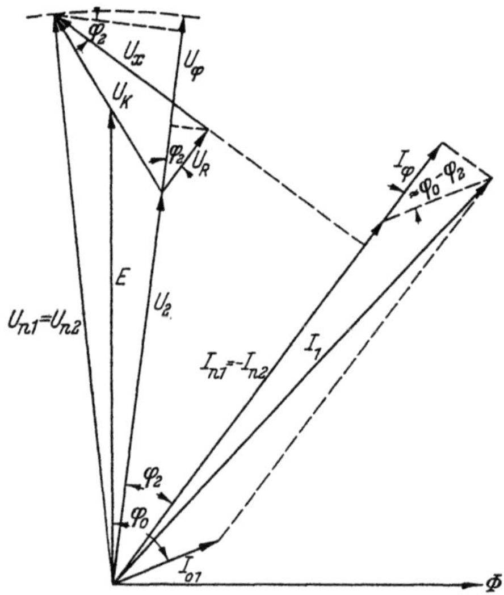

Abb. 123. Vereinfachtes Zeigerdiagramm der Wicklungsstränge eines Schenkels

$\cos\varphi_0$, der sich aus Gl. (5) unter
Berücksichtigung der Stoßfugen
(Abschn. I, 2) des Eisenkreises zu

$$\cos\varphi_0 = V_{\mathrm{Fe}}/P_{01} \qquad (253)$$

ergibt. Der vom Leerlaufstrom
in der Eingangswicklung erzeugte Stromwärmeverlust ist
so gering, daß er gegenüber dem
Eisenverlust V_{Fe} verschwindet.
P_{01} ist die mit der Grundschwingung des Leerlaufstromes ermittelte Leerlauf-Scheinaufnahme des Transformators. Sie entspricht dem Magnetisierungsbedarf des Eisenweges einschließlich seiner Verbindungsstellen, vermindert um die kapazitive Leistungsaufnahme der

Wicklung. Die letztere spielt im allgemeinen nur bei Prüftransforma-
toren und Spannungswandlern hoher Betriebsspannung eine merkliche
Rolle, kann also gewöhnlich vernachlässigt werden. Der Spannungszeiger E liegt etwa in der Mitte zwischen den Zeigern U_{n1} und U_{n2}, weil
die Anteile der Eingangs- und Ausgangswicklung am Wirk- und Blindspannungsfall angenähert gleich sind.

Aus dem Diagramm erhält man für die Spannungsänderung U_φ die
Gleichung

$$U_\varphi = U_X \sin\varphi_2 + U_R \cos\varphi_2 + U_{n1} - \sqrt{U_{n1}^2 - (U_X \cos\varphi_2 - U_R \sin\varphi_2)^2} \qquad (254)$$

Drückt man die Spannungsänderung und dementsprechend die Wirk-
und Blindspannungsfälle in Prozenten der Nennspannung U_{n1} aus,
so ergibt sich, wenn die rechte Seite der Gleichung nach einer Reihe

entwickelt wird

$$u_\varphi = u'_\varphi + \frac{u''^2_\varphi}{200} + \frac{u''^4_\varphi}{8 \cdot 10^6} + \frac{u''^6_\varphi}{16 \cdot 10^{10}} + \cdots \qquad (255)$$

worin

$$u'_\varphi = u_X \sin\varphi_2 + u_R \cos\varphi_2$$

$$u''_\varphi = u_X \cos\varphi_2 - u_R \sin\varphi_2$$

Die Streuspannung u_X in Prozenten errechnet sich aus Gl. (129) oder aus der Kurzschlußspannung nach Gl. (161) und der Wirkspannungsfall u_R in Prozenten aus Gl. (162).

Ist die Kurzschlußspannung $\leq 4\%$, so dürfen das zweite und die folgenden Glieder der Reihe vernachlässigt werden. Selbst bis zu Kurzschlußspannungen zwischen 4 und 20% genügen die beiden ersten Glieder der Reihe.

Einige Vereinfachungen kann man sich bei der Bestimmung der Stromänderung I_φ erlauben, da sie weniger wichtig ist. Vernachlässigt man den Winkel zwischen den Zeigern E und U_{n2}, so gilt angenähert

$$I_\varphi \approx I_{01} \cos(\varphi_0 - \varphi_2) . \qquad (256)$$

Mit dem auf den Nennstrom I_{n1} oder I_{n2} bezogenen Grundschwingungsanteil i_{01} des Leerlaufstromes erhält man somit unter Berücksichtigung von Gl. (253) eine bezogene Stromänderung

$$i_\varphi = i_{01}\left(\frac{V_{\mathrm{Fe}}}{P_{01}}\cos\varphi_2 + \sqrt{1 - \left(\frac{V_{\mathrm{Fe}}}{P_{01}}\right)^2}\sin\varphi_2\right). \qquad (257)$$

Der Unterschied zwischen der Grundschwingung des verzerrten Leerlaufstromes und seinem Effektivwert beträgt, wie Tab. 4, 5 und 6 erkennen lassen, bei Drehstrom-Transformatoren ohne eingangsseitigen Sternpunktleiter nur etwa 10%, da die dritte Oberschwingung mehr oder weniger unterdrückt ist. Man kann daher in diesen Fällen näherungsweise mit der totalen Leerlauf-Scheinaufnahme P_0 und dem bezogenen Wert i_0 des effektiven Leerlaufstromes rechnen. Bei Einphasen-Transformatoren und ebenso bei Drehstrom-Transformatoren mit eingangsseitigem Sternpunktleiter erreicht die Grundschwingung des Leerlaufstromes jedoch nur etwa 75% seines Effektivwertes.

Die zunächst außer Betracht gelassenen Oberschwingungen des Leerlaufstromes lassen sich bei der Bestimmung des Eingangsstromes berücksichtigen, indem wir für den Fall des Nennbetriebes mit sinusförmigem Belastungsstrom schreiben:

$$I_1 = \sqrt{I^2_{n1}\left(1 + \frac{i_\varphi}{100\%}\right)^2 + I^2_{03} + I^2_{05} + I^2_{07} + \cdots} . \qquad (258)$$

Wie leicht zu erkennen ist, vergrößern die Oberschwingungen den Eingangsstrom so geringfügig, daß man sich mit der einfacheren Gl. (250) begnügen kann.

Die abgeleiteten Gleichungen für die Spannungs- und Stromänderung gelten für nacheilenden Strom, wenn der Phasenwinkel φ_2 positiv eingesetzt wird. Bei voreilendem Strom ist φ_2 negativ einzusetzen. Da $\cos(-\varphi_2) = \cos\varphi_2$ und $\sin(-\varphi_2) = -\sin\varphi_2$, sind also bei kapazitiver Last die $\sin\varphi_2$ enthaltenden Summanden mit umgekehrtem Vorzeichen zu addieren. Dabei sich ergebende negative Spannungs- bzw. Stromänderungen bedeuten Spannungserhöhungen auf der Ausgangsseite bzw. Stromsenkungen auf der Eingangsseite.

Die Spannungs- und Stromänderung bei Nennbetrieb hat eine geringe gegenseitige Verschiebung derjenigen Eisen- und Wicklungsverluste zur Folge, die bei der Leerlaufmessung mit $E = U_{n1}$ bzw. bei der Kurzschlußmessung mit $I_1 = I_{n1}$ festgestellt werden. In erster Annäherung sinkt der Eisenverlust um $u_\varphi\%$, während der Wicklungsverlust um $i_\varphi\%$ steigt, wenn beide Werte positiv sind. Das Umgekehrte tritt ein, wenn u_φ und i_φ negativ werden, also bei stark voreilendem Belastungsstrom. Bei großen Transformatoren bleibt die Stromänderung i_φ weit hinter der Spannungsänderung u_φ zurück.

2. Die Überlastungsfähigkeit und die Temperatur-Zeit-Kurven des Transformators

Wird der Transformator im Betriebe nicht dauernd mit konstantem Strom gefahren, sondern einer zeitlich schwankenden Last ausgesetzt, so ist es möglich, ihn vorübergehend zu überlasten. Wie weit dabei gegangen werden kann, läßt sich anhand der Temperatur-Zeit-Kurven des Transformators ermitteln. Da die am Ende der jeweiligen Lastspitze auftretende höchste Übertemperatur nicht dauernd auftritt, darf sie etwas höher sein als die normalerweise nach VDE 0532 zulässige Übertemperatur. Dabei ist allerdings vorausgesetzt, daß man an den mit schwankender Last arbeitenden Transformator keine höheren Lebenserwartungen stellt als an den dauernd mit Nennstrom betriebenen. Im allgemeinen wird man die zulässige Übertemperatur in der Spitze um höchstens 10° überschreiten, da der Lebensdauerverlust mit der Temperatur nach dem Gesetz von MONTSINGER (vgl. Abschn. III, 6) außerordentlich rasch ansteigt. Andererseits ist die Überlastbarkeit um so größer, je kürzer die Dauer der Spitzenlast im Vergleich zur Zeitkonstanten des Transformators ist. Folgen mehrere Spitzenbelastungen hintereinander, so ist außerdem die Pause mit geringerer Belastung mitentscheidend für die Überlastbarkeit, da die am Ende der Lastspitze erreichte Übertemperatur auch von der Ausgangsübertemperatur abhängt, welche in der voraufgegangenen Pause erreicht wurde.

Die Erwärmungs- und Abkühlungskurven der klassischen Theorie gehen von einer Reihe von Vereinfachungen aus, die beachtet werden müssen, um beim Transformator — insbesondere beim ölgekühlten —

nicht zu falschen Ergebnissen zu gelangen. Diese Vereinfachungen betreffen die Unveränderlichkeit der Wärmeerzeugung und der Wärmeabgabeziffer, ferner der Temperaturverteilung im Innern des Körpers und schließlich der Kühlmitteltemperatur. Unter diesen Voraussetzungen ist die in jedem Augenblick erzeugte Wärme $V\,dt$ gleich der Summe aus der aufgespeicherten Wärme $C\,d\Theta$ und der abgegebenen Wärme $K\Theta\,dt$, wenn V die Verluste in W, t die Zeit in s, C die Wärmekapazität des Körpers in Ws/grd, K seine Wärmeabgabezahl in W/grd bei einer Übertemperatur Θ in Grad bezeichnen. Es ist also

$$V\,dt = C\,d\Theta + K\Theta\,dt. \tag{259}$$

Im stationären Zustand, in dem die Beharrungsübertemperatur Θ_b erreicht wird, ist die Wärmeaufspeicherung beendet und demnach

$$V = K\Theta_b. \tag{260}$$

Setzt man diesen Wert für V in Gl. (259) ein, so ergibt sich für den nichtstationären Zustand

$$dt = \frac{C}{K} \cdot \frac{d\Theta}{\Theta_b - \Theta} \tag{261}$$

und damit

$$t = \frac{C}{K}\left[\text{const} - \ln(\Theta_b - \Theta)\right].$$

Bei Beginn des Temperaturlaufes habe der Körper eine beliebige Anfangsübertemperatur Θ_a, die kleiner oder größer als Θ_b sein kann. Die Übertemperatur-Zeit-Kurve beschreibt also entweder einen Erwärmungs- oder einen Abkühlungsvorgang. Mit den Bedingungen $t = 0$ und $\Theta = \Theta_a$ erhalten wir dann eine Integrationskonstante

$$\text{const} = \ln(\Theta_b - \Theta_a)$$

und mit dieser die allgemeine Gleichung der Erwärmungs- bzw. Abkühlungskurve

$$t = T\ln\frac{\Theta_b - \Theta_a}{\Theta_b - \Theta}, \tag{262}$$

oder nach Θ aufgelöst

$$\Theta = \Theta_b - (\Theta_b - \Theta_a)\,e^{-t/T}, \tag{262a}$$

worin

$$T = \frac{C}{K} = \frac{C}{V}\Theta_b \tag{263}$$

als thermische Zeitkonstante bezeichnet wird. In der zeichnerischen Darstellung der Erwärmungs- oder Abkühlungskurve (Abb. 124) muß T die Subtangente für jeden beliebigen Punkt der Kurve sein, da nach Gl. (261)

$$T = \frac{dt}{d\Theta}(\Theta_b - \Theta). \tag{263a}$$

Man kann also Erwärmungskurven, die mit einer Anfangsübertemperatur Θ_a beginnen, als Ausschnitt einer von $\Theta_a = 0$ ausgehenden Kurve betrachten, d. h. durch Parallelverschiebung der letzteren in Richtung der t-Achse gewinnen. Das gleiche gilt sinngemäß für Abkühlungskurven.

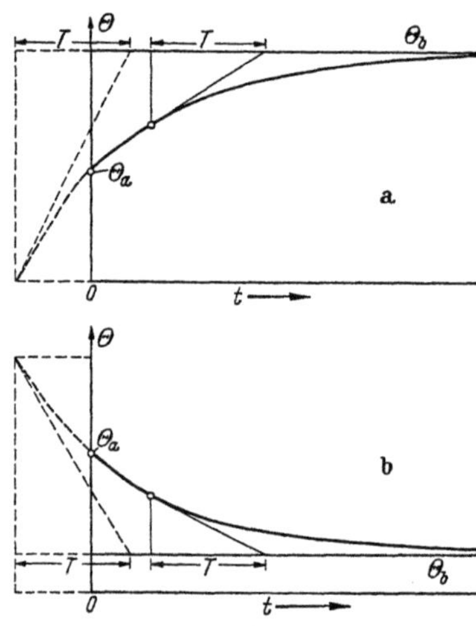

Abb. 124. Temperatur-Zeit-Kurven der klassischen Theorie.

a Erwärmungskurve, b Abkühlungskurve

Zur Erleichterung der Auswertung von Gl. (262a) sind in Tab. 11 die Funktionswerte $e^{-t/T}$ angegeben. Aus diesen kann man entnehmen, daß die mit $\Theta_a = 0$ beginnende Erwärmungskurve nach einer Zeit $t = T$ einen Übertemperaturwert $\Theta = (1 - 0{,}368)\,\Theta_b = 0{,}632\,\Theta_b$ erreicht und daß nach einer Zeit $t = 4\,T$ die Übertemperatur nur noch 1,8 % unter der Beharrungsübertemperatur liegt. Andererseits ist nach Gl. (263a) in einem Zeitpunkt, in dem die Übertemperatur je Stunde um 1° wächst, eine weitere Übertemperatursteigerung bis zur Erreichung des Beharrungszustandes zu erwarten, die der Dauer der Zeitkonstanten in h entspricht, d. h. bei $T = 3$ h um 3°.

Die Ergebnisse der klassischen Theorie können durch Aneinanderreihen von Erwärmungs- und Abkühlungskurven auch auf wechselnde

Tabelle 11. *Funktionswerte von* $e^{-t/T}$

t/T	$e^{-t/T}$	t/T	$e^{-t/T}$	t/T	$e^{-t/T}$
0,00	1,000	0,60	0,549	1,40	0,247
0,05	0,951	0,65	0,522	1,50	0,223
0,10	0,905	0,70	0,497	1,60	0,202
0,15	0,860	0,75	0,472	1,70	0,183
0,20	0,819	0,80	0,449	1,80	0,165
0,25	0,779	0,85	0,427	1,90	0,150
0,30	0,741	0,90	0,407	2,00	0,135
0,35	0,705	0,95	0,387	2,20	0,111
0,40	0,670	1,00	0,368	2,40	0,091
0,45	0,638	1,10	0,333	2,60	0,074
0,50	0,607	1,20	0,301	2,80	0,061
0,55	0,577	1,30	0,273	3,00	0,050
				4,00	0,018

Belastungen angewendet werden, wenn innerhalb der einzelnen Zeitintervalle t_1, t_2, $t_3 \ldots$ die Verluste V_1, V_2, $V_3 \ldots$ jeweils konstant sind. Die Zeitkonstante T ist dabei stets die gleiche, jedoch ändern sich die zugeordneten Beharrungsübertemperaturen $\Theta_{b1}, \Theta_{b2}, \Theta_{b3} \ldots$ nach Gl. (260) proportional den Verlusten. Wechseln die in den einzelnen Zeitintervallen konstanten Belastungen verschiedener Höhe periodisch, so nähern sich die einzelnen Spitzenwerte der Übertemperatur asymptotisch einem Grenzwert. In Abb. 125 ist der Verlauf der Übertemperatur für ein Belastungsspiel dargestellt, bei welchem in den Zeitintervallen t_1 und t_2 die Verluste V_1 und V_2 auftreten, denen Beharrungsübertemperaturen Θ_{b1} und Θ_{b2} entsprechen. Der Grenzwert der Übertemperaturspitze wird erreicht, wenn Anfangs- und Endübertemperaturen Θ_a und Θ_e einander

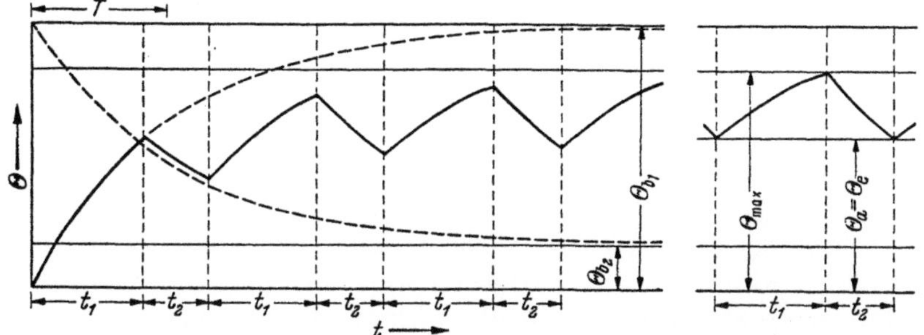

Abb. 125. Temperatur-Zeit-Kurve für zwei regelmäßig wechselnde Belastungen

gleich geworden sind. Nach Gl. (262a) ist beim Erwärmungsvorgang

$$\Theta_{\max} = \Theta_{b1} - (\Theta_{b1} - \Theta_a)\, e^{-t_1/T}$$

und beim Abkühlungsvorgang

$$\Theta_e = \Theta_{b2} + (\Theta_{\max} - \Theta_{b2})\, e^{-t_2/T}.$$

Mit $\Theta_a = \Theta_e$ folgt hieraus

$$\Theta_{\max} = \frac{\Theta_{b1}(1 - e^{-t_1/T}) + \Theta_{b2}\,(e^{-t_1/T} - e^{-(t_1+t_2)/T})}{1 - e^{-(t_1+t_2)/T}}. \tag{264}$$

Für einen vorgegebenen Wert von $\Theta_{\max}$ lassen sich aus dieser Gleichung nach einigen Umformungen die zulässige Zeitdauer t_1 bzw. die erforderliche Zeitdauer t_2 bestimmen zu

$$t_1 = T \ln \frac{\Theta_{b1} - \Theta_{\max}\, e^{-t_2/T} - \Theta_{b2}\,(1 - e^{-t_2/T})}{\Theta_{b1} - \Theta_{\max}}, \tag{265}$$

$$t_2 = T \ln \frac{\Theta_{\max} - \Theta_{b2}}{\Theta_{b1}\,(1 - e^{t_1/T}) + \Theta_{\max}\, e^{t_1/T} - \Theta_{b2}}. \tag{266}$$

Ist der Transformator während der Zeitspanne t_2 abgeschaltet, so wird $\Theta_{b2} = 0$, womit sich obige Gleichungen vereinfachen. Ein solcher aussetzender Betrieb ist jedoch selten, da Transformatoren im allgemeinen nicht abgetrennt werden und demnach in der Unterlastungspause mindestens die Leerlaufverluste vorhanden sind.

Wir haben nun zu prüfen, wie weit die Vereinfachungen der klassischen Theorie den Verlauf der Temperatur-Zeit-Kurven des Transformators verfälschen. Zunächst stellen wir fest, daß bei Betrieb mit konstanter Spannung und konstantem Strom allein die Wärmeerzeugung des Eisenkerns praktisch unverändert bleibt, während die der Wicklungen wegen der Widerstandszunahme des Leiterwerkstoffes mit der Temperatur ansteigt. Außerdem ist die Wärmeabgabezahl K nur bei künstlicher Kühlung eine Konstante, wenn wir unterstellen, daß die Strahlung hierbei verschwindend klein ist. Bei natürlicher Kühlung dagegen verbessert sich die Wärmeabgabe merklich mit zunehmender Übertemperatur.

Mit Rücksicht auf die Widerstandszunahme müssen wir bei einer Übertemperatur Θ mit einem Verlust

$$V = V_{kalt}\,(1 + \alpha\Theta) \tag{267}$$

rechnen. V_{kalt} ist der auf den kalten Zustand bezogene Verlust und α der zugehörige Temperaturkoeffizient. Für eine Ausgangstemperatur von 20 °C wird $\alpha = {}^1/_{255} = 0{,}00392$, wenn es sich insgesamt nur um Ohmsche Wicklungsverluste handelt. Sind jedoch in V_{kalt} auch Eisenverluste V_{Fe} und Wirbelstromverluste $V_{Z\,kalt}$ der Wicklungen enthalten, so vermindert sich der Temperaturkoeffizient auf

$$\alpha = 0{,}00392\left(1 - \frac{V_{\mathrm{Fe}} + 2\,V_{Z\,kalt}}{V_{kalt}}\right) \tag{268}$$

Hierbei sind die bei Θ^0 auftretenden Wirbelstromverluste näherungsweise mit $V_{Z\,kalt}\,(1 - 0{,}00392\,\Theta)$ angenommen. Betragen beispielsweise bei einem bestimmten Belastungsfall die Eisenverluste 20% und die Wirbelstromverluste $V_{Z\,kalt}$ 5% des Gesamtverlustes V_{kalt}, so wird $\alpha = 0{,}00274$.

Bei künstlicher Kühlung ($K = \mathrm{const}$) haben wir die Verluste nach Gl. (267) in Gl. (259) einzuführen und zu berücksichtigen, daß im stationären Zustand

$$V_{kalt}\,(1 + \alpha\,\Theta_b) = K\,\Theta_b \tag{269}$$

und demnach

$$\Theta_b = \frac{1}{\dfrac{K}{V_{kalt}} - \alpha}\,. \tag{269 a}$$

Nach Durchführung der Integration [84] erhalten wir für t und Θ völlig mit den klassischen Gln. (262) und (262a) übereinstimmende Ausdrücke, wenn wir

$$\frac{C}{K}\,(1 + \alpha\,\Theta_b) = \frac{C}{V_{kalt}}\,\Theta_b = T \tag{270}$$

setzen. Die Wärmeabgabezahl K kann aus dem Verhältnis der Verluste V zu der diesen entsprechenden Beharrungsübertemperatur Θ_b bei einem beliebigen stationären Zustand des Transformators ermittelt werden. Das Verhältnis V_{kalt}/Θ_b dagegen ist für jeden einzelnen Belastungsfall nach Gl. (269) zu bestimmen. Demnach ist T eine Funktion der Beharrungsübertemperatur geworden und wird deshalb Zeitzahl genannt. Mit $\alpha\Theta_b > 0$ wächst die Zeitzahl linear, in gleichem Maße allerdings auch — wie Gl. (269) lehrt — die Beharrungsübertemperatur. Zeichnen wir für konstante Verhältnisse C/K und V_{kalt}/K Erwärmungskurven mit verschiedenen Beträgen $\alpha\Theta_b$, so wird der Einfluß der Widerstandserhöhung erkennbar. Abb. 126 zeigt Erwärmungskurven mit $\alpha = 0$ und $\alpha\Theta_b = 0{,}4$. Die Zeitzahl nach Gl. (270) gilt natürlich auch für die Abkühlungskurve.

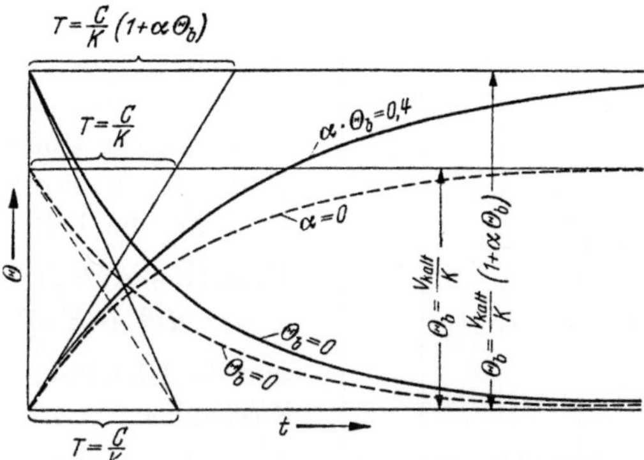

Abb. 126. Erwärmungs- und Abkühlungskurven bei künstlicher Kühlung

Dabei erreicht die Zeitzahl in zwei Fällen ihren kleinsten Wert C/K, die der Zeitkonstante der klassischen Theorie (vgl. Gl. (263)) entspricht: Beim Abschalten des Transformators auf der Eingangsseite strebt nämlich die Abkühlungskurve, wie in Abb. 126 dargestellt, dem Endwert $\Theta_b = 0$ zu, während sie sich beim Abschalten auf der Ausgangsseite der Beharrungsübertemperatur Θ_b des leerlaufenden Transformators asymptotisch nähert: hierbei ist jedoch $\alpha = 0$. Selbst mit $\Theta_b = 0$ hört also die Abkühlungskurve auf ein Spiegelbild der Erwärmungskurve zu sein, wenn für letztere $\alpha > 0$ zu setzen ist.

Wenden wir uns nun der natürlichen Kühlung zu, bei der die Wärme teils durch Konvektion, teils durch Strahlung abgegeben wird. Der Strahlungsanteil an der gesamten Wärmeabgabe erreicht einen Höchstwert von etwa 50% nur bei solchen Kühlflächen, die sich in Luft befinden, eine dem absolut schwarzen Körper nahekommende Strahlungszahl aufweisen und außerdem in ihrer Gesamtheit frei ausstrahlen können (z. B. Glattblechkessel von Öltransformatoren). In den meisten Fällen ist der Strahlungsanteil wesentlich geringer. Nun ist die durch natürliche Konvektion abgeführte Wärme bekanntlich der 1,25ten Potenz der Übertemperatur proportional, die durch Strahlung abgeführte dagegen der Differenz der vierten Potenz der absoluten Temperaturen des strahlenden Körpers und der bestrahlten Umgebung. (Vgl. Abschn. VIII, 2.)

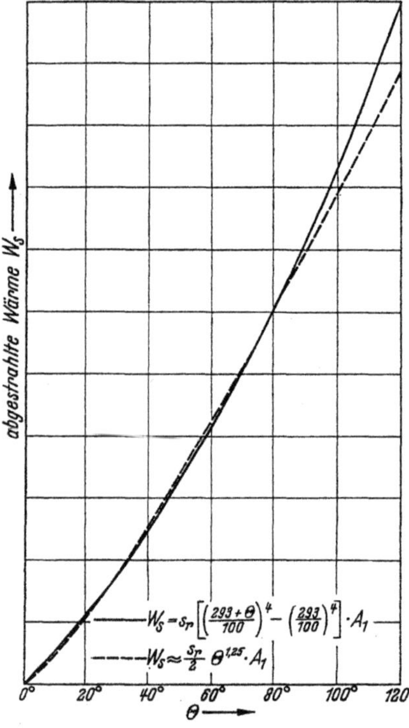

Abb. 127. Durch Strahlung abgeführte Wärme als Funktion der Übertemperatur

Für Raumtemperaturen von 20 °C und Übertemperaturen bis zu etwa 100° folgt indessen, wie Abb. 127 zeigt, die Strahlung mit ausreichender Genauigkeit der gleichen Gesetzmäßigkeit wie die Konvektion, so daß man bei natürlicher Kühlung die gesamte Wärmeabgabe der 1,25ten Potenz der Übertemperatur proportional setzen kann. Bezeichnen wir die Wärmeabgabezahl bei einer Übertemperatur von 1° mit K_1, so lautet für natürliche Kühlung die Differentialgleichung

$$V_{kalt}\,(1 + \alpha\Theta)\,dt$$
$$= C\,d\Theta + K_1\Theta^{1,25}\,dt \qquad (271)$$

und die Gleichung des stationären Zustandes

$$V_{kalt}\,(1 + \alpha\,\Theta_b) = K_1\,\Theta_b^{1,25} \qquad (272)$$

bzw.

$$\Theta_b = \frac{V_{kalt}}{K_1} \cdot \frac{1 + \alpha\,\Theta_b}{\Theta_b^{0,25}}. \qquad (272\,\text{a})$$

Die Differentialgleichung läßt sich mittelbar lösen [84], indem man mit Hilfe der Gl. (263a) die Subtangente T der Übertemperaturkurve für einen beliebigen Zeitpunkt bestimmt. Dabei ergibt sich

$$T = \frac{C}{K_1} \cdot \frac{1 + \alpha\,\Theta_b}{\Theta_b^{0,25}}\, f\left(\frac{\Theta}{\Theta_b}\,;\, \alpha\,\Theta_b \right) = \frac{C}{V_{kalt}}\,\Theta_b\, f\left(\frac{\Theta}{\Theta_b}\,;\, \alpha\,\Theta_b \right), \qquad (273)$$

worin

$$f\left(\frac{\Theta}{\Theta_b}\,;\, \alpha\,\Theta_b \right) = \frac{1 - \Theta/\Theta_b}{1 + \alpha\,\Theta_b\,\dfrac{\Theta}{\Theta_b} - \left(\dfrac{\Theta}{\Theta_b} \right)^{1,25} \cdot (1 + \alpha\,\Theta_b)}. \qquad (273\,\text{a})$$

Bei natürlicher Kühlung ist also die Zeitzahl nicht nur von der Beharrungsübertemperatur abhängig, sondern auch vom Verhältnis der jeweiligen Übertemperatur Θ zur Beharrungsübertemperatur Θ_b. Wie die in Abb. 128 aufgetragene Funktion $f\!\left(\dfrac{\Theta}{\Theta_b}\,;\,\alpha\,\Theta_b\right)$ zeigt, nimmt die Zeitzahl mit wachsender Erwärmung ab. Demgemäß steigt die Temperatur-Zeit-Kurve rascher, als nach der klassischen Theorie zu erwarten wäre. Man kann indessen auch hier mit den klassischen Gln. (262) und (262a) rechnen, wenn für T der für die Übertemperaturspanne zwischen Θ_a und Θ sich aus Gl. (273) bzw. Abb. 128 ergebende Mittelwert eingesetzt wird.

Die Wärmeabgabezahl K_1 errechnet sich aus dem für einen beliebigen stationären Zustand des Transformators geltendes Wertepaar der Beharrungsübertemperatur Θ_b und der Verluste V zu

$$K_1 = \frac{V}{\Theta_b^{1,25}} \tag{273 b}$$

während das Verhältnis V_{kalt}/Θ_b aus Gl. (272a) für jeden einzelnen Belastungsfall zu bestimmen ist. Es ändert sich jedoch verhältnismäßig wenig, da die Wirkung der Widerstandszunahme durch Verbesserung der Wärmeabgabe mit steigender Übertemperatur zum Teil kompensiert wird.

Wie aus Vorstehendem zu entnehmen ist, setzt unsere, die natürliche Kühlung betreffende Rechnung voraus, daß $\Theta_b \gneqq 1°$ ist. Sie kann daher für den Abkühlvorgang des auf der Eingangsseite abgeschalteten Transformators, bei dem $\Theta_b = 0$ wird, nicht verwendet werden. Da in diesem Falle die linke Seite der Differentialgleichung (271) zu Null wird, läßt sich die Integration jedoch ohne weiteres durchführen [84], und man erhält hieraus die Beziehung

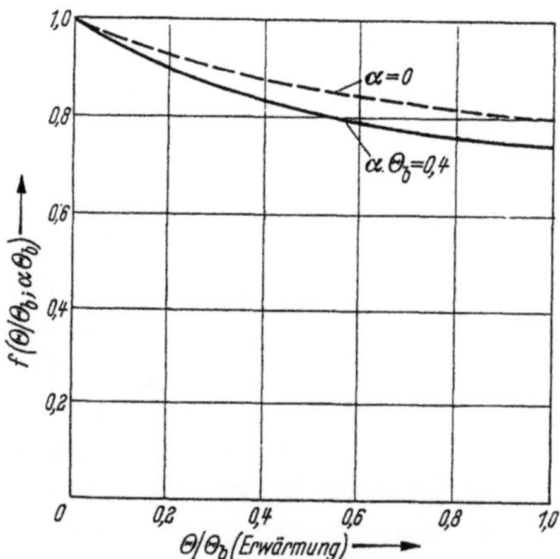

Abb. 128. Änderung der Zeitzahl mit dem Verhältnis Θ/Θ_b bei natürlicher Kühlung

$$t = 4\,T_a\left[\left(\frac{\Theta_a}{\Theta}\right)^{0,25} - 1\right] \tag{274}$$

in der

$$T_a = \frac{C}{K_1\,\Theta_a^{0,25}} \tag{274 a}$$

die Subtangente des Kurvenursprunges ist.

Für die Abkühlungskurve des auf der Ausgangsseite abgeschalteten Transformators, die bei $\Theta = \Theta_a$ beginnend sich asymptotisch der Beharrungsübertemperatur

$$\Theta_b = \left(\frac{V_{\mathrm{Fe}}}{K_1}\right)^{0,8} \tag{274 b}$$

Küchler, Transformatoren, 2. Aufl.   11

des leerlaufenden Transformators nähert, errechnet sich aus den Gln.(273)
und (273a) mit $\alpha = 0$ eine Zeitzahl

$$T = \frac{C}{V_{\mathrm{Fe}}}\, \Theta_b \, \frac{\dfrac{\Theta}{\Theta_b} - 1}{\left(\dfrac{\Theta}{\Theta_b}\right)^{1,25} - 1} \tag{274 c}$$

Bei einem auf Nennbetrieb bezogenen Verlustverhältnis $V_{\mathrm{Fe}}/V_w \approx 1:6$
haben wir für die Anfangs-Zeitzahl T_a gewöhnlich $\Theta_a/\Theta_b \approx 5$ einzusetzen. Damit wird $T_a \approx 0,62\, C\, \Theta_b/V_{\mathrm{Fe}}$. Mit fortschreitender Abkühlung
sinkt das Verhältnis Θ/Θ_b, gegebenenfalls bis auf den Grenzwert $\Theta \approx \Theta_b$.
Dabei steigt die Zeitzahl im Grenzfall bis auf $T_e \approx 0,8\, C\, \Theta_b/V_{\mathrm{Fe}}$.

Mit der Berücksichtigung der Widerstandszunahme und der Änderung
der Wärmeabgabe entsprechend der 1,25ten Potenz der Übertemperatur
bei natürlicher Kühlung sind die Unsicherheiten, die der Vorausbestimmung der Temperatur-Zeit-Kurven des Transformators anhaften, noch
nicht vollständig beseitigt. Der Transformator, insbesondere der mit Öl
gefüllte, ist nämlich in thermischer Hinsicht kein homogener Körper,
wie bisher angenommen wurde.

Beim Öltransformator wird die Wärme des Eisenkerns und die der
Wicklungen zunächst auf die Ölfüllung übertragen. Dabei entstehen
Temperatursprünge zwischen dem Kern bzw. den Wicklungen und dem
umgebenden Öl, die sich aus je einem inneren und einem äußeren
Temperaturfall zusammensetzen. Diese Temperatursprünge sind über
der vertikalen Höhe beider Heizkörper annähernd konstant, während die
Öltemperatur selbst von unten nach oben zunimmt, und zwar bei natürlichem Ölumlauf in weit stärkerem Maße als bei künstlichem. Das Öl
gibt andererseits die aufgenommene Wärme über den Kessel oder den
Kühler nach Maßgabe seiner Übertemperatur an das Kühlmittel (Luft
oder Wasser) ab. Diese nimmt längs des Weges, den das Öl an der Kessel-
bzw. Kühloberfläche zurücklegt, von einem Höchstwert auf einen Kleinstwert ab. Unterstellt man, daß die mittlere Ölübertemperatur an der
Kühlfläche mit der mittleren Ölübertemperatur zwischen Ober- und
Unterkante der Wicklungen übereinstimmt, was angenähert zutrifft, so
ergibt sich die aus der Widerstandszunahme zu ermittelnde mittlere
Wicklungsübertemperatur gegenüber dem Kühlmittel (Luft oder Wasser)
als Summe aus der mittleren Ölübertemperatur gegenüber dem Kühlmittel und dem Temperatursprung zwischen Wicklung und Öl.

Nun ist die für die zeitliche Änderung des Temperatursprunges
zwischen Wicklung und Öl maßgebende Zeitzahl sehr viel kleiner als diejenige für die zeitliche Änderung der mittleren Ölübertemperatur. Man
kann daher unter Verzicht auf die komplizierte Rechnung [145] nach
der Zweikörpertheorie näherungsweise zu den für die mittlere Ölübertemperatur berechneten Temperatur-Zeit-Kurven des Transformators

den quasistationären Wert des Temperatursprunges zwischen Wicklung und Öl addieren. Dieser Temperatursprung ist etwa der 1,6ten Potenz der Strombelastung proportional, wenn wie gewöhnlich der innere Temperaturfall der Wicklung klein ist gegenüber dem äußeren an der Wicklungsoberfläche und die Wärmeabgabe durch natürliche Konvektion des Öles erfolgt. Die Beeinflussung des Temperatursprunges durch die Widerstandszunahme des Leiterwerkstoffes mit der Temperatur kann in erster Annäherung unberücksichtigt bleiben, da die Zähigkeit des Öles an der Wicklungsoberfläche mit steigender Temperatur zurückgeht und die Konvektion des Öles sich dementsprechend wesentlich verbessert. Wird das Öl jedoch durch die Ölkanäle der Wicklung gepumpt, so empfiehlt es sich, den Temperatursprung dem Quadrat des Stromes proportional zu setzen.

Bei der Bestimmung der mittleren Temperatur-Zeit-Kurve des Öls ist die gesamte Wärmekapazität aller sich erwärmenden Teile des Transformators in die Gleichungen für die Zeitzahl einzusetzen, also die des Kernes mit seinen Preßteilen, der Wicklungen einschließlich ihrer Isolation sowie des Öles und des Kessels. Das am Temperaturlauf unbeteiligte Bodenöl und der entsprechende Bodenteil des Kessels sind jedoch auszunehmen. Durchschnittswerte der spezifischen Wärme in Ws/kggrd und der Wichte sind in Tab. 12 für die in Betracht kommenden Baustoffe zusammengestellt.

Tabelle 12. *Spezifische Wärme und Wichte der wichtigsten Baustoffe*

Baustoff	Spezifische Wärme [Ws/kg grd]	Wichte [kg/dm³]
Transformatorenblech	480	7,6
Flußstahl	490	7,8
Elektrolytkupfer . . .	390	8,9
Leitaluminium	920	2,7
Kabelpapier, trocken .	1200	0,8
desgl., ölimprägniert .	1200	1,0
Preßspan	1200	1,2
Hartpapier	1470	1,3
Transformatorenöl . .	1900	0,9
Clophen T 241	1070	1.57

Beim Trockentransformator beträgt die Zeitzahl des Eisenkernes ein Vielfaches derjenigen der Wicklungen. Infolgedessen verzögert der Eisenkern beim Zu- und Abschalten des belasteten Transformators den An- und Abstieg der Wicklungsübertemperatur nach Maßgabe der thermischen Koppelung zwischen Kern und Wicklungen. Eine enge Koppelung liegt indessen nur bei solchen Trockentransformatoren vor, deren Wicklungen unmittelbar auf dem Eisenkern sitzen, also bei Kleintransformatoren. Die Koppelung verliert ihre Bedeutung, wenn der

Transformator dauernd eingeschaltet bleibt und nur die Belastung der Wicklungen schwankt, da der Kern nach einiger Zeit seine stationäre Übertemperatur annimmt, so daß ein Wärmefluß von den Wicklungen zum Kern praktisch aufhört. Man hat allerdings die von der Vorheizung der Wicklungen durch den Kern herrührende stationäre Anfangsübertemperatur Θ_a der Wicklungen als Ausgangswert des Belastungsspieles anzunehmen.

3. Die Belastbarkeit des Sternpunktes

Wird ein Drehstromtransformator mit auf der Ausgangsseite herausgeführtem Sternpunkt zur Speisung eines Vierleitersystems benützt, so entsteht bei unsymmetrischer Belastung der Hauptleiter ein Strom im Sternpunktleiter. Der Grenzfall für die Belastung des Sternpunktleiters ergibt sich in einem Vierleitersystem, das allein durch einpolige, auf die drei Phasen gleichmäßig verteilte Stromverbraucher entsprechend der Nennleistung des Transformators belastet wird, wenn ein oder zwei Hauptleiter durch Abschaltungen stromlos werden. Dabei erreicht der Strom im Sternpunktleiter den Betrag des Nennstromes des Transformators. Im allgemeinen wird aber im Sternpunktleiter ein geringerer Strom fließen. Dabei läßt sich nicht vermeiden, daß eine der Sternpunktbelastung proportionale Spannung im Nullsystem auftritt, die von der Schaltung des Transformators unter Umständen auch von seiner Kernbauweise entscheidend abhängig ist.

Die Spannung im Nullsystem läßt sich aus der Nullimpedanz der Ausgangswicklung berechnen. Sie kann aber auch aus den Angaben in den Abschn. II, 4 und III, 1 hergeleitet werden. Bezeichnen wir mir u_0 den auf die Sternspannung bezogenen Wert der Spannung im Nullsystem und legen dabei die Grenzbelastung des Sternpunktes mit dem Nennstrom I_n zugrunde, so ergibt sich $u_0 = u_K/3$, wenn der Transformator Dreieck-Stern-Schaltung aufweist, oder bei Stern-Stern-Schaltung, wenn der Sternpunkt der Eingangsseite mit dem Sternpunkt der Energiequelle verbunden ist. Bei Stern-Stern-Schaltung mit Ausgleichwicklung (vgl. Abb. 73) wird $u_0 = u_{K23}$, wenn u_{K23} die für ein Drittel der Nennleistung des Transformators geltende Kurzschlußspannung zwischen Ausgleich- und Ausgangswicklung bezeichnet. Besonders niedrige Beträge für u_0 ergeben sich bei Zickzackschaltung auf der Unterspannungsseite, nämlich

$$u_0 = \frac{1}{3}\sqrt{u_{X0}^2 + \left(\frac{u_R}{2}\right)^2} \tag{275}$$

worin für die Nullblindspannung u_{X0} das Vierfache der Zusatzstreuspannung u_{Xz} nach Gl. (139), d. h. im allgemeinen 5 bis 10% der Streuspannung u_X einzusetzen ist [61], und angenommen wurde, daß der bei Nennbetrieb insgesamt auftretende Wicklungsverlust zur Hälfte auf die Zickzackwicklung entfällt. Bei Öltransformatoren des Kerntyps in Stern-Stern-Schaltung dagegen ist $u_0 = u_{JK}$ nach Gl. (167), d. h. $u_0 = 15{,}5 \ldots 27\%$, weshalb für diese im Vierleiternetzbetrieb nur eine Sternpunktbelastung mit höchstens 10% des Nennstromes zugelassen wird. Diese Einschränkung empfiehlt sich auch mit Rücksicht auf die Zusatzverluste, die der Jochstreufluß im Ölkessel und den Preßteilen hervorruft (vgl. Abschn. II, 8).

Ungeeignet für den Anschluß eines Sternpunktleiters sind bei Stern-Stern-Schaltung solche Kernbauweisen, bei denen der Nullfluß geschlossene Eisenwege vorfindet, nämlich dreiphasige Mantel- und Fünfschenkeltransformatoren, sowie Drehstromsätze, die aus Einphasentransformatoren gebildet sind (vgl. Abschn. I, 5, I,7 und I, 8).

Während kleinere Transformatoren für Vierleiternetze benutzt werden, wird der Sternpunkt größerer Transformatoren gewöhnlich zur Kompensation des bei einpoligem Erdschluß eines Leiters auftretenden kapazitiven Erdschlußstromes über Erdschlußlöschspulen geerdet, sofern das Netz im Sternpunkt nicht starr geerdet ist. Eine Sternpunktbelastung tritt also nur im Erdschlußfalle auf und verschwindet mit der Beseitigung des Erdschlusses. In besonderen Fällen kann der Erdschluß mehrere Stunden andauern, während der Netzbetrieb weiterläuft. Da die Strombelastung der Wicklungen dabei ansteigt, wachsen die Wicklungsverluste und damit auch die Übertemperaturen. Demgemäß wird in VDE 0532 eine Überschreitung der zulässigen Übertemperaturen um 10° zugelassen, da der Erdschluß nicht häufig vorkommt und dazu eine vorübergehende Erscheinung ist. Bei dreischenkligen Drehstrom-Transformatoren in Stern-Stern-Schaltung tritt außerdem ein starker Jochstreufluß auf, der im Kessel und in den Preßteilen Zusatzverluste verursacht (vgl. Abschn. II, 8), die weit höher sind als die Mehrverluste, die in den Wicklungen entstehen. Im allgemeinen kann man mit Rücksicht hierauf über eine Belastung des Sternpunktes mit 30% des Nennstromes nicht hinausgehen. Die bezogene Spannung im Nullsystem erreicht dabei den Betrag von $5 \ldots 8\%$. Ist der Erdschlußstrom des Netzes höher, so empfiehlt es sich, die Dreieck-Stern-Schaltung zu wählen oder bei Stern-Stern-Schaltung eine Ausgleichwicklung vorzusehen.

Die Verteilung des kapazitiven Erdschlußstromes I_e des Netzes bzw. des induktiven Stromes I_d der Erdschlußlöschspule auf die Wicklungen des Transformators hängt von der Energierichtung ab. Dementsprechend sind zwei Fälle zu unterscheiden, in denen die Erdschlußlöschspule entweder an die Eingangs- oder die Ausgangsseite des Transformators angeschlossen ist. Hierbei wollen wir zur Vereinfachung des Problems annehmen, daß die Erdschlußlöschspule auf Resonanz eingestellt wird, also $I_d = I_e$ ist und den kleinen Reststrom, gebildet aus den Wirkkomponenten und Oberschwingungen von I_d bzw. I_e vernachlässigen.

a) Erdschlußlöschspule auf der Eingangsseite

Die Stromverteilung im eingangsseitigen Netz bei unbelastetem Transformator und Erdschluß des Leiters T ist in Abb. 129 dargestellt.

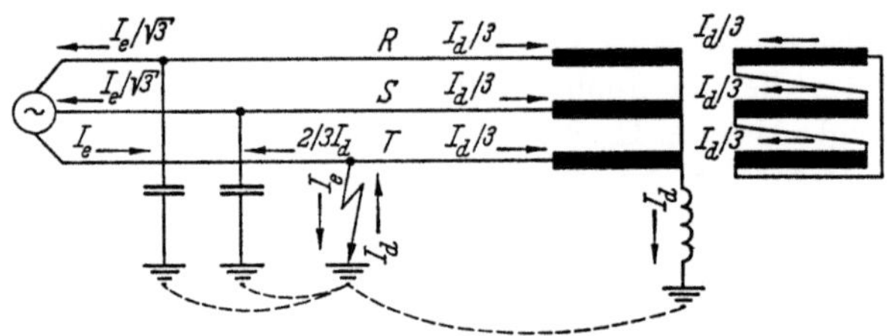

Abb. 129. Erdschlußlöschspule auf der Eingangsseite des Transformators

Das zugehörige Spannungs- und Stromdiagramm zeigt Abb. 130. In jedem Wicklungsstrang des Transformators fließt also bei einem Windungs-Übersetzungsverhältnis $1:1$ ein Drittel von I_d.

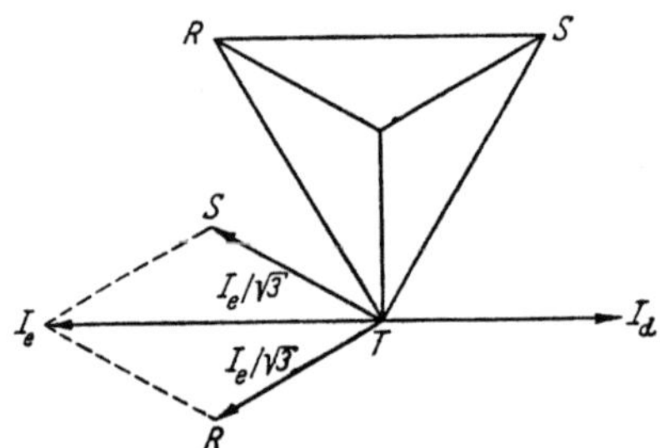

Abb. 130. Strom- und Spannungsdiagramm des unbelasteten Transformators bei Erdschluß des Leiters T

Ist der in Stern-Dreieck geschaltete Transformator mit dem um den Phasenwinkel φ_1 nacheilenden Strangstrom I_n belastet, so überlagert sich diesem im Erdschlußfalle der Strom $I_d/3$. Dabei ergeben sich aus dem Zeigerdiagramm nach Abb. 131, das für die Ein- und Ausgangsseite gilt, folgende resultierende Strangströme:

$$I_R = I_n \sqrt{1 + \left(\frac{I_d}{3\,I_n}\right)^2 + \frac{I_d}{I_n}\left(\frac{\cos\varphi_1}{\sqrt{3}} - \frac{\sin\varphi_1}{3}\right)}\,, \qquad (276)$$

$$I_S = I_n \sqrt{1 + \left(\frac{I_d}{3\,I_n}\right)^2 - \frac{I_d}{I_n}\left(\frac{\cos\varphi_1}{\sqrt{3}} + \frac{\sin\varphi_1}{3}\right)}\,, \qquad (276\,\text{a})$$

$$I_T = I_n \sqrt{1 + \left(\frac{I_d}{3\,I_n}\right)^2 + \frac{2}{3}\frac{I_d}{I_n}\sin\varphi_1}\,. \qquad (276\,\text{b})$$

Der von diesen Strömen erzeugte Wicklungsverlust errechnet sich aus

$$V_w = V_{wn}\frac{I_R^2 + I_S^2 + I_T^2}{3\,I_n^2}\,, \qquad (277)$$

worin V_{wn} den dem Nennbetrieb entsprechenden gesamten Wicklungsverlust des Transformators bezeichnet.

Setzt man die Stromwerte aus den Gln. (276), (276a) und (276b) ein, so ergibt sich

$$V_w = V_{wn}\left[1 + (I_d/3\,I_n)^2\right]\,. \qquad (277\,\text{a})$$

Nehmen wir beispielsweise einen Leistungsfaktor $\cos\varphi_1 = 0{,}8$ an, wobei $\sin\varphi_1 = 0{,}6$ wird, so errechnet sich für den Grenzfall mit $I_d = I_n$:

$$I_R = 1{,}17\, I_n,\ \ I_S = 0{,}67\, I_n,\ \ I_T = 1{,}23\, I_n$$

und

$$V_w = 1{,}11\, V_{wn}\,.$$

Ungünstiger wird die Wärmebelastung des Transformators, wenn er in Stern-Stern-Schaltung mit Ausgleichwicklung ausgeführt ist. In diesem Falle tritt der Strom $I_d/3$ in der Eingangs- und der Ausgleichwicklung, nicht dagegen in der Ausgangswicklung auf. Bezeichnen wir die auf Nennbetrieb bezogenen Wicklungsverluste der Eingangs- und Ausgangswicklung mit V_{wn1} bzw. V_{wn2}, den Wicklungsverlust der für ein Drittel der Nennleistung bemessenen Ausgleichwicklung bei ihrer Vollbelastung mit V_{wn3},

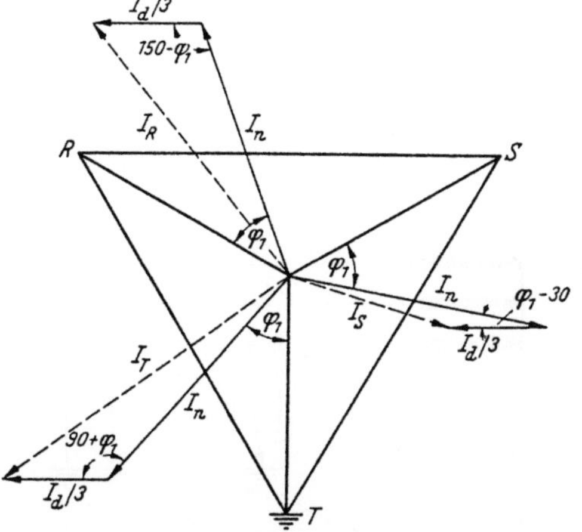

Abb. 131. Strom- und Spannungsdiagramm des belasteten Transformators bei Erdschluß des Leiters T. Erdschlußlöschspule auf der Eingangsseite

so beträgt der gesamte Wicklungsverlust bei Erdschluß

$$V_w = V_{wn1}\left[1 + (I_d/3\,I_n)^2\right] + V_{wn2} + V_{wn3}\,(I_d/I_n)^2 \qquad (278)$$

Im allgemeinen ist $V_{wn1} \approx V_{wn2}$ und $V_{wn3} \approx V_{wn2}/3$, so daß wir für den Grenzfall mit $I_d = I_n$ erhalten

$$V_w \approx 1{,}11\,\frac{V_{wn}}{2} + \frac{V_{wn}}{2} + \frac{V_{wn}}{6} = 1{,}22\,V_{wn}\,.$$

b) Erdschlußlöschspule auf der Ausgangsseite

Abb. 132 zeigt die Stromverteilung bei offener Leitung und Erdschluß des Leiters T. In diesem Falle fließen in den gesunden Leitern R und S die um 60° gegeneinander phasenverschobenen kapazitiven Ströme $I_e/\sqrt{3}$, während im Leiter T nur der voraussetzungsgemäß zu vernachlässigende Reststrom auftritt. Das Zeigerdiagramm nach Abb. 130 gilt hier für die Ausgangsströme des Transformators.

Bei erdschlußfreiem Vollastbetrieb mit dem Nennstrom I_n und dem Leistungsfaktor $\cos\varphi_2$ liefert der Transformator sowohl den symmetrischen Ladestrom $I_e/3$ des Netzes als auch den Strom I des am Ende der

Leitung angeschlossenen Stromverbrauchers, der sich gemäß dem Zeigerdiagramm nach Abb. 133 aus

$$I = \sqrt{I_n^2 + \left(\frac{I_e}{3}\right)^2 + \frac{2}{3} I_n I_e \sin\varphi_2} \qquad (279)$$

bestimmt. Der Leistungsfaktor des Stromverbrauchers ist dabei:

$$\cos\varphi_2' = \frac{I_n}{I} \cos\varphi_2 \qquad (280)$$

und andererseits

$$\sin\varphi_2' = \frac{I_n}{I} \sin\varphi_2 + \frac{I_e}{3 I}. \qquad (280\,\text{a})$$

Im Erdschlußfalle unter Vollast haben wir zu dem um den Winkel φ_2' phasenverschobenen Strom I des gleichen Stromverbrauchers die

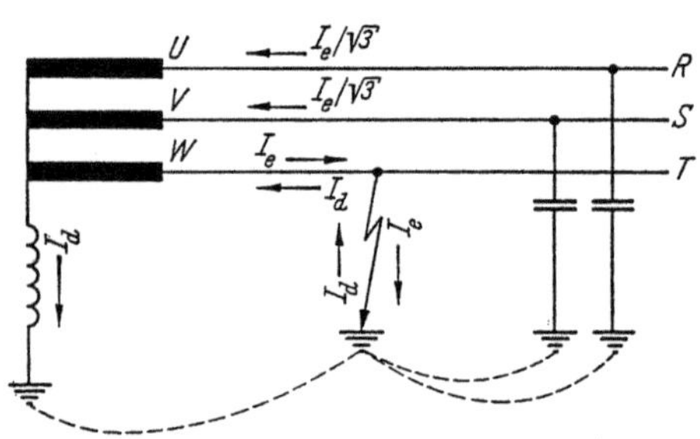

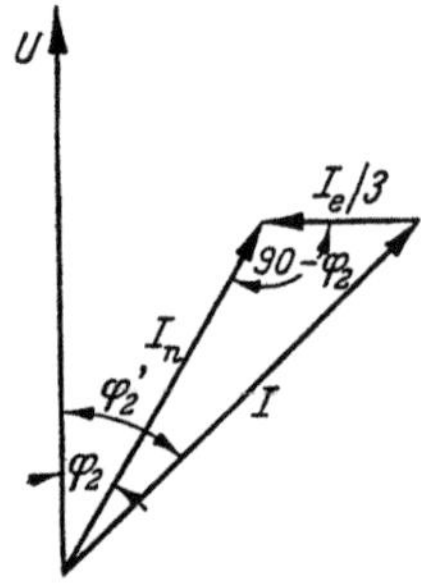

Abb. 132. Erdschlußlöschspule auf der Ausgangsseite des Transformators

Abb. 133. Strom- und Spannungsdiagramm des vollbelasteten Transformators im ungestörten Netz

Ströme $I_e/\sqrt{3}$ in den Leitern R und S nach Abb. 134 geometrisch zu addieren und erhalten damit die resultierenden Ströme

$$I_R = \sqrt{I^2 + \frac{1}{3} I_e^2 + I\,I_e \left(\frac{\cos\varphi_2'}{\sqrt{3}} - \sin\varphi_2'\right)}, \qquad (281)$$

$$I_S = \sqrt{I^2 + \frac{1}{3} I_e^2 - I\,I_e \left(\frac{\cos\varphi_2'}{\sqrt{3}} + \sin\varphi_2'\right)}, \qquad (281\,\text{a})$$

$$I_T = I. \qquad (281\,\text{b})$$

Setzen wir für I, $\cos\varphi_2'$ und $\sin\varphi_2'$ die Beträge nach den Gln. (279), (280) und (280a) ein, so erhalten wir schließlich die Gleichungen

$$I_R = I_n \sqrt{1 + \left(\frac{I_e}{3 I_n}\right)^2 + \frac{I_e}{I_n} \left(\frac{\cos\varphi_2}{\sqrt{3}} - \frac{\sin\varphi_2}{3}\right)} \qquad (282)$$

$$I_S = I_n \sqrt{1 + \left(\frac{I_e}{3 I_n}\right)^2 - \frac{I_e}{I_n} \left(\frac{\cos\varphi_2}{\sqrt{3}} + \frac{\sin\varphi_2}{3}\right)}, \qquad (282\,\text{a})$$

$$I_T = I_n \sqrt{1 + \left(\frac{I_e}{3 I_n}\right)^2 + \frac{2}{3} \cdot \frac{I_e}{I_n} \sin\varphi_2}, \qquad (282\,\text{b})$$

die mit $I_e = I_d$ und $\cos \varphi_2 = \cos \varphi_1$ mit den unter a) gefundenen Gln. (276), (276a) und (276b) völlig übereinstimmen.

Damit ist bewiesen, daß die resultierenden Strombelastungen der Wicklungen und die Wicklungsverluste bei Vollastbetrieb unter Erdschluß unabhängig davon sind, auf welcher Seite des Transformators die Erdschlußlöschspule angeschlossen ist. Hinsichtlich der in Dreieck geschalteten Eingangswicklung oder Ausgleichwicklung gilt das unter a) Angegebene, wenn man sinngemäß die Indizes 1 und 2 miteinander vertauscht.

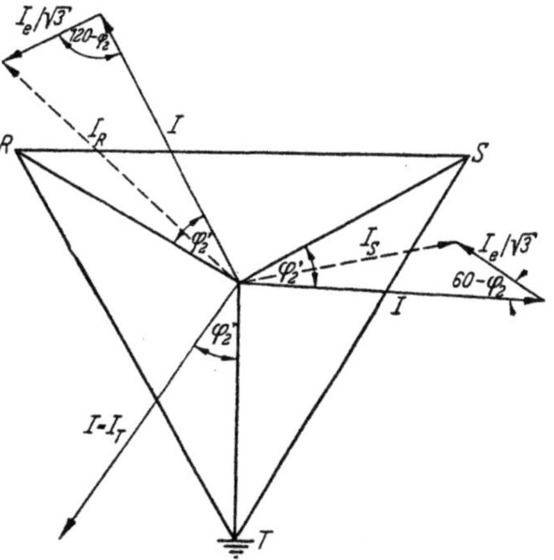

Abb. 134. Strom- und Spannungsdiagramm des vollbelasteten Transformators bei Erdschluß des Leiters T. Erdschlußlöschspule auf der Ausgangsseite

4. Der Parallelbetrieb

Transformatoren können nur dann auf beiden Spannungsseiten parallel geschaltet werden, wenn die Spannungszeiger der Ober- und Unterspannungswicklungen nach Größe und Lage übereinstimmen. Dies setzt neben gleichem Übersetzungsverhältnis bei Drehstrom-Transformatoren voraus, daß der Phasenwinkel zwischen den Spannungszeigern der Ober- und Unterspannungsseite der gleiche ist. Erfüllt ist diese Bedingung, wenn die Schaltungen der beiden Wicklungen jedes Transformators Schaltgruppen mit gleicher Kennzahl bilden. Diese gibt nämlich den Winkel als Vielfaches von 30° an, um den der Zeiger der Unterspannung dem der Oberspannung gleicher oder analoger Klemmenbezeichnung nacheilt. Die gebräuchlichsten Schaltgruppen nach VDE 0532 sind in Abb. 135 zusammengestellt. Es ist indessen auch möglich, Transformatoren der Schaltgruppen mit der Kennzahl 11 mit solchen der Schaltgruppen mit der Kennzahl 5 parallel zu schalten, wenn man Klemmenvertauschungen vornimmt. Tab. 13 zeigt schematisch die verschiedenen Anschlußmöglichkeiten.

Werden die Parallelläufer an gleiche Sammelschienen angeschlossen, so wird eine ihren Nennleistungen genau entsprechende Stromverteilung nur erreicht, wenn die Kurzschlußspannungen einander gleich sind, da nach dem Zeigerdiagramm in Abb. 123 die vektorielle Abweichung der auf eine Übersetzung 1 : 1 umgerechneten Ausgangsspannung von der Nennspannung der Kurzschlußspannung entspricht und bei Sammelschienen-Parallelbetrieb für alle Parallelläufer gleich sein muß. Weichen dagegen die

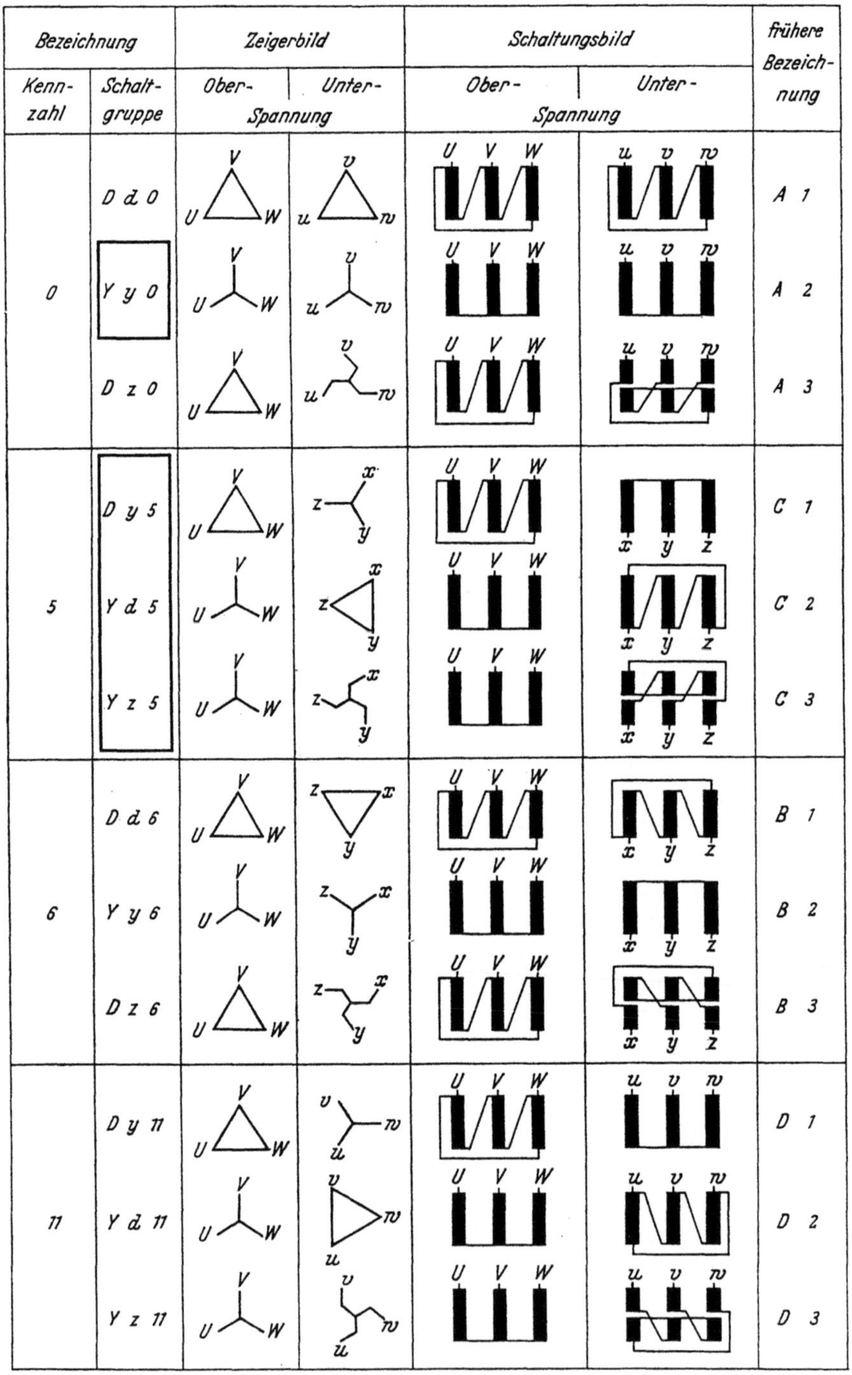

Bezeichnung		Zeigerbild		Schaltungsbild		frühere Bezeichnung
Kennzahl	Schaltgruppe	Ober-Spannung	Unter-Spannung	Ober-Spannung	Unter-Spannung	
0	D d 0					A 1
	Y y 0					A 2
	D z 0					A 3
5	D y 5					C 1
	Y d 5					C 2
	Y z 5					C 3
6	D d 6					B 1
	Y y 6					B 2
	D z 6					B 3
11	D y 11					D 1
	Y d 11					D 2
	Y z 11					D 3

Abb. 135. Gebräuchliche Schaltgruppen für Drehstrom-Transformatoren

bezogenen Kurzschlußspannungen voneinander ab, so erreicht mit steigender Gesamtlast der Strom des Transformators mit der kleinsten Kurzschlußspannung zuerst den Betrag des Nennstromes und bestimmt

Tabelle 13. *Anschlußschema für Parallelbetrieb*

Geforderte Kennzahl	Vorhandene Kennzahl	Anschluß an die Leiter	
		Oberspannung RST	Unterspannung rst
5	5	UVW	x y z
	11	UVW oder WVU oder VUW	w v u v u w u w v
11	11	UVW	u v w
	5	UWV oder WVU oder VUW	z y x y x z x z y

somit die Grenze der zulässigen Belastung des Satzes. Wenn also Überlastungen vermieden werden sollen, darf der Gesamtstrom den Betrag

$$I = I_{nI} \widehat{+} I_{nII}\frac{u_{KI}}{u_{KII}} \widehat{+} I_{nIII}\frac{u_{KI}}{u_{KIII}} \widehat{+} \cdots \tag{283}$$

nicht überschreiten. Dabei bezeichnen I_{nI} den Nennstrom des Transformators mit der kleinsten Kurzschlußspannung u_{KI} und I_{nII}, $I_{nIII} \ldots$ bzw. $u_{KII}, u_{KIII} \ldots$ die Nennströme und Kurzschlußspannungen der übrigen Transformatoren. Mit der geometrischen Addition der Stromzeiger berücksichtigen wir die gegenseitige Phasenverschiebung der Ströme in den einzelnen Transformatoren, die nur dann verschwinden würden, wenn der Kurzschlußleistungsfaktor

$$\cos\varphi_K = u_R/u_K \tag{284}$$

aller Transformatoren der gleiche wäre. Das Zeigerdiagramm nach Abb. 136 macht dies deutlich. Die Ausnutzbarkeit des Paralleläufersatzes

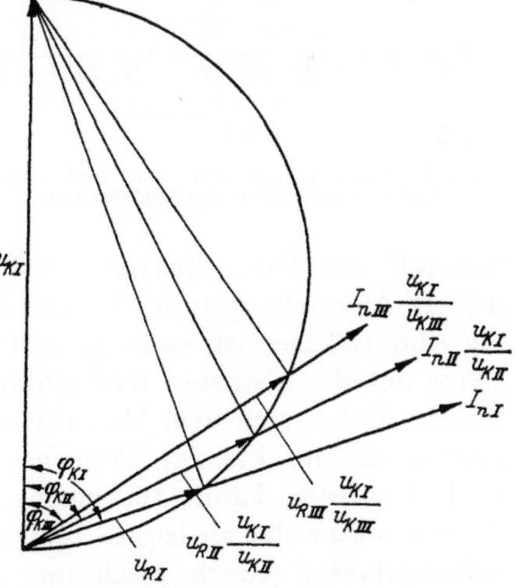

Abb. 136. Zeigerdiagramm für den Parallelbetrieb

$$\eta = \frac{I_{nI} \widehat{+} I_{nII}\dfrac{u_{KI}}{u_{KII}} \widehat{+} I_{nIII}\dfrac{u_{KI}}{u_{KIII}} \widehat{+} \cdots}{I_{nI} + I_{nII} + I_{nIII} + \cdots} \tag{285}$$

vermindert sich also um so mehr, je stärker die Kurzschlußspannungen und Kurzschlußleistungsfaktoren voneinander abweichen.

Beschränken wir uns auf die Betrachtung zweier Parallelläufer, so läßt sich für den Ausnutzungsfaktor schreiben:

$$\eta = \frac{\sqrt{I_{nI}^2 + \left(I_{nII}\,\dfrac{u_{KI}}{u_{KII}}\right)^2 + 2\,I_{nI}\,I_{nII}\,\dfrac{u_{KI}}{u_{KII}}\cos(\varphi_{KI} - \varphi_{KII})}}{I_{nI} + I_{nII}} \,. \tag{286}$$

Hierin ist wiederum dem Transformator mit der kleinsten Kurzschlußspannung der Index I zugeteilt. Das Ergebnis ist in Abb. 137 in Abhängigkeit vom Verhältnis I_{nII}/I_{nI} für Differenzwinkel $(\varphi_{KI} - \varphi_{KII})$ von 0° und 20° und Abweichungen der Kurzschlußspannungen von 10

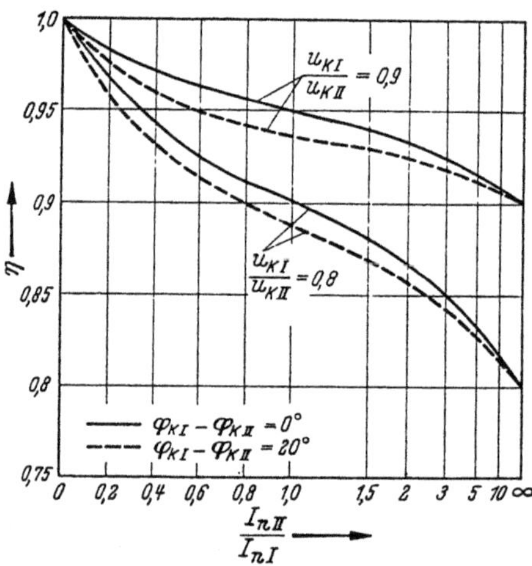

Abb. 137. Ausnutzbarkeit eines aus zwei Transformatoren gebildeten Parallelläufersatzes

und 20% graphisch dargestellt. Man sieht, daß der Ausnutzungsfaktor vom Verhältnis der Kurzschlußspannungen in weit stärkerem Maße abhängt als vom Differenzwinkel. Dieser liegt gewöhnlich unter 10° oder wenig darüber und erreicht nur dann Beträge von etwa 20°, wenn sich unter den Parallelläufern kleinere Transformatoren befinden, die naturgemäß einen verhältnismäßig hohen Kurzschlußleistungsfaktor aufweisen und deshalb größere Differenzwinkel verschulden. Im allgemeinen ist jedoch ihr Einfluß auf den Parallelbetrieb ohne praktische Bedeutung. Aber auch größere Abweichungen der Kurzschlußspannungen von 10 bis 20% sind, wie Abb. 137 beweist, so lange wirtschaftlich tragbar, als der Transformator mit der kleinsten Kurzschlußspannung die höhere Nennleistung besitzt. Dabei sind dem Verhältnis der Nennleistungen keine Grenzen gesetzt, da der kleinere Transformator stets mit 90 bzw. 80% ausgenützt werden kann. Im umgekehrten Falle, in dem der kleinere Transformator die niedrigste Kurzschlußspannung hat, sinkt der Ausnutzungsfaktor jedoch rasch mit zunehmendem Leistungsverhältnis, weshalb man dieses aus wirtschaftlichen Erwägungen auf höchstens 1 : 3 begrenzen sollte, wenn man es nicht vorzieht, die Kurzschlußspannung des kleineren Transformators durch Vorschalten einer Drosselspule zu erhöhen.

Besondere Verhältnisse liegen vor, wenn Transformatoren in Dreieck-Stern-Schaltung mit solchen in Stern-Zickzack-Schaltung im Parallellauf ein Vierleiternetz speisen. Wie in Abschn. III, 1 gezeigt wurde, sind bei Transformatoren in Dreieck-Stern-Schaltung die Kurzschlußströme auf der Ausgangsseite bei ein- und dreipoligem Kurzschluß einander gleich, während sie bei Transformatoren in Stern-Zickzack-Schaltung bei einpoligem Kurzschluß im Grenzfall auf das 1,5fache derjenigen bei dreipoligem Kurzschluß wachsen. Mit steigendem Anteil des Wirkspannungsfalles an der Kurzschlußspannung sinkt der Faktor 1,5 bis auf etwa 1,35 ab. Beim Vierleiterparallelbetrieb werden die Sternpunkte der Transformatoren in Stern-Zickzack-Schaltung dementsprechend höher belastet als die der Transformatoren in Dreieck-Stern-Schaltung. Damit erstere nicht überlastet werden, muß also der Sternpunktleiterstrom auf

$$I_{mp} = \Sigma I_{nz} + \Sigma I_{nd} \left(\tfrac{2}{3} \cdots \tfrac{3}{4}\right) \tag{287}$$

begrenzt werden, wenn vereinfachend angenommen wird, daß die Parallelläufer gleiche Kurzschlußspannungen und Kurzschlußleistungsfaktoren aufweisen. I_{nz} bezeichnet die Nennströme der Stern-Zickzack-, I_{nd} diejenigen der Dreieck-Stern-Transformatoren. Der Ausnutzungsfaktor des Sternpunktleiters wird also

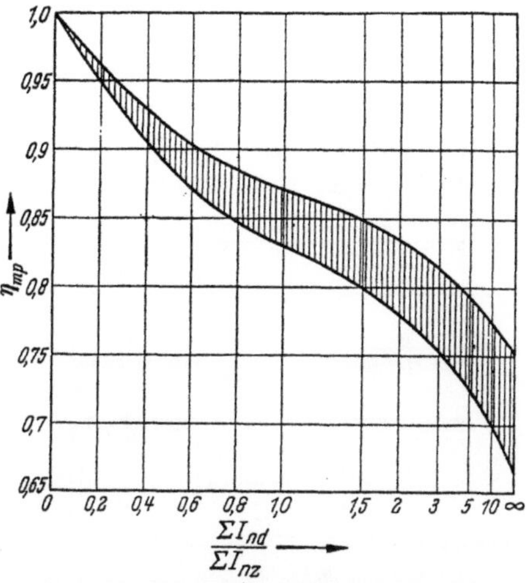

Abb. 138. Ausnutzbarkeit des Sternpunktleiters eines Vierleiternetzes, gespeist von parallellaufenden Transformatoren in Dreieck-Stern- und Stern-Zickzack-Schaltung

$$\eta_{mp} = \frac{\Sigma I_{nz} + \Sigma I_{nd} \left(\tfrac{2}{3} \cdots \tfrac{3}{4}\right)}{\Sigma I_{nz} + \Sigma I_{nd}}, \tag{288}$$

wobei vorausgesetzt wird, daß I_{nz} einen endlichen Wert besitzt. Wie Abb. 138 zeigt, kann η_{mp} von 100% auf 75 bis 67% absinken. Dieses Ergebnis ist nicht besorgniserregend, da eine volle Auslastung des Sternpunktleiters im Vierleiter-Netzbetrieb ohnehin kaum auftritt. Wie HESSENBERG [61] nachgewiesen hat, tritt jedoch beim einpoligen Kurzschluß eine höhere Beanspruchung der Stern-Zickzack-Transformatoren auf, als wenn diese allein wären, weshalb es unter Umständen notwendig werden kann, deren Sternpunkten eisenlose Drosselspulen mit einem Spannungsfall vorzuschalten, der bei einem Strom gleich dem Nennstrom des zugehörigen Transformators einem Drittel seiner um die Nullblindspannung u_{X0} verminderten Streuspannung u_X entspricht. Im allgemeinen ist $u_{X0} = (0,05 \ldots 0,1)\, u_X$. Mit dieser Maßnahme wird zugleich erreicht, daß sich im normalen Betrieb die Sternpunkte der Parallelläufer proportional ihren Nennströmen belasten. Vorstehendes gilt auch dann, wenn die Transformatoren nur auf der Unterspannungsseite parallel geschaltet sind.

Eine zusätzliche Belastung erfahren parallel geschaltete Transformatoren, wenn die Übersetzungsverhältnisse nicht genau übereinstimmen. Die der Übersetzungsabweichung entsprechende bezogene Spannungsdifferenz Δu treibt nämlich (Abb. 139) durch die Ein- und Ausgangswicklungen Ausgleichströme I_a, die wie die Lastströme den Windungszahlen umgekehrt proportional sind und die Kurzschluß-Scheinwiderstände der Wicklungen zu überwinden haben.

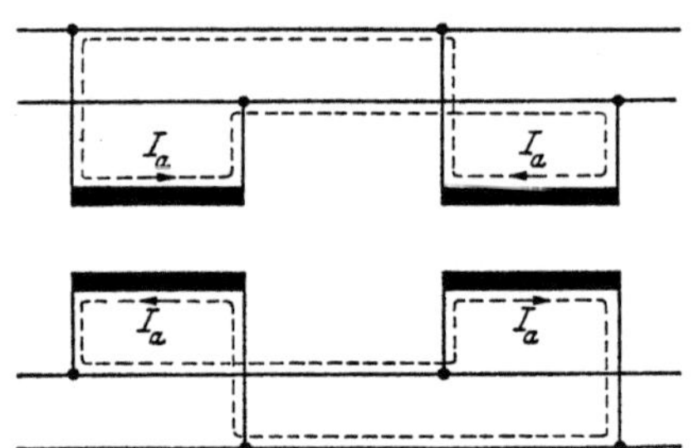

Abb. 139. Ausgleichströme zwischen Parallelläufern mit ungleichen Übersetzungsverhältnissen

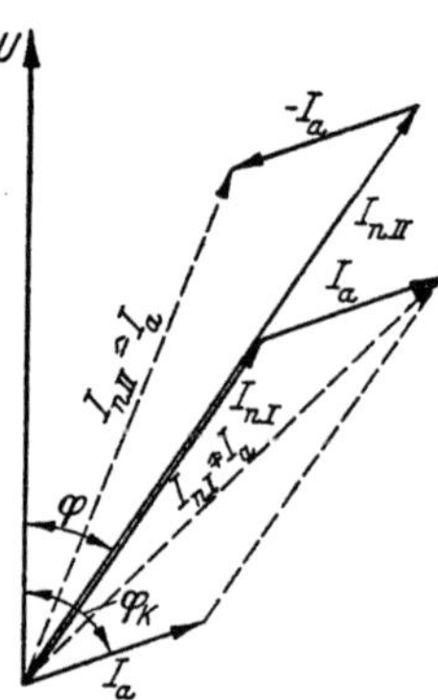

Abb. 140. Vereinfachtes Zeigerdiagramm zweier Parallelläufer mit ungleichen Übersetzungsverhältnissen

Auf beiden Spannungsseiten der Transformatoren entsteht also ein Ausgleichstrom

$$I_a = \frac{\Delta u}{u_{KI}/I_{nI} \;\widehat{+}\; u_{KII}/I_{nII}}, \qquad (289)$$

dessen auf den Nennstrom I_{nI} des kleineren Transformators bezogener Wert sich aus

$$\frac{I_a}{I_{nI}} \approx \frac{\Delta u}{u_{KI} + u_{KII}\dfrac{I_{nI}}{I_{nII}}} \qquad (290)$$

errechnet, wenn die Ungleichheit der Kurzschlußleistungsfaktoren vernachlässigt wird. Die Übersetzungsabweichung ist also um so ungefährlicher, je größer die Kurzschlußspannungen der Transformatoren sind und je näher ihre Nennleistungen beieinanderliegen. Nach VDE 0532 werden Übersetzungsfehler von $\pm 0,5\%$ zugelassen, jedoch nicht mehr als $\pm\,^1/_{10}$ der bezogenen Kurzschlußspannung. Im Grenzfall können also Spannungsdifferenzen von 1,0% bzw. bei $u_K = 4\%$ von 0,8% auftreten, die bei einem Leistungsverhältnis von 1:3 am kleineren Transformator Ausgleichströme von 15% ergeben, wenn die Kurzschlußspannungen den Betrag von 5% nicht überschreiten, oder solche von 7,5% bei Kurzschlußspannungen von 10%. Am größeren Transformator beträgt dabei der bezogene Ausgleichstrom ein Drittel von 15 bzw. 7,5%.

Der Ausgleichstrom eilt der Spannung um den Kurzschlußphasenwinkel φ_K nach und überlagert sich innerhalb der Parallelläufergruppe den Vollastströmen I_n, die in das Netz geliefert werden. Eine Überlastung des am meisten gefährdeten kleineren Transformators kann indessen nur dann auftreten, wenn dieser, für sich betrachtet, wegen der Übersetzungsabweichung im Leerlauf die höhere Ausgangsspannung aufweist. Die Höhe der Überlastung ist, wie Abb. 140 erkennen läßt, vom Phasenwinkel φ des Netzes abhängig, der gewöhnlich kleiner als φ_K ist und bisweilen sogar etwas voreilt. Im ungünstigsten Fall, d. h. mit $\varphi = \varphi_K$, belastet sich der kleinere Transformator dabei mit einem Strom $I_{nI} + I_a$, der größere mit $I_{nII} - I_a$. Hat indessen der größere Transformator im unbelasteten Zustand die höhere Ausgangsspannung, so kehrt der Ausgleichstrom seine Richtung um, und es fließen im kleineren Transformator nur noch $I_{nI} - I_a$ bzw. im größeren Transformator höchstens $I_{nII} + I_a$, was weit harmloser ist.

5. Die Dreiwicklungs-Transformatoren

Große Transformatoren werden bisweilen mit drei Leistungswicklungen ausgerüstet, um entweder zwei verschiedene Netze aus einer Energiequelle oder ein Netz aus zwei Generatoren speisen zu können. In beiden Fällen ist eine weitgehende Unabhängigkeit der beiden Ausgangs- bzw. Eingangswicklungen erwünscht. Sie kann durch eine sinnvolle Anordnung der drei Wicklungen erzielt werden.

Das Verhalten des Dreiwicklungs-Transformators im Betrieb läßt sich, unabhängig von den Schaltungen der drei Wicklungen, leicht überblicken, wenn man schenkelweise die Spannungen, Ströme und Widerstände der Wicklungsstränge 2 und 3 auf den Wicklungsstrang 1 bezieht, also ein Windungsübersetzungsverhältnis 1:1:1 zugrunde legt. In dem sich hierbei unter Vernachlässigung des Leerlaufstromes ergebenden Ersatzschema

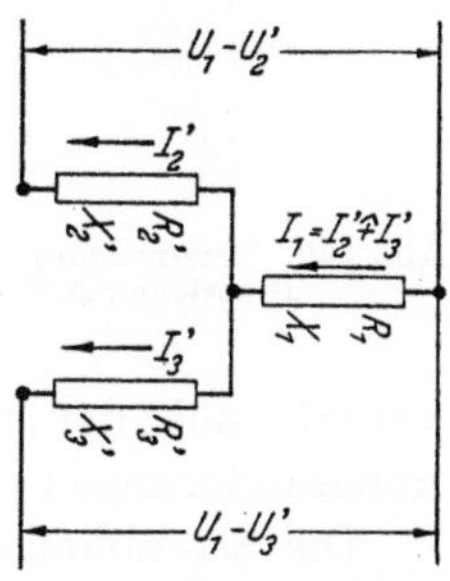

Abb. 141. Ersatzschaltung des Dreiwicklungs-Transformators

nach Abb. 141 sind den Strömen I, den Wirkwiderständen R und Streublindwiderständen X die Indizes 1, 2 und 3 der drei Wicklungsstränge zugeordnet. Mit Hilfe dieses Ersatzschemas, nach welchem der Strom I_1 gleich der geometrischen Summe der Ströme I_2' und I_3' ist, können wir das Zeigerdiagramm nach Abb. 142 zeichnen, in welchem I_2' und I_3' der Spannung U_1 um den Phasenwinkel φ_2 bzw. φ_3 nacheilen. Aus dem Diagramm ergeben sich näherungsweise folgende Spannungsänderungen:

$$U_1 - U_2' \approx I_2' \left[(R_1 + R_2') \cos\varphi_2 + (X_1 + X_2') \sin\varphi_2 \right]$$
$$+ I_3' (R_1 \cos\varphi_3 + X_1 \sin\varphi_3) , \tag{291}$$

$$U_1 - U_3' \approx I_3' \left[(R_1 + R_3') \cos\varphi_3 + (X_1 + X_3') \sin\varphi_3 \right]$$
$$+ I_2' (R_1 \cos\varphi_2 + X_1 \sin\varphi_2) . \tag{291a}$$

Die zu addierenden zweiten Glieder dieser beiden Gleichungen stellen die zusätzlichen Spannungsänderungen dar, die durch die Belastung des Wicklungsstranges 3 bzw. 2 hervorgerufen werden. Um diesen störenden Einfluß zu vermindern, sind die Wicklungen so anzuordnen, daß der Streublindwiderstand X_1 möglichst klein wird. Gelingt dies, so

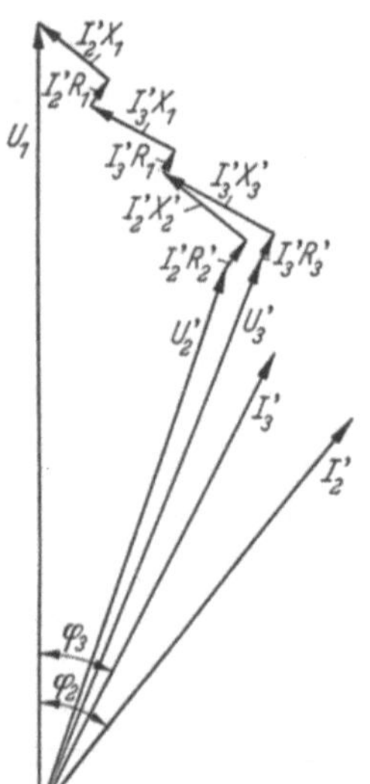

Abb. 142. Vereinfachtes Zeigerdiagramm des Dreiwicklungs-Transformators

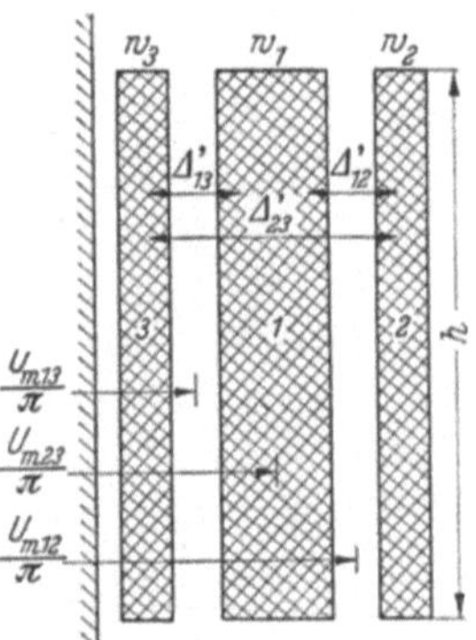

Abb. 143. Dreiwicklungs-Transformator mit Zylinderwicklungen

verhält sich der Dreiwicklungs-Transformator hinsichtlich der Spannungsänderungen praktisch ebenso wie zwei getrennte Transformatoren.

Die Streublindwiderstände X_1, X_2' und X_3' können aus den resultierenden Streublindwiderständen X_{12}, X_{13} und X_{23}' der drei Wicklungspaare $1 - 2$, $1 - 3$ und $2 - 3$ ermittelt werden. Es ist nämlich

$$X_{12} = X_1 + X_2' , \tag{292}$$

$$X_{13} = X_1 + X_3' , \tag{292a}$$

$$X_{23}' = X_2' + X_3' \tag{292b}$$

und demnach

$$X_1 = \tfrac{1}{2}\left(X_{12} + X_{13} - X'_{23}\right), \tag{293}$$

$$X'_2 = X_{12} - X_1, \tag{293 a}$$

$$X'_3 = X_{13} - X_1. \tag{293 b}$$

Die Bedingung für $X_1 = 0$ lautet also: $X_{12} + X_{13} = X'_{23}$. Sie kann angenähert erfüllt werden, wenn die Wicklung 1 zwischen den Wicklungen 2 und 3 angeordnet ist. Abb. 143 zeigt dies für die üblichen Zylinderwicklungen, bei denen nach Gl. (189) mit $X = \omega L_S$

$$X_{12} = \mu_0\,\omega\,w_1^2\,\frac{\varDelta'_{12}\,U_{m\,12}}{h}\,K_{12}\,10^{-8}\quad[\varOmega], \tag{294}$$

$$X_{13} = \mu_0\,\omega\,w_1^2\,\frac{\varDelta'_{13}\,U_{m\,13}}{h}\,K_{13}\,10^{-8}\quad[\varOmega], \tag{294 a}$$

$$X'_{23} = \mu_0\,\omega\,w_1^2\,\frac{\varDelta'_{23}\,U_{m\,23}}{h}\,K_{23}\,10^{-8}\quad[\varOmega]. \tag{294 b}$$

K_{12}, K_{13} und K_{23} sind die ROGOWSKI-Faktoren der drei Wicklungspaare.

Die Wirkwiderstände R_1, R_2 und R_3 der drei Wicklungsstränge sind um die bezogenen Wirbelstromverlustanteile größer als die auf den betriebswarmen Zustand umgerechneten Ohmschen Widerstände (vgl. Abschn. II, 7). Da wir alle Werte auf den Wicklungsstrang 1 bezogen haben, sind in den Gln. (291) und (291a) einzusetzen:

$$R'_2 = R_2\,(w_1/w_2)^2, \tag{295}$$

$$R'_3 = R_3\,(w_1/w_3)^2. \tag{295 a}$$

Im allgemeinen wird der Dreiwicklungs-Transformator so ausgelegt, daß die Nennleistung der Wicklung 1 gleich der algebraischen Summe der Nennleistungen der beiden übrigen Wicklungen ist, d. h., daß $P_{n1} = P_{n2} + P_{n3}$. Eine Vollauslastung ist dabei nur mit Phasenwinkeln $\varphi_2 = \varphi_3 = \varphi$ möglich. Für diesen Fall ergeben sich beim dreiphasigen Dreiwicklungs-Transformator mit

$$I'_{n2} = P_{n2}/3\,U_{n1} \quad \text{und} \quad I'_{n3} = P_{n3}/3\,U_{n1}$$

aus den Gln. (291) und (291a) auf den Nennwert der Sternspannung U_{n1} bezogene Spannungsänderungen

$$u_{\varphi 12} \approx \frac{P_{n2}}{3\,U_{n1}^2}\left[R_{12}\cos\varphi + X_{12}\sin\varphi + \frac{P_{n3}}{P_{n2}}\left(R_1\cos\varphi + X_1\sin\varphi\right)\right], \tag{296}$$

$$u_{\varphi 13} \approx \frac{P_{n3}}{3\,U_{n1}^2}\left[R_{13}\cos\varphi + X_{13}\sin\varphi + \frac{P_{n2}}{P_{n3}}\left(R_1\cos\varphi + X_1\sin\varphi\right)\right]. \tag{296 a}$$

Hierbei bezeichnen $R_{12} = R_1 + R'_2$ und $R_{13} = R_1 + R'_3$ die resultierenden Wirkwiderstände je Schenkel in Ohm, die jeweils beim Kurzschluß eines der Wicklungsstränge 2 bzw. 3 am Wicklungsstrang 1 feststellbar sind. Der Wirbelstromzuschlag für R_1 kann unter Berücksichtigung der Streuflußverteilung quer zur Wicklung 1 nach Abschn. II, 7 bestimmt werden. In diesem Zusammenhang sei darauf hingewiesen, daß bei einer Kurzschlußmessung an dem Wicklungspaar 2—3 Wirbelstromverluste in der in der Mitte liegenden Wicklung 1 nach Gl. (156) mitgemessen werden, die für unsere Betrachtung ohne Bedeutung sind. Die Streublindwiderstände X_1, X_{12} und X_{13} je Schenkel in Ohm andererseits ergeben sich aus den Gln. (293), (294), (294a) und (294b). Sie entsprechen bei großen Transformatoren hinreichend genau den Scheinwiderständen Z_1, Z_{12} und Z_{13}, die sich nach Vorstehendem aus den bezogenen Kurzschlußspannungen der drei Wicklungspaare errechnen zu

$$Z_1 = \tfrac{3}{2} U_{n1}^2 \left(\frac{u_{K12}}{P_{n2}} + \frac{u_{K13}}{P_{n3}} - \frac{u_{K23}}{P_{n3}} \right) \ [\Omega] , \tag{297}$$

$$Z_{12} = \frac{3\,U_{n1}^2}{P_{n2}} u_{K12} \ [\Omega] , \tag{297 a}$$

$$Z_{13} = \frac{3\,U_{n1}^2}{P_{n3}} u_{K13} \ [\Omega] . \tag{297 b}$$

Ein weiteres Problem des Dreiwicklungs-Transformators ergibt sich beim Kurzschluß einer der drei Wicklungen, wobei ungünstigstenfalls die Einspeisung aus den beiden gesunden Netzen erfolgt. Um die dabei auftretenden Kurzschlußströme berechnen zu können, benötigen wir außer Z_1 nach Gl. (297) noch die Größen

$$Z_2' = Z_{12} - Z_1 \tag{298}$$

$$Z_3' = Z_{13} - Z_1 \tag{298 a}$$

die sich mit den Gln. (297), (297a) und (297b) errechnen lassen.

In Abb. 144a bis c sind die in Betracht kommenden Kurzschlußfälle dargestellt, für die sich folgende Kurzschlußströme ergeben:

a) Kurzschluß der Wicklung 1 (Abb. 144a)

$$I_{K1} = \frac{U_{n1}}{Z_1 + \dfrac{Z_2' Z_3'}{Z_2' + Z_3'}} ; \tag{299}$$

$$I_{K2}' = \frac{I_{K1}}{1 + \dfrac{Z_2'}{Z_3'}} ; \quad I_{K3}' = I_{K1} - I_{K2}' .$$

b) Kurzschluß der Wicklung 2 (Abb. 144b)

$$I_{K2}' = \frac{U_{n1}}{Z_2' + \dfrac{Z_1 Z_3'}{Z_1 + Z_3'}} ; \tag{300}$$

$$I_{K1} = \frac{I_{K2}'}{1 + \dfrac{Z_1}{Z_3'}} ; \quad I_{K3}' = I_{K2}' - I_{K1}$$

c) Kurzschluß der Wicklung 3 (Abb. 144c)

$$I'_{K3} = \frac{U_{n1}}{Z'_3 + \dfrac{Z_1 Z'_2}{Z_1 + Z'_2}} \qquad (301)$$

$$I_{K1} = \frac{I'_{K3}}{1 + \dfrac{Z_1}{Z'_2}} \; ; \quad I'_{K2} = I'_{K3} - I_{K1} \, .$$

Bei einem nach Abb. 143 aufgebauten dreiphasigen Dreiwicklungs-Transformator mit Nennleistungen von 20/10/10 MVA, einer Nenn-

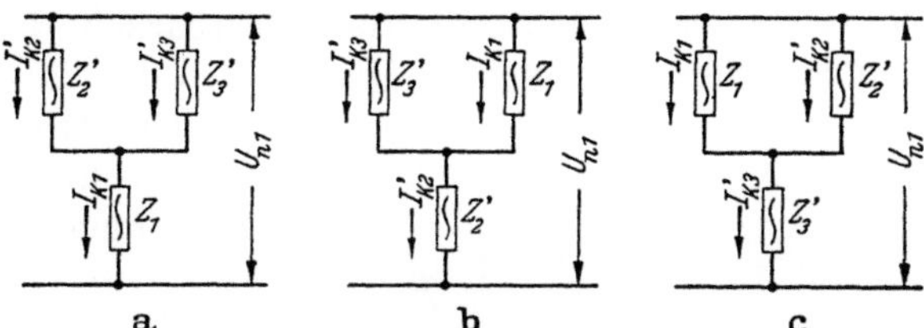

Abb. 144. Kurzschlußfälle des Dreiwicklungs-Transformators

spannung von 110 kV an der Wicklung 1 und Kurzschlußspannungen $u_{K12} = 9\%$, $u_{K13} = 8\%$, $u_{K23} = 18\%$ errechnen sich damit folgende Werte:

$$U_{n1} = \frac{110}{\sqrt{3}} 10^3 = 63{,}5 \cdot 10^3 \, \text{V} \, ,$$

$$P_{n1} = 20 \cdot 10^6 \, \text{VA} \; ; \quad P_{n2} = 10 \cdot 10^6 \, \text{VA} \; ; \quad P_{n3} = 10 \cdot 10^6 \, \text{VA} \; ;$$

$$Z_1 = -\,6{,}05 \, \Omega \; ; \quad Z'_2 = 115 \, \Omega \; ; \quad Z'_3 = 103 \, \Omega \, .$$

Die hiermit zu bestimmenden stationären Kurzschlußströme sind in Tab. 14 den Nennströmen gegenübergestellt.

Tabelle 14. *Stationäre Kurzschlußströme eines Dreiwicklungs-Transformators*

Kurzschluß an	Wicklung 1 $I_{n1} = 105$ A	Wicklung 2 $I'_{n2} = 52{,}5$ A	Wicklung 3 $I'_{n3} = 52{,}5$A
Wicklung 1	$I_{K1} = 1310$ A	$I'_{K2} = 618$ A	$I'_{K3} = 692$ A
Wicklung 2	$I_{K1} = 624$ A	$I'_{K2} = 585$ A	$I'_{K3} = -99$ A
Wicklung 3	$I_{K1} = 690$ A	$I'_{K2} = -37$ A	$I'_{K3} = 653$ A

Die größten Kurzschlußströme treten also auf, wenn die mittlere Wicklung kurzgeschlossen ist und die beiden äußeren an den einspeisenden Netzen liegen.

Ein Dreiwicklungs-Transformator liegt auch vor, wenn man die Ausgleichwicklung eines in Stern/Stern geschalteten Transformators zur Leistungsabgabe heranzieht. Die Wicklungsanordnung entspricht dabei gewöhnlich Abb. 145, d. h., die Ausgleichwicklung 3 liegt bei zylindrischem Wicklungsaufbau dicht am Schenkel des Eisenkernes. Die Nennleistungen der drei Wicklungen sind $P_{n1} = P_{n2} = 3P_{n3}$. Hieraus ergibt sich, daß bei Belastung der Ausgleichwicklung die Ausnutzbarkeit der Ausgangswicklung 2 beeinträchtigt wird, wenn in die Wicklung 1 eingespeist wird. Da letztere im allgemeinen an die Oberspannung angeschlossen ist, liegt sie normalerweise außen. Damit wird zwar die Isolierung der Wicklungen erleichtert, das Verhalten als Dreiwicklungs-Transformator aber gemäß den Gln. (291) und (291a) ungünstig beeinflußt.

Wie Abb. 146 erkennen läßt, ist die Belastbarkeit der Ausgangswicklung 2 um so höher, je größer der Unterschied der Phasenwinkel φ_2 und φ_3 der Ströme I_2' und I_3' ist. Bei vollbelasteter Ausgleichwicklung darf die geo-

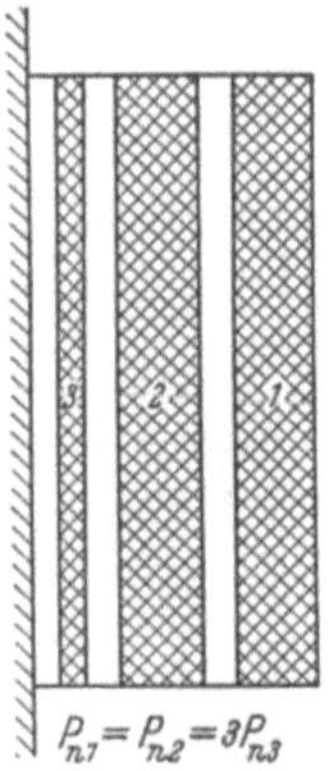

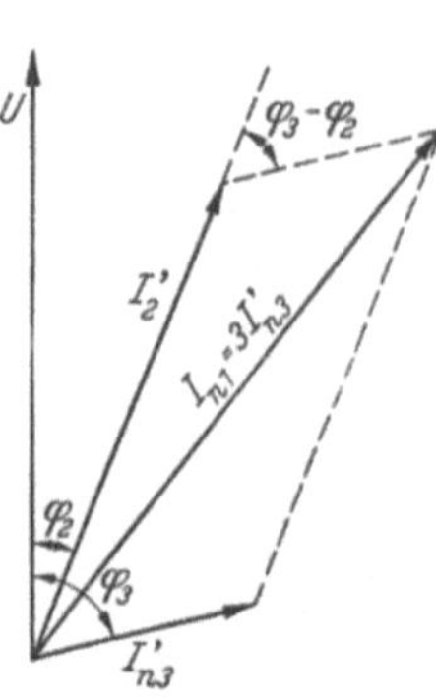

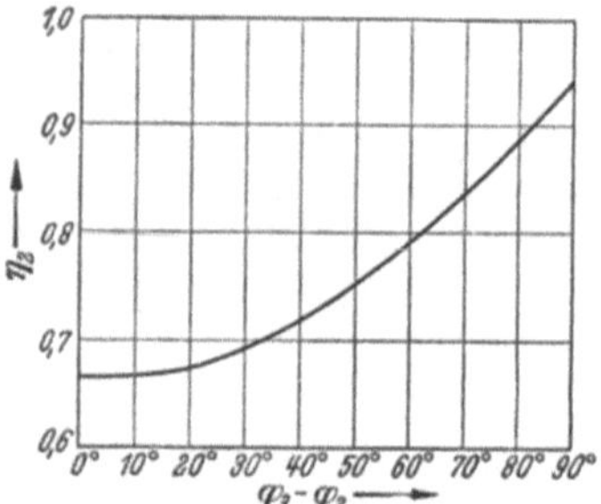

Abb. 145. Transformator mit Ausgleichwicklung in üblicher Wicklungsanordnung

Abb. 146. Zeigerdiagramm der Ströme eines Transformators mit vollbelasteter Eingangs- und Ausgleichwicklung

Abb. 147. Ausnutzbarkeit der Ausgangswicklung bei vollbelasteter Ausgleichwicklung

metrische Summe aus I_2' und I_{n3}' den Betrag $I_{n1} = 3I_{n3}'$ nicht übersteigen. Demzufolge ergibt sich für die Wicklung 2 ein Ausnutzungsfaktor

$$\eta_2 = \tfrac{1}{3}\sqrt{\cos^2(\varphi_3 - \varphi_2) + 8} - \tfrac{1}{3}\cos(\varphi_3 - \varphi_2), \qquad (302)$$

der in Abb. 147 graphisch dargestellt ist. Aus dieser Kurve geht hervor, daß bei Belastung der Ausgleichwicklung mit Drosselspulen zur Kompensation des Ladestromes der Leitungen ($\varphi_3 \approx 90°$) die Wicklung 2 verhältnismäßig gut ausgenützt werden kann, insbesondere dann, wenn der Leistungsfaktor $\cos\varphi_2$ nahe bei 1 liegt. Zu beachten sind bei Öltransformatoren aber nicht nur die Strombelastungen in den Wicklungen 1, 2 und 3, sondern auch die Summe der Verluste der drei Wicklungen. Ist die Ölkühleinrichtung wie gewöhnlich für die bei Nennbetrieb der beiden Leistungswicklungen 1 und 2 auftretenden Verluste $V_{\text{Fe}} + V_{wn1} + V_{wn2}$ bemessen, so darf mit Rücksicht auf die Ölübertemperatur der Ausnutzungsfaktor η_2 über einen Grenzwert nicht hinausgehen, welcher der Bedingung

$$V_{wn2}\,\eta_2^2 + V_{wn3} = V_{wn2}$$

genügt, also den Betrag

$$\eta_2 = \sqrt{1 - \frac{V_{wn3}}{V_{wn2}}} \qquad\qquad (302\text{ a})$$

nicht überschreitet. Mit einem Verlustverhältnis $V_{wn3}:V_{wn2} = 1:3$ ergibt sich hieraus ein maximaler Ausnutzungsfaktor $\eta_2 = 0{,}82$.

Mit der Wicklungsanordnung nach Abb. 145 wird die Ausgleichwicklung 3 beim Kurzschluß an ihren Klemmen und gleichzeitiger Einspeisung in die Wicklungen 1 und 2 gewöhnlich so hoch beansprucht, daß es ratsam ist, der Ausgleichwicklung eisenlose Drosselspulen vorzuschalten, die möglichst in den Kessel des Transformators mit einzubauen sind, um die Gefahr eines Kurzschlusses zwischen der Wicklung 3 und den Drosselspulen und damit ihr Unwirksamwerden auf ein Mindestmaß herabzusetzen. Der erforderliche Nennspannungsfall der Drosselspulen läßt sich mit Hilfe der Gl. (301) ermitteln aus der Differenz zwischen demjenigen Wert von Z_3', der die nötige Begrenzung des Kurzschlußstromes I_{K3}' bewirkt, und dem, den die Wicklung 3 selbst beisteuert.

VI. Die Spartransformatoren

Schaltet man die Wicklungen eines Transformators derart leitend in Reihe, daß eine Wicklung beiden Spannungsseiten gemeinsam ist, so entsteht ein Spartransformator, bei dem die gemeinsame Wicklung im Nennbetrieb mit der Differenz der Nennströme auf der Eingangs- und der Ausgangsseite belastet wird. Diese Wicklung heißt Parallelwicklung, während die vom vollen Nennstrom der einen oder anderen Spannungsseite durchflossene Wicklung Reihenwicklung genannt wird. Die Ersparnis gegenüber der Ausführung als Volltransformator, d. h. mit getrennten Wicklungen, wird um so größer, je mehr sich das Übersetzungsverhältnis der Einheit nähert, und drückt sich in einer Verminderung der Kosten und Gewichte, der Verluste, der Spannungsänderung und des Leerlaufstromes aus.

Diesen Vorteilen stehen offensichtliche Mängel gegenüber: Wegen der leitenden Verbindung zwischen der Eingangs- und der Ausgangsseite ist der Spartransformator in vollisolierten Netzen mit Rücksicht auf den Erdschlußfall nur verwendbar, wenn die von ihm zu kuppelnden Stromkreise die gleiche Isolation gegen Erde aufweisen. Sein Aufgabenbereich ist daher in vollisolierten Hochspannungsnetzen im wesentlichen auf den Ausgleich des Spannungsfalles beschränkt, wobei Eingangs- und

Ausgangsspannung gewöhnlich um weniger als $\pm 25\%$ voneinander abweichen. Bei so niedrigen Übersetzungsverhältnissen ist die Einsparung an Werkstoff, Verlusten usw. allerdings sehr hoch, die Kurzschlußsicherheit im Vergleich zum Volltransformator andererseits beträchtlich herabgesetzt, da die nach außen wirksame Kurzschlußspannung stark zurückgeht. Dies gilt in besonders hohem Maße für solche Spartransformatoren, die zum Einstellen der Spannung mit Stufenschaltern ausgerüstet sind und deshalb in der Nullstellung des Stufenschalters eine fast unendlich kleine Kurzschlußspannung aufweisen, wobei Stufenschalter und Ausleitungen, beim Verstellen des Schalters um eine Stufe aus der Nullstellung heraus auch die Wicklungen auf das äußerste gefährdet sind, wenn der Kurzschlußstrom nicht durch den Scheinwiderstand des Netzes ausreichend begrenzt wird. Im Gegensatz zum Volltransformator, der auch bei unverminderter Eingangsspannung satte Kurzschlüsse verträgt, ist der Spartransformator also im Kurzschlußfalle auf die Nachgiebigkeit des Netzes angewiesen, was bei der Planung und Aufstellung beachtet werden muß. Dementsprechend soll nach VDE 0532 auf dem Leistungsschild des Spartransformators der auf die Reihenwicklung bezogene stationäre Kurzschlußstrom angegeben werden, für den seine Wicklungen bemessen sind, damit bei späteren Leistungserhöhungen des Netzes geeignete Maßnahmen ergriffen werden können, um den Spartransformator zu schützen — notfalls durch Einbau von Strombegrenzungs-Drosselspulen.

Nachdem sich die stufenweise Einstellung der Spannung unmittelbar am Volltransformator, selbst bei Grenzleistungstypen, weitgehend eingeführt hat, verliert der Spartransformator in vollisolierten Hochspannungsnetzen allmählich seine alte Bedeutung. Ein neues Anwendungsfeld hat sich ihm indessen bei der Kupplung von zwei Hochspannungsnetzen aufgetan, die beide im Sternpunkt starr geerdet sind, also z. B. Netze mit 380 und 220 kV. Da es sich hierbei regelmäßig um die Übertragung höchster Leistungen handelt, sprechen nicht nur die immerhin noch beachtlichen Ersparnisse an Werkstoffen und Verlusten, sondern auch die Transporterleichterungen zugunsten des Spartransformators, um so mehr, als es bei den in Betracht kommenden Übersetzungsverhältnissen möglich ist, eine für die mechanische Sicherheit im Kurzschlußfalle selbst bei verhältnismäßig geringem Scheinwiderstand des Netzes noch ausreichende Kurzschlußspannung zu erzielen.

1. Die Nenn-Durchgangsleistung und die Eigenleistung, Gewichte und Verluste

Unter der Nenn-Durchgangsleistung P_{dn} eines Spartransformators wird — in Übereinstimmung mit einem Volltransformator — die an den Ein- und Ausgangs-Klemmen anstehende fiktive Scheinleistung verstanden, die sich von der Ausgangsleistung um den Betrag der Spannungsänderung, von der Eingangsleistung um den Betrag der Stromänderung unterscheidet (vgl. Abschnitt V, 1). Die Eigenleistung P_e entspricht dagegen derjenigen Nennleistung, die sich nach elektrischer Trennung der Reihen- und Parallelwicklung für den Betrieb als Volltransformator ergeben würde.

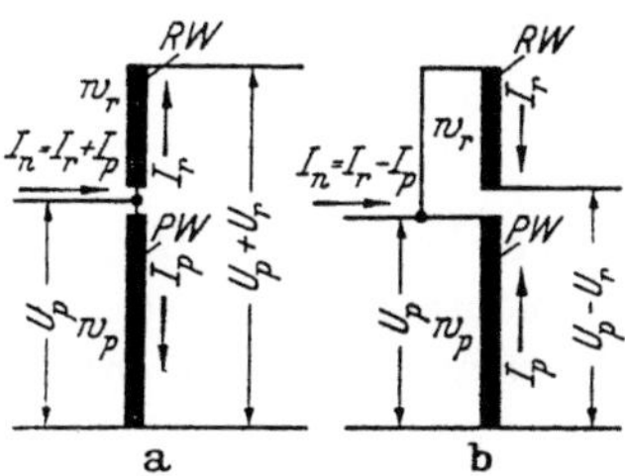

Abb. 148. Einphasiger Spartransformator.

a mit gleichsinniger, b mit gegensinniger Schaltung

Für einen einphasigen Spartransformator nach Abb. 148a und b mit gleich- oder gegensinnig angeschlossener Reihenwicklung gelten, wenn wir den Spannungen U, Strömen I und Windungszahlen w der Reihenwicklung RW und der Parallelwicklung PW entsprechend ihrer Zugehörigkeit die Beibuchstaben r und p zuteilen, die aus den Transformationsgesetzen folgenden Gleichungen

$$U_r/U_p = w_r/w_p \quad \text{und} \quad I_r\,w_r - I_p\,w_p = 0\,, \tag{303}$$

aus denen sich Beträge der Eigenleistung

$$P_e = U_r\,I_r = U_p\,I_p \tag{304}$$

ergeben. Unter Berücksichtigung der Stromverzweigung an der Verbindungsstelle der Reihen- und Parallelwicklung ist andererseits die Nenn-Durchgangsleistung

$$P_{dn} = (U_p \pm U_r)\,I_r = U_p\,(I_r \pm I_p)\,, \tag{305}$$

für die wir mit Gl. (304) schreiben können

$$P_{dn} = P_e\left(\frac{U_p}{U_r} \pm 1\right). \tag{306}$$

Bei gegebener Durchgangsleistung errechnet sich damit — unabhängig von der Energierichtung — eine Eigenleistung

$$P_e = P_{dn}\frac{U_r}{U_p \pm U_r}. \tag{307}$$

In den Gln. (305), (306) und (307) gilt das Pluszeichen für gleichsinnige, das Minuszeichen für gegensinnige Schaltung. Wie zu ersehen ist, arbeitet der Spartransformator mit gegensinniger Schaltung unwirtschaftlicher als mit gleichsinniger. Die erstere ist daher nur so weit vertretbar, als durch Umpolung der Reihenwicklung wahlweise eine Erhöhung oder Erniedrigung der Spannung vorgenommen werden soll.

Nach den Wachstumsgesetzen des Transformators steigen die Gewichte G und die Verluste V annähernd mit der 3/4. Potenz der Leistung.

Demnach sinken bei Anwendung der Sparschaltung die Gewichte auf

$$G \approx G_L \left(\frac{U_r}{U_p \pm U_r} \right)^{3/4} \qquad (308)$$

und in gleicher Weise die Verluste auf

$$V \approx V_L \left(\frac{U_r}{U_p \pm U_r} \right)^{3/4}. \qquad (308\,\text{a})$$

Dabei bezeichnen G_L und V_L die Gewichte und Verluste eines Volltransformators, dessen Nennleistung der Nenn-Durchgangsleistung des Spartransformators entspricht. Der Klammerausdruck der Gln. (308)

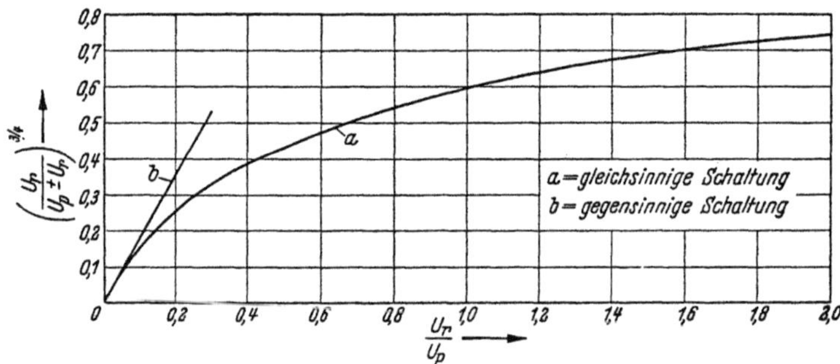

Abb. 149. Verkleinerungsfaktor für Gewichte und Verluste bei Anwendung der Sparschaltung

und (308a) ist in Abb. 149 als Funktion des Verhältnisses U_r/U_p graphisch aufgetragen. Aus dieser ist zu entnehmen, daß die Wirksamkeit der gleichsinnigen Sparschaltung rasch nachläßt, wenn man über ein Verhältnis $U_r/U_p = 1$ wesentlich hinausgeht. Für die gegensinnige Sparschaltung kommt ein Verhältnis $U_r/U_p > 0{,}25$ kaum in Betracht.

2. Die Kurzschlußspannung und die Spannungsänderung

Beim einphasigen Spartransformator in gleichsinniger und dem in gegensinniger Schaltung hat man bei der Kurzschlußmessung mit Nennstrom die in Abb. 150 dargestellten vier Fälle zu unterscheiden.

Am einfachsten zu übersehen sind die Fälle b) und c), die mit der Kurzschlußmessung an einem Volltransformator übereinstimmen, da wegen des Kurzschlusses der Parallelwicklung die Spannung U_K allein an der Reihenwicklung auftritt. Die Kurzschlußspannung des Spartransformators ist allerdings auf $U_p + U_r$ im Falle b) bzw. auf $U_p - U_r$ im Falle c) zu beziehen, da sich die den Kurzschlußstrom treibende Spannung schaltungsbedingt entsprechend erhöht bzw. ändert, während die Kurzschlußspannung beim Volltransformator auf U_r bezogen werden müßte. Demnach sinkt die bezogene Kurzschlußspannung bei Sparschaltung auf

$$u_K = \frac{U_r}{U_p \pm U_r} u'_K,$$ (309)

wenn u'_K die in üblicher Weise für getrennte Wicklungen bei gleichen

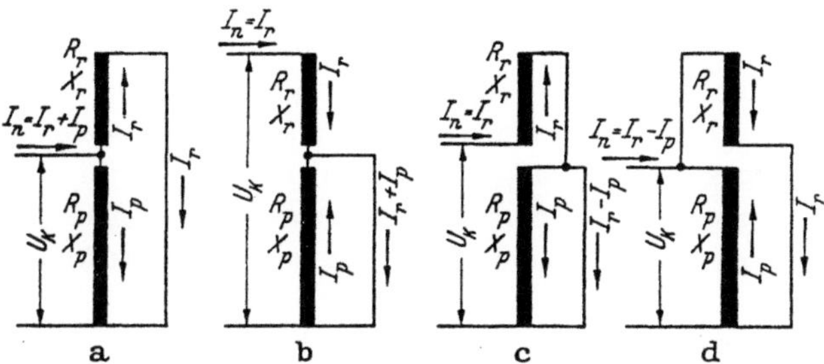

Abb. 150. Kurzschlußmessungen an Spartransformatoren in gleich- bzw. gegensinniger Schaltung

Strangströmen zu berechnende bezogene Kurzschlußspannung, d. h. die der Eigenleistung des Spartransformators zugeordnete bezogene Kurzschlußspannung, bezeichnet.

Betrachten wir nun die Kurzschlußfälle nach Abb. 150a und d. Beiden ist gemeinsam, daß Reihen- und Parallelwicklung parallel geschaltet sind. Es müssen daher in beiden Wicklungen EMKe E_p und E_r induziert werden, welche die ungleichen Wirk- und Blindspannungsfälle ausgleichen. Abb. 151a und b zeigen die entsprechenden Zeigerdiagramme, in denen berücksichtigt ist, daß einmal die Spannungsfälle gleiche, das andere Mal entgegengesetzte Richtungen aufweisen. Für beide Fälle errechnet sich [83] eine Kurzschlußspannung

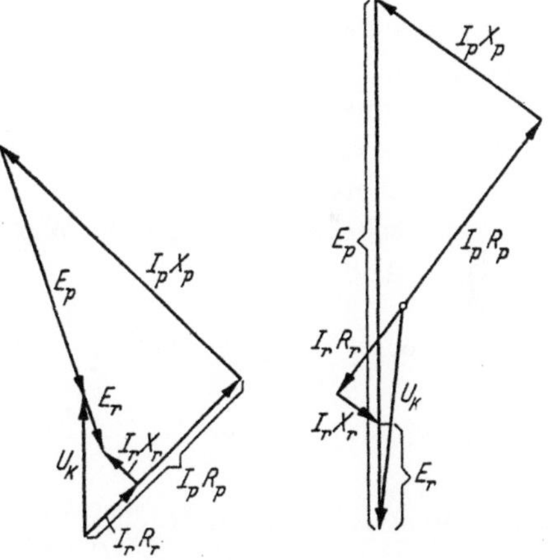

Abb. 151. Zeigerdiagramm für die Kurzschlußmessung eines Spartransformators.

a gleichsinnige Schaltung, Oberspannung kurzgeschlossen, b gegensinnige Schaltung, Unterspannung kurzgeschlossen

$$U_K = \frac{w_r}{w_p \pm w_r} I_p \sqrt{[R_p + R_r (w_p/w_r)^2]^2 + [X_p + X_r (w_p/w_r)^2]^2}.$$ (310)

Da der Ausdruck

$$I_p \sqrt{[R_p + R_r (w_p/w_r)^2]^2 + [X_p + X_r (w_p/w_r)^2]^2}$$ (310 a)

der an der Parallelwicklung meßbaren Kurzschlußspannung U_K' des als Volltransformator umgeschalteten Spartransformators entspricht, dessen Reihenwicklung kurzgeschlossen ist, ergibt sich demnach eine Kurzschlußspannung des Spartransformators

$$U_K = \frac{w_r}{w_p \pm w_r}\, U_K' = \frac{U_r}{U_p \pm U_r}\, U_K'\,, \qquad (311)$$

deren bezogener Wert mit Gl. (309) übereinstimmt, da sowohl U_K als auch U_K' in den beiden betrachteten Fällen auf U_p zu beziehen sind. Die bezogene Kurzschlußspannung ist also mit unverändertem Strom I_r bei gleich- und gegensinniger Sparschaltung zwar verschieden, jedoch unabhängig davon, ob die Ober- oder die Unterspannungsseite kurzgeschlossen wird.

Während beim Volltransformator im Kurzschlußfalle unter unverminderter Eingangsspannung die Induktion höchstens den Leerlaufwert B erreicht, bei Scheibenwicklungen nur etwa 50 % hiervon, kann der Eisenkern des Spartransformators bei Kurzschlüssen unter Umständen seine Sättigungsgrenze erreichen, so daß keine Proportionalität mehr zwischen angelegter Spannung und Kurzschlußstrom besteht. Die hierfür maßgebenden Grenzbedingungen lassen sich aus der Induktion B_K, die bei der Kurzschlußmessung auftritt, ermitteln. Nach den vorstehenden Überlegungen und den Zeigerdiagrammen, denen eine den Windungszahlen annähernd proportionale Aufteilung der Wirk- und Blindspannungsfälle an der Reihen- und Parallelwicklung zugrunde liegt — was nur bei Scheibenwicklungsanordnungen zutrifft —, ergeben sich mit dieser Einschränkung folgende Werte von B_K [83] für die vier Schaltungen in Abb. 150:

Abb. 150 a: $\qquad B_K \approx B\,\dfrac{u_K}{200\,\%}\,\dfrac{U_p - U_r}{U_r} = B\,\dfrac{u_K'}{200\,\%}\,\dfrac{U_p - U_r}{U_p + U_r}\,,\qquad (312)$

Abb. 150 b: $\qquad B_K \approx B\,\dfrac{u_K}{200\,\%}\,\dfrac{U_p + U_r}{U_r} = B\,\dfrac{u_K'}{200\,\%}\,,\qquad (312\,\text{a})$

Abb. 150 c: $\qquad B_K \approx B\,\dfrac{u_K}{200\,\%}\,\dfrac{U_p - U_r}{U_r} = B\,\dfrac{u_K'}{200\,\%}\qquad (312\,\text{b})$

Abb. 150 d: $\qquad B_K \approx B\,\dfrac{u_K}{200\,\%}\,\dfrac{U_p + U_r}{U_r} = B\,\dfrac{u_K'}{200\,\%}\,\dfrac{U_p + U_r}{U_p - U_r}\,.\qquad (312\,\text{c})$

Hieraus folgt, daß die höchste Kurzschlußinduktion bei gleich- und gegensinniger Schaltung jeweils dann zu erwarten ist, wenn der Kurzschluß auf der Unterspannungsseite auftritt. Bei einem Kurzschluß des Spartransformators unter voller Nenn-Eingangsspannung wäre in die Gln. (312) bis (312 c) $u_K = 100\,\%$ einzusetzen. Demgemäß käme die Induktion in das Sättigungsgebiet, wenn $(U_p + U_r)/U_r > 2{,}5 \ldots 2{,}8$ bzw. $U_p/U_r > 1{,}5 \ldots 1{,}8$ wäre. Da die Kurzschlußsicherheit des Spartransformators bei solchen Übersetzungen jedoch im allgemeinen durch Maßnahmen im Netz eine Begrenzung des Kurzschlußstromes auf das etwa $100/u'_K$ fache des Nennstromes zur Voraussetzung hat, kann im Kurzschlußfalle die Induktion selbst bei gegensinniger Schaltung über den Leerlaufwert B kaum hinausgehen. Bei Zylinderwicklungen teilen sich die Wirkspannungsfälle der Reihen- und Parallelwicklung zwar annähernd proportional den Windungszahlen auf, nicht dagegen die Blindspannungsfälle, und zwar entfällt auf die dem Schenkel benachbarte Wicklung ein geringerer, auf die äußere Wicklung ein höherer Anteil. Damit verändert sich auch die Kurzschlußinduktion B_K. Wie man leicht feststellen kann, sinkt sie gegenüber den Gln. (312) bis (312 c), wenn die Reihenwicklung außen und die Parallelwicklung innen angeordnet wird, und steigt im umgekehrten Falle. Dem letzteren kommt jedoch keine praktische Bedeutung zu.

Der Reduktionsfaktor $U_r/(U_p \pm U_r)$, den wir für die Kurzschlußspannung ermittelt haben [Gl. (309)], gilt natürlich auch für ihre Wirk- und Blindkomponente. Demnach ist der bezogene Wirkspannungsfall des Spartransformators

$$u_R = \frac{V_w}{P_{dn}} \cdot 100\,\% \tag{313}$$

[vgl. Gl. (162)], und die bezogene Streuspannung

$$u_X = u'_X \frac{U_r}{U_p \pm U_r} \tag{314}$$

wobei u'_X die für dessen Eigenleistung geltende bezogene Streuspannung (vgl. Abschn. II, 4) bezeichnet. Mit diesen Werten kann die Spannungsänderung nach Gl. (255) berechnet werden

3. Der dreiphasige Spartransformator bei Doppelerdschluß und einpoligem Kurzschluß

Der dreiphasige Spartransformator wird im allgemeinen in Sternschaltung ausgeführt. Hierfür gelten sinngemäß die voraufgehenden Ausführungen über Kurzschlußstrombegrenzung, Eigenleistung, Kurzschlußspannung und Spannungsänderung. Zusätzlich zu berücksichtigen sind jedoch die durch Doppelerdschlüsse hervorgerufenen Kurzschlüsse sowie in besonderen Fällen einpolige Kurzschlüsse. Die dabei auftretenden unsymmetrischen Durchflutungen verlangen zu ihrer Kompensierung eine Ausgleichwicklung, deren Bemessung von der Art der möglichen unsymmetrischen Kurzschlüsse abhängt.

Bei Transformatoren in Stern-Sparschaltung, die für vollisolierte Netze bestimmt sind, wird gewöhnlich auf die Herausführung des Sternpunktes verzichtet. Dies vorausgesetzt, kommt als Ursache eines unsymmetrischen Kurzschlusses nur der Doppelerdschluß gemäß Abb. 152 in Betracht, in der beispielsweise eine gleichsinnige Stern-Sparschaltung und eine Einspeisung von der Unterspannungsseite angenommen ist. Die sich dabei einstellende Stromverteilung kann, so wie eingezeichnet, ohne weiteres angegeben werden. Die Durchflutungen $I_{K3}\,w_3$ und $I_{Kp}\,w_p$ der Ausgleich- bzw. Parallelwicklung ergeben sich sodann aus den Gleichgewichtsbedingungen der den Leitern R, S und T zugeordneten Schenkel I, II und III. Offenbar gilt

für Schenkel I und II:

$$\tfrac{1}{2}I_{Kp}\,w_p = I_{K3}\,w_3\,, \tag{315}$$

für Schenkel III:

$$I_{Kr}\,w_r = I_{Kp}\,w_p + I_{K3}\,w_3\,. \tag{315 a}$$

Aus beiden Bedingungen folgt

$$I_{K3}\,w_3 = \tfrac{1}{3}I_{Kr}\,w_r \tag{316}$$

und

$$I_{Kp}\,w_p = \tfrac{2}{3}I_{Kr}\,w_r\,. \tag{316 a}$$

Demnach ist die Ausgleichwicklung für ein Drittel der Eigenleistung auszulegen, damit in ihr als Fehlerstrom das gleiche Vielfache des

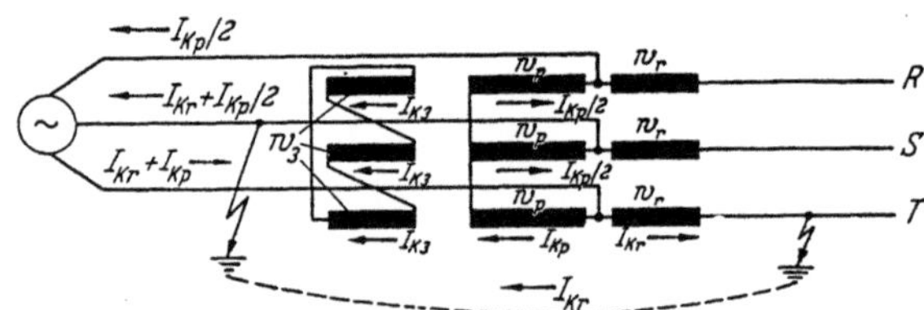

Abb. 152. Gleichsinnig geschalteter Stern-Spartransformator mit Ausgleichwicklung bei Doppelerdschluß und Einspeisung von der Unterspannungsseite

Nennstromes wie in der Reihenwicklung fließt. Gegenüber diesen relativen Strombelastungen beträgt die der Parallelwicklung des am meisten betroffenen Schenkels III nach Gl. (316a) nur zwei Drittel.

Führt man die gleichen Überlegungen für gegensinnige Sparschaltung durch und berücksichtigt außerdem die möglichen Wechsel der Energierichtung, so erhält man für die insgesamt vier verschiedenen Doppelerdschlußfälle, die in Tab. 15 zusammengestellten Durchflutungen der Ausgleichwicklung und der am höchsten beanspruchten Parallelwicklung.

Wie aus Tab. 15 hervorgeht, gibt es sowohl bei gleich- als auch bei gegensinniger Schaltung jeweils eine Energierichtung, in der die Durchflutung der Ausgleichwicklung und der Parallelwicklung nicht mit Gl. (316) und (316a) übereinstimmt. Da es sich bei Spartransformatoren in vollisolierten Hochspannungsnetzen nur um solche handelt, deren Ver-

Tabelle 15. *Durchflutungen der Ausgleichwicklung und der am höchsten beanspruchten Parallelwicklung für Spartransformatoren in Sternschaltung bei Doppelerdschlüssen*

	Gleichsinnige Schaltung		Gegensinnige Schaltung	
	Spannungs-erhöhung	Spannungs-senkung	Spannungs-erhöhung	Spannungs-senkung
$I_{K3}\,w_3 =$	$\dfrac{1}{3}\,I_{Kr}\,w_r$	$\dfrac{1+\dfrac{w_r}{w_p}}{3+\dfrac{w_r}{w_p}}\,I_{Kr}\,w_r$	$\dfrac{1-\dfrac{w_r}{w_p}}{3-\dfrac{w_r}{w_p}}\,I_{Kr}\,w_r$	$\dfrac{1}{3}\,I_{Kr}\,w_r$
$I_{Kp}\,w_p =$	$\dfrac{2}{3}\,I_{Kr}\,w_r$	$\dfrac{2}{3+\dfrac{w_r}{w_p}}\,I_{Kr}\,w_r$	$\dfrac{2}{3-\dfrac{w_r}{w_p}}\,I_{Kr}\,w_r$	$\dfrac{2}{3}\,I_{Kr}\,w_r$

hältnis $w_r/w_p < 0{,}25$ ist, sind die Abweichungen aber gering, so daß eine für ein Drittel der Eigenleistung bemessene Ausgleichwicklung den praktischen Bedürfnissen genügt. Hiermit errechnet sich für den Spartransformator aus der halben Summe derjenigen Leistungen, für die seine Wicklungen bemessen sind, eine Typenleistung

$$P_T = \frac{2\,P_e + P_e/3}{2} = 1{,}17\,P_e \tag{317}$$

Diese dem Vergleich dienende Typenleistung entspricht angenähert der Nennleistung eines nur zwei Wicklungen aufweisenden Volltransformators gleicher Isolation, Abmessungen und Gewichte.

Die absolute Höhe der bei Doppelerdschlüssen in der Reihenwicklung auftretenden Kurzschlußströme I_{Kr} ist in erster Linie vom Scheinwiderstand des Netzes abhängig [157], [160], [161], [180], da der Kurzschluß-Scheinwiderstand des Spartransformators bei den in Betracht kommenden Übersetzungsverhältnissen demgegenüber sehr gering ist. Dementsprechend unterliegt I_{Kr} annähernd der gleichen Begrenzung wie der bei dreipoligem Kurzschluß am Spartransformator auftretende Strom.

Transformatoren in Stern-Sparschaltung mit starr geerdetem Sternpunkt für Hochspannungsnetze sind im Gegensatz zu den vorerwähnten mit isoliertem und nicht herausgeführtem Sternpunkt bei jedem Erdschluß einpoligen Kurzschlüssen ausgesetzt. Für die Bemessung der Ausgleichwicklung sind deshalb andere Gesichtspunkte maßgebend. Wir können unsere Untersuchung auf die in Abb. 153 dargestellten Fälle mit gleichsinniger Schaltung beschränken, da gegensinnige Schaltung für den angegebenen Zweck nicht in Betracht kommt.

Um die höchstmögliche Beanspruchung der Ausgleichwicklung zu erhalten, wollen wir annehmen, daß die den Spartransformator speisenden Maschinentransformatoren auf der diesem zugekehrten Seite nicht starr geerdet sind und demnach eine Entlastung der Ausgleichwicklung durch die Erdrückleitung entfällt. Dabei ergeben sich die eingezeichneten Stromverteilungen. Aus den Gleichgewichtsbedingungen für Abb. 153a

$$\tfrac{1}{2}I_{K1}\,w_p = I_{K3}\,w_3\,,\tag{318}$$

$$I_{K2}\,w_r = (I_{K1} - I_{K2})\,w_p + I_{K3}\,w_3\tag{318a}$$

folgt, daß die Durchflutung der Ausgleichwicklung

$$I_{K3}\,w_3 = \tfrac{1}{3}I_{K2}\,(w_p + w_r)\,.\tag{319}$$

In dem in Abb. 153b dargestellten Falle lauten die Gleichgewichtsbedingungen

$$\tfrac{1}{2}I_{K1}\,(w_p + w_r) = I_{K3}\,w_3\,,\tag{320}$$

$$(I_{K2} - I_{K1})\,w_p = I_{K1}\,w_r + I_{K3}\,w_3\,,\tag{320a}$$

aus denen sich die Durchflutung der Ausgleichwicklung zu

$$I_{K3}\,w_3 = \tfrac{1}{3}I_{K2}\,w_p\tag{321}$$

bestimmt. Da die Windungszahlen w_p und w_r den entsprechenden Leerlaufspannungen proportional sind, folgt aus den Gln. (319) und (321)

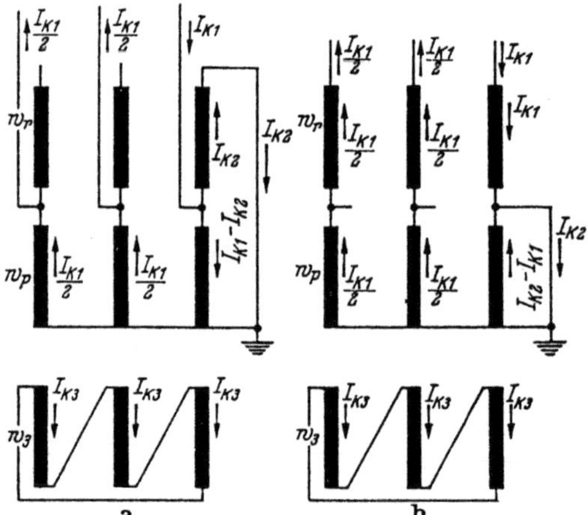

Abb. 153. Gleichsinnig geschaltete Stern-Spartransformatoren mit Ausgleichwicklung bei einpoligem Kurzschluß.
Einspeisung a von der Unterspannungsseite, b von der Oberspannungsseite

für die in Abb. 153 dargestellten Fälle des einpoligen Kurzschlusses, daß die Ausgleichwicklung für ein Drittel der Nenn-Durchgangsleistung bemessen werden muß, wenn ihre relative Kurzschlußstrombelastung nicht höher werden soll, als diejenige der Reihen- und Parallelwicklung beim dreipoligen Kurzschluß, und wir zunächst annehmen, daß die Kurzschlußströme I_{K2} an den Klemmen der jeweiligen Ausgangsseite beim ein- und dreipoligen Kurzschluß einander gleich seien. Sind diese Kurzschlußströme beim einpoligen Kurzschluß jedoch kleiner als beim dreipoligen, worauf noch zurückzukommen ist, so kann die Ausgleichwicklung entsprechend schwächer ausgelegt werden.

Die Kurzschlußströme der Reihen- und Parallelwicklungsstränge, die sich aus den Gleichgewichtsbedingungen nach den Gln. (318), (318a), (320) und (320a) errechnen [*140*], sind in Tab. 16 zusammengestellt. Ebenfalls aufgenommen sind die bei dreipoligem Kurzschluß auftretenden Wicklungsströme, die ohne Inanspruchnahme der Ausgleichwicklung schenkelweise das Durchflutungsgleichgewicht herstellen.

Tabelle 16. *Kurzschlußströme in den Wicklungssträngen von Spartransformatoren mit gleichsinniger Sternschaltung bei ein- und dreipoligem Kurzschluß*

Kurzschlußströme		Spannungserhöhung (Abb. 151 a)	Spannungssenkung (Abb. 151 b)
Belasteter Schenkel bei einpoligem Kurzschluß	Reihenwicklung	I_{K2}	$I_{K2} \cdot \dfrac{2}{3\,(1 + w_r/w_p)}$
	Parallelwicklung	$I_{K2}\,\dfrac{1 - 2\,w_r/w_p}{3}$	$I_{K2} \cdot \dfrac{1 + 3\,w_r/w_p}{3\,(1 + w_r/w_p)}$
Unbelasteter Schenkel bei einpoligem Kurzschluß	Reihenwicklung	0	$\left.\vphantom{\dfrac{1}{1}}\right\}\ I_{K2} \cdot \dfrac{1}{3\,(1 + w_r/w_p)}$
	Parallelwicklung	$I_{K2}\,\dfrac{1 + w_r/w_p}{3}$	
Bei dreipoligem Kurzschluß	Reihenwicklung	I_{K2}	$I_{K2} \cdot \dfrac{1}{1 + w_r/w_p}$
	Parallelwicklung	$I_{K2}\,\dfrac{w_r}{w_p}$	$I_{K2} \cdot \dfrac{w_r/w_p}{1 + w_r/w_p}$

Um ein vollständiges Bild von den Kurzschlußstrombelastungen der Reihen- und Parallelwicklungen beim einpoligen Kurzschluß zu erhalten, beziehen wir sie auf diejenigen bei dreipoligem Kurzschluß und unterstellen wiederum, daß der Klemmenkurzschlußstrom I_{K2} der jeweiligen Ausgangsseite bei ein- und dreipoligem Kurzschluß der Gleiche sei. Damit erhalten wir die in Abb. 154a, b dargestellten Kurven. Aus diesen geht hervor, daß bei einpoligem Kurzschluß auf der Oberspannungsseite (Abb. 154a) die Strombelastung der Parallelwicklungs-Stränge auf den unbelasteten Schenkeln schon mit Windungsverhältnissen $w_r/w_p < 0,5$ weit über das normale Maß steigt. Tritt der einpolige Kurzschluß auf der Unterspannungsseite (Abb. 154b) auf, so gilt für die Beanspruchung der Parallelwicklungs-Stränge auf den unbelasteten Schenkeln Ähnliches wie im vorgenannten Falle, jedoch erscheint eine Kurzschlußüberlastung des Parallelwicklungs-Stranges des unmittelbar betroffenen Schenkels selbst bei $w_r/w_p > 0,5$ als unvermeidlich.

Diese Befürchtung ist jedoch unbegründet, da entgegen unserer vorläufigen Annahme die Klemmen-Kurzschlußströme I_{K2} auf der jeweiligen Ausgangsseite beim einpoligen Kurzschluß kleiner sind als beim dreipoligen Kurzschluß.

Vernachlässigen wir die Impedanz des speisenden Netzes, so errechnet sich das Verhältnis der Klemmenströme auf der Ausgangsseite des Spartransformators bei ein- und dreipoligem Kurzschluß entsprechend den Gln. (164) und (163) zu

$$\iota = \frac{u_K}{\frac{2}{3}\,u_K + u_{K23}}. \tag{322}$$

Hierin bezeichnen u_K die bezogene Kurzschlußspannung des Spartransformators nach Gl. (309) und u_{K23} die für ein Drittel seiner Durchgangs-

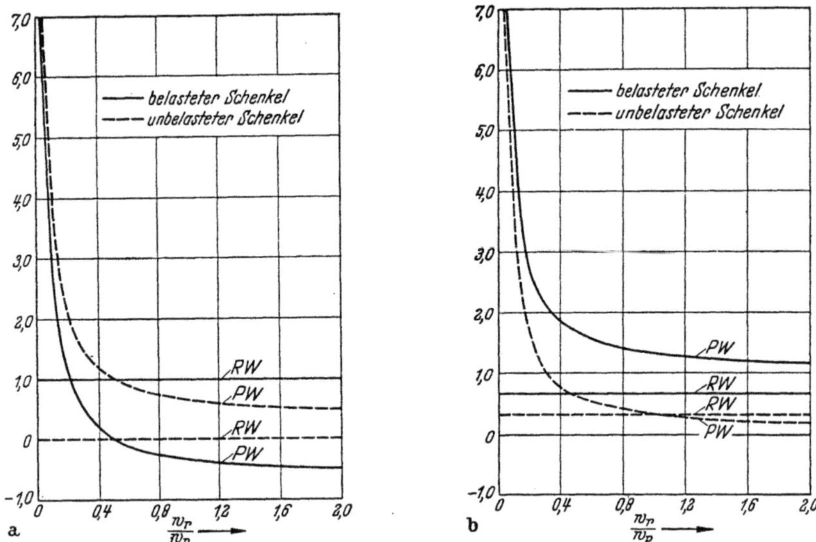

Abb. 154. Verhältnis der Strombelastungen in den Wicklungssträngen von Spartransformatoren mit gleichsinniger Sternschaltung bei ein- und dreipoligem Kurzschluß auf der
a Oberspannungsseite, b Unterspannungsseite

leistung geltende bezogene Kurzschlußspannung zwischen Ausgangs- und Ausgleichwicklung. Als Ausgangswicklung sind beim einpoligen Kurzschluß auf der Oberspannungsseite (Abb. 153a) die aus der Hintereinanderschaltung von Reihen- und Parallelwicklung sich ergebende Gesamtwicklung, bei einpoligem Kurzschluß auf der Unterspannungsseite (Abb. 153b) allein die Parallelwicklung des Spartransformators anzusehen. Im letztgenannten Falle ist also ι größer als im ersten Falle. Als Folge der Sparschaltung ist u_K verhältnismäßig klein, weshalb $u_{K23} > u_K/3$ und daher $\iota < 1$ wird. Die Wirkung der Impedanz des speisenden Netzes kann dadurch berücksichtigt werden, daß man in Gl. (322) einen Wert für die bezogene Kurzschlußspannung u_K einsetzt, der den beim Nenn-Eingangsstrom des Spartransformators im speisenden Netz auftretenden Spannungsfall mit erfaßt. Die der Nullimpedanz des Spartransformators entsprechende bezogene Kurzschlußspannung u_{K23} dagegen bleibt unverändert. Somit bewirkt die Impedanz des speisenden Netzes eine Erhöhung der Verhältniswerte ι, die jedoch geringer ist, als die Senkung des dreiphasigen Kurzschlußstromes auf der Ausgangsseite, auf den sich ι bezieht. Der entsprechende Ausgangsstrom beim einpoligen Kurzschluß wird also durch die Impedanz des speisenden Netzes ebenfalls vermindert, wenn auch in geringerem Maße.

Nach Ermittlung der Verhältniswerte ι können wir die in Abb. 154a, b aufgetragenen Verhältnisse der Wicklungsbeanspruchungen beim einpoligen Kurzschluß zu denen bei dreipoligem Kurzschluß dadurch korrigieren, daß wir sie mit dem entsprechenden Wert für ι multiplizieren. Im gleichen Maße kann die Leistung der Ausgleichwicklung vermindert werden, wenn die an sie angeschlossenen Stromverbraucher, z. B. Ladestromspulen, einstellbare Zusatztransformatoren usw., dies nicht verbieten. Bei einer Bemessung der Ausgleichwicklung für $\iota P_{dn}/3$ errechnet sich eine gegenüber Gl. (317) erhöhte Typenleistung des im Sternpunkt starr geerdeten Spartransformators

$$P_T = \frac{2 P_e + \iota P_{dn}/3}{2}.$$

Hierfür können wir nach Gl. (307) mit $U_r/U_p = w_r/w_p$ setzen

$$P_T = P_e \left[1 + \frac{\iota}{6} \left(\frac{w_p}{w_r} + 1 \right) \right] \qquad (322\,\text{a})$$

oder

$$P_T = P_{dn} \left(\frac{1}{\dfrac{w_p}{w_r} + 1} + \frac{\iota}{6} \right). \qquad (322\,\text{b})$$

Damit ergibt sich für Spartransformatoren, die zur Kupplung von Netzen verschiedener Reihenspannungen dienen, mit Durchschnittswerten $w_r/w_p = 1$ und $\iota = 0{,}7$ eine Typenleistung $P_T = 1{,}233\,P_e = 0{,}617\,P_{dn}$. Die Wirtschaftlichkeit solcher Ausführungen wird noch deutlicher, wenn man sich vergegenwärtigt, daß ein entsprechender Volltransformator mit einer Nennleistung $P_n = P_{dn}$ eine Ausgleichwicklung für $P_n/3$ (vgl. Abschn. III, 1), also eine Typenleistung $P_T = 1{,}17\,P_n$, aufweisen müßte [161], [178].

Wir hatten bei der Betrachtung des einpoligen Kurzschlusses vorausgesetzt, daß eine Verbindung zwischen den Sternpunkten der Energiequelle und des Spartransformators nicht besteht. Ist eine solche jedoch vorhanden, so tritt eine Entlastung der Ausgleichwicklung ein. In Netzen mit starr geerdetem Sternpunkt können daher die Wirkungen einpoliger Kurzschlüsse auf die Parallel- und die Ausgleichwicklung des

Spartransformators hinter den ermittelten höchstmöglichen zurückbleiben.

Andererseits ist bei Spartransformatoren für vollisolierte Netze mit Ausgleichwicklungen für $\frac{1}{3}P_e$ und den üblichen Windungsverhältnissen $w_r/w_p < 0{,}25$ von einer Sternpunktbelastung abzuraten, da diese einpolige Kurzschlüsse im Gefolge haben kann, die beim Fehlen einer Sternpunktrückleitung zur Zerstörung der Parallel- und der Ausgleichwicklung führen müssen. Im übrigen wäre [*140*] die Belastbarkeit des Sternpunktes auf einen Strom

$$I_{Mp} = I_n\, P_e/P_{dn} \tag{323}$$

beschränkt.

4. Die Sonderschaltungen der Spartransformatoren

Das Prinzip des Spartransformators wird für Sonderfälle in zahlreichen Abwandlungen angewendet. Einige nachstehend erläuterte Beispiele mögen dies zeigen.

Bei der Parallelschaltung von Transformatoren mit ungleichen Übersetzungsverhältnissen oder von Wicklungen mit verschiedenen Schein-

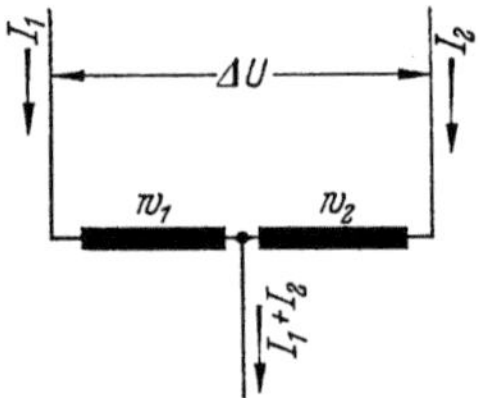

Abb. 155. Stromteiler

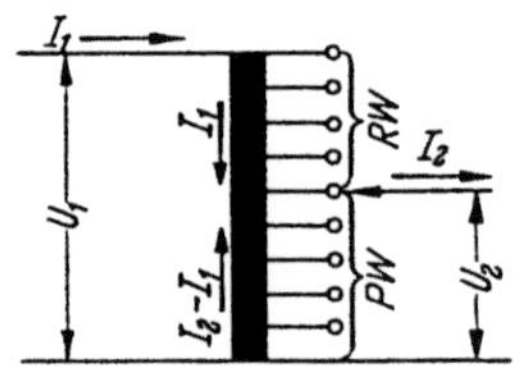

Abb. 156. Spannungsteiler

widerständen kann ein Spartransformator als Stromteiler benutzt werden, um die gewünschte Stromaufteilung zu erzwingen. In Abb. 155 bezeichnet ΔU die auszugleichende Spannungsdifferenz, die von der Summe der Windungen $w_1 + w_2$ aufzunehmen ist. Da sich die Durchflutungen der beiden Wicklungen des Stromteilers zu Null ergänzen, ist das Verhältnis w_1/w_2 gleich dem angestrebten reziproken Verhältnis ihrer Teilströme I_2/I_1 zu wählen. Die Eigenleistung des Stromteilers ist demnach

$$P_e = \Delta U \,\frac{w_1}{w_1 + w_2}\, I_1 = \Delta U \,\frac{w_2}{w_1 + w_2}\, I_2\,, \tag{324}$$

woraus mit $w_1/w_2 = I_2/I_1$ folgt

$$P_e = \Delta U \,\frac{I_1 I_2}{I_1 + I_2}\,. \tag{324 a}$$

Der Spartransformator wird auch als mehr oder weniger feinstufiger Spannungsteiler verwendet, um einem Stromverbraucher eine einstellbare Teilspannung zuführen zu können. In Abb. 156 ist die von der ankommenden Netzspannung U_1 gespeiste Wicklung in gleiche Stufen unterteilt, so daß Spannungen U_2 in dem Bereich von Null bis U_1 abgreifbar sind. Der jeweils benutzte Anschluß teilt bei Belastung mit dem Ausgangsstrom I_2 die Wicklung in eine den Eingangsstrom I_1 führende Reihenwicklung RW und eine Parallelwicklung PW, in der die Stromdifferenz $I_2 - I_1$ auftritt. Bei konstantem Sekundärstrom I_2 fällt die Durchgangsleistung

$$P_d = U_1 I_1 = U_2 I_2 \tag{325}$$

und ebenso der Eingangsstrom I_1 linear mit der in den Grenzen $U_2 = 0$ und $U_2 = U_1$ einstellbaren Ausgangsspannung. Beim Wechsel des Anschlusses ändert sich infolgedessen die Strombelastung der jeweiligen Wicklungsteile RW und PW. Aus der Durchrechnung der Stromverteilungen für alle Anschlußmöglichkeiten erhält man die höchsten Strombelastungen der einzelnen Wicklungsstufen, die für die Querschnittsbemessung der Windungen zwischen je zwei benachbarten Anschlüssen maßgebend sind. In Abb. 157 sind diese beispielsweise für einen 10stufigen Spannungsteiler aufgetragen. Wählt man die Drahtquerschnitte für die Wicklungsstufen entsprechend diesen höchsten Strömen, so ergibt sich für einen n-stu-

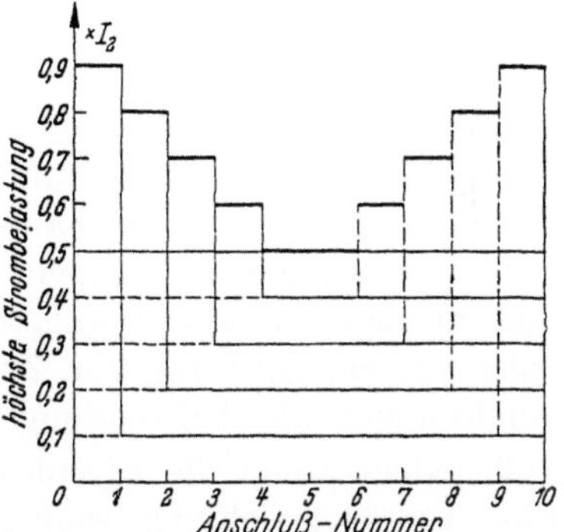

Abb. 157. Höchste Strombelastung der Wicklungsstufen eines 10stufigen Spannungsteilers bei konstantem Ausgangsstrom I_2

figen Spannungsteiler eine auf die maximale Durchgangsleistung $P_{d\,\text{max}} = U_1 I_2$ bezogene Typenleistung P_T nach Tab. 17.

Tabelle 17. *Auf die maximale Durchgangsleistung $P_{d\,\text{max}}$ bezogene Typenleistung P_T des n-stufigen Spannungsteilers*

Stufenzahl n	2	3	4	5	6	7	8	9	10	11	12
$P_T/P_{d\,\text{max}} = \varkappa$	0,25	0,278	0,313	0,32	0,333	0,337	0,344	0,346	0,35	0,351	0,354

Die Eigenleistung des Spannungsteilers erreicht ihr Maximum $P_{e\,\text{max}}$ bei Benutzung des mittleren Anschlusses und gerader Stufenzahl bzw. der der Wicklungsmitte benachbarten Anschlüsse und ungerader Stufenzahl, und zwar ist

$$P_{e\,\text{max}} = \frac{1}{4} P_{d\,\text{max}} \quad \text{bzw.} \quad \frac{1}{4} \frac{n^2 - 1}{n^2} P_{d\,\text{max}} \tag{326}$$

Ähnlichkeit mit dem Spannungsteiler hat der zum Anlassen von Drehstrommotoren benötigte Anlaßtransformator, der in Abb. 158 einphasig dargestellt ist. Er erhält gewöhnlich drei wahlweise zur Verfügung stehende Anzapfungen für z. B, 32, 40 und 48% der Eingangsspannung U_1. Bei der Bemessung der Wicklungsteile geht man ebenso vor

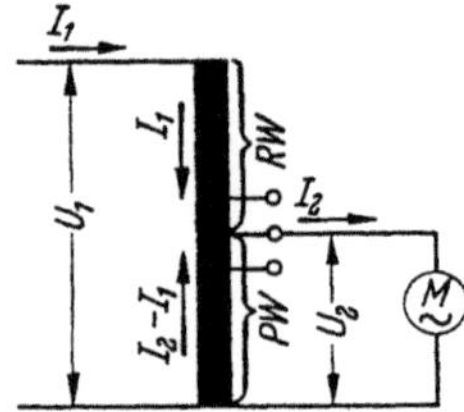

Abb. 158. Anlaßtransformator

wie bei der des Spannungsteilers, jedoch ist zu beachten, daß sich in diesem Falle der Ausgangsstrom I_2 proportional der Ausgangsspannung U_2 ändert. Da die Anlaßdauer gering ist, wird der Anlaßtransformator für Kurzzeitbetrieb (KB), also mit hoher Stromdichte, ausgelegt [70, 72].

Der Drehstrom-Spartransformator kann statt in Sternschaltung auch in V-Schaltung nach Abb. 159 ausgeführt werden. Diese Schaltung hat zur Folge, daß zwischen den ideellen Sternpunkten der Spannungssysteme auf der Ober- und Unterspannungsseite eine Spannungsdifferenz $(U_1 - U_2)/\sqrt{3}$ auftritt. Sie kommt deshalb nicht in Betracht, wenn ein Sternpunktleiter durchgeschaltet ist oder zwei Netzteile mit Erdschluß-löscheinrichtungen zu kuppeln sind. Ihre Anwendung beschränkt sich also im allgemeinen auf Anlaßtransformatoren und solche Spannungsteiler, die zur Speisung von Zusatztransformatoren dienen. Dabei vermindern sich die Aufwendungen für den Stufenschalter im Verhältnis $3:2$, jedoch steigt die Eigenleistung wie $3\,U/\sqrt{3}:2\,U$, d. h. um 15,5%. Eine Ausgleichwicklung benötigt der Spartransformator in V-Schaltung andererseits nicht, da letztere den Durchflutungsausgleich bei einpoligen

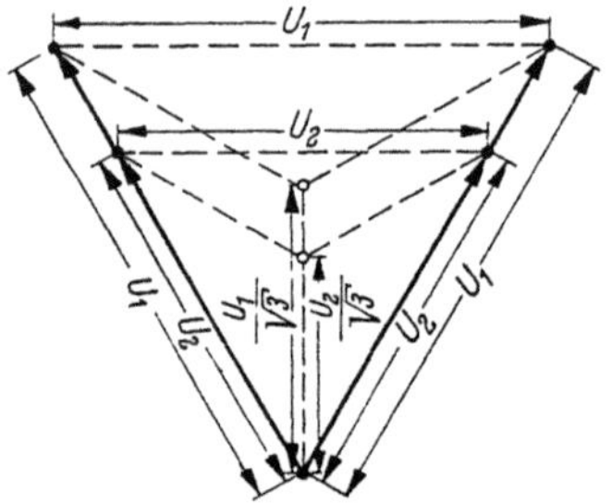

Abb. 159. Spartransformator in V-Schaltung

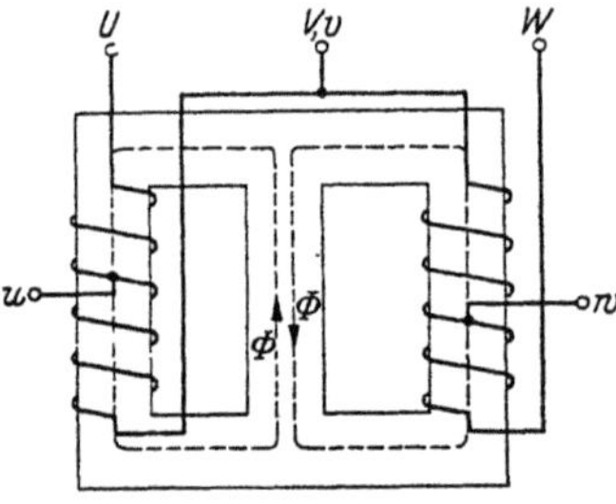

Abb. 160. Schaltung der Wicklungen auf einem dreischenkligen Kern bei V-Sparschaltung

Belastungen ohne weiteres zuläßt. Er kann entweder aus zwei Einphasen-Transformatoren gebildet werden oder auch einen normalen Dreischenkelkern erhalten, wobei die Schaltung der bewickelten Außenschenkel nach Abb. 160 so auszuführen ist, daß im mittleren Schenkel die geometrische Differenz der um 60° phasenverschobenen Außenschenkelflüsse auftritt. Bei gleichen Schenkelquerschnitten ergibt sich dann in allen drei Schenkeln die gleiche Induktion.

Mehrphasige Spartransformatoren werden gelegentlich dazu benützt, die Spannungszeiger des Systems zu schwenken. Anlaß hierzu bietet z. B. die Wirk- und Blindstromregelung in Drehstrom-Ringleitungen. Sie verlangt außer einer Veränderung der Spannungshöhe auch eine Phasendrehung, also die Erzeugung einer Querspannung. Beide Aufgaben werden gewöhnlich auf zwei Spartransformatoren aufgeteilt, einen Längs- und einen Quertransformator. Der erstere in normaler Stern-Sparschaltung liefert eine Zusatzspannung, die mit der Sternspannung des Drehstromsystems in Phase ist, während der Quertrans-

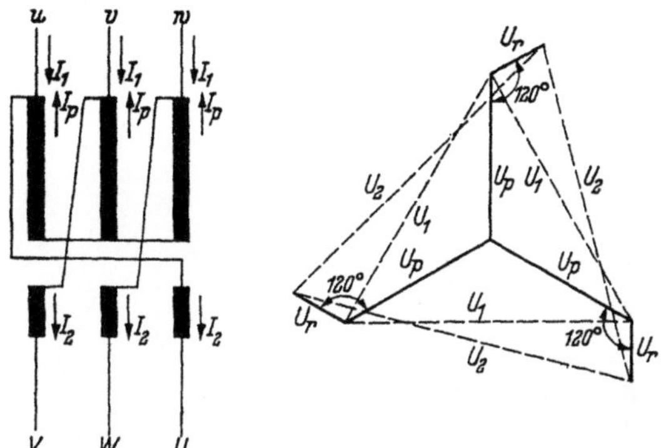

Abb. 161. Quertransformator in Stern-Sparschaltung

formator in Stern- oder Dreieck-Sparschaltung mit zyklisch vertauschten Reihenwicklungen die Querspannung erzeugt.

Schaltung und Zeigerdiagramm eines Quertransformators in Stern-Sparschaltung zeigt Abb. 161. Die Zeiger der Zusatzstrangspannungen U_r der Reihenwicklungen schließen in dieser Darstellung einen Winkel von 120° mit den Zeigern der Strangspannung U_p der Parallelwicklungen ein. Polt man die Reihenwicklungen um, so ändert sich der Winkel in $180 - 120 = 60°$. Mit Hilfe des Cosinussatzes erhalten wir für die Dreieckspannungen U_1 und U_2 die Beziehung

$$U_2 = U_1 \sqrt{1 + \left(\frac{\sqrt{3}\,U_r}{U_1}\right)^2} \pm \frac{\sqrt{3}\,U_r}{U_1}, \tag{327}$$

in der das Pluszeichen für einen Verdrehungswinkel von 120°, das Minuszeichen für einen solchen von 60° gilt. Da der aus der Nenn-Durchgangsleistung $P_{dn} = \sqrt{3}\,U_2 I_2$ zu errechnende Strom I_2 die Reihenwicklungen durchfließt, ergibt sich eine Eigenleistung

$$P_e = 3\,U_r I_2 = P_{dn}\,\frac{\sqrt{3}\,U_r}{U_1 \sqrt{1 + \left(\frac{\sqrt{3}\,U_r}{U_1}\right)^2} \pm \frac{\sqrt{3}\,U_r}{U_1}}. \tag{328}$$

Setzen wir beispielsweise $\sqrt{3}\,U_r/U_1 = 0{,}2$, so bestimmt sich aus Gl. (328) eine Eigenleistung $P_e = 0{,}179\,P_{dn}$ bei der in Abb. 161 gezeichneten Schaltung bzw. $P_e = 0{,}219\,P_{dn}$ nach Umpolung der Reihenwicklungen. Die entsprechenden Ausgangsspannungen sind nach Gl. (327) $U_2 = 1{,}12\,U_1$ bzw. $0{,}917\,U_1$. Die Ströme I_p in den Parallelwicklungen ergeben sich schließlich aus der Durchflutungsbedingung

$$U_p I_p = \frac{U_1}{\sqrt{3}} I_p = U_r I_2 . \tag{329}$$

Berücksichtigt man, daß die Stern-Sparschaltung eine Ausgleichwicklung für ein Drittel der Eigenleistung benötigt, so erscheint die eine Ausgleichwicklung erübrigende Dreieck-Sparschaltung nach Abb. 162

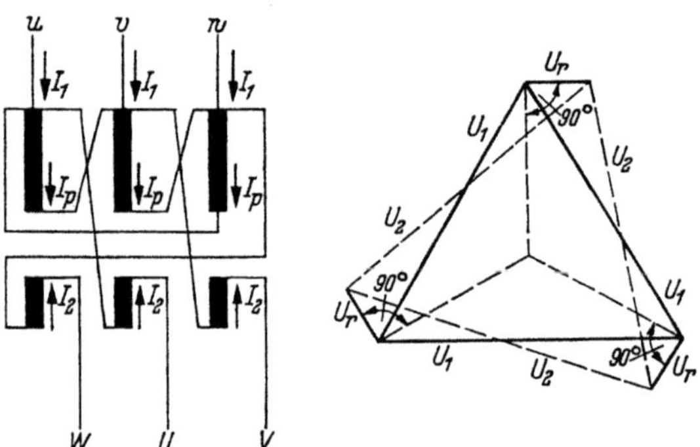

Abb. 162. Quertransformator in Dreieck-Sparschaltung

einer Betrachtung wert. Bei dieser stehen die Zeiger der Zusatzstrangspannungen U_r senkrecht auf denen der Sternspannungen $U_1/\sqrt{3}$ des speisenden Systems. Infolgedessen sind die Dreieckspannungen auf der Ausgangsseite auch bei Umpolung der Reihenwicklungen

$$U_2 = U_1 \sqrt{1 + (\sqrt{3}\,U_r/U_1)^2} . \tag{330}$$

Damit ergibt sich in analoger Weise eine Eigenleistung

$$P_e = P_{dn} \frac{\sqrt{3}\,U_r}{U_1 \sqrt{1 + (\sqrt{3}\,U_r/U_1)^2}} . \tag{331}$$

Für $\sqrt{3}\,U_r/U_1 = 0{,}2$ errechnen wir hieraus eine Eigenleistung $P_e = 0{,}196\,P_{dn}$, die etwa dem Mittelwert der im voraufgegangenen Beispiel ermittelten Eigenleistungen für Stern-Sparschaltung entspricht. Da eine Ausgleichwicklung entfällt, ist also die Dreieck-Sparschaltung der Stern-Sparschaltung beim Quertransformator vorzuziehen. Ihre Ausgangsspannungen weichen außerdem nur geringfügig von den Eingangsspannungen ab; in unserem Beispiel ist nach Gl. (330) $U_2 = 1{,}02\,U_r$.

Die Ströme I_p in den Parallelwicklungen ergeben sich hier aus der Durchflutungsbedingung

$$U_1 I_p = U_r I_2 . \tag{332}$$

Drehstrom-Spartransformatoren können schließlich auch in Zickzackschaltung nach Abb. 163 ausgeführt werden. Hierbei sind die Reihen- und Parallelwicklungen RW und PW der Schenkel in je zwei Teile aufgelöst, an denen bei Dreieckspannungen $U_1 < U_2$ die Teilspannungen $(U_2 - U_1)/3$ bzw. $U_1/3$ auftreten. Dementsprechend vergrößern sich die Windungszahlen im Verhältnis $2/3 : 1/\sqrt{3}$ gegenüber der Stern-Sparschaltung, also um 15,5 %. Da die Ströme in den Wicklungssträngen bei gleichen Belastungen denen der Stern-Sparschaltung entsprechen, übersteigt die Typenleistung die Eigenleistung P_e um den

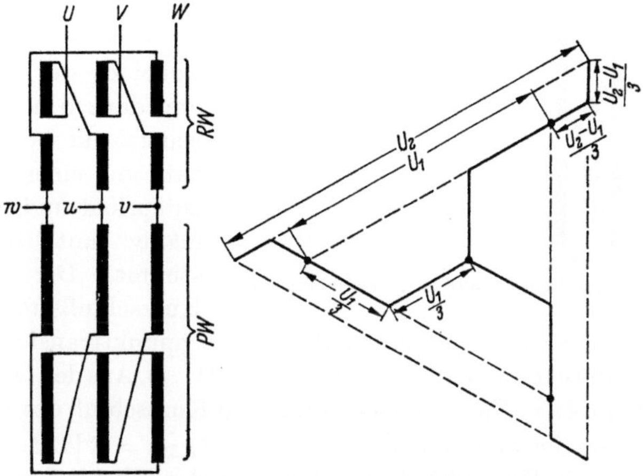

Abb. 163. Spartransformator in Zickzackschaltung

gleichen Betrag. Andererseits bewirkt die Zickzackschaltung auch bei einpoliger Last einen vollkommenen Durchflutungsausgleich, so daß die bei Stern-Sparschaltung erforderliche Ausgleichwicklung für $P_e/3$, die eine Typenvergrößerung um etwa 17 % zur Folge hat, entbehrlich wird. Der komplizierte Wicklungsaufbau und der erhöhte Isolationsaufwand sprechen jedoch gegen die Zickzack-Sparschaltung.

Der zur Bildung eines künstlichen Sternpunktes im Drehstromnetz dienende Sternpunkttransformator stellt einen Grenzfall des Zickzack-Spartransformators dar, bei dem sich der Sternpunktstrom I_{Mp} nach Abb. 164 mit je einem Drittel gleichmäßig auf die Wicklungsstränge aufteilt. Soweit dieser Transformator keine Ausgangswicklung erhält, ist seine auf einen Zweiwicklungs-Transformator bezogene Typenleistung

$$P_T = 3\,\frac{U}{3} \cdot \frac{I_{Mp}}{3} = \frac{U\,I_{Mp}}{3} . \tag{333}$$

Beim Kurzschluß zwischen einem der drei Drehstromleiter und dem Sternpunktleiter unter unveränderter Netzspannung U entsteht ein einphasiger äußerer Kurzschlußstrom I_{KMp}, der sich aus der Beziehung

$$\frac{I_{KMp}}{3} Z_0 = \frac{U}{\sqrt{3}} \tag{334}$$

ergibt, in der Z_0 die Nullimpedanz, im vorliegenden Falle also den Scheinwiderstand eines hälftig auf zwei Schenkel verteilten Wicklungsstranges bezeichnet. Denken wir uns nun den Sternpunkttransformator in einen Volltransformator mit Stern-Stern-Schaltung umgeschaltet, so entstehen auf der Ein- und Ausgangsseite gleiche Strangspannungen vom Betrage $U/3$. Für den dreipoligen Kurzschluß gilt dann je Schenkel

$$I_K Z_K = U/3 , \tag{335}$$

wobei Z_K der Kurzschlußimpedanz, d. h. dem Scheinwiderstand zweier Stranghälften eines Schenkels entspricht und daher wertmäßig mit Z_0 übereinstimmt. Der dreiphasige Kurzschlußstrom I_K des als

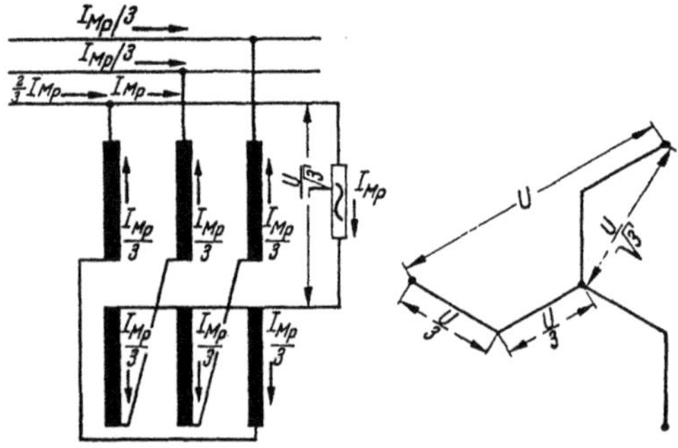

Abb. 164. Sternpunkttransformator in Zickzackschaltung

Leistungstransformator umgeschalteten Sternpunkttransformators errechnet sich in bekannter Weise (vgl. Abschn. III, 1). Aus den Gln. (334) und (335) folgt mit $Z_0 = Z_K$, daß beim einpoligen Kurzschluß des Sternpunkttransformators der äußere Kurzschlußstrom $I_{KMp} = 3\sqrt{3}\,I_K$ wird. Demgemäß steigt die Kurzschlußstromdichte in den Wicklungssträngen auf das $\sqrt{3}$fache an. Im allgemeinen wird also der Sternpunkttransformator ohne Unterstützung durch einen ausreichenden Scheinwiderstand des Netzes einem einpoligen Kurzschluß nicht gewachsen sein.

5. Der Überspannungsschutz der Spartransformatoren

Beim Auftreten von Gewitterüberspannungen zeigt der Spartransformator Schwächen, die im allgemeinen nur durch Anwendung von Überspannungsableitern ausgeglichen werden können. Dies gilt sowohl für Spartransformatoren, die zwei im Sternpunkt starr geerdete Hochspannungsnetze mit verschiedenen Reihenspannungen kuppeln, als auch für solche, die in vollisolierten Mittel- und Hochspannungsnetzen zur Änderung der Spannung in engeren Grenzen dienen. Der Beurteilung der auftretenden Stoßbeanspruchungen sind zwei Betriebsfälle zugrunde zu legen, nämlich der beidseitige Anschluß an das Netz und die einseitige Abtrennung.

Im ersten Falle erleidet die Reihenwicklung auch bei schwingungsarmen Wicklungsaufbau eine Beanspruchung, die der vollen Höhe der Stoßwelle entspricht, da die der ankommenden Wanderwelle abgekehrten Klemmen praktisch als geerdet anzusehen sind. Entspricht dabei die Isolation des Netzes vor und hinter dem Spartransformator der gleichen Reihe, so können von beiden Spannungsseiten Stoßspannungen gleichen Höchstwertes die Reihenwicklung treffen. Wenn der Spartransformator dagegen zwei Netze mit abweichenden Reihenspannungen verbindet, sind von der Oberspannungsseite her die höchsten Stoßspannungen zu erwarten. Die Beherrschung der damit verbundenen inneren Isolationsbeanspruchungen wird erleichtert, wenn man die Parallel- und Reihenwicklung lagenweise aufeinanderwickelt und sinngemäß schildet, d. h. einen schwingungsarmen Wicklungsaufbau wählt.

Wird der Spartransformator andererseits einseitig vom Netz getrennt, so treten beim Stoß auf die Anschlußseite an den offenen Klemmen der Gegenseite Stoßspannungen gegen Erde auf, die weit über die normalen, den Reihen zugeordneten, hinausgehen [114], [136], [137]. Eine Ausnahme bildet nur der Fall, bei dem eine schwingungsarme Wicklung von der Oberspannungsseite gestoßen wird. Beim Stoß auf die Unterspannungsseite treten in jedem Falle an den freien Enden der Reihenwicklungen Stoßspannungen auf, die im Vergleich zur Stoßspannung an den Unterspannungsklemmen weit über das Windungs-Übersetzungsverhältnis hinausgreifen.

Nicht nur mit Rücksicht auf die Gewittersicherheit des Spartransformators, sondern auch auf die der Anlage, ist es deshalb notwendig, Überspannungsableiter vorzusehen. Diese werden üblicherweise nach Abb. 165a auf der Ober- und Unterspannungsseite gegen Erde geschaltet, wenn es sich um einen Spartransformator handelt, der zwei Netze verschiedener Reihe kuppelt. Spartransformatoren für geringe Spannungserhöhungen oder -senkungen in vollisolierten Netzen schützt man nach Abb. 165b durch Überspannungsableiter, die parallel zu den Reihenwicklungen geschaltet sind. Für die Anordnung nach Abb. 165a werden Über

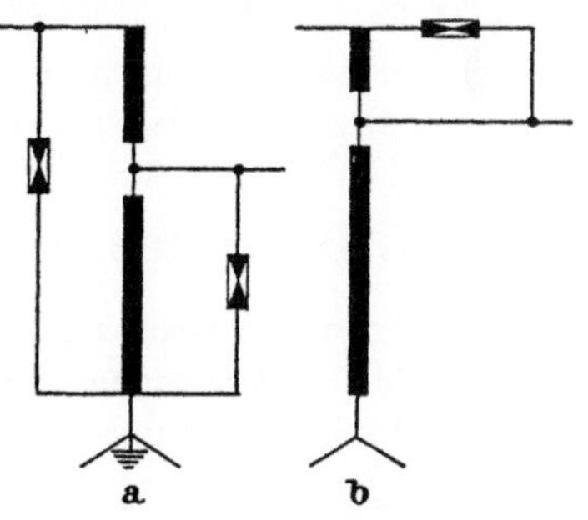

Abb. 165. Schutz von Spartransformatoren durch Überspannungsableiter.
a Sternpunkt starr geerdet, b Sternpunkt isoliert

spannungsableiter mit Nennspannungen gewählt, die den im Kurzschlußfalle gegen Erde auftretenden Spannungen entsprechen. Diese erreichen etwa das 1,4fache der höchsten im Betrieb auftretenden Sternspannung. Die Nennspannung der die Reihenwicklungen überbrückenden

Überspannungsableiter (Abb. 165b) darf nicht niedriger sein als die höchste, auf die Reihenwicklungen entfallende Strangspannung bei Leerlauf oder Kurzschluß. Die beim Kurzschluß zu erwartende Strangspannung errechnet sich, wie leicht einzusehen ist, aus

$$U_K = \frac{U}{\sqrt{3}} \cdot \frac{u_K}{100\%} \cdot \frac{I_K}{I} \, . \tag{336}$$

Hierin bezeichnet U die höchste im Betrieb auftretende Dreieckspannung bei gleichsinniger bzw. gegensinniger Schaltung von Reihen- und Parallelwicklung, u_K die dem Strom I zugeordnete bezogene Kurzschlußspannung bei der betrachteten Schaltung und I_K den entsprechenden Dauerkurzschlußstrom. Da das mit Rücksicht auf die Kurzschlußsicherheit des Spartransformators zulässige Verhältnis I_K/I bei gleich- und gegensinniger Schaltung sowie bei Auf- und Abwärtstransformation stets das gleiche und die Kurzschlußspannung u_K nach Gl. (309) dem Verhältnis $U_r/(U_p \pm U_r)$ proportional ist, ergibt sich im Kurzschlußfalle die höchste Strangspannung bei Abwärtstransformation und gegensinnig geschalteter Reihenwicklung. Die höchste, bei Leerlauf auftretende Strangspannung U_r wird indessen nur überschritten, wenn

$$\frac{I_K}{I} > \frac{100\%}{u_K} \cdot \frac{\sqrt{3}\, U_r}{U} \, . \tag{337}$$

Ist das Verhältnis I_K/I kleiner, was vorkommen kann, so ist die höchste Leerlaufspannung U_r für die Bestimmung des Überspannungsableiters maßgebend. In jedem Falle vermindert der die Reihenwicklung überbrückende Überspannungsableiter ihre Stoßbeanspruchung in starkem Maße, so daß es möglich ist, die Reihenwicklung in zahlreiche Stufen zu unterteilen und einen Stufenschalter mit verhältnismäßig geringen Isolationsabständen an sie anzuschließen [144].

VII. Die stufenweise Einstellung der Übersetzung

Ein Transformator mit starrer Übersetzung wird nur in seltenen Fällen den betrieblichen Anforderungen an die Spannungshaltung gerecht. Vielfach genügt es indessen, der Oberspannungswicklung einige Anzapfungen zu geben, um die wirksame Windungszahl der Oberspannungsseite gelegentlich im spannungslosen Zustand verändern zu können. Dabei begnügt man sich gewöhnlich mit einer Windungszahländerung in zwei Stufen um $\pm 2{,}5$ bis 5%. Zur Einstellung der Wahlanschlüsse dient bei Öltransformatoren ein in den Kessel eingebauter Umsteller, dessen Antriebswelle öldicht durch den Kesseldeckel geführt ist und meistens von Hand betätigt wird. Bei Trockentransformatoren werden die Wahlanschlüsse zu Klemmbrettern geführt, an denen sich die gewünschten Verbindungen mittels Laschen herstellen lassen (Abb. 235). Der Zwang, die Einstellung der Wahlanschlüsse im spannungslosen Zustand durchführen zu müssen, schränkt die Ausnutzung der Anzapfungen im Betrieb stark ein. Es ist nur eine Anpassung des Transformators an die mittlere Betriebsspannung für eine längere Zeit möglich, nicht jedoch ein Ausgleich der stromabhängigen und daher ständig schwankenden Spannungsfälle ausgedehnter Netze, in denen die Spannungsregelung an den speisenden Generatoren nicht mehr ausreicht. Ebensowenig können z. B. solche industrielle Stromverbraucher befriedigt werden, die während des Arbeitsprozesses unterschiedliche Spannungen benötigen.

Die Erfüllung solcher weitergehenden Forderungen bedingt die Einstellung der Wahlanschlüsse unter Last, die Vergrößerung des Einstellbereiches und die Erhöhung der Stufenzahl. Transformatoren mittlerer und großer Leistungen erhalten deshalb in überwiegender Zahl eingebaute Stufenschalter. Diese setzen sich im allgemeinen aus einem Wähler oder Feinwähler, einem Vorwähler und einem Lastumschalter zusammen. Die genannten Teile sind durch Getriebe mechanisch miteinander gekuppelt. Der Wähler oder Feinwähler dient zur vorbereitenden Einstellung des gewünschten Anschlusses, der Vorwähler zur Umkehrung oder Umlenkung der Stufen- bzw. Feinstufenwicklung und der Lastumschalter zum Überschalten auf den nächsten Anschluß. Während Wähler bzw. Feinwähler und Vorwähler lichtbogenfrei arbeiten, vollzieht der Lastumschalter seine Aufgabe unter Last. Dabei darf weder ein Kurzschluß benachbarter Wicklungsanschlüsse, noch eine Unterbrechung des Stromes erfolgen. Während des Umschaltens werden deshalb die zu wechselnden beiden Wicklungsanschlüsse vorübergehend durch Widerstände oder Drosselspulen überbrückt. Den geringsten Werkstoffaufwand für die Überschaltmittel erreicht man mit dem als Sprungschalter ausgebildeten und mit Überschaltwiderständen ausgerüsteten Lastumschalter, bei dem ein Federkraftspeicher auch beim Stehenbleiben des Antriebes während des Umschaltens die Schaltbewegung unaufhaltsam zu Ende führt, so daß die Widerstände in jedem Falle nur sehr kurze Zeit belastet werden. Dieses von B. JANSEN angegebene Verfahren hat sich in Europa weitgehend eingebürgert. Die Anwendung von Laufschaltern mit Überschaltdrosselspulen, die mit Rücksicht auf etwaiges Versagen des Antriebes für Dauerbetrieb ausgelegt sind, ergibt zwar einfachere, aber wesentlich schwerere und größere Konstruktionen, die darum nur in Ländern wirtschaftlich sind, in denen die Werkstoffpreise vergleichsweise niedrig, die Löhne jedoch hoch sind. Sie scheiden aus diesem Grunde für unsere Betrachtungen aus.

Die Anforderungen an den Einstellbereich sind nicht einheitlich. Bei Transformatoren, die der Speisung großer Netze dienen, geht man kaum über $\pm 22\%$ hinaus. Dagegen verlangen Transformatoren für elektrische Öfen oder Schmelzelektrolyse-Bäder weit größere Bereiche. Die Stufenzahl wächst im allgemeinen mit dem Einstellbereich, wobei die bezogene Stufenspannung etwa zwischen 1,5 und 2% liegt. Maßgebend für die Wahl der Stufenspannung sind zwei Gesichtspunkte, nämlich die mit Rücksicht auf die elektrische Beleuchtung zulässige sprungweise Änderung der Spannung, die sich beim Überschalten zum nächsten Wicklungsanschluß ergibt, und andererseits die Schaltleistung, die dem Stufenschalter im Dauerbetrieb zugemutet werden kann. Sie beeinflußt den Abbrand der Kontakte des Lastumschalters und die Verrußung des Öles in dem den Lastumschalter umschließenden Gefäß. Mit den heutigen Konstruktionen wird bei den üblichen Stufenspannungen und der im Netzbetrieb vorkommenden Schalthäufigkeit — etwa 10000 Schaltungen im Jahr — eine Lebensdauer der Lastumschalterkontakte erzielt, die der des Transformators selbst mit Sicherheit entspricht, so daß eine Auswechslung der Kontakte entfällt. Lediglich die Ölfüllung des Lastumschalters ist in größeren Zeitabständen, zweckmäßigerweise gelegentlich der jährlichen Revision des Transformators, zu erneuern.

Bei der Beurteilung der Lichtstromschwankungen von Glüh- oder Leuchtstofflampen, die bei plötzlichen Spannungsänderungen zu erwarten sind, ist davon auszugehen, daß das menschliche Auge nur solche Reizänderungen wahrnimmt, die oberhalb der relativen Unterschiedsschwelle liegen. Diese kann bei sehr vorsichtiger Einschätzung mit 4,5% angenommen werden. Aber auch wenig höhere Werte werden kaum als störend empfunden. Am empfindlichsten gegen Spannungsänderungen sind gasgefüllte oder luftleere Glühlampen, denn bei diesen ändert sich der Lichtstrom ziemlich genau mit der 4ten Potenz der Spannung. Der Lichtstrom von Leuchtstofflampen ist dagegen in dem zulässigen Spannungsbereich von $\pm 10\%$ bei Verwendung induktiver bzw. kapazitiver Vorschaltgeräte nur der 1,2ten bzw 0,5ten Potenz der Spannung proportional[1]. Solange jedoch die Glühlampe von der Leuchtstofflampe nicht verdrängt ist, müssen zur Vermeidung von störenden Lichtstromschwankungen Spannungssprünge von mehr als etwa 1,2% vermieden werden. Da aber in vermaschten Netzen der bei der Stufenumschaltung an einem der Transformatoren auftretende Spannungssprung nicht voll wirksam wird, bestehen unter dieser Voraussetzung keine Bedenken, Stufenspannungen bis zu etwa 2% zu wählen, wenn der Spannungsfall an den Überschaltmitteln nicht größer wird bzw. die Überschaltdauer sehr kurz ist.

Der Stufenschalter kann mit einer Handkurbel betätigt werden, jedoch ergänzt man den Handantrieb gewöhnlich durch einen Motorantrieb mit Stellungsfernanzeige und einer Druckknopfsteuerung, die auch von der Schaltwarte aus bedient werden kann. Schließlich ist es

---

[1] Nach Angaben der Firma Osram, München.

möglich, die Verstellung des Stufenschalters einem selbsttätigen Spannungsregler zu übertragen, der seine Einstellimpulse auf den Motorantrieb gibt [59], [164].

1. Anzapfungen und Umsteller für Einstellung im spannungslosen Zustand

Im allgemeinen handelt es sich um wenige Anzapfungen und einen kleinen Einstellbereich, so daß eine Gefährdung durch Kurzschlüsse und Stoßspannungsbeanspruchungen mit einfachen Mitteln vermieden werden kann. Diese bestehen darin, daß man die bei wahlweiser Benutzung der Anschlüsse entstehenden Lücken in der Wicklungsdurchflutung genügend verteilt oder kompensiert, um die Querstreuflüsse und damit die von diesen hervorgerufenen Schubkräfte in den Grenzen zu halten, die der Wicklung und ihrer Verspannung angemessen sind. Da die spezifischen Kurzschlußkräfte mit der Leistungsgröße des Transformators wachsen, können Anordnungen, die bei kleinen oder mittleren Typen noch durchaus zu rechtfertigen sind, größeren zum Verhängnis werden. Die räumliche Verteilung der Windungsstufen muß daher um so sorgfältiger durchdacht werden, je größer die Leistung des Transformators ist. Einer hohen Stoßspannungsbeanspruchung des angezapften Wicklungsteiles, seiner Ableitungen und des angeschlossenen Umstellers oder

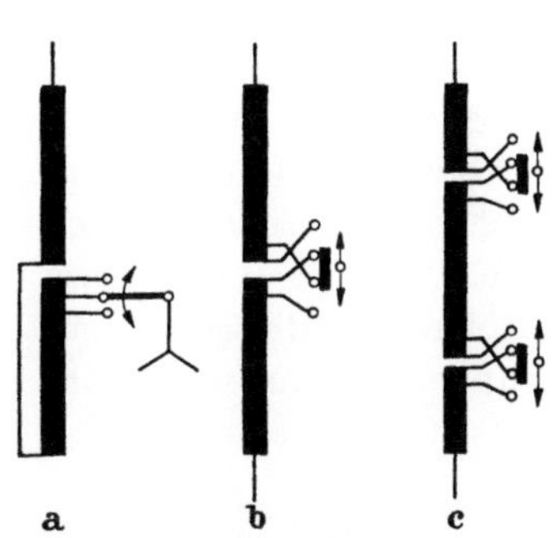

Abb. 166. Zylinderwicklungen mit Anzapfungen zur Änderung der Übersetzung um etwa ± 4%.
a mit Sternpunktumsteller, b mit Mittenumsteller, c mit Doppelmittenumsteller

Klemmbrettes wird man andererseits aus dem Wege gehen, indem man die Anzapfungen elektrisch nicht an den Eingang der Wicklung, sondern in ihr Inneres oder bei Sternschaltung an den Sternpunkt legt. Abb. 119 und 120 machen dies deutlich.

Bei Verteilungstransformatoren mit den üblichen Zylinderwicklungen werden Anzapfungen für eine Übersetzungsänderung um etwa ± 2,5 bis 5% in einer der in Abb. 166 dargestellten Verteilungen angeordnet. In Ausführungen nach Abb. 166a, bei denen eine Hälfte des Wicklungsstranges gegensinnig gewickelt und entsprechend geschaltet ist, liegen die Anzapfungen zwar räumlich in Schenkelmitte, elektrisch jedoch am Sternpunkt. Der Umsteller wird dabei denkbar einfach und die Zahl der Verbindungsleitungen zwischen ihm und der Wicklung am geringsten. An der Isolierung der Stoßstelle der beiden Stranghälften, die dauernd mit der halben Strangspannung beansprucht wird, können jedoch Stoßspannungen solcher Höhe (etwa 70% der Klemmenstoßspannung 1,2/50) auftreten, daß es kaum möglich ist, mit dieser Anordnung über Reihenspannungen von 20 kV hinauszugehen. Dieser Mangel wird mit dem Mittenumsteller nach Abb. 166b vermieden, der außerdem von der Schaltung der Wicklungsstränge unabhängig ist, also auch bei Dreieckschaltung benutzt werden kann.

Im Kurzschlußfalle tritt die größte Schubkraft auf, sobald die Durchflutungslücke ihren Höchstwert erreicht hat. Da sie sich bei den Anordnungen nach Abb. 166a und 166b in der Schenkelmitte befindet, ist die Schubkraft aus Abb. 83 nach Gl. (195a) mit $n = 2$ Querstreugruppen zu berechnen. Ergibt sich dabei eine zu hohe Schubkraft, so kann man mit dem Doppelmittenumsteller nach Abb. 166c die Kraft etwa halbieren, da die Querstreugruppenzahl auf $n = 4$ an-

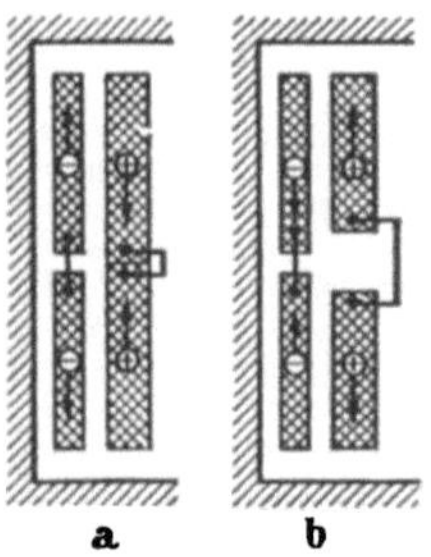

Abb. 168. Drehstrom-Öltransformator für 200 kVA, 20 000 ± 4%/400 V mit horizontalem Mittenumsteller (Bauart SSW)

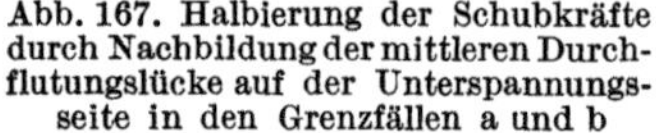

Abb. 167. Halbierung der Schubkräfte durch Nachbildung der mittleren Durchflutungslücke auf der Unterspannungsseite in den Grenzfällen a und b

steigt. Ein anderes Mittel, die Schubkraft auf die Hälfte herabzusetzen, besteht darin, gegenüber der variablen Durchflutungslücke auf der Oberspannungsseite eine solche mittleren Betrages auf der Unterspannungsseite gemäß Abb. 167 vorzusehen. In den beiden Grenzfällen, die sich bei Einschaltung der geringsten bzw. höchsten Windungszahl ergeben, entstehen dabei Schubkräfte mit entgegengesetzter Richtung, jedoch halber Größe. Durch Kombination der Lückenverteilung nach Abb. 166c und 167 ist schließlich eine Verminderung der Schubkraft auf etwa ein

Viertel möglich. Diese Maßnahmen genügen im allgemeinen für den Leistungsbereich der Transformatoren, für die nur eine Einstellung von Anzapfungen im spannungslosen Zustand in Betracht kommt.

Um den Umsteller ohne Vergrößerung des Ölkessels in diesem unter-bringen zu können, führt man ihn so aus, daß er entweder horizontal über dem oberen Joch oder vertikal möglichst in einem der zwischen zwei Schenkelwicklungen und der Kesselwand entstehenden Zwickel angeordnet werden kann. Beide Ausführungen werden durch Abb. 168 und 169 veranschaulicht. Beim horizontalen Umsteller wird die drehende Bewegung der Antriebswelle mittels Hebel in eine geradlinige an den Kontakten umgewandelt, während bei dem rohrförmigen, vertikal eingebauten Umsteller eine Bewegungsumformung entfällt.

Abb. 169. Drehstrom-Öltransformator für 630 kVA, 6000 ± 4%/400 V mit vertikalem Doppelmittenum-steller

Der Doppelmittenumsteller kann auch mit einem zweiten Umsteller zur wahlweisen Reihen- und Parallelschaltung der oberen und unteren Hälfte der Oberspannungs-wicklung nach Abb. 170 kombiniert werden, womit eine Änderung der Nennspannung im Verhältnis 2 : 1 bei je-weils gleicher Einstellmöglichkeit durch den Doppel-mittenschalter erreicht wird.

Die Konstruktion der Umstellerkontakte hat nicht nur auf den Nennstrom des Transformators, sondern auch auf seinen Kurzschlußstrom Rücksicht zu nehmen. Es ist deshalb für ausreichenden Kontaktdruck zu sorgen und die Stromführung in den Kontakten und Anschluß-leitungen möglichst derart auszubilden, daß der Kontakt-druck unter der dynamischen Wirkung des Stoßkurz-schlußstromes zunimmt. Im anderen Falle müssen die

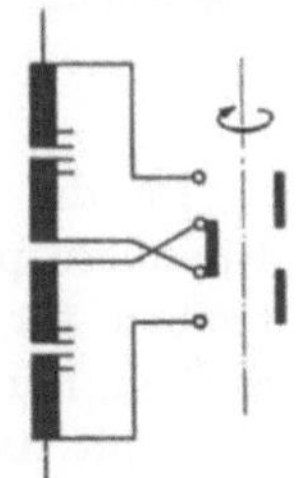

Abb. 170. Geteilte Wicklung mit Rei-hen-Parallel-Um-steller

Federn der beweglichen Kontakte so reichlich bemessen werden, daß auch unter Kurzschluß ein Kontaktdruck verbleibt, der Kontaktausbrennungen mit Sicherheit verhütet. Ein abschließendes Urteil über die Zuverlässigkeit einer Umstellerkonstruktion kann nur im Versuchsfeld gefällt werden.

Die aus Kupfer oder einer Kupferlegierung hergestellten Umstellerkontakte überziehen sich unter Öl im Laufe der Zeit mit einer Fremdschicht, die unter Umständen die Temperatur an den Kontakten bedenklich erhöhen kann. Da Umsteller im allgemeinen nur selten zur Übersetzungsänderung betätigt werden, empfiehlt es sich, insbesondere bei höheren Nennströmen, den Umsteller in gelegentlichen Betriebspausen vollkommen durchzuschalten, um die Kontakte von der zwischenzeitlich angesetzten Fremdschicht wieder zu befreien.

2. Anzapfungen bei Volltransformatoren für Einstellung unter Last

Bei Netztransformatoren bestimmen die auftretenden Spannungsfälle vor und hinter dem Transformator den erforderlichen Einstellbereich. Der Transformator hat nämlich bei Leerlauf auf der Ausgangsseite die Spannung U_{20}, bei Vollast die um den Spannungsfall ΔU_2 erhöhte Spannung $U_{20} + \Delta U_2$ zu liefern, während ihm auf der Eingangsseite eine in den Grenzen U_{10} bis $U_{10} - \Delta U_1$ schwankende Spannung zugeführt wird. Der Spannungsfall ΔU_2 schließt die Spannungsänderung des Transformators selbst ein. Der Spannungsfall ΔU_1 wird im allgemeinen nicht allein von der Belastung des betrachteten Transformators verursacht, sondern auch von den übrigen Stromverbrauchern, die an das speisende Netz angeschlossen sind. Die Spannungsfälle ΔU_1 und ΔU_2 werden deshalb nicht notwendigerweise gleichzeitig auftreten, jedoch muß diese Möglichkeit in Rechnung gestellt werden. Im ungünstigsten Falle hat also der Transformator bei niedrigster Eingangsspannung $U_{10} - \Delta U_1$ seine höchste Ausgangsspannung $U_{20} + \Delta U_2$ und bei höchster Eingangsspannung U_{10} seine niedrigste Ausgangsspannung U_{20} abzugeben. Die Grenzen des Übersetzungsverhältnisses sind daher

$$\ddot{u}_{\mathrm{min}} = \frac{U_{10} - \Delta U_1}{U_{20} + \Delta U_2} \quad \text{und} \quad \ddot{u}_{\mathrm{max}} = \frac{U_{10}}{U_{20}}. \tag{338}$$

Da die Leistungsabgabe eines Transformators der Induktion im Eisenkern proportional ist, sollte man ihn stets mit der Induktion betreiben, für die er ausgelegt ist. Um das im vorliegenden Falle zu erreichen, müßte er sowohl auf der Eingangs- als auch auf der Ausgangsseite mit Anzapfungen entsprechend den auf beiden Seiten tatsächlich auftretenden Spannungsänderungen versehen werden. Dies ist indessen kaum möglich, weil die Windungszahl auf der Unterspannungsseite gewöhnlich niedrig und die Stromstärke so hoch ist, daß sowohl Schwierigkeiten bei der Anbringung von feingestuften Anzapfungen als auch bei der Ausbildung der Stufenschalterkontakte entstehen. Zudem würde das Anbringen je eines Stufenschalters mit Zubehör auf der Ober- und der Unterspannungsseite die Ausführung untragbar verteuern. Man ist daher genötigt, sich für Anzapfungen auf einer Spannungsseite zu entscheiden und Induktionsschwankungen im Eisenkern in Kauf zu nehmen. Im allgemeinen legt man die Anzapfungen aus den vorgenannten Gründen auf die Oberspannungsseite des Transformators. Diese Wahl ist um so mehr berechtigt, als die Spannungsschwankungen auf der Oberspannungsseite meistens größer sind als auf der Unterspannungsseite. Wählt man dabei die Nennspannung der nicht angezapften Unterspannungswicklung gleich dem Mittelwert

$$U_{n2} = \frac{2\,U_{20} + \Delta U_2}{2} = U_{20} + \frac{\Delta U_2}{2}, \tag{339}$$

wenn diese die Leistung abgibt, im anderen Falle, z. B. beim Maschinentransformator, zu

$$U_{n1} = \frac{2\,U_{10} - \Delta U_1}{2} = U_{10} - \frac{\Delta U_1}{2}, \tag{339 a}$$

so schwankt die Induktion im Eisenkern höchstens um $\pm 5\%$, wenn der Spannungsfall nicht mehr als rd. 10% beträgt. Da Induktionserhöhungen um 5% nach VDE 0532 ohne weiteres zulässig sind, ist eine Senkung der auf die Nennspannung bezogenen Induktion gegenüber der Normalausführung des Typs nur dann erforderlich, wenn die 10%-Grenze von den in Betracht kommenden Spannungsfällen überschritten wird. Vielfach wird daher das aktive Gewicht des Transformators durch die einseitige Anordnung der Anzapfungen nicht vergrößert. Aus den Werten für U_{n2} bzw. U_{n1} nach den Gln. (339) und (339a) errechnen sich schließlich die Grenzwerte der Spannung der angezapften Wicklung mit Hilfe der Verhältnisse $\ddot{u}_{\min}$ und $\ddot{u}_{\max}$ nach Gl. (338). Ihr Mittelwert ist die Nennspannung der angezapften Wicklung.

Beispiel. Einem Abspanntransformator soll eine in den Grenzen $U_{10} = 120\ \text{kV}$ und $U_{10} - \Delta U_1 = 100\ \text{kV}$ schwankende Spannung zugeführt werden. Die Verbraucherspannung sei $U_{20} = 30\ \text{kV}$ und der Spannungsfall, einschließlich der Spannungsänderung des Transformators selbst, $\Delta U_2 = 3\ \text{kV}$. Dann wird die Ausgangs-Nennspannung $U_{n2} = 30 + 3/2 = 31{,}5\ \text{kV}$. Aus den Übersetzungsverhältnissen $\ddot{u}_{\min} = 100/33 = 3{,}03$ und $\ddot{u}_{\max} = 120/30 = 4{,}0$ errechnen sich Eingangs-Grenzspannungen von $31{,}5 \cdot 3{,}03 = 95{,}5\ \text{kV}$ bzw. $31{,}5 \cdot 4{,}0 = 126\ \text{kV}$. Die Eingangs-Nennspannung wird daher $U_{n1} = (95{,}5 + 126)/2 = 110{,}7\ \text{kV}$ mit einem Einstellbereich von $\pm 14\%$.

Der große Einstellbereich zwingt aus Gründen der Kurzschlußsicherheit des Transformators dazu, den mit Anzapfungen versehenen Wicklungsteil als besondere Stufenwicklung auszubilden, die so gestaltet wird, daß bei Benutzung beliebiger Anzapfungen jeweils genügende Symmetrie zwischen Ein- und Ausgangswicklung erhalten bleibt, um die Schubkräfte in angemessenen Grenzen zu halten. Außerdem ist die Schaltung so zu wählen, daß die Aufwendungen für den Stufenschalter möglichst gering werden. Man legt deshalb die Stufenwicklung tunlichst an den Sternpunkt der Oberspannungswicklung und bemißt außerdem

die Stufenwicklung für den halben Einstellbereich, um Verbindungsleitungen und Kontakte einzusparen. Die zweite Maßnahme erfordert
allerdings, wie Abb. 171 zeigt, eine zusätzliche Vorrichtung, nämlich
einen Vorwähler, der ein zweimaliges Durchlaufen der Stufenwicklungs-
anschlüsse gestattet und mit dem Einstellmechanismus so gekuppelt sein
muß, daß die Kontinuität der Einstellung über den ganzen Bereich
gesichert ist. Bei der Schaltung nach Abb. 171a wird der Spannungszeiger der Stufenwicklung mittels des Vorwählers umgekehrt, weshalb
letzterer in dieser Funktion treffender Wender genannt wird. Die
Schaltung nach Abb. 171b sieht dagegen am restlichen Wicklungsstrang,

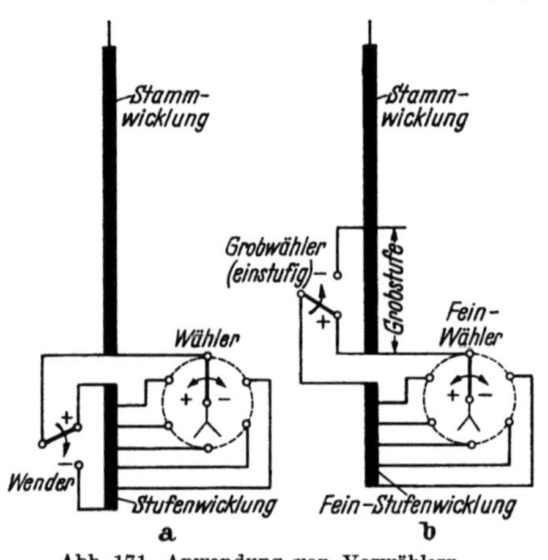

Abb. 171. Anwendung von Vorwählern.
a Umkehrung der Stufenwicklung ⎱ für ± 5
b Umlenkung der Feinstufenwicklung ⎰ Stufen

der Stammwicklung, eine Grobstufe vor, an deren eines oder
anderes Ende die hier als Feinstufenwicklung zu bezeichnende
Stufenwicklung durch den Vorwähler ohne Änderung ihres
Spannungszeigers wahlweise an-
gelenkt wird. In dieser Umlenkschaltung wirkt der Vorwähler
wie ein einstufiger Grobwähler.
Zwischen diesem und dem vorgenannten Wender besteht indessen kein konstruktiver
Unterschied. In beiden Schaltungen arbeitet der Vorwähler
zu dem Zeitpunkt, in dem die
Stufen- bzw. Feinstufenwick-

lung vom Betriebsstrom entlastet ist, also lichtbogenfrei. Damit von
der Mittelstellung des Wählers bzw. Feinwählers aus die Spannung
sich im positiven oder negativen Sinne jeweils um eine Stufe ändert,
wird die Kontaktbahn des Wählers bzw. Feinwählers kreisförmig
ausgebildet und außerdem zur Vermeidung von Totstufen, die eine
schlechte Ausnutzung der Kontaktbahn bedeuten würden, die Stufenwicklung bei der Umkehrschaltung um eine Stufe verlängert bzw. bei
der Umlenkschaltung die Grobstufe der Stammwicklung um den gleichen
Betrag vergrößert. Im ersten Falle ist also ein Kupfermehraufwand entsprechend einer Stufe erforderlich, während im zweiten Falle keinerlei
Nachteile entstehen. Nicht nur aus diesem Grunde ist die Umlenkung
der Feinstufenwicklung einer Umkehrung vorzuziehen. Bei der Umkehrung der Stufenwicklung entstehen nämlich im Gegensatz zur Umlenkung
zusätzliche Wicklungsverluste in zu- und gegengeschalteten und für die
Transformation somit nutzlosen Windungen. Dieser auf die angezapfte
Wicklung bezogene Mehrverlust erreicht bei Einstellung auf die nied-

rigste Spannung und einem Einstellbereich von $\pm p\%$ den Höchstwert

$$v_{\max} = \frac{2p}{1 - p/100\%},\qquad(340)$$

d. h. mit einem Einstellbereich von $\pm 15\%$ einen solchen von rd. 35%. Dieser Mehrverlust fällt um so mehr ins Gewicht, als er gewöhnlich mit der höchsten Strombelastung der angezapften Wicklung zusammenfällt. Man wählt daher zweckmäßigerweise die Umlenkschaltung nach Abb. 171 b.

Bei Transformatoren für Sonderzwecke werden bisweilen so große Einstellbereiche benötigt, daß das einfache Umlenkverfahren nicht mehr ausreicht und man zur mehrfachen Umlenkung nach Abb. 172 übergehen muß. Dementsprechend erhält die Stammwicklung mehrere gleiche Grobstufen und die umlenkbare Feinstufenwicklung zur Vermeidung von Totstufen eine im Vergleich zu einer Grobstufe um eine Feinstufe verminderte Windungszahl. Sind m Grobstufen und n Feinstufen vorgesehen, so entspricht die gesamte Stufenzahl bei $n - 1$ Stufen an der Feinstufenwicklung dem Produkt $(m + 1)n$. Damit der Grobwähler stromlos arbeitet, ist er mit zwei Kontaktbahnen ausgerüstet, einer Bahn a für das freie Ende der Feinstufenwicklung und der Bahn b für die Mittelstellung des Feinwählers. Beide werden wechselweise betätigt, und zwar die Bahn a in der Mittelstellung des Feinwählers, die Bahn b dagegen bevor der Feinwähler die Mittelstellung wieder erreicht hat.

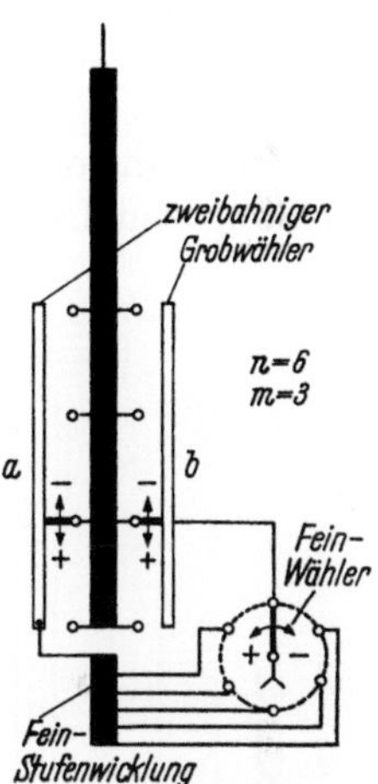

Abb. 172. Grob- und Feinwähler zur Erweiterung des Einstellbereiches

Werden die Stufenwicklungen der drei Wicklungsstränge eines Drehstrom-Transformators im Sternpunkt angeordnet, so sind die Anzapfungen und die mit ihnen verbundenen Einstellorgane aus dem Gebiet herausgerückt, in dem durch einfallende Wanderwellen die höchsten Spannungsgradienten hervorgerufen werden. Demgemäß können die Stufenschalter der drei Stränge mit verhältnismäßig geringen Isolationsabständen konstruktiv zusammengefaßt werden. Die Ersparnisse, die sich hieraus ergeben, sind so bedeutend, daß die Einstellung im Sternpunkt des Volltransformators zur Regel geworden ist. Wenn ausnahmsweise die Dreieckschaltung der einstellbaren Wicklungsstränge nicht zu vermeiden ist, so kommen die in Abb. 173a bis c schematisch dargestellten Anordnungen in Betracht. Hinsichtlich der Stoßspannungsbeanspruchung ist die Ausführung nach Abb. 173c am vorteilhaftesten und wäre deshalb besonders bei hohen Betriebsspannungen anzuwenden.

Bei geringen Betriebsspannungen wird man sich wegen des einfacheren Wicklungsaufbaues mit Anzapfungen am Wicklungseingang (Abb. 173a) abfinden und gegebenenfalls nur zwei Wicklungsstränge (Abb. 173b) mit Anzapfungen versehen. Im zweiten Falle spart man einen Stufen-

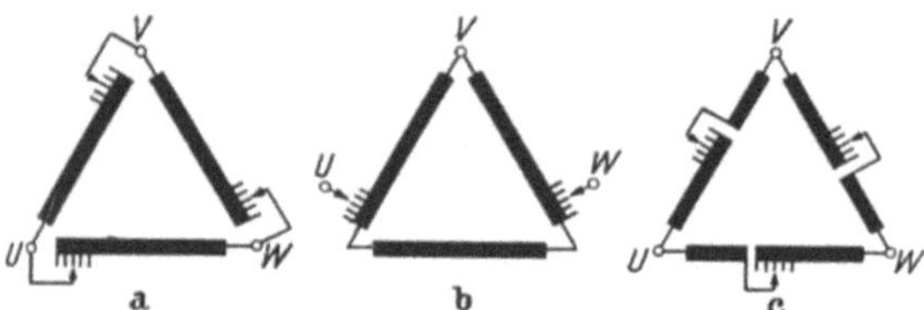

Abb. 173. a–c. Lage der Anzapfungen bei Dreieckschaltung

schalter, hat aber zu beachten, daß über die Stufenschalter der $\sqrt{3}$ fache Strom fließt.

Bei Transformatoren mit Zylinderwicklungen bildet man zur Vermeidung von Durchflutungs-Unsymmetrien die Stufenwicklung als eine über die ganze axiale Höhe der Stammwicklung sich erstreckende mehrgängige oder mehrlagige Spule aus, die nur an ihren Enden ange-

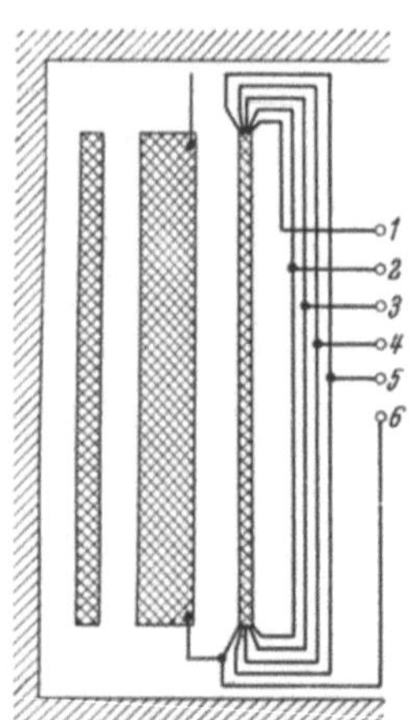

Abb. 174. Anordnung der Stufenwicklung bei Transformatoren mit einfach konzentrischer Anordnung von Zylinderwicklungen

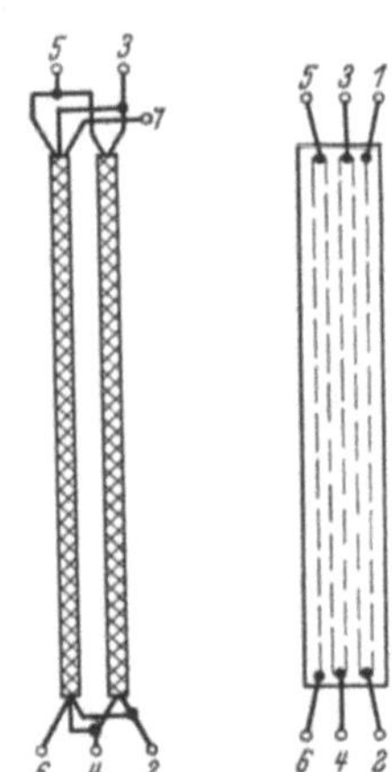

Abb. 175. Stufenwicklungen ohne Umleitungen

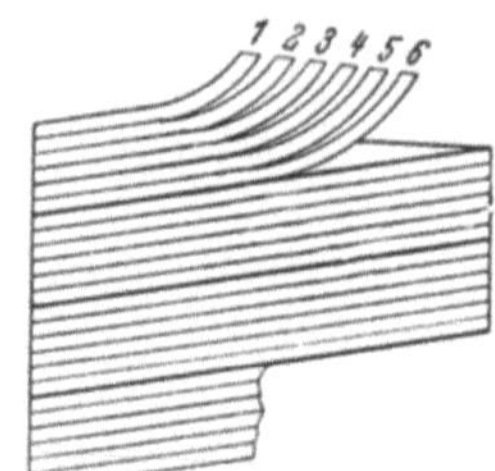

Abb. 176. Mehrgängig gewikkelte Stufenwicklung

zapft ist, und ordnet sie nach Abb. 174 auf der dem Hauptstreuspalt abgewendeten Seite der Stammwicklung an. Damit macht man die mit dem Wechseln der Anschlüsse verbundene Änderung der Streuspannung so klein wie möglich. Da die Stufenwicklung normalerweise zur Oberspannungsseite gehört, liegt sie bei einfach konzentrischer Wicklungsanordnung außen, wodurch die Herausführung ihrer zahlreichen Anschlüsse erleichtert wird. Die Gang- bzw. Lagenzahl entspricht der Stufenzahl n und erfordert $n-1$ Umleitungen, wenn die Gänge bzw.

Lagen gleichsinnig gewickelt sind. Die Umleitungen können dadurch eingespart werden, daß man die Stufenwicklung in zwei gegensinnigen und mehrgängigen Lagen nach Abb. 175a oder fortlaufend nach Abb. 175b in Lagen wickelt. Der Aufwand für die innere Isolation der Stufenwicklung wächst dabei allerdings jeweils auf etwa das Doppelte.

Die mehrgängige Stufenwicklung ergibt sich gewöhnlich zwangsläufig aus der verhältnismäßig geringen Windungszahl der einzelnen Stufen. Um dabei die Spannung zwischen benachbarten Windungen einigermaßen gleichmäßig aufzuteilen, ist es üblich, die Leiter- und Stufenfolge zyklisch so zu vertauschen, daß zwischen benachbarten Leitern jeweils Spannungsdifferenzen entsprechend höchstens zwei Stufen auftreten. Bei dem in Abb. 176 dargestellten Beispiel einer sechsgängigen Stufenwicklung ergibt sich dabei folgendes Schema:

Leiter-Nr.	1	2	3	4	5	6
Anschluß-Nr.	5	3	1	2	4	6

Eine mäßig verstärkte Drahtbespinnung genügt sodann, die Isolationsfrage zu lösen.

Wird zur Verdoppelung des Einstellbereiches das Umlenkverfahren nach Abb. 171b angewendet, so ist außer der Feinstufenwicklung auch eine Grobstufe erforderlich. Sie wird ebenfalls als über die ganze axiale Wicklungshöhe reichende Lage ausgeführt. Zur Erhöhung ihrer mechanischen Festigkeit wird unter Zwischenfügung einer ausreichenden Isolierung die Feinstufenwicklung unmittelbar darübergewickelt, so daß Grobstufe und Feinstufenwicklung einen zusammenhängenden Körper bilden.

Zwischen der Stufenwicklung bzw. der mit der Feinstufenwicklung vereinigten Grobstufe und der Stammwicklung tritt stationär die gesamte Strangspannung, bei Gewitterbeanspruchung jedoch die volle Stoßspannung, auf, wenn die Stammwicklung nicht als Lagenwicklung gewickelt ist. Wird die Stammwicklung also wie gewöhnlich aus scheibenförmigen Einzel- oder Doppelspulen gebildet, so muß die Breite des Isolationsspaltes zwischen Stammwicklung und Stufenwicklung bzw. Grobstufe etwa der des Hauptstreuspaltes entsprechen. Hieraus ergibt sich, daß die Fensterbreite des Eisenkernes durch den Einbau von Stufenwicklungen nicht unbeträchtlich vergrößert wird. Der Vorteil, den die Lagenwicklung in diesem Zusammenhang bei Anordnung nach Abb. 177 zu bieten hat, kommt wegen ihres schlechteren Füllfaktors im allgemeinen nur unvollkommen zur Wirkung, so daß der Raumbedarf nur wenig geringer wird.

Bei Anwendung der Umkehr- oder Umlenkschaltung ist zu beachten, daß die Stufen- bzw. Feinstufenwicklung vorübergehend von der Stammwicklung elektrisch getrennt wird und dabei ein Potential annehmen kann, das von dem der Stammwicklung erheblich abweicht. Der Potentialunterschied wird naturgemäß beim Umschalten unter Erdschluß am größten und hängt im übrigen von dem Verhältnis der Kapazitäten der Stufen- bzw. Feinstufenwicklung gegen die Stammwicklung einerseits und gegen Erde andererseits ab. In ungünstigen Fällen können demzufolge Entladefunken am Vorwähler auftreten, die jedoch mehr beunruhigend als gefährlich sind. Sie treten kaum auf, wenn man die Stufen- bzw. Feinstufenwicklung mit der Stammwicklung bzw. ihrer Grobstufe kapazitiv eng koppelt, was stets der Fall ist, wenn sie dicht darüber

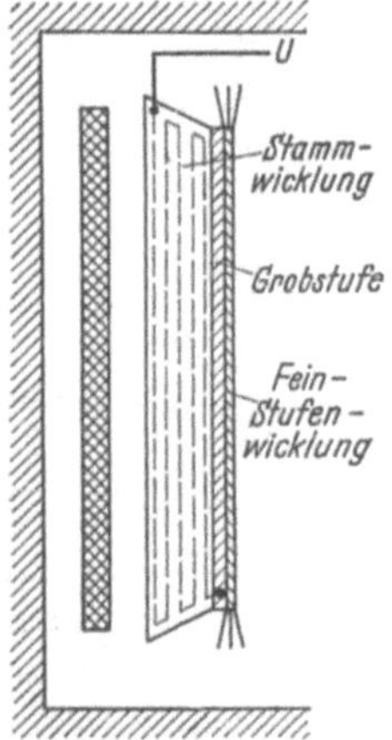

Abb. 177. Anordnung der Grobstufe und der Feinstufenwicklung bei in Lagen gewickelter Stammwicklung

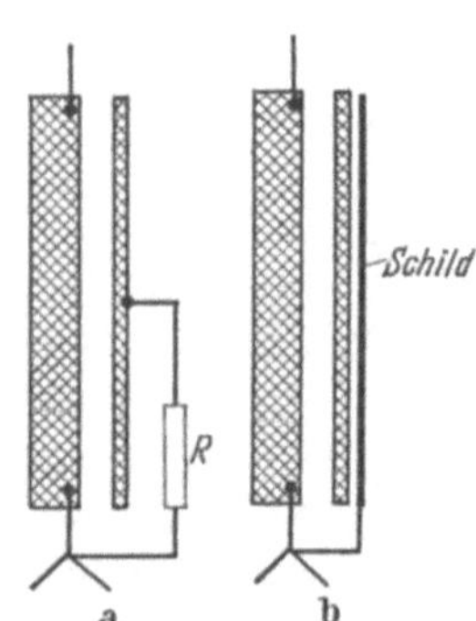

Abb. 178. Verhinderung der Potentialverlagerung der abgetrennten Stufenwicklung

gewickelt wird. Bei der Umkehrung einer Stufenwicklung mit großem Isolationsabstand zur Stammwicklung entsprechend Abb. 174 empfiehlt es sich jedoch, entweder die Mitte der Stufenwicklung über einen Widerstand R mit dem Ende der Stammwicklung zu verbinden (Abb. 178a) oder die Stufenwicklung durch einen Schild eng mit dieser zu koppeln und gleichzeitig gegen Erde abzuschirmen (Abb. 78b).

3. Die stufenweise Umschaltung unter Last

Die in Abb. 171 und 172 dargestellten Schaltungen von einstellbaren Volltransformatoren bedürfen zur Einstellung der gewünschten Anzapfung unter Last der Ergänzung durch geeignete Überschaltmittel. Wie eingangs ausgeführt, wollen wir uns auf die Widerstands-Schnellschaltung mittels des als Sprungschalter ausgebildeten Lastumschalters beschränken, weil diese bei unseren Wirtschaftsverhältnissen die günstigste Lösung ergibt. In der gebräuchlichsten Anordnung wird der Lastumschalter vom Wähler getrennt und der letztere zu diesem Zweck mit

zwei Kontaktbahnen *a* und *b* nach Abb. 179 ausgerüstet. An die eine
Bahn sind die geradzahligen, an die andere die ungeradzahligen Anschlüsse der Stufenwicklung angeschlossen. Da für eine Einstellung in *n*
Stufen insgesamt $n + 1$ Wählerkontakte benötigt werden, ist eine
Gleichheit beider Kontaktbahnen bei voller Ausnutzung ihrer Kontakte
nur mit einer ungeraden Stufenzahl zu erreichen, die deshalb bevorzugt
wird. Die Kontaktarme beider Wählerhälften werden nun wechselweise
so angetrieben, daß zwischen beiden jeweils höchstens die Spannung
einer Stufe auftritt, wobei der still-
stehende Kontaktarm über den
Lastumschalter eingeschaltet ist
und der andere stromlos die Wahl
zum nächst höheren oder niedri-
geren Anschluß der Stufenwicklung
trifft. Ist diese beendet, so schaltet
der Lastumschalter auf den anderen
Kontaktarm um und bewirkt dabei
eine Spannungsänderung am Transformator entsprechend einer Stufe.

In der Darstellung nach Abb.
179 sehen wir zwei symmetrisch
angeordnete Hauptkontakte *h* und
zwei jeweils mit einem Hauptkontakt über Überschaltwiderstände *R*
verbundene Widerstandskontakte
w. In der Mittelstellung des Lastumschalters fließt daher über beide

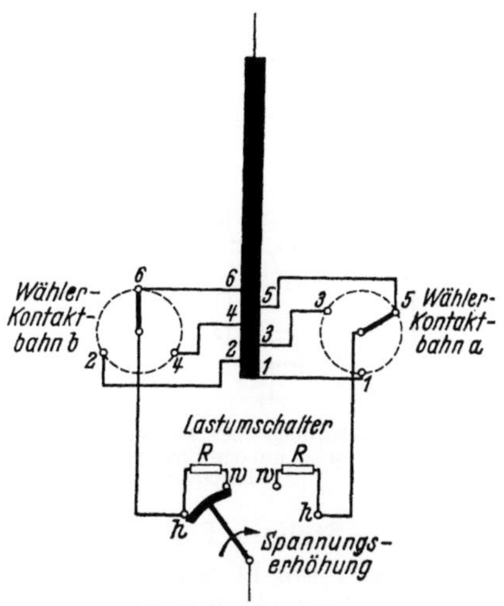

Abb. 179. Anschluß des Lastumschalters an den
Doppelwähler

Widerstände ein von der Stufenspannung U_{St} getriebener Ausgleichstrom

$$I_a = U_{St}/2\,R \tag{341}$$

und je eine Hälfte des Laststromes *I* mit positivem bzw. negativem Vorzeichen.

Hinsichtlich der Spannungsänderung des Transformators beim Umschalten von einer Anzapfung auf die nächste hat man bei der in Abb. 180
gewählten Schaltfolge fünf charakteristische Schalterstellungen I bis V
bei Spannungserhöhung bzw. V bis I bei Spannungssenkung zu unterscheiden. Die Stellungen I und V sind die Ruhestellungen mit den
Spannungen *U* bzw. $U + U_{St}$. In den Stellungen II und IV treten an
jeweils einem Widerstand die Spannungsfälle *I R* auf, deren Zeiger
gemäß dem Zeigerdiagramm in die Richtung des Stromzeigers *I* fallen.
Hat der Umschalter die Mittelstellung III erreicht, so wirken beide Widerstände in bezug auf den Ausgleichstrom I_a als Ohmscher Teiler, der die

14 a*

Stufenspannung U_{St} halbiert, in bezug auf den Laststrom I sind indessen beide Widerstände parallel geschaltet. Dementsprechend entsteht ein Ohmscher Spannungsfall $IR/2$, dessen Zeiger an $U + U_{St}/2$ anzusetzen ist. Das dabei entstehende Zeigerbild der Spannungsfälle hat der beschriebenen Schaltfolge den Namen Fahnenschaltung eingetragen.

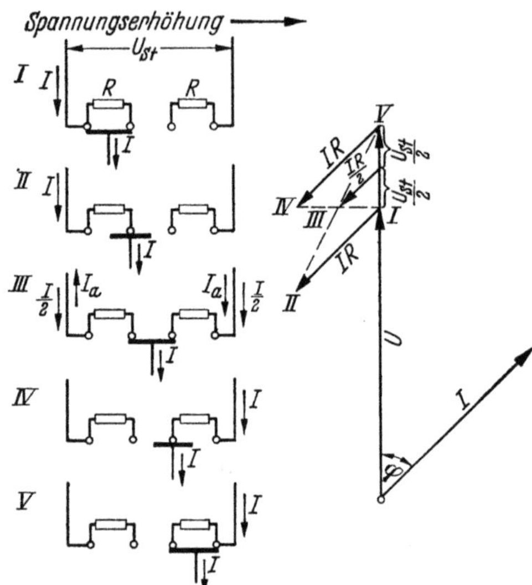

Abb. 180. Schaltfolge bei Fahnenschaltung mit Spannungsdiagramm bei um den Phasenwinkel φ nacheilendem Laststrom I

Die geschilderte Umschaltung erfolgt durch einen Federkraftspeicher in sehr kurzer Zeit, jedoch geht man nicht unter eine Umschaltzeit entsprechend 2 Perioden, d. h. bei einer Betriebsfrequenz von 50 Hz also 0,04 s, herunter, damit zur sicheren Löschung der Lichtbogen, die beim Übergang von Stellung I auf II und von III auf IV bei Spannungserhöhung bzw. von V auf IV und III auf II bei Spannungssenkung auftreten, mindestens zwei Nulldurchgänge des zu unterbrechenden Stromes zur Verfügung stehen. Wegen der kurzen Umschaltzeit spielen die Spannungsfälle an den Überschaltwiderständen für die Spannungshaltung der Anlage kaum eine Rolle. Die Bemessung der Überschaltwiderstände erfolgt vielmehr so, daß die Schaltleistung in den Übergangstellungen möglichst klein wird. Von ihr hängt nämlich der Kontaktabbrand und die Verrußung des Öles ab, das den Lastumschalter umgibt.

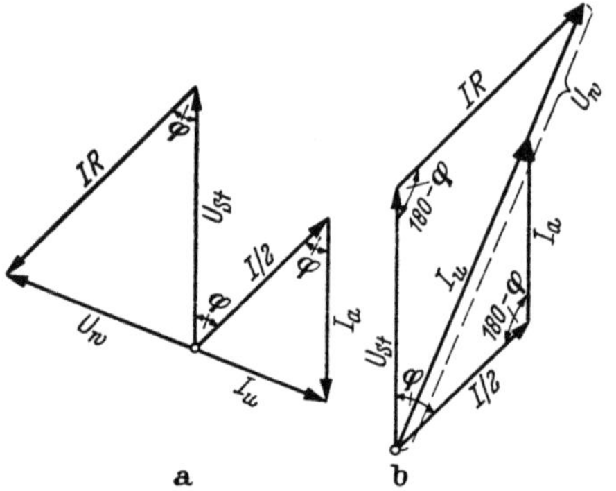

Abb. 181. Zeigerdiagramm für Ströme und Spannungen bei Unterbrechung an den Widerstandskontakten (Fahnenschaltung).

a Spannungserhöhung, b Spannungssenkung

Die Schaltleistung eines Kontaktpaares ist das Produkt des zu unterbrechenden Stromes I_u und der Wiederkehrspannung U_w. Am Hauptkontakt wird der Strom $I_u = I$ bei einer Wiederkehrspannung von

$U_w = IR$ unterbrochen. Demnach ist die Schaltleistung bei Spannungserhöhung oder -senkung jeweils an einem der beiden Hauptkontakte

$$P_h = I^2 R \,. \tag{342}$$

Mit induktionsfreien Widerständen R ergibt sich Phasenübereinstimmung zwischen I_u und U_w. Demnach steigt bei Löschung des Stromes I_u im Nulldurchgang die Wiederkehrspannung U_w entsprechender Betriebsfrequenz ohne Einschwingvorgang an.

An jeweils einem der beiden Widerstandskontakte wird bei Spannungserhöhung ein Strom $I_u = I/2 \stackrel{\frown}{-} I_a$ und bei Spannungssenkung ein Strom $I_u = I/2 \stackrel{\frown}{+} I_a$ unterbrochen. Die Wiederkehrspannungen sind im ersten Fall $U_w = U_{St} \stackrel{\frown}{-} IR$, im zweiten $U_w = U_{St} \stackrel{\frown}{+} IR$. Die entsprechenden Zeigerdiagramme sind in Abb. 181 dargestellt. Auch hier stellen wir fest, daß bei induktionsfreien Widerständen R die Zeiger der Wiederkehrspannung U_w wegen der Ähnlichkeit der Spannungs- und Stromdreiecke entweder in Phasenopposition oder in -gleichheit zu den Zeigern der unterbrochenen Ströme I_u sind. Die Nulldurchgänge fallen also zeitlich zusammen, so daß auch hier kein Anlaß zu einem Einschwingvorgang vorliegt oder ein solcher von nur ganz untergeordneter Bedeutung auftreten kann, wenn die Widerstandskreise nicht ganz frei von Selbstinduktionen sind [123]. Mit Hilfe des Cosinussatzes errechnen wir aus den Abb. 181a und b die Schaltleistungen

$$P_w = \frac{I^2 R}{2} + \frac{U_{St}^2}{2R} \mp U_{St} I \cos\varphi \,, \tag{343}$$

wobei das Minuszeichen vor dem dritten Summanden für Spannungserhöhung, das Pluszeichen für Spannungssenkung gilt.

Da über eine große Zahl von Umschaltungen gesehen, Spannungserhöhungen und -senkungen gleiche Häufigkeit aufweisen, kommt für unsere Betrachtung der Mittelwert der Schaltleistungen an den Widerstandskontakten

$$P_{wm} = \frac{I^2 R}{2} + \frac{U_{St}^2}{2R} \tag{344}$$

in Frage, der vom Leistungsfaktor $\cos\varphi$ unabhängig ist.

Die maximale Lebensdauer des Lastumschalters erreicht man bei gleichem Abbrand der Haupt- und Widerstandskontakte. Setzt man diesen näherungsweise den Schaltleistungen proportional, so ergibt sich für die Bemessung des Überbrückungswiderstandes die Regel $P_h = P_{wm}$, woraus folgt, daß

$$R = U_{St}/I \tag{345}$$

sein muß und demnach $I_a = I/2$.

Für die Verrußung des Lastumschalteröles ist andererseits die Summenschaltleistung $P_h + P_{wm}$ maßgebend. Diese wird ein Minimum mit [62], [63], [96]

$$R = U_{St}/\sqrt{3}\,I\,,\tag{346}$$

d. h. mit $I_a = \sqrt{3}\,I/2$. Die zweite Bemessungsregel ergibt eine um 13,5 % geringere Summenschaltleistung als die erste, bedingt jedoch eine um 15,5 % höhere mittlere Schaltleistung an den Widerstandskontakten. Da der Kontaktabbrand schwerwiegender ist als die Ölverrußung, wird die Bemessung nach Gl. (345) bevorzugt. Dabei werden die Schaltleistungen P_h und P_{wm} gleich der Stufenleistung $U_{St}\,I$.

Eine andere Schaltfolge mit symmetrisch angeordneten Widerstandskontakten zeigt Abb. 182. Nach dem beigefügten Spannungsdiagramm wird sie Wimpelschaltung genannt. Bei ihr entstehen Stromunterbrechungen bei Spannungserhöhung beim Übergang von Stellung II auf III an einem Hauptkontakt und von IV auf V an einem Widerstandskontakt, bei Spannungssenkung beim Übergang von IV auf III am anderen Hauptkontakt und von II auf I am anderen Widerstandskontakt. In den Stellungen II und IV ist der Ausgleichstrom $2I_a$, also doppelt so groß wie in Stellung III. Bei Spannungserhöhung und -senkung ist an den Widerstandskontakten jeweils der Ausgleichstrom $I_u = 2I_a$ bei einer Wiederkehrspannung $U_w = U_{St}$ zu unterbrechen, wobei beide Kurven gleichzeitig durch Null gehen. Die Schaltleistung an den Widerstandskontakten ist demnach

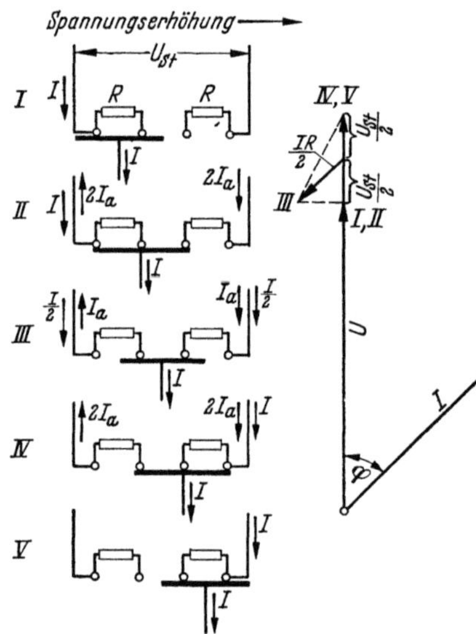

Abb. 182. Schaltfolge bei Wimpelschaltung mit Spannungsdiagramm bei um den Phasenwinkel φ nacheilendem Laststrom I

$$P_w = 2\,U_{St}\,I_a = U_{St}^2/R\,.\tag{347}$$

Die Zeigerdiagramme der Ströme und Spannungen an den Hauptkontakten zeigt Abb. 183 für Spannungserhöhung und -senkung. Aus diesem ergeben sich die Schaltleistungen

$$P_h = \frac{I^2\,R}{2} + \frac{U_{St}^2}{2\,R} \mp U_{St}\,I\,\cos\varphi\,,\tag{348}$$

wobei in Übereinstimmung mit Gl. (343) das Minuszeichen vor dem dritten Summanden für Spannungserhöhung, das Pluszeichen für Spannungssenkung gilt. Der Mittelwert ist

$$P_{hm} = \frac{I^2 R}{2} + \frac{U_{St}^2}{2R}.$$
(349

Der gleichzeitige Nulldurchgang der Ströme I_u und der Wiederkehrspannungen U_w ist wiederum gewährleistet.

Gleichheit der Schaltleistungen P_w und P_{hm} werden auch hier mit einer Widerstandsbemessung nach Gl. (345) erzielt, wobei sich in Übereinstimmung mit der Fahnenschaltung Schaltleistungen gleich dem Produkt $U_{St}I$ ergeben. Der Nachteil der Wimpelschaltung besteht jedoch darin, daß, wie der Vergleich von Abb. 181 und 183 zeigt, an den Hauptkontakten doppelt so hohe Ströme I_u zu unterbrechen sind als bei der Fahnenschaltung an den Widerstandskontakten. Die gleichzeitig auf die Hälfte herabgesetzten Wiederkehrspannungen bieten keinen vollen Ausgleich, da der Kontaktabbrand erfahrungsgemäß von der Stromstärke I_u mehr beeinflußt wird als von der Wiederkehrspannung U_w [96]. Die geringste Summenschaltleistung [62], [63] mit

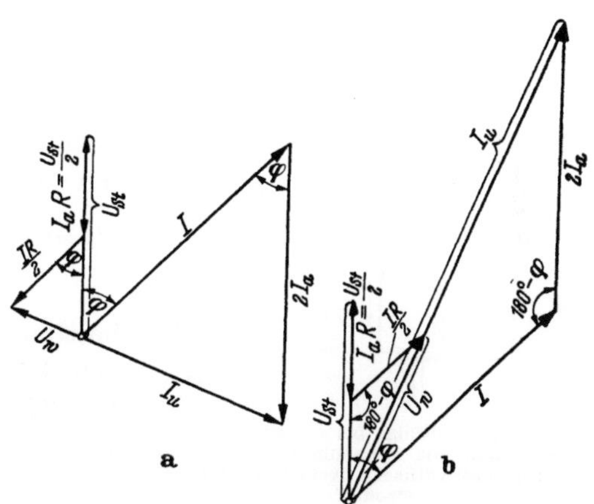

Abb. 183. Zeigerdiagramme für Ströme und Spannungen bei Unterbrechung an den Hauptkontakten (symmetrische Wimpelschaltung).

a Spannungserhöhung, b Spannungssenkung

$P_w + P_{hm}$ wird bei der Wimpelschaltung

$$R = \sqrt{3}\, U_{St}/I$$
(350)

erreicht. Dabei steigt aber die mittlere Schaltleistung an den Hauptkontakten um 15,5 %, während die Summenschaltleistung um 13,5 % sinkt. Die Bemessung des Überbrückungswiderstandes nach Gl. (350) ist daher nicht zu empfehlen.

Eine Abwandlung der symmetrischen Wimpelschaltung ist die einseitige Wimpelschaltung nach Abb. 184, bei der ein einziger stromlos umlenkbarer Widerstand R verwendet wird. Die Umlenkung erfolgt mittels eines Wenders jeweils vor Einleitung der Lastumschaltung auf denjenigen Wicklungsanschluß, der nachfolgend erreicht werden soll. Dementsprechend ändert sich das Spannungsdiagramm gegenüber Abb. 182. Bei der Lastumschaltung erfolgt nur eine Stromunterbrechung, und zwar beim Übergang von Stellung II auf III bei Spannungserhöhung bzw. von Stellung IV auf III bei Spannungssenkung an einem der Hauptkontakte. Der Widerstandskontakt dient lediglich der Einschal-

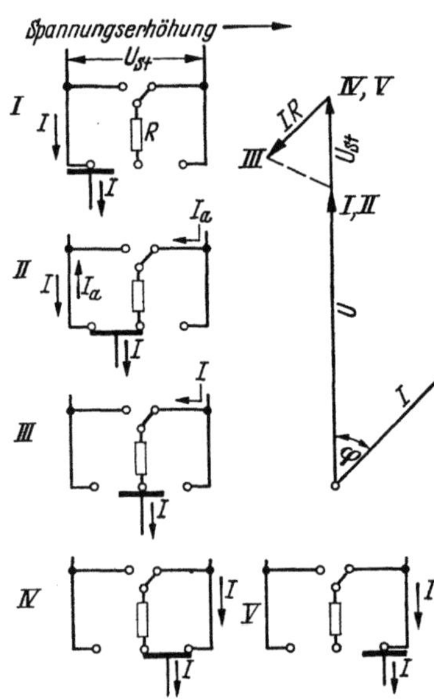

Abb. 184. Schaltfolge bei einseitiger Wimpelschaltung mit Spannungsdiagramm bei um den Phasenwinkel φ nacheilendem Laststrom I

tung. An den Hauptkontakten werden die Ströme $I_u = I \frown I_a$ bei Spannungserhöhung bzw. $I_u = I \frown I_a$ bei Spannungssenkung unterbrochen. Die Wiederkehrspannungen sind $U_w = U_{St} \frown IR$ bzw. $U_w = U_{St} \frown IR$. Dabei ist im Gegensatz zu Gl. (341)

$$I_a = U_{St}/R . \qquad (351)$$

Abb. 185 zeigt die entsprechenden Zeigerdiagramme, aus denen wir die Schaltleistungen an den Hauptkontakten zu

$$P_h = I^2 R + \frac{U_{St}^2}{R} \mp 2 U_{St} I \cos\varphi \qquad (352)$$

bestimmen, wobei das Vorzeichen vor dem letzten Summanden wie in den Gl. (343) und (348) einzusetzen ist. Der Mittelwert wird

$$P_{hm} = I^2 R + \frac{U_{St}^2}{R} . \qquad (353)$$

Mit einem Widerstand nach Gl. (345) erhalten wir hier die geringste Schaltleistung, wobei der Ausgleichstrom $I_a = I$ und die mittlere

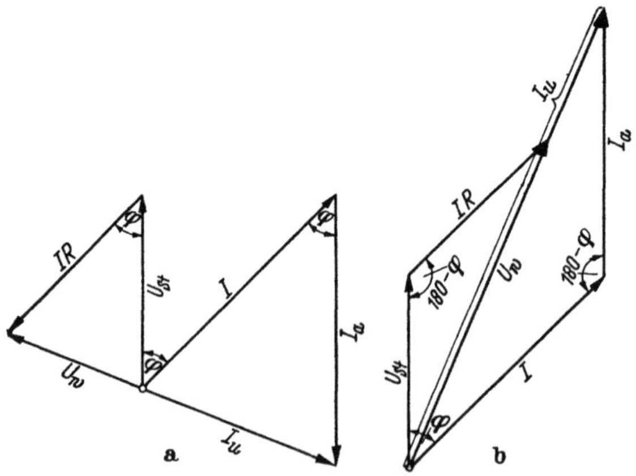

Abb. 185. Zeigerdiagramm für Ströme und Spannungen bei Unterbrechung an den Hauptkontakten (einseitige Wimpelschaltung).
a Spannungserhöhung, b Spannungssenkung

Schaltleistung $P_{hm} = 2\,U_{St}I$ wird, also doppelt so groß als bei der symmetrischen Fahnen- oder Wimpelschaltung. Wie der Vergleich der Diagramme nach Abb. 185 mit denen nach Abb. 181 und 183 zeigt, sind Ströme I_u zu unterbrechen, die, wie bei der symmetrischen Wimpelschaltung, doppelt so groß sind als bei der Fahnenschaltung, während die Wiederkehrspannung U_w derjenigen bei der Fahnenschaltung entspricht. Elektrisch ist die einseitige Wimpelschaltung also am ungünstigsten. Dagegen ist ihr Werkstoffaufwand und die Trägheit der zu bewegenden Masse geringer, so daß es kaum Schwierigkeiten bereitet, die Umschaltzeit auf etwa die Hälfte herabzusetzen, was im Hinblick darauf, daß nur eine Stromunterbrechung auftritt, zulässig ist und sich günstig auf die thermische Belastung des Widerstandes auswirkt.

Bei der Ermittlung des Ohmwertes der Überbrückungswiderstände wird man für I den durchschnittlichen Dauerstrom des Transformators bzw. seinen Nennstrom einsetzen. Die Bemessung des Querschnittes der Widerstände hat jedoch auf Stromüberlastungen Rücksicht zu nehmen. Wenn man auch dafür sorgen kann, daß der Umschaltvorgang nicht unter Kurzschluß eingeleitet wird, so besteht doch eine, wenn auch verschwindend geringe Wahrscheinlichkeit dafür, daß nach dem Einsetzen der unaufhaltsamen Schaltbewegung durch den Federkraftspeicher gleichzeitig ein äußerer Kurzschluß auftritt. Im ungünstigsten Fall fließt also bei der Fahnenschaltung während etwa eines Drittels der Gesamtschaltzeit t der volle Kurzschlußstrom I_K über einen Widerstand und anschließend während eines weiteren Drittels von t der halbe Kurzschlußstrom. Den Ausgleichstrom I_a können wir dabei als geringfügig vernachlässigen. Die äquivalente Belastungsdauer t' mit dem vollen Kurzschlußstrom ergibt sich aus

$$I_K^2\, t' = I_K^2\, \frac{t}{3} + \left(\frac{I_K}{2}\right)^2 \cdot \frac{t}{3} \tag{354}$$

zu $t' = 0{,}416\,t$. Wird die in einem Widerstand erzeugte Stromwärme vollständig gespeichert und ein Widerstandswerkstoff mit verschwindend kleinem Temperaturkoeffizienten verwendet, z. B. WM 50, so bestimmt sich das aktive Gewicht G eines Widerstandes aus

$$G\,c\,\Theta = I_K^2\, R\, t'$$

zu

$$G = \frac{I_K^2\, R\, t'}{c\,\Theta}\,, \tag{355}$$

wenn c die spezifische Wärme des Widerstandswerkstoffes und Θ die zugelassene Temperaturerhöhung bezeichnet.

Bei einer Gesamtschaltzeit eines 50 Hz-Transformators mit Fahnenschaltung von 0,04 s wird $t' = 0{,}017$ s. Setzen wir für WM 50 ferner

$c = 420\,\mathrm{Ws/kg}$ grd ein und lassen mit Rücksicht darauf, daß die Schaltung im Kurzschluß einen äußerst seltenen Ausnahmefall darstellt, eine Temperaturerhöhung von $600°$ zu, so erhalten wir ein Gewicht

$$G = 6{,}75\,I_K^2\,R\,10^{-8}\ \ [\mathrm{kg}]\,, \tag{356}$$

aus dem sich mit einer Wichte von $8{,}8\ \mathrm{kg/dm^3}$ und einem spezifischen Widerstand von $0{,}5\ \Omega\ \mathrm{mm^2/m}$ ein Querschnitt des Widerstandsdrahtes oder -bandes von rd. $2\,I_K\,10^{-3}\ \mathrm{mm^2}$ errechnet, d. h., für jedes kA des Kurzschlußstromes ist ein Querschnitt von $2\ \mathrm{mm^2}$ erforderlich. Liegen die Widerstände unter Öl und weisen eine im Vergleich zu ihrem Volumen große Oberfläche auf, so kann die in der vorstehenden Rechnung vernachlässigte Wärmeabgabe so beträchtlich werden, daß eine Querschnittsverminderung gerechtfertigt ist. In jedem Falle wird bei Auslegung der Überbrückungswiderstände für ein einmaliges Schalten unter Kurzschluß ihre Temperaturerhöhung bei Nennbetrieb geringfügig und die Abkühlungszeit von mindestens $5\ \mathrm{s}$ zwischen aufeinanderfolgenden Schaltungen ausreichend sein.

Bei Lastumschaltern, die unter Öl arbeiten, muß die Schaltbarkeit auch bei sehr tiefen Öltemperaturen gewährleistet sein, damit im Winter die Inbetriebnahme eines völlig ausgekühlten Transformators bei alsbaldiger Stufeneinstellung möglich ist. Der Federkraftspeicher ist also so reichlich zu bemessen, daß der Lastumschalter die bei tiefen Öltemperaturen wesentlich erhöhte Flüssigkeitsreibung überwindet, ohne die Umschaltzeit in unzulässiger Weise zu verlängern [165].

Um die Lebensdauer der Lastumschalterkontakte der des Transformators anzupassen, benutzt man kaum noch Kupferkontakte, sondern solche aus Wolfram–Kupfer-Verbundstoffen, deren Abbrand bei sonst gleichen Verhältnissen nur etwa ein Drittel beträgt [122]. Tritt ausnahmsweise eine Schaltung unter Kurzschluß auf, so kann der Abbrand indessen so groß werden, daß eine Auswechselung der Kontakte notwendig wird, was jedoch tragbar ist, da ein so unglückliches Zusammentreffen nur selten vorkommt. Schwerwiegender ist die Frage, ob am Lastumschalter ein Stehlichtbogen entstehen kann, der einen Stufenkurzschluß bewirkt und die Stufenwicklung oder die Überbrückungswiderstände des Transformators gefährdet. Dabei ist zu bedenken, daß die Schaltleistungen an den Haupt- und Widerstandskontakten zwar bei Nennbetrieb gering sind, bei Kurzschluß jedoch außerordentlich ansteigen. Sind die Überbrückungswiderstände wie gewöhnlich entsprechend Gl. (345) unter Zugrundelegung des Nennstromes I_n bemessen, so ergeben sich im Kurzschlußfalle, wobei der Leistungsfaktor $\cos\varphi_K$ auftritt, nach Einsetzen der Stufenleistung $P_{St} = U_{St}\,I_n$ folgende Schaltleistungen aus den Gln. (342), (343), (347), (348) und (352):

a) Fahnenschaltung.

Am Hauptkontakt

$$P_{hK} = \left(\frac{I_K}{I_n}\right)^2 P_{St}\,, \tag{357}$$

am Widerstandskontakt

$$P_{wK} = \left[\left(\frac{I_K}{I_n}\right)^2 + 1 \mp 2\frac{I_K}{I_n}\cos\varphi_K\right]\frac{P_{St}}{2}\,. \tag{358}$$

b) Symmetrische Wimpelschaltung.

Am Hauptkontakt

$$P_{hK} = \left[\left(\frac{I_K}{I_n}\right)^2 + 1 \mp 2\frac{I_K}{I_n}\cos\varphi_K\right]\frac{P_{St}}{2}\,, \tag{359}$$

am Widerstandskontakt bleibt die Schaltleistung unverändert

$$P_w = P_{St}\,. \tag{360}$$

c) Einseitige Wimpelschaltung.

Am Hauptkontakt

$$P_{hK} = \left[\left(\frac{I_K}{I_n}\right)^2 + 1 \mp 2\frac{I_K}{I_n}\cos\varphi_K\right]P_{St}\,. \tag{361}$$

Diese Gegenüberstellung zeigt, daß bei der symmetrischen Wimpelschaltung die geringsten Kurzschlußschaltleistungen auftreten und bei der einseitigen Wimpelschaltung die Schaltleistung bei Spannungssenkung nur wenig höher ist als diejenige bei Fahnenschaltung am Hauptkontakt, da der Leistungsfaktor $\cos\varphi_K$ gewöhnlich klein ist. Man kommt jedoch in allen Fällen auf Schaltleistungen, die eine Nachprüfung des Lastumschalters im Versuchsfeld unter gleichen Bedingungen ratsam erscheinen lassen [*155*].

Grundsätzlich ist es möglich, auf eine Trennung von Lastumschalter und Stufenwähler zu verzichten und beide Teile baulich zu vereinen. Eine solche Ausführung wird als Lastwähler bezeichnet und ist in Abb. 186 dargestellt. In diesem Falle ist der Wähler einbahnig und der Kontaktarm mit symmetrisch angeordneten Widerstandskontakten versehen. Als Schaltfolge kann auch hier die Fahnen- oder Wimpelschaltung angewendet werden. Mit

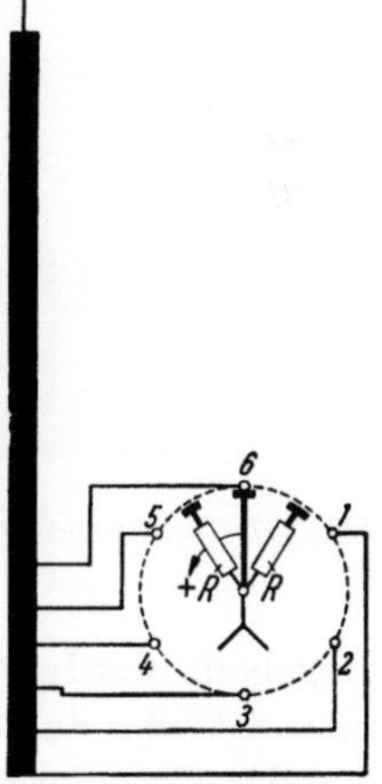

Abb. 186. Lastwähler

Rücksicht auf die beim Schalten auftretenden Lichtbögen muß der gesamte Lastwähler in einem Isoliergefäß untergebracht werden, so daß seine Ölfüllung von der des Transformators geschieden ist. Da aus mechanischen Gründen mit dem Lastwähler größere Schaltleistungen nicht sicher zu bewältigen sind, wird er kaum noch oder nur für Betriebsspannungen bis zu 45 kV gebaut.

Die stromlos schaltenden Teile des Stufenschalters, nämlich der Wähler bzw. Feinwähler und der Vorwähler, können in jedem Falle ohne besondere Schutzmaßnahmen in den Kessel des Transformators

Abb. 187. Drehstrom-Öltransformator für 10 MVA, 60 ± 18 %/21 kV mit Sternpunkt-Stufenschalter (Durchführungstyp) für Reihe 60, ± 9 Stufen

eingebaut werden. Der zugehörige Lastumschalter muß jedoch so abgetrennt sein, daß seine im Laufe der Zeit verrußende Ölfüllung sich mit der des Transformators nicht vermischen kann. Diese Trennung wird dadurch erreicht, daß man den Lastumschalter entweder in einem Blechgehäuse auf einem Isolator oberhalb des Kesseldeckels anordnet, bei Drehstrom-Transformatoren mit Sternschaltung auf der Oberspannungsseite also auf der Sternpunktdurchführung, oder ihn in einem Isoliergefäß unterhalb des Kesseldeckels unterbringt. In beiden Fällen ist eine mechanische und elektrische Verbindung zwischen Lastumschalter und Wähler bzw. Feinwähler und Vorwähler herzustellen. Die Durchführungsbauweise ist die ältere und entsprang dem Sicherheitsbedürfnis des Transformatorenbauers gegen etwaige Schäden am Lastumschalter. Nach den vorliegenden langjährigen Erfahrungen hat sich diese Vorsichtsmaßnahme als entbehrlich erwiesen. Man geht daher in zunehmendem Maße zum Einbautyp über, der für größere Einheiten den Vorteil bietet, beim Bahntransport den Lastumschalter mit seiner

Abb. 188. Drehstrom-Öltransformator für 2,8 MVA, 55/11 $\pm$ 12,5% kV mit Sternpunkt-Stufenschalter (Durchführungstyp) für Reihe 30, $\pm$ 9 Stufen

Durchführung und seiner mechanischen und elektrischen Kupplung vom eingebauten Wähler und Wender nicht trennen zu müssen bzw. auf die bei Wandertransformatoren sonst übliche Unterbringung des Wählers bzw. Feinwählers und des Vorwählers in einem rucksackförmigen Anbau des Kessels verzichten zu können. Insbesondere bei kleineren Transformatoren ermöglicht der Einbautyp eine freizügigere Anordnung der Durchführungen auf dem Kesseldeckel und gegebenenfalls die Einsparung der Sternpunktdurchführung, wenn diese sonst nicht benötigt wird.

Einige Beispiele der beiden Bauweisen zeigen die Abb. 187 bis 190 an Transformatoren mittlerer Größe. Während beim Durchführungstyp die Zugänglichkeit zum Lastumschalter und eine bequeme Auswechslung seiner Ölfüllung ohne weiteres gegeben ist, läßt sie sich bei entsprechender Konstruktion auch beim Einbautyp erreichen. Das Gehäuse des Lastumschalters muß stets mit der Außenluft in Verbindung stehen, damit die beim Umschalten entstehenden Gase entweichen können. Dabei

Abb. 189. Drehstrom-Öltransformator für 16 MVA, 110 $\pm$ 22%/3,15 kV mit Sternpunkt-Stufenschalter (Einbautyp) für Reihe 110, $\pm$ 13 Stufen (Bauart BBC)

kann die Feuchtigkeit der umgebenden Luft von der Ölfüllung des Lastumschalters durch einen Luftentfeuchter ferngehalten werden. Eine Sicherheitsmembran oder eine entsprechend schwache Deckelverschraubung vermögen schließlich ungewöhnliche Druckanstiege im Lastumschaltergehäuse zu verhindern.

4. Der Spartransformator mit Stufenschalter

Soll in einem vollisolierten Netz der Ausgleich des Spannungsfalles stufenweise mit Hilfe eines Spartransformators (vgl. Abschn. VI) unter Last vorgenommen werden, so bedeutet dies, daß seine Reihenwicklung wie die Stufenwicklung eines Volltransformators ausgebildet werden muß.

Da die Anschlüsse der Reihenwicklung und der mit diesen verbundene Stufenschalter unmittelbar am Netz liegen, sind sie hohen Stoßspannungen ausgesetzt, die besondere Maßnahmen erfordern (vgl. Abschn. VI, 5). Darüber hinaus tritt bei dreiphasigen Spartransformatoren zwischen den drei Reihenwicklungen und ihren Einstellorganen stationär die Dreieckspannung auf, so daß man genötigt ist, drei einpolige Stufenschalter zu verwenden, wie dies beispielsweise Abb. 191 zeigt.

Bei der Wahl der Schaltung ist nicht nur eine geringe Kontaktzahl des Wählers, sondern auch eine möglichst kleine Eigenleistung des Spar-

Abb. 190. Drehstrom-Öltransformator für 2 MVA, 37,5 ± 7,5%/10,5 kV mit Sternpunkt-Lastwähler (Einbautyp) für Reihe 45, 10 Stufen

transformators anzustreben, um die preisgünstigste Ausführung zu erreichen. Dementsprechend wird bei Spartransformatoren, die dem Ausgleich des Spannungsfalles eines Netzes dienen, der Einstellbereich gewöhnlich in eine positive und eine negative Hälfte unterteilt und die für den halben Einstellbereich bemessene Reihenwicklung wahlweise mittels eines Wenders im stromlosen Zustand gleich- oder gegensinnig an die Parallelwicklung angeschlossen. Diese der Umkehrung der Stufenwicklung eines Volltransformators entsprechende Schaltung zeigt Abb. 192 mit dem zugehörigen zweibahnigen Wähler und dem Lastumschalter. Um auch hier Totstufen zu vermeiden, ist sinngemäß die Windungszahl der Reihenwicklung um die einer Stufe vergrößert.

15*

Abb. 191. Drehstrom-Öltransformator in Stern-Sparschaltung für 125 MVA, 31,5/26 kV ± 21% mit
3 einpoligen Stufenschaltern (Einbautyp) für Reihe 30, ± 12 Stufen.

Damit die Induktionsschwankungen im Transformator möglichst gering werden, schließt man ihn so an das Netz an, daß der Stufenschalter

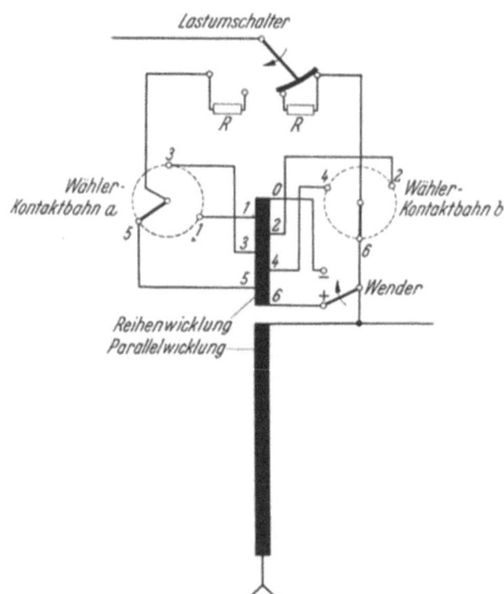

Abb. 192. Spartransformator mit Stufenschalter und umkehrbarer Reihenwicklung

an demjenigen Netzteil liegt, in dem die größten Spannungsänderungen auftreten. Unter dieser Voraussetzung wird die Eigenleistung des Spartransformators für die ungünstigste Grenzstellung des Stufenschalters berechnet, die sich gemäß Gl. (307) mit konstanter Nenndurchgangsleistung P_{dn} bei gegensinniger Schaltung der Reihenwicklung ergibt. Berücksichtigen wir dabei die zur Vermeidung von Totstufen benötigte Verlängerung der Reihenwicklung um eine Stufe, so erhalten wir für einen Einstellbereich von $\pm p\%$ in $\pm n$ Stufen eine Typenleistung

$$P_T = P_{dn} \frac{p}{100\% - p}\left(1 + \frac{1}{2n}\right). \tag{362}$$

Da die Reihenwicklung beim Umkehren in der Nullstellung des Stufenschalters vorübergehend von der Parallelwicklung elektrisch getrennt wird, sind zur Verhütung von Entladefunken am Wender die gleichen Mittel anzuwenden, die in Abb. 178a und b für den Leistungstransformator dargestellt sind. Selbstverständlich müssen beim Spartransformator Widerstand bzw. Schild mit dem Eingang der Parallelwicklung verbunden werden. Wenn die Parallelwicklung in Lagen gewickelt und die Reihenwicklung dicht darübergelegt wird, so daß eine

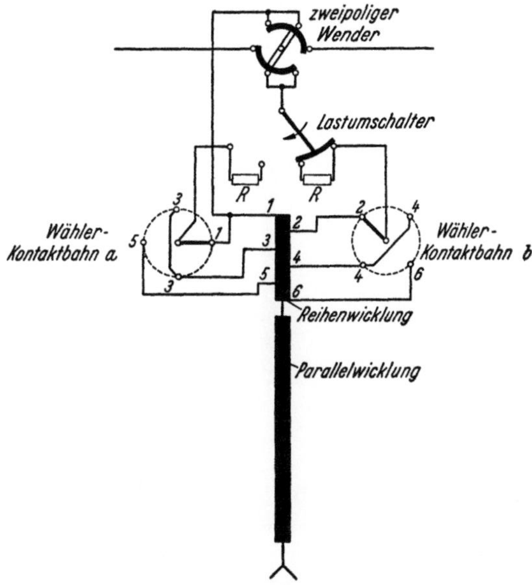

Abb. 193. Spartransformator mit Stufenschalter und Netzvertauschung

enge kapazitive Kopplung zwischen beiden vorhanden ist, sind besondere Vorkehrungen unter Umständen entbehrlich.

Die Umkehrung der Stufenwicklung kann ohne nennenswerte Änderung der Eigenleistung des Spartransformators durch die Netzvertauschung nach Abb. 193 oder die Doppelschaltung nach Abb. 194 ersetzt werden. Beide Varianten haben den Vorzug, einerseits ohne Mehraufwand für die Reihenwicklung Totstufen zu vermeiden und andererseits wegen der festen Verbindung der Reihenwicklung mit der Parallelwicklung Ohmsche oder kapazitive Ankopplungen entbehrlich zu machen. Wegen der bei Spannungserhöhung und -senkung auftretenden unterschiedlichen Induktionen im Spartransformator werden die positiven und negativen Einstellbereiche allerdings ungleich. Macht man den kleineren, nämlich den negativen, gleich dem verlangten von $p\%$, so ergibt sich ein positiver Einstellbereich

$$p' = \frac{p}{1 - \dfrac{p}{100\%}} \, . \tag{363}$$

Bei konstanter Nenn-Durchgangsleistung erhält man mit den bei größter Spannungserhöhung sich einstellenden Spannungen, die der höchsten Induktion entsprechen, und den Wicklungsströmen für den Fall der

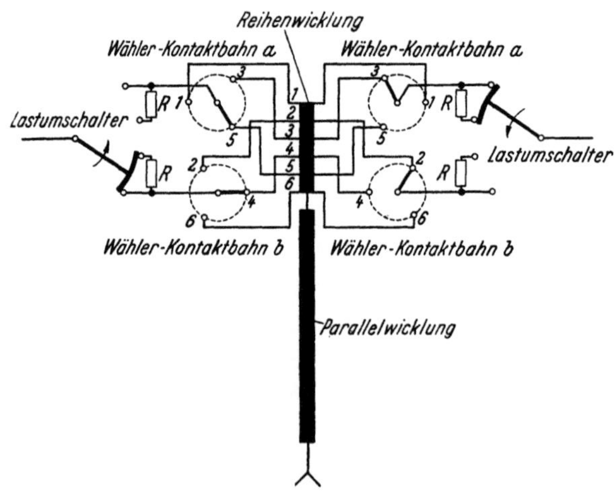

Abb. 194. Spartransformator mit zwei Stufenschaltern für Doppelschaltung

maximalen Spannungssenkung, bei der diese am größten werden, eine Eigenleistung des Spartransformators

$$P_e = P_{dn} \frac{p}{100\% - p} \, , \tag{364}$$

die also nur unerheblich geringer ist als die Typenleistung für die Umkehrschaltung nach Gl. (362). Der Mehraufwand für die Stufenschalter ist bei Netzvertauschung oder bei Doppelschaltung aber beträchtlich. Bei Netzvertauschung müssen nämlich bei Spannungserhöhung und -senkung die Kontaktbahnen a und b des Wählers von der Mittelstellung aus jeweils in der gleichen Reihenfolge 1, 3, 5, ... bzw. 2, 4, 6, ... durchlaufen werden. Will man eine Änderung des Drehsinnes am Antrieb durch ein Wendegetriebe vermeiden, so bleibt nur übrig, bei n Stufen die beiden Kontaktbahnen des Wählers mit je $n - 1$ Kontakten gemäß Abb. 193 statt der sonst benötigten $(n + 1)/2$ Kontakte zu versehen. Der Wender muß außerdem zweipolig und derart ausgebildet werden, daß er in der Mittelstellung des Stufenschalters, in der die Übersetzung 1 : 1 ist, unterbrechungslos umschaltet. Die Doppelschaltung (Abb. 194) andererseits benötigt keinen Wender, dafür aber zwei wechselweise anzutreibende Wähler mit je zwei Kontaktbahnen und zwei Lastumschalter je Pol.

In Sonderfällen, in denen sehr große Einstellbereiche benötigt werden, können auch beim Spartransformator Grob- und Feinwähler zur Verminderung der Kontaktzahl benutzt werden. Gewöhnlich handelt es sich dabei darum, mit Hilfe des Spartransformators die ankommende Netzspannung während des Betriebes beliebig zu senken, wobei der Strom auf der Abgabeseite meistens unverändert bleibt. Hierfür ist die in Abb. 195 dargestellte Schaltung geeignet. Der Spartransformator erhält eine Grobstufenwicklung, die, wie beim Leistungstransformator in Abb. 172, mit einem zweibahnigen Grobwähler verbunden ist, und eine

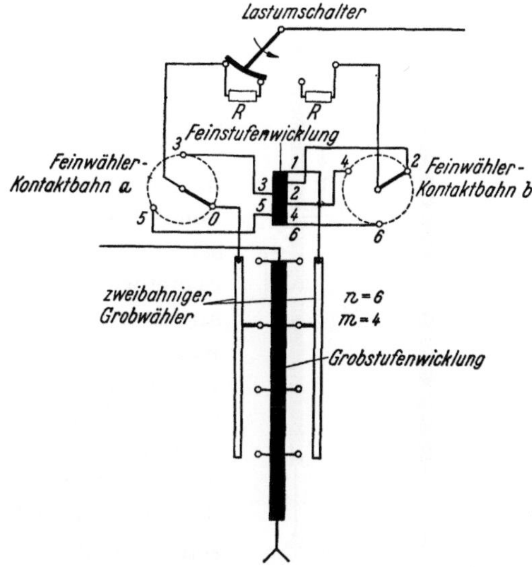

Abb. 195. Spartransformator mit Stufenschalter für hohe Stufenzahl

Feinstufenwicklung, deren Windungszahl entsprechend einer Feinstufe geringer ist als die der einzelnen Grobstufen, so daß Totstufen entfallen. Die Feinstufenwicklung ist über den zweibahnigen Feinwähler an den Lastumschalter angeschlossen. Die Umlenkung der Feinstufenwicklung entlang der Grobstufenwicklung erfolgt wie beim Leistungstransformator (Abschn. VII, 2) stromlos durch wechselweise Betätigung der beiden Grobstufenbahnen.

Die Typenleistung des Spartransformators errechnet sich für den Fall, daß die Grobstufenwicklung durchgehend in m gleiche Stufen aufgeteilt ist und der Sekundärstrom konstant bleibt, zu

$$P_T = P_{d\,\text{max}}\left[\varkappa + \frac{1}{2\,m}\left(1 - \frac{1}{n}\right)\right], \tag{365}$$

wobei $P_{d\,\text{max}}$ die Durchgangsleistung bei der Übersetzung 1 : 1, $\varkappa$ der

Zahlenwert nach Tab. 17 (mit z. B. 10 Stufen: $\varkappa = 0{,}35$) und n die Zahl der Feinstufen bezeichnet. Die Gesamtstufenzahl ist gleich dem Produkt $m\,n$ und die Stufenzahl der Feinstufenwicklung $n - 1$.

Die angegebenen Schaltungen des Stufenschalters sind sinngemäß anwendbar sowohl auf einphasige Spartransformatoren als auch auf solche dreiphasigen Spartransformatoren, die nicht in Stern-, sondern in V-, Dreieck- oder Zickzackschaltung ausgeführt werden (vgl. Abschnitt VI, 4).

Bei Spartransformatoren mit starr geerdetem Sternpunkt, die zur Kupplung von Netzen verschiedener Reihenspannungen dienen, bieten sich mehrere Möglichkeiten für die Anordnung der Stufenwicklung und des Stufenschalters. Einige Beispiele zeigt Abb. 196.

Da es sich hier ausschließlich um Spartransformatoren für hohe Spannungen handelt, erscheint es als vorteilhaft, die Stufenwicklung gemäß Abb. 196a an das erdnahe Ende der Parallelwicklung zu legen. Dabei ist der Einstelleffekt der Stufenwicklung auf die Übersetzung des Transformators jedoch stark vermindert, weil die Parallelwicklung der Ober- und Unterspannungsseite gemeinsam ist. Bemißt man nämlich die Stufenwicklung für $\pm p' \%$ der Nennunterspannung

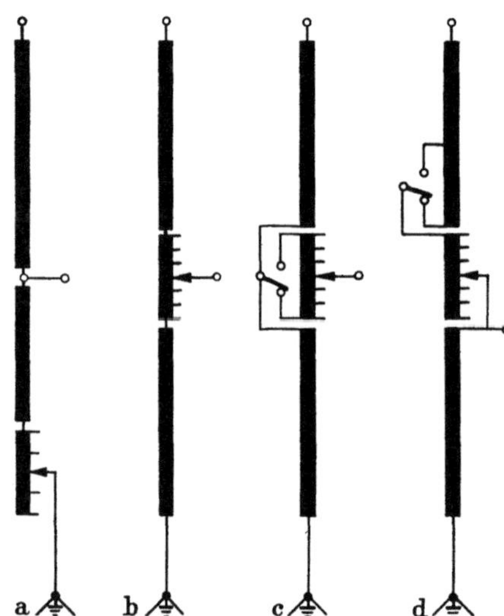

Abb. 196. Einstellbare Spartransformatoren mit starr geerdetem Sternpunkt

U_{n2}, so kann bei Nennspannung U_{n1} auf der Oberspannungsseite die Unterspannung nur in dem Bereich geregelt werden.

$$\pm p = \pm p' \frac{1 - \dfrac{U_{n2}}{U_{n1}}}{1 \pm \dfrac{p'}{100\%} \cdot \dfrac{U_{n2}}{U_{n1}}} \qquad (366)$$

Hierbei ändert sich die Induktion im Kerneisen um

$$\Delta B = \frac{(\pm p) - (\pm p')}{1 \pm \dfrac{p'}{100\%}} \qquad (366\,\text{a})$$

In beiden Gleichungen gelten die Pluszeichen für Erhöhung, die Minuszeichen für Verminderung der wirksamen Windungszahl der Parallelwicklung. Beispielsweise wird mit $p' = \pm 10\%$ und $U_{n2}/U_{n1} = 1/2$ die maximale Änderung der Unterspannung $p = + 4,76\%$ bzw. $- 5,26\%$ und die der Induktion $\Delta B = 4,76\%$ bzw. $+ 5,26\%$. Im allgemeinen ist deshalb die Anordnung nach Abb. 196a nur bei kleinen Einstellungsbereichen bzw. verhältnismäßig hohen Nennübersetzungen U_{n1}/U_{n2} anwendbar.

Eine unverminderte Wirkung der Stufenwicklung wird dagegen bei den übrigen Schaltungen nach Abb. 196 erzielt. Während die in Abb. 196b und c dargestellten Anordnungen ebenfalls vornehmlich der Einstellung der Unterspannung dienen, ist die Umlenkschaltung nach Abb. 196d zum Einstellen der Oberspannung geeignet (vgl. Abschn. VII, 2).

Bei Spartransformatoren höchster Leistungen und Spannungen bevorzugt man deren Kombination mit einem Zusatztransformator gemäß Abb. 197, mit dessen Hilfe die Unterspannung des Spartransformators eingestellt wird. Der damit erreichte einfachere Aufbau der Wicklungen des Spartransformators erleichtert ihre Isolierung beträchtlich. Der Zusatztransformator wird für den halben Einstellbereich bemessen, und die Umkehrung des Spannungszeigers seiner Reihenwicklung durch Wender bewirkt. Zur Speisung des Zusatztransformators dient die ohnehin erforderliche Ausgleichwicklung des Spartransformators. Da diese im allgemeinen eine niedrige Reihenspannung aufweist, vereinfacht die Zwischenkreiseinstellung des Zusatztransformators nach Abb. 197a das Isolationsproblem des Stufenschalters (vgl. Abschn. VII, 5). Um eine Gefährdung der hier als Stufenwicklung ausgebildeten Ausgleichwicklung durch etwaige Stufenkurzschlüsse zu vermeiden, sind jedoch an diese Schaltung die Bedingungen zu knüpfen, daß Spar- und Zusatztransformator im gleichen Ölkessel untergebracht und die Verbindungen zwischen der Stufenwicklung und der Parallelwicklung des Zusatztransformators nicht zu Anschlußklemmen über Deckel geführt werden. Muß indessen der Zusatztransformator aus Gründen der Transportfähigkeit in einem getrennten Ölkessel untergebracht werden, oder soll eine Querregelung durch zyklische Vertauschung der Zusatztransformatorenphasen an herausgeführten Anschlußklemmen der Zwischenkreise ermöglicht werden, so wird die Anordnung nach Abb. 197b gewählt, bei der die Reihen-

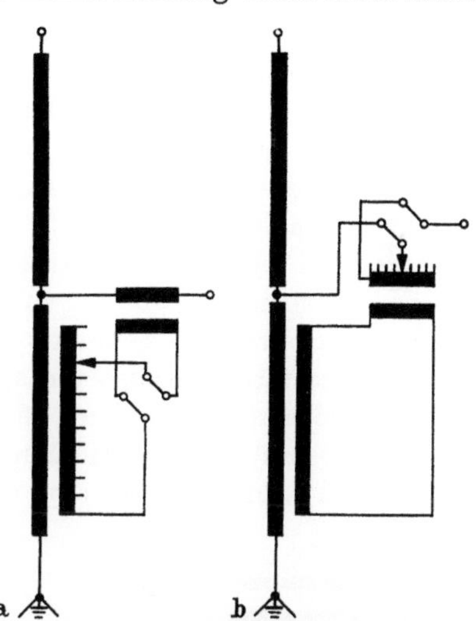

Abb. 197. Kombination eines im Sternpunkt starr geerdeten Spartransformators mit einem Zusatztransformator

wicklung des Zusatztransformators als Stufenwicklung ausgebildet ist. Um die Beanspruchungen der Stufenwicklung und des Stufenschalters durch Stoßspannungen in tragbaren Grenzen zu halten, ist es erforderlich, die Stufenwicklung durch Überspannungsableiter zu schützen [*144*], [*152*], [*162*].

5. Die indirekte Einstellung mit Zusatztransformatorensätzen

Bei den bisher behandelten Schaltungen für die stufenweise Einstellung unter Last stehen die Strombelastung und die Isolation des Stufenschalters in unmittelbarem Zusammenhang mit der Leistung und Spannung des Netzes. Da die Aufwendungen für den Stufenschalter naturgemäß mit der Stromstärke, aber auch mit der Betriebsspannung wachsen, ist es insbesondere bei ungewöhnlich hohen Strömen üblich und bei hohen Betriebsspannungen erwägenswert, das Verfahren der indirekten Einstellung mit Hilfe von Zusatztransformatorensätzen anzuwenden, bei welchem der Stufenschalter in einem Zwischenkreis liegt, dessen Strom und Spannung so gewählt werden, daß ein Stufenschalter leichter Konstruktion benutzt werden kann.

Der Zusatztransformatorensatz nach Abb. 198 besitzt einen Erreger-Volltransformator ET, dessen Eingangswicklung an das Netz angeschlossen und dessen Ausgangswicklung als Stufenwicklung dient. Diese liefert über einen Stufenschalter eine einstellbare Spannung U_2 an die durch einen Wender umkehrbare Eingangswicklung des Zusatztransformators ZT, dessen Ausgangsspannung u_Z sich entsprechend der Stellung des Wenders mit positivem oder negativem Vorzeichen zu der Netzspannung U_1 addiert. Bei einem Einstellbereich von $\pm p\%$ mit konstanter Nenn-Durchgangsleistung $P_{d\,n}$ ist die Nennleistung des Zusatztransformators

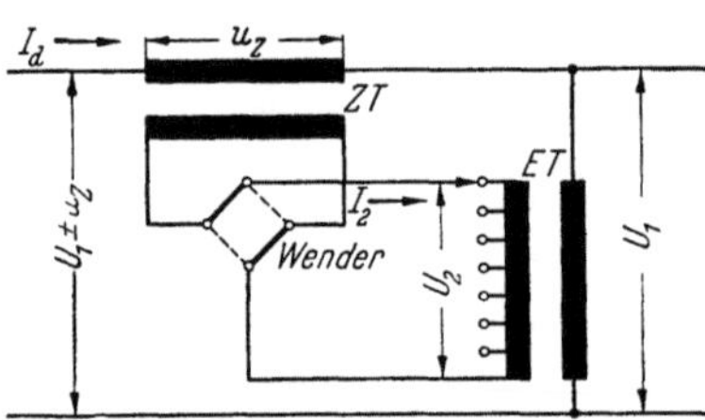

Abb. 198. Zusatztransformatorensatz

und ebenso die des Erregertransformators, in Übereinstimmung mit der Eigenleistung eines Spartransformators mit umkehrbarer Reihenwicklung,

$$P_{n\,ZT} = P_{n\,ET} = P_{d\,n}\frac{p}{100\% - p}.\qquad(367)$$

Die Summenleistung des Zusatztransformatorensatzes ist also doppelt so groß als die eines entsprechenden Spartransformators. Da die Einsparungen, die dabei am Stufenschalter und durch die Unterbringung beider Transformatoren in einem gemeinsamen Kessel zu erzielen sind, diesen Mehraufwand an aktiven Baustoffen nur ausnahmsweise ausgleichen können, wird diese Ausführung des Zusatztransformatorensatzes kaum angewendet. Damit im übrigen der über den Stufenschalter fließende Strom

$$I_2 = I_d\, u_Z / U_2 \tag{368}$$

kleiner wird als der Durchgangsstrom I_d, muß $U_2 > u_Z$ gewählt werden, weshalb die Schaltung nach Abb. 198 mehr für die Fernhaltung der Netzspannung vom Stufenschalter als für die Herabsetzung der Stromstärke am Stufenschalter in Betracht kommt. Handelt es sich jedoch allein darum, den Kontaktstrom zu senken, so wird die Schaltung nach Abb. 199 verwendet. Hier ist der Erregertransformator als n-stufiger Spannungsteiler in Sparschaltung ausgeführt, wobei seine Typenleistung auf

$$P_{TET} = P_{dn}\frac{p}{100\% - p}\,\varkappa \tag{369}$$

zurückgeht. Hierin bezeichnet $\varkappa$ den von der Stufenzahl n abhängigen Zahlenwert nach Tab. 17, der bei 10 Stufen den Betrag von 0,35 erreicht.

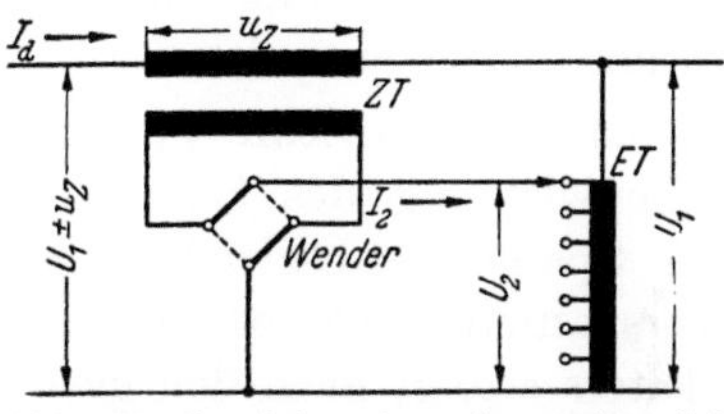

Abb. 199. Zusatztransformatorensatz mit Erregertransformator in Sparschaltung

Setzt man den Werkstoffaufwand eines Transformators der 3/4ten Potenz seiner Typenleistung proportional, so verbleibt ein Mehraufwand von 46 % für den Zusatztransformatorensatz gegenüber dem Spartransformator mit umkehrbarer Reihenwicklung, der allerdings durch Anordnung des Satzes in einem gemeinsamen Kessel gemildert wird. Auf der anderen Seite steht eine erhebliche Erleichterung für den Stufenschalter, über den der stark verminderte Strom

$$I_2 = I_d\frac{u_Z}{U_1} = I_d\frac{p}{100\%} \tag{370}$$

fließt.

Hinsichtlich der Sicherheit gegen Kurzschlüsse und Doppelerdschlüsse gelten für den Zusatztransformatorensatz die gleichen Überlegungen wie beim Spartransformator (vgl. Abschn. VI). Für die nach außen wirksame Kurzschlußspannung des Satzes in den Grenzstellungen des Stufenschalters können wir nämlich in Anlehnung an Gl. (309) schreiben [83]

$$u_{K\max} = \frac{p}{100\% \pm p}(u'_{KZT} \stackrel{\frown}{+} u'_{KET})\,, \tag{371}$$

worin u'_{KZT} und u'_{KET} die Kurzschlußspannungen des Zusatz- und Erregertransformators bezeichnen, und das Pluszeichen für Zu-, das Minuszeichen für Gegenschaltung des Zusatztransformators gilt. Befindet sich der Stufenschalter in der Mittelstellung, so ist die vom Erregertransformator gelieferte Spannung $U_2 = 0$ und die Eingangswicklung des Zusatztransformators kurzgeschlossen. Dabei sinkt die Kurzschlußspannung auf

$$u_{K\,\mathrm{min}} = \frac{p}{100\%}\, u'_{KZT}\,.\qquad\qquad(371\,\mathrm{a})$$

Der Zusatztransformatorensatz ist also ähnlich wie der Spartransformator im wesentlichen auf eine Begrenzung des Kurzschlußstromes durch den Scheinwiderstand der Anlage angewiesen. Außerdem muß der Zusatztransformator ZT mit Rücksicht auf Doppelerdschlüsse in isolierten Netzen ebenso wie der Spartransformator eine Ausgleichwicklung erhalten, die in diesem Falle für ein Drittel seiner Nennleistung zu bemessen ist.

Aus den in Abschn. V, 5 genannten Gründen ist es zweckmäßig, die Reihenwicklung des Zusatztransformators ZT ebenso wie die eines dem Spannungsausgleich dienenden Spartransformators durch einen Überspannungsableiter zu überbrücken. Die Wahl des Überspannungsableiters erfolgt nach den gleichen Gesichtspunkten, d. h., seine Nennspannung soll Gl. (336) entsprechen, aber nicht kleiner sein als die Leerlaufstrangspannung der Reihenwicklung bei voller Erregung des Zusatztransformators.

Der Anschluß des Zusatztransformatorensatzes an das Netz wird wie beim Spartransformator mit Stufenschalter so vorgenommen, daß er mit geringen Induktionsschwankungen arbeitet. Die dem Erregertransformator abgekehrten Enden der Reihenwicklung des Zusatztransformators, die nach VDE 0532 die Bezeichnung XYZ erhalten, werden demgemäß an den Netzteil angeschlossen, in dem die größten Spannungsänderungen zu erwarten sind.

Der für die Umkehrung der Eingangswicklung des Zusatztransformators benötigte Wender wird in der Mittelstellung des Stufenschalters betätigt. Damit bei Zusatztransformatorensätzen für Drehstrom mit einem Erregertransformator in Sparschaltung ein unabhängiger Sternpunkt an der Eingangswicklung des Zusatztransformators gebildet werden kann, muß der Wender zweipolig, und zwar so ausgeführt werden, daß bei der Umkehrung keine Unterbrechung des Kurzschlußkreises auf der Eingangsseite des Zusatztransformators auftritt. Wenn man nämlich den Zusatztransformator strangweise erregt, so weichen wegen der zeitlich nicht übereinstimmenden Lastumschaltung in den drei Phasen, die schon dadurch gegeben ist, daß die Nulldurchgänge der Ströme Phasenwinkel von 120° aufweisen, die drei Erregerspannungen vorübergehend um die Spannung einer Stufe voneinander ab. Die Folge davon sind — weil die Ausgleichwicklung des Zusatztransformators die Entstehung eines Jochstreuflusses verhindert — untragbare Ausgleichströme. Ist der Sternpunkt der Eingangswicklung des Zusatztransformators jedoch frei, so

entsteht eine harmlose Verlagerung des Sternpunktes um ein Drittel der
Stufenspannung, die von der Ausgleichwicklung nicht behindert wird.
Der leistungslos schaltende zweipolige Wender bedingt allerdings,
wie Abb. 200 zeigt, bei n Stufen am Erregertransformator eine Ver-
größerung der beiden Wählerbahnen auf je $n - 1$ Kontakte, um eine
Änderung der Drehrichtung bei Durchlaufen des Regelbereiches von

$+p\%$ bis $-p\%$ durch ein
Wendegetriebe zu vermeiden.
Totstufen treten andererseits
nicht auf.

Es ist naheliegend, die
Verteuerung, welche die Vergrößerung der beiden Kon-
taktbahnen des Wählers mit
sich bringt, dadurch zu kom-
pensieren, daß man den Erregertransformator in V-
Sparschaltung gemäß Abb.
159 und 160 ausführt. Wenn

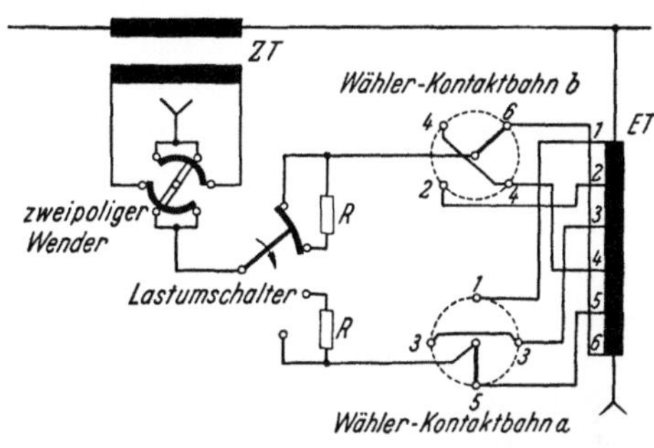

Abb. 200. Zusatztransformatorensatz mit Erregertransformator in Sparschaltung (vollständige Schaltung)

dabei auch die Typenleistung des Erregertransformators um 15,5 %
steigt, so spart man andererseits einen dritten Stufenschalter. Bedenken
gegen die mit der V-Sparschaltung verbundene Verlagerung des Sy-

stem-Sternpunktes be-
stehen hier nicht, da
diese auf den Zwischen-
kreis beschränkt bleibt.

Erhält der Erreger-
transformator getrennte
Wicklungen, so kann bei
dreiphasiger Ausführung
ein unabhängiger Stern-
punkt nach Abb. 201
auch mit einem stromlos
schaltenden einpoligen
Wender gebildet werden.

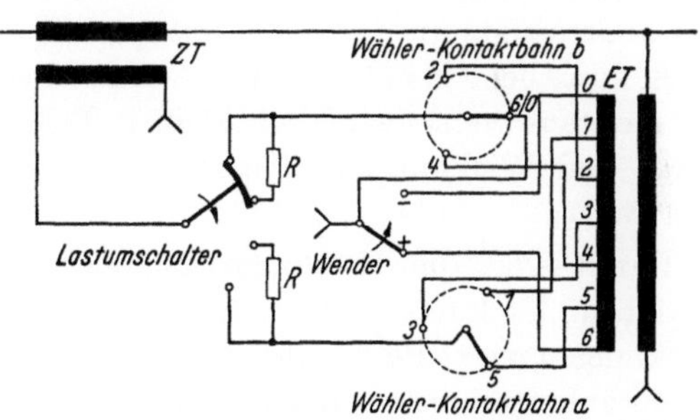

Abb. 201. Zusatztransformatorensatz mit Erreger-Volltransformator (vollständige Schaltung)

Die beiden kreisförmigen Kontaktbahnen des Wählers werden in diesem
Fall mit gleichem Drehsinn zweimal durchlaufen, so daß ihre Kontaktzahl für eine Einstellbarkeit von $\pm n$ Stufen auf $(n + 1)/2$ sinkt. Dabei
ist eine Verlängerung der Ausgangswicklung um den Betrag einer Stufe
zur Vermeidung von Totstufen vorausgesetzt, was allerdings eine
Vergrößerung der Typenleistung des Erregertransformators gegenüber seiner Nennleistung nach Gl. (367) um den Faktor $(1 + 1/2n)$
bedingt.

VIII. Die Kühlung

Als Kühlmittel dient bei Transformatoren ruhende oder künstlich bewegte Luft, bei Öltransformatoren gelegentlich auch Wasser, das durch einen Kühler geleitet wird. Vorausgesetzt wird, daß das Kühlmittel in praktisch unbegrenzter Menge zur Verfügung steht, also dem Transformator mit gleichbleibender Temperatur zufließt. Durch Konvektion an den vom Kühlmittel bestrichenen Kühlflächen wird im allgemeinen der größte Teil der Verlustwärme auf dieses übertragen. Der Rest wird bei Luftkühlung durch Strahlung an die Umgebung abgegeben, bei Wasserkühlung zu einem Teil durch Strahlung und zum anderen durch Konvektion der Luft an der Kesseloberfläche. Während beim nicht gekapselten Trockentransformator das Kühlmittel unmittelbar an den Oberflächen des Kernes und der Wicklungen wirksam ist und diese außerdem Wärme an die Umgebung ausstrahlen, wird bei gekapselten Trockentransformatoren ebenso wie bei Öltransformatoren die Verlustwärme des Kernes und der Wicklungen zunächst im wesentlichen durch Konvektion auf die Kesselfüllung übertragen und von letzterer über die Kesselwand oder an diese angeschlossenen Kühler an das eigentliche Kühlmittel und die äußere Umgebung weitergegeben. Der Wärmetransport des Zwischenkühlmittels begrenzter Menge entsteht entweder durch eine natürliche Strömung, deren Ursache zwei gegenläufige Konvektionsvorgänge sind, nämlich einerseits an der Kern- und Wicklungsoberfläche und andererseits an der Innenseite der Kessel- oder Kühlerwand, oder durch künstliche Bewegung des Zwischenkühlmittels. Parallel dazu wird ein meistens verschwindend kleiner Teil der Verlustwärme von der Kern- und Wicklungsoberfläche durch Strahlung auf die Kesselwand übertragen.

Damit sind die Kühlungsvorgänge jedoch nur unvollständig beschrieben. Es kommt nämlich noch hinzu, daß die im Kern und den Wicklungen verteilte Verlustwärme an die vom Kühlmittel oder Zwischenkühlmittel bestrichenen Oberflächen gelangen muß und daß die Gesamtverluste außerdem die Kessel- bzw. Kühlerwand zu durchwandern haben. Diese beiden Übertragungen erfolgen durch Wärmeleitung. Es entstehen daher mehrere Temperaturfälle, solche an den für den Wärmetransport in Betracht kommenden Oberflächen und weitere im Innern des Kernes bzw. der Wicklungen und gegebenenfalls in der Kessel- bzw. Kühlerwand. Die Summe dieser Temperaturfälle ergibt die Übertemperatur des Kernes bzw. der Wicklungen gegenüber dem Kühlmittel. Erschwerend kommt hinzu, daß im stationären Erwärmungszustand, den wir hier betrachten wollen, nicht nur in horizontaler, sondern auch in vertikaler Richtung ein Temperaturgefälle auftritt. Das vertikale Temperaturgefälle, das die Übertemperatur des wärmsten Punktes entscheidend beeinflußt, ist bei natürlicher Konvektion gewöhnlich größer als bei künstlicher.

Maßgebend für die Alterung der Wicklungsisolation ist die Temperatur des wärmsten Punktes in der Wicklung. Sie ist jedoch im Betrieb nicht meßbar und auch der Rechnung nur näherungsweise zugänglich. Man begnügt sich deshalb mit der Ermittlung der der Widerstandszunahme der Leiter entsprechenden mittleren Übertemperatur der Wicklung und kontrolliert außerdem bei Öltransformatoren die Ölübertemperatur in der wärmsten Schicht. Die Summe aus der mittleren Wicklungsübertemperatur und der Kühlmitteltemperatur ergibt dann die mittlere Wicklungstemperatur, von der auf die vermutliche Temperatur des wärmsten Punktes der Wicklung geschlossen wird. Neben den konstruktionsbedingten und lastabhängigen Übertemperaturen ist also auch die jahreszeitlichen Schwankungen unterworfene Kühlmitteltemperatur in Anbetracht des Lebensdauergesetzes von MONTSINGER [vgl. Abschn. III, 6, Gl. (217)] von großem Einfluß auf die Alterung der Isolation.

Dementsprechend setzen die in VDE 0532 angegebenen zulässigen Übertemperaturen voraus, daß bei Luftkühlung die Tageshöchsttemperatur der Luft 40 °C, die mittlere Tagestemperatur 30 °C und die mittlere Jahrestemperatur 20 °C nicht überschreiten. Bei Wasserkühlung andererseits darf die Eintrittstemperatur des Wassers nicht über 25 °C hinausgehen. Auf dieser Grundlage sind für die Wicklungen bei Nennbetrieb folgende mittleren Übertemperaturen zugelassen:

Bei Trockentransformatoren:

Isolierstoffklasse	A	E	B	F	H
höchstzulässige Dauertemperatur . .	105 °C	120 °C	130 °C	155 °C	190 °C
zulässige mittlere Übertemperatur .	60°	75°	80°	100°	135°

Bei Öltransformatoren:

Isolierstoffklasse	A_0
höchstzulässige Dauertemperatur . .	115 °C
zulässige mittlere Übertemperatur .	65°

mit der Begrenzung der Ölübertemperatur in der obersten, d. h. wärmsten Schicht auf 60°. Für Volltransformatoren mit einem Einstellbereich von mehr als $\pm 5\%$, sowie für einstellbare Spar- und Zusatztransformatoren ist in der Einstellung mit den höchsten Wicklungsverlusten jedoch eine Wicklungsübertemperatur von 70° zugelassen.

Die Isolierstoffklasse A umfaßt mit organischen Bindemitteln getränkte organische Stoffe (Baumwolle, Seide, Papier usw.), Isolierstoffklasse A_0 die gleichen organischen Stoffe, einschl. Drahtlack, unter Öl-Isolierstoffklasse E wärmebeständige Kunstfolien, Hartpapier, Draht-lack, Lackpapier oder mit Kunstharzlacken nachträglich getränktes Papier und die Isolierstoffklassen B, F und H anorganische Stoffe (Glimmer, Asbest, Glaserzeugnisse usw.), getränkt mit Kunstharz-lacken (B), mit modifizierten Silikonen (F) oder mit reinen Silikonen (H). Die Isolierstoffklassen F und H kommen vor allem bei gekapselten Trockentransformatoren in Betracht.

Wie der Vergleich der den Isolierstoffklassen zugeordneten höchst-zulässigen Dauertemperaturen mit den zulässigen mittleren Übertem-peraturen zeigt, ist bei der Festlegung der letzteren eine höchste Kühl-mitteltemperatur von 40 °C und eine Differenz von 5 bis 15° zwischen der Temperatur am wärmsten Punkt der Wicklung und ihrer mittleren Temperatur berücksichtigt. Bei den höchstzulässigen Dauertemperaturen beträgt nach den Untersuchungen verschiedener Autoren die Lebens-dauer für die Isolierstoffklasse A etwa 10 bis 25 Jahre und für die Isolierstoffklasse E etwa 10 Jahre [124]. Bei den übrigen Klassen A_0, B, F und H ist die Lebensdauer bei den höchstzulässigen Dauertempe-raturen offenbar geringer. Sie dürfte aber mindestens 5 Jahre betragen. Legt man eine mittlere Jahrestemperatur des Kühlmittels von 20 °C zugrunde, so stellen sich am dauernd voll belasteten Transformator im Durchschnitt um $40° - 20° = 20°$ geringere Temperaturen ein, was nach der 8°-Regel des Gesetzes von MONTSINGER etwa eine Versechs-fachung der Lebensdauer zur Folge hat. Demnach kann bei Einhaltung der genannten Kühlmitteltemperaturbedingungen und der für den Nenn-betrieb zulässigen mittleren Übertemperaturen ein befriedigendes Le-bensalter für die Transformatoren vorausgesagt werden, um so mehr, als diese meistens nicht dauernd voll belastet sind.

Weniger bedenklich ist die Erwärmung des Eisenkerns und der übrigen Konstruktionsteile. Sie darf allerdings nicht so hoch getrieben werden, daß eine Schädigung benachbarter Isolierstoffe einschließlich der Blech- und Bolzenisolierung eintritt.

Aus der voraufgegangenen Beschreibung der Kühlungsvorgänge kann entnommen werden, daß die Vorausberechnung der Übertemperaturen einige Schwierigkeiten bereitet und keinen allzu großen Anspruch auf Genauigkeit erheben kann. Erwärmungsversuche am fertigen Trans-formator können daher als Typenprüfung nicht ganz entbehrt werden.

1. Die Wärmeleitung

Die Wärmeleitung durch eine ebene Platte gehorcht einem Gesetz, das dem Ohmschen Gesetz der Elektrizitätslehre vollkommen entspricht. Die Temperaturdifferenz zwischen den beiden äußeren Oberflächen ist nämlich

$$\vartheta_1 - \vartheta_2 = \frac{\delta}{\lambda} \cdot \frac{V}{A}. \tag{372}$$

In dieser Gleichung bezeichnen δ die Dicke der Platte, λ ihre Wärmeleitfähigkeit, V die Wärmemenge in der Zeiteinheit und A die Oberfläche der Platte. Der Quotient V/A ist die Wärmestromdichte und wird gewöhnlich als Flächenbelastung bezeichnet. Gl. (372) gilt hinreichend genau auch für gekrümmte Platten, deren Dicke nicht zu groß ist gegenüber dem Krümmungsradius. In Grenzfällen, z. B. der Isolierung eines runden Leiters von der Länge l nach Abb. 202, wird

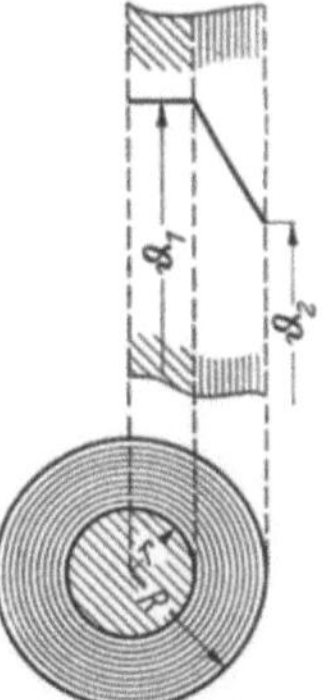

$$\vartheta_1 - \vartheta_2 = \frac{V}{2\pi\lambda l} \ln \frac{R}{r}. \tag{373}$$

Rechnet man bei dieser Anordnung näherungsweise nach Gl. (372) mit $\delta = R - r$ und der mittleren Fläche $A = \pi(R + r)l$, so erreicht der Fehler erst bei $R/r = 2$ den Betrag von -4%.

Abb. 202. Isolierung eines zylindrischen Leiters

Werden in den Gln. (372) und (373) die Längenmaße in m, die Flächen in m² und V in W eingesetzt, so ergibt sich für λ die Dimension W/m grd.

Bei Platten aus mehreren Schichten mit den Dicken δ', δ'', δ''', ... und den Wärmeleitfähigkeiten λ', λ'', λ''', ... ist in Gl. (372) die Gesamtdicke $\delta = \delta' + \delta'' + \delta''' + \cdots$ und die resultierende Leitfähigkeit

$$\lambda = \frac{\delta}{\dfrac{\delta'}{\lambda'} + \dfrac{\delta''}{\lambda''} + \dfrac{\delta'''}{\lambda'''} + \cdots} \tag{374}$$

einzusetzen.

Wenn die Wärme nicht von einer der beiden Oberflächen der Platte in diese eindringt, sondern in ihr selbst erzeugt wird, aber nur nach einer Plattenoberfläche abfließen kann, so wird die Temperaturdifferenz bei gleichmäßig verteilten Verlusten, die eine linear von 0 bis V/A ansteigende Wärmestromdichte zur Folge haben,

$$\vartheta_1 - \vartheta_2 = \frac{\delta}{2\lambda} \cdot \frac{V}{A}, \tag{375}$$

also halb so groß als bei konstanter Wärmestromdichte. Da der Temperaturfall einer Parabel folgt, ist sein Mittelwert $\varDelta\vartheta_m$ gleich zwei Drittel von $\vartheta_1 - \vartheta_2$ (Abb. 203). Aus der Spiegelung von Abb. 203 um die der wärmsten Schicht entsprechende Kante ergibt sich, daß Gl. (375) auch für eine beidseitig gekühlte Platte mit der Dicke 2δ gilt, bei der sich V und A verdoppeln. Die Gl. (375) ist auf den Eisenkern von Transformatoren anwendbar, wenn die Wärme entweder in Richtung der

Blechebenen fließt oder senkrecht hierzu die Blechschichten und ihre Isolierungen durchdringt. Im ersten Falle kommt die Längsleitfähigkeit λ_l, im anderen die Querleitfähigkeit λ_q in Betracht.

Eine andere Fundamentalanordnung einer seineitig gekühlten Platte, die auf solche Wicklungen anwendbar ist, bei denen die Verlustwärme in mehreren Leiterlagen erzeugt wird und deren Isolierungen durchwandert, zeigt Abb. 204. Dabei sind die Temperaturfälle in den Leiterlagen als verschwindend klein gegenüber denjenigen der Isolierschichten vernachlässigt und angenommen, daß die Isolierschichten im Innern der Platte die Dicke δ' und die Wärmeleitfähigkeit λ', jene an der Kühlfläche

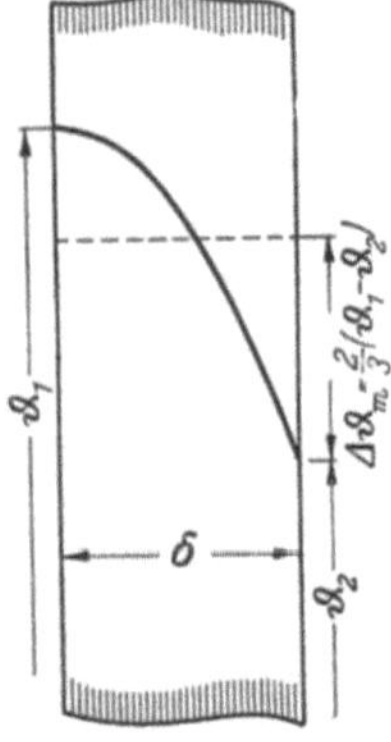

Abb. 203. Temperaturfall in einer einseitig gekühlten Platte mit innerer Wärmequelle

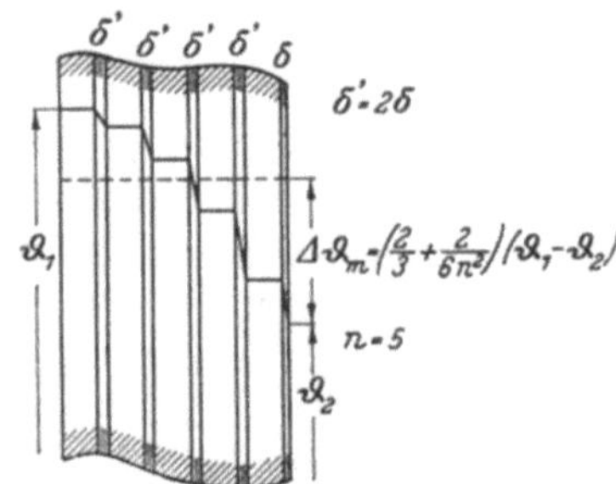

Abb. 204. Einseitig gekühlte Platte aus wärmeerzeugenden und wärmeleitenden Schichten

die Dicke δ und die Wärmeleitfähigkeit λ besitzt. Bei n gleichen Leiterlagen wird dann [81]

$$\vartheta_1 - \vartheta_2 = \left[\frac{\delta'}{\lambda'}\left(\frac{n-1}{2}\right) + \frac{\delta}{\lambda}\right]\frac{V}{A} \tag{376}$$

und der mittlere Temperaturfall

$$\Delta\vartheta_m = \left[\frac{\delta'}{\lambda'}\left(\frac{n-1,5}{3} + \frac{1}{6n}\right) + \frac{\delta}{\lambda}\right]\frac{V}{A}. \tag{377}$$

Für den in der Praxis häufigen Fall, daß $\delta' = 2\delta$ und $\lambda' = \lambda$, vereinfachen sich diese Gleichungen zu

$$\vartheta_1 - \vartheta_2 = \frac{n\delta'}{2\lambda'}\cdot\frac{V}{A}, \tag{376a}$$

$$\Delta\vartheta_m = \left(\frac{n}{3} + \frac{1}{6n}\right)\frac{\delta'}{\lambda'}\cdot\frac{V}{A}. \tag{377a}$$

Gl. (376a) stimmt mit der für eine Platte mit gleichmäßig verteilten inneren Wärmequellen [Gl. (375)] bei einer Dicke $n\delta'$ überein, während der mittlere Temperaturfall $\Delta\delta_m$ nach Gl. (377a) sich mit wachsender Lagenzahl asymptotisch dem Betrage $2(\delta_1 - \delta_2)/3$ nähert.

Durch Spiegelung erhält man auch hier die gleichen Temperaturfälle bei einer zweiseitig gekühlten Platte mit $2n$ Leiterlagen und unveränderter Wärmestromdichte. Voraussetzung ist jedoch, daß die Isolier-

Tabelle 18. *Wärmeleitfähigkeit der wichtigsten Baustoffe*

Werkstoff	λ [W/m grd]	Bemerkungen
Elektrolytkupfer	380	
Leitaluminium	220	
Flußstahl	∼50	
Transformatorenblech:		
warmgewalzt, etwa 4% Si	19	} in der Schichtebene
kaltgewalzt, etwa 3% Si	21	
Kabelpapier, Dicke:		
0,1 mm, trocken	0,1	} straff in Lagen auf-
0,1 mm, ölimprägniert	0,2	gewickelt, quer zur
0,06 mm, ölimpregniert	0,15	Schichtebene
Preßspan, trocken.	0,18	
Preßspan, ölimprägniert	0,25	
Hartpapier	0,25	
Hartporzellan	1,6	
Luft	0,03	} ohne Bewegung
Transformatorenöl.	0,125	
Clophen T 241	0,105	

schichten symmetrisch zur Achse des Plattenquerschnittes angeordnet sind. Im anderen Falle verschiebt sich die neutrale Ebene, in der die höchste Temperatur auftritt (s. Abschn. VIII, 6).

Mittelwerte der Wärmeleitfähigkeit der wichtigsten Baustoffe sind in Tab. 18 zusammengestellt. Die Wärmeleitfähigkeit ändert sich in geringem Maße mit der Temperatur, jedoch ist dieser Einfluß in dem in Betracht kommenden Bereich von 20 bis 190 °C gegenüber den stofflich bedingten Schwankungen vernachlässigbar.

Die Querleitfähigkeit von Paketen aus Transformatorenblech ist im wesentlichen von der Art und Dicke der Blechisolierung, der Rauhigkeit der Blechoberfläche und dem in die verbleibenden Spalte eindringenden Medium abhängig. Sie sinkt dementsprechend mit dem Preßdruck. Die Werte nach Tab. 19 für Bleche mit einer Dicke von 0,35 mm und

Tabelle 19. *Wärmeleitfähigkeit quer zur Schichtebene*
von Paketen aus Transformatorenblech
Blechdicke 0,35 mm

Blechisolierung	λ_q [W/m grd]	Bemerkungen
Papier, 0,03 mm stark	1,0	in Luft
	1,5	unter Öl
Lack, Wasserglas . . .	2,3	in Luft
	2,8	unter Öl

einem Preßdruck, der bei warmgewalztem Blech etwa 10 kp/cm², bei kaltgewalztem Blech etwa 5 kp/cm² beträgt, können daher keinen Anspruch auf hohe Zuverlässigkeit erheben. Bei Blechen von abweichender Dicke ändert sich der Querleitfähigkeit annähernd proportional mit der Blechdicke, d. h., sie steigt bei 0,5 mm-Blechen um etwa 40%.

2. Die Wärmestrahlung

Die von einer Körperoberfläche A_1 [m²] mit der absoluten Temperatur T_1 [°K] auf umgebende Flächen A_2 mit der absoluten Temperatur T_2 durch Strahlung übertragene Wärmemenge W_s [W] in der Zeiteinheit ist:

$$W_s = s_r \left[(T_1/100)^4 - (T_2/100)^4 \right] A_1 \qquad (378)$$

mit

$$\frac{1}{s_r} = \frac{1}{s_1} + \frac{A_1}{A_2} \left(\frac{1}{s_2} - \frac{1}{s} \right), \qquad (378\,a)$$

worin s_1 und s_2 die Strahlungszahlen der strahlenden bzw. bestrahlten

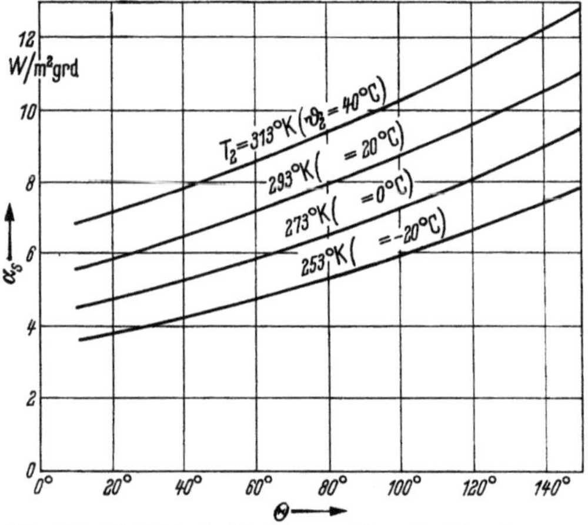

Abb. 205. Modifizierte Strahlungszahl α_s für Umgebungstemperaturen $T_2 = 253 \ldots 313\,°K$

Flächen in W/m² °K⁴ und $s = 5{,}77$ W/m² °K⁴ diejenige des absoluten schwarzen Körpers bezeichnet. Dabei ist vorausgesetzt, daß die Fläche A_1 frei nach allen Richtungen ausstrahlen kann. Für die mit Farbanstrich versehene Kesseloberfläche kann man setzen $s_1 = 5{,}4$ W/m² °K⁴ und für die umgebenden Flächen (Kalkmörtel) $s_2 = 5{,}5$ W/m² °K⁴ und erhält damit innerhalb der Grenzen $A_1/A_2 = 0 \ldots 1$ einen Mittelwert der resultierenden Strahlungszahl $s_r = 5{,}3$ W/m² °K⁴, der auch für die strahlenden Flächen des Eisenkernes und der Wicklungen eingesetzt werden darf und im folgenden benützt werden soll.

Schreibt man Gl. (378) in der bequemen Form

$$W_s = \alpha_s (T_1 - T_2) A = \alpha_s \Theta A, \qquad (379)$$

so ist die modifizierte Strahlungszahl

$$\alpha_s = 5{,}3 \, \frac{\left(\dfrac{T_2 + \Theta}{100} \right)^4 - \left(\dfrac{T_2}{100} \right)^4}{\Theta} \quad [\text{W/m}^2 \text{ grd}] \qquad (380)$$

sowohl eine Funktion der Übertemperatur Θ als auch der absoluten Temperatur T_2 der Umgebung, die sich bei einer Umgebungstemperatur ϑ_2 zu $T_2 = 273 + \vartheta_2$ ergibt.

Wie Abb. 205 zeigt, steigt die Strahlungszahl α_s mit wachsender Übertemperatur — aber auch mit der Umgebungstemperatur. Die Strahlung wird also um so wirksamer, je nötiger sie gebraucht wird. Ihr Anteil an der Wärmeübertragung ist jedoch gering, wenn nur ein Bruchteil der gesamten Kühlfläche frei ausstrahlen kann — was sehr häufig vorkommt. Beispiele hierfür bieten Ölkessel, deren Wände mit Wellen oder Radiatoren versehen sind, ferner Trockentransformatoren mit Kühlschlitzen innerhalb der Wicklungen bzw. zwischen Wicklungen und Eisenkern. Die Strahlungsbehinderung, welche die einzelnen Flächenteilchen durch gegenüberliegende oder benachbarte Flächen etwa gleicher Temperatur erfahren, ergibt sich aus dem für rauhe Flächen gültigen Gesetz, nach dem die Intensität eines Wärmestrahles dem Kosinus seines Ausfallwinkels proportional ist, wobei unter Ausfallwinkel die Abweichung des Wärmestrahles von der Senkrechten auf das Flächenteilchen verstanden wird. Hiermit läßt sich für jede in Betracht kommende Kühlflächenanordnung die äquivalente freistrahlende Fläche A_s berechnen [81].

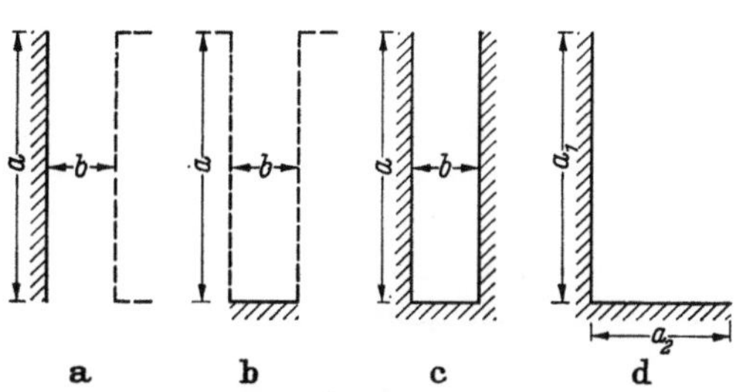

Abb. 206 a–d. Anordnungen vermindert strahlender Kühlflächen

Für die durch Schraffur gekennzeichneten Flächenstreifen der Breite a bzw. b nach Abb. 206 ergeben sich bei vergleichsweise großer Länge l folgende Werte:

$$\text{Abb. 206 a:}\quad A_s = l\,(a + b - \sqrt{a^2 + b^2})\,, \tag{381 a}$$

$$\text{Abb. 206 b:}\quad A_s = l\,(\sqrt{a^2 + b^2} - a)\,, \tag{381 b}$$

$$\text{Abb. 206 c:}\quad A_s = l\,b\,, \tag{381 c}$$

$$\text{Abb. 206 d:}\quad A_s = l\,\sqrt{a_1^2 + a_2^2}\,. \tag{381 d}$$

Hierbei ist die geringfügige Strahlung der langen Streifen senkrecht zur Bildebene vernachlässigt. Die Formeln gelten daher auch für Flächen, die der Länge nach kreisförmig geschlossen sind, solange der Einfluß des Krümmungsradius bedeutungslos ist. Besonders wertvoll sind die Ergebnisse für die Anordnungen nach Abb. 206 c und d, die den Wellentälern eines Wellblechkessels entsprechen. Sie zeigen nämlich, daß mit der genannten Vereinfachung die Strahlung eines Wellentales der seiner Projektionsfläche entspricht. Demnach ist, und dies gilt allgemein für jede Oberflächenform eines Kessels, als wirksamer Strahlungsanteil der vertikalen Kühlfläche das Produkt aus dem Fadenumfang und der wirksamen Kesselhöhe einzusetzen.

Die Beziehung zwischen der Übertemperatur und der modifizierten
Strahlungszahl läßt sich auch in die für die Konvektionszahl bei natürlicher Kühlung gültige Form der Abhängigkeit bringen. Nach Abb. 127
in Abschn. V, 2 kann man nämlich bei Umgebungstemperaturen von
20 °C und Übertemperaturen in dem Bereich von 20 bis 100° mit ausreichender Annäherung schreiben:

$$\alpha_s \approx \frac{s_r}{2} \sqrt[4]{\Theta} = 2{,}65 \sqrt[4]{\Theta} \quad [\text{W/m}^2 \text{ grd}] . \tag{382}$$

Demnach wächst die infolge Strahlung abgegebene Wärme in dem
uns interessierenden Übertemperaturbereich etwa mit der 1,25ten
Potenz der Übertemperatur.

Dabei darf jedoch nicht übersehen werden, daß der Zahlenwert in
Gl. (382) nur für eine Umgebungstemperatur von 20 °C gilt und sich, wie
Abb. 205 erkennen läßt, bei abweichenden Umgebungstemperaturen beträchtlich ändern kann. Als Umgebungstemperatur gilt, wenn wir noch-
mals an den Ausgangspunkt unserer Betrachtung zurückkehren, grundsätzlich die Temperatur der bestrahlten Flächen in der Umgebung. In
den meisten Fällen wird diese jedoch mit der Temperatur der umgebenden
Luft übereinstimmen.

3. Die natürliche Konvektion

Ungleich größere Bedeutung als die Strahlung hat die natürliche
Konvektion für den Wärmeübergang an einer Körperoberfläche, die
an ein gasförmiges oder flüssiges Medium angrenzt. Voraussetzung für
den Konvektionsvorgang ist ein Temperaturunterschied zwischen der
Körperoberfläche und dem Gas oder
der Flüssigkeit. Dieser bewirkt einen
durch Wärmeleitung entstehenden
Wärmeaustausch zwischen diesen
Teilen, der sich jedoch nur auf eine
dünne Schicht des Gases oder der
Flüssigkeit an der Körperoberfläche
erstreckt. Diese wird — je nach
Richtung des Wärmeflusses — erwärmt oder abgekühlt, nimmt also
an Wichte ab oder zu und fließt
daher entlang der Körperoberfläche
nach oben oder nach unten. Da die
Strömung immer neue Teilchen des
Gases bzw. der Flüssigkeit an die
Körperoberfläche heranbringt, er-

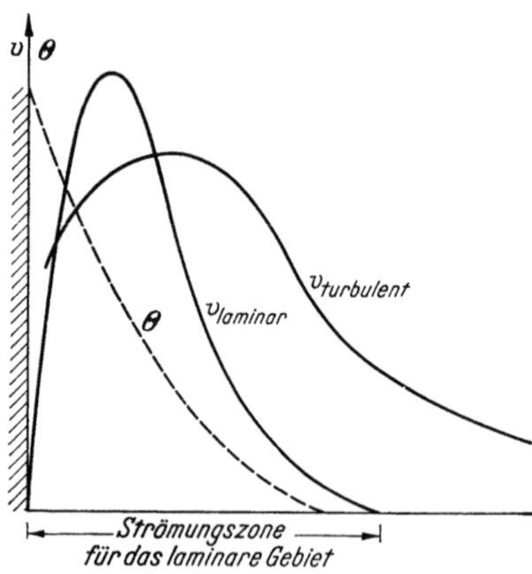

Abb. 207. Übertemperatur und Geschwindigkeit in der Strömungszone

reicht die laminare Strömungszone im stationären Erwärmungszustand bei
Luft nur eine Tiefe von etwa 12 bis 15 mm, bei Transformatorenöl eine

solche von etwa 3 mm. Innerhalb der Strömungszone (Abb. 207) steigt die Geschwindigkeit v von Null an der Körperoberfläche, wo das strömende Medium durch Reibung festgehalten wird, rasch auf einen Höchstwert und klingt dann langsam bis zum Rande der Strömungszone ab. Diese durch Messungen erhärtete Vorstellung des Konvektionsvorganges gibt einen wichtigen Hinweis für die Bemessung von Kühlschlitzen oder -kanälen.

Die durch natürliche Konvektion von einer Körperoberfläche A [m²] in der Zeiteinheit abgegebene oder aufgenommene Wärmemenge W_k [W] wird nach der Formel

$$W_k = \alpha_k \Theta A \qquad (383)$$

aus der Konvektionszahl α_k [W/m² grd] und der Übertemperatur Θ des Körpers gegenüber dem Gas bzw. der Flüssigkeit (oder umgekehrt) ermittelt. Dabei gilt als Bezugstemperatur für die Übertemperatur Θ diejenige des zuströmenden Kühlmediums, wenn dieses in unbegrenzter Menge zur Verfügung steht. Handelt es sich jedoch um ein Kühlmedium begrenzter Menge, wie z. B. die Ölfüllung eines Transformators, so ist als Bezugstemperatur die mittlere Temperatur des Kühlmediums außerhalb der Strömungszone maßgebend.

Wie leicht einzusehen ist, stellt sich bei Konvektionsvorgängen an der Oberfläche des wärmeabgebenden Körpers eine von unten nach oben ansteigende Temperatur ein, der die Wärmeleitung innerhalb des Körpers von oben nach unten entgegenwirkt. Dieser Ausgleich durch Wärmeleitung ist jedoch bei den Wicklungen und gegebenenfalls in der verhältnismäßig dünnen Kesselwand des Transformators sehr gering, beim Eisenkern indessen schon merkbar, aber auch nicht so weitgehend, daß die Oberflächentemperatur in vertikaler Richtung konstant ist. Als Übertemperatur Θ in Gl. (383) gilt deshalb die Differenz zwischen der mittleren Temperatur der Körperoberfläche und der Bezugstemperatur. Diese Differenz bezeichnen wir als mittlere Übertemperatur.

Hinsichtlich der Konvektionszahl α_k gehen die Angaben der Autoren etwas auseinander, was nicht allzusehr überrascht, da die Konvektionszahl von zahlreichen Faktoren abhängt. Einmütigkeit besteht jedoch darüber, daß sie der vierten Wurzel aus der Übertemperatur proportional ist. Die rechnungsmäßig gefundene Abhängigkeit vom reziproken Wert der vierten Wurzel aus der Höhe vertikaler Kühlflächen gilt indessen nur so weit, als die Strömung in der Strömungszone laminar bleibt und noch nicht in eine turbulente übergehen kann, was nach einer Mindestwegstrecke des strömenden Mediums immer eintritt.

Abb. 208a und b zeigen Aufnahmen an einer nachgebildeten Wicklungsoberfläche von 500 mm Höhe unter Öl, bei denen die natürliche Ölströmung durch Zuleiten von Aluminiumpulver sichtbar gemacht wurde. Die laminare Strömung am unteren und die turbulente am oberen Teil der Wicklungsnachbildung sind deutlich zu erkennen. Der Verlauf der Übertemperatur der Fläche gegenüber dem Öl in gleicher Höhe ist in Abb. 209 dargestellt. Da bei den für uns in Betracht kom-

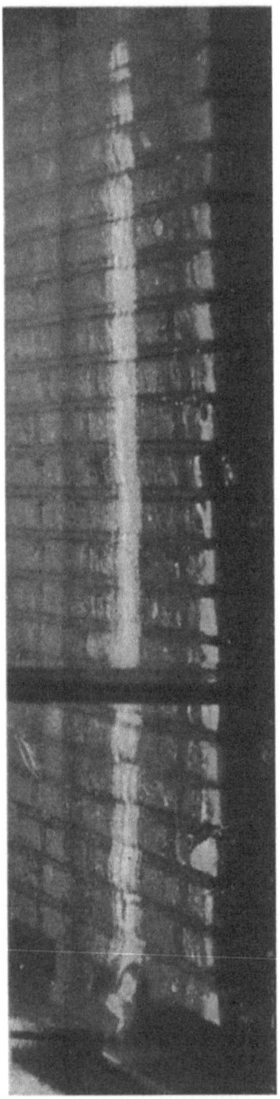

Abb. 208 a u. b. Natürliche Ölströmung an einer Wicklungsnachbildung.
a laminar am unteren Teil, b turbulent am oberen Teil

menden Höhen der Kühlflächen stets in wesentlichem Ausmaße Turbulenz angenommen werden kann, darf der Höheneinfluß in Übereinstimmung mit der Erfahrung unberücksichtigt bleiben.

Verständlicherweise ist bei gasförmigen Kühlmitteln die von der absoluten Temperatur und dem Gasdruck abhängige Dichte und bei flüssigen Kühlmitteln die sich mit der Temperatur ändernde Viskosität von Einfluß auf die Konvektionszahl.

Bei natürlicher Konvektion an vertikalen Flächen kann man in ruhiger Luft setzen

$$\alpha_{kl} \approx 2{,}5 \sqrt[4]{\Theta} \; \sqrt[4]{293/T_2} \; \sqrt{B/760} \quad [\text{W/m}^2 \text{ grd}]. \tag{384}$$

T_2 bezeichnet die absolute Temperatur der Luft, B den Barometerstand in Torr. Mit wachsender Lufttemperatur und fallendem Barometerstand nimmt die Konvektionszahl also ab. Bei einer Lufttemperatur von 20 °C und einem Barometerstand von 760 Torr wird

$$\alpha_{kl} \approx 2{,}5 \sqrt[4]{\Theta} \quad [\text{W/m}^2 \text{ grd}] \tag{384 a}$$

und weicht von der Strahlungszahl α_s nach Gl. (382) nur wenig ab. Bei einem Glattblechkessel sind demnach die Strahlung und die Konvektion zu etwa gleichen Teilen an der Wärmeabgabe bei natürlicher Kühlung beteiligt. Horizontale Flächen, bei denen sich die erwärmte Luft senkrecht nach oben entfernen kann, weisen eine etwa 20 % höhere Konvektionszahl auf. Muß die erwärmte Luft jedoch an der Unterseite der Fläche entlang wandern, so ver-

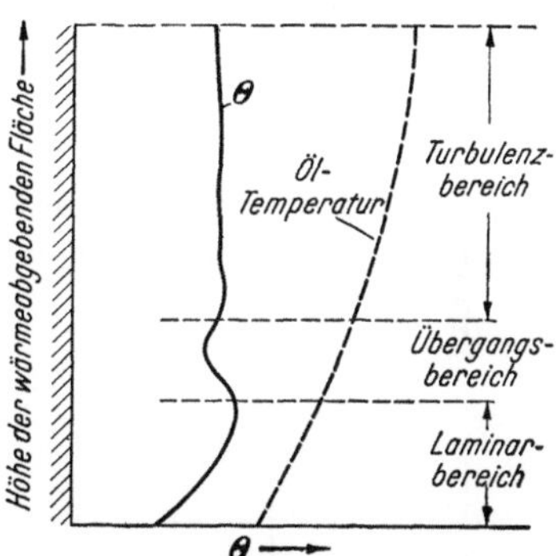

Abb. 209. Verlauf der Übertemperatur an einer vertikalen Wicklungsoberfläche unter Öl, bezogen auf die jeweilige Öltemperatur in gleicher Höhe

schlechtert sich die Konvektionszahl gegenüber Gl. (384) um so mehr, je größer die Abmessungen der Fläche sind.

Die Konvektionszahl von Transformatorenöl liegt naturgemäß wesentlich höher als die von Luft. Nach neueren Untersuchungen erzielt man gute Übereinstimmung zwischen Messung und Rechnung bei vertikalen Flächen mit

$$\alpha_{k\ddot{o}} \approx 38 \sqrt[4]{\Theta} \; \sqrt{\vartheta_{1m}/50} \quad [\text{W/m}^2 \text{ grd}] , \tag{385}$$

wobei ϑ_{1m} die mittlere Temperatur der Körperoberfläche bezeichnet. Mit $\vartheta_{1m} = 20 + 65 = 85$ °C ergibt dies

$$\alpha_{k\ddot{o}} \approx 50 \sqrt[4]{\Theta} \quad [\text{W/m}^2 \text{ grd}] , \tag{385 a}$$

also etwa das 20fache der Konvektionszahl in Luft bei gleicher Übertemperatur.

In horizontalen, doppelseitig beheizten Kühlschlitzen unter Öl kann sich keine vollkommene Strömung in der einen oder anderen Richtung entwickeln. Das Öl stagniert vielmehr teilweise an den wärmeabgebenden Flächen [130], was erfahrungsgemäß eine Reduktion der Konvektions-

Tabelle 20. *Konvektionszahlen für Öl bei einer Oberflächentemperatur von 85 °C sowie für Luft von 20 °C bei 760 Torr im Vergleich zur Strahlungszahl bei einer Umgebungstemperatur von 20 °C*

| Übertemperatur | Konvektionszahlen für vertikale Flächen | | Strahlungszahl |
| | in Öl | in Luft | |
Θ [grd]	$\alpha_{k\delta}$ [W/m² grd]	α_{kl} [W/m² grd]	α_s [W/m² grd]
5	74,8	3,74	5,43
10	89	4,45	5,56
15	98	4,92	5,73
20	105	5,28	5,9
30	117	5,87	6,15
40	126	6,29	6,5
50		6,64	6,88
60		6,95	7,16

zahl auf etwa 50% der für vertikale Flächen unter Öl geltenden Werte zur Folge hat, wenn die Weite des Kühlschlitzes wie üblich etwa $1/10$ seiner horizontalen Erstreckung beträgt. In vertikalen Kühlschlitzen, die doppelseitig beheizt werden, tritt eine Minderung der Konvektionszahl gegenüber den Gln. (385) und (385a) nur dann nicht ein, wenn die Kühlschlitzweite mindestens der doppelten Tiefe der Strömungszone entspricht und der Zu- und Ablauf des Öles nicht gedrosselt ist.

Die in den Kühlschlitzen von Wicklungen oder Eisenkernen zur Distanzierung der Teile gegeneinander angeordneten Streifen oder Zwischenstücke aus Isoliermaterial decken gewöhnlich etwa 25 bis 30% der Körperoberfläche am Kühlschlitz ab. Dieser Anteil geht für die Konvektion praktisch verloren. Als wirksame Kühlfläche, die in Rechnung gesetzt werden kann, verbleibt also nur ein Betrag von etwa 70 bis 75% der den Kühlschlitzen zugekehrten Flächen. In Tab. 20 sind die Konvektionszahlen für Öl und Luft nach obigen Angaben für verschiedene Werte der mittleren Übertemperatur Θ für den praktischen

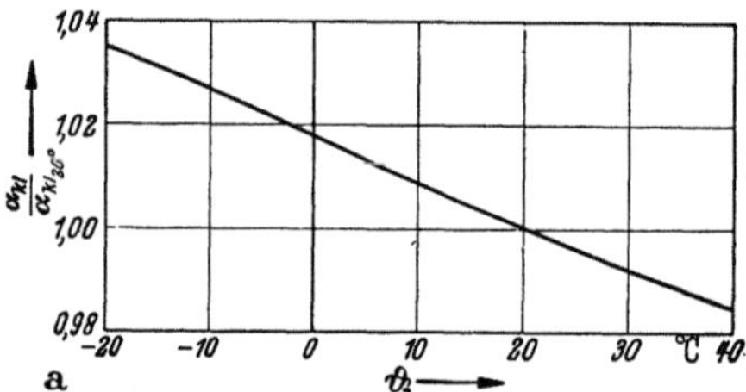

Abb. 210 a. Änderung der Konvektionszahl für Luft mit steigender Lufttemperatur

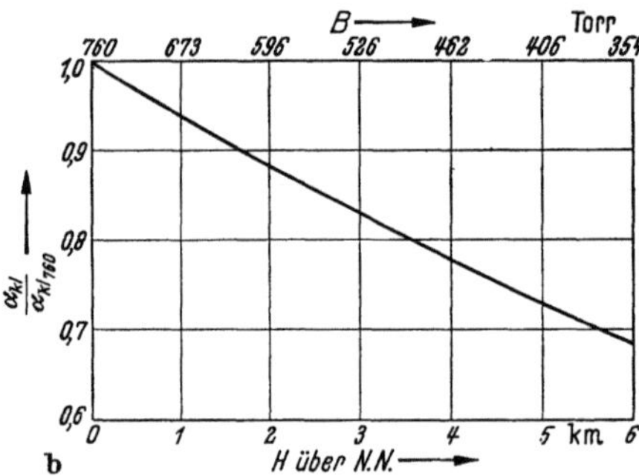

Abb. 210 b. Änderung der Konvektionszahl für Luft mit dem von der Aufstellungshöhe abhängenden Barometerstand der Deutschen Normatmosphäre nach DIN 5450

Gebrauch zusammengetragen und der Strahlungszahl gegenübergestellt. Die Änderung der Konvektionszahlen für Luft mit ihrer Temperatur und dem von der Aufstellungshöhe H in km über N. N. abhängenden Barometerstand der Deutschen Normatmosphäre nach DIN 5450 kann Abb. 210a und b entnommen werden.

4. Die Konvektion bei künstlicher Kühlung

Bei natürlicher Konvektion treten in der Strömungszone des Kühlmittels Geschwindigkeiten auf, die bei Luftkühlung weniger als 1 m/s und bei Ölkühlung bis zu 1 cm/s betragen. Es ist einleuchtend, daß die Konvektion verbessert wird, wenn man die Strömungsgeschwindigkeit

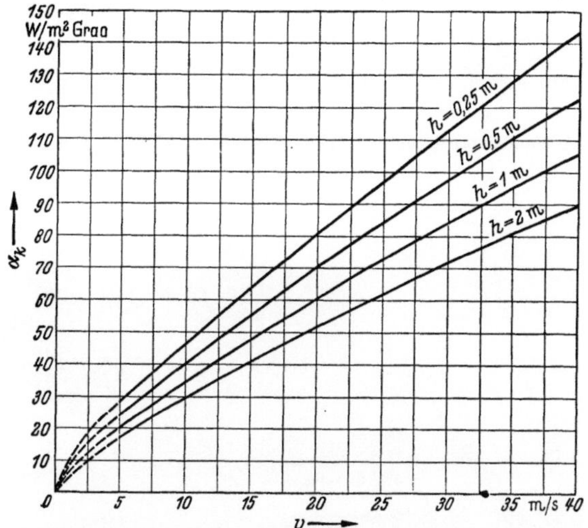

Abb. 211. Konvektionszahl für eine Wand bei künstlicher Luftkühlung in Abhängigkeit von der Luftgeschwindigkeit v für verschiedene Wandhöhen h ($\vartheta_m = 50\,°C$)

künstlich erhöht. Um die für die künstliche Bewegung des Kühlmittels aufgewendete Energie möglichst wirtschaftlich auszunützen, wird die Bewegungsrichtung so gewählt, daß sie mit der durch den natürlichen Auftrieb verursachten übereinstimmt, also von ihm unterstützt wird.

Als Bezugstemperatur der Übertemperatur Θ der Kühlfläche gilt bei künstlicher Kühlung die Eintrittstemperatur des Kühlmittels und als Parameter der Konvektionszahl α_k der Mittelwert ϑ_m aus der Kühlflächentemperatur und der Eintrittstemperatur des Kühlmittels. Im übrigen rechnet man auch hier nach Gl. (383) [10].

An ebenen Wänden kann man bei Luftkühlung mit Geschwindigkeiten v unter 5 m/s und $\vartheta_m = 50\ °C$ mit einer Konvektionszahl

$$\text{Oberfläche glatt:} \quad \alpha_k = 5{,}7 + 4{,}0\,v \quad [\text{W/m}^2\ \text{grd}]\,, \tag{386}$$

$$\text{Oberfläche rauh:} \quad \alpha_k \approx 6{,}2 + 4{,}2\,v \quad [\text{W/m}^2\ \text{grd}] \tag{386 a}$$

Abb. 212. 30 MVA-Wandertransformator, $110 \pm 16\,\%/2 \times 5{,}25$ kV, mit angebauten Propellerlüftern

Abb. 213. 100 MVA-Wandertransformator, $220 \pm 11\,\%/2 \times 10{,}5/25$ kV, mit stirnseitig angebauten
Luftkühlern

rechnen. Bei höheren Geschwindigkeiten gelten mit $\vartheta_m = 50\ ^\circ\text{C}$ die Kurven nach Abb. 211 für Wandhöhen von $h = 0{,}25 \ldots 2$ m.

Für Transformatorenkessel haben diese Angaben jedoch nur geringe praktische Bedeutung, da beim Anblasen der Wellen oder sonstigen Kühlkörpern des Kessels mittels Lüfter ein Teil der geförderten Kühlluft unausgenutzt zerstreut wird, so daß sich keine konstante Luftgeschwindigkeit an den Kühlflächen einstellt. Mit verteilt am Kesselumfang angeordneten Propellerlüftern wird die Wärmeabgabe eines Wellblech-, Röhren- oder Radiatorenkessels bei gleicher Ölübertemperatur bis um etwa 80 % gegenüber natürlicher Kühlung gesteigert (Abb. 212). Bei

Abb. 214. 50 MVA-Transformator, 28/10,5 kV, mit angebauten Wasserkühlern

verbesserter Luftführung und Anwendung von Speziallüftern kann eine Steigerung der Wärmeabgabe um etwa 120 % erreicht werden. Der Vergleich dieser Erfahrungswerte mit den Konvektionszahlen für natürliche Luftkühlung nach Tab. 20 und denen nach den Gln. (386) und (386a) zeigt, daß mit Lüftern nur Durchschnittsgeschwindigkeiten von etwa 2 m/s erreicht werden. Ihre Wirkung ist also stark begrenzt.

Eine wesentlich wirksamere künstliche Kühlung wird mit handelsüblichen Kühlern erreicht, durch die das Öl des Transformators hindurchgepumpt wird und bei denen die Verlustwärme entweder auf Luft hoher Geschwindigkeit (Abb. 213) oder auf durchfließendes Wasser (Abb. 214) übertragen wird. Da im stationären Zustand die zu fördernde Ölmenge und ebenso die zu bewegende Kühlmittelmenge (Luft oder Wasser) an-

nähernd die gesamte Verlustwärme des Transformators aufzunehmen
haben, besteht zwischen den Fördermengen q in der Zeiteinheit, den abzuführenden Verlusten V und der Temperaturzunahme $\Delta\vartheta$ des bewegten
Mediums die Beziehung

$$q\gamma c\,\Delta\vartheta = V\,. \qquad (387)$$

Aus dieser errechnen sich je kW Verlustwärme bei einer angenommenen Temperaturdifferenz $\Delta\vartheta = 10°$ zwischen den Ein- und Austritts-
öffnungen folgende Fördermengen:

$$
\begin{array}{ll}
\text{Öl} & 0{,}21 \text{ m}^3/\text{h} \\
\text{Luft} & 300 \text{ m}^3/\text{h} \\
\text{Wasser} & 0{,}086 \text{ m}^3/\text{h}
\end{array}
$$

Den Öl-Luft-Kühlern nach DIN 42557 und den Öl-Wasser-Kühlern
nach DIN 42556 sind je kW abzuführender Verlustwärme folgende
Fördermengen zugrunde gelegt:

$$
\begin{array}{lll}
\text{Öl} & 0{,}33 \text{ m}^3/\text{h} & (\Delta\vartheta = 6{,}3°) \\
\text{Luft} & 133 \text{ m}^3/\text{h} & (\Delta\vartheta = 22{,}5°) \\
\text{Wasser} & 0{,}06 \text{ m}^3/\text{h} & (\Delta\vartheta = 14{,}3°)
\end{array}
$$

Der mit der Anwendung von Öl-Luft- bzw. Öl-Wasser-Kühlung verbundene künstliche Ölumlauf hat normalerweise keine Verbesserung
der Konvektion des Öles am Kern und an den Wicklungen zur Folge,
da das umgepumpte Öl wegen des hohen Reibungswiderstandes der
Kühlschlitze dieser Teile kaum in diese eindringt, sondern bevorzugt
seinen Weg durch den Raum zwischen Transformator und Kesselwand
nimmt. Die mittlere Übertemperatur der aktiven Teile des Transformators bleibt also praktisch unverändert, jedoch sinkt die Übertemperatur
an den wärmsten Punkten, weil der Unterschied zwischen der höchsten
und mittleren Öltemperatur nur $\Delta\vartheta/2$ beträgt, also beispielsweise bei
einer Ölumlaufmenge von 0,33 m³/h kW 3,15°. Zwingt man das Öl mit
Hilfe von Sperrwänden durch die Kühlschlitze hindurch, so erreicht man
allerdings eine Verbesserung der Konvektion an den Kühlflächen des
Kernes und der Wicklung. Dies erfordert jedoch einen beträchtlichen
Aufwand, nicht zuletzt an Pumpenleistung. Weiter ist in Kauf zu nehmen,
daß der Transformator beim Ausfall der Pumpe sofort abgeschaltet
werden muß, da der größte Teil der Ölfüllung für eine Wärmespeicherung
ausfällt. Demgegenüber steht nur ein verhältnismäßig geringer Gewinn,
da der Temperaturfall zwischen den aktiven Teilen und dem Öl schon
bei natürlicher Konvektion nicht groß ist.

5. Die Wärmeabgabe des Ölkessels bei natürlicher Kühlung

Die Wärmeabgabe der vertikalen Kühlflächen eines Ölkessels bei
natürlicher Kühlung erfolgt durch Konvektion und Strahlung. Ist die
Kesseloberfläche glatt oder so gewellt, daß das Öl ungehemmt in die

Wellen eindringen kann und sind weiterhin die luftseitigen Wellentäler so breit, daß keine Behinderung des aufsteigenden Luftstromes eintritt, so ist bei einer mittleren Wandübertemperatur Θ die abgegebene Wärme

$$V = W_k + W_s = (\alpha_{kl} + \alpha_s A_s/A)\,\Theta\,A \quad [W]\,. \tag{388}$$

A bezeichnet die abgewickelte Wandfläche in m² und A_s/A das Verhältnis der freistrahlenden Fläche zur abgewickelten Fläche. Es ist nahezu identisch mit dem Verhältnis des Fadenumfanges zum abgewickelten Kesselumfang (vgl. Abb. 215) und liegt bei Wellblechkesseln etwa zwischen 0,1 und 0,3, beim Glattblechkessel bei 1. Vernachlässigt man

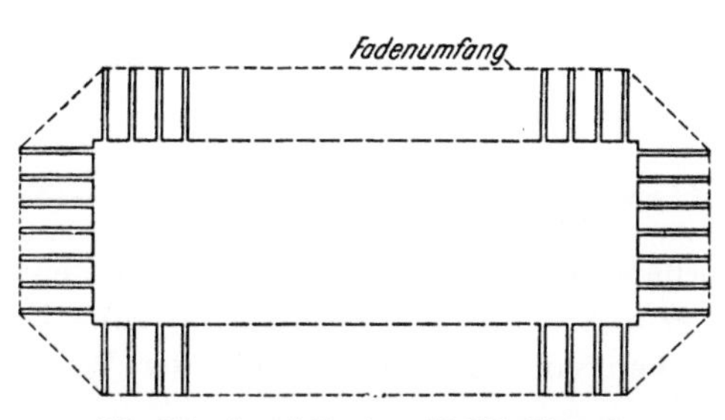

Abb. 215. Grundriß eines Wellblechkessels

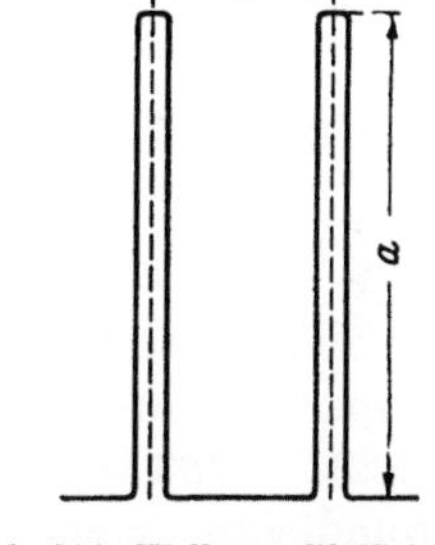

Abb. 216. Wellenprofil (Schnitt)

den gewöhnlich geringen Einfluß der Kastenecken, so läßt sich bei einem Wellenprofil nach Abb. 216 schreiben:

$$A_s/A = t/(t + 2\,a)\,. \tag{389}$$

In Wirklichkeit ist das Verhältnis A_s/A etwas größer, weil an den Kastenecken der Strahlungsanteil höher ist und außerdem aus den luftseitigen Wellentälern Wärmestrahlen zusätzlich nach oben und unten austreten.

Für eine praktischen Verhältnissen entsprechende mittlere Wandübertemperatur von 45° erhalten wir aus Gl. (388) bei einer Umgebungstemperatur von 20 °C und einem Barometerstand 760 Torr mit $\alpha_{kl} = 6{,}48$ W/m² grd nach Gl. (384a) und $\alpha_s = 6{,}7$ W/m² grd nach Gl. (380) eine Wärmestromdichte

$$V/A = 292 + 302\,A_s/A \quad [\text{W/m}^2]\,. \tag{390}$$

Sie beträgt also beim Glattblechkasten ($A_s/A = 1$) 594 W/m² und sinkt beim Wellblechkasten mit $A_s/A = 0{,}1 \ldots 0{,}3$ auf 322 bis 383 W/m². Der für die verschiedenen Wellenprofile gültige Wert läßt sich mit Hilfe der Gl. (389) leicht bestimmen.

Die der Rechnung zugrunde gelegte mittlere Wandübertemperatur Θ ist mit der mittleren Ölübertemperatur Θ_δ nicht identisch. Wie Abb. 217 zeigt, entsteht an der Innenseite der Kesselwand ein Temperaturfall, der durch die Konvektion des Öls bedingt ist. In der Kesselwand bildet sich ein weiterer Temperaturfall aus, der dem Wärmeleitungsgesetz entspricht. Die Differenz $\Theta_{\ddot{o}} - \Theta$ ergibt sich aus

$$\Theta_{\ddot{o}} - \Theta = \left(\frac{1}{\alpha_{k\ddot{o}}} + \frac{\delta}{\lambda}\right)\frac{V}{A}. \tag{391}$$

Der Temperaturfall in der Kesselwand ist auch im ungünstigsten Falle vernachlässigbar klein, denn mit $\delta = 0,01$ m, $\lambda = 50$ W/m grd bei Flußstahl und dem Höchstwert $V/A = 594$ W/m² errechnet sich ein Betrag von nur 0,12°. Wir können also setzen

$$\Theta_{\ddot{o}} - \Theta = \frac{1}{\alpha_{k\ddot{o}}} \cdot \frac{V}{A}. \tag{391 a}$$

$\alpha_{k\ddot{o}}$ ergibt sich bei einer Wandtemperatur von $20 + 45 = 65$ °C aus Gl. (385) zu $43,3 \cdot \sqrt[4]{\Theta_{\ddot{o}} - \Theta}$ W/m² grd. Demnach ist

$$\Theta_{\ddot{o}} - \Theta = \left(\frac{1}{43,3} \cdot \frac{V}{A}\right)^{0,8}. \tag{392}$$

Für den Glattblechkasten erhält man mit $V/A = 594$ W/m² einen Temperaturunterschied $\Theta_{\ddot{o}} - \Theta \approx 8°$, für Wellblechkasten mit $V/A = 322 \ldots 383$ W/m² einen solchen von rd. 5 bis 6°. Die der Wärmestromdichte nach Gl. (390) zugeordnete mittlere Ölübertemperatur

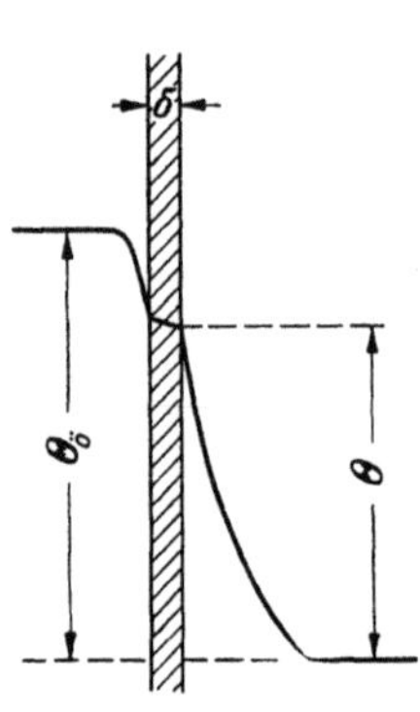

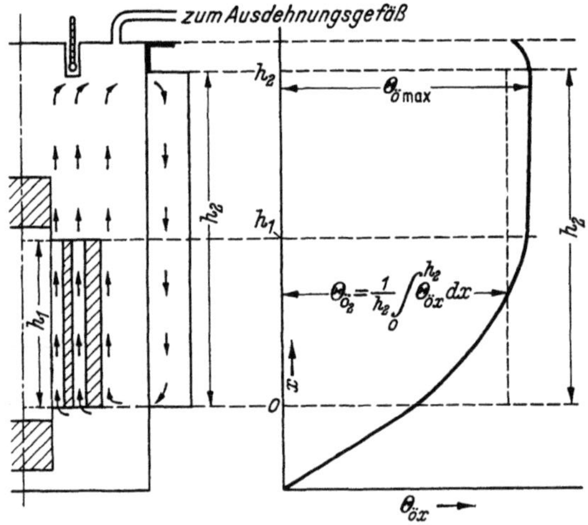

Abb. 217. Temperaturfälle beim Wärmedurchgang durch die Kesselwand

Abb. 218. Ölströmung und Übertemperaturverlauf in vertikaler Richtung bei einem Wellblechkessel

$\Theta_{\ddot{o}}$ beträgt daher beim Glattblechkasten 53°, beim Wellblechkasten 50 bis 51°.

Der Verlauf der Übertemperatur des Öles in vertikaler Richtung ist in Abb. 218 dargestellt. Er gilt für jede Vertikalachse im Kessel außerhalb der Strömungszonen, die sich am Kern und den Wicklungen

einerseits und an der Kesselwand andererseits ausbilden. Da der größte
Teil der Verluste in den Wicklungen entsteht, ist das Öl unterhalb der
Wicklungen an den Strömungsvorgängen nur wenig beteiligt. Die Ölübertemperatur fällt deshalb von der Wicklungsunterkante bis zum
Kesselboden etwa auf Null ab. Dementsprechend trägt der unterste Teil
der Kesselwand nur geringfügig zur Wärmeabgabe bei. Von der Unterkante der Wicklung mit der Höhe h_1 steigt die Ölübertemperatur bis zu
deren Oberkante an, um dann bis nahe dem Kesseldeckel etwa konstant
zu bleiben. Der Verlauf der Kesselwand-Übertemperatur entspricht etwa
dem der Ölübertemperatur. Die für die Berechnung der wirksamen
abgewickelten Wandfläche A maßgebende Höhe h_2 wird deshalb von
der Wicklungsunterkante bis zum Deckel bzw. bis zur Wellenoberkante
gemessen. Dementsprechend ist es wärmetechnisch nicht sinnvoll, die
Wellen des Kessels bis zum Boden herunterzuziehen. Das Entsprechende
gilt für Kessel, die statt mit Wellen, mit Henkelrohren, Harfenrohren
oder Radiatoren versehen sind.

Für das Verhältnis der höchsten Ölübertemperatur $\Theta_{\ddot{o}\,max}$, die
einige Zentimeter unter dem Kesseldeckel auftritt und mittels Thermo-
meter in einem ölgefüllten Tauchrohr, z. B. nach DIN 42554, gemessen
wird, zur mittleren Ölübertemperatur $\Theta_{\ddot{o}2}$ über der wirksamen Kesselhöhe h_2 kann eine allgemein gültige Beziehung nicht angegeben werden.
Es ändert sich mit der Größe des Transformators und der Belastungs-
höhe, vor allem aber mit dem Verhältnis der Wicklungshöhe h_1 zur
Kesselhöhe h_2, und zwar wird es um so größer, je mehr h_1/h_2 sich der
Einheit nähert. Bei den meisten Konstruktionen ist $h_1/h_2 = 0,4 \ldots 0,55$.
Dabei ergibt sich erfahrungsgemäß

$$\Theta_{\ddot{o}\,max} = (1,1 \ldots 1,15)\,\Theta_{\ddot{o}2}. \tag{393}$$

Demnach kann die in VDE 0532 zugelassene höchste Ölübertemperatur von 60° eingehalten werden, wenn die mittlere Ölübertemperatur
$\Theta_{\ddot{o}2}$ über der Höhe h_2 den Betrag von 52 bis 54° nicht überschreitet und
das Verhältnis h_1/h_2 in den genannten Grenzen bleibt. Die eingangs
gewählte mittlere Wandübertemperatur $\Theta = 45°$ ist damit gerechtfertigt.

Wellenprofile werden gewöhnlich mit Ausladungen $a = 100$ bis
300 mm (vgl. Abb. 216) ausgeführt. Die ölseitige Weite der Wellentäler
kann klein gehalten werden. Bisher waren Spaltweiten von 13 bis 14 mm
üblich, jedoch haben neuere Untersuchungen gezeigt, daß man nicht
unerheblich unter diese Werte heruntergehen kann, und zwar um so
mehr, je geringer die Ausladung a des Wellenprofils ist. Dabei muß
jedoch durch geeignete Vorkehrungen dafür gesorgt werden, daß sich
die Wellenflanken nicht verbiegen können, weil sonst eine Drosselung
des Öldurchflusses zu befürchten ist. Auf der Luftseite kann man, wie

Abb. 219 zeigt, ohne merkliche Reduktion der Konvektion höchstens auf Wellentalweiten von etwa 40 mm heruntergehen. Der Reduktionsfaktor η wurde bei einer Wellenausladung $a = 250$ mm, einer vertikalen Wellenhöhe $h_2 = 1,5$ m und einer höchsten Ölübertemperatur von $55°$ experimentell ermittelt. Die ölseitige Wellentalweite betrug 13,5 mm. Fügen wir den Reduktionsfaktor η in Gl. (390) ein, so erhalten wir für die Wärmestromdichte die allgemein gültige Formel

$$V/A = 292\eta + 302\,A_s/A \quad [\text{W/m}^2]\,. \tag{394}$$

Soweit das Öl den Kesseldeckel berührt, was stets der Fall ist, wenn die Ölausdehnung von einem besonderen, an den Kesseldeckel ange-schlossenen Gefäß, dem Ölausdeh-nungsgefäß, aufgenommen wird, trägt auch der Deckel zur Wärme-abgabe bei. Da die Konvektionszahl an der Oberseite einer horizontalen Fläche etwa 20% größer ist als an ver-tikalen Flächen und die Deckelüber-

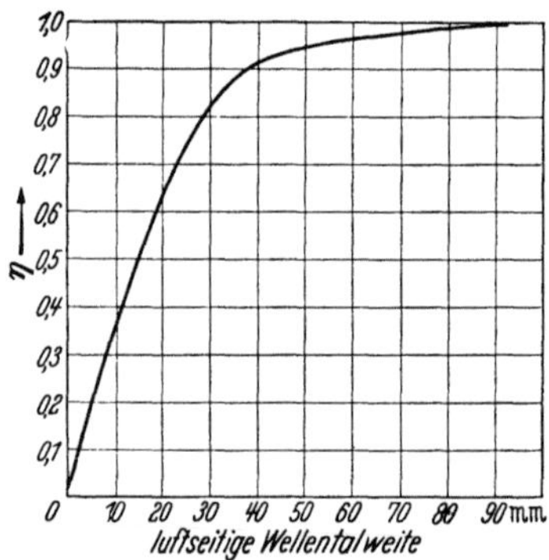

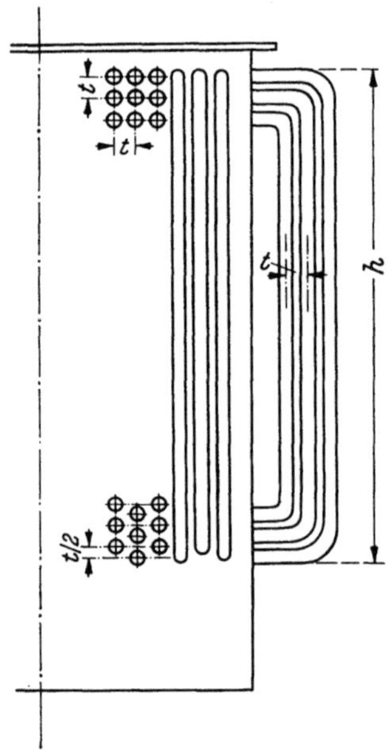

Abb. 219. Reduktionsfaktor für Konvektion der Luft bei einem Wellenprofil mit $a = 250$ mm

Abb. 220. Kessel mit Henkelrohren

temperatur bei einer mittleren Übertemperatur der vertikalen Wand-flächen von $45°$ etwa $50°$ beträgt, ergibt sich nach Tab. 20 eine Wärme-stromdichte des Deckels von

$$V/A \approx (1,2\,\alpha_{kl} + \alpha_s)\,\Theta = (1,2 \cdot 6,64 + 6,88) \cdot 50 = 742 \quad [\text{W/m}^2]\,. \tag{395}$$

Befindet sich zwischen dem Ölspiegel und dem Deckel ein Luft- oder Gaspolster, so sinkt die Deckelübertemperatur auf etwa $20°$ und die Wärmestromdichte demgemäß auf etwa 250 W/m². Im allgemeinen ist die Wärmeabgabe des Deckels von untergeordneter Bedeutung. Beim Glattblechkessel dagegen ist es angezeigt, sie zu berücksichtigen.

Insbesondere im Ausland wird dem robusteren Röhrenkessel vor dem Wellblechkessel der Vorzug gegeben. Er ist, wie Abb. 220 erkennen läßt, mit henkelförmigen Röhren versehen, die in einem starkwandigen Glattblechkessel eingeschweißt sind. Bei gleicher Wärmeabgabe ist sein Gewicht höher als das des Wellblechkastens, der unter Ausnutzung des hohen Widerstandsmoments seiner Wände aus dünnem Blech hergestellt werden kann. Der auf die Projektion der Kesselmantelfläche bezogenen Wärmestromdichte sind beim Röhrenkasten ähnliche Grenzen wie beim Wellblechkasten gesetzt. Während die Wellenausladung des letzteren aus mechanischen Gründen über $a = 300$ mm nicht hinausgetrieben werden kann, nimmt beim Röhrenkasten die thermische Ausnutzung seiner abgewickelten Oberfläche mit steigender Zahl übereinander angeordneter Rohrreihen rasch ab, weil der Temperaturabgriff der der Kesselwand am nächsten liegenden Rohrreihen immer geringer wird. Es wäre daher unwirtschaftlich, über vier bis fünf Rohrreihen hinauszugehen.

Um bei wachsender Transformatorenleistung die lichte Kesselgrundfläche und die Kesselhöhe nicht übermäßig vergrößern zu müssen, versieht man bei größeren Transformatoren die Mantelflächen des Kessels mit Rohrharfen oder Radiatoren. Beispiele hierfür zeigen Abb. 221 und 222. Die oberen Sammelrohre der Rohrharfen bzw. Radiatoren münden dicht unter dem Deckel, die unteren etwa in Höhe der Wicklungsunterkante in den Kessel ein.

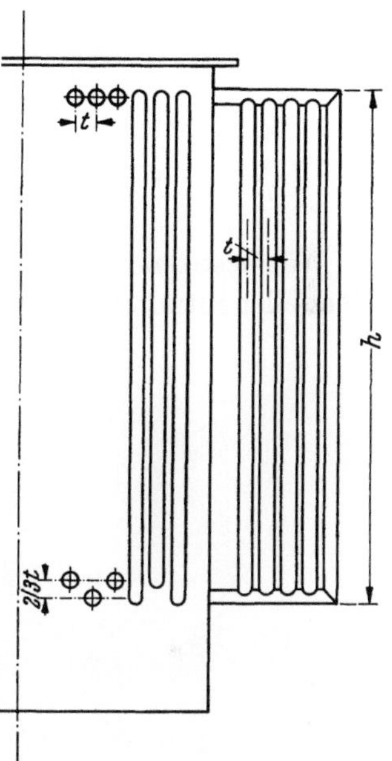

Abb. 221. Kessel mit Harfenrohren

Demgemäß ist die thermische Ausnutzung der Rohre bzw. Glieder besser als beim Röhrenkasten mit mehreren Reihen henkelförmiger Rohre.

In Tab. 21 sind die durch Messungen bei einer höchsten Ölübertemperatur $\Theta_{\ddot{o}\,max} = 55°$ ermittelten Wärmestromdichten von Henkelrohren und Rohrharfen für wirksame vertikale Höhen h_2 von 1, 2 und 3 m bei einem Verhältnis $h_1/h_2 \approx 0{,}5$ (vgl. Abb. 218) angegeben. Die Wärmestromdichten beziehen sich auf die abgewickelte Rohroberfläche einschließlich der von den Rohren bedeckten Kesselwandfläche und gelten für einen äußeren Rohrdurchmesser von 50 mm bei einer Teilung $t = 75$ mm sowohl senkrecht als auch parallel zur Kesselwand. Dabei ist vorausgesetzt, daß die etwa in Höhe der Wicklungsunterkante befindlichen Bohrungen in der Kesselwand um $t/2$ bzw. $2t/3$ wechselweise

versetzt sind (vgl. Abb. 220 und 221), um das Einströmen der Kühlluft
zu erleichtern.

Tabelle 21.

Wärmestromdichte von Henkelrohren und Rohrharfen bei einer Ölübertemperatur
$\Theta_{ö\,max} = 55°$, *bezogen auf die abgewickelte Rohrfläche einschließlich der von Rohren*
bedeckten Kesselwandfläche. Äußerer Rohrdurchmesser 50 mm, Teilung t = 75 mm

Zahl der Rohr-reihen senkrecht zur Kesselwand	Wärmestromdichte in W/m^2					
	Henkelrohre			Rohrharfen		
	$h_2 = 1\,m$	$h_2 = 2\,m$	$h_2 = 3\,m$	$h_2 = 1\,m$	$h_2 = 2\,m$	$h_2 = 3\,m$
1	550	495	455			
2	500	450	415	515	465	430
3	460	415	380	490	440	405
4	415	375	345	460	415	380
5	378	340	310	440	395	360
6				415	375	345
7				400	360	330

Wärmestromdichten für Radiatoren können den Katalogen ihrer
Hersteller entnommen werden. Bei den Radiatoren ergibt sich die gleiche

Abb. 222. Kessel mit Radiatoren für einen Drehstrom-Transformator, 2500 kVA, Oberspannung
60 kV

Abhängigkeit der Wärmestromdichte von der wirksamen Höhe h_2 wie
bei Henkelrohren und Rohrharfen, jedoch ist der Einfluß der Gliederzahl
senkrecht zur Kesselwand erheblich geringer, was auf den verhältnis-

mäßig großen Durchmesser der oberen und unteren Sammelrohre zurückzuführen ist.

Die ermittelten zulässigen Flächenbelastungen des Ölkessels bei
natürlicher Kühlung gelten durchweg für einen Barometerstand von
760 Torr. Mit abnehmendem Luftdruck sinkt die durch Konvektion
der Luft abgegebene Wärme nach Abb. 210b, während die Strahlung
des Kessels bei gleicher Umgebungstemperatur unverändert bleibt. Der
Einfluß der Höhenlage des Aufstellungsortes läßt sich daher mit Hilfe
des Verhältnisses A_s/A aus Gl. (388) berechnen. Mit der Konvektionszahl α_{kl} nach Gl. (384a) unter näherungsweiser Berücksichtigung ihrer
Verminderung mit der Höhe H des Aufstellungsortes über N. N. in km
nach Abb. 210b und der Strahlungszahl α_s nach Gl. (382) erhalten wir
eine Wärmestromdichte

$$V/A \approx [2{,}5\,(1 - 0{,}055\,H) + 2{,}65\,A_s/A]\,\Theta^{1{,}25} \quad [\text{W/m}^2]\,. \tag{396}$$

Das Verhältnis der Übertemperatur in Meeresspiegelhöhe ($H = 0$)
zu der bei Aufstellung in H km über N. N. ist daher bei gleicher Wärmestromdichte

$$\frac{\Theta_0}{\Theta_H} \approx \left[\frac{2{,}5\,(1 - 0{,}055\,H) + 2{,}65\,A_s/A}{2{,}5 + 2{,}65\,A_s/A}\right]^{0{,}8} \approx 1 - \frac{0{,}044\,H}{1 + 1{,}06\,A_s/A}\,. \tag{397}$$

Soll der Transformator also in H km über N. N. die zulässigen Übertemperaturen nicht überschreiten, so muß die für Meeresspiegelhöhe
bzw. 760 Torr geltende Übertemperatur der Kesseloberfläche um den
relativen Betrag

$$\Delta\Theta = \frac{\Theta_H - \Theta_0}{\Theta_H} \approx \frac{0{,}044\,H}{1 + 1{,}06\,A_s/A} \tag{398}$$

unter derjenigen liegen, der die zulässige Wicklungsübertemperatur zugeordnet ist. Zu beachten ist dabei, daß die Temperaturfälle zwischen
Wicklung und Öl und zwischen Öl und Kesseloberfläche vom Luftdruck
unabhängig sind. Bei einer Aufstellungshöhe von 3000 m über N. N. ergibt sich also mit $A_s/A = 0{,}1$ eine notwendige Senkung der auf 760 Torr
bezogenen Übertemperatur der Kesseloberfläche von rd. 12%, mit
$A_s/A = 1$ eine solche von rd. 6,5%.

Die Kesseloberfläche ist — um diese Übertemperatursenkungen zu
erzielen — so auszubilden, daß bei ihrer unter Berücksichtigung der
inneren Temperaturfälle zulässigen Übertemperatur und einem Luftdruck von 760 Torr Verluste abgeführt werden, die um den relativen
Betrag

$$\Delta V \approx \frac{1{,}25\,\Delta\Theta}{1 - \Delta\Theta} \tag{399}$$

über den im Nennbetrieb tatsächlich auftretenden liegen. In unserem
Beispiel wird $\Delta V \approx 17\%$ für $A_s/A = 0{,}1$ bzw. $\Delta V \approx 8{,}5\%$ für $A_s/A = 1$.

Die Wärmeabgabe durch Konvektion der Luft wächst merklich, wenn die Kesseloberfläche einem Luftzug oder bei Aufstellung des Transformators im Freien dem Wind ausgesetzt wird. Da diese Erscheinungen jedoch keiner Gesetzmäßigkeit unterliegen, ist es notwendig, mit dem ungünstigsten Fall zu rechnen, der bei ruhender Luft auftritt und den vorstehend genannten Wärmestromdichten zugrunde liegt. Abweichungen zwischen Meßergebnissen, die am Aufstellungsort oder in Fabrikhallen gewonnen werden, und den entsprechenden Rechnungswerten sind gewöhnlich darauf zurückzuführen, daß beim Erwärmungsversuch Luftbewegungen nicht sorgfältig unterdrückt wurden.

Die durch Strahlung von der reduzierten Kesseloberfläche A_s abgegebene Wärme ist von der Art des Anstriches abhängig. Der Farbton des Anstriches ist indessen ohne Bedeutung, vielmehr kommt es auf seine Rauheit an. Glänzende Anstriche, z. B. Aluminiumlack, vermindern die Wärmeabgabe durch Strahlung, haben aber andererseits bei Transformatoren, die im Freien der Sonnenbestrahlung ausgesetzt sind, den Vorteil, weniger Strahlungswärme aufzunehmen. Ein nennenswerter Gewinn entsteht dabei jedoch nicht, da während der Stunden mit starker Sonneneinstrahlung auf der Schattenseite des Transformators gleichzeitig eine Verminderung der Wärmeabstrahlung auftritt, die während der übrigen Tageszeit die gesamte freistrahlende Oberfläche des Kessels benachteiligt. Wegen der großen Zeitkonstanten des Öltransformators gleichen sich diese Einflüsse annähernd aus. Bei Wellblech-, Röhren-, Rohrharfen- oder Radiatorenkästen ist im übrigen das Verhältnis A_s/A gering, weshalb Versuche, ihre Kühlung durch Wahl besonderer Anstriche zu verbessern, keinen Erfolg versprechen.

6. Die Wärmeabgabe der Wicklungen und des Eisenkernes beim Öltransformator

Die Wärmeabgabe der aktiven Teile des Öltransformators an das sie umgebende Öl erfolgt durch Wärmeleitung aus ihrem Inneren bis zu ihrer Oberfläche und an dieser praktisch nur durch Konvektion des Öles, da die durch Strahlung unmittelbar auf die Kesselwand übertragene Wärme vernachlässigbar gering ist. Insgesamt steht ein Temperaturfall Θ' zur Verfügung, der gleich ist der Differenz zwischen der in VDE 0532 für Öltransformatoren zugelassenen mittleren Wicklungsübertemperatur von 65° bzw. 70° (vgl. Einleitung zu Abschn. VIII) und der mittleren Ölübertemperatur $\Theta_{\ddot{o}1}$ im Bereich der Wicklungshöhe h_1. $\Theta_{\ddot{o}1}$ errechnet sich bei selbstkühlenden und belüfteten Kesseln erfahrungsgemäß zu

$$\Theta_{\ddot{o}1} = (0{,}75 \dots 0{,}8)\, \Theta_{\ddot{o}\,\mathrm{max}} \tag{400}$$

und ist, wie der Vergleich mit Gl. (393) zeigt, rd. 13% niedriger als die mittlere Ölübertemperatur $\Theta_{\ddot{o}2}$ über der wirksamen Kesselhöhe h_2. Man wird daher Temperaturfälle $\Theta' \approx 20°$ für die Wicklungen und $\Theta' \approx 30°$ für den Eisenkern in Ansatz bringen können, wenn der Ölkessel mit Wärmestromdichten nach Abschn. VIII, 5 ausgelegt bzw. bei Ölumlauf-Kühlung eine mittlere Ölübertemperatur $\Theta_{\ddot{o}1}$ von $45°$ nicht überschritten wird.

Bei Spulen mit vertikalen Kühlflächen, deren Höhe groß ist im Vergleich zur Breite der horizontalen Stirnflächen, ergibt sich bei einem einseitigen Isolationsauftrag der Leiter von δ [m] eine Wärmestromdichte

$$\frac{V}{A} = \frac{\Theta'}{\dfrac{\delta}{\lambda} + \dfrac{1}{\alpha_{k\ddot{o}}}} \quad [\text{W/m}^2] . \qquad (401)$$

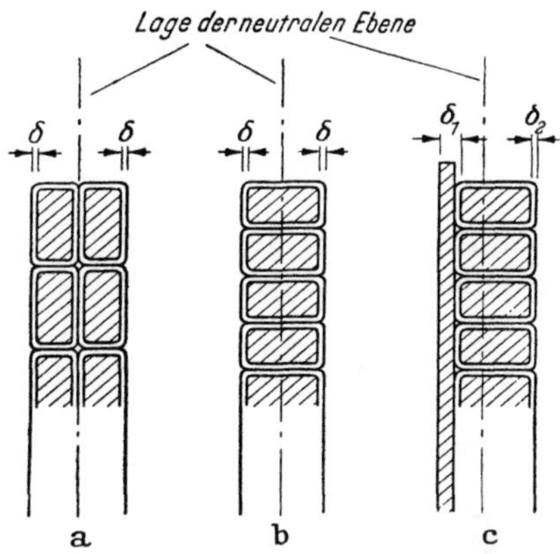

Abb. 223. a–c. Beidseitig gekühlte Spulen mit vertikalen Kühlflächen großer Höhe im Vergleich zur Breite der horizontalen Stirnflächen

Dabei ist angenommen, daß jeder Leiter ein- oder zweiseitig gemäß Abb. 223a, b vom Öl benetzt ist.

Setzen wir die Konvektionszahl $\alpha_{k\ddot{o}} \approx 100 \text{ W/m}^2$ grd nach Tab. 20 entsprechend einem Temperaturfall von etwa $15°$ an den Kühlflächen ein, so ergibt sich mit $\Theta' =$ eine $20°$ zulässige Wärmestromdichte

$$\frac{V}{A} = \frac{2000}{1 + \delta/10\lambda} \quad [\text{W/m}^2] ,$$

$$(401 a)$$

wenn δ in mm eingesetzt wird. Sie bezieht sich auf die Summe beider Kühlflächen nach Abzug der Abdeckungen durch Distanzleisten. Die zulässige Wärmestromdichte nach Gl. (401a) kann Abb. 224 für Wärmeleitfähigkeiten $\lambda = 0{,}15 \ldots 0{,}25$ W/m grd entnommen werden. Die fallweise in Betracht kommenden Zahlenwerte für λ ergeben sich aus

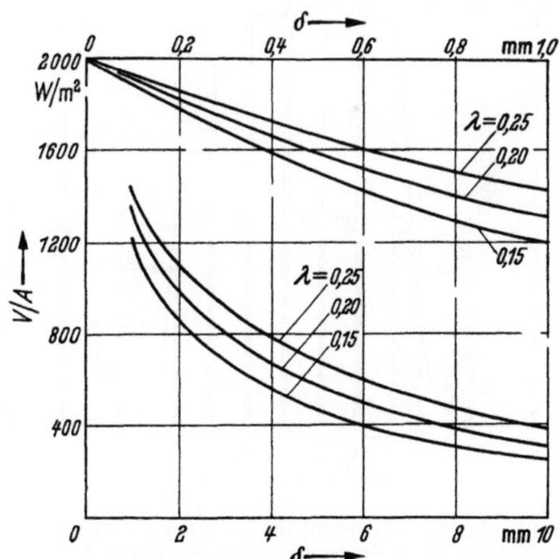

Abb. 224. Zulässige Wärmestromdichten für Spulen mit vertikalen Kühlflächen unter Öl nach Abb. 223

Tab. 18. Ist eine der beiden Kühlflächen mit einer zusätzlichen Isolierschicht nach Abb. 223c bedeckt, so wird die Wärmestromdichte auf der zusätzlich abgedeckten Seite mit der resultierenden Wärmeleitfähigkeit λ_1 nach Gl. (374)

$$\frac{V_1}{A_1} = \frac{\Theta'}{\dfrac{\delta_1}{\lambda_1} + \dfrac{1}{\alpha_{k\delta}}} \quad [\mathrm{W/m^2}] \tag{402}$$

und auf der anderen Seite

$$\frac{V_2}{A_2} = \frac{\Theta'}{\dfrac{\delta_2}{\lambda_2} + \dfrac{1}{\alpha_{k\delta}}} \quad [\mathrm{W/m^2}] . \tag{402 a}$$

Demnach ist die durchschnittliche, auf die Summe beider ölberührten Kühlflächen bezogene Wärmestromdichte

$$\frac{V}{A} = \frac{V_1 + V_2}{A_1 + A_2} = \left(\frac{V_1}{A_1}\right) \cdot \frac{A_1}{A_1 + A_2} + \left(\frac{V_2}{A_2}\right) \cdot \frac{A_2}{A_1 + A_2}, \tag{403}$$

was für $A_1 = A_2 = A/2$ ergibt:

$$\frac{V}{A} = \frac{1}{2}\left(\frac{V_1}{A_1} + \frac{V_2}{A_2}\right), \tag{403 a}$$

also das arithmetische Mittel beider Wärmestromdichten.

Bei den Gln. (400) bis (403a) ist entsprechend Abb. 223a bis c angenommen, daß die nach beiden Kühlflächen abfließende Wärme im Innern der Spule keine Isolierschichten zu überwinden hat. Diese Bedingung ist auch bei der zweischichtigen Spule nach Abb. 223a erfüllt, wenn beide Kühlflächen gleiche Größe aufweisen. Ist dies nicht der Fall, so verschiebt sich die Lage der neutralen Ebene in diejenige Querschnittshälfte der Spule, die an die kleinere Kühlfläche angrenzt. Eine Verschiebung der neutralen Ebene nach der Seite, die von der dikkeren Isolierschicht abgedeckt ist, tritt auch bei der Anordnung nach Abb. 223c ein, sie braucht in der Rechnung jedoch nur dann berücksichtigt zu werden, wenn im Innern der Spule zusätzliche Isolierschichten vorhanden sind.

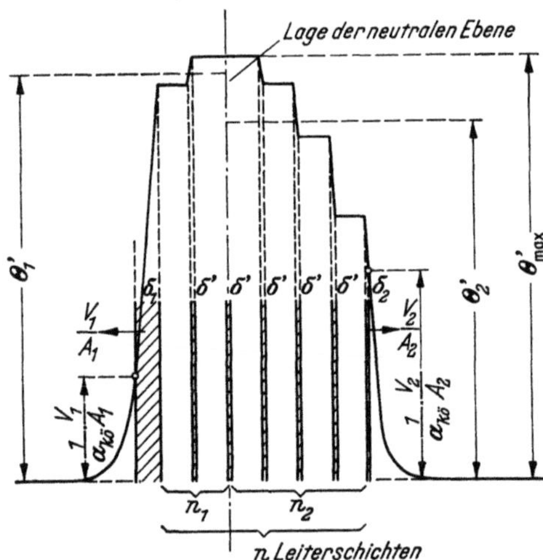

Abb. 225. Temperaturfälle in einer mehrschichtigen, beidseitig gekühlten Spule bei unsymmetrischer Verteilung der äußeren Isolierschichten (Θ_1', Θ_2' = mittlere Temperaturfälle)

Sowohl bei symmetrischen wie bei unsymmetrischen Spulenquerschnitten setzen die inneren Isolierschichten die zulässige Wärmestrom-

dichte herab. Ihr Einfluß entspricht jedoch nach den Gln. (377) und
(377a) nur einem Bruchteil ihrer Gesamtdicke, verglichen mit der
Wirkung der an der Spulenoberfläche liegenden Isolierschichten, da die
Wärmestromdichte in den inneren Isolierschichten kleiner ist als an
den Spulenoberflächen, wo sie erst den vollen Betrag V_1/A_1 bzw. V_2/A_2
erreicht. Die Lage der neutralen Ebene ergibt sich aus der Bedingung,
daß die gesamten Temperaturfälle $\Theta'_{\max}$ nach beiden Seiten der Spule
bis zum Öl außerhalb der Strömungszone die gleichen sein müssen.
Unter Benutzung der Gln. (376) und (400) gilt also für die Anordnung
nach Abbildung 225 die Bestimmungsgleichung

$$\left(\frac{\delta'}{\lambda'}\cdot\frac{n_1-1}{2}+\frac{\delta_1}{\lambda_1}+\frac{1}{\alpha_{k\delta}}\right)\frac{V_1}{A_1}=\left(\frac{\delta'}{\lambda'}\cdot\frac{n_2-1}{2}+\frac{\delta_2}{\lambda_2}+\frac{1}{\alpha_{k\delta}}\right)\frac{V_2}{A_2},\qquad(404)$$

wobei n_1 und n_2 die Leiterschichtzahlen links und rechts von der gesuchten neutralen Ebene bezeichnen.

Setzen wir $V_1/V_2 = n_1/n_2$ und $A_1 = A_2$, so errechnet sich mit
$n_1 + n_2 = n$

$$n_1 = n\,\frac{\dfrac{1}{2}\cdot\dfrac{\delta'}{\lambda'}\,(n-1)+\dfrac{\delta_2}{\lambda_2}+\dfrac{1}{\alpha_{k\delta}}}{\dfrac{\delta'}{\lambda'}\,(n-1)+\dfrac{\delta_1}{\lambda_1}+\dfrac{\delta_2}{\lambda_2}+\dfrac{2}{\alpha_{k\delta}}}.\qquad(405)$$

Sind die den Isolierschichten zugeordneten Wärmeleitfähigkeiten
einander gleich, so wird

$$n_1 = n\,\frac{\dfrac{1}{2}\delta'\,(n-1)+\delta_2+\dfrac{\lambda}{\alpha_{k\delta}}}{\delta'\,(n-1)+\delta_1+\delta_2+2\,\dfrac{\lambda}{\alpha_{k\delta}}},\qquad(405\,\text{a})$$

was mit $\alpha_{k\delta} = 100\ \text{W/m}^2\ \text{grd}$ und $\lambda = 0{,}2\ \text{W/m grd}$ ergibt

$$n_1 = n\,\frac{\dfrac{1}{2}\delta'\,(n-1)+\delta_2+2}{\delta'\,(n-1)+\delta_1+\delta_2+4},\qquad(405\,\text{b})$$

wenn die Isolierschichtdicken in mm eingesetzt werden.

Bei unsymmetrischen Spulen mit Leiterschichtzahlen $n \geqq 2$ ist, wie
Abb. 225 erkennen läßt, die mittlere Erwärmung der n_1 Leiterschichten
links von der neutralen Ebene höher als die der n_2 Leiterschichten rechts
von dieser. Wir rechnen also mit etwas Sicherheit, wenn wir die zulässige
Wärmestromdichte der wärmeren Seite des Spulenquerschnittes, d. h.
V_1/A_1 für einen mittleren Temperaturfall $\Theta' = 20°$ mit Hilfe der Gl. (401)
bzw. der Kurven nach Abb. 224 unter Berücksichtigung der inneren
Isolierschichten bestimmen. Dabei ist gemäß Gl. (377) einzusetzen

$$\delta = \delta'\left(\frac{n_1-1{,}5}{3}+\frac{1}{6\,n_1}\right)+\delta_1,\qquad(406)$$

und für λ die resultierende Wärmeleitfähigkeit nach Gl. (374). Aus
V_1/A_1 erhalten wir die Wärmestromdichte, die sich an der anderen Kühl-

fläche einstellt, aus

$$\frac{V_2}{A_2} = \frac{V_1}{A_1} \cdot \frac{n_2}{n_1} = \frac{V_1}{A_1}\left(\frac{n}{n_1} - 1\right). \tag{407}$$

Die zulässige Wärmestromdichte der symmetrischen Spule mit Leiterschichtzahlen $n \geqq 3$ ergibt sich aus Vorstehendem als Grenzfall der unsymmetrischen Spule, bei der $\delta_1 = \delta_2$ und daher $n_1 = n/2$ wird. Im übrigen setzt unsere Ableitung vereinfachend voraus, daß die Verluste in den n Leiterschichten einander gleich sind, was wegen der Wirbelstromverluste gewöhnlich nicht ganz zutreffen wird.

Scheibenspulen mit horizontalen Kühlflächen bedingen geringere Wärmestromdichten als solche mit vertikalen Kühlflächen, da nach Abschn. VIII, 3 die Konvektionszahl $\alpha_{k\delta}$ bei einer Kühlschlitzweite von $^1/_{10}$ der horizontalen Spulenbreite auf etwa die Hälfte absinkt. Einen gewissen Ausgleich bewirken indessen die vertikalen Stirn-

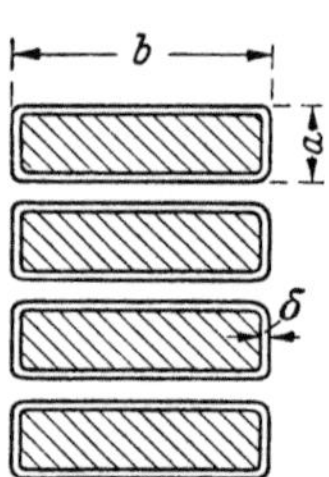

Abb. 226. Scheibenspulen mit horizontalen Kühlschlitzen

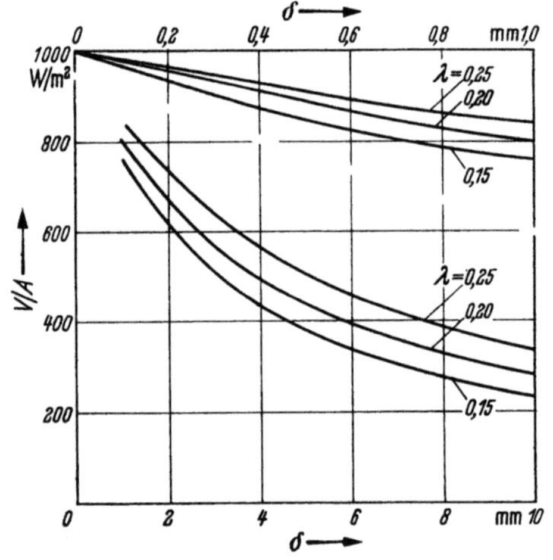

Abb. 227. Zulässige Wärmestromdichten für Spulen mit horizontalen Kühlflächen unter Öl nach Abb. 226

flächen der Scheibenspulen, die wegen des verhältnismäßig günstigen Verhältnisses a/b der Spulen nach Abb. 226 die horizontalen Kühlflächen merklich entlasten. Ausgehend von Gl. (400) errechnen wir mit $\Theta' = 20°$ für die horizontalen Kühlflächen mit $\alpha_{k\delta} \approx 50 \ \text{W/m}^2$ grd bis zu b = 50 mm eine zulässige Wärmestromdichte

$$\frac{V_1}{A_1} = \frac{1000}{1 + \delta/20\lambda} \quad [\text{W/m}^2] \tag{408}$$

und für die vertikalen Kühlflächen mit $\alpha_{k\delta} \approx 100 \ \text{W/m}^2$ grd in Übereinstimmung mit Gl. (401)

$$\frac{V_2}{A_2} = \frac{2000}{1 + \delta/10\lambda} \quad [\text{W/m}^2], \tag{408 a}$$

wenn in beiden Fällen die Dicke der Isolierschicht in mm eingesetzt wird.

Die auf die horizontalen Spulenoberflächen bezogene scheinbare Wärmestromdichte, die zugelassen werden kann, ist dann mit $A_2/A_1 = a/b$

$$\frac{V}{A_1} = \frac{V_1 + V_2}{A_1} = \frac{V_1}{A_1} + \frac{V_2}{A_2} \cdot \frac{a}{b}. \tag{409}$$

Die zulässigen Wärmestromdichten V_1/A_1 der horizontalen Kühlflächen sind in Abb. 227 für $\lambda = 0{,}15 \ldots 0{,}25$ W/m grd aufgetragen, diejenigen (V_2/A_2) für die vertikalen Stirnflächen der Spulen können Abb. 224 entnommen werden. Mit $\lambda = 0{,}2$ W/m grd und $\delta = 0{,}5$ mm ergibt sich demnach $V_1/A_1 = 890$ W/m² und $V_2/A_2 = 1600$ W/m², woraus wir beispielsweise mit $a/b = 0{,}2$ einen zulässigen Scheinwert $V/A_1 = 1210$ W/m² erhalten.

Nach Abb. 209 ist der Temperaturfall zwischen Wicklung und Öl über der Wicklungshöhe nahezu konstant, während (vgl. Abb. 218) die Ölübertemperatur bis zur Wicklungsoberkante etwa auf den Betrag der höchsten Ölübertemperatur $\Theta_{\delta\,\mathrm{max}}$ ansteigt. Demgemäß liegt die Übertemperatur des wärmsten Punktes der Wicklung (nahe der Wicklungsoberkante) höchstens um die Differenz zwischen $\Theta_{\delta\,\mathrm{max}}$ und der mittleren Ölübertemperatur $\Theta_{\delta 1}$ (im Bereich der Wicklungshöhe h_1) über der der Messung zugänglichen mittleren Wicklungsübertemperatur $\Theta_{\delta 1} + \Theta'$. Diese Differenz errechnet sich für selbstkühlende und belüftete Kessel nach Gl. (400) mit $\Theta_{\delta\,\mathrm{max}} = 55°$ bis $60°$ zu $11°$ bis $15°$. Wird der zusätzliche Kühleffekt an der oberen Stirnfläche der Wicklung berücksichtigt, so kommt man jedoch auf Differenzbeträge, die $10°$ kaum überschreiten. Bei Anwendung von Öl-Luft- oder Öl-Wasser-Kühlern beträgt der Unterschied zwischen $\Theta_{\delta\,\mathrm{max}}$ und $\Theta_{\delta 1}$ ohnehin nur etwa $3°$ (vgl. Abschn. VIII, 4). Werden die Leiter der Wicklung nicht ein- oder zweiseitig von Öl bespült, so erhöhen sich vorstehend genannte Werte um den Unterschied zwischen der Temperatur der „neutralen Ebene" und der mittleren Leitertemperatur, der über der Wicklungshöhe h_1 als konstant anzusehen ist (vgl. Abb. 204 und 225).

Auch beim Eisenkern ist die zulässige Wärmestromdichte an der Kernoberfläche weitgehend vom inneren Wärmewiderstand des Körpers abhängig. Da dieser — wie Tab. 18 und 19 zeigen — in der Schichtebene bedeutend kleiner ist als quer dazu und die Verluste außerdem gleichmäßig auf den Blechkörper verteilt sind, ist eine einfache mathematische Behandlung des Problems nur möglich, wenn die Eisenverlustwärme entweder in der Schichtebene oder senkrecht dazu abfließt. Die algebraische Addition beider Wärmeflüsse ist zwar physikalisch unrichtig, führt aber doch zu annähernd richtigen Werten, die mit einiger Vorsicht als Unterlagen für die Konstruktion benützt werden können.

Bei einem Blechpaket mit rechteckigem Querschnitt, der in Abb. 228 dargestellt ist, stellen sich neutrale Ebenen mit der höchsten Temperatur ein, die jeweils senkrecht zur Richtung des betrachteten Wärmeflusses stehen und die Paketachse schneiden. Von ihnen ausgehend sinkt die Kerntemperatur parabelförmig (vgl. Abb. 203) bis zur Kernoberfläche, um dort innerhalb der Strömungszone des Öles auf den Betrag der Öltemperatur abzufallen. Wir können daher für die Wärmestromdichten an den beiden Paketflächen, die senkrecht auf den Blechebenen stehen,

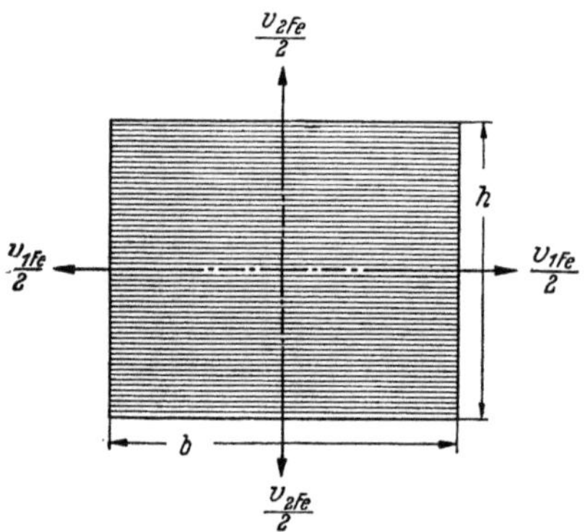

Abb. 228. Querschnitt eines Eisenpaketes

entsprechend Gl. (400) unter Berücksichtigung von Gl. (375) schreiben

$$\frac{V_1}{A_1} = \frac{\Theta'_{max}}{\dfrac{b}{4\,\lambda_l} + \dfrac{1}{\alpha_{k\delta}}} \quad [\mathrm{W/m^2}]. \qquad (410)$$

Analog erhalten wir Wärmestromdichten an den beiden anderen Paketflächen von

$$\frac{V_2}{A_2} = \frac{\Theta'_{max}}{\dfrac{h}{4\,\lambda_q} + \dfrac{1}{\alpha_{k\delta}}} \quad [\mathrm{W/m^2}].$$

$$\qquad (410\,\mathrm{a})$$

Dabei bezeichnet Θ'_{max} jeweils den gesamten Temperaturfall in Grad von der neutralen Ebene bis zum Öl außerhalb der Strömungszone, λ_l und λ_q die Wärmeleitfähigkeit in W/m grd längs bzw. quer zur Schichtebene, $\alpha_{k\delta}$ die Konvektionszahl des Öles in W/m² grd und b und h die Querschnittsabmessungen in m gemäß Abb. 228. Führen wir den spezifischen Eisenverlust v_{Fe} in W/kg ein und setzen für eine Paketlänge l in m

$$V_1 = v_{1\,\mathrm{Fe}} \cdot \frac{b}{2}\, h\, l\, \gamma\, f_{\mathrm{Fe}}\, 10^3 \quad [\mathrm{W}] \quad \text{und} \quad A_1 = h\, l \quad [\mathrm{m^2}],$$

$$V_2 = v_{2\,\mathrm{Fe}} \cdot \frac{h}{2}\, b\, l\, \gamma\, f_{\mathrm{Fe}}\, 10^3 \quad [\mathrm{W}] \quad \text{und} \quad A_2 = b\, l \quad [\mathrm{m^2}],$$

so erhalten wir mit der Wichte γ [kg/dm³] und dem Kern-Füllfaktor f_{Fe} folgende Gleichungen

$$v_{1\,\mathrm{Fe}} = \frac{1}{\gamma\, f_{\mathrm{Fe}}} \cdot \frac{\Theta'_{max}}{\dfrac{b^2}{8\,\lambda_l} + \dfrac{b}{2\,\alpha_{k\delta}}}\, 10^{-3} \quad [\mathrm{W/kg}], \qquad (411)$$

$$v_{2\,\mathrm{Fe}} = \frac{1}{\gamma\, f_{\mathrm{Fe}}} \cdot \frac{\Theta'_{max}}{\dfrac{h^2}{8\,\lambda_q} + \dfrac{h}{2\,\alpha_{k\delta}}}\, 10^{-3} \quad [\mathrm{W/kg}]. \qquad (411\,\mathrm{a})$$

Sie geben die spezifischen Eisenverluste an, die bei einem gesamten Temperaturfall Θ'_{max} in der Schichtebene oder senkrecht dazu abgegeben werden, vorausgesetzt, daß jeweils nur in einer der beiden Richtungen Wärme abfließen kann. Wird die Wärme jedoch gleichzeitig nach beiden Richtungen abgegeben, was beim Eisenkern den Normalfall darstellt, so ist der gesamte spezifische Eisenverlust, bei dem Θ'_{max} nicht überschritten wird, etwas kleiner als die Summe $v_{1\,Fe} + v_{2\,Fe}$, weil die Temperaturen der beiden neutralen Ebenen von der Kernachse aus leicht abfallen. Für die Praxis genügt diese Näherungsmethode jedoch. In Abb. 229 sind deshalb die Beträge für $v_{1\,Fe}$ und $v_{2\,Fe}$ nach den Gln. (411) und (411a) mit $\Theta'_{max} = 30°$, $\gamma = 7,6\,kg/dm^3$, $\alpha_{k\,\delta} = 110\,W/m^2\,grd$ (vgl. Tab. 20 bei Übertemperaturen zwischen 20 und 30°) für kaltgewalztes und warmgewalztes Transformatorenblech mit einer Dicke von 0,35 mm aufgetragen. Dementsprechend wurden eingesetzt: Für kalt-

gewalztes Blech $f_{Fe} = 0,96$, $\lambda_l = 21\,W/m\,grd$, für warmgewalztes Blech $f_{Fe} = 0,9$, $\lambda_l = 19\,W/m\,grd$ und in beiden Fällen $\lambda_q = 2,8\,W/m\,grd$ (vgl. Tab. 18 und 19) entsprechend einer Blechisolierung mit Lack oder Wasserglas.

Die Ergebnisse der für ein Blechpaket rechteckigen Querschnittes empfohlenen Näherungsrechnung weichen nach GOTTER [10] nur etwa 10% von der von BUCHHOLZ [35] durchgeführten exakten Rechnung ab.

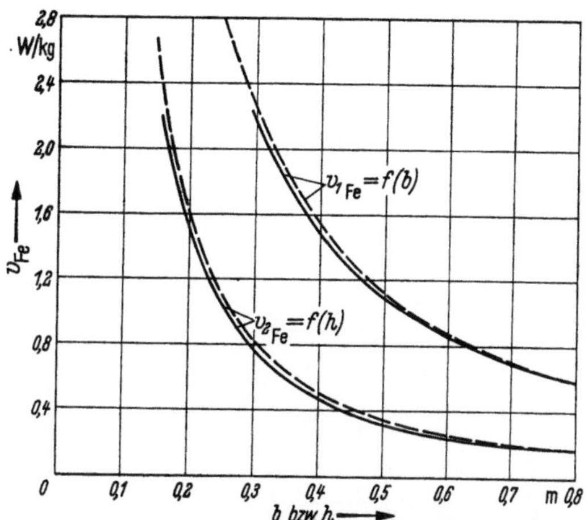

Abb. 229. Zulässige spezifische Eisenverluste von Blechpaketen rechteckigen Querschnitts nach Abb. 228 unter Öl; Bleche mit einer Dicke von 0,35 mm: ——— kaltgewalzt, – – – warmgewalzt

Nun ist der Schenkelquerschnitt der Transformatoren gewöhnlich so abgestuft, daß er sich der Kreisform nähert, wobei im Bedarfsfalle der Querschnitt von Kühlschlitzen unterbrochen wird. Für den idealen und nicht unterbrochenen Kreisquerschnitt hat WEH [135] auf physikalisch einwandfreier Grundlage eine Gleichung abgeleitet, die sich unter Benutzung unserer Bezeichnungen in der Form

$$v_{Fe} = \frac{1}{\gamma\,f_{Fe}} \cdot \frac{\Theta'_{max}}{\dfrac{R}{2\,\alpha_{k\delta}} + \dfrac{R^2\left(1 + \dfrac{R\,\alpha_{k\delta}}{\lambda_l} + \dfrac{\lambda_q}{\lambda_l}\right)}{8\lambda_q + 2R\,\alpha_{k\delta}\left(1 + \dfrac{\lambda_q}{\lambda_l}\right)}} \cdot 10^{-3} \quad [W/kg] \qquad (412)$$

darstellen läßt. Dabei bezeichnet R den Radius des Kreisquerschnittes in m. Diese Funktion ist in Abb. 230 mit den gleichen Zahlenwerten, die Abb. 229 zugrunde liegen, aufgetragen, so daß ein unmittelbarer Vergleich leicht möglich ist.

Es zeigt sich, daß die auf rechteckige Kernquerschnitte zugeschnittene Näherungsmethode mit $v_{\mathrm{Fe}} = v_{1\,\mathrm{Fe}} + v_{2\,\mathrm{Fe}}$ für den Kreisquerschnitt sehr genaue Werte liefert, wenn man sich diesen in ein Quadrat verwandelt denkt, dessen Seitenlänge dem Kreisdurchmesser entspricht. Abb. 230 gestattet außerdem, die Grenze zu ermitteln, bis zu der eine Unterteilung des Kreisquerschnittes durch Kühlschlitze entbehrt werden kann. Sie hängt von den fallweise tatsächlich auftretenden Eisenverlusten, d. h. von der Blechsorte, der Induktion und der Frequenz, ab. Wird der Grenzwert des Kerndurchmessers überschritten, so muß der Eisenquerschnitt beispielsweise nach Abb. 231a oder 231b unterteilt und die Wärmeabgabe der Teilquerschnitte unter

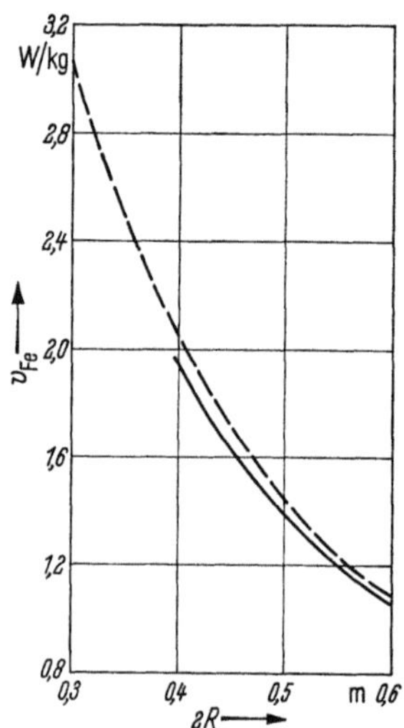

Abb. 230. Zulässige spezifische Eisenverluste von ungeteilten Kernen mit kreisförmigen Querschnitt unter Öl; Bleche mit einer Dicke von 0,35 mm ——— kaltgewalzt, — — — warmgewalzt

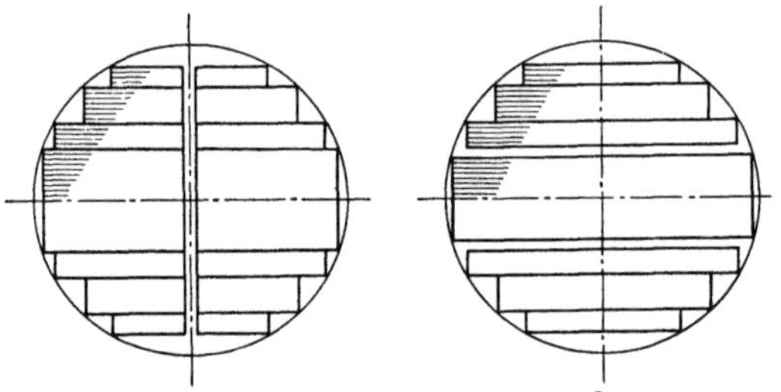

Abb. 231. a u. b. Anordnung von Kühlschlitzen bei annähernd kreisförmigem Kernquerschnitt

Zerlegung in äquivalente Pakete rechteckigen Querschnittes nach Abb. 229 kontrolliert werden.

Beim stehend angeordneten Eisenkern tritt eine merkliche Wärmewanderung von den Schenkeln zu den Jochen, vornehmlich zum unteren Joch auf, weshalb der gewählte Wert $\Theta'_{\max} = 30°$ selbst im Hinblick auf Abdeckungen der Schenkel durch Distanzleisten als gerechtfertigt erscheint. Für liegende Kerne empfiehlt es sich allerdings mit $\Theta'_{\max} = 25°$ zu rechnen.

7. Die Wärmeabgabe der Wicklungen und des Eisenkernes beim Trockentransformator

Die aktiven Teile des Trockentransformators geben, soweit dieser nicht gekapselt ist, ihre Wärme durch Konvektion und Strahlung unmittelbar an die Luft bzw. die Umgebung ab. Der Rechnungsgang ist analog dem bei Wicklungen oder Eisenkernen unter Öl. Wir müssen jedoch insbesondere bei Außenflächen die Strahlung berücksichtigen und bei Innenflächen die Reduktion der Konvektion, wenn die Kühlschlitze nicht extrem weit gemacht werden.

In Anlehnung an Gl. (400) erhalten wir somit für Zylinderspulen geringer radialer Dicke bei einer zulässigen mittleren Wicklungsübertemperatur Θ an der strahlenden Außenfläche eine Wärmestromdichte

$$\frac{V_1}{A_1} = \frac{\Theta}{\dfrac{\delta}{\lambda} + \dfrac{1}{\alpha_{kl} + \alpha_s A_s/A}} \quad [\text{W}/\text{m}^2] \tag{413}$$

und an der am Kühlschlitz liegenden Innenfläche, wenn wir deren geringfügige Strahlung vernachlässigen,

$$\frac{V_2}{A_2} = \frac{\Theta}{\dfrac{\delta}{\lambda} + \dfrac{1}{\eta\,\alpha_{kl}}} \quad [\text{W}/\text{m}^2] . \tag{413 a}$$

Für Trockentransformatoren der Isolierstoffklasse A setzen wir nach VDE 0532 $\Theta = 60°$ und entsprechend einer Kühlflächenübertemperatur von etwa $55°$ nach Tab. 20 $\alpha_s = 7{,}0$ W/m² grd und $\alpha_{kl} = 6{,}8$ W/m² grd, wobei natürliche Konvektion vorausgesetzt wird. Das Verhältnis A_s/A der freistrahlenden zur abgewickelten Fläche beträgt nach Abb. 232 für die Außenfläche der Wicklung auf dem mittleren Schenkel des Drehstromtyps etwa $2/\pi = 0{,}64$, für die auf den Außenschenkeln etwa $1/\pi + 1/2 = 0{,}82$. Da ein Wärmeausgleich zwischen den Schenkel-

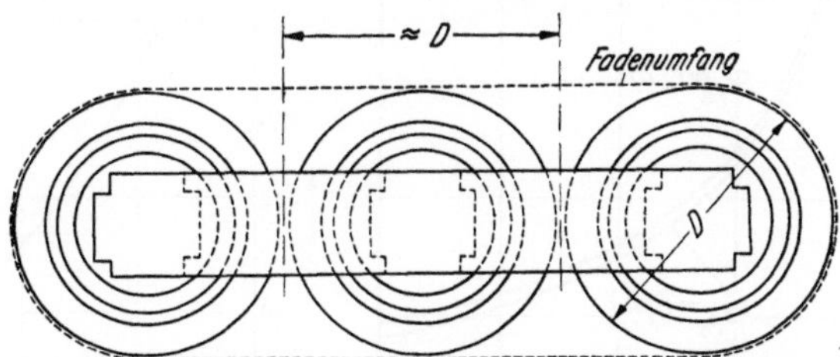

Abb. 232. Drehstrom-Trockentransformator (von oben gesehen)

wicklungen nicht möglich ist, haben wir beim Drehstromtyp mit $A_s/A = 0{,}64$ zu rechnen. Für den zweischenkligen Einphasentyp gilt indessen $A_s/A = 0{,}82$. Der Reduktionsfaktor η ist erfahrungsgemäß gleich 0,7, wenn eine Weite des doppelseitig beheizten Kühlschlitzes von 15 bis 20 mm bei vertikalen Höhen der Spulen von 300 bis 500 mm eingehalten wird. Wählen wir schließlich für die Wärmeleitfähigkeit der mit Lack imprägnierten Isolierschichten den Wert $\lambda = 0{,}25$ W/m grd, so erhalten wir mit δ in mm für die Außenflächen des Dreischenkeltyps

$$\frac{V_1}{A_1} = \frac{675}{1 + 0,045\,\delta} \quad [\text{W/m}^2]\,, \tag{414}$$

für die Außenflächen des Zweischenkeltyps

$$\frac{V_1}{A_1} = \frac{750}{1 + 0,05\,\delta} \quad [\text{W/m}^2]\,, \tag{414 a}$$

für die Innenflächen

$$\frac{V_2}{A_2} = \frac{285}{1 + 0,018\,\delta} \quad [\text{W/m}^2]\,. \tag{414 b}$$

Der Einfluß der Isolierschichten an der Spulenoberfläche ist hier wesentlich geringer als bei Spulen unter Öl. Das gleiche gilt für Isolierschichten im Innern der Spulen, die, wie in Abschn. VIII, 6 dargelegt, nach Gl. (406) anzusetzen sind. Der Grund liegt darin, daß beim selbstkühlenden Trockentransformator der Wärmewiderstand an der Spulenoberfläche im Vergleich zum Wärmewiderstand der Spulen um eine Größenordnung höher ist.

Noch deutlicher zeigt der sich geringe Einfluß des inneren Wärmewiderstandes beim Eisenkern des Trockentransformators. Betrachten wir nur den von den Wicklungen umschlossenen Schenkel des Kernes und lassen die Wärmeabwanderung nach den Jochen zunächst außer acht. Wir erhalten dann mit den Gln. (411), (411a) und (412) die in den Abb. 233 und 234 aufgetragenen Beträge für die zulässigen spezifischen Eisenverluste von

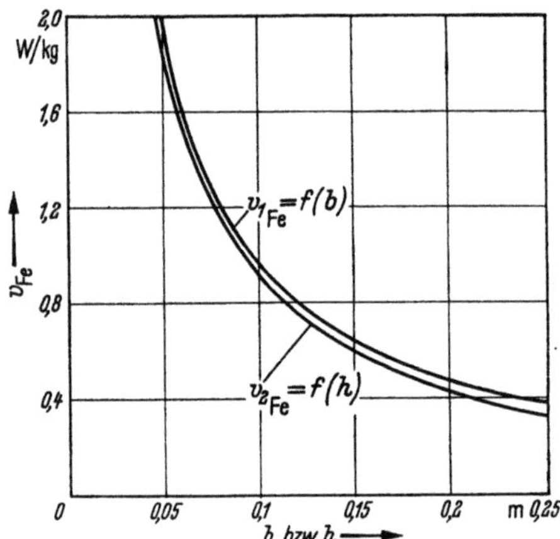

Abb. 233. Zulässige spezifische Eisenverluste von Schenkel-Blechpaketen rechteckigen Querschnittes nach Abb. 228 in Luft (Isolierstoffklasse A) für kaltgewalztes Blech von 0,35 mm Dicke

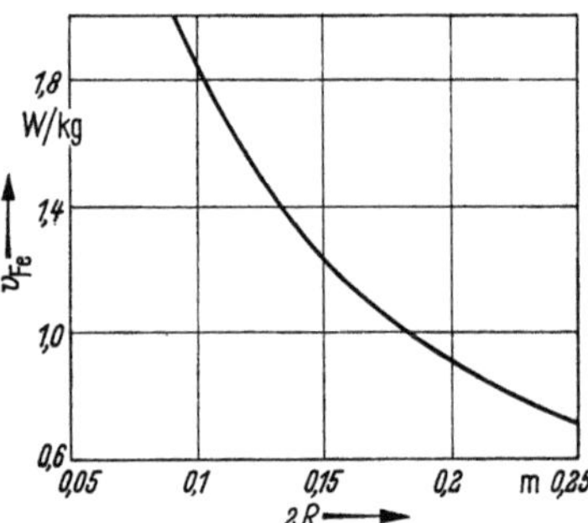

Abb. 234. Zulässige spezifische Eisenverluste von ungeteilten Schenkeln mit kreisförmigen Querschnitt in Luft (Isolierstoffklasse A) für kaltgewalztes Blech von 0,35 mm Dicke

Blechpaketen rechteckigen bzw. idealen, nicht unterbrochenen Kreisquerschnittes, die aus kaltgewalztem Blech von 0,35 mm Dicke bestehen. Eingesetzt wurden $\Theta'_{\max} = 70°$, $\gamma = 7,6\ \text{kg/dm}^3$,

$f_{\mathrm{Fe}} = 0{,}96$, $\lambda_l = 21$ W/m grd, $\lambda_q = 2{,}3$ W/m grd für Lackisolierung und $\eta \alpha_{kl} \approx 5$ W/m²grd als oben erläuterte reduzierte Konvektionszahl. Bei Paketen aus warmgewalztem Blech gleicher Dicke hätten wir abweichend von Vorstehendem einzusetzen: $f_{\mathrm{Fe}} = 0{,}9$ und $\lambda_l = 19$ W/m grd. Damit ergeben sich zulässige spezifische Eisenverluste, die um rd. 7% höher liegen. Beim Blechpaket mit rechteckigem Querschnitt ist also die Wärmeabgabe in Luft im Gegensatz zu der unter Öl quer zur Schichtebene nur wenig geringer als in der Schichtebene. Vernachlässigen wir den inneren Wärmewiderstand des kreisförmigen Schenkelquerschnittes vollständig, so ergibt sich für den Schenkel mit dem Radius R [m] bei einer Übertemperatur $\Theta_{\max}$ in der Schenkelachse ein abgegebener spezifischer Eisenverlust

$$v_{\mathrm{Fe}} \approx \frac{2}{\gamma\, f_{\mathrm{Fe}}} \cdot \frac{\eta\, \alpha_{kl}\, \Theta_{\max}}{R} \, 10^{-3} \quad [\mathrm{W/kg}]. \tag{415}$$

Mit dieser Näherungsformel kann man sich im allgemeinen bei Trockentransformatoren begnügen, da sie im Vergleich zu Abb. 234 nur um durchschnittlich 5% zu hohe Werte ergibt, was in Anbetracht des großen thermischen Einflusses der Joche ohne große Bedeutung ist.

Die Kurven nach Abb. 233 und 234 bedürfen nämlich einer starken Korrektur, weil die Joche des Eisenkernes beim Trockentransformator wesentlich besser gekühlt sind als die Schenkel. An der Jochoberfläche tritt keine Reduktion der Konvektion auf, außerdem kommt die Strahlung hinzu, wobei die Jochoberfläche nahezu voll wirksam wird, so daß sich die Wärmeübergangszahl mehr als verdoppelt. Die Folge davon ist, nicht zuletzt wegen der Oberflächenvergrößerung durch die

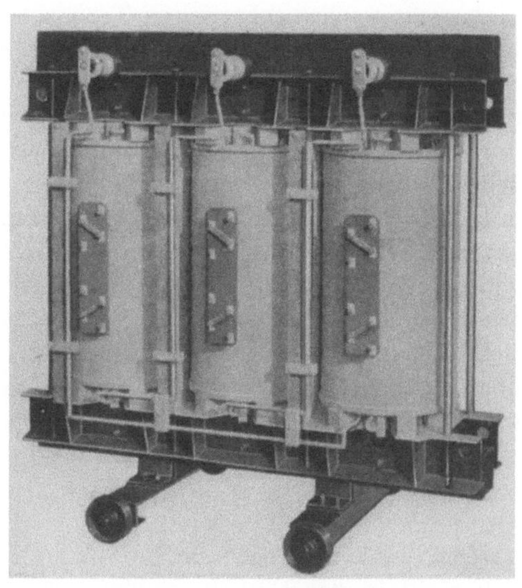

Abb. 235. Drehstrom-Trockentransformator mit Kühlblechen in den Jochen. 500 kVA, 5000 $\pm$ 4%/400 V

Jochpreßteile, eine Abwanderung von Verlustwärme aus den Schenkeln in die Joche. Sie beträgt im Durchschnitt etwa 30% und kann noch gesteigert werden, wenn man in die Joche Kühlbleche aus Aluminium nach Abb. 235

einschichtet, deren luftberührte Flächen zur Verbesserung der Strahlung mit einem Farbanstrich versehen sind.

Werden für Trockentransformatoren Isolierungen nach den Isolierstoffklassen E, B, F oder H angewendet, so dürfen nach VDE 0532 die mittleren Wicklungsübertemperaturen Beträge von 75°, 80°, 100° oder 135° erreichen. Die zulässigen Wärmestromdichten wachsen dabei nach den Gln. (413) und (413a) etwas mehr als proportional mit der Übertemperatur Θ, da die Konvektionszahl α_{kl} und die Strahlungszahl α_s entsprechend Abschn. VIII, 2 und 3 ebenfalls zunehmen. Wenn auch die Lösung des Kühlungsproblems dadurch wesentlich erleichtert wird, so haben sich insbesondere die Isolierstoffklassen B, F und H einerseits wegen des hohen Preises der anorganischen Isolierstoffe und andererseits wegen der noch weit höheren Kosten, die bei Klasse F und H durch das Tränken mit modifizierten oder reinen Silikonen entstehen, nur in Sonderfällen einführen können. Der Gewinn an aktiven Baustoffen, der durch die höheren Wärmestromdichten entsteht, ist gegenüber den Mehrkosten für die Isolierung nicht bedeutend, wenn gleiche Wicklungsverluste und gleiche Kurzschlußspannung beim Vergleich zur Voraussetzung gemacht werden. Anders liegen die Verhältnisse bei schlagwettersicher gekapselten Trockentransformatoren für Bergwerksbetrieb. Bei diesen muß die Wärme der Wicklung und des Eisenkernes durch Konvektion auf die Luft- oder Gasfüllung des Gehäuses und von dieser wiederum durch Konvektion auf die Gehäusewand, parallel dazu durch Strahlung unmittelbar auf letztere übertragen werden. Die Wärmeabgabe des Gehäuses selbst erfolgt durch Konvektion und Strahlung wie beim Ölkessel. Demgemäß werden die Übertemperaturen der aktiven Teile des gekapselten Trockentransformators gegenüber der Umgebung durch das Zwischenschalten der Gehäusewand beträchtlich erhöht, und zwar um so mehr, als man die Gehäuseoberfläche mit Rücksicht auf die Abmessungsbeschränkungen, die im Bergbau gelten, nicht übermäßig groß machen kann. Zwangsläufig ergibt sich hieraus die Anwendung von anorganischen, mit Silikonen getränkten Isolierstoffen.

IX. Die Gestaltung des Transformators

Die zweckentsprechende Gestaltung eines Transformators erschöpft sich nicht in der Einhaltung der gewünschten technischen Daten, zu denen die Nennleistung, die Nennspannungen und der Einstellbereich, die Schaltgruppe, die Leerlauf- und Kurzschlußverluste, die Kurzschlußspannung und der Leerlaufstrom gehören. Zu berücksichtigen sind außerdem die Anforderungen, die an die Betriebssicherheit gestellt werden. Hierzu gehören ausreichende Kühlung sowie Kurzschluß- und Spannungsfestigkeit. Gegebenenfalls müssen auch geeignete Vorsichtsmaßregeln ergriffen werden, um einen Brand der Isoliermittel bei schweren Schäden zu verhüten.

Ein wesentlicher Gesichtspunkt beim Bau von großen Einheiten ist die Transportfrage. Die Zerlegung des Öltransformators beim Versand würde eine umständliche Wiederaufbereitung der Isolierung am Aufstellungsort notwendig machen, deren Erfolg außerdem zweifelhaft wäre, da es kaum möglich ist, eine mit Öl getränkte Papierisolierung, die nachträglich aus der Luft Feuchtigkeit aufgenommen hat, wieder einwandfrei zu trocknen. Man bevorzugt deshalb den Versand des Transformators im eigenen Kessel unter Öl. Nur bei Lieferungen nach Übersee wird bisweilen zur Verminderung des Gewichtes die Ölfüllung abgelassen und durch eine Füllung mit trockenem Stickstoff ersetzt. Der Abbau der Durchführungen, des Ölausdehnungsgefäßes und der Kühleinrichtungen für den Versand ist weniger bedenklich, wenn dafür Sorge getragen wird, daß beim Zusammenbau am Aufstellungsort weder Luft noch Feuchtigkeit in die Ölfüllung eindringen können. Will man indessen die Montagezeit auf ein Mindestmaß beschränken, so muß die Konstruktion so gewählt werden, daß der Transport in völlig oder nahezu betriebsbereitem Zustand, also möglichst ohne Abbau der genannten Teile, erfolgen kann. Entsprechend gestaltete Großtransformatoren heißen Wandertransformatoren und sind bahnprofilgängig bisher als Drehstromeinheiten bis zu Nennleistungen von 300 MVA bei 50 Hz gebaut worden. Ihr Transport erfolgt mit Spezialwagen hoher Tragfähigkeit, die eine völlige Ausnützung des Bahnprofils gestatten.

Im nachfolgenden sollen Hinweise für die Durchbildung der Hauptteile des Transformators, nämlich des Eisenkernes, der Wicklungen, des Ölkessels und der Durchführungen, an typischen Beispielen und unter Beschränkung auf das Wesentliche gegeben werden.

1. Der Eisenkern

Die verbreitetste Ausführung ist der Kerntyp mit einem der Kreisform möglichst weitgehend angepaßten Schenkelquerschnitt. Die Anpassung wird durch Stufung der Blechbreiten vorgenommen, wobei der geometrische Ausnützungsfaktor η des Kreisquerschnittes um so besser wird, je feiner die Stufung gewählt wird. Mit der Stufenzahl wachsen allerdings auch die Herstellungskosten. Abb. 236a bis e zeigt die optimalen, auf den Kreisdurchmesser D bezogenen Abmessungen nach Dwight [7] bis zu fünf Blechbreiten und die dabei erzielten geometrischen Ausnützungsfaktoren. Der aktive Schenkelquerschnitt errechnet sich damit unter Berücksichtigung des vom Blech und seiner Isolierung abhängigen Füllfaktors f_{Fe} zu

$$Q_S = \frac{\pi}{4} D^2 \eta f_{Fe}.$$ (416)

Während man früher nur kleinere Kerne ohne Bolzen im Schenkel ausführte, gelingt dies heute auch bei größeren Kernen mit Schenkeldurchmessern bis zu etwa 600 mm. Bei dieser Entwicklung haben die

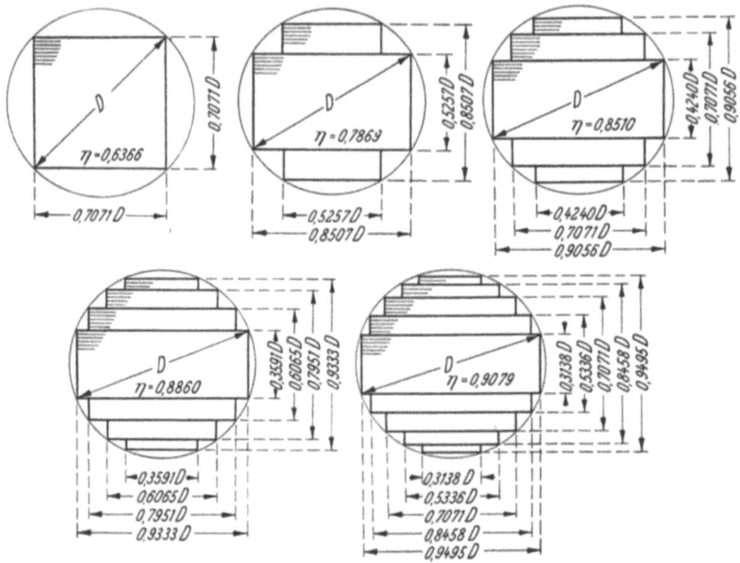

Abb. 236. Optimale Stufungen des kreisförmigen Schenkelquerschnittes bis zu fünf Blechbreiten

magnetischen und mechanischen Eigenschaften des kaltgewalzten Bleches entscheidend mitgewirkt. Die Schenkelbleche dieser bolzenlosen

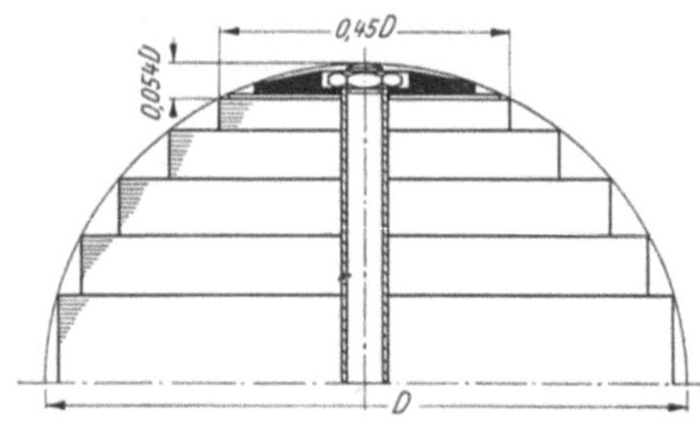

Abb. 237. Kreisförmiger Schenkelquerschnitt mit Preßbolzen

Ausführung werden durch die stramm aufgeschobene Unterspannungs-Röhrenwicklung in Verbindung mit einer geeigneten Jochpressung zusammengehalten. Damit ist die Möglichkeit gegeben, die in Abb. 236 angegebenen Idealabmessungen zu benützen. Bei größeren Kernen werden jedoch Druckplatten und Schenkelbolzen nach Abb. 237 erforderlich, für deren Unterbringung im Schenkelkreis Sorge getragen werden muß. Dies bedingt, daß die geringste Blechbreite erfahrungsgemäß mindestens 0,45 D betragen muß, was eine Bogenhöhe von 0,0545 D ergibt. Beginnend bei vier verschiedenen Blechbreiten tritt dabei eine Verschlechterung des Ausnützungsfaktors ein, der aber durch

feinere Stufung entgegengewirkt werden kann. Die obere Grenze liegt
bei unendlich feiner Stufung, für die sich mit einer geringsten Blechbreite von 0,45 D ein Maximalwert des Ausnutzungsfaktors $\eta = 0,9575$
errechnet. Unter der gleichen Bedingung lassen sich mit einer endlichen
Zahl verschiedene Blechbreiten folgende Ausnutzungsfaktoren bei optimaler Treppung erzielen:

Zahl der Blechbreiten	5	6	7	8	9	10
Ausnutzungsfaktor η	0,898	0,908	0,915	0,921	0,925	0,928

Die Querschnittsausnutzung steigt also bei Anwendung von mehr als
6 Blechbreiten nur sehr langsam an, weshalb es kaum lohnend ist, die
Stufung allzu fein zu machen. Die genannten Ausnutzungsfaktoren

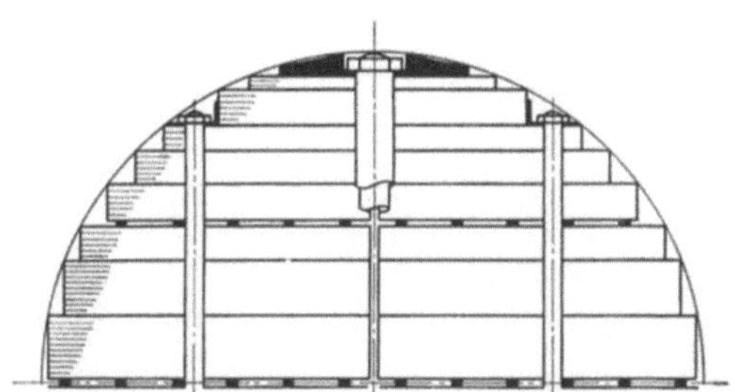

Abb. 238. Kreisförmiger Schenkelquerschnitt mit Kühlschlitzen und drei Reihen von Preßbolzen

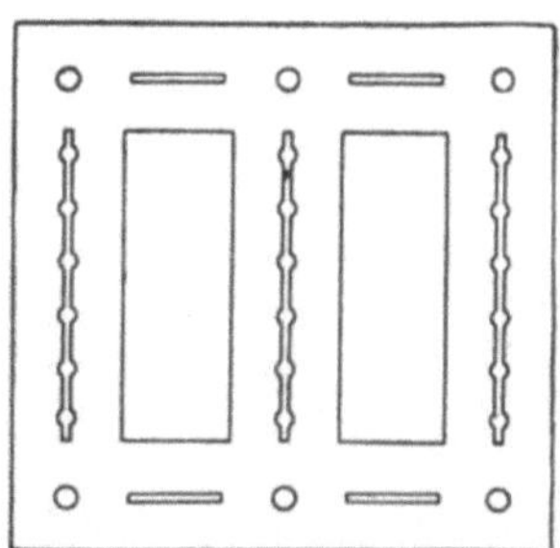

Abb. 239. Drehstromkern mit Bolzenlöchern und Kühlschlitzen senkrecht zur Schichtrichtung

werden etwas unterschritten, wenn der Schenkelquerschnitt Kühlschlitze erhalten muß und schließlich bei sehr großen Schenkeldurchmessern 3 Bolzenreihen notwendig werden (Abb. 238).

Kühlschlitze parallel zur Schichtebene sind nach Abschn. VIII, 6
beim Öltransformator thermisch wenig wirksam, so daß man unter Umständen genötigt ist, deren mehrere vorzusehen. Eine weit bessere Querschnittausnutzung ergibt sich mit Kühlschlitzen senkrecht zur Schichtebene, da deren bessere Kühlwirkung die Zahl der Kühlschlitze herab-
drückt. Trotzdem fällt die Entscheidung zugunsten von Kühlschlitzen
senkrecht zur Schichtebene nicht leicht, weil sie entweder eine Auf-
lösung des Kernes in einen Rahmenkern (vgl. Abb. 31) oder das Aus-
stanzen der Schlitze sowohl in den Schenkel- als auch in den Jochblechen
notwendig macht (Abb. 239). Kühlschlitze parallel zur Schichtebene
dagegen lassen sich in den Schenkeln und Jochen leicht durch Einlegen
von Leisten erzielen. Wegen ihrer geringen Breite von etwa 6 mm ist der
Querschnittsverlust auch bis zu einem gewissen Grad tragbar.

Die auf Druckplatten wirkenden Preßbolzen werden für einen Preßdruck der Schenkelblechfläche von etwa 5 kp/cm² bemessen[1] und gewöhnlich durch Papierhülsen, die Druckplatten selbst durch Preßspan-
scheiben, vom Kern isoliert. Der im Bolzenloch verbleibende Spielraum
ist dabei durch Ein- und Austrittspalte dem Öldurchfluß zu öffnen.

Vergleichen wir die ermittelten Ausnutzungsfaktoren des parallel
geblechten Schenkels mit denen des von BERRY [3] angegebenen radial
geblechten Schenkels nach Abb. 240,
so läßt sich leicht nachweisen, daß
bei gleicher Zahl verschiedener Blechbreiten die Querschnittausnutzung
etwas ungünstiger wird. Setzen wir
einen kleinen Zentriwinkel α der
einzelnen Kreissektoren mit dem
Radius R und eine gleichmäßige
Treppung der Bleche um den Betrag r
unter gleichzeitiger Ausnutzung des
Kreisbogens voraus, so wird bei

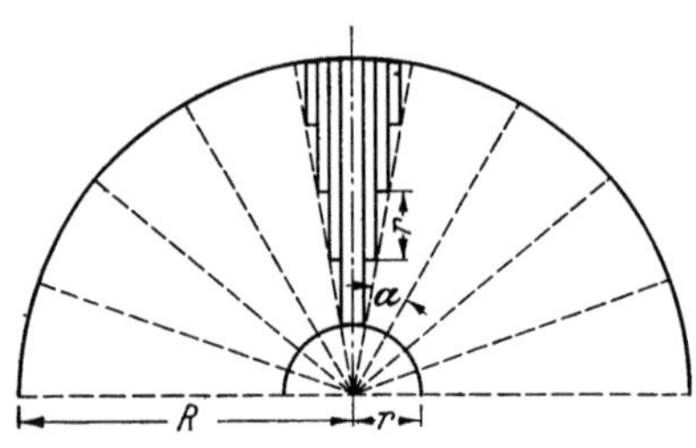

Abb. 240. Radial geblechter kreisförmiger
Schenkel

Gleichsetzung von Sehnen- und Bogenlänge des halben Kreissektors

$$\eta = 1 - \frac{r \cos \alpha/4}{R \cos \alpha/2}. \tag{417}$$

Da nun bei n verschiedenen Blechbreiten

$$r\,(n+1) = R \cos \alpha/2 \,,$$

errechnet sich ein Ausnutzungsfaktor

$$\eta = 1 - \frac{\cos \alpha/4}{n+1}. \tag{417a}$$

Mit einem Zentriwinkel $\alpha = 20°$ erhalten wir hieraus folgende Ausnutzungsfaktoren η:

Zahl der Blechbreiten n	5	6	7	8	9	10
Ausnutzungsfaktor η	0,834	0,858	0,875	0,889	0,9	0,91

Diese Werte liegen etwas niedriger als die vorgenannten für den parallel
geblechten Schenkel mit der gleichen Zahl verschiedener Blechbreiten.
Eine Verbesserung des Ausnutzungsfaktors η läßt sich beim radial geblechten Schenkel weder durch Verkleinerung des Zentriwinkels α,
noch durch eine andere Treppung der einzelnen keilförmigen Blech-
pakete [154] erzielen, sondern allein durch Vergrößerung der Blech-
breitenzahl n. Das Verhältnis verschiebt sich jedoch zugunsten des
radial geblechten Schenkels, wenn der parallel geblechte Kühlschlitze

---

[1] Warmgewalzte Bleche erfordern einen Preßdruck von etwa 10 kp/cm².

erhalten muß, die sich beim ersteren aus der Bauart von selbst ergeben. Die Anwendungsmöglichkeit des radial geblechten Schenkels ist andererseits auf Einschenkeltypen beschränkt, bei denen die magnetischen Rückschlüsse radial und stumpf an den Säulenenden angesetzt werden können.

Die Blechbreite b dieser ⌐-förmigen Rückschlüsse errechnet sich aus

$$2\pi R b = \pi R^2 \eta$$

zu

$$b = \frac{R\eta}{2} \tag{417 b}$$

womit die gleichen mittleren Induktionen im Schenkel und Rückschluß bei niedriger Kernbauhöhe gewährleistet sind.

Erwähnt sei schließlich der als Tempeltyp bekannte symmetrische Drehstromkern mit drei um 120° versetzten Schenkeln und stumpf gestoßenen, aus Blechbändern dreieckförmig gewickelten Jochen. Da die Flüsse in den Jochen um den Faktor $\sqrt{3}$ kleiner sind als die Schenkelflüsse, kann die Blechbreite der Joche auf rd. 45% des Schenkeldurchmessers reduziert werden. Die Schenkel werden vorteilhaft mit Evolventenblechung nach Abb. 241 ausgeführt, womit bei einer einzigen Blechbreite ein sehr hoher Ausnutzungsfaktor erzielt wird. Der durch die Stoßfugen verursachte größere bezogene Magnetisierungsstrom verbietet allerdings die Anwendung dieser Bauart für Nennleistungen unter etwa 500 kVA, während die zur Verfügung stehende größte Blechbreite den Durch-

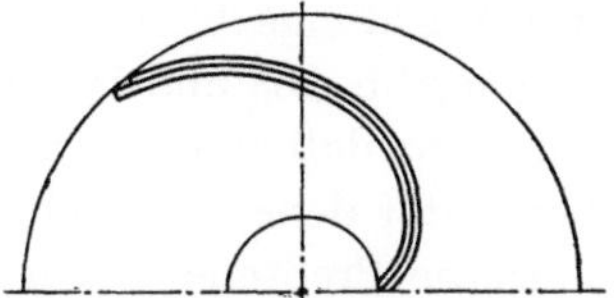

Abb. 241. Kreisförmiger Schenkelquerschnitt mit evolventenförmiger Blechung

messer des Evolventenschenkels begrenzt, so daß nur Nennleistungen bis zu etwa 10 MVA erreicht werden können [154].

Beim parallel geblechten Eisenkern mit kreisförmigen Schenkelquerschnitt empfiehlt es sich, die mit den Schenkeln verzapften Joche

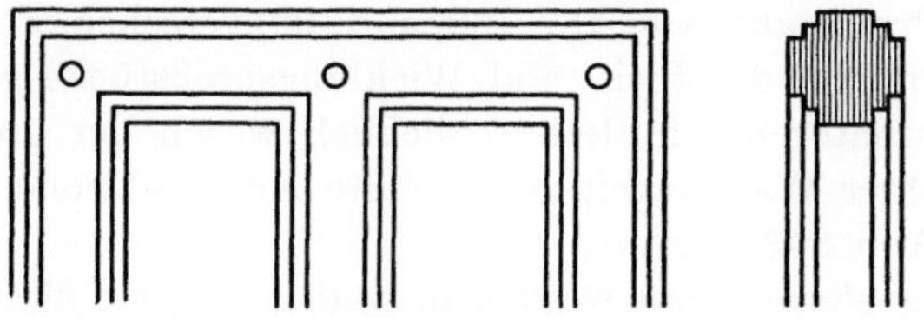

Abb. 242. Optimale Stufung des Joches beim Drehstrom-Kerntransformator mit kreisförmigem Schenkelquerschnitt

aus den in Abschn. I, 3 genannten Gründen entsprechend Abb. 242 ebenso abzustufen, wie die Schenkel. Die Preßvorrichtung der Joche wird derartig ausgebildet, daß sie mehrere Aufgaben gleichzeitig erfüllt.

Um einerseits die Zahl der Bolzen im Joch weitgehend herabzusetzen und andererseits der Abstützung der Wicklungen Widerlager zu geben, bildet man sie als Träger mit ausreichenden Widerstandsmomenten in beiden Achsrichtungen des Trägerquerschnittes aus und verbindet die oberen und unteren Träger durch Zugstangen. Die unteren Träger erhalten Füße zum Aufsetzen des Kernes auf den Kesselboden bzw. bei Trockentransformatoren auf das Fahrgestell. Die oberen Träger werden bei Öltransformatoren mit dem Kesseldeckel verbunden, und zwar so einstellbar, daß der Kern weder am Deckel hängt noch die Deckelunterseite die Kesselflanschdichtung überragt. Mit dieser Verbindung zwischen Kern und Kesseldeckel wird erreicht, daß die Leitungen zwischen den Wicklungsanschlüssen und den am Deckel angeordneten Durchführungen vor dem Einbau des Transformators in den Kessel fest verlegt werden können, wodurch die Montage naturgemäß erleichtert wird.

Bei kleinen und mittelgroßen Öltransformatoren werden für die Jochpressung meistens mit Öl getränkte Platten aus Rotbuche verwendet, die den Vorteil haben, etwa 50 % ihres Volumens an Öl zu verdrängen, wodurch sie sich teilweise bezahlt machen, und außerdem mit einem geringen Aufwand an zusätzlichem Isolierstoff für die Abstützung der Wicklungsableitungen benutzt werden können. Beispiele hierfür zeigen Abb. 168 und 169. Der Anwendung von Holz kommt der Umstand entgegen, daß man sich mit Jochpreßdrücken begnügen kann, die wesentlich unter denen der Schenkel liegen. Für Trockentransformatoren sind hölzerne Preßteile wegen ihres hohen Wärmewiderstandes jedoch nicht geeignet, da der luftgekühlte Kern viel stärker auf die Jochkühlflächen angewiesen ist als der ölgekühlte. Der Trockentransformator erhält deshalb Preßteile aus Flußstahl mit L- oder U-Profil (Abb. 235), die sich wesentlich an der Abgabe der Eisenverlustwärme beteiligen. Es genügt nämlich, zwischen Joch und Preßeisen Isolierplatten von wenigen Millimeter Dicke einzufügen, um zu verhindern, daß ein Teil des Jochflusses in die Preßeisen eindringt und in diesen Wirbelstromverluste erzeugt.

Größere Öltransformatoren werden ebenfalls mit Jochpreßteilen aus gezogenem Profilstahl (Abb. 187, 188, und 190) versehen, wozu man schon mit Rücksicht auf die Joch- und Wicklungspreßstücke gezwungen ist. Großtransformatoren erfordern schließlich wegen der großen radialen Ausladung ihrer Wicklungen geschweißte Konstruktionen, wie sie beispielsweise Abb. 243 zeigt.

Manteltransformatoren werden in weit geringerer Menge gebaut als Kerntransformatoren. Die meisten Hersteller wählen den Manteltyp nur in Sonderfällen, wobei der liegende Kern mit rechteckigem Schenkelquerschnitt bevorzugt wird. Die Spulen werden dementsprechend als Scheibenwicklungen mit vertikalen Kühlschlitzen angeordnet und erhalten — abgesehen von den Abrundungen an den Ecken — rechteckige

Umrisse. Um ein Durchbiegen der Schenkel- und Rückschlußbleche zu verhindern, ist in diesem Falle auf eine besonders gute Blechpressung zu achten. Es ist aber auch zu bedenken, daß die Kurzschluß-Normalkraft der Scheibenwicklung durch Preßkonstruktionen an den Jochen aufgenommen werden muß. Wie diese Aufgabe bei einem Lokomotiv-Transformator gelöst wurde, zeigt Abb. 244.

Bei dieser einphasigen Ausführung ist zur Erleichterung der Montage eines der beiden Joche stumpf gestoßen. Normalerweise werden aber, insbesondere bei Kerntransformatoren, beide Joche mit den Schenkeln

Abb. 243. Kern eines 12,5 MVA-Drehstrom-Transformators mit Preßteilen (Zugbolzen entfernt)

verzapft. Dies bedingt, daß die Bleche eines der beiden Joche eingeschichtet werden müssen, nachdem die Wicklungen auf den Schenkeln aufgebaut worden sind. Das nachträgliche Einschieben von Jochblechen wird erleichtert, wenn der letzte der Schenkelpreßbolzen, soweit solche mit Rücksicht auf die Größe des Kernes vorgesehen werden, nicht zu nahe an der Verzapfungsstelle liegt.

Zur Vermeidung von kapazitiven Aufladungen ist der Kern des Transformators in seiner Gesamtheit zu erden. Man verbindet deshalb einerseits die von den Kernblechen isolierten Druckplatten der Bolzen durch dünne Kupferstreifen einpolig mit einer benachbarten Blechschicht, ebenso die durch Kühlschlitze voneinander isolierten Kernpakete untereinander und stellt andererseits in gleicher Weise eine Verbindung zwischen einer günstig gelegenen Blechschicht des Kernes über die Stahlkonstruktion zum Erdungsanschluß her. Dabei empfiehlt es sich, die Erdungsverbindungen auf das unbedingt Notwendige zu beschränken, damit nicht ungewollte Kurzschlußwindungen entstehen. Dem kommt entgegen, daß der elektrische Querwiderstand der Blech-

Abb. 244. Preßvorrichtung eines Lokomotiv-Transformators für 3000 kVA und eine Oberspannung von 15,5 kV bei 16²/₃ Hz

pakete, verglichen mit dem kapazitiven Widerstand $1/\omega C$ zwischen Wicklung und Kern, ohne Bedeutung ist.

2. Die Wicklungen

Gehen wir auch hier vom Kerntransformator mit kreisförmigem Schenkelquerschnitt als dem gebräuchlichsten aus, so haben wir uns zunächst mit den zylindrischen Wicklungen zu befassen. Diese zeigen hinsichtlich der Ausführungen eine große Mannigfaltigkeit, weil die Maßnahmen, die zur Sicherung innerer und äußerer Spannungsfestigkeit, geringer Wirbelstromverluste, ausreichender Kühlung und Kurzschlußfestigkeit dienen, von der Reihenspannung, dem Nennstrom, der Nennleistung und der Kurzschlußspannung des Transformators abhängen.

Von nicht geringem Einfluß sind schließlich der Einstellbereich und die entsprechenden Anzapfungen sowie die räumliche Anordnung der Wicklungen auf dem Schenkel. Es können deshalb an dieser Stelle nur einige einfache Beispiele gebracht werden. Im übrigen sei auf die voraufgehenden Abschnitte dieses Buches verwiesen.

Wicklungen für niedrige Betriebsspannungen und mäßige Nennströme, z. B. für die Unterspannungsseite von kleinen und mittleren

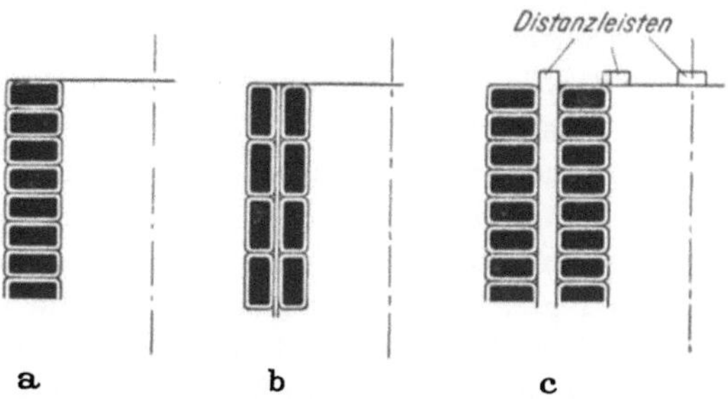

Abb. 245 a–c. Röhrenwicklungen für niedrige Betriebsspannungen.
a einlagig, b zweilagig mit Isolierzwischenlagen, c zweilagig mit vertikalem Kühlschlitz

Verteilungstransformatoren, werden als ein- oder mehrlagige Röhrenwicklungen aus besponnenen Drähten rechteckigen Querschnittes hergestellt. Bei mehrlagiger Ausführung ordnet man zwischen den Lagen entweder Isolierschichten aus Preßspan an, deren Dicke der aus der Schaltung der Lagen sich ergebenden Spannungsdifferenz zu entsprechen hat, oder vertikale Kühlschlitze durch Einfügen von Distanzleisten, wenn anders die Wärmestromdichte der Wicklung zu hoch werden würde. Abb. 245 zeigt solche Ausführungen im Schnitt durch den Wicklungsquerschnitt.

Eine unangenehme Beigabe der Röhrenwicklungen ist der Umstand, daß die axiale Wicklungshöhe auf der Seite, an der die oberen und

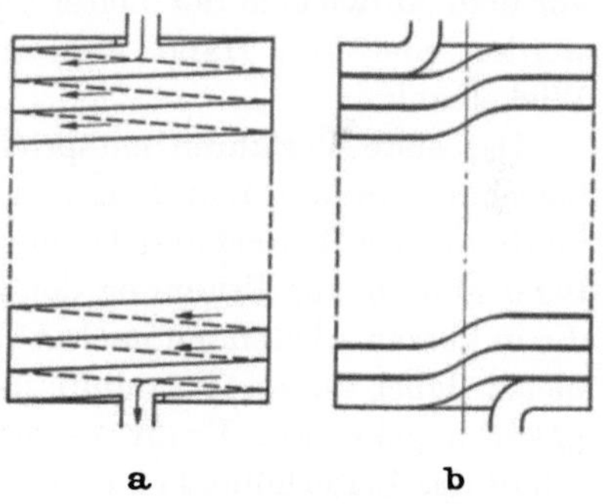

Abb. 246 a u. b. Steigungsausgleich bei Röhrenwicklungen
a durch Kupferkeil, b durch Kröpfung

unteren Wicklungsenden liegen, um eine Drahtbreite größer ist als auf der entgegengesetzten Seite. Die Stirnseiten der Röhrenwicklungen sind also zunächst nicht eben. Um die Einspannung zwischen den Jochen zu erleichtern, füllt man deshalb die durch die Steigung der Windungen an den Stirnseiten entstehenden Lücken durch keilförmige Beilagen aus Preßspan bzw. Hartpapier aus oder verlängert die oberste und unterste

Windung durch einen blind endenden Kupferkeil (Abb. 246a). Beide
Maßnahmen können jedoch nicht verhindern, daß beim Kurzschluß
Schubkräfte nach Abb. 85 bzw. Gl. (196) auftreten. Diese lassen sich
indessen stark reduzieren, wenn man die Anschlüsse am Umfang der
Röhrenwicklung versetzt und durch Kröpfung der Windungen nach
Abb. 246b einen Steigungsausgleich herbeiführt. Man kann sich auch
darauf beschränken jeweils nur einige Windungen an den Enden der
Wicklung zu kröpfen, um dann zum mittleren Teil hin unter Ausfüllung
der entstehenden Lücken mit Preßspan allmählich auf die Schrauben-
linie überzugehen. Bei dieser Ausführung kann darauf verzichtet werden,
die Anschlüsse zu versetzen.

Größere Nennströme machen es erforderlich, mehrere Drähte parallel
zu schalten. Wickelt man diese in axialer Richtung mehrgängig auf und
verbindet sie am Anfang und Ende jeder Lage untereinander, so ergibt
sich eine annähernd gleiche Stromverteilung auf die einzelnen Wick-
lungszweige, da — abgesehen von Rand- und Querfeldern — jeder Zweig
die gleiche Verkettung mit dem Streufluß aufweist. Die Ganghöhe wächst
jedoch an, so daß dieses Verfahren bald eine Grenze findet. Sie läßt sich
nur dadurch überschreiten, daß die parallelen Leiter radial übereinander
aufgewickelt und verdrillt werden, damit jeder Leiter mit gleichen
Längenanteilen alle Lagen durchläuft, womit die genannte Voraussetzung
für gleiche Stromaufteilung erfüllt wird. Die Verdrillung kann entweder
vor dem Aufwickeln der Leiter auf einer Spezialmaschine vorgenommen
werden oder von Hand während des Wickelns unmittelbar auf der
Wickelbank.

Das erste Verfahren entspricht der Anfertigung des für elektrische
Maschinen in Betracht kommenden ROEBEL-Stabes. Da zwischen den
Drähten des Leiterbündels nur sehr geringe Spannungen auftreten,
benützt man zur Erhöhung der Raumausnützung lackisolierte Drähte,
die in kurzen Abständen nach Abb. 247 verdrillt werden. Ein Leiterplatz
bleibt dabei unbesetzt, damit der jeweils vom nebenliegenden Leiter-
paket abgekröpfte Draht in der Höhe nicht aufträgt. Anschließend
erhält das Leiterbündel eine maschinell aufgebrachte mehrlagige Papierisolation. Das fertige Leiterbündel wird über am Umfang verteilte Preßspanleisten einlagig auf einem Hartpapierzylinder aufgewickelt, wobei
zur Vergrößerung der Kühlfläche schwalbenschwanzartig ausgeklinkte
Distanzstücke zwischen den Windungen nach Abb. 248 auf die entsprechend geformten Leisten geschoben werden können.

Die gleiche Abstützung zeigt die Wendelwicklung, bei der die Verdrillung von Hand während des Wickelns vorgenommen wird. Die radial
übereinander auflaufenden m parallelen Drähte sind hier einzeln mit
Papier isoliert und werden bei einer Windungszahl n nach je n/m Windungen in ihrer Reihenfolge gemäß Abb. 249 zyklisch vertauscht, wobei

sich die Verdrillungen gegebenenfalls am Umfang verteilen, wenn der Bruch n/m keine ganze Zahl ergibt. Um für die Verdrillung Platz zu gewinnen, muß die Wendelwicklung mit $m-1$ Lücken entsprechender Breite gewickelt werden.

Abb. 247. Fortlaufend verdrilltes Leiterbündel (Drilleiter)

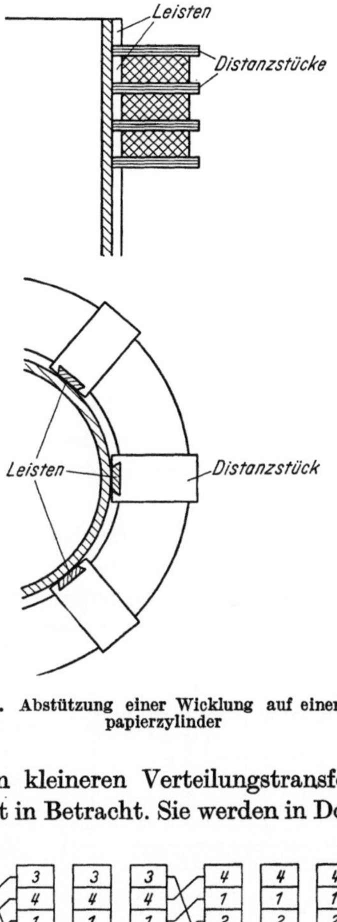

Abb. 248. Abstützung einer Wicklung auf einem Hartpapierzylinder

Für die Oberspannungsseite von kleineren Verteilungstransformatoren kommen Spulen aus Runddraht in Betracht. Sie werden in Doppel-

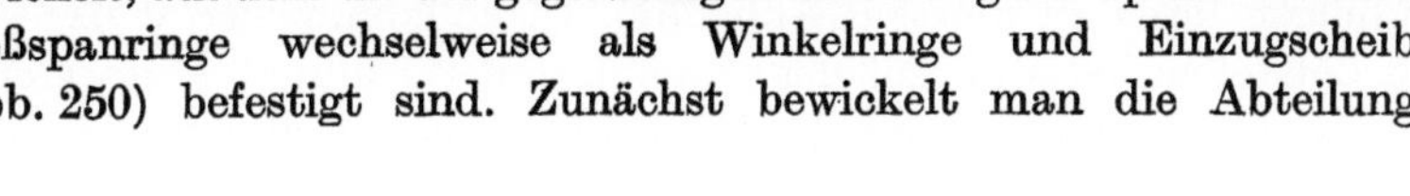

Abb. 249. Wendelwicklung mit $n=12$ Windungen aus $m=4$ parallelen Drähten

spulenschaltung gewöhnlich unmittelbar auf einen Hartpapierzylinder gewickelt, auf dem die der gegenseitigen Isolierung der Spulen dienenden Preßspanringe wechselweise als Winkelringe und Einzugscheiben (Abb. 250) befestigt sind. Zunächst bewickelt man die Abteilungen

1, 3, 5, ..., an den Einzugscheiben beginnend, und anschließend nach Umkehrung des Wickeldornes, die Abteilungen 2, 4, 6, ... unter Anlöten des jeweiligen Drahtanfanges an die inneren Drahtenden der Nachbarspulen. Zwischen die einzelnen Lagen der Spulen werden umgefalzte Papierstreifen eingewickelt, um Lagendurchschläge zu verhindern.

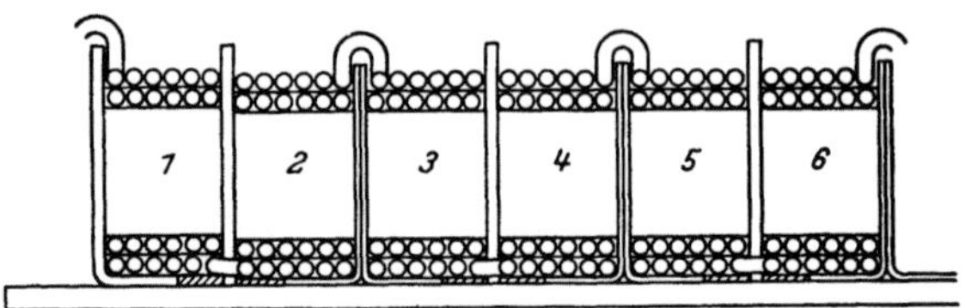

Abb. 250. Oberspannungswicklung in Abteilungen aus Runddraht auf Hartpapierzylindern

Verklebt man schließlich die Runddrähte untereinander mit einem geeigneten Lack, der während des Wickelns oder nachträglich eingebracht wird, so entsteht ein fester Wicklungskörper, der auch den axialen Kurzschlußkräften gewachsen ist. Wenn die sich ergebende Kühlfläche nicht ausreicht, wickelt man in analoger Weise einzelne Doppelspulen und schiebt diese über Leisten auf den Hartpapierzylinder auf, gegebenenfalls unter Zwischenfügen von Distanzstücken zwischen die Doppelspulen.

Mit einem Leiterquerschnitt von etwa 5 mm² ist die Grenze für die mechanische Festigkeit der Runddrahtspulen erreicht. Darüber hinaus wählt man für die Oberspannungswicklung Flachdrähte, aus denen normalerweise scheibenförmige Spulen mit einer Windung je Lage ge-

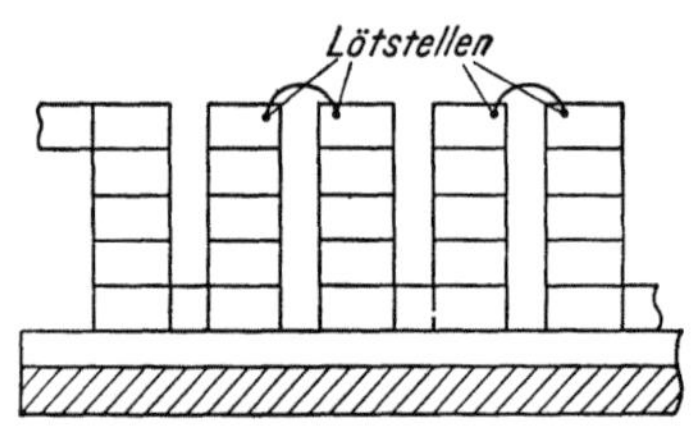

Abb. 251. Aus scheibenförmigen Doppelspulen gebildete Oberspannungswicklung

wickelt werden. Diese Spulen werden koaxial übereinander angeordnet und nach Abb. 248 über einen Hartpapierzylinder unter Zwischenfügen von Einzugscheiben bzw. Distanzstücken geschoben. Da die Zahl der Spulen, die sämtlich in Reihe zu schalten sind, sehr groß ist, stellt die Ausführung der Spulenverbindungen hohe Anforderungen an die Werkstatt. Man ist deshalb im Interesse der Betriebssicherheit bestrebt, die Zahl der Lötverbindungen weitgehend herabzusetzen. Bis zu einem gewissen Grad wird dies bereits dadurch erreicht, daß man je zwei Spulen gegenläufig zu Doppelspulen aufwickelt, um nur noch die äußeren Verbindungen löten zu müssen (Abb. 251). In vollkommener Weise lassen sich Lötstellen indessen mit der „verstürzten Wicklung" vermeiden. Es ist dies eine fortlaufend auf der Wickelbank hergestellte Wicklung, bei

der jede zweite Spule zunächst von innen nach außen aufgewickelt
(Abb. 252a), dann von außen beginnend windungsweise seitlich abge-
zogen und umgekehrt wieder aufgebaut (Abb. 252b), schließlich an die
voraufgehende Spule unter Anziehen des Drahtes herangeschoben wird
(Abbildung 252c). Das Wickeln erfolgt unmittelbar auf dem mit Leisten
versehenen Hartpapierzylinder unter schrittweiser Beifügung der Distanzstücke bzw. Einzugscheiben.

Die schwingungsarme Lagenwicklung (vgl. Abschn. IV, 4) ist nichts
anderes als eine viellagige Röhrenwicklung. Sie wird meistens fortlaufend

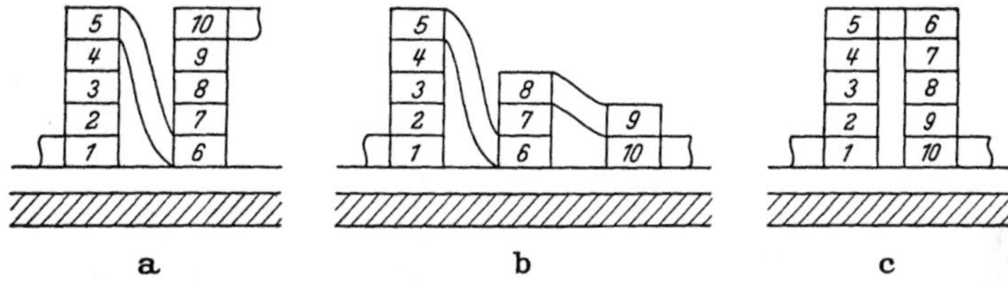

Abb. 252 a–c. Herstellung der verstürzten Wicklung

auf einem Tragzylinder aus Hartpapier angefertigt, wobei man jede
Lage auf beiderseits überstehende Papierschichten wickelt. Kühlschlitze
zwischen den Lagen werden im Bedarfsfall durch zusätzliches Einlegen

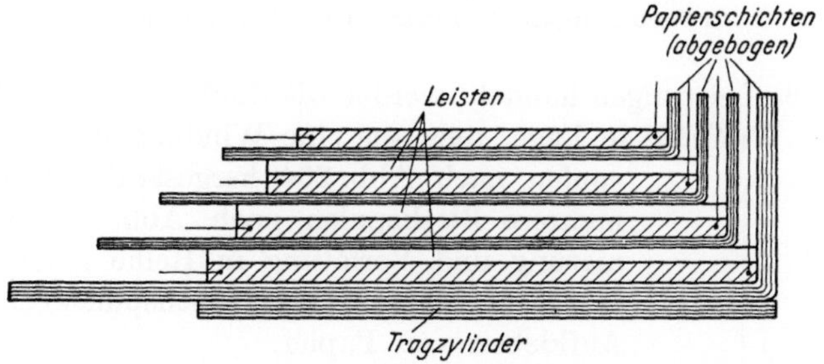

Abb. 253. Herstellung einer schwingungsarmen Lagenwicklung

von Preßspanleisten nach Abb. 253 gebildet. Die elektrische Verbindung
der Lagenenden kann bei der Doppellagenschaltung nach Abb. 111 auf
der Wickelbank hergestellt werden. Gewöhnlich führt man jedoch
sämtliche Lagenenden heraus, um die Lagen nachträglich durch Umleitungen derart in Reihe schalten zu können, daß zwischen den Lagen
nur die Spannung einer Lage auftritt. Nach dem Wickeln werden die
überstehenden Papierschichten versetzt eingerissen und rechtwinkelig
abgebogen.

Die Wicklungen von Manteltransformatoren bestehen ober- und
unterspannungsseitig aus Spulen rechteckigen Umrisses, die, gruppen-

weise miteinander abwechselnd, als Scheibenwicklung auf den horizontal liegenden Schenkeln aufgebaut sind (Abb. 244). Da es sich bei dieser Ausführung meistens um niedrige oder mittlere Betriebsspannungen und

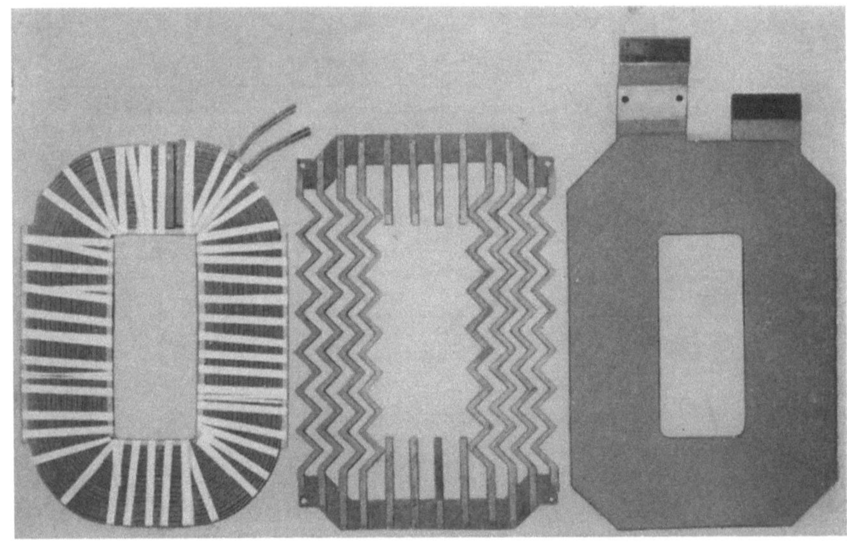

Abb. 254 a–c. Scheibenspulen für einen Manteltransformator.
a Flachdrahtspule, b Distanzierungseinlage, c Blechspule

mittelgroße Leistungen handelt, werden die Spulen teils aus Flachdraht mit einer Windung je Lage, teils aus eine Windung bildenden Blechspulen nach Abb. 254 hergestellt. Dabei können mehrere Blechspulen nach Abb. 255 durch Vernietung und Verlötung in Reihe geschaltet werden. Die Isolierung der Blechspulen erfolgt durch Aufkleben von Papier.

Zur Distanzierung der Spulen gegeneinander dienen die in der Mitte von Abb. 254 erkennbaren Gatter aus Preßspan, die so ausgebildet sind, daß einerseits jede Windung der Flachdrahtspulen in kurzen Abständen eine Auflage findet und andererseits das Kühlmittel in vertikaler Richtung, jede Windung mehrfach berührend, den Kühlschlitz leicht durchströmen kann.

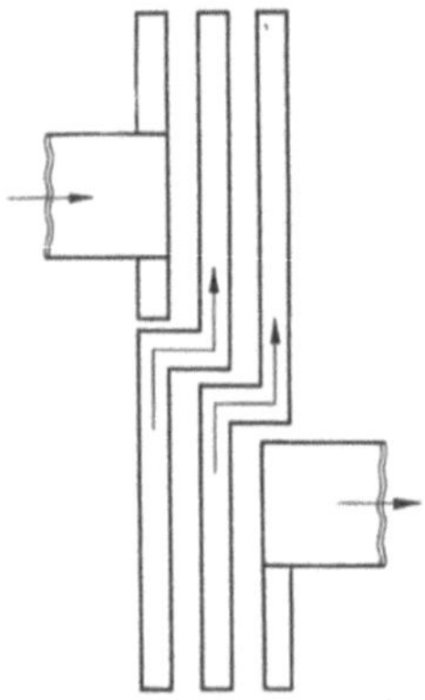

Abb. 255. Reihenschaltung von drei Blechspulen

Die Isolierung der Wicklungsdrähte muß den mechanischen, thermischen und elektrischen Beanspruchungen gewachsen sein, die im Betrieb auftreten können. Die letzteren erreichen beim Auftreten von Gewitterüberspannungen ihren

Höchstwert, wobei die Oberspannungswicklung am meisten gefährdet ist, da der maximal zu erwartende Scheitelwert der Stoßspannung mit der Reihenspannung der Wicklung wächst. Dementsprechend wählt man die Drahtbespinnung bei jeweils gleichem Wicklungsaufbau um so dicker, je höher die Reihenspannung ist, und verstärkt außerdem bei nicht schwingungsarmen Wicklungen die innere Isolation am Eingang und Ende der Wicklung durch verbesserte Lagenisolation oder zusätzliche Spulenisolation.

Bei Öltransformatoren hat sich die mehrlagige Bespinnung der Drähte mit Papier als elektrisch hochwertigste Isolierung, die auch in thermischer und mechanischer Hinsicht befriedigt, voll bewährt. Nur bei dünnen Runddrähten (unter 0,4 mm $\varnothing$) ist man auf die Isolierung mit Lack und Kunstseide oder Baumwolle angewiesen, weil sich bei diesen eine Bespinnung mit Papier nicht durchführen läßt. Im zunehmenden Maße wird bei Öltransformatoren niedriger Reihenspannung Lackisolierung ohne zusätzliche Umspinnung sowohl bei Rund- als auch bei Flachdrähten angewendet. Für Trockentransformatoren der Isolierstoffklasse A verwendet man Drähte, die entweder mit Lack und Kunstseide bzw. Baumwolle oder mit Papier und außen zusätzlich mit Baumwolle besponnen sind, um eine gute Haftung des Tränklackes zu erzielen. Die Isolierstoffklasse E verlangt eine Isolierung mit Drahtlack, Lackpapier oder Papier, das mit Kunstharzlacken nachträglich getränkt wird. Für die mit modifizierten oder reinen Silikonen zu tränkenden Wicklungen (Isolierstoffklasse F bzw. H) wird eine Bespinnung aus Glasseide gewählt.

3. Der Aufbau der Wicklungen

Die auf der Wickelbank hergestellten Wicklungen werden, bevor man sie auf den Kern bringt, im Ofen einem Vortrocknungsprozeß unterworfen. Soweit hierbei durch Schwinden der Isolierung eine Lockerung des Wicklungsgefüges auftritt, was insbesondere bei Zylinderwicklungen mit hohem Anteil an porösen Isolierstoffen in axialer Richtung der Fall ist, wird eine Vorpressung der Wicklung mit einem Druck vorgenommen, der der Kurzschlußkraft entspricht. Dieser Druck muß durch geeignete Maßnahmen bis zur Einspannung der Wicklungen auf dem Kern aufrechterhalten werden, damit Gewähr dafür gegeben ist, daß die Vorspannung nach der Montage noch vorhanden ist.

Bei Transformatoren mit Zylinderwicklungen wird zunächst die dem Schenkel benachbarte Wicklung, gewöhnlich die Unterspannungswicklung, unter Beigabe von Preßspanstreifen oder eines Preßspanmantels aufgeschoben und durch Holzleisten, die zwischen Schenkel und Wicklung getrieben werden, nach Abb. 256 verkeilt. Die Zahl der Holzleisten richtet sich nach der Kurzschlußnormalkraft, die bestrebt ist, die Win-

dungen an den Schenkel zu pressen. Bei der Wahl des Abstandes bzw.
der Isolierung zwischen dieser Wicklung und dem Schenkel sind dessen
scharfe Kanten zu beachten. Liegt die Reihenspannung der inneren
Wicklung im Bereich der Mittelspannungen oder höher, so ist es zweckmäßig, die Schenkelkanten durch einen übergescho-
benen Isolierzylinder mit sorgfältig geerdeter Ein-
lage abzuschirmen.

Die konzentrisch über der Unterspannungswicklung anzuordnende Oberspannungswicklung
wird von der ersteren und dem Eisenkern durch die
Hauptisolation getrennt. Diese besteht bei Transformatoren bis zu Oberspannungen entsprechend
Reihe 30 N gewöhnlich aus einem Hartpapierzylinder, der gleichzeitig den Tragkörper für die Oberspan-

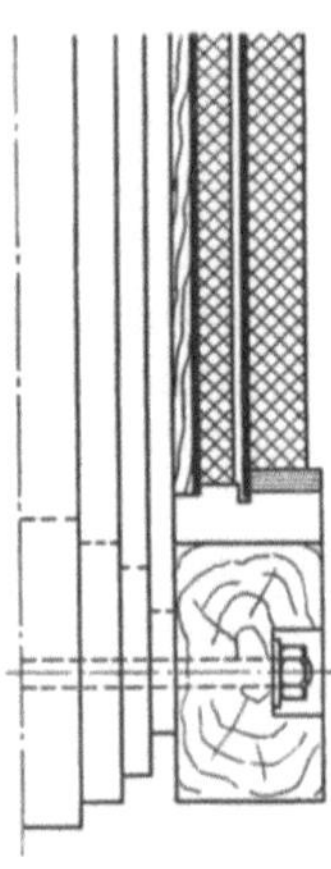

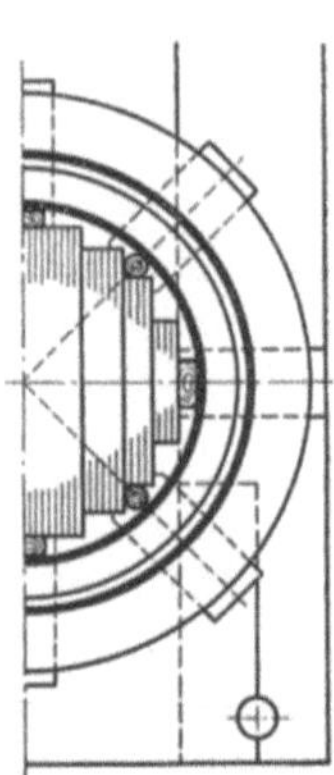

Abb. 256. Aufbau ei-
ner einfach konzen-
trischen Anordnung
von Zylinderspulen
bis zu Oberspannun-
gen entsprechend
Reihe 30 N

Abb. 257. Drehstrom-Öltransformator für 45 MVA und eine Oberspannung entsprechend Reihe 60 N

nungswicklung bildet, ihre axiale Länge überragt und in den am unteren
und oberen Joch längs des Wicklungsumfanges verteilten Abstützklötzen
zentriert ist, so daß zwischen dem Zylinder und der Unterspannungswicklung eine freie Öl- bzw. Luftstrecke entsteht.

Die Abstützklötze an den Jochen bzw. den Jochpreßteilen müssen
den axialen Kurzschlußkräften und den Spannungsbeanspruchungen
gewachsen sein. Sie werden deshalb aus Hartpapier, bei Öltransforma-

toren geringer Leistung und Oberspannung auch aus Holz gefertigt, wobei eine unmittelbare Berührung des Holzes mit der Wicklung z. B. durch Preßspanwinkelringe verhindert wird. Zur besseren Verteilung des Preßdruckes auf die Stirnflächen der Oberspannungswicklung empfiehlt es sich, diese mit Hartpapierringen zu bedecken. Abb. 256 zeigt eine solche Ausführung bei einem Öltransformator mittlerer Leistung mit hölzernen Jochpreßteilen.

Unabhängig von der Höhe der Oberspannung ist es bei größeren Schenkeldurchmessern ohne zusätzliche Mittel nicht möglich, die innerhalb der Kernfenster liegenden Abstützklötze mit ausreichendem Axialdruck zu pressen, da die rahmenförmige Preßkonstruktion der Joche nicht in die Fenster hineingreift. In solchen Fällen werden, wie Abb. 257 zeigt, geschlitzte oder zweiteilige Druckringe mit dem erforderlichen Widerstandsmoment dicht unter dem oberen Joch angeordnet und mittels in den Jochpreßeisen sitzenden Schrauben auf die oberen Abstützklötze der Wicklungen gepreßt.

Der in Abb. 256 dargestellte einfache Aufbau der Hauptisolation von Öltransformatoren bis zu Reihe 30 N würde bei höheren Reihenspannungen zu weit mehr als linear mit der Spannung vergrößerten Abständen der Oberspannungswicklung gegen die Unterspannungswicklung bzw. gegen die Joche führen, weil die Anfangsspannung von Ölstrecken weniger als proportional mit ihrer Länge zunimmt, zumal an den Wicklungsrändern mit ihren nicht homogenen Feldern. Nun beeinflussen aber diese Abstände, vor allem der radiale Abstand zwischen den Wicklungen, die Gewichte und äußeren Abmessungen des Transformators in entscheidender Weise. Man ist deshalb bemüht, den Isolationsaufbau bei höheren Reihenspannungen so zu verbessern, daß man mit tragbaren Abständen auskommt.

Da man auf eine ausreichende Kühlung Rücksicht zu nehmen hat, werden die genannten Isolierstrecken mehrfach durch Zylinder bzw. Winkelringe aus hochwertigem Isolierstoff derart unterteilt, daß sie, vornehmlich im Raum zwischen den Wicklungen, enge, für die Kühlung indessen ausreichende Ölschlitze einschließen. Damit wird der Umstand ausgenützt, daß die elektrische Festigkeit des Öles mit abnehmender Schlitzbreite zunimmt und gleichzeitig einer gefährlichen Brückenbildung durch im Öl schwimmende Verunreinigungen entgegengewirkt.

Solange bei der Prüfung einer solchen Anordnung mit Wechsel- oder Stoßspannung die Anfangsspannung nicht überschritten wird, verteilen sich bei sorgfältig getrockneten und entgasten Wicklungsaufbauten die elektrischen Beanspruchungen auf die einzelnen, miteinander wechselnden Schichten von flüssigem und festem Isolierstoff nach Maßgabe der Dielektrizitätskonstanten und der geometrischen Abmessungen. Demgemäß sind die Ölschlitze am meisten gefährdet, da sie die niedrigere

Dielektrizitätskonstante und zugleich die geringere Durchschlagfestigkeit aufweisen. Um das von den festen Isolierstoffen bewirkte Abschieben von Spannungsanteilen auf das Öl zu vermindern, vermeidet man nach Möglichkeit die Anwendung von Hartpapier ($\varepsilon = 4{,}5 \ldots 5$) und Preßspan ($\varepsilon = 4{,}5$) und bevorzugt Papier ($\varepsilon = 3{,}2$), dessen Dielektrizitätskonstante der des Öles ($\varepsilon = 2{,}3$) am nächsten kommt.

Für den von den Randfeldern an den Wicklungsköpfen nicht beeinflußten Raum zwischen den Wicklungen lassen sich die in den Schichten auftretenden elektrischen Feldstärken E leicht berechnen, da das Feld hier annähernd homogen ist. Dabei können wir die Schichtdicken mit gleichen Dielektrizitätskonstanten jeweils zu a', a'', $a''' \ldots$ zusammenfassen und erhalten für die Schichten mit der Dielektrizitätskonstanten ε' bei einer Prüfspannung U_p eine Feldstärke

$$E' = \frac{U_p}{\varepsilon' \left(\dfrac{a'}{\varepsilon'} + \dfrac{a''}{\varepsilon''} + \dfrac{a'''}{\varepsilon'''} + \cdots \right)} \tag{418}$$

und für die übrigen

$$E'' = E' \frac{\varepsilon'}{\varepsilon''}; \qquad E''' = E' \frac{\varepsilon'}{\varepsilon'''} \text{ usw.} \tag{418 a}$$

Setzen wir beispielsweise für die Ölschichten $a' = 2$ cm, die Papierschichten $a'' = 1$ cm und für die Hartpapierschichten $a''' = 0{,}5$ cm ein, so ergibt sich mit $\varepsilon' = 2{,}3$, $\varepsilon'' = 3{,}2$ und $\varepsilon''' = 5$ bei einer Prüfspannung $U_p = 200$ kV im Öl eine Beanspruchung $E' \approx 68$ kV/cm, während im Papier und Hartpapier nur Feldstärken $E'' \approx 49$ kV/cm bzw. $E''' \approx 31$ kV/cm auftreten. Bestände die gesamte Isolierung aus einem einheitlichen Dielektrikum gleicher Gesamtdicke (3,5 cm), so wäre seine Beanspruchung $E \approx 57$ kV/cm. Die Spannungsüberhöhung an den Ölschichten beträgt also in unserem Beispiel rd. 20%.

Wie man sich anhand der Gln. (418) und (418 a) leicht überzeugt, geht die Spannungsüberhöhung in den Ölschichten zurück, wenn die Dicke der festen Isolierschichten bei unverändertem Gesamtabstand vermindert wird. Dabei findet man jedoch aus Gründen der mechanischen Festigkeit des Isolationsaufbaues bald eine Grenze, weil die Weite der Ölkanäle zur Erhaltung ihrer elektrischen Festigkeit unverändert bleiben, ihre Zahl demnach ansteigen muß.

Von bemerkenswertem Einfluß auf die elektrische Festigkeit der beschriebenen Anordnung ist schließlich der Verkleidungseffekt, den die Drahtbespinnung bzw. jede dicht auf den Wicklungen aufgebrachte Papierschicht hervorruft. Man kann daher höhere Ölfestigkeiten in Ansatz bringen als die, welche zwischen blanken Elektroden ermittelt wurden, wobei auf einen angemessenen Sicherheitsfaktor allerdings nicht verzichtet werden kann.

Nach den Vorschriften für Isolieröle VDE 0370 soll die Durchschlagspannung einer Ölschicht von 2,5 mm zwischen leichtgewölbten Elektroden mit einem Krümmungsradius von 25 mm bei Raumtemperatur folgende Werte nicht unterschreiten:

Transformatorenöl	Durchschlagspannung (Effektivwert)
Neu, getrocknet	50 kV
Im Betrieb bei Reihen-	
spannungen bis 30 kV	20 kV
über 30 bis 110 kV	30 kV
über 110 bis 220 kV	35 kV
über 220 kV	40 kV

Die elektrische Mindestfestigkeit in kV/cm bei einem Elektrodenabstand von 2,5 mm beträgt das rd. Vierfache obiger Durchschlagspannungen.

Da die elektrische Festigkeit des Öles aber in hohem Maße von der Länge der freien Ölstrecke, der Verkleidung der Elektroden mit festem Isolierstoff, etwaigen Verunreinigungen des Öles durch Fasern und schließlich seinem Wasser- und Gasgehalt abhängt, ist die Vorausberechnung einer Isolationsanordnung selbst im homogenen Teil des Feldes ohne Erfahrungsgrundlagen nicht möglich.

An den Rändern der Wicklungen, bis zu einem gewissen Grade auch an den Kanten der einzelnen Scheibenspulen, aus denen die Zylinderwicklung gebildet ist, wenn sie nicht als Lagen- oder Röhrenwicklung ausgeführt wird, drängen sich die elektrischen Feldlinien zusammen, so daß dort höhere Beanspruchungen auftreten als im homogenen Feld. Da die Randfelder der Berechnung schwer zugänglich sind, ermittelt man sie im elektrolytischen Trog [121], [148], wobei sich nicht nur die unterschiedlichen Dielektrizitätskonstanten der Isolierschichten, sondern auch die Krümmung des zylindrischen Aufbaues berücksichtigen lassen. Abb. 258 zeigt beispielsweise das Ergebnis einer solchen Untersuchung für den Spulenaufbau eines Transformators mit einer Oberspannung von 60 kV. Eingezeichnet sind die Niveaulinien für die Wicklungsprüfung, bei der die Unterspannungswicklung geerdet ist und der Oberspannungswicklung ein Potential von 100% aufgedrückt wird. Beide Wicklungen sind mit abgerundeten und stark mit Papier umbandelten Schirmringen versehen, die an die Wicklungsenden angeschlossen sind. Die Oberspannungswicklung ist über Leisten auf einen Isolierzylinder aufgewickelt, der aus einem Tragzylinder aus Hartpapier mit einer Weichpapierauflage besteht. Letztere ist zwischen Wicklungsstirn und Joch rechtwinklig abgebogen und geht schließlich in die Isolierwand zwischen den Schenkelwicklungen über, die in Fenstermitte angeordnet wird. An den kritischen Stellen sind Feldlinien eingezeichnet.

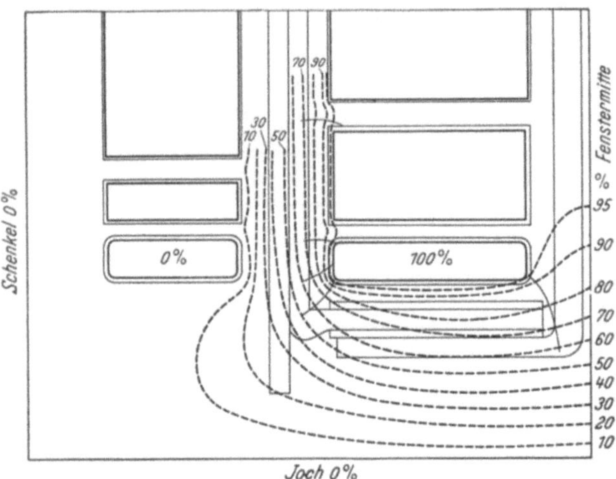

Abb. 258. Im elektrolytischen Trog aufgenommene Niveaulinien eines einfach konzentrischen Aufbaus von Zylinderwicklungen unter Berücksichtigung der unterschiedlichen Dielektrizitätskonstanten von Öl, Weichpapier, Preßspan bzw. Hartpapier

Mit wachsender Reihenspannung der Oberspannungswicklung erhöht man die Zahl der Zylinder und Winkelringe. Abb. 259 zeigt eine entsprechende Ausführung für Reihe 110 N.

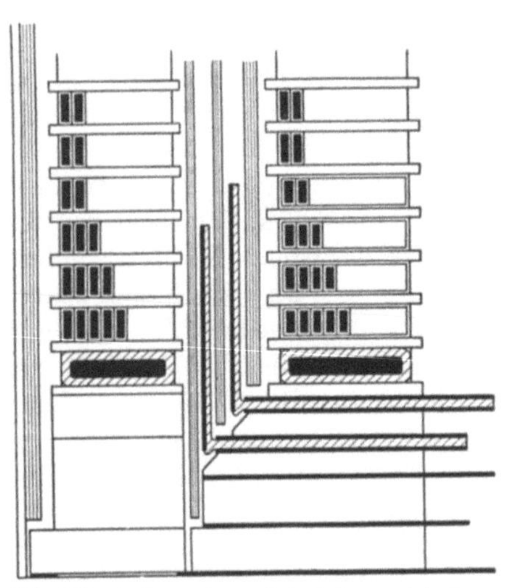

Abb. 259. Aufbau einer einfach konzentrischen Anordnung von Zylinderspulen bis zu Oberspannungen entsprechend Reihe 110 N

Beim Entwurf der Isolierung von Wicklungsaufbauten hoher Reihenspannungen nach dem Feldbild sind zwei Konstruktionsprinzipien zu beachten:

a) An Stellen hoher Konzentration stark divergierender Randfelder Verkleidung der Elektroden (Schirmringe) mit einer möglichst dicken Schicht aus festem Isolierstoff, um die höchsten Beanspruchungen dem elektrisch hochwertigeren Stoff, vorzugsweise Papier oder Preßspan, aufzubürden.

b) Da, wie bereits festgestellt, dünne Ölschichten eine wesentlich höhere elektrische Festigkeit besitzen als längere, freie Ölwege, zweckmäßige Unterteilung der Ölstrecken durch Barrieren aus festem Isolierstoff derart, daß diese insbesondere in Gebieten höchster Beanspruchungen Äquipotentialhüllen bilden.

Interessante Lösungen stellen die Spreizflanschisolation von BBC [100] und die Polsterringisolation nach Rabus [4] dar.

Die genannten Maßnahmen erfüllen ihren Zweck naturgemäß um so besser, je vollkommener man den Aufbereitungsprozeß des in den Kessel eingesetzten Transformators durchführt. Dementsprechend wird der zunächst noch nicht mit Öl gefüllte Transformator aufgeheizt, während einer von der Größe des Transformators abhängenden Zeitdauer unter hohem Vakuum getrocknet, und schließlich wird einwandfreies Öl unter Vakuum eingesaugt.

Die vorstehend entwickelten Grundsätze für den Isolationsaufbau von Zylinderwicklungen mit einfach konzentrischer Anordnung lassen sich sinngemäß auch auf solche mit doppelt konzentrischem Aufbau, eben-

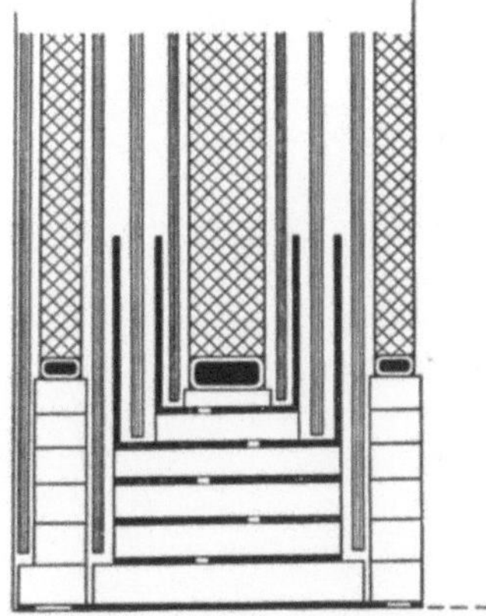

Abb. 260. Aufbau einer doppelt konzentrischen Anordnung von Zylinderwicklungen bei einer Oberspannung entsprechend Reihe 110 N

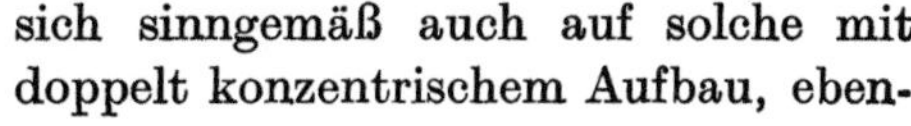
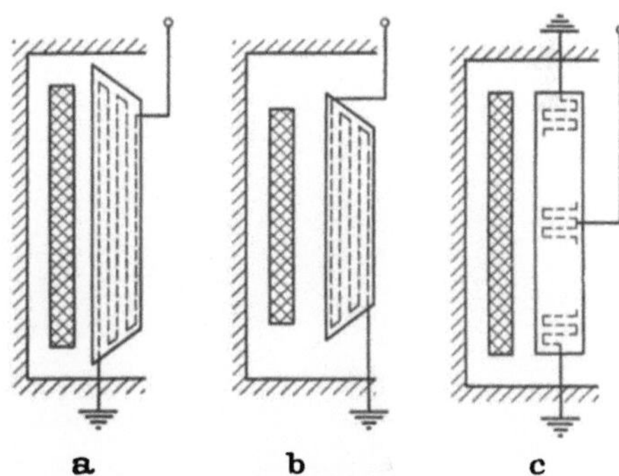

Abb. 261 a–c. Wicklungsanordnungen bei Transformatoren, deren Oberspannungssternpunkt starr geerdet wird

so auf Mehrwicklungs-Transformatoren entsprechender Bauart und schließlich auf solche Transformatoren übertragen, die zusätzlich eine über die axiale Wicklungslänge reichende Stufenwicklung erhalten. Dabei sind die Winkelringe etwa nach Abb. 260 so auszubilden, daß das Kühlmittel nahezu ungehindert zu- und abfließen kann.

Bei Transformatoren für Hochspannungsnetze mit starrer Sternpunkterdung kommen vornehmlich die in Abb. 261 dargestellten Wicklungsanordnungen in Frage. Abb. 261a und b zeigen Ausführungen mit Lagenwicklungen (vgl. Abb. 253) auf der Oberspannungsseite. Bei Erdung der innersten Lage richtet sich der Isolationsabstand zwischen Ober- und Unterspannungswicklung ausschließlich nach der Reihenspannung der Unterspannungsseite bzw. nach der Isolation des Sternpunktes. Dieser Vorteil entfällt, wenn man die äußerste Lage erdet. Hierbei werden zudem größere Abstände zu den Jochen erforderlich. Der

Isolationsabstand zum Nachbarschenkel kann jedoch sehr klein gehalten werden im Gegensatz zu Abb. 261a, wo bei Drehstromtypen zwischen benachbarten Schenkeln die verkettete Oberspannung auftritt. Die Anordnung nach Abb. 261b ist aber durchaus sinnvoll, wenn erdseitig ein Sternpunkt-Stufenschalter mit zugehöriger Stufenwicklung entsprechend Abb. 177 vorgesehen ist, weil sie eine starke Änderung der Kurzschlußspannung beim Durchlaufen des gesamten Einstellbereiches vermeidet. Die Oberspannungswicklung nach Abb. 261c schließlich ist eine aus Scheibenspulen aufgebaute Zylinderwicklung, die aus zwei gegenläufig gewickelten und parallel geschalteten Hälften besteht, so

Abb. 262. Drehstrom-Ofentransformator für 9 MVA, 6000/135 … 90 V mit stufenweiser Einstellung unter Last

daß der Hochspannungsanschluß in der Mitte, die beiden erdseitigen Enden dagegen nahe dem oberen und unteren Joch liegen. Der Abstand zu den Jochen richtet sich dabei nach der Reihenspannung der Unterspannungsseite bzw. nach der Isolation des Sternpunktes.

Selbst Transformatoren für industrielle Zwecke mit niedrigen Unterspannungen und sehr hohen Ausgangsströmen können als Kerntransformatoren mit Zylinderwicklungen einfach konzentrischer Anordnung ausgeführt werden. Dabei legt man mit Rücksicht auf die Ausleitungen der Ausgangswicklung diese nach außen und die Oberspannungswicklung nach innen. Ein Beispiel hierfür ist der Ofentransformator nach Abb. 262.

Der Isolationsaufbau von Manteltransformatoren mit Scheibenwicklung und liegendem Schenkel entspricht im Prinzip dem des Kerntransformators mit Zylinderwicklungen, nur sind hier die Ober- und Unterspannungs-Wicklungen gruppenweise ineinandergeschachtelt. An die Stelle der Isolierzylinder treten daher, wie Abb. 263 erkennen läßt, ebene Isolierwände. Die Haupt- und Rückschlußschenkel werden z. B. mit Preßspanumlagen, die Kanten der Oberspannungs-Spulengruppen

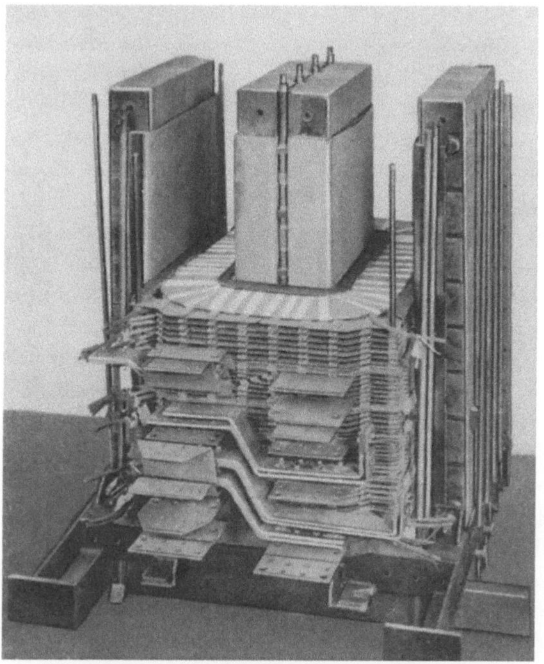

Abb. 263. Aufbau der Wicklungen eines einphasigen Manteltransformators für 3 MVA bei $16^2/_3$ Hz und einer Oberspannung von 15 kV

mit Winkelringen auf der dem Hauptschenkel zugekehrten Seite bzw. mit Winkelstreifen gegen die Rückschlußschenkel abgedeckt. Den Abschluß des Wicklungsstapels eines Schenkels bildet eine entsprechend der Spulenform ausgeschnittene und geschlitzte Druckplatte, mit welcher der Preßdruck auf die Spulenseitenflächen verteilt wird.

4. Der Ölkessel

Um die Abmessungen und das Gesamtgewicht des Öltransformators niedrig zu halten, paßt man die Lichtmaße des Ölkessels dem Eisenkern mit seinen Wicklungen so weit an, wie es die Isolation der spannungsführenden Teile gegen Erde unter Berücksichtigung der in das Öl ragenden Unterlängen der Durchführungen und etwa unterzubringender Umsteller bzw. Stufenschalter erlaubt. Da mit steigender Nennleistung die abzuführenden Gesamtverluste stärker wachsen als die minimale lichte Mantelfläche des Ölkessels, ist man genötigt, die Kesseloberfläche durch Anbringen von Wellen, Henkelrohren, Harfenrohren oder Radiatoren künstlich zu vergrößern. Nur bei kleinen Typen mit Nennleistungen bis 30 oder 50 kVA kann hierauf verzichtet werden. Mit Hilfe der Angaben im Abschn. VIII, 4 und 5 lassen sich durch Probieren leicht geeignete Gestaltungen der Kesseloberfläche finden, die den thermischen Anforderungen genügen, wobei man die natürliche Kühlung durch künstliche Belüftung steigern kann. Unter den verschiedenen Lösungen wird man sich für diejenige entscheiden, die den an die äußeren Abmessungen und mechanische Festigkeit gestellten Ansprüchen mit dem geringsten Aufwand genügt.

Bei Radiatorenkesseln werden im Bedarfsfalle die Kühlkörper nicht in die Kesselwand eingeschweißt, sondern über flache Drosselklappen angeflanscht (Abb. 222), so daß sie vor dem Transport abgenommen und anschließend am Aufstellungsort wieder angebaut werden können, wobei lediglich das Öl der Radiatoren abgelassen bzw. wieder nachgefüllt wird. Der Versand der Radiatoren erfolgt mit einer Stickstofffüllung, um das Eindringen von Feuchtigkeit zu verhindern.

Für Transformatoren mit sehr großer Nennleistung kommen schließlich in erster Linie handelsübliche Luft- oder Wasserkühler (vgl. Abschnitt VIII, 4) zur Anwendung, in denen das Öl durch erzwungenen Umlauf gekühlt wird. Dabei wird das Öl in Deckelnähe, wo es am wärmsten ist, aus dem Kessel abgesaugt und nach Abkühlung im Kühler dem Kessel in Bodennähe wieder zugeführt. Die oberen und unteren Rohranschlüsse versetzt man am Kesselumfang so, daß sie sich diametral gegenüberliegen. Um Dichtungsschwierigkeiten zu vermeiden, werden vorwiegend stopfbuchsenlose Pumpen verwendet. Die Kühler werden entweder neben dem Transformator aufgestellt oder zur Vereinfachung seiner Montage baulich mit ihm vereinigt (Abb. 213 und 214). Getrennt vom Transformator aufgestellte Radiatorenbatterien, durch die das Öl gepumpt wird oder in natürlichem Kreislauf fließt, werden wegen ihres hohen Platzbedarfes weniger angewendet.

Die Wasserkühlung wird vor allem bei Transformatoren für Kraftwerke vorgesehen, wo Wasser in genügender Menge zur Verfügung steht und außerdem die Luft, soweit es sich um Kohlekraftwerke handelt, stark verunreinigt ist. Der Gefahr, daß Kühlwasser bei Undichtwerden des Kühlers in das Transformatorenöl eintritt, wird wirksam dadurch begegnet, daß man dem Öl einen statischen Überdruck gegenüber dem Kühlwasser erteilt. Die Vorteile des Wasserkühlers gegenüber dem Luftkühler sind in seinen geringen Abmessungen und dem Umstand zu suchen, daß die Kühlwassertemperatur insbesondere im Sommer unter der der Luft liegt, was bei gleicher Übertemperatur eine Verminderung der Temperatur im wärmsten Punkt der Wicklung und somit eine verlängerte Lebensdauer der Isolation zur Folge hat.

Unabhängig von der angewandten Kühlung muß verhindert werden, daß das warme Öl mit dem Luftsauerstoff in Berührung kommt, um Schlammbildung infolge von Oxydation zu verhindern. Zu diesem Zwecke wird ein Ausdehnungsgefäß, auch Ölkonservator genannt, das mit der Außenluft in Verbindung steht, über eine Rohrleitung an den völlig mit Öl gefüllten Kessel des Transformators angeschlossen. Da über die Rohrleitung ein Wärmeaustausch zwischen Kessel und Ausdehnungsgefäß praktisch nicht möglich ist, bleibt sein Inhalt kalt, womit der erwähnte nachteilige Einfluß des Luftsauerstoffes stark vermindert wird. Das Ausdehnungsgefäß wird so hoch über dem Transformatordeckel angeordnet, daß auch bei niedrigstem Ölstand im Ausdehnungsgefäß die Durchführungen, soweit sie nicht völlig dicht gegen die Kesselfüllung abgeschlossen sind, noch unter einem gewissen Ölüberdruck stehen und deshalb keine Luft einsaugen können.

Damit das Ausdehnungsgefäß in jedem Betriebszustand des Transformators seine Aufgabe erfüllt, muß es groß genug sein, die höchstmögliche Volumenänderung des Kesselöles aufzunehmen. Legen wir bei Aufstellung des Transformators im Freien eine niedrigste Temperatur des Öles bei abgeschaltetem Transformator von $-20\ °\mathrm{C}$, eine höchste Kühlmitteltemperatur von $+40\ °\mathrm{C}$ und eine mittlere Ölübertemperatur bei Nennbetrieb von $50°$ zugrunde, so errechnet sich mit einem Wärmeausdehnungskoeffizienten des Öles $\alpha = 0{,}00076$ eine Volumenänderung von maximal $110 \cdot 0{,}00076 \approx 8{,}5\%$.

Zur Kontrolle des Ölstandes wird das Ausdehnungsgefäß mit einem Ölstandsglas (DIN 42552) versehen, das den gesamten Bereich vom niedrigsten Ölstand bei $-20\ °\mathrm{C}$ bis zum höchsten bei $+90\ °\mathrm{C}$ abzulesen gestattet. Es erhält Ölstandsmarken für $-20\ °\mathrm{C}$, $0\ °\mathrm{C}$ und $+20\ °\mathrm{C}$, deren Lage unter Berücksichtigung der Gestalt des Ausdehnungsgefäßes mit Hilfe des Wärmeausdehnungskoeffizienten des Öles und seiner Menge leicht berechnet werden kann [2]. Sie geben einen verläßlichen Anhalt für die richtige Füllung des Kessels mit kaltem Öl.

Um zu verhindern, daß Schwitzwasser und Ablagerungen im Öl des Ausdehnungsgefäßes in den Ölkessel gelangen können, läßt man das zum Kessel führende Anschlußrohr nach Abb. 264 einige Zentimeter oberhalb des Ausdehnungsgefäßbodens enden. Mit Hilfe einer am tiefsten Punkt angebrachten Ablaßschraube kann verdorbenes Öl gelegentlich abgelassen werden. Selbstverständlich muß die gleiche Menge an neuem Öl nachgefüllt werden.

Die die Verbindung mit der Außenluft herstellende Öffnung am höchsten Punkt des Ausdehnungsgefäßes muß so ausgebildet werden, daß der Regen nicht eindringen kann. Besser ist es, zwei diametral gegenüberliegende Öffnungen vorzusehen, um Schwitzwasserbildungen durch Luftdurchzug zu verhindern. Die Aufnahme von Feuchtigkeit aus der Luft wird dadurch aber noch nicht vollständig verhindert. Da getrocknetes Öl Luftfeuchtigkeit begierig aufnimmt und bereits Spuren

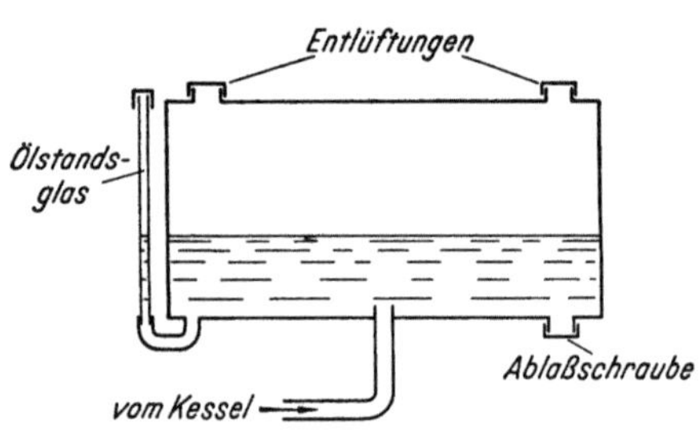

Abb. 264. Ölausdehnungsgefäß

von Wasser im Öl dessen Durchschlagfestigkeit stark herabsetzen, werden besonders bei Transformatoren für hohe Reihenspannungen zusätzliche Schutzmaßnahmen erforderlich. Zur Wahl stehen hauptsächlich folgende Ausführungen:

a) Der Ölspiegel im Ausdehnungsgefäß wird mit einem Schwimmer abgedeckt. Dies setzt voraus, daß das Ausdehnungsgefäß senkrechte Wände aufweist.

b) Die Entlüftungsöffnung des Ausdehnungsgefäßes erhält eine mit

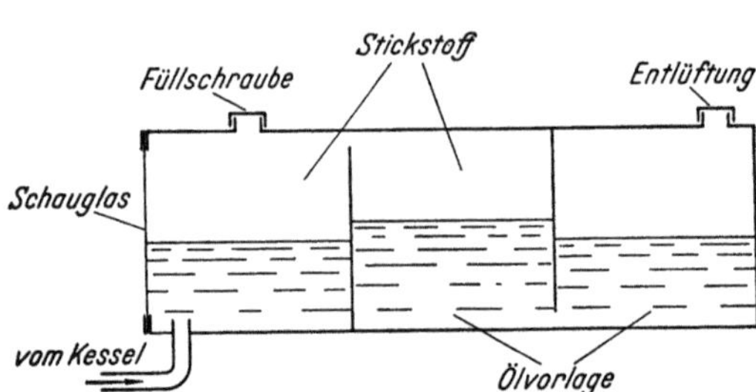

Abb. 265. Dreikammeriges Ölausdehnungsgefäß

Silikagel oder ähnlichen Mitteln gefüllte Vorlage, einen sogenannten Luftentfeuchter (vgl. DIN 42562).

c) Um höchsten Ansprüchen zu genügen, kann das Öl im Ausdehnungsgefäß mit einem Stickstoffpolster abgedeckt werden, das z. B. nach Abb. 265 durch eine Ölvorlage von der Außenluft abgeschlossen wird, um merkbare Drucksteigerungen bei der Erwärmung des Transformators zu vermeiden. Dies bedeutet allerdings, daß das Gesamtvolumen des Ausdehnungsgefäßes etwa verdreifacht werden muß. Dies kann vermieden werden, wenn man an das Ausdehnungsgefäß einen elastischen Stickstoffsack anschließt, oder eine Stickstoff-Vorratsflasche mit geeigneter Automatik.

Öltransformatoren für Theater, Lichtspiel- oder Warenhäuser, feuergefährdete Werkstätten usw. werden in zunehmendem Maße mit Clophen T 241 gefüllt. Es ist dies ein flammwidriges, d. h. nach der Entflammung nicht weiterbrennendes Isolier- und Kühlöl, das zwar teurer als gewöhnliches Transformatorenöl ist, aber Einsparungen an Anlagekosten nach sich zieht, weil es gestattet, den Transformator im Hauptgebäude selbst unterzubringen, also Sonderbauten zu vermeiden.

Hinsichtlich seiner Isolierfähigkeit steht es dem Transformatorenöl nicht nach, wenn harzreiche Hölzer für den Aufbau der Wicklungen und des Kernes sowie Isolierstoffe und Lacke mit in Clophen löslichen Bestandteilen vermieden werden. Seine Dielektrizitätskonstante beträgt etwa 4,5, ist also nahezu doppelt so hoch wie die von Transformatorenöl, so daß bei Reihenschaltung von festem und flüssigem Isolierstoff Spannungsüberhöhungen an den Kühlschlitzen entfallen oder sogar in Spannungsverminderungen übergehen (vgl. Abschn. IX, 3), was wegen der höheren elektrischen Festigkeit der festen Isolierstoffe nur erwünscht ist. Zur Füllung eines Lastumschalter-Gehäuses darf Clophen indessen nicht verwendet werden, weil seine unter Wirkung des elektrischen Lichtbogens entstehenden Zersetzungsprodukte neben Kohlenstoff trockenen Chlorwasserstoff erhalten.

Die Wärmekapazität des Clophens, bezogen auf die Volumeneinheit, stimmt nach Tab. 12 mit der von Transformatorenöl praktisch überein, seine Wärmeleitfähigkeit (vgl. Tab. 18) ist indessen 16% geringer. Die Konvektion an den Kühlflächen der Wicklungen und des Kernes sowie an der Innenseite der Kesselwand bzw. ihrer Kühlkörper wird jedoch kaum merklich beeinträchtigt. Die thermische Dimensionierung des Transformators ist also etwa die gleiche wie beim Öltransformator. Auch die thermische Zeitkonstante bleibt praktisch unverändert. Der Wärmeausdehnungskoeffizient von Clophen T 241 ist $\alpha = 0{,}00063$, also 17% niedriger als der von Transformatorenöl.

Früher hatte man die Füllung von Clophen-Transformatoren vollständig gegen die Außenluft abgeschlossen. Es hat sich aber inzwischen als voll befriedigend erwiesen, den Transformator mit einem Ausdehnungsgefäß üblicher Bauart zu versehen, das über einen Luftentfeuchter mit der Atmosphäre in Verbindung steht.

Zur Vermeidung schwerer Schäden, die beispielsweise durch Undichtigkeiten des Kessels, der Ölleitungen oder der Kühlkörper sowie durch Windungsschlüsse, Überschläge im Innern des Kessels, Eisenbrand usw. eingeleitet werden können, baut man bei Öl- bzw. Clophentransformatoren in die Verbindungsleitung zwischen Kessel- und Ausdehnungsgefäß gewöhnlich ein BUCHHOLZ-Relais ein. Dieses ist so ausgebildet, daß es auf Gasbildung, Luftansammlung, Ölverlust und Druckwellen im Öl anspricht und wird dazu benutzt, ein Warnsignal auszulösen oder die Abschaltung des Transformators zu bewirken [2]. Die Auslösung einer Warnung ist nur bei geringer Gasansammlung und in bemannten Stationen sinnvoll. Für diese wird deshalb ein Zweischwimmerrelais nach Abb. 266 gewählt, das bei leichten Fehlern eine Warnung, bei schwereren Fehlern dagegen die sofortige Abschaltung veranlaßt. Die Untersuchung der im BUCHHOLZ-Relais aufgefangenen Zersetzungsgase gibt außerdem wertvolle Hinweise auf die Art des Fehlers. Je nach Größe des Transformators werden Relais mit 1″-, 2″- oder 3″-Rohranschlüssen vorgesehen.

Abb. 266. Drehstrom-Öltransformator für 800 kVA, Oberspannung 10 kV, mit Buchholz-Relais

Das Ausdehnungsgefäß wird insbesondere bei Transformatoren mit Nennleistungen bis zu etwa 5 MVA am Kesseldeckel angebaut (Abb. 168, 169 und 266), während es bei größeren Transformatoren aus Transportgründen gewöhnlich getrennt geliefert und aufgestellt wird. Als Wandertransformatoren ausgebildete Großtransformatoren erhalten dagegen ein dem Bahnprofil angepaßtes Ausdehnungsgefäß, das dicht über dem Kesseldeckel angeordnet ist (Abb. 212 und 267).

Zu den sonstigen Ausrüstungen des Ölkessels gehören eine Ölablaßvorrichtung nach DIN 42551 oder bei größeren Typen ein Ablaßschieber und Ölprobierhähne, ferner Thermometertaschen nach DIN 42554 im Kesseldeckel, sowie ein Fahrgestell mit Flach- bzw. Spurkranz-Rollen nach DIN 42561, die zur wahlweisen Längs- und Querfahrt umgesteckt werden können (Abb. 266).

Bei Großtransformatoren mit Nennleistungen ab 100 MVA zwingt das Bahnprofil dazu, den Kessel nach Abb. 267 so auszuführen, daß er für den Bahntransport zwischen schnabelförmigen Gitterträgern hängend auf zwei Fahrgestelle gesetzt werden kann. Der Kessel wird dabei wie das Mittelteil einer Brücke beansprucht, was eine entsprechende Versteifung der Kessellängswände notwendig macht. Man bildet sie deshalb als Gitter- oder Kastenträger aus (Käfigkessel).

Um eine Aufbereitung der Kesselfüllung am Aufstellungsort des Transformators vornehmen zu können, muß der Kessel vakuumfest

Abb. 267. Drehstrom-Wandertransformator für 150 MVA, 245/10,5 kV, beim Transport mit Schnabelwagen

sein. Dies erfordert Versteifungen der Wände, des Bodens und des Deckels durch Aufschweißen von Profilträgern bzw. Rippen. Außerdem sind diametral gegenüberliegende Anschlußschieber am Deckel und Boden vorzusehen, um die Aufbereitungsvorrichtung anschließen zu können. Diese Maßnahmen werden indessen nur bei Transformatoren mittlerer und großer Leistungen getroffen. Wellblechkessel scheiden für die vakuumfeste Ausführung wegen ihrer beschränkten Festigkeit grundsätzlich aus.

5. Die Durchführungen des Öltransformators

Für Öltransformatoren verwendet man durchweg Durchführungen, die ölseitig gegenüber der Luftseite stark verkürzte Unterlängen aufweisen. Dies setzt natürlich voraus, daß die Unterlängen vollständig unter Öl liegen, was aber ohne weiteres gewährleistet ist, wenn der Transformator mit einem Ölausdehnungsgefäß versehen wird. Der

Porzellanüberwurf ist am Flansch und Kopf so ausgebildet, daß ein öldichter Abschluß gegen den Kessel bzw. gegen den Anschlußbolzen durch geklemmte Dichtungsbeilagen erzielt werden kann. Die bei Hochspannungsgeräten vielfach übliche Kittung der Isolatoren ist im Transformatorenbau verlassen worden, weil mit ihr eine dauernd verläßliche Abdichtung gegen Öl nicht erzielt werden kann.

Die Durchführungen von Reihe 1 N bis 110 N sind genormt. Ihre Ausführung und Befestigungsmittel sind DIN 42530 bis 42535 und DIN 42538/39 zu entnehmen. Bei den Reihen 10 N bis 45 N wird zwischen Innenraum- und Freiluftaufstellung unterschieden, während sowohl bei den Reihen 1 N und 3 N als auch bei den Reihen 60 N und 110 N nur je eine Form festgelegt ist, welche die Verwendung im Freien gestattet, aber auch für Innenraumausführung benutzt wird, weil eine Differenzierung nach der Aufstellungsart hier nicht lohnend erschien. Ab Reihe 10 N sind die genormten Durchführungen mit Pegelfunkenstrecken ausgerüstet, deren Schlagweiten VDE 0111 entsprechen, und außerdem am unteren Ende offen, so daß das Kesselöl nach Entlüftung am Durchführungskopf in die Durchführung eindringen kann. Die Pegelfunkenstrecken dienen als Grobschutz gegen äußere Überspannungen. Sie sind entbehrlich, wenn geeignete andere Maßnahmen für den Überspannungsschutz vorgesehen sind. Die vollständige Füllung des Porzellanüberwurfes mit Öl ist bei der Bemessung der genormten Durchführungen ab Reihe 10N zur Voraussetzung gemacht worden. Der im Öl liegende Teil des Durchführungsbolzens wird bei diesen bis zu Reihe 30 N durch ein übergeschobenes, ab Reihe 45N durch ein aufgewalztes Hartpapierrohr isoliert. Solche Normdurchführungen mit ihren Anschlüssen an die Wicklungen zeigen Abb. 168, 169 und 187 bis 190.

Die Normung der Durchführungen erstreckt sich auf Nennströme bis zu 3150 A bei Reihe 1 N bis 30 N, bis zu 1000 A bei Reihe 45 N und bis zu 600 A bei Reihe 60 N und 110 N. Um hohe, durch Wirbelströme hervorgerufene Erwärmungen des Kesselbleches an der Durchtrittstelle der Durchführungen zu vermeiden, sind bei Transformator-Nennströmen über 600 A die in Abschn. II, 8 genannten Maßnahmen zu ergreifen.

Bei Transformatoren für Lichtbogenöfen, Kontaktgleichrichter usw. kommen auf der Unterspannungsseite wesentlich höhere Nennströme mit Spannungen unter 1 kV vor. In diesen Fällen werden die Ausleitungsschienen öldicht durch Hartpapierplatten geführt, die entsprechende Ausschnitte im Kesseldeckel oder der Kesselwand verschließen. Dabei faßt man die Schienen in Gruppen so zusammen, daß die Summe der Durchflutungen für jeden Kesselblechausschnitt Null wird. Ein Beispiel hierfür ist in Abb. 262 wiedergegeben.

Durchführungen müssen ganz allgemein so bemessen sein, daß weder ein Durchschlag in ihrem Innern noch ein Überschlag längs ihrer Ober-

fläche beim Anlegen der vorgeschriebenen Wechsel- und Stoßprüf-
spannungen auftreten kann. Bei Freiluftdurchführungen ist außerdem
der Isolationsverminderung an der der umgebenden Luft ausgesetzten
Isolatoroberfläche durch Regen, Nebel und Verschmutzung Rechnung
zu tragen. Man verlängert deshalb das Porzellanoberteil gegenüber der
Innenraumausführung, versieht es mit einer ausreichenden Zahl aus-
ladender Schirme und führt die Prüfung mit Wechselspannung nicht
nur im trockenen Zustande, sondern auch unter Regen aus (vgl. VDE
0111), da die Überschlagspannung mit Betriebsfrequenz in viel stärkerem
Maße als die Überschlag-Stoßspannung durch Beregnung beeinflußt wird.
Die erforderliche Isolationsabstufung gegenüber den Transformator-
wicklungen wird durch Anbringung von Pegelfunkenstrecken an den
Durchführungen sichergestellt, die man so ausbildet, daß der durch
einen Überschlag eingeleitete Lichtbogen von der Isolatoroberfläche
ferngehalten wird (vgl. Abb. 187). Zur Unterdrückung von Glimment-
ladungen am oberen Funkenhorn läßt man dieses nötigenfalls in eine
kleine Kugel ausmünden.

Die geringste Schwierigkeit bietet die innere Isolierung der Durchführung, da für diese außer Öl hochwertige feste Isolierstoffe zur Verfügung stehen, die entweder in ihrer Gesamtheit auf dem Bolzen aufgebracht oder nur teilweise, im übrigen als Barrieren im Ölraum der
Durchführung angeordnet werden können. Vernünftigerweise wird man
daher die Sicherheit gegen Durchschlag so hoch ansetzen, daß die Durchschlagspannung über der Überschlagspannung liegt. Maßgebend für den
Überschlag der Durchführung ist die Feldstärke am Fassungsrand. Am
meisten gefährdet ist die Luftseite der Durchführung, da Luft die
niedrigste Dielektrizitätskonstante und zugleich die geringste elektrische
Festigkeit aufweist. Das einfachste Mittel, die Überschlagspannung
heraufzusetzen, besteht in der Vergrößerung des Fassungsdurchmessers,
was indessen bei höheren Reihenspannungen bald zu unwirtschaftlichen
Abmessungen führt. Um hier Abhilfe zu schaffen, schirmt man den Fassungsrand mit festem Isolierstoff ab, z. B. nach Abb. 268 in der Weise, daß
der Porzellankörper an der Fassungsstelle bis zu einer Hohlkehle im ersten
Schirm mit einem aufgespritzten und geerdeten Metallbelag versehen wird.

Insbesondere bei Reihenspannungen über 110 kV reicht diese Maßnahme indessen allein nicht mehr aus. Man wendet deshalb Konden-
satordurchführungen an, deren kapazitiv gesteuerte Beläge für eine
fast lineare Spannungsverteilung längs der Durchführungsoberfläche
sorgen. Man erreicht damit eine optimale Ausnützung der Durchfüh-
rungslänge bei einem, nur mit Rücksicht auf die Durchschlagsicherheit
gewählten, also minimalen Fassungsdurchmesser.

Da der Kondensatorwickel im allgemeinen aus Hartpapier besteht,
ist für Freiluftausführung luftseitig ein Porzellanüberwurf mit aus-

ladenden Schirmen nach Abb. 269 erforderlich. Der zwischen Porzellanüberwurf und Wickel verbleibende Raum muß mit Öl gefüllt sein, um
den Kondensatorwickel den Einwirkungen der Luftfeuchtigkeit zu ent-
ziehen. Die Zwischenölfüllung des Porzellanüberwurfes wird gewöhnlich
durch den auf den Kondensatorwickel aufgeschrumpften Zwischen-
flansch vom Kesselöl getrennt, um beim Bruch des Porzellanes zu ver-

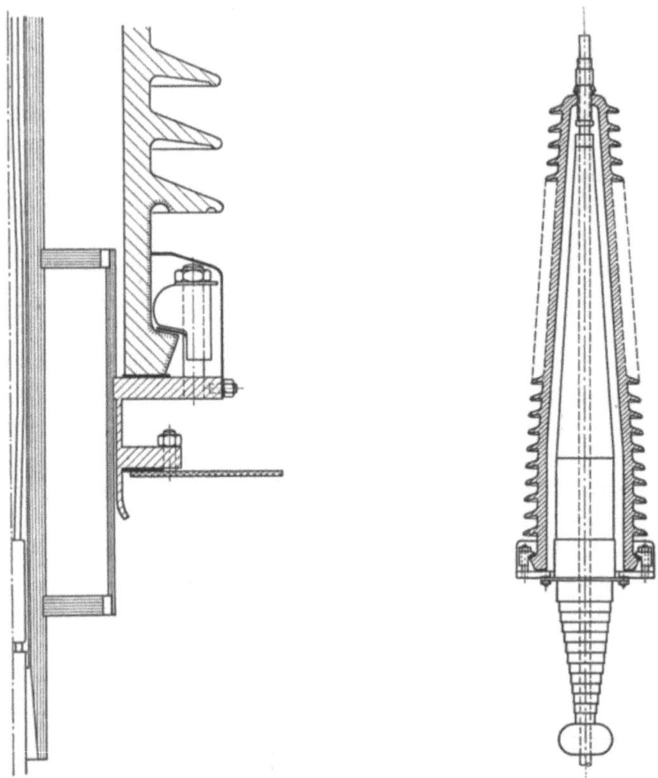

Abb. 268. Ausbildung einer Transformator-Durchführung für Reihe 110 N an der Fassungsstelle (Freiluftausführung)

Abb. 269. Transformator-Durchführung
für Reihe 220 N mit Hartpapier-Konden-
satorwickel (Freiluftausführung)

hindern, daß größere Ölmengen ausfließen. Die Ausdehnung des Zwi-
schenöles im Porzellankörper kann durch ein an die Durchführungs-
fassung angeschlossenes Ausdehnungsgefäß oder durch einen Membran-
körper im Durchführungskopf aufgenommen werden.

Die in den oben genannten Normblättern festgelegten Durchführungen bis zu Reihe 110 N weisen keinen Abschluß gegen das Kesselöl auf.
Infolgedessen wird bei Zerstörung des Porzellankörpers eine verhältnismäßig große Ölmenge, im allgemeinen also der Inhalt des Ausdehnungs-

gefäßes, ausfließen. Wenn solche Fälle auch selten auftreten, so kann man ihnen doch durch Anwendung von unten abgeschlossenen Durchführungen Rechnung tragen. Man hat dabei die Wahl zwischen Hartpapier-Kondensatordurchführungen, die für Freiluftausführungen wie bei Hochspannungsdurchführungen einen luftseitigen Porzellanüberwurf mit Zwischenölfüllung erhalten müssen, und keramischen Einrohrdurchführungen, die innen metallisiert sind und daher statt mit Öl mit

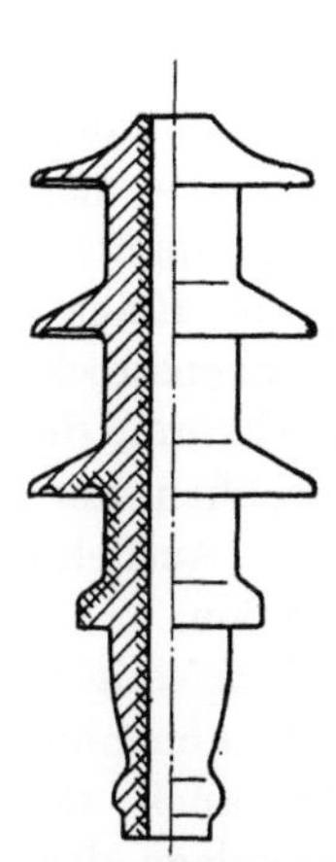

Abb. 270. Isolierkörper einer keramischen Einrohrdurchführung für Transformatoren (Freiluftausführung)

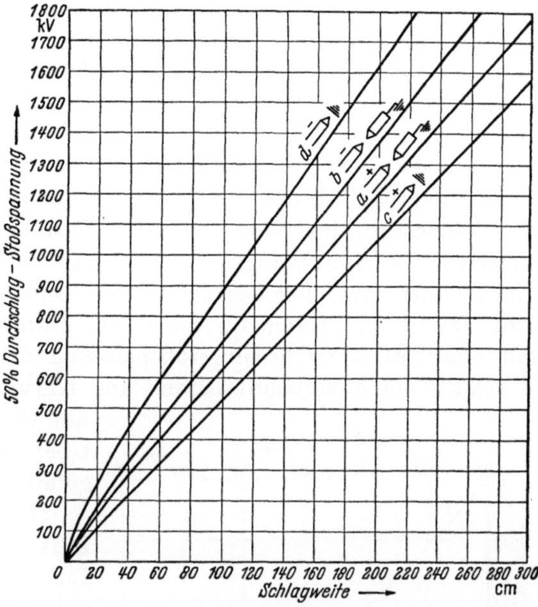

Abb. 271. Positive und negative 50%-Durchschlagstoßspannungen 1,2/50 in Luft für die Anordnungen: isolierte Spitze – geerdete Spitze (a, b) und isolierte Spitze – geerdete Platte (c, d) bei einem Luftdruck von 760 Torr, einer Lufttemperatur von 20 °C und einer absoluten Luftfeuchtigkeit von 11 g/m³

Luft gefüllt werden können. Einrohrdurchführungen lassen sich bis zu Reihe 30 N nach Abb. 270 herstellen.

Die Luftabstände der Durchführungen auf dem Kessel sind so reichlich zu wählen, daß beim Auftreten von Stoßspannungen, die die Pegelfunkenstrecken zum Ansprechen bringen, Überschläge von Klemme zu Klemme und von Klemme zu geerdeten Konstruktionsteilen, z. B. dem Ausdehnungsgefäß, sicher verhindert werden. Zur Bestimmung der Mindestabstände können die in Abb. 271 als Funktion der Schlagweite angegebenen 50%-Durchschlagstoßspannungen 1,2/50 für die Anordnungen isolierte Spitze gegen geerdete Spitze bzw. isolierte Spitze gegen geerdete Platte benutzt werden, wobei die Polaritätsabhängigkeit dieser

Anordnungen zu beachten ist. Die höchste Beanspruchung der Luftstrecke zwischen benachbarten Klemmen tritt auf, wenn ein einpoliger Stoß in dem Augenblick erfolgt, in dem die Betriebsspannung der nicht gestoßenen Klemme den entgegengesetzten Scheitelwert erreicht hat. Da sowohl die Pegelfunkenstrecke als auch die Schlagweite von Klemme zu Klemme — nicht zu kleine Abstände vorausgesetzt — der Anordnung isolierter Spitze — geerdeter Spitze entspricht, können wir mit Hilfe der Kurven a und b nach Abb. 271 den Mindestabstand zwischen den Klemmen leicht bestimmen. Bei einer Durchführung für beispielsweise Reihe 110 N mit einer Pegelfunkenstrecke von 750 mm beträgt die 50%-Durchschlagstoßspannung 1,2/50 der Pegelfunkenstrecke positiv 483 kV, negativ 560 kV und der Scheitelwert der höchsten Betriebsspannung $123 \cdot \sqrt{2}/\sqrt{3} = 101$ kV. Die höchsten Gesamtspannungen betragen also $+584$ kV bzw. -661 kV, für die wir den Kurven a und b einen Mindestluftabstand von rd. 900 mm entnehmen. Der Bestimmung des Mindestluftabstandes zwischen Klemme und Ausdehnungsgefäß legen wir die Anordnung isolierte Spitze — geerdete Platte zugrunde und rechnen mit einer positiven Stoßspannung als dem ungünstigsten Fall. Damit ergibt sich für die gleiche Durchführung der Reihe 110 N mit einer 50%-Durchschlagstoßspannung der Pegelfunkenstrecke von $+483$ kV ein Mindestluftabstand aus Kurve c von 920 mm, den wir auf 1000 mm erhöhen, um einen Überschlag zum Ausdehnungsgefäß auszuschließen.

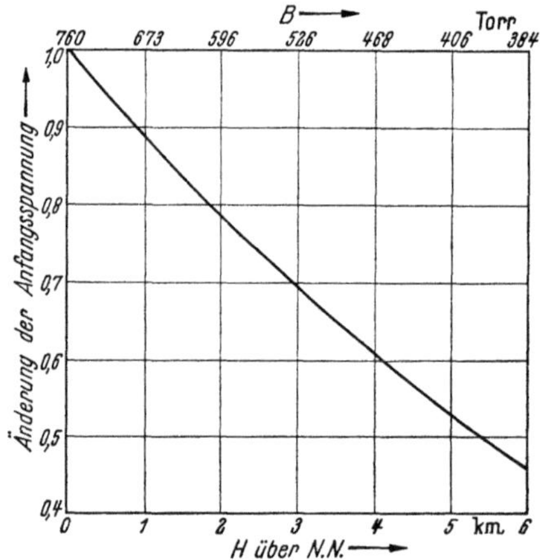

Abb. 272. Änderung der Anfangsspannung in Luft mit der Aufstellungshöhe über N. N. bzw. dem Luftdruck

Die Durchschlagfestigkeit der Luft sinkt mit abnehmendem Luftdruck, also auch mit zunehmender Höhenlage des Aufstellungsortes. Unabhängig von der Gestalt der Elektroden einer Anordnung in Luft sinkt ihre Anfangsspannung proportional dem Barometerstand, so daß sich unter Zugrundelegen der Deutschen Normatmosphäre nach DIN 5450 die in Abb. 272 dargestellte Änderung der Anfangsspannung mit der Aufstellungshöhe H über N. N. bzw. dem Barometerstand B ergibt. Da die Mehrzahl aller Transformatoren in Höhenlagen unter 1000 m über N. N. geprüft und verwendet werden, läßt man in dem Aufstellungsbereich zwischen 0 und 1000 m über N. N. die Schlagweite der Pegelfunkenstrecken und die Luftabstände der Klemmen unverändert. Bei Aufstellung in größeren Höhen müssen jedoch die Schlagweiten der Pegelfunkenstrecken und in gleichem Ausmaße die Luftabstände der Klemmen vergrößert werden, um eine zu starke Absenkung des Stoßpegels zu vermeiden. Die Vergrößerung soll nach VDE 0111 für Höhenlagen zwischen 1000 und 1500 m über N. N. 15%, für je 500 m weitere Höhenzunahme zusätzlich 7,5% betragen. Danach müssen z. B. bei Aufstellung in einer Höhe von 3000 m über N. N. die Schlagweiten und Luftabstände um 37,5% erhöht werden Da die Anfangsspannung der Durchführungen in dieser Höhe nach Abb. 272 auf 69% des Betrages bei 760 Torr zurückgeht, sind nötigenfalls Porzellanüberwürfe für entsprechend erhöhte Reihenspannungen zu wählen, um zu verhindern, daß die Durchführungen früher überschlagen als die Pegelfunkenstrecken.

Die Über- bzw. Durchschlagspannungen der Durchführungen und ihrer Pegelfunkenstrecken ändern sich auch mit der Umgebungstemperatur und der Luftfeuchtigkeit (vgl. VDE 0446 und [4]). Diese Einflüsse sind jedoch für die Konstruktion der Durchführung und die Wahl der Abstände zwischen den Klemmen bzw. der Klemmen gegen geerdete Konstruktionsteile ohne Belag, da sie für alle Überschlagwege etwa die gleichen sind. Sie interessieren lediglich bei der Bewertung der Überschlagmeßwerte.

X. Die Transformatorengeräusche

Es ist eine bekannte Erscheinung, daß Transformatoren Geräusche erzeugen, deren Stärke im wesentlichen mit der Induktion im Eisenkern und der Größe des Transformators zunimmt. Diese Geräusche können indessen bei fremdbelüfteten Transformatoren durch das Lüftergeräusch verdeckt oder übertroffen werden. In unmittelbarer Nähe von Verteilungstransformatoren mittlerer und groß er Leistungen ist je nach ihrer Baugröße im allgemeinen eine Lautstärke von 70 bis 90 phon[1] festzustellen. Sind diese im Freien ohne akustische Abschirmungen aufgestellt, so nimmt die Lautstärke mit wachsender Entfernung des Beobachters zwar rasch ab, geht aber im allgemeinen Geräuschpegel von 30 bis 40 phon erst in einem Abstand von einigen Hundert Metern unter. Günstiger liegen die Verhältnisse naturgemäß, wenn der Transformator von schalldämmenden Mauern umgeben oder gar in einem Stationsgebäude untergebracht ist.

Nun zwingt der steigende Energiebedarf dazu, Transformatoren immer größerer Nennleistungen, also erhöhter Schallstärke, auch in Wohnbezirken aufzustellen, und andererseits verringert die zunehmende

---

[1] Definition nach DIN 1318

Besiedelung des Landes die Abstände bewohnter Gebäude von vorhandenen Umspannwerken in bedenklichem Maße. Verständlicherweise wendet sich daher die insbesondere durch den wachsenden Verkehrslärm ausgelöste Abwehrreaktion der Öffentlichkeit mehr und mehr auch dem Transformator als störenden Schallerzeuger zu. Man hat festgestellt, daß Lautstärken von 70 phon an aufwärts als „absoluter Lärm" angesehen werden müssen, da sie meßbare physiologische Wirkungen ausüben und zu nervösen Belastungen führen. Bei Lautstärken unter 70 phon, die als „relativer Lärm" gelten, sind vegetative Reaktionen psychologisch bedingt. Sie bleiben aus, wenn der Mensch dem Geräusch positiv gegenübersteht, etwa weil er den Geräuscherzeuger als Mittel zur Befriedigung eigener Lebensbedürfnisse anerkennt. Andernfalls verschiebt sich die Grenze physiologischer Lärmwirkungen nach unten. Die persönliche Einstellung zum Geräusch unter 70 phon spielt also eine wesentliche Rolle [94]. Bis zu einem gewissen Grad werden indessen negative Einstellungen durch Gewöhnung überwunden, besonders bei dauernd unveränderlichen Lautstärken. Der zumutbare Geräuschpegel ist also fallweise und individuell verschieden.

Belästigungen der Anwohner durch Transformatorengeräusche lassen sich auf verschiedenen Wegen vermeiden. Naheliegend ist es, den Transformator zum Zwecke der Schalldämmung mit Mauerwerk oder Wänden aus sonstigen schallschluckenden Baustoffen zu umgeben. Da solche baulichen Maßnahmen außerhalb des Aufgabenbereiches des Transformatorenherstellers liegen, sollen sie hier nur angedeutet werden. Wir wollen vornehmlich die Möglichkeiten zur Herabsetzung der Geräusche am Transformator selbst untersuchen. Es darf wohl angenommen werden, daß diese begrenzt sind, nicht zuletzt aus Preisgründen. Es empfiehlt sich deshalb, im Einzelfall einen Vergleich der Mehraufwendungen für einen Transformator verminderter Lautstärke mit den zusätzlichen Kosten für gleichwertige bauliche Maßnahmen durchzuführen. Gegebenenfalls kann auch die Kombination einer bescheidenen Lautstärkeminderung am Transformator mit einer Schalldämmung durch umgebende Bauteile in Betracht gezogen werden.

Da die akustischen Grundlagen dem Leser weniger geläufig sein dürften, seien den folgenden Betrachtungen die hierfür erforderlichen Begriffe und Gesetze vorangestellt.

1. Akustische Begriffe und Gesetze

Der Schallpegel eines Tones wird in Vielfachen der praktischen Einheit Dezibel [dB] $= 10^{-1}$ Bell gemessen. Die Beziehung zwischen der physikalisch definierten Schallstärke J in W/cm² und dem vom menschlichen Ohr wahrgenommenen Schallpegel L in dB hat zu berücksichtigen, daß nach dem WEBER-FECHNERschen Gesetz die Empfindungs-

stärke der menschlichen Sinnesorgane innerhalb der ihnen gesteckten
Grenzen etwa dem Logarithmus der Reizstärke proportional ist. Die
untere und obere Aufnahmegrenze des Ohres werden als Hör- bzw.
Schmerzschwelle bezeichnet. Die Hörschwelle ist also die kleinste noch
wahrnehmbare relative Änderung der Schallstärke, während beim Überschreiten der Schmerzschwelle Schmerzempfindungen bzw. Schädigungen
des Gehörmechanismus auftreten. Diese Grenzen unterliegen naturgemäß individuellen Schwankungen, weshalb man mit statistisch ge-
wonnenen Durchschnittswerten rechnen muß.

Um eine mit Null beginnende dB-Skala zu erhalten, wählt man in der
Definitionsgleichung für den Schallpegel

$$L = 10 \lg \frac{J}{J_0} \quad [\mathrm{dB}] \tag{419}$$

als Bezugsschallstärke J_0 einen dem Hörschwellenwert entsprechenden
Betrag. Da sich die Empfindlichkeit des Ohres mit der Tonfrequenz
ändert, worauf noch zurückzukommen sein wird, legt man einen Normalton von 1000 Hz zugrunde, für den ein Hörschwellenwert $J_0 = 10^{-16}$
$\mathrm{W/cm^2} = 10^{-9}$ dyn/cm s festgelegt worden ist.

Da das menschliche Ohr und die für Geräuschmessungen verwendeten Mikrophone auf den Schalldruck p ansprechen, ermitteln wir den
Zusammenhang zwischen der eine Leistung darstellenden Schallstärke J
und dem Schalldruck p für ein ebenes Schallfeld zu

$$J = p^2/Z , \tag{420}$$

worin Z den akustischen Widerstand bezeichnet. Aus der genannten
Bezugsschallstärke J_0 und dem akustischen Widerstand der Luft
$Z \approx 40$ dyn s/cm³ errechnet sich hiermit ein an der Grenze des Wahr-
nehmungsvermögens liegender Bezugsschalldruck $p_0 = 2 \cdot 10^{-4}$ [dyn/cm²
$= \mu$bar]. Wir können also den Schallpegel L nach Gl. (419) auch durch
die Beziehung

$$L = 20 \lg \frac{p}{p_0} \quad [\mathrm{d\,B}] \tag{421}$$

ausdrücken.

Als Schmerzschwelle gilt ein Schallpegel von 120 dB, woraus mit
den Gln. (419) und (421) folgt, daß der Hörbereich sich bis zu einem
Schallstärkenverhältnis $J/J_0 = 10^{12}$ bzw. einem Schalldruckverhältnis
$p/p_0 = 10^6$ erstreckt.

Gl. (419) zeigt, daß bei Änderung der Schallstärke vom Betrag J_I
auf den Betrag J_II die Schallpegelzu- bzw. -abnahme

$$\Delta L = 10 \lg \frac{J_\mathrm{II}}{J_\mathrm{I}} \quad [\mathrm{d\,B}] \tag{422}$$

beträgt. Bei einer Verdoppelung der Schallstärke wächst also der Schallpegel um rd. 3 dB, bei einer Verdreifachung um rd. 4,8 dB. Die gleiche

Schallpegeländerung ist zu erwarten, wenn neben dem Schallerzeuger ein zweiter bzw. dritter mit gleicher Schallstärke aufgestellt wird. Andererseits folgt aus Gl. (422), daß zur Änderung des Schallpegels in gleichen Stufen ΔL die Schallstärke jeweils im Verhältnis

$$\frac{J_{\mathrm{II}}}{J_{\mathrm{I}}} = 10^{\Delta L/10} = 1{,}26^{\Delta L} \qquad (422\,\text{a})$$

variiert werden muß. Schallpegelstufen von z. B. $\Delta L = 3$ dB verlangen also jeweils eine Verdoppelung bzw. Halbierung der Schallstärke.

Bringt man einen Schallerzeuger mit dem Schallpegel L bzw. einer Schallstärke $J = J_0 \cdot 10^{L/10}$ in einen Raum, in dem ein Schallpegel $L_R \leqq L$ bzw. eine Schallstärke $J_R = J_0 \cdot 10^{L_R/10}$ herrscht, so erhöht sich der Schallpegel entsprechend Gl. (422) um

$$\Delta L = 10 \lg \frac{J + J_R}{J} = 10 \lg \left(1 + 1{,}26^{-(L-L_R)}\right) \quad [\text{dB}]\,. \qquad (423)$$

Da bei der Messung eines Schallerzeugers in einem Raum mit dem Schallpegel L_R nur der Gesamtschallpegel $L' = L + \Delta L$ ermittelt werden kann, ist vorstehende Gleichung für die Bestimmung des Meßfehlers, der durch den Raumschallpegel entsteht, nicht unmittelbar geeignet. Wir formen sie deshalb um und erhalten

$$\Delta L = 10 \lg \frac{1}{1 - \dfrac{J_R}{J + J_R}} = -10 \lg \left(1 - 1{,}26^{-(L'-L_R)}\right) \quad [\text{dB}] \qquad (423\,\text{a})$$

Dieser Meßfehler ist in Abb. 273 über der Differenz $L' - L_R$ auf-

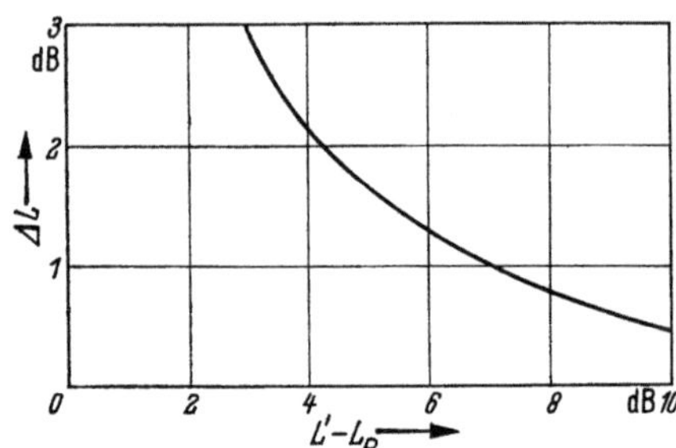

Abb. 273. Durch den Raumschallpegel L_R verursachter Meßfehler

getragen. Die Kurve zeigt, daß beginnend mit einem Schallpegelunterschied von 7 dB der Meßfehler unter 1 dB sinkt.

Um den Einfluß der Entfernung vom Schallerzeuger auf den Schallpegel zu ermitteln, nehmen wir diesen als kugelförmig an und ordnen seiner Oberfläche den Radius r, dem Abstand des Beobachters vom Kugelmittelpunkt den Radius R zu. Da die Schallstärke im unbegrenzten echofreien Raum im Verhältnis $(r/R)^2$ abnimmt, sinkt in diesem Idealfall der Schallpegel in einem Abstand R um

$$\Delta L = 20 \lg \left(\frac{R}{r}\right) \quad [\text{dB}] \qquad (424)$$

d. h., ausgehend von $R \geqq r$, bei jeder Verdoppelung des Abstandes um 6 dB, bei jeder Verzehnfachung um 20 dB.

Nichtkugelförmige Schallerzeuger können wir uns in eine Hüllkugel mit dem Radius r eingeschlossen denken, an deren Oberfläche ein einigermaßen gleichmäßiger Schallpegel herrscht. Bei einem quaderförmigen Schallerzeuger, z. B. einem Transformator, empfiehlt es sich, r gleich seiner größten Kantenlänge zu wählen. Außerhalb dieser Hüllkugel treten Kugelwellen auf, welche die durch Gl. (424) dargestellte Schallpegelminderung ergeben. Innerhalb der Hüllkugel dagegen divergieren die Fortpflanzungsrichtungen der Schallwellen weit weniger, weshalb auch die Änderung des Schallpegels dort wesentlich geringer ist. Da die Umgebung eines im Freien aufgestellten Transformators jedoch

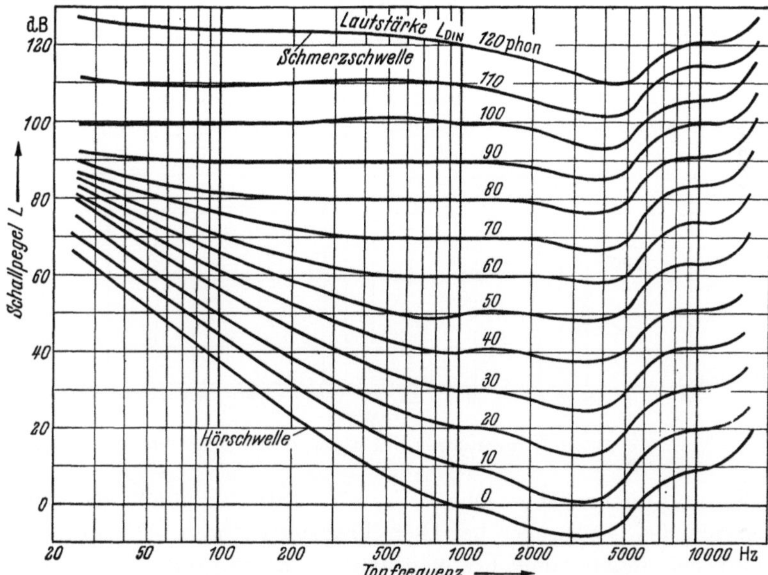

Abb. 274. Kurven gleicher Lautstärke bei zweiohrigem Hören

niemals vollkommen reflektionsfrei ist, kann man bei einer Verdoppelung des Abstandes R im allgemeinen nur mit einer Abnahme des Schallpegels um 4 bis 5 dB rechnen.

Nun reagiert das menschliche Ohr in dem wahrgenommenen Tonfrequenzbereich von 16 bis 20000 Hz nicht gleichmäßig auf alle Frequenzen. Es ist für Tonfrequenzen von 3000 bis 4000 Hz empfindlicher als für höhere und niedrigere Frequenzen. Diesem Umstand Rechnung tragend, vergleicht man die Lautstärke von Tönen beliebiger Frequenz mit dem Schallpegel des Normaltones von 1000 Hz und gibt sie in ebensoviel phon-Einheiten an, als der gleichlaute Normalton dB-Einheiten aufweist. Durch Hörvergleich mit dem stufenweise veränderten Normalton wurden die in Abb. 274 wiedergegebenen „Kurven gleicher

Lautstärke" ermittelt [11], [20]. Sie erstrecken sich über den gesamten in Betracht kommenden Frequenzbereich und gelten für zweiohriges Hören. Man erkennt, daß bei Tonfrequenzen unter 1000 Hz die dB-Werte über den phon-Werten liegen, und zwar um so mehr, je niedriger die Tonfrequenz und je geringer die Lautstärke in phon ist. Erst von Lautstärken ab etwa 90 phon fallen sie praktisch zusammen.

Bei der Messung der Lautstärke eines Schallerzeugers mittels eines Lautstärkemessers wird zur ungefähren Anpassung an das Ohrempfinden eine Bewertung der Meßergebnisse nach den Kurven A oder B gemäß Abb. 275 vorgenommen (vgl. DIN 5045). Die Kurve A gilt für Schallpegel $\leq$ 60 Einheiten, die Kurve B für Schallpegel $\geq$ 60 Einheiten. Dementsprechend werden die Meßergebnisse in dB(A) bzw. dB(B) angegeben.

Geräusche bestehen aus einer Mischung zahlreicher Töne verschiedener Frequenzen. Auf die spektrale Zusammensetzung der Geräusche

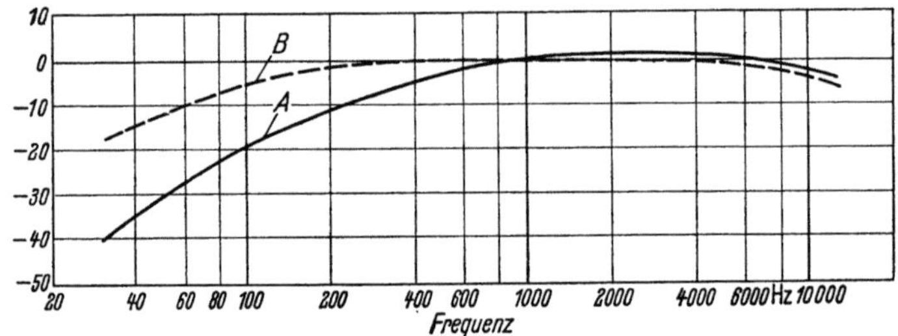

Abb. 275. Bewertungskurven A und B nach DIN 5045

reagiert das menschliche Ohr zwar sehr unterschiedlich, da aber das Spektrum des Geräusches bei allen Transformatoren sehr ähnlich ist, kommt bei diesen einer Frequenzanalyse keine große Bedeutung zu. Man kann sich daher im allgemeinen mit der Messung der Gesamtlautstärke begnügen. Dazu kann ergänzend gesagt werden, daß ein Unterschied von 9 bewerteten Einheiten dB(A) oder dB(B) einer Verdoppelung bzw. Halbierung der subjektiven Ohrempfindung entspricht [108].

Abweichend von der Vorschrift nach DIN 5045 wird sowohl in Deutschland (VDE 0532) als auch im Ausland das Transformatorgeräusch unabhängig von seiner Höhe nur nach der Bewertungskurve A gemessen. Diese Vereinfachung ist mit Rücksicht auf den praktischen Wert solcher Messungen und den Vergleich von Meßergebnissen im In- und Ausland sinnvoll.

2. Die Ursache der Transformatorengeräusche

Die durch die Magnetostriktion unter dem Einfluß der Induktion bedingte Längenänderung der Kernbleche, die sich meistens als Dehnung, bei manchen Blechsorten aber als Stauchung äußert, ist als primäre Ursache der Transformatorengeräusche anzusehen. Bei sorgfältigem Schichten der Kerne können im allgemeinen die in den kleinen Luftspalten an den verzapften Stoßstellen der Bleche auftretenden Maxwellkräfte als Geräuschursache vernachlässigt werden. Bei stumpf gestoßenen Kernen treten durch MAXWELLkräfte ausgelöste zusätzliche Schwingungen bzw. Geräusche der Kerne auf, die das magnetostriktive Geräusch in den meisten Fällen übertönen. Die magnetostriktiven Dehnungen oder Stauchungen regen den Kern zu mechanischen Schwingungen an, die im wesentlichen in der Kernebene liegen [158]. Man kann sich die durch diese Längenänderungen hervorgerufenen Kraftwirkungen auch als durch äußere eingeprägte Erregerkräfte ausgelöst vorstellen. Die Frequenzen dieser Erregerkräfte treten mit einem geradzahligen Vielfachen der Netzfrequenz auf, wobei die Grundschwingung von 100 Hz (bei 50 Hz Netzfrequenz) besonders ausgeprägt ist. Da der Zusammenhang zwischen der Längenänderung und der Induktion nicht linear ist, treten Oberschwingungen der Erregerkräfte auf. Ein rein quadratischer Zusammenhang zwischen der Dehnung oder Stauchung und der Induktion hätte

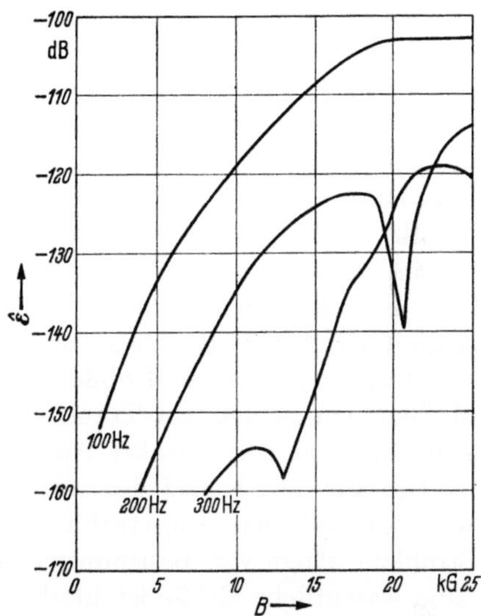

Abb. 276. $\hat{\varepsilon}$ nach Gl. (425) in Abhängigkeit von der Induktion für die 100, 200 und 300 Hz Schwingungen von kaltgewalztem Transformatorenblech

bei 50 Hz Erregung des Transformators nur die mechanische Grundschwingung von 100 Hz zur Folge. Da es jedoch bis heute kein handelsübliches Kernblech mit dieser Eigenschaft gibt, muß mit mechanischen Oberschwingungen der Kerne und mit höherfrequenten Geräuschanteilen im Luftschallfeld des Transformators gerechnet werden [156].

Abb. 276 zeigt den Zusammenhang zwischen den einzelnen Dehnungs- oder Stauchungskomponenten und der Induktion. Auffallend ist dabei, daß die höherfrequenten Komponenten von 200 und 300 Hz mit steigender Induktion gegenüber der 100 Hz Komponente an Bedeutung gewinnen und im Bereich der im Transformatorenbau üblichen Induktionen von $\geqq 15000$ G in starkem Maße den abgestrahlten Schallpegel beeinflussen. Um aus der Messung der magnetostriktiven Dehnung oder Stauchung unmittelbar auf die akustische Wirksamkeit der einzelnen Komponenten schließen zu können, wurden die Scheitelwerte der bezogenen Längenänderungs-Komponenten $\Delta l/l$ in der Form

$$\hat{\varepsilon} = 20 \lg \frac{\Delta l}{l} \quad [\mathrm{dB}] \tag{425}$$

aufgetragen. Die Messungen erfolgten bei Wechselstromerregung mit 50 Hz. Da die Dehnungs- bzw. Stauchungskomponenten von 400 Hz und darüber keine nennenswerte akustische Bedeutung haben, wurde auf ihre Wiedergabe verzichtet.

Die vom Kern ausgehenden Schwingungen erregen bei Trockentransformatoren das Luftschallfeld unmittelbar. Bei Öltransformatoren werden die Schwingungen über das Öl auf den Kessel übertragen und von letzterem als Luftschall abgestrahlt. Die Übertragung der Schwingungen durch das Öl erfolgt wegen der im Verhältnis zu den Abständen zwischen dem aktiven Teil des Transformators und dem Kessel sehr großen Wellenlängen der 100, 200 und 300 Hz Schwingungen nahezu ungedämpft. [146]

Ein zweiter Übertragungsweg für die Kernschwingungen ist durch die im allgemeinen kraftschlüssige Verbindung des aktiven Teils mit dem Kesseldeckel und dem Kesselboden gegeben. Die Kenntnis der Aufteilung dieser übertragenen Schallenergie auf diese beiden Übertragungswege wäre im Hinblick auf die Wahl von geräuschdämmenden Maßnahmen in und am Transformator zwar sehr von Nutzen, jedoch kann hierüber keine exakte Aussage gemacht werden.

Die auf den Kessel des Transformators übertragene Schallenergie wird als Luftschall abgestrahlt. Das Maß des Abstrahlvermögens eines Strahlers hängt von bestimmten physikalischen Zusammenhängen ab. Eine wesentliche Größe ist hierbei die sogenannte relative Strahlungsleistung, ein dimensionsloser Faktor, der das Verhältnis der Abstrahlvermögen des betreffenden Strahlers und einer unendlich ausgedehnten konphas schwingenden Ebene ausdrückt. Diese relative Strahlungsleistung hängt ab von dem auf die Wellenlänge der abgestrahlten Schallwelle im Luftschallfeld bezogenen Strahlerumfang und von der Strahlerordnungszahl. Die folgende Gl. (426) zeigt den Einfluß der für die Abstrahlung maßgebenden Größen deutlich:

$$L = 20 \lg \left(K \cdot f \cdot y \sqrt{N_{rel}} \right) \quad [\mathrm{dB}] \tag{426}$$

Hierin bezeichnet K eine Konstante, f die mechanische Frequenz des Strahlers, y seine Amplitude und N_{rel} die relative Strahlungsleistung. Demnach wird z. B. bei Verdopplung der Amplitude y der Schallpegel um 6 dB erhöht. Ferner kann mit Hilfe der Gleichung sofort die quantitative Aussage gemacht werden, daß eine Senkung der Amplitude y um 10 oder 20% einer Verminderung des abgestrahlten Schallpegels entspricht, die in der Größenordnung der Meßungenauigkeiten liegt; Maßnahmen zur magnetostriktiven Veränderung des Werkstoffes mit dem

Ziel einer merklichen Geräuschsenkung müßten demzufolge sehr umfassend sein. Gl. (426) läßt ferner den Einfluß einer Induktionssenkung im Kern des Transformators auf den abgestrahlten Schallpegel erkennen. Nimmt man in erster Näherung einen rein quadratischen Zusammenhang zwischen der Dehnung oder Stauchung bzw. dem Ausschlag y und der Induktion an, also $y = \text{const. B}^2$, so müßte die Induktion um rd. 30% gesenkt werden, um eine Halbierung des Ausschlags bzw. eine Senkung des Schallpegels von 6 dB zu erreichen. Die Verminderung des Schallpegels um 6 dB ist zwar mit Rücksicht auf die subjektive Empfindung (Halbierung bei einer Senkung um 9 dB) von erheblichem praktischem Wert, gemessen an der Verteuerung des Transformators durch die Induktionssenkung erscheint eine solche Maßnahme jedoch als indiskutabel. Wenn auch die durch eine 30%ige Induktionssenkung tatsächlich erreichbare Schallpegelminderung wegen des Verhaltens der höherfrequenten Geräuschanteile (vgl. Abb. 276) etwas größer als 6 dB ist, werden Induktionssenkungen zur Geräuchminderung nur selten vorgenommen.

Aus Gl. (426) geht ferner hervor, daß die mechanischen Frequenzen des Strahlers einen erheblichen Einfluß auf die Höhe des Schallpegels haben. Da die Wellenlängen mit steigender Frequenz fallen, wächst darüber hinaus N_{rel} mit f in starkem Maße, d. h. die höherfrequenten Geräuschanteile werden vom Transformatorenkessel weit besser abgestrahlt als die Grundschwingung von 100 Hz. Eine ganz erhebliche Herabsetzung der Transformatorengeräusche wäre demzufolge durch die Beseitigung der Oberschwingungen der magnetostriktiven Längenänderung zu erreichen.

Bei der Untersuchung der durch Transformatoren verursachten Geräusche kann man die Frage nach den mechanischen Kernresonanzen nicht übergehen. Der Transformatorenkern besteht aus Masse mit Federeigenschaften und ist infolgedessen schwingungsfähig. Da die elastische Masse stetig verteilt ist, weist dieses schwingungsfähige Gebilde unendlich viele Eigenfrequenzen auf. Bei genauer Untersuchung des Schwingungsverhaltens muß berücksichtigt werden, daß Joche und Schenkel nicht unendlich zugsteif sind, also endliche Federkonstanten aufweisen und infolgedessen eine Kopplung zwischen Längseigenfrequenzen und Biegeeigenfrequenzen auftritt [158], [171], [172].

In manchen Fällen genügt auch eine Näherungsrechnung für die Ermittlung der Eigenfrequenzen. Auf den Einfluß der Längseigenfrequenzen kann dann verzichtet werden, d. h. es werden Joche und Schenkel mit unendlich großer Zugsteife vorausgesetzt. Eine weitere Näherung besteht in der Vernachlässigung des Schubeinflusses auf die Biegelinie, sowie der Drehträgheit der Massenelemente [185]. Die Werkstoffdämpfung des Kernmaterials kann in jedem Falle unberücksichtigt bleiben, da sie sehr gering ist und die Eigenfrequenzen kaum herabsetzt. Unter diesen vereinfachenden Annahmen können Rechengenauigkeiten von etwa $\pm 20\%$ erreicht werden. Grundsätzlich interessieren nur die tiefsten Eigenfrequenzen der Kerne, da die höheren Oberschwingungen außerhalb des magnetostriktiven Anregebereiches liegen. Jeder Eigenfrequenz ist eine definierte Schwingungsform oder Eigenform des Kerns zugeordnet. Diese Eigenformen können ebenfalls berechnet werden, sind jedoch im Hinblick auf den praktischen Wert von zweitrangiger Bedeutung.

Abb. 277 zeigt ein mechanisches Ersatzschema für die in der Schenkelrichtung unsymmetrische und in der Jochrichtung symmetrische Eigen-

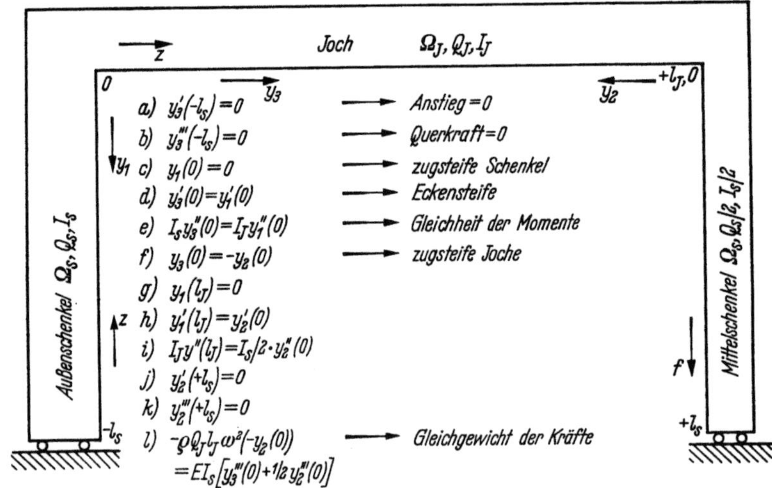

Abb. 277. Vereinfachtes mechanisches Ersatzschema für die in der Schenkelrichtung unsymmetrische und in Jochrichtung symmetrische Biegeverformung

form eines Dreiphasenkerns, wobei zugsteife Joche und Schenkel angenommen wurden [185]. Durch Einsetzen der 12 angeschriebenen Randbedingungen in die Lösungen der Bewegungsdifferentialgleichungen erhält man die Bestimmungsgleichungen für die Integrationskonstanten. Setzt man die Determinante gleich Null, so erhält man die gesuchte Frequenzgleichung, aus der die Eigenwertsbestimmung für die Berechnung der Eigenfrequenz erfolgt.

Ein weiteres Ersatzschema, ohne Vernachlässigungen der endlichen Zugsteife von Jochen und Schenkeln zeigt Abb. 278. In diesem ist außerdem an den Verbindungsstellen zwischen Schenkeln und Jochen keine biegesteife Kopplung angenommen, d. h. es werden im Gegensatz zu Abb. 277 an diesen Stellen keine Biegemomente übertragen [171]. Wie durch zahlreiche Messungen nachgewiesen werden konnte, trifft die letztgenannte Annahme für Kerne mit Schrägschnitt an den Verbindungsstellen zwischen Schenkeln und Joche zu. Die im Ersatzschema eingezeichneten Ersatzmassen lassen sich berechnen und sind für die üblichen Kernabmessungen in den angegebenen Größen hinreichend genau berücksichtigt. In Abb. 278 sind wiederum die 12 Randbedingungen eingetragen. Die Randbedingungen e), d), g) und h) drücken die biegeweiche Kopplung der Joche mit den Schenkeln aus und ergeben ein völlig anderes Schwingungsverhalten des Kerns als es den Randbedingungen gemäß Abb. 277 entspricht. Während bei der Annahme

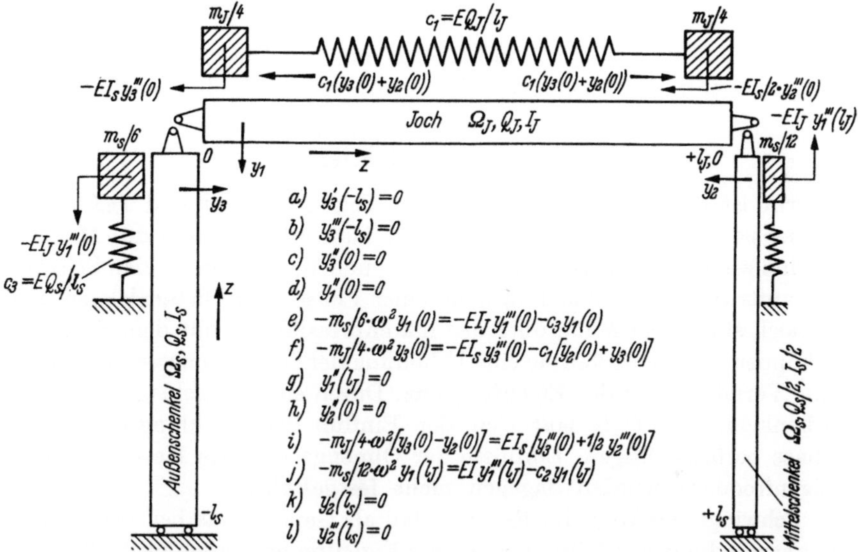

Abb. 278. Mechanisches Ersatzschema für die in der Schenkelrichtung unsymmetrische und in der Jochrichtung symmetrische Biegeverformung (ohne Vernachlässigungen)

der biegesteifen Verbindungen (90°-Schnitt an den Ecken) der Kern ein einheitliches Schwingungsgebilde darstellt und im Resonanzfall als Ganzes in einer bestimmten Eigenform schwingt, zerfällt das mechanische Gebilde des Dreiphasenkerns im vorliegenden Falle in zwei schwingungsfähige Teile mit verschiedenen Eigenfrequenzen der Schenkel und Joche. Dies bedeutet jedoch nicht, daß Schenkel und Joche völlig unabhängig, z. B. als doppelt gestützte Balken, gerechnet werden können. Die Zugsteife (Federkonstante) und die Masse des einen Kernteils haben einen Einfluß auf die Größe der Eigenfrequenz des anderen Kernteils.

Nach Ermittlung der Eigenwerte, die zweckmäßigerweise mit Hilfe der elektronischen Rechenmaschine durchgeführt wird, erfolgt die Berechnung der gesuchten Eigenfrequenz nach der einfachen Beziehung

$$fe = \frac{c\,(\Omega l)^2}{2\,\pi\,l^2}\;\sqrt{\frac{I}{Q}} \qquad (427)$$

In dieser bezeichnen Ωl den Eigenwert des Schenkels bzw. Joches, I das zugeordnete äquatoriale Trägheitsmoment, Q den zugeordneten aktiven Eisenquerschnitt und l die *halbe* Schenkel- bzw. Jochlänge. Die Schallgeschwindigkeit c für Längswellen im Transformatorenblech errechnet sich aus dessen Elastizitätsmodul E und seiner Dichte ϱ zu

$$c = \sqrt{\frac{E}{\varrho}} \qquad (427\ \mathrm{a})$$

Setzt man diesen Ausdruck in Gl. (427) ein, so ergibt sich für die Eigenfrequenz, z. B. des Schenkels, mit seinen Werten Ω_S, l_S, I_S und Q_S

$$fe = \frac{(\Omega_S\,l_S)^2}{2\,\pi}\;\sqrt{\frac{I_S\,E}{\varrho\,Q_S\,l_S{}^4}} \qquad (428)$$

Hierin ist $\varrho\,Q_S\,l_S$ die *halbe* Masse des Schenkels, während $I_S E/l_S^3$ die Dimension einer Federkonstanten hat. Man erkennt, daß der Masseneinfluß wie beim eingliedrigen, aus Feder und Masse bestehenden Schwinger auftritt. Da die Wicklungsteile einer Phase über Distanzleisten und in noch stärkerem Maße über das inkompressible Öl mit dem Schenkel gekoppelt sind, bewirken sie eine Erhöhung der Schenkelmasse und damit eine Verminderung der Eigenfrequenz. Durch einen Zuschlag zur *halben* Schenkelmasse $\varrho\,Q_S\,l_S$ läßt sich der Einfluß der Wicklungsteile einer Phase berücksichtigen. Einflüsse der Ölmenge und des Kessels auf die Eigenfrequenz wurden dagegen nicht festgestellt.

Schwingt der Kern im Resonanzfall als Ganzes, was bei biegesteifen Eckverbindungen zutrifft, so kann die Eigenfrequenz auch nach Gl. (428) mit den für die Joche geltenden Werten berechnet werden, denn es besteht der Zusammenhang

$$\Omega_S\,l_S = \Omega_J\,l_J\,\frac{l_S}{l_J}\;\sqrt[4]{\frac{Q_S\,I_J}{Q_J\,I_S}} \qquad (429)$$

Mit dem Index J sind die Werte bezeichnet, die sich auf die Joche beziehen. Bei Kernen mit biegeweichen Eckverbindungen gilt Gl. (429) nicht mehr, d. h. Schenkel und Joche weisen unterschiedliche Eigenfrequenzen auf, die einzeln zu bestimmen sind. Dabei ist mit dem Ersatzschema nach Abb. 278 eine Übereinstimmung zwischen Rechnung und Messung von 5% zu erwarten [*171*].

Während die akustische Auswirkung einer Kernresonanz im Luftschallfeld des fertigen Transformators für den Fall der totalen Resonanz (biegesteife Eckverbindungen, 90°-Schnitt) zu Schallpegelüberhöhungen von rd. 10 dB führen kann, wurden bei Transformatoren mit biegeweichen Eckverbindungen (Schrägschnitt) Überhöhungen von nur 4 bis 5 dB beobachtet. Um den modernen Anforderungen im Transformatorenbau gerecht zu werden, empfiehlt sich jedoch auch bei diesen mäßigen Schallpegelüberhöhungen eine vorherige Vorausberechnung der Eigenfrequenzen, um Resonanzen des Kernes bzw. fertigen Transformators durch eine geeignete Kerndimensionierung zu vermeiden.

Interessant sind in diesem Zusammenhang die Meßergebnisse an zwei Drehstromkernen mit Schrägschnitt-Verzapfungen der äußeren Kernecken. Bei dreiphasiger Erregung durch Hilfswicklungen wurden die in den Abb. 279 und 280 dar-

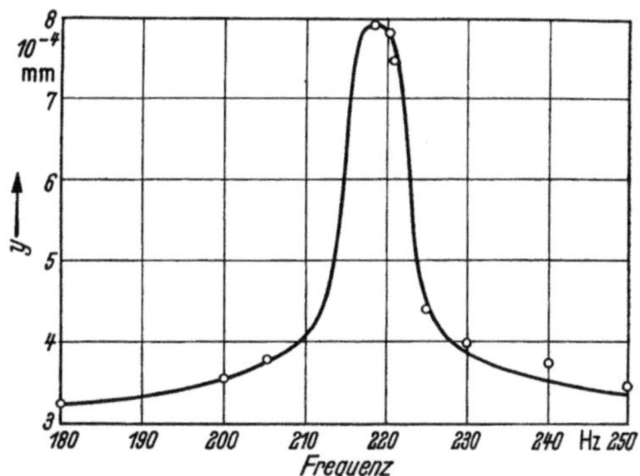

Abb. 279. Resonanzkurve der Außenschenkel eines Drehstromkernes

gestellten Frequenzgänge der Schwingungsamplituden y an den Außenschenkeln ermittelt. Während Abb. 279 eine sehr steile Resonanzkurve zeigt, sind die Resonanzkurven der beiden Außenschenkel nach Abb. 280 unterschiedlich, was auf ungleiche Pressung der Eckverbindungen zurückzuführen ist [171].

3. Maßnahmen zur Geräuschsenkung

Solange Transformatorenbleche mit geringerer Magnetostriktion nicht zur Verfügung stehen, müssen sich die Maßnahmen zur Geräuschsenkung unmittel-

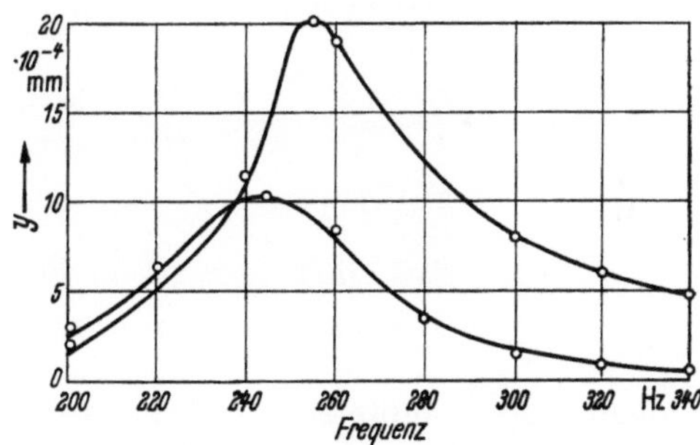

Abb. 280. Resonanzkurve der Außenschenkel eines Drehstromkernes

bar an der Geräuschquelle, nämlich am Eisenkern, auf eine sorgfältige Schichtung und Verzapfung des Kernes beschränken. Die Weiterentwicklung der Bleche sollte aber auf das Ziel ausgerichtet werden, die magnetostriktiven Längenänderungen herabzusetzen oder ihre Oberschwingungen zu beseitigen.

Der Hersteller wird also seine Bemühungen beim Bau geräuscharmer Transformatoren vorläufig auf sekundäre Maßnahmen konzentrieren. Die erwähnte Übertragung der Schallenergie über das Öl zum Kessel und

die Verbindung des aktiven Teils mit Deckel und Boden des Kessels
läßt sich nicht vermeiden. Zwar wird der aktive Teil des Transformators,
also der Kern mit den Wicklungen, häufig über elastische Glieder mit
dem Kessel verbunden und somit eine direkte sogenannte Körperschall-
übertragung vermieden, jedoch ist der Erfolg nur dann nennenswert,
wenn dieser Übertragungsweg andernfalls einen erheblichen Anteil
der abgestrahlten Schallenergie übertragen würde. Die Erfahrung zeigt
aber, daß dies nicht immer zutrifft, und daß im allgemeinen der größere
Teil der Schallenergie über das Öl an die Kesseloberfläche gelangt. Es
wäre deshalb naheliegend, diesen zweiten Übertragungsweg durch den

Abb. 281. Geräuscharmer 10 MVA-Transformator

Einbau von kompressiblen Elementen zu eliminieren. Mit Rücksicht
auf die Isolierung des Transformators scheiden entsprechende Ein-
bauten aber im allgemeinen aus. Folglich bleiben als brauchbare Lösungen nur noch Maßnahmen zur Verminderung der Schallabstrahlung
des Kessels übrig.

Um eine optimale Reduktion des abgestrahlten Schallpegels zu
erzielen, müßte die gesamte Oberfläche des Transformators von Schall-
Dämmwänden umgeben werden. Eine solche totale Verkleidung ist aus
vielen Gründen jedoch nicht durchführbar. Beschränkt man sich auf
die Ummantelung eines Teils der Kesseloberfläche, so sollte diese dort
angebracht werden, wo der überwiegende Teil der Schallenergie abgestrahlt wird. Hieraus stellt sich zunächst die Aufgabe, die Verteilung

der abgestrahlten Schallenergie auf die Kesseloberfläche so zu steuern, daß die für eine Verkleidung nicht geeigneten Stellen des Kessels an der Abstrahlung wenig beteiligt sind. Durch eine sinnvolle Kesselkonstruktion kann dieses Ziel bis zu einem gewissen Grade erreicht werden.

Abb. 281 zeigt einen geräuscharmen Transformator, der an den Breit- und Stirnseiten mit einer Dämmwand versehen ist. Die zweckmäßige Ausführung einer solchen Dämmwand setzt einige Umsicht voraus. Im allgemeinen bestehen die Dämmwände aus schallhartem Material ohne merkliche Absorptionsfähigkeit für die vom Transformator abgestrahlten, verhältnismäßig tiefen Frequenzen und entsprechend großen Schallwellenlängen. Dies bedeutet, daß ein erheblicher Teil der auf die Dämmwand auftreffenden Schallenergie von der Dämmwand reflektiert wird. Durch die Reflexion der Schallwellen an der Dämmwand und am Kessel tritt aber eine Erhöhung der Schallintensität in dem Raum zwischen Kessel und Dämmwand auf, so daß unter Umständen keine nennenswerte Geräuschsenkung gegenüber dem Transformator ohne Dämmwand erzielt wird. Um dies zu vermeiden, muß für hinreichende Absorption der Schallwellen durch die Dämmwand gesorgt werden. Die Wand soll demzufolge sowohl dämmen als auch dämpfen.

Die Dämmwirkung einer Wand beruht auf einer reinen Fehlanpassung des akustischen Abstrahlwiderstandes an den Strahler, die Dämpfung dagegen auf der Absorption der Schallwellen, d. h. auf einer Umwandlung der Schallenergie in Wärme. Das Absorptionsvermögen hängt von der Art des Mediums und vom Verhältnis der Dicke dieses Mediums zur betreffenden Schallwellenlänge in Luft ab. Bei einer Schallwellenlänge der 100 Hz-Grundschwingung des Transformators von 3,40 m müßte die Dicke des Absorbermediums (z. B. Mineralwolle, Glaswolle) mindestens 50 cm betragen, um eine hinreichende Dämpfung zu erzielen Ein solcher Abstand zwischen Kesselwand und Dämmwand ist bei Transformatoren in der Regel nicht möglich. Man muß sich daher damit begnügen, durch weniger tiefe Absorberstrecken (10—20 cm) eine für die 100 Hz-Komponente sehr geringe, mit steigender Frequenz rasch wachsende Dämpfung zu realisieren. Für eine wirkungsvollere Dämpfung der tiefen Frequenzen von 100 oder 200 Hz wurden die Dämmwände auch schon auf ihrer der Kesselwand zugekehrten Seite mit Resonanzabsorbern, Plattenresonatoren oder Hohlraumresonatoren, versehen. Mit diesen kann jedoch nur eine Frequenz unterdrückt werden, weshalb das erzielte Ergebnis nicht voll befriedigt.

Werden die Dämmwände direkt am Transformatorkessel bzw. an dessen Versteifungen befestigt, so ist eine Anregung dieser Dämmwände durch direkten Körperschall unvermeidlich. Die Wand schwingt mit den anregenden Frequenzen, weshalb ihre Dämmwirkung stark vermindert wird. Eine Befestigung der Dämmwand über elastische Elemente, die die Wand gegen den Kessel akustisch einwandfrei abdichtet, ist also erforderlich. Eine Dämmwand weist jedoch unendlich viele Eigenfrequenzen auf. Fällt eine dieser Eigenfrequenzen mit einer anregenden Luft- oder Körperschallfrequenz zusammen, so gerät die Wand in Resonanz und das Gegenteil der angestrebten Dämmwirkung tritt ein. Dies zwingt zur Verwendung nicht schwingungsfähiger Dämmwände aus Werkstoffen mit möglichst großer innerer Dämpfung. Solche Werkstoffe müssen natürlich absolut witterungsbeständig sein und das nötige Flächengewicht für die angestrebte Dämmung aufweisen. Da die Ausbreitung von Schwingungen infolge der hohen Werkstoffdämpfung nur sehr beschränkt möglich ist, können derartige Wände auch ohne elastische Zwischenglieder direkt an den Horizontal- und Vertikalträgern der Kessel befestigt werden.

Die nachträglich an den Kessel anzuflanschenden Radiatoren (vgl. Abb. 281) welche die Dämmwand auf deren Außenseite umgreifen, setzen die Wirksamkeit der Dämmwand nicht herab, da das Schallabstrahlvermögen der Radiatoren für die langen Luftschallwellen der auftretenden Frequenzen sehr klein ist.

Bei Transformatoren mit angebauten Lüftern für die künstliche Belüftung überwiegen häufig die Lüftergeräusche. Diese Lüftergeräusche sind in starkem Maße von der Umfangsgeschwindigkeit der Flügelräder abhängig. Bei den im allgemeinen verwendeten Axial-Lüftern kann mit einer Erhöhung des unbewerteten Schallpegels bei Verdoppelung der Drehzahl um rd. 15 dB gerechnet werden. Nach Gl. (422) bedeutet dies, daß die Schallstärke I ungefähr mit der 5. Potenz der Drehzahl wächst. Man ist im Transformatorenbau dazu übergegangen, fast nur noch Lüfter mit Drehzahlen unter 1000 U/min zu verwenden, da bei höhertourigen Gebläsen der Schallpegel nach DIN 42540 für Transformatoren in Normalausführung nicht eingehalten werden kann. Durch geräuschdämpfende Maßnahmen kann im Rahmen der konstruktiv gegebenen Grenzen eine Verminderung des Lüfterschallpegels um einige dB erzielt werden.

Abb. 282. Geräuscharmer Lüfter

Abb. 282 zeigt einen solchen geräuscharmen Lüfter. Das Gehäuse besteht aus einem äußeren Gußmantel und einem inneren perforierten Blechmantel; der Zwischenraum ist mit einem Schallabsorptionsmedium gefüllt. Bei den angewendeten Absorberdicken können nur höhere Frequenzanteile absorbiert werden. Die Frequenzspektren eines Lüfters mit normalem Blech- oder Gußgehäuse und vergleichsweise mit einem gemäß Abb. 282 ausgeführten Doppelgehäuse mit Schalldämpfung sind in Abb. 283 dargestellt. Die Schallwellen der Frequenzen oberhalb

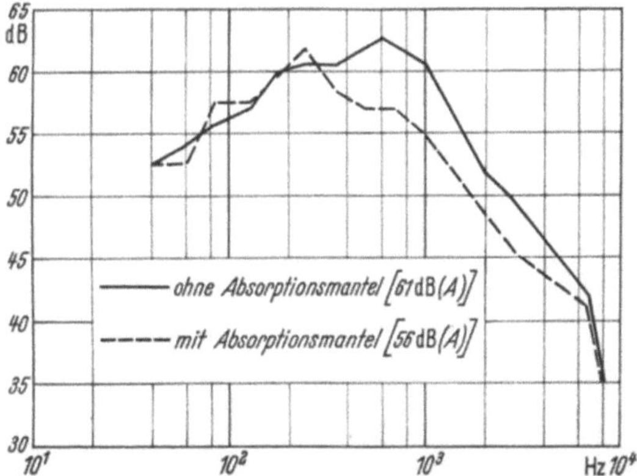

Abb. 283. Frequenzanalyse von Lüftergeräuschen

300 Hz werden demzufolge merklich absorbiert. Die Schallpegelmessung ergab eine Senkung des bewerteten Schallpegels durch den Absorptionsmantel um 5 dB (A).

Die hinreichende Herabsetzung der Lüftergeräusche bereitet im allgemeinen keine Schwierigkeiten. Bei entsprechender Drehzahlsenkung

Abb. 284. Großtransformator mit Geräuschabsorbern

und bei Ausnutzung der technischen Möglichkeiten der Schallabsorption kann dafür gesorgt werden, daß die Lüftergeräusche das Transformatorgeräusch, auch bei geräuscharmer Ausführung des Transformators, nicht

nennenswert übertönt. Daß die Anzahl der langsam laufenden, geräuscharmen Lüfter gegenüber der Anwendung von höhertourigen Lüftern
bei gleicher, durch die künstliche Belüftung erzielter Wärmeabgabe,
höher sein muß, bedarf keiner weiteren Erläuterung. Es sei jedoch darauf
hingewiesen, daß eine Verdopplung der Lüfteranzahl einer Erhöhung
von nur 3 dB entspricht, während eine Halbierung der Drehzahl eine
Senkung um rd. 15 dB bewirkt.

Bei Großtransformatoren wird den Gebläsen auf deren Druckseite
oft ein Geräuschabsorber vorgesetzt. Eine solche Anordnung ist in Abb. 284
zu erkennen. Die Absorber
haben einen leichten Öffnungs-
winkel und wirken deshalb
auch als Diffusor, d. h. bei
richtiger Dimensionierung
kann durch den nachgeschal-
teten Absorber eine Erhöhung
der Luftfördermenge erzielt
werden.

Einen weiteren Geräusch-
absorber für Lüftergeräusche
zeigt Abb. 285 für die Saug-
seite (Kühlerseite) des Lüfters.
Man sieht auch hier, daß für
die höherfrequenten Lüftergeräusche die Dimensionen
der schallabsorbierenden Ein-
richtung verhältnismäßig klein
sind.

Schließlich sei noch auf
die in Abb. 286 dargestellten
Frequenzanalysen hinge-
wiesen. Die ausgezogenen
Säulen im oberen Teil des

Abb. 285. Großtransformator mit Geräuschabsorbern

Bildes beziehen sich auf das reine Transformatorgeräusch, während die
nicht ausgefüllten Säulen das Summengeräusch von Transformator plus
Lüfter markieren. Man sieht, daß im Bereich der höheren Frequenzen
die Geräuschkomponenten der Lüfter einen erheblichen Einfluß auf
das Gesamtgeräusch haben. Auch der bewertete Schallpegel in dB (A)
zeigt den Einfluß der Lüftergeräusche; bei geräuscharmer Ausführung
dieses Transformators müßten demzufolge leisere Lüfter eingesetzt
werden, da sonst die Maßnahmen zur Geräuschsenkung am Transformator selbst für den Betrieb mit Lüfter nicht zu rechtfertigen
wären.

Eine weitere Frequenzanalyse, die an einem geräuscharmen 15 MVA-Transformator aufgenommen wurde, ist in Abb. 287 dargestellt. Die Geräuschanteile der 100, 200 und 300 Hz-Komponenten wurden durch eine fachgerechte Ummantelung des Transformators um 7—10 dB

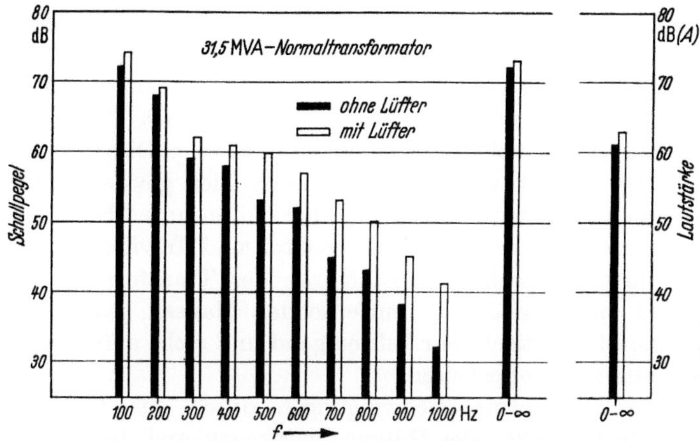

Abb. 286. Frequenzanalyse von Transformatorengeräuschen

gesenkt, wobei der höhere Wert für die 300 Hz-Komponente gilt. Es kann beim heutigen Stand der Entwicklung geräuscharmer Transformatoren wohl ganz allgemein gesagt werden, daß mit vertretbarem Auf-

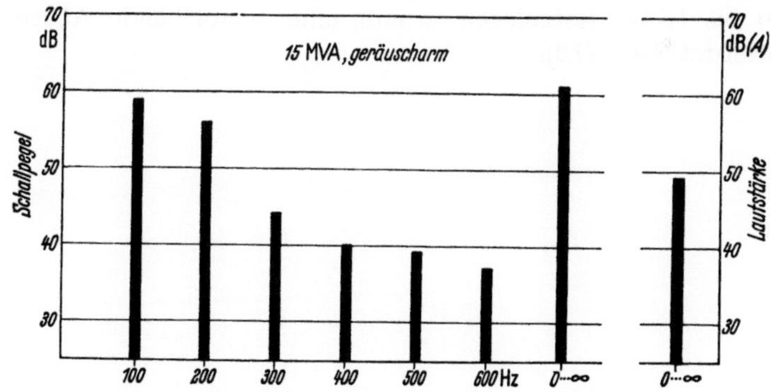

Abb. 287. Frequenzanalyse von Transformatorengeräuschen

wand eine Senkung des bewerteten Schallpegels bei Messung nach VDE 0532 um 8—9 dB (A) durch die beschriebenen Maßnahmen (also ohne Induktionssenkung im Eisenkern) erreicht werden kann.

Bei Aufstellung von Transformatoren in Zellen vereinfachen sich die Geräuschprobleme in den meisten Fällen. Die Schallintensität wird zwar durch die Reflexion der Schallwellen an den Zellenwänden erheblich erhöht, die Dämmwirkung der Zellenwände ist jedoch so groß, daß über diesen Weg keine nennenswerte Energie an die Umgebung abgestrahlt wird. Eine kostspielige schallschluckende Auskleidung der Zellen ist deshalb nur in Fällen mit besonders strengen Forderungen notwendig. Tritt eine Geräuschbelästigung durch in Zellen aufgestellte Transformatoren auf, so sollten vor allem die für den Schallaustritt freien Zu- und Abluftöffnungen mit Geräuschabsorbern versehen werden, eine Maßnahme, die bei verhältnismäßig kleinem Aufwand sehr wirkungsvoll ist. Die im allgemeinen mit Eisenblechtüren versehenen Einfahrtstore der Zellen sind nahezu vollkommen schalldurchlässig. Diese müßten durch Doppeltüren ersetzt werden, wobei auch hier gewisse physikalische Gesetze bei der Dimensionierung solcher Türen unter Berücksichtigung der zu dämmenden Frequenzen zu beachten sind. In vielen Fällen werden die Einfahrtstore nach dem Einfahren der Transformatoren mit im Bedarfsfall leicht wieder zu entfernenden Mauern geschlossen. Diese Maßnahme ist akustisch sehr befriedigend und nicht aufwendiger als die Verwendung von Doppeltüren.

Werden Transformatorschwingungen durch das Fundament auf benachbarte Gebäude oder Räume übertragen und dort störend empfunden, so muß der Transformator federnd aufgestellt werden. Hierbei ist eine möglichst tiefe Abstimmung des schwingungsfähigen Systems Transformator — Feder gegenüber der tiefsten anregenden Frequenz von 100 Hz anzustreben. Es macht erfahrungsgemäß keine Schwierigkeiten die Eigenfrequenz durch passende Auswahl der Federelemente mit 10 bis 15 Hz festzulegen, womit eine ausreichende Abschirmung gewährleistet ist [172].

Literaturverzeichnis

I. Bücher

[1] ALLIS-CHALMERS: Transformer reference book, 33 important technical transformer articles, Allis-Chalmers Electrical Review, Milwaukee, 1951.

[2] ANDÉ, F.: Betrieb und Anwendung von Leistungs- und Regeltransformatoren, Berlin/Göttingen/Heidelberg: Springer 1954.

[3] ARNOLD, E., u. J. L. LA COUR: Die Wechselstromtechnik, II: Die Transformatoren, 3. Aufl., herausg. von J. L. LA COUR u. K. FAYE-HANSEN, Berlin: Springer 1936.

[4] BIERMANNS, J.: Hochspannung und Hochleistung, München: Carl Hanser 1949.

[5] BIERMANNS, J., u. O. MAYR: Hochspannungsforschung und Hochspannungspraxis, Berlin: Springer 1931.

[6] BÖLTE, K., u. R. KÜCHLER: Transformatoren mit Stufenregelung unter Last, München u. Berlin: R. Oldenbourg 1938.

[7] DWIGHT, H. B.: Electrical coils and conductors, New York: McGraw-Hill 1945.

[8] FRÜHAUF, G.: Überspannungen und Überspannungsschutz, Sammlung Göschen, Bd. 1132, Berlin 1950.

[9] General Electric Co.: Transformer Engineering, 2. Aufl., mit Beiträgen von BLUME, BOYAJIAN, CAMILLI, LENNOX, MINNECI u. MONTSINGER, New York: John Wiley a. Sons 1951.

[10] GOTTER, G.: Erwärmung und Kühlung elektrischer Maschinen, Berlin/Göttingen/Heidelberg: Springer 1954.

[11] Die Hütte: Des Ingenieurs Taschenbuch, I: Theoretische Grundlagen, 28. Aufl., herausgeg. von Akad. Verein Hütte e. V. Berlin: Wilh. Ernst u. Sohn 1955.

[12] KNOWLTON: Standard handbook for electrical engineers, 8. Aufl., New York: McGraw-Hill 1949 (S. 328, Abb. 4–24).

[13] RICHTER, R.: Elektrische Maschinen, III: Transformatoren, 2. Aufl., Basel: Birkhäuser 1954.

[14] ROTH, A.: Hochspannungstechnik, 4. Aufl., Wien: Springer 1959.

[15] SAY, M. G.: The performance and design of alternating current machines, London: Sir Isaac Pitman a. Sons 1952.

[16] SCHÄFER, W.: Transformatoren, Sammlung Göschen, Bd. 952, 2. Aufl., Berlin 1949.

[17] VIDMAR, M.: Die Transformatoren, 3. Aufl., Basel: Birkhäuser 1956.

[18] VIDMAR, M.: Transformatoren und Energieübertragung, Laibach: Kleinmayr u. Bamberg 1945.

[19] VIDMAR, M.: Transformatorenkurzschlüsse, Sammlung Vieweg, H. 118, 2. Aufl., Braunschweig 1954.

II. Aufsätze

[20] Acoustrical Society: J. acoust. Soc. Amer. Bd. 5 (1933) 382.

[21] AIEE Transf. Comm. Report: Report on transformer magnetizing current and its effect on relaying and air switch operation. AIEE Transactions Bd. 70 (1951) 1733—40.

[22] AIEE Transf. Comm. Report: Transformer noise measurement methods. AIEE Transactions Bd. 73 (1954) 683—92.

[23] AIGNER, V.: Mittel zur Dämpfung von Transformatorengeräuschen. VDE-Fachber. Bd. 18 (1954) 38—43.

[24] BAUGH, C. E.: Audio noise in transformers in residential and commercial areas. AIEE Transactions Bd. 69 (1950) 121—28.

[25] BENOIT, A. W., R. T. HEMMES u. M. W. SCHULZ: An anechoic chamber for noise tests on large power transformers. AIEE Transactions, Techn. paper 55-26 (1955).

[26] BEWLEY, L. V.: Transformer oscillations caused by damped oscillatory waves. Gen. Electr. Rev. Bd. 34 (1931) 512—17.

[27] BEWLEY, L. V.: Transient oscillations in distributed circuits with special reference to transformer windings. AIEE Transactions Bd. 50 (1931) 1215—33.

[28] BIERMANNS, J.: Kurzschlußkräfte an Transformatoren. Bull. schweiz. elektrotechn. Ver. Bd. 14 (1923) H. 4, 212—25; H. 5, 245—64.

[29] BIERMANNS, J.: Die Aufgaben des heutigen Transformatorenbaues. ETZ Bd. 54 (1933) H. 30, 717—21; H. 32, 767—71.

[30] BIERMANNS, J.: Fortschritte im Transformatorenbau. ETZ Bd. 58 (1937) H. 23, 622—26; H. 24, 659—62; H. 25, 687—90.

[31] BILLIG, E.: Mechanical stresses in transformer windings, Critical Résumé Electr. Res. Ass., Techn. Report Q/T 101 (1943).

[32] BLUME, L. F., u. A. BOYAJIAN: Abnormal voltages within transformers. AIEE Transactions Bd. 38 (1919) 577—620.

[33] BÖHM, O.: Rechnerische und experimentelle Untersuchung der Einwirkung von Wanderwellen-Schwingungen auf Transformatorenwicklungen. Arch. Elektrotechn. Bd. 5 (1917) 383—438.

[34] BRIGGS GETTYS u. W. B. CONOVER: Acoustic models of transformer installations. AIEE Transactions Bd. 70 (1951) 333—41.

[35] BUCHHOLZ, H.: Die zweidimensionale Wärmeströmung des Beharrungszustandes im rechteckigen Querschnitt geblätterter Eisenkörper bei flächenhaft, unstetig oder stetig verteilten Wärmequellen. Z. angew. Math. Mech. Bd. 14 (1934) 285—94.

[36] BÜRCK, W.: Zur Physik und Physiologie der Geräuschmessung. Rohde & Schwarz-Mitt. Bd. 5 (1954) 280—88.

[37] CLARK, F. M.: Factors affecting the mechanical deterioration of cellulose insulation. AIEE Transactions Bd. 61 (1942) 742—49.

[38] CONOVER, W. B., u. R. J. RINGLEE: Recent contributions to transformer audible noise control. AIEE Transactions, Techn. paper 55-31 (1955).

[39] EINHORN, H.: Modellversuche zur Ermittlung der Sprungwellenbeanspruchung von Transformatorenwicklungen. E. u. M. Bd. 52 (1934) 309—15.

[40] ELSNER, R.: Zur Frage der Übertragung von Stoßspannungen auf die Unterspannungsseite von Drehstrom-Transformatoren. Wiss. Veröff. Siemens-Werke Bd. 16 (1936) H. 1, 1—24.

[41] ELSNER, R.: Neuere Untersuchungen zur Frage der Stoßbeanspruchung von Transformatoren. Arch. Elektrotechn. Bd. 30 (1936) 368—86.

[42] ELSNER, R.: Zur Theorie des schwingungsfreien Drehstrom-Transformators. Wiss. Veröff. Siemens-Werke Bd. 18 (1939) H. 1, 1—23.

[43] ELSNER, R.: Grenzleistungen von Transformatoren. ETZ Bd. 76 (1955) H. 20, 736—44.

[44] EMDE, F.: Stromverdrängung in Ankernuten. E. u. M. Bd. 26 (1908) 703—07.

[45] EMDE, F.: Das Feld von Dauermagneten. Z. phys. chem. Unterr. Bd. 56 (1943) H. 2, 33—42.

[46] Farry, O. T.: Autotransformer for power systems. AIEE Transactions Bd. 73 (1954) 1486—99.

[47] Gastel, A. van: Die Bestimmung des Einschaltstromstoßes eines Dreiphasen-Transformators im Leerlauf. Brown Boveri Mitt. 1934, 163—68.

[48] Goldstein, J.: Die Flußverteilung beim fünfschenkligen Transformator. Bull. schweiz. elektrotechn. Ver. Bd. 23 (1933) 585—89.

[49] Gordy, T. D.: Audible noise of power transformers. AIEE Transactions Bd. 69 (1950) 45—53.

[50] Gordy, T. D., u. H. L. Garbarino: Characteristics of overlapping joints in magnetic circuits. AIEE Transf. Committee, New York 1952, 86—91.

[51] Gordy, T. D., u. W. S. Hill: The transformer noise problem. Electr. Wld. Bd. 138 (1952) H. 24, 94—98.

[52] Gordy, T. D., u. G. G. Sommerville: Formed power transformer cores. Bull. schweiz. elektrotechn. Ver. Bd. 43 (1952) 128—30.

[53] Gravett, K. W. E.: Magnetizing inrush currents in transformers. Electr. Tms. 1953, 619—22 u. 677—81.

[54] Grunder, E.: Das Geräuschproblem bei Transformatoren. Bull. Oerlikon Bd. 303 (1952) 23—30.

[55] Haag, L., u. O. Schwenk: Regelschalter für Anzapftransformatoren. ETZ Bd. 54 (1933) H. 9, 199—200.

[56] Hecht, A.: Mehrrohrdurchführungen. Stemag-Nachr. 1955, H. 19, 535—38.

[57] Heinz, R.: Stufenschaltwerke für Regeltransformatoren bis 5 MVA, Reihe 20/30. AEG-Mitt. 1953, H. 5/6, 135—39.

[58] Heinz, R.: Motorantriebe für Stufenschaltwerke, Tauchkernspulen und Umsteller. AEG-Mitt. 1954, H. 3/4, 95—99.

[59] Heinz, R.: Spannungsregelung von Transformatoren mit Stufenschaltwerken. AEG-Mitt. 1955, H. 1/2, 106—15.

[60] Hesselbach, H.: Texturwerkstoffe für Transformatorenkerne. El. Post Bd. 6 (1954) 86—89.

[61] Hessenberg, K.: Die Gefährdung von Niederspannungs-Drehstrom-Transformatoren im Parallelbetrieb bei einpoliger Sternpunktbelastung. ETZ Bd. 75 (1954) H. 22, 745—52.

[62] Hochrainer, A.: Der Einfluß der Überschaltwiderstände vom Stufenschalter auf die Schaltleistung. Arch. Elektrotechn. Bd. 35 (1941) H. 12, 715—30.

[63] Hochrainer, A.: Überschaltwiderstände und Schaltleistung bei Stufenschaltern. E. u. M. Bd. 62 (1944) H. 37—38, 451—65.

[64] Hurrle, K., u. H. Ibler: Stand der Entwicklung im Bau von Mittelspannungs- und Verteilungstransformatoren. ETZ Bd. 76 (1955) H. 18, 672—78.

[65] Hueter, E., u. R. Buch: Über Transformatoren mit annähernd sinusförmigem Magnetisierungsstrom. ETZ Bd. 56 (1935) 933—37.

[66] Jansen, B.: 10 Jahre Regeltransformatoren mit Jansen-Schaltern. ETZ Bd. 58 (1937) H. 32. 874—84.

[67] Jones, W.: Entwicklung von orientiertem Stahl. Engng. News Bd. 61 (1952) 70—73 u. 98—102.

[68] Jordan, H.: Angenäherte Berechnung des magnetischen Geräusches von Käfigläufermotoren. ETZ Bd. 71 (1950) H. 18, 491—94.

[69] Kade, F.: Die Kurzschlußspannung von Drehstrom-Transformatoren in Zickzackschaltung. ETZ Bd. 39 (1918) H. 52, 513—15.

[70] Knaack, W.: Nomographische Ermittlung der Typenleistung von ölgekühlten Anlaßtransformatoren. Helios, Bd. 42 (1936) H. 52, 1511—12.

[71] Knaack, W.: Zusätzliche Verluste durch Streufelder bei Mehrwicklungs- und Regeltransformatoren. ETZ Bd. 58 (1937) H. 13, 347—49.

[72] KNAACK, W.: Anlaßtransformatoren und der Anlauf von Kurzschlußanker-motoren. Elektromarkt 1937, H. 34, 11—12; H. 36, 13—14; H. 37, 13—14.

[73] KNAACK, W.: Zusätzliche Streuung bei Drehstrom-Transformatoren. ETZ Bd. 59 (1938) H. 28, 745—47.

[74] KNAACK, W.: Zusätzliche Verluste durch Streufelder in den Wicklungen von Transformatoren. E. u. M. Bd. 57 (1939) H. 7/8, 89—93.

[75] KNAACK, W.: Die Berechnung der magnetischen Feldstärke bei Transformatorenwicklungen. Arch. Elektrotechn. Bd. 37 (1943) H. 7, 317—46.

[76] KNAACK, W.: Einzelstreureaktanzen bei Leistungs- und Meßtransformatoren. E. u. M. Bd. 72 (1955) H. 12/13, 269—98.

[77] KNAACK, W.: Schubkräfte bei axial verschobenen Transformatorenwicklungen. ETZ Bd. 76 (1955) H. 6, 217—25.

[78] KNAACK, W.:, u. H. SCHWAAB: Zusätzliche Streuung bei Transformatoren. Arch. Elektrotechn. Bd. 32 (1938) H. 7, 470—82.

[79] KRÄMER, W.: Neue Bauformen für Transformatoren mit sinusförmigen Magnetisierungsstrom. VDE-Fachber. Bd. 9 (1937) 52-55. Fortschritte im Bau von oberwellenfreien Transformatoren. ETZ Bd. 59 (1938) H. 35, 929—33.

[80] KRÄMER, W.: Der Bandkerntransformator und seine Oberwellen. ETZ Bd. 76 (1955) H. 13, 456—60.

[81] KÜCHLER, R.: Vorausbestimmung der stationären Erwärmung des selbstkühlenden Öltransformators. ETZ Bd. 44 (1923) H. 3, 54—59.

[82] KÜCHLER, R.: Beitrag zur Berechnung der Streuspannung von Transformatorenwicklungen. ETZ Bd. 45 (1924) H. 13, 273—74.

[83] KÜCHLER, R.: Die Kurzschlußfestigkeit von Spartransformatoren und Zusatztransformatorensätzen. ETZ Bd. 47 (1926) H. 15, 440—43.

[84] KÜCHLER, R.: Zur Theorie der Erwärmungs- und Abkühlungskurven elektrischer Maschinen und Apparate. ETZ Bd. 49 (1928) H. 31, 1141—44.

[85] KÜCHLER, R.: Thermische Kurzschlußbeanspruchung von Transformatoren in: Hochspannungsforschung und Hochspannungspraxis. Berlin: Springer 1931, 89—100.

[86] KÜCHLER, R.: Transformatoren für Spannungsregelung unter Last. ETZ Bd. 55 (1934) H. 43, 1054—57; H. 44, S. 1075—79.

[87] KÜCHLER, R.: Neue Fortschritte im Bau von Umspannern. Z. VDI Bd. 82 (1938) H. 24, 923—27.

[88] KÜCHLER, R.: Fortschritte im Bau von Umspannern. VDE-Fachber. 1939, 170—73.

[89] KÜCHLER, R.: Der magnetische Widerstand verschachtelter Stoßfugen im Eisenkreis von Transformatoren und Meßwandlern. Z. Elektrotechn. Bd. 1 (1948) H. 5, 97—100.

[90] KÜCHLER, R.: Das Streufeld von Transformatorenwicklungen. Z. Elektrotechn. Bd. 2 (1949) H. 2, 25—27.

[91] KÜCHLER, R., u. H. STALLMANN: Die Feldkurven und Verluste des fünfschenkligen Großtransformatorenkernes. ETZ Bd. 48 (1927) H. 10, 314—17.

[92] DE KUIJPER, CH. E. M.: Beitrag zur Berechnung der Streureaktanzen von Transformatoren und der Kräfte, die auf Transformatorenwicklungen wirken. Dissert. Delft 1949 (T. H. Delft).

[93] LAMBERT, A. V.: Geräuschdämpfung an Transformatoren. AIEE Transactions Bd. 70 (1951) 1105—09.

[94] LEHMANN, G.: Was ist und was bedeutet Lärm? Z. VDI Bd. 97 (1955) H. 29 1012—14.

[95] MANZINGER, H.: Stufenschalter für Groß-Regeltransformatoren. E. u. M. Bd. 60 (1942) H. 9/10, 85—89.

[96] MANZINGER, H.: Der Stand der Entwicklung und das betriebliche Verhalten der Lastregelschalter an Regeltransformatoren. ELIN-Z. Bd. 3 (1951) 65—79.

[97] MANZINGER, H.: Der Bau von Schaltern für hohe Spannungen in der Apparatefabrik der „ELIN". ELIN-Z. Bd. 5 (1953) 150—59.

[98] MANZINGER, H.: Lastregelschalter für Ofenregeltransformatoren. ELIN-Z. Bd. 5 (1953) 41—50.

[99] MASLIN, A. J.: Betrachtungen über Transformatorengeräusche. AIEE Transactions Bd. 69 (1950) 1142—47.

[100] MEYERHANS, A.: Neue Bauweisen bei Transformatoren und Drosselspulen. Bull. schweiz. elektrotechn. Ver. Bd. 35 (1944) H. 22, 632—42.

[101] MONTSINGER, V. M.: Loading transformers by temperature. AIEE Transactions Bd. 49 (1930) 776—92.

[102] MÜLLNER, F.: Die Kraftflußverteilung und der Magnetisierungsstrom des Fünfschenkel-Transformators. Bergmann-Mitt. Bd. 7 (1929) 160—62.

[103] MUTSCHLER, W. H. JR., u. T. F. MADDEN: Harmonic index — a tool for transformer audio noise investigation. AIEE Transactions Bd. 69 (1950) 115—18.

[104] NORRIS, E. T.: The lightning strength of power transformers. AIEE Transactions Bd. 67 (1948) 389—406.

[105] OLLENDORF, F.: Studien über das Jochfeld von Transformatoren. Wiss. Veröff. Siemens-Konz. Bd. 7 (1928/29) H. 1, 33—76.

[106] PLATTNER, H.: Kupfer und Aluminium als elektrische Leiter, insbesondere bei Maschinen und Transformatoren. Aluminium Bd. 25 (1943) 174—78.

[107] POTTHOFF, K., u. L. RUESS: Stand der Entwicklung der Transformatorenbleche sowie der Wandlerbleche auf Basis Eisen-Silizium. VDE-Fachber. Bd. 17 (1953) H. 1, 33—37.

[108] QUITZSCH, G.: Objektive und subjektive Lautstärkemessungen. Akust. Beihefte (1955) H. 1, 49—66.

[109] REICHE, W.: Untersuchungen an einem schnellschaltenden Lastschalter für Stufen-Regeltransformatoren. ETZ Bd. 59 (1938) H. 1, 7—10.

[110] RÖSCH, H.: Verfahren zur Berechnung der Kurzschlußspannung von Transformatorenwicklungen in Zickzackschaltung. E. u. M. Bd. 70 (1953) H. 6, 125—31.

[111] ROGOWSKI, W.: Über das Streufeld und den Streuinduktionskoeffizienten eines Transformators mit Scheibenwicklung und geteilten Endspulen. Mitt. Forsch.-Arb. VDI Bd. 71 (1909) 1—35.

[112] ROGOWSKI, W.: Über zusätzliche Kupferverluste, über die kritische Kupferhöhe einer Nut und über das kritische Widerstandsverhältnis einer Wechselstrommaschine. Arch. Elektrotechn. Bd. 2 (1913) H. 3, 81—118.

[113] ROGOWSKI, W.: Streufeld und gemeinschaftliches Feld. Arch. Elektrotechn. Bd. 3 (1914) H. 5, 129—38.

[114] ROSSIER, CL., u. J. FROIDEVAUX: Liaisons entre réseaux à très haute tension: Transformateurs ou autotransformateurs. CIGRE-Ber. 124, Bd. II (1954), 16 Seiten.

[115] ROTH, A. W., u. H. R. STRICKLER: The lowering of the overvoltages resulting from the deenergizing of unloaded transformers. CIGRE-Ber. 129, Bd. II (1954), 20 Seiten.

[116] ROTHERT, H., u. H. JORDAN: Über die Entstehung von Transformatorengeräuschen. ETZ Bd. 75 (1954) H. 4, 107—09.

[117] RÜDENBERG, R.: Performance of travelling waves in coils and windings. AIEE Transactions Bd. 59 (1940) 1031—40.

[*118*] Rüdenberg, R.: Electric oscillations and surges in sub-divided windings. J. appl. Phys. Bd. 11 (1940) 665—80.

[*119*] Rüdenberg, R.: Surge characteristics of two-winding-transformers. AIEE Transactions Bd. 60 (1941) S. 1136—44.

[*120*] Schäfer, W.: Transformatoren in der Energieversorgung. Elektrizitätswirtsch. Bd. 52 (1953) H. 15/16, 436—41.

[*121*] Schmidt, H.: Die Verwendung des elektrolytischen Troges zur Lösung von Problemen der Starkstromtechnik. E. u. M. Bd. 71 (1953) H. 14, 309—16.

[*122*] Schwaiger, M.: Großtransformatoren mit Stufenregeleinrichtung. ETZ Bd. 59 (1938) H. 11, 281—86.

[*123*] Schwaiger, M.: Neue Sprunglastschalter hoher Lebensdauer. VDE-Fachber. Bd. 18 (1954) H. 2, 29—33.

[*124*] Schwenk, W.: Wicklungserwärmung bei kleinen trockenisolierten elektrischen Geräten. ETZ Bd. 75 (1954) H. 11, 362—66.

[*125*] Sealy, W. C.: The audio noise of transformers. AIEE Transactions Bd. 60 (1941) 109—11.

[*126*] Shudo, K.: 240 kV, 135000 kVA transformers with controsurge shield installed in the kamishiiba power plant, Kyushu Electric Power Co., Ltd. Hitachi Rev. 1954, 3—9.

[*127*] Stein, G.: Über die Flußverteilung und den zeitlichen Verlauf der Magnetisierungsströme in drei- und fünfschenkligen Drehstrom-Transformatoren. ETZ Bd. 50 (1929) H. 33, 1194—98.

[*128*] Studienges. für Höchstspannungsanlagen e. V.: Abschalten eines unbelasteten 100 MVA-Transformators mit 110 kV-Schaltern verschiedener Bauart. Techn. Bericht Nr. 168, Sept. 1953, Berlin.

[*129*] Swaffield, J.: The causes and characteristics of transformer noise. J. Inst. electr. Engr. Bd. 89 (1942) 222—25.

[*130*] Thiele: Beiträge zur Ermittlung der Wärmeabgabe in Ölkanälen von Transformatoren mit Selbstkühlung. Z. techn. Phys. Bd. 22 (1941) 287—300.

[*131*] Vitins, J.: Der Schwingungsvorgang in unbelasteter Hochspannungswicklung von Transformatoren bei plötzlicher niederspannungsseitiger Einschaltung. Arch. Elektrotechn. Bd. 41 (1954) H. 4, 196—209.

[*132*] Wagner, K. W.: Das Eindringen einer elektromagnetischen Welle in eine Spule mit Windungskapazität. E. u. M. Bd. 33 (1915) 89—92 u. 105—08.

[*133*] Wagner, K. W.: Beanspruchung und Schutzwirkung von Spulen bei schnellen Ausgleichvorgängen. ETZ Bd. 37 (1916) 425—29, 440—43 u. 456—60.

[*134*] Wagner, K. W.: Wanderwellen-Schwingungen in Transformatorenwicklungen. Arch. Elektrotechn. Bd. 5 (1918) H. 6, 301—26.

[*135*] Weh, H.: Die zweidimensionale Wärmeströmung im geschichteten Transformatorenkern. Arch. Elektrotechn. Bd. 41 (1953) H. 2, 122—26.

[*136*] Wellauer, M.: Le comportement des autotransformateurs de réglage soumis aux tensions de choc. CIGRE-Ber. 123, Bd. II (1954), 14 Seiten.

[*137*] Wellauer, M.: Das Verhalten von Reguliersspartransformatoren gegenüber Stoßspannungen. Bull. schweiz. elektrotechn. Ver. Bd. 46 (1955) H. 6, 240—47.

[*138*] Wienhard, A.: Ein Beitrag zur Berechnung der Stromkräfte bei Transformatoren. ETZ Bd. 71 (1950) 309—11.

[*139*] Willheim, R.: Die Gewitterfestigkeit des Drehstrom-Transformators. E. u. M. Bd. 50 (1932) H. 1/2, 16—25.

[*140*] Zinke, L.: Sternpunktbelastbarkeit von Drehstrom-Spartransformatoren. ETZ Bd. 76 (1955) H. 4, 159—64.

[141] Zötl, L.: Einbaustufenschalter für Transformatoren. E. u. M. Bd. 60 (1942) H. 37/38, 393—97.

[142] Abetti, P. A.: The use of transformer models for the determination of transient voltages. CIGRE-Ber. Nr. 131, 1954.

[143] Abetti, P. A., and H. F. Davis: Surge transfer in 3-winding transformers. AIEE Transactions Bd. 73 (1954), Teil 3, 1395—1407.

[144] Auth, W.: Stoßspannungsprüfung der mit einem Parallelableiter geschützten Reihenwicklung von Spartransformatoren. ETZ-A, Bd. 82 (1961), H. 20, 641—649.

[145] Bachmann, R.: Die thermischen Grundlagen der Ölkühlung elektrischer Apparate, insbesondere von Transformatoren. Diss. TH Dresden 1914.

[146] Baxmann, W.: Zur Theorie des Transformatorlärms magnetischen Ursprungs. Diss. TH Hannover 1961.

[147] Brandes, D.: Beitrag zur Berechnung rotationssymmetrischer magnetischer Felder. Diss. TH Stuttgart 1965.

[148] Broszat, G.: Verfahren zur Isolationsbemessung in Transformatoren. ETZ-A Bd. 82 (1961), H. 5, 129—135.

[149] Chadwick, A. T., J. M. Ferguson, D. H. Ryder, and G. F. Stearn: Design of power transformers to withstand surges due to lightning, with special reference to a new type of winding. Proc. Inst. El. Eng., Bd. 97 (1950), Teil II, 737—750.

[150] Dietrich, W.: Berechnung der Wirkverluste von Transformatorenwicklungen unter Berücksichtigung des tatsächlichen Streufeldverlaufes. Archiv f. Elektrot., Bd. XLVI (1961) 4, 209—222.

[151] Dietrich, W.: Berechnung der Streuspannung von Transformatoren mit axial abgestuften Lagenwicklungen. ETZ-A, 84 (1963), H. 6, 181—186.

[152] Drabeck, J., R. Küchler, u. K. Schlosser: Die 380 kV-Transformatoren in Rommerskirchen und Hoheneck. ETZ-A, Bd. 79 (1958), H. 7, 207—216.

[153] Fischer, E.: Die Festigkeit der inneren Röhre von Transformatorenwicklungen, ETZ- Bd. 73 (1952), H. 5, 121—123.

[154] Goldstein, A.: Neue Wege im Bau von Transformatorenkernen, ETZ-A, Bd. 81 (1960), H. 2, 53—59.

[155] Heinz, R.: Lastumschaltungen an Großtransformatoren bei dreipoligem Kurzschluß. ETZ-A, Bd. 79 (1958), H. 23, 920—924.

[156] Hoffmann, R.: Ein Verfahren zur Messung des Spektrums der Magnetostriktion von Elektroblechen. Zeitschrift f. angewandte Physik 17. Bd. (1964), H. 3, 261—265.

[157] Hosemann, G.: Der Doppelerdschluß in einem beliebig vermaschten Netz. ETZ-A Bd. 81 (1960), H. 16, 563—566.

[158] Jordan, H.: Über den magnetischen Lärm von Drehstrom-Kerntransformatoren, ETZ-A, Bd. 81 (1960), H. 3, 97—101.

[159] Klaus, R.: Untersuchungen an Lastwählern und Lastumschaltern (System Dr. Jansen) für große Schalthäufigkeit. ETZ-A, Bd. 81 (1960), H. 2, 67—74.

[160] Kratzer, R.: Unsymmetrische Fehler in Drehstromnetzen. Bulletin Sécheron Bd. 49 (1958), H. 27D, 15—22.

[161] Kratzer, R.: Die Nullimpedanz der Transformatoren. Bulletin Sécheron Bd. 49 (1958), H. 27D, 23—32.

[162] Küchler, R.: Konstruktion und Fertigung von Grenzleistungstransformatoren. AEG-Mitt. Bd. 48 (1958), H. 8/9, 447—455.

[*163*] KÜPFMÜLLER, K.: Einführung in die theoretische Elektrotechnik. 6. Aufl. Berlin/Göttingen/Heidelberg: Springer 1959, S. 223.

[*164*] LANG, A., u. W. STEUER: Transduktorische Spannungsregelung von Transformatoren mit Stufenschaltern. AEG-Mitt. Bd. 47 (1957), H. 5/6, 136—140.

[*165*] LANGER, H.: Schaltversuche mit Lastumschaltern von Stelltransformatoren bei tiefen Temperaturen im Klimaraum. AEG-Mitt. Bd. 47 (1957), H. 1/2, 27—29.

[*166*] MATTHES, W.: Mechanische Beanspruchung der am Eisenkern liegenden Transformatoren-Röhrenwicklung durch radiale Stromkräfte. ETZ-A, Bd. 83 (1962), H. 3, 57—61.

[*167*] MELCHINGER, A.: Beherrschung der Erwärmungs- und Kurzschlußprobleme bei Großtransformatoren. ETZ-A, Bd. 81 (1960), H. 2, 47—51.

[*168*] RABINS, L.: Transformer reactance calculations with digital computers. Comm. and Electr., AIEE, (1956), 261—267.

[*169*] RABUS, W.: Über die Voraussetzungen für vergleichbare Korona-Isolationsprüfungen. ETZ-A, Bd. 84 (1963), H. 24, 775—780.

[*170*] RABUS, W.: Stand und Probleme und Hochspannungstechnik beim Bau und Betrieb großer Transformatoren. ETZ-A, Bd. 83 (1962), H. 5, 121—129.

[*171*] REINKE, H.: Berechnung der mechanischen Eigenfrequenzen von Drehstrom-Kerntransformatoren. Diss. TH Hannover 1963.

[*172*] REINKE, H.: Geräuscharme Transformatoren. Energie u. Technik, Jahrg. 16, Heft 4 (1964), 113—118.

[*173*] REIPLINGER, E.: Geräuschprobleme bei Großtransformatoren. Siemens-Zeitschrift Bd. 33 (1959), 69—76.

[*174*] REIPLINGER, E.: Geräuschbekämpfung bei Großtransformatoren. ETZ-A, Bd. 81 (1960), H. 3, 102—108.

[*175*] ROTH, E.: Etude analytique du champ de fuites des transformateurs et des efforts mécaniques exercés sur les enroulements. Revue générale de l'Electricité. Bd. XXIII (1928), 773—787.

[*176*] ROTH, E.: Inductance due aux fuites magnétiques dans les transformateurs a bobnis cylindriques et efforts exercés sur les enroulements. Revue générale de l'Electricité, Bd. XL, (1936), 259—268; 291—303; 323—336.

[*177*] RUESS, L.: Über die Richtungsabhängigkeit magnetischer Eigenschaften von Elektroblechen und ihre Messung. ETZ-A, Bd. 80 (1959), H. 17, 588—593.

[*178*] SCHLOSSER, K.: Große Spartransformatoren. ETZ-A, Bd. 81 (1960), H. 2, 59—67.

[*179*] SCHLOSSER, K.: Die Nullimpedanzen des Voll- und des Spartransformators. BBC-Nachrichten 44 (1962), H. 2. 78—83.

[*180*] SCHLOSSER, K.: Die Ersatzschaltungen des Voll- und des Spartransformators bei Fehlerberechnungen. BBC-Nachrichten Bd. 44 (1962), H. 3, 123—132.

[*181*] SCHMIDT, W.: Über den Einschaltstrom bei Drehstromtransformatoren. ETZ-A, Bd. 82 (1961), H. 15, 471—474.

[*182*] v. STENGEL, H. H.: Sprungschalter großer Leistung. VDE-Fachber. (1958), 76—82.

[*183*] TANGEN, K. O.: Eine neue Methode zum Bestimmen der Teilentladungsstellen in Hochspannungstransformatoren. ETZ-A, Bd. 85 (1964), H. 23, 752—755.

[*184*] WIDMANN, W.: Beurteilung und Messung der Korona bei Isolationsprüfungen. ETZ-A, Bd. 81 (1960), H. 23, 801—807.

[*185*] WOLF, O.: Durch magnetostriktive Kräfte hervorgerufene Wechselverformungen der Kerne von Drehstromtransformatoren. Diss. TH Hannover 1960.

Sachverzeichnis